RALF KIEFNER

Wale und — Delfine

KOSMOS

Inhalt

Familie *Delphinidae*, Delfine

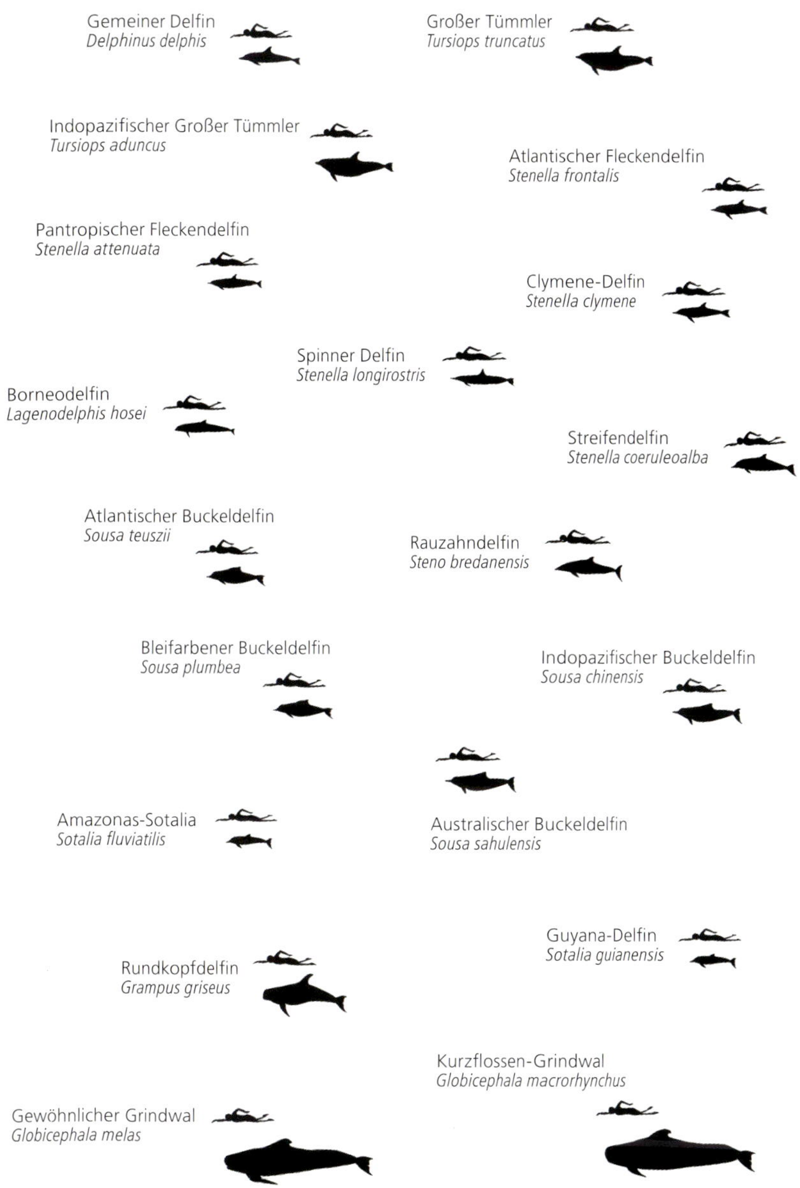

Vorwort

EINE WUNDERBARE WELT

Wale und Delfine sind für viele Menschen Sinnbild für Schönheit, Intelligenz und Vielfalt des Lebens in den Ozeanen. Seit Jahrtausenden geben sie Rätsel auf und spielen eine besondere Rolle in Mythen und Sagen. Schon für den griechischen Naturkundler und Philosophen Aristoteles (384–322 v. Chr.) waren sie Gegenstand wissenschaftlicher Beobachtungen und er erkannte, dass sie Säugetiere sind. Plutarch (griechischer Philosoph 46–119) schrieb: „… dem Delphin allein hat die Natur gegeben, wonach die besten Philosophen trachten: Freundschaft um der Freundschaft Willen. Denn obwohl er den Menschen auf keinerlei Weise braucht, ist er ihm ein treuer Freund und hat schon manchem geholfen…".

Wale und Delfine spiegeln heute aber auch den respektlosen Umgang der Menschheit mit den Meeren und seinen Bewohnern wider und einige Arten sind massiv vom Aussterben bedroht. Für viele Menschen sind jedoch Beobachtungen dieser faszinierenden, einzigartigen Kreaturen in freier Wildbahn die Erfüllung eines Traums und ein unbeschreibliches Erlebnis.

Umso mehr möchte man nach einer Begegnung mit diesen wahrlich spektakulären Tieren in der Lage sein, sie eindeutig zu identifizieren oder in der Vorbereitung einer Wale- und Delfin-Beobachtungstour mehr über ihr spannendes Leben zu erfahren. Welche besonderen Verhaltensweisen haben sie entwickelt, wie lange und wie tief können sie tauchen, wovon ernähren sie sich, welche verblüffenden Jagdstrategien und Überlebensstrategien haben sie entwickelt, wo kann man sie beobachten, wie kommunizieren sie, welche spannenden Informationen gibt es über sie oder was bedeutet ihr wissenschaftlicher Name?

Es ist wirklich sehr interessant zu erfahren, welche Besonderheiten diese Tiere entwickelt haben und wie erstaunlich wenig über einige Arten bisher bekannt ist. Schließlich sind Wale und Delfine Säugetiere, die in regelmäßigen Abständen zum Atmen an die Wasseroberfläche kommen müssen. Begeben Sie sich auf eine interessante und lehrreiche Entdeckungstour in die wunderbare Welt der Wale und Delfine!

Die Artenliste in diesem Buch wurde mit 93 Arten (von denen eine als ausgestorben gilt) nach den Empfehlungen der „Society for Marine Mammalogy" erstellt (Committee on Taxonomy, Mai, 2022).

Bei der Einteilung der Arten muss man bedenken, dass die Klassifizierung lebender Organismen ein ständiger, dynamischer Prozess ist, der stetigem Wandel unterliegt. Die Natur erschafft ständig neue Variationen, von denen sich nur die erfolgreichen langfristig durchsetzen. Dank neuer Erkenntnisse durch verbesserte Möglichkeiten in der Molekularanalyse werden immer wieder neue Arten definiert, und damit die Notwendigkeit zur Re-Organisation der bisherigen Einteilung geschaffen. Die Natur benötigt keine Klassifizierung, aber der Mensch.

Fluke, Buckelwal

EVOLUTION

Wale, Delfine und Schweinswale (Cetaceen) sind Säugetiere. Sie leben permanent im Wasser, atmen über Lungen und bringen lebende Junge zur Welt, die sie säugen. Die wenigsten Menschen wissen, dass die Vorgänger aller Cetaceen Landlebewesen waren. Sie stammen von ausgestorbenen, halb im Wasser lebenden, rotwildähnlichen Paarhufern *(Artiodactyla)* in Südasien ab, die vor etwa 50 Millionen Jahren lebten.
2011 entdeckten Paläontologen um den belgischen Forscher Olivier Lambert die Überreste des Skeletts eines Vorfahren moderner Wale in einer Höhle in Peru (in Playa Media Luna). Diese Kreatur schwamm durch das Wasser, indem sie ihre vier Beine und vermutlich auch den Schwanz nutzte. Dies ist der erste Fund eines vierbeinigen, paarhufigen Walvorfahren im Pazifischen Ozean auf der südlichen Hemisphäre (Lambert *et al.*, 2019). Diese Tiere, die möglicherweise zunächst in Küstennähe lebten, fanden in den flachen Uferzonen ausreichend Nahrung und Schutz vor Feinden und entwickelten sich nach und nach zu Wasserlebewesen, die zunächst nur die Flachwasserzonen besiedelten. Die Rückkehr ins Meer, wo alles Leben begann, bot offensichtlich so große Vorteile, dass sich die gewaltigen Anpassungen an ein Leben im Wasser lohnten. Nachdem sie sich vollständig an ein Leben im Wasser angepasst hatten, zweigten sich die Bartenwale *(Mysticeti)* von den Zahnwalen *(Odontoceti)* ab, vor dem Beginn der Oligozän-Epoche ≈ vor 33,9 bis 23 Millionen Jahren.

Cetaceen haben heute fast alle Gebiete in allen Weltmeeren, von den Küstenregionen zur offenen See, von den Tropen bis zu den Polen und sogar in einigen Flüssen, erobert. Zur besseren Erschließung der ökologischen Nische „Meer" mussten die Urwale viele extreme anatomische und physiologische Anpassungen für ein dauerhaftes Leben im Wasser vornehmen. Andererseits haben sie aber auch, durch ihr Leben an Land, einige wichtige Eigenschaften erworben.
Die wichtigsten waren:

1. ein leistungsfähiges Gehirn und eine enorme Anpassungs- und Lernfähigkeit,
2. Wärmeregulierung, die eine gewisse Unabhängigkeit von der Umgebungstemperatur verleiht und damit ein Leben in allen Gewässern ermöglicht,
3. ein stark ausgeprägtes Sozialverhalten mit intensiver Brutpflege und enger Bindung zwischen Mutter und Kalb sowie Fürsorgeverhalten (epimelitisches Verhalten) gegenüber kranken und verletzten Artgenossen.

Die wichtigsten anatomischen und physiologischen Anpassungen für ein dauerhaftes Leben im Wasser sind:

Anpassung der Atmung

Da Cetaceen im Wasser leben und über Lungen atmen, müssen sie sehr viel effektiver mit dem Sauerstoff haushalten als Landsäuger, die ständig von Luft umgeben sind. Erstaunlicherweise ist die Lunge von Walen in Relation zur Körpergröße jedoch nicht viel größer als die der Menschen.

Blas, Buckelwal

Trotzdem können manche Bartenwale über 30 min tauchen, Pottwale über 90 min und ein Cuvier-Schnabelwal sogar bis zu 137,5 min (dokumentiert vor der Küste Kaliforniens). Menschen tauschen bei jedem Atemzug nur etwa 10–15 % der Luft in ihren Lungen aus, Wale und Delfine dagegen 80–90 %. Zudem haben Cetaceen eine viel niedrigere Atemfrequenz als Menschen. Während die meisten Wale im Ruhezustand nur etwa 2 Atemzüge benötigen, müssen Menschen etwa 10 bis 15 Mal pro Minute atmen, um im Verhältnis die gleiche Menge Luft auszutauschen. Außerdem entziehen Cetaceen der eingeatmeten Luft mit jedem Atemzug etwa 10–12 % Sauerstoff, Landsäuger nur etwa 5–6 %.
Bei Menschen wird der Sauerstoff in der Lunge und in den roten Blutkörperchen (im Hämoglobin) gespeichert. Wale speichern den Sauerstoff dagegen nicht überwiegend in der Lunge und im Blut, sondern er wird direkt zu den Verbrauchsstellen, den Muskeln, transportiert und dort an den Muskelfarbstoff Myoglobin gebunden. Dieses Myoglobin hat ein bis zu 9 Mal höheres Sauerstoffbindevermögen.
Zudem läuft der ganze Organismus von Cetaceen beim Tauchen auf Sparflamme. Die Herzfrequenz wird stark verlangsamt und es werden nur die lebenswichtigen Organe, wie z. B. das Gehirn und das Rückenmark, weiter mit Sauerstoff versorgt. Darüber hinaus werden sogar einige Organe und Körperteile vorübergehend ganz von der Sauerstoffversorgung abgekoppelt.

Blaslöcher, Buckelwal

Anpassung der Nasenöffnungen und der Schädelform

Die Tatsache, dass sich im Laufe der Entwicklung die Nase der Cetaceen von der Schnauzenspitze zum höchsten Punkt des Kopfes verlagert hat, gehört zu einer der wichtigsten Anpassungen an ein Leben im Wasser. Wie bei den meisten Landsäugern, lagen auch bei den an Land lebenden Vorfahren der Wale und Delfine die Nasenöffnungen an der vorderen Spitze des Schädels. Mit fortschreitender Anpassung an den neu erschlossenen Lebensraum wurde eine stromlinienförmige Kopfform immer wichtiger.
Der Schädel wurde bei den meisten Arten länger und veränderte sich zu einem schmalen, hervorstehenden Schnabel, der die strömungsgünstige Form verbesserte, der Energie sparte und höhere Schwimmgeschwindigkeiten ermöglichte.

Strömungsgünstige Körperform, Gemeiner Delfin

Flipper, Buckelwal

Cetaceen können atmen, ohne den Kopf aus dem Wasser zu heben und ohne dabei ihre Schwimmlage im Wasser zu verändern.
Diese Entwicklung lässt sich bis heute an der Schädelentwicklung von Cetaceen-Embryos nachvollziehen. Die Nasenöffnungen befinden sich im frühen Embryonalstadium zunächst vorne am Kopf und verlagern sich mit zunehmender Entwicklung des Embryos an den höchsten Punkt des Schädels. Gleichzeitig entfaltet sich das lange Rostrum mit den schmalen Kiefern.

Anpassung des Körperbaus

Die Vorderextremitäten wurden zu verschiedenartigen Brustflossen (Flipper) mit versteiften Ellenbogen umgebildet, wodurch der Wasserwiderstand auf ein Minimum reduziert und die strömungsgünstige Körperform verbessert wurden. Sie dienen nicht dem Vortrieb, sondern lediglich der Steuerung und Stabilisierung.
Die Entwicklung einer skelettfreien Rückenfinne verbesserte die Stabilität, besonders bei den schnell schwimmenden Cetaceen.
Die hinteren Extremitäten wurden überflüssig und stark reduziert. Rudimentäre Becken- und Oberschenkelknochen sind heute noch im Skelett der Wale vorhanden. Sie erfüllen jedoch keinerlei Funktion mehr und sind nicht mehr mit dem übrigen Skelett verbunden.
Alle Cetaceen haben zur Fortbewegung eine waagrechte Schwanzflosse (Fluke) entwickelt. Sie besteht nicht aus Knochen oder Muskeln, sondern aus Bindegewebe. Dieses Bindegewebe, das zum größten Teil aus fein verwobenen kollagenen Fasern besteht, verleiht der Fluke eine große Festigkeit und Elastizität.
Die Schwimmweise durch Bewegung des Körpers und der Fluke ist einer Fortbewegung im Wasser mit Hilfe der Extremitäten (z. B. der Brustflossen) weit überlegen. Aus diesem Grunde können die schnellsten Delfine schneller schwimmen als Seelöwen und Robben. Die maximale Geschwindigkeit wird für Robben mit etwa 20 km/h angegeben, bei einigen Delfinen wurden dagegen 60 km/h (z. B. Gemeiner Delfin) und selbst bei dem größten Wal, dem Blauwal, wurden Spitzengeschwindigkeiten von etwa 35 km/h gemessen.
Bei Säugetieren sind die Wirbelsäule und die Rumpfmuskulatur besser für Rücken-Bauch-Bewegungen geeignet als für seitliche Bewegungen wie bei Fischen. Für Tiere, die im Meer leben

Fluke, Buckelwal

und zum Atmen regelmäßig an die Oberfläche müssen, ist zudem eine waagerechte Fluke wesentlich effektiver als eine horizontale Schwanzflosse. Bei einer senkrechten Schwanzflosse würde beim Atmen an der Oberfläche der obere Teil aus dem Wasser ragen und für den Vortrieb wirkungslos werden.
Im Laufe der Anpassung an ein ständiges Leben im Wasser verkürzten sich die Halswirbel. Sie sind heute bei den meisten Cetaceen-Arten fest miteinander verschmolzen (Ausnahme: Belugas, Narwale, Irawadi-Delfine, Australische Stupsfinnendelfine und Flussdelfine). Ein starrer Hals bietet den Vorteil, dass der Kopf ohne jegliche Muskelanstrengung, besonders beim schnellen Schwimmen, immer gerade in Schwimmrichtung ausgerichtet ist. Bei den langsam schwimmenden Arten mit beweglichen Halswirbeln ergibt sich daraus kein Nachteil, sondern ein Vorteil. Der bewegliche Hals macht sie zu überaus wendigen Jägern.
Die äußeren Gliedmaßen, die die strömungsgünstige Köperform beeinträchtigen würden und nicht zurückgebildet werden konnten, wurden im Laufe der Entwicklung in den Körper verlegt. Cetaceen haben keine Ohrmuscheln, wie Landsäugetiere. Ihre Ohren sind von außen nur als kleines Loch erkennbar. Die Funktion der äußeren Ohren wurde durch ein Fettorgan ersetzt („akustisches Fett", hauptsächlich im Unterkiefer), um die Hörfähigkeit unter Wasser zu verbessern.
Die Brustdrüsen und die männlichen Geschlechtsorgane verbergen sich in Hautfalten des Hinterleibs. Wie männliche Delfine trotz der Körpertemperatur von 37 °C die Produktion ihrer Spermien aufrechterhalten, wurde zuerst an Großen Tümmlern erforscht.
Da Spermien temperaturempfindlich sind, wurden bei allen Landsäugern die Hoden außerhalb des Körpers verlegt. Damit die Spermien der Delfine im Körper „fit" bleiben und nicht überhitzen, haben Delfine eine Art „Hodenkühler" entwickelt. Dieser „Wärmetauscher" besteht aus zwei eng aneinander liegenden Blutgefäßen: Das warme, arterielle Blut, das vom Herzen zu den Hoden fließt, wird von einem Geflecht von Venen umspült. Dieses venöse Blut wurde zuvor an der Fluke, die nicht mit einer wärmeisolierenden Fettschicht umkleidet ist, abgekühlt. Die kalten, venösen Blutgefäße reduzieren die Temperatur des vorbeifließenden warmen, arteriellen Blutes und die Temperatur der Hoden um bis zu 1,3 °C.
Für die Erschließung der fast unerschöpflichen Nahrungsquellen in den polaren Gewässern war die Ausbildung einer dicken, isolierenden Fettschicht extrem wichtig. Im Wasser waren Wale von der Schwerkraft befreit und konnten fast beliebig wachsen und so auch das größte und schwerste Lebewesen unseres Planeten hervorbringen (Blauwal). An Land würden die meisten Wale von ihrem eigenen Gewicht erdrückt werden und müssten ersticken. Durch die Tragfähigkeit des Wassers wurden die Knochen weitgehend von ihrer Stütz- und Tragefunktion befreit. Cetaceen haben zudem Knochen mit einer geringen Knochendichte entwickelt, die eine Tarierung im Wasser ermöglichen.
Der notwendige Riesenwuchs wurde durch eine physikalische Eigenschaft begünstigt: Große Körper verlieren gegenüber kleineren Körpern weniger Energie (Wärme) über ihre Oberfläche, weil sie in Relation zur Masse des Körpers eine geringere Oberfläche aufweisen, über die Energie verloren gehen kann.
Das enorme Wachstum einiger Arten brachte jedoch auch Nachteile mit sich. Schnelligkeit und Wendigkeit gingen verloren. Um diesen Nachteil zu kompensieren, spezialisierten sich die Bartenwale auf die Jagd von langsam schwimmenden Kleintierschwärmen, die in unvorstellbarer Menge in kalten und polaren Gewässern leben.

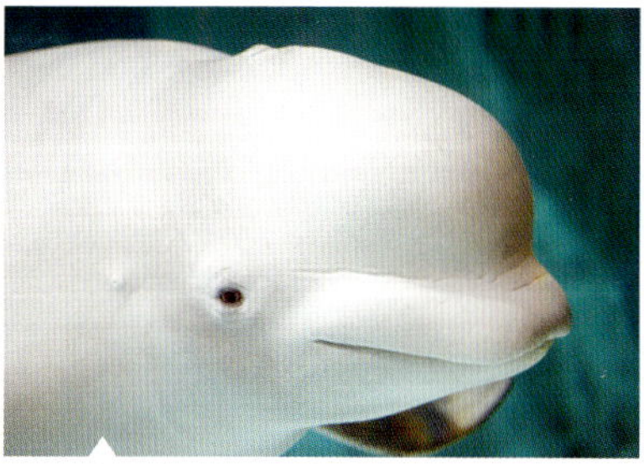

Auge, Ohr und Melone, Beluga

Shrimp-ähnliche Krebstierchen, Krill

Kehlfurchen, Buckelwal

Anpassung der Haut

Auch die Haut passte sich in erstaunlicher Weise dem ständigen Leben im Wasser an. Die Haut von Cetaceen ist nur schwach verhornt. Das wärmeisolierende, haarige Fell ihrer an Land lebenden Vorfahren ging aus strömungsdynamischen Gründen verloren. Einige Arten (z. B. ausgewachsene Glattwale) haben etwa 100 bis 300 kurze Borstenhaare an der Spitze des Oberkiefers und des Unterkiefers (bei Buckelwalen wächst eine grobe Borste, mit einer Länge von etwa 1 cm, aus jedem Tuberkel), die eine Tastfunktion haben könnten. Anstelle eines haarigen Fells entwickelten einige Cetaceen eine dicke Fettschicht (bei einigen großen Walen bis zu 60 cm dick, z. B. Grönlandwale) in der Unterhaut (Subcutis), die als Kälteschutz und Energiespeicher bei den Wanderungen und in ihren Reproduktionsgebieten dient.
Die isolierende Fettschicht bedeckt hauptsächlich den Rumpf und verhindert, dass überschüssige Wärme, die im Körperinneren bei der Muskelarbeit entsteht, abgebaut werden kann. Der Temperaturausgleich erfolgt hauptsächlich durch das Blutgefäßsystem sowie über die Fluke, die Rückenfinne und die Flipper, die nicht (oder nur in sehr geringem Maße) mit Fett bedeckt sind. Das warme Blut des Körpers wird in ein fein verzweigtes Blutgefäßsystem gepumpt, welches sich dicht unter der Hautoberfläche (besonders an der Fluke und den Flippern) befindet. Die oberflächennahen Arterien sind von einem Netz kleiner Venen umgeben, die wie eine Art „Rückflusskühler" fungieren. Dadurch wird das warme Blut abgekühlt und zurück in den Körper gepumpt.

Wenn ein Körper mit hoher Geschwindigkeit durch Wasser (oder durch Luft) gleitet, entstehen an seiner Oberfläche Verwirbelungen. Sie erzeugen einen enormen Widerstand und können die Geschwindigkeit um bis zu 50 % reduzieren. Delfinhaut, die mit feinen Rezeptoren durchzogen ist, registriert diese Verwirbelungen und lässt sofort mithilfe feinster Blutgefäße ein Rillenmuster entstehen, welches die Entstehung dieser Verwirbelungen im Ansatz verhindert. Feinste Öltröpfchen, die durch die Oberhautzellen abgesondert werden, erzeugen zusätzlich eine schmierende Wirkung und verbessern die Gleiteigenschaften.

Anpassung beim Nahrungserwerb

Zahnwale und Bartenwale haben sich auf sehr unterschiedliche Jagdtechniken und Ernährungsweisen spezialisiert.

Rechengebiss, Großer Tümmler

Borstenhaare, Südlicher Glattwal

Die meisten Zahnwale ernähren sich überwiegend von Fischen und Kopffüßern (Tintenfischen, Sepien und Kraken), die sie durch Einsaugen oder mithilfe der Zähne fangen (Fordyce & de Muizon, 2001) und unzerkaut verschlingen. Zum Fang dieser Beutetiere eignet sich das sogenannte „Rechengebiss" der Delfine und Schweinswale besonders gut. Ihre schmalen Kiefer bilden einen Schnabel und sind mit einer großen Anzahl gleichförmiger Zähne besetzt *(Homodontie)*. Die gleichartigen Zähne sind meist kegelförmig oder spatelförmig. Alle Cetaceen haben nur eine einzige Zahngeneration, also keine Milchzähne.
Alle Abweichungen von diesem Gebisstyp (z. B.: zahlenmäßiger Rückgang der Zähne, völliger Zahnverlust oder die Bildung von besonderen Zahnformen) sind weitere Anpassungen an die jeweilige Ernährungsweise.
Bartenwale ernähren sich im Gegensatz zu Zahnwalen ausschließlich von Krill und kleinen Schwarmfischen, die sie in unvorstellbar großen Mengen aus dem Wasser herausfiltern. Dazu dienen ihnen besondere Hornplatten, die sogenannten Barten.
Einige Bartenwale haben zusätzlich Kehlfurchen entwickelt (Furchenwale) und können dadurch das Volumen ihres Maules um ein Vielfaches vergrößern.
Bartenwale besitzen nur im Embryonalstadium rudimentäre Anlagen von Zähnen, die sehr früh restlos abgebaut werden (ein 63,5 cm langer Buckelwal-Fötus hatte zum Beispiel 74 bis 84 rudimentäre Zahnknospen in Ober- und Unterkiefer). Die Barten sind nicht wie die Zähne der Zahnwale fest im Knochen verankert, sondern sitzen dem Knochen nur oberflächlich auf. Ihre Verbindung mit dem Knochen erinnert an die Anlagerung der Hufe an die Zehenknochen bei Huftieren. Die Barten wachsen ein Leben lang immer wieder nach.
Studien von Peredo und Kollegen (2018) an einem fast komplett erhaltenen Schädel eines versteinerten Wals aus dem frühen Oligozän *(Maiabalaena nesbittae)* lassen vermuten, dass Bartenwale ihre Zähne verloren haben, lange bevor sie Barten zum Filtern von Plankton besaßen. Zähne und Barten kamen sehr wahrscheinlich nicht gleichzeitig an einem Tier vor. Der Schädel des 33 Millionen Jahre alten Walfossils aus Oregon hatte weder Zähne (keine Zahntaschen) noch Barten. Dieser Wal stellt eine überraschende Zwischenstufe zwischen modernen filtrierenden Walen und ihren Vorfahren mit Zähnen dar. Ein vergrößerter Knochen im hinteren Bereich des Mauls weist eine gewisse Ähnlichkeit mit Fischen auf, die sich durch Einsaugen der Beute ernähren. Möglicherweise ernährte sich der Wal durch Einsaugen der Beute, wie moderne Lachse und Forellen.
Die Barten entwickelten sich vor etwa 34 bis 24 Millionen Jahren. Sie stellen einen wichtigen Schritt in der Evolution von Cetaceen dar, weil sie

Kehlfurchen, Buckelwal

Bartenwalen ermöglichten, neue Nahrungsquellen zu erschließen: kleine Fische und Crustaceen, die in riesigen Mengen in kalten, nährstoffreichen Gewässern vorkommen.
Die hornartigen Barten befinden sich ausschließlich im Oberkiefer. Sie sind an ihrem inneren Rand ausgefranst und bilden einen gigantischen Filter zur Jagd auf kleine Beutetiere. Je nach Ernährungsweise können die Barten sehr unterschiedlich ausgebildet sein.

Anpassung der Sinne

Der für Landsäugetiere wichtige Geruchs- und Geschmackssinn wurde im Wasser unwichtig und hat sich zurückgebildet.
Das Sehvermögen wurde den veränderten Gegebenheiten im Wasser angepasst. Viele Cetaceen können über und unter Wasser gleich gut sehen, da sie über eine weiche und sehr elastische Linse verfügen, deren Form den unterschiedlichen Sehbedingungen angepasst werden kann. Generell ist das Sehvermögen für Wasserlebewesen nur in den oberen Wasserschichten, also maximal bis in Tiefen um 400 m, von Bedeutung, weil in größeren Tiefen völlige Dunkelheit herrscht.
Wissenschaftler des Max-Planck-Instituts für Hirnforschung (Frankfurt/M.), des Alfred-Wegener-Instituts (Bremen) und der Universität von Lund (Schweden) haben festgestellt, dass Wale und Delfine nur Grünzapfen und die für das Dämmerungssehen wichtigen Stäbchen-Photorezeptoren (Lichtsinneszellen) in ihrer Netzhaut haben. Da bei allen 14 untersuchten Zahnwalarten (Delfinen) die Blauzapfen fehlten, vermuten Peichl, Behrmann und Kröger, dass alle Wale und Delfine farbenblind sind. Mit nur einem Farbzapfentyp sind keine Farbunterscheidungen möglich. Menschen (und viele andere Primaten) haben 3 Typen von Zapfen-Photorezeptoren mit unterschiedlicher spektraler Empfindlichkeit in der Netzhaut: Blau-, Grün- und Rotzapfen (trichromatisches Farbensehen). Des weiteren sind bei Walen und Delfinen die Helligkeits- und Kontrastwahrnehmungen im blauen Bereich des Spektrums stark eingeschränkt (European Journal of Neuroscience, Vol. 13, 2001).

Barten, Buckelwal

Für ein Leben im Wasser ist dies jedoch nicht wichtig, da Farben schon in relativ geringer Wassertiefe ausgefiltert werden. Ab 10 m Wassertiefe sind keine roten Farben mehr erkennbar, ab 20 m fehlt gelb und in größeren Tiefen als 40 m erscheint alles einheitlich blau.

Räumliches Sehen ist nur möglich, wenn sich die Sehfelder beider Augen überschneiden, wie bei Delfinen mit einer schmalen Schnauze. Die Augen der Cetaceen sind in Relation zum Körper eher klein.

Die Augen bei den meisten Flussdelfinen haben sich so stark zurückgebildet, dass sie praktisch blind sind. Da sie meist in sehr trüben Gewässern leben und über eine extrem hochentwickelte Echolokalisation verfügen, ist dies jedoch kein Nachteil.

Delfine und andere Zahnwale haben ein sehr anspruchsvolles Sonar-System zur Orientierung und Navigation unter Wasser entwickelt. Die Echolokalisation gehört zu den wichtigsten und höchst entwickelten Sinnesleistungen in der Natur und bietet viele Vorteile. Schall wird unter Wasser viel besser (mit geringerem Verlust und über größere Entfernungen) geleitet als in der Luft. Alle Cetaceen haben einzigartige Systeme entwickelt, um Töne zu nutzen, aber nur bei Zahnwalen wurde nachgewiesen, dass sie echolokalisieren. Die Fähigkeiten von Zahnwalen, Sonar zu nutzen, kann es in flacher, lauter Umgebung mit jedem menschengemachten Sonar aufnehmen (Branstetter & Mercado III, 2006).

Wale und Delfine produzieren Töne hauptsächlich zur Kommunikation sowie bei der Jagd (um Beute aufzuspüren und zu fangen, Au, 1993) und zur Navigation (z. B. Echolokalisations-Klicks von Zahnwalen, um Hindernisse zu erkennen und ihnen auszuweichen, Clark & Ellison, 2004), um Wassertiefen zu erkunden (Tyack *et al.*, 2004) und um möglichen Räubern auszuweichen (Richardson *et al.*, 1995). Einige Cetaceen produzieren zusätzlich mechanischen Schall an der Wasseroberfläche (z. B. Springen oder mit der Fluke, bzw. mit den Flippern auf die Oberfläche schlagen).

Hochentwickelte Kommunikationsmethoden sind für soziale Strukturen in einer Gruppe unumgänglich und besonders auf offener See oder in extrem trüben Gewässern überlebenswichtig.

Delfine besitzen mit die höchstentwickelte Echolokalisation aller Lebewesen. Ihr Hörbereich reicht bis in Frequenzen um 220 kHz, also weit in den Ultraschallbereich hinein.

Delfine verfügen über eine stark ausgeprägte Melone, die ihnen eine präzise Echolokalisation ermöglicht. Die Melone und das Fettorgan im Unterkiefer bestehen aus sogenanntem „akustischem Fett". Durch die Melone werden Klicklaute wie durch eine „akustische" Linse gebündelt, be-

Große, kräftige, weniger stromlinienförmige Körperform, Buckelwal

Melone, Großer Tümmler

vor sie zielgerichtet ausgesendet werden. Schallwellen, die von einem Gegenstand reflektiert werden, werden hauptsächlich durch das Fettorgan im Unterkiefer aufgenommen und an das Gehirn weitergeleitet. Dort werden die Informationen zu einem präzisen Bild zusammengesetzt.

Die Echolokalisation umfasst verschiedene Frequenzbereiche. Die niederfrequenten Signale haben eine höhere Reichweite und liefern vermutlich mehr allgemeine Informationen z. B. über die Topographie des Gebietes oder des Bodens, Beschaffenheit der Küste oder die Anwesenheit anderer Tiere. Man schätzt die Reichweite dieser Signale auf über 800 m.

Je näher ein Tier oder Gegenstand geortet wird, desto wichtiger werden präzise Informationen. Es ist überlebenswichtig, rechtzeitig ein Beutetier von einem Feind unterscheiden zu können. Hierzu werden hochfrequente Töne zielgerichtet ausgesendet. Je näher ein Objekt ist, desto höher wird die Frequenz der ausgesendeten Signale und desto präziser werden die Informationen. In diesem Stadium folgen die Klicks so schnell aufeinander, dass sie sich für menschliche Ohren wie ein Knarren anhören.

Schallwellen dieser Art übermitteln mehr Informationen als Lichtwellen. Sie ermöglichen ein dreidimensionales Bild und liefern Informationen über Material- und Oberflächenbeschaffenheit des reflektierten Objekts. Sie können sogar teilweise die Oberfläche durchdringen und Informationen über den inneren Aufbau eines Hohlkörpers liefern. Bartenwale sind mehr auf die Wahrnehmung und Aussendung von extrem tiefen Frequenzen spezialisiert und haben kein vergleichbar hochentwickeltes Echoorientierungssystem wie Delfine entwickelt.

Die Möglichkeit, von Schwertwalen angegriffen zu werden, kann die Echolokalisation einiger Arten beeinflussen. Zum Beispiel nutzen Schnabelwale ihre Echolokalisation nur, wenn sie in größeren Tiefen tauchen, als Schwertwale erreichen können, und Schweinswale limitieren ihre Echolokalisation auf ein schmales Band unter 100 kHz, um das Risiko, von Schwertwalen angegriffen zu werden, zu minimieren (Kyhn *et al.*, 2013).

Der magnetische Sinn dient der Navigation. Ähnlich wie bei Fledermäusen, Vögeln, Fischen, Meeresschildkröten oder unterirdisch lebenden Nagetieren funktioniert er bei Cetaceen über das Erdmagnetfeld. Schwankungen im Erdmagnetfeld können durch Eisenoxydkristalle (Magnetitkristalle) im Kopf registriert und gedeutet werden.

Walauge, Walläuse, Südlicher Glattwal

Bartenwale

Südlicher Glattwal
Eubalaena australis
—Southern Right Whale

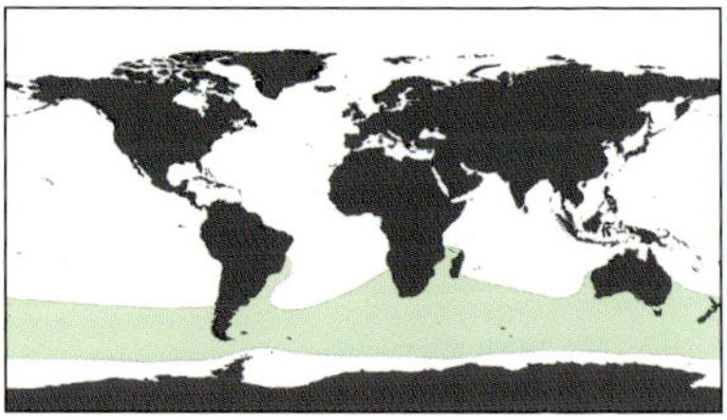

Körperlänge: adult 13–18 m; Weibchen etwas größer als Männchen (max.: Weibchen 18 m, Männchen 17 m)
Gewicht: adult 40–80 t (max.: 90–100 t, Weibchen)
Körperform: kräftig, massig, plump, sehr breiter Rücken; Fettschicht bei trächtigen Walkühen am dicksten (bis 26 cm, Miller *et al.*, 2011)
Südlicher, Atlantischer Nördlicher und Pazifischer Nördlicher Glattwal:
Körperfarbe: normalerweise fast durchgehend schwarz oder dunkelbraun (einige graue oder braune Flecken); dunkle Bauchpigmentierung unterbrochen durch einige unregelmäßige, individuelle weiße Flecken; nur Südlicher Glattwal: einige Farbvarianten (z. B. hellbraun, blauschwarz, teilweise weiß (generell stark gesprenkelt, etwa 3–6 % weiße oder hellgraue Blessen auf dem Rücken (nicht bei nördlichen Arten)
Kopf: Mundlinie auffällig stark gewölbt (ungewöhnliche Schädelform); etwa 3–4 m; groß in Relation zum Körper (mehr als 25 % der Körperlänge); auffällige, arttypische Kopfschwielen (hornartige Auswüchse): eine größere über den Augen wird „Augenbraue" genannt, vor und hinter den Blaslöchern „Sülleiste" und „Wucherung hinter dem Blasloch", am Kinn „Bart", auf Ober- und Unterkiefer „Lippenfleck", größte, auffälligste Kopfschwiele mittig auf Oberkiefer „Bonnet" oder „Mütze", bei Bullen ausgeprägter als bei Weibchen, werden zur Identifizierung von Einzelindividuen genutzt, (Funktion bis heute unbekannt); Kopfschwielen werden kurz nach Geburt von hellen, weißlich-grauen Seepocken und Walläusen (*Cyamidae*) besiedelt (unbekannt ob Seepocken und Walläuse parasitär oder symbiotisch sind); etwa 100–300 kurze Borstenhaare an Spitze des Ober- und Unterkiefers (möglicherweise Tastfunktion)
Kehlfurchen: keine
Blas: 5–6 m hoch, v-förmig, links etwas höher als rechts
Blaslöcher: 2, v-förmig angeordnet

Südliche Glattwale sind trotz ihres massigen Körpers sehr oberflächenaktiv.

Flipper: bis zu 1,7 m lang; groß, breit, kräftig, spatenförmig, beidseitig dunkel
Fluke: 5–6 m breit, bis 40 % der Körperlänge
Rückenfinne: keine
Barten: 200–270 je Oberkieferseite; schwarz bis dunkelgrau (braun); bis 2,8 m lang; Gesamtgewicht 1–2 t
Lebensalter: etwa 70 Jahre (möglicherweise über 100 Jahre)

VERBREITUNGSGEBIETE

Sie sind ausschließlich auf der südlichen Hemisphäre zu finden, meist zwischen 18 °S und 55 °S. Gelegentlich wurden sie auch schon bis 65 °S gesichtet. Sie leben in kalten und kalt-gemäßigten Gewässern, bevorzugt in Küstennähe und seltener auf hoher See (z. B. bei den Wanderungen).
Zur Reproduktion halten sie sich im nördlichen Bereich ihres Verbreitungsgebietes auf, bevorzugt küstennah und in geschützten Buchten und wärmeren Gewässern. Ihre Nahrungsgebiete liegen im südlichen Bereich ihres Verbreitungsgebietes.

VERHALTEN

2008 berichteten Sironi und Kollegen von zwei Fällen, bei denen Südliche Glattwale in Argentinien eine Margariten-Formation bildeten, als die Gruppen 1972 und 1975 von Schwertwalen angegriffen wurden. Bei einer Margariten-Formation richten die Wale ihre Köpfe zur Mitte und die Fluken nach außen, den Angreifern entgegen.
Weitere Informationen, siehe Pottwal

Südlicher und Atlantischer Nördlicher Glattwal:
Sie liegen, besonders in den Reproduktionsgebieten, häufig regungslos an der Oberfläche und ruhen. In den Paarungsgebieten der Südlichen Glattwale an der Halbinsel Valdes (Argentinien) nutzen dies Dominikaner-Möwen *(Larus dominicanus)* aus. Sie ernähren sich dort, indem sie Haut und Fett aus den Rücken ruhender Südlicher Glattwale picken und dabei tiefe Wunden erzeugen. Beide Arten sind trotz ihres massigen Körpers überraschend oberflächenaktiv. Sie sind bekannt für häufiges Umschauen („spyhopping") sowie für Sprünge und das Schlagen mit den Flippern oder der Fluke auf die Wasseroberfläche. Der Grund für das Schlagen mit der Fluke ist nicht bekannt. Möglicherweise dient dieses Verhalten der Kommunikation, denn der Aufprall ist unter Wasser kilometerweit zu hören. Es kann auch eine sehr effektive Verteidigungsmethode sein und in den Reproduktionsgebieten ein Ausdruck von Aggression gegenüber Nebenbuhlern.
In Reproduktionsgebieten können Sprünge auch Ausdruck von Imponiergehabe oder Aggression gegenüber Nebenbuhlern darstellen oder einen wiederholten Wettstreit zwischen männlichen Rivalen. Zudem ist es eine wirkungsvolle Methode, um sich von Parasiten zu befreien. Glattwale sind sehr neugierig und verspielt. Sie berühren Objekte, die an der Oberfläche treiben, und nähern sich Booten. Sie lassen es auch zu, dass Boote sich ihnen nähern.

Die arttypische Kopfschwiele über den Augen wird „Augenbraue" genannt.

Sie schlagen häufig mit der Fluke auf die Wasseroberfläche.

Südlicher, Atlantischer Nördlicher und Pazifischer Nördlicher Glattwal:
Sie leben normalerweise in Gruppen von 1–5 Individuen. In nährstoffreichen Gewässern bilden sich gelegentlich Ansammlungen von bis zu 30 Tieren.
Der kräftige Körperbau weist darauf hin, dass sie außerordentlich langsame Schwimmer sind. Normalerweise schwimmen Glattwale mit Geschwindigkeiten von 2–5 km/h. In extremen Situationen können sie kurzzeitig Geschwindigkeiten von 10–15 km/h erreichen.
Wenn es Glattwalen in den Reproduktionsgebieten durch die dicke, isolierende Fettschicht zu warm wird, stellen sie sich kopfüber und halten ihre Fluke senkrecht über Wasser („segeln"), um ihre Körpertemperatur zu senken. Dicht unter der Hautoberfläche der Fluken (und der Brustflossen) verfügen Wale über ein fein verzweigtes Kapillargefäßsystem. Das warme Blut des Körpers wird in dieses Kapillarsystem gepumpt. Durch Verdunstungskälte, die durch Wind an der feuchten Flukenoberfläche entsteht, wird das Blut abgekühlt und zurück in den Körper geleitet.

TAUCHVERHALTEN

Südlicher, Atlantischer Nördlicher und Pazifischer Nördlicher Glattwal:
Sie können Tiefen von 200 m erreichen. Je nach Region und Aktivität dauern die Tauchgänge bis 22 min. Die durchschnittliche Tauchzeit bei den Wanderungen und in den Reproduktionsgebieten beträgt 4–15 min. Bei der Nahrungsaufnahme tauchen sie 10–20 min. Besonders nach einem langen Tauchgang ist ihr lautes Ausatmen weithin zu hören. Zum Abtauchen in größere Tiefen heben sie die Fluke aus dem Wasser. In Paarungsgebieten tauchen sie häufig in der Nähe der Abtauchstelle auf. Wenn sie an der Oberfläche sind, ist sowohl der Kopf als auch ein Teil des Rückens über Wasser sichtbar.

NAHRUNG

Die Nahrungsgebiete der Südlichen Glattwale liegen in hohen südlichen Breitengraden. Dort produziert das kalte, nährstoffreiche Wasser große Mengen an Plankton. Sie ernähren sich hauptsächlich von Krill *(Euphausia superba)*, Kopepoden *(Calanoida)* und anderen Crustaceen sowie Krill-Larven aller Entwicklungsstadien, meist in Oberflächennähe. Nur gelegentlich ergänzen sie ihre Nahrung durch kleine, schwarmbildende Fische.

Südlicher, Atlantischer Nördlicher, Pazifischer Nördlicher Glattwal und Grönlandwal:
Sie sind Nahrungsopportunisten. Sie fressen jede Beute, die nicht schnell genug schwimmen kann, um zu entkommen, konzentriert genug ist, um effizient gefressen zu werden, und eine Größe hat, die sie effektiv mit ihren Barten aus dem Wasser filtern können.
Sie sind sogenannte „Abschöpfer". Sie fangen die Beute, indem sie mit gleichmäßiger, langsamer Geschwindigkeit und weit geöffnetem Maul durch nährstoffreiches Wasser schwimmen. Das Wasser fließt durch die Barten seitlich aus dem Maul, während der Krill sich dort verfängt. Ab und zu wird das Maul geschlossen, um den Krill mit der Zunge abzustreifen und zu verschlingen.

Südlicher, Atlantischer Nördlicher und Pazifischer Nördlicher Glattwal:
In den Nahrungsgebieten beträgt der tägliche Nahrungsbedarf adulter Glattwale vermutlich bis zu etwa 5 t (Savoca *et al.*, 2021). Sie benötigen etwa 400.000 Kalorien pro Tag.

HOT SPOTS

Je nach Jahreszeit in verschiedenen Gebieten, bei unterschiedlichen Aktivitäten, in Küstennähe
Reproduktionsgebiete: (Wintermonate) in den Paarungsgebieten in geschützten Buchten:
Südamerika: an Argentiniens Küste, hauptsächlich in den Buchten der Halbinsel Valdes (Golfo Nuevo und Golfo S. José, Patagonien) und Brasilien (Santa Catarina)
Südafrika: hauptsächlich entlang der Kap-Küste zwischen Muizenberg und Woody Cape (z. B. Walkers Bay bei Hermanus und Klippen bei De Kelders)
Australien: hauptsächlich in zahlreichen Buchten der Südküste Westaustraliens, Südaustraliens und Tasmaniens
Neuseeland: hauptsächlich vor Auckland und Campbell Island

Zum Abtauchen in größere Tiefen heben sie die 5 bis 6 Meter breite Fluke aus dem Wasser.

Nahrungsgebiete: sommerliche Nahrungsgebiete sind nicht mit Sicherheit bekannt, die IWC (Internationale Walfang-Kommision) weist folgende Gebiete aus: Brasilien, False Banks, die Falklandinseln (30 °S bis 50 °S.), Südgeorgien und Shag Rocks (53 °S), Tristan da Cunha (40 °S.), Antarktische Halbinsel (60 °S bis 70 °S)

REPRODUKTION

Geschlechtsreife: ab 9–10 Jahre; ab einer Körperlänge von 13 m

Geburtszyklus: etwa alle 3 Jahre 1 Kalb (bei schlechter Nahrungslage alle 5 Jahre)

Südlicher, Atlantischer Nördlicher und Pazifischer Nördlicher Glattwal:

Paarungszeit: Wintermonate (bis Frühling)

Tragzeit: 10–12 Monate

Geburtsgröße: 4–5 m

Geburtsgewicht: etwa 1 t

Säugezeit: 12–14 Monate

Reproduktionsrate: (je nach Gebiet) jährlicher Populationszuwachs von 5–16 %

Es wurde dokumentiert, dass weibliche Südliche Glattwale mit dem Bauch nach oben an der Oberfläche schwammen (möglicherweise, um eine Paarung zu verhindern), während einige Männchen versuchten, sie umzudrehen, um sich mit ihnen zu paaren (Kraus & Hatch, 2001; Sironi, 2004).

Südlicher, Atlantischer Nördlicher und Pazifischer Nördlicher Glattwal:

Sie bevorzugen in den Reproduktionsgebieten Wassertiefen von 13–19 m und Wassertemperaturen von 13–16 °C. Das Wachstum der Kälber ist im ersten Lebensjahr sehr schnell: Von Geburt bis Entwöhnung verdoppelt sich Körperlänge auf 9–11 m; danach wachsen sie langsamer; nach 2 Jahren haben sie eine Körperlänge von 12–13 m. Walbullen haben mit Abstand die größten und schwersten Hoden im Tierreich. Diese können bis zu 2 m lang und 1 t schwer werden; ihr Gehirn wiegt dagegen nur 80 kg. Ihre Penislänge beträgt 1,8 m. Paarungsaktivitäten bei allen 4 Glattwal-Arten finden normalerweise zwischen einem Weibchen und mehreren Männchen statt; ein Weibchen kann sich an einem Tag mit mehreren Männchen paaren (Kraus & Hatch, 2001; promiskuitives Paarungsverhalten, D'Agostino *et al.*, 2017).
Walbullen sind mehr an der eigenen erfolgreichen Paarung interessiert, als ihre Nebenbuhler daran zu hindern; für erfolgreiche Fortpflanzung ist „sperm competition" (Wettkampf der Spermien) wichtiger als „social competition" (Konkurrenzverhalten, Mate *et al.*, 2005). Der Erfolg der Paarung wird durch Menge und/oder Qualität des Samens bestimmt.

WISSENSWERTES

Wissenschaftler haben 6 Südliche Glattwale in ihren Reproduktionsgebieten in Australien und Neuseeland markiert (drei in der Großen Australischen Bucht, zwei vor den Auckland Inseln in Neuseeland und einen in der Piratenbucht in Tasmanien). Die markierten Wale legten auf ihrem Weg in die Nahrungsgebiete Entfernungen von 645–6.381 km zurück. Im Durchschnitt benötigten sie dafür 78,5 Tage (Mackay & Goldsworthy, 2015).

Südliche Glattwale beherbergen hauptsächlich drei Arten von Walläusen auf ihrer Haut: *Cyamus erraticus*, *Cyamus gracilis* und *Cyamus ovalis*. Diese können nur durch Körperkontakt von einem Individuum zum anderen übertragen werden. Jede Wallaus-Art hat eine bestimmte räumliche Verteilung auf dem Körper von Südlichen Glattwalen. Kurz nach der Geburt der Kälber besiedeln normalerweise *Cyamus erraticus* zunächst den Kopf. Nach wenigen Monaten wandern sie zu Körperteilen mit weicherer Haut (z. B. Genital- und Brustdrüsenschlitze bei Erwachsenen), während der Kopf hauptsächlich von *Cyamus gracilis* und *Cyamus ovalis* besiedelt wird.

Wegen des hohen Profits gehörten Südliche Glattwale mit zu den ersten Walen, die bereits im frühen 17. Jahrhundert intensiv bejagt wurden. Allein zwischen 1805 und 1844 wurden vermutlich über 50.000 Glattwale erlegt. Durch den industriellen Walfang wurde ihr Bestand schnell an den Rand der Ausrottung gebracht. Die heutigen Bestände sind nur noch Restpopulationen.

Obwohl alle Glattwal-Arten seit 1935 durch die IWC geschützt sind, zeigen nur die Bestände der Südlichen Glattwale Anzeichen einer Erholung des Bestands. Zählungen der Südlichen Glattwale in einigen Reproduktionsgebieten (Argentinien, Brasilien, Südafrika und Australien) haben gezeigt, dass sich der Bestand dieser Populationen alle 10–12 Jahre verdoppelt.

Südlicher und Atlantischer Nördlicher Glattwal:

Die Mütter beider Arten erzeugen keine normalen, lauten Töne, wenn sie mit ihren Kälbern kommunizieren. Sie nutzen stattdessen leise Grunzlaute, die nur in unmittelbarer Nähe wahrgenommen werden können. Vermutlich wollen sie vermeiden, Räuber auf sich aufmerksam zu machen. Die Flüsterlaute können nur bis zu einer Entfernung von etwa 300 m wahrgenommen werden. 2017 konnten Wissenschaftler auch bei Buckelwalen eine spezielle, leise Art der Kommunikation zwischen Müttern und ihren Kälbern nachweisen (Videsen *et al.*, 2017).

Südlicher, Atlantischer Nördlicher und Pazifischer Nördlicher Glattwal:

Südliche- und Nördliche Glattwale werden schon seit 1822 als eigenständige Arten anerkannt, obwohl sie fast gleich aussehen. Sie unterscheiden sich hauptsächlich durch ihre geographische Trennung und kleine Unterschiede im Schädel (der Anordnung und der Form des Alisphenoid-Knochens). Äußerlich unterscheiden sie sich geringfügig durch die Menge der Kopfschwielen. Meist haben Südliche Glattwale am Unterkiefer mehr, dafür oben auf dem Kopf weniger Schwielen als Nördliche Glattwale.

Aufgrund von DNA-Untersuchungen wird seit dem Jahr 2000 eine Population im nördlichen Pazifik, die bis dahin als Unterart der Nördlichen Glattwale galt, als dritte Art anerkannt: Pazifischer Nördlicher Glattwal *(Eubalaena*

Abschöpfen, das Wasser fließt durch die Barten, der Krill verfängt sich in ihnen.

japonica). Da sich alle drei Arten nicht begegnen, ergibt sich daraus folgende neue Einteilung:
Atlantischer Nördlicher Glattwal *(Eubalaena glacialis)*, nördlicher Atlantik
Pazifischer Nördlicher Glattwal *(Eubalaena japonica)*, nördlicher Pazifik
Südlicher Glattwal *(Eubalaena australis)*, südliche Hemisphäre

Ein Team von internationalen Wissenschaftlern hat den Zustand von mehr als 500 Glattwal-Körpern mit Drohnen verglichen (Atlantische Nördliche Glattwale vor der Küste Nordamerikas und Südliche Glattwale vor Argentinien, Australien und Neuseeland). Die Atlantischen Nördlichen Glattwale erschienen dünner und ungesünder als Südliche Glattwale. Die stillenden Südlichen Glattwal-Mütter vor Neuseeland hatten einen 25 % höheren Körperzustandswert als die Mütter im Nordatlantik. Dies liegt möglicherweise an einem geringeren Einfluss der Fischerei und weniger Schiffsverkehr im südlichen Ozean. Das Fett ist wichtig für die Schwangerschaft und die Ernährung eines schnell wachsenden Kalbs, denn gegen Ende der Schwangerschaft, bei der Wanderung und in den ersten Monaten nach der Geburt nehmen die Mütter keine Nahrung zu sich (New Zealand Environment, 2020). Zudem wurde festgestellt, dass die Körperlänge von Atlantischen Nördlichen Glattwalen seit 1981 geringer geworden ist (Stewart *et al.*, 2021).
Das Alter ist bei Walen nur schwer festzustellen. Der älteste, eindeutig identifizierte Glattwal lebte im Nordatlantik. Am 24. März 1935 wurde an der Küste vor Fort Lauderdale (Florida, USA) eine Glattwalkuh mit ihrem Kalb harpuniert. Das Kalb wurde getötet, die Mutter entkam. Im April 1959 wurde sie vor Cape Cod fotografiert (von William E. Schevill) und eindeutig identifiziert. Sie konnte auch in den Jahren 1980, 1985 und 1992 fotografiert werden. Am 13. August 1995 wurde sie auf hoher See entdeckt. Sie hatte eine große, klaffende Wunde am Kopf, möglicherweise von einer Schiffskollision, die sie unmöglich überlebt haben kann. Wenn man annimmt, dass sie 1935 mindestens 10 Jahre alt gewesen sein muss (Geschlechtsreife ab 9 Jahre plus 1 Jahr Tragzeit), dann war sie 1995 bereits 70 Jahre alt und wäre wahrscheinlich älter geworden.
Glattwale sind erstaunlich häufig an Kollisionen mit Schiffen beteiligt. Der Grund dafür liegt möglicherweise darin, dass sie oft langsam schwimmen und dicht unter der Oberfläche ruhen.
Glattwale haben eine dicke Fettschicht (Blubber), die 40 % des Gesamtgewichts ausmacht. Als Bewohner sehr kalter Meere benötigen sie diese dicke Blubberschicht zur Isolation gegen das kalte Wasser. Zusätzlich dient sie als Nahrungsdepot bei den Wanderungen und in den Reproduktionsgebieten.
Schwertwale (möglicherweise auch Kleine Schwertwale) und große Haie (bei Jungtieren) sind die einzigen natürlichen Feinde von Glattwalen.
Den englischen Namen „Right Whale" haben Glattwale von den alten Walfängern erhalten. Sie waren die „richtigen Wale" für die Jagd, weil sie sich in den Reproduk-

Die arttypischen Kopfschwielen werden zur Identifizierung von Einzelindividuen genutzt.

Die Mundlinie ist auffällig stark gewölbt.

tionsgebieten bevorzugt in Küstennähe aufhielten, man sich ihnen leicht nähern konnte, Walkühe ihre harpunierten Kälber nicht verließen, sie langsame Schwimmer waren und ihre Kadaver wegen der dicken Blubberschicht an der Oberfläche trieben. Zudem war die Jagd auf sie äußerst lukrativ.

Die Walfänger waren am Fett und besonders an den Barten interessiert. Der Blubber wurde zerkleinert und zu Öl verkocht. Die hornartigen Barten, die eine Länge von 2,8 m und ein Gewicht von 2 t haben können, wurden wegen ihrer Biegsamkeit bis Mitte des 19. Jahrhunderts unter anderem zu Korsettstangen und Regenschirmgestellen verarbeitet.

Glattwale produzieren normalerweise Töne, die zwischen 30 und 500 Hz liegen und Obertöne von bis zu 5 kHz, mit einer Dauer von 0,2–3,8 sec. Am häufigsten wurde ein aufsteigender Ton von 30–450 Hz, mit einer Dauer von 0,2–2,7 sec aufgezeichnet (in der englischen Glattwal-Literatur wird er häufig als „upcall" bezeichnet). Es scheint sich um einen ersten Kontaktruf zu handeln, z. B. um andere Tiere zu finden und mit ihnen in Kontakt zu treten. Es gibt Variationen in der Ruf-Struktur, die möglicherweise den Produzenten der Töne identifizieren (Erbe *et al.*, 2017).

Laute, breitbandartige, impulsive „Gewehrschuss-Rufe" wurden bei Südlichen- (Clark, 1983) wie auch bei Atlantischen Nördlichen- und kürzlich auch bei Pazifischen Nördlichen Glattwalen dokumentiert (Crance *et al.*, 2017). Sie waren häufiger während der Tauchgänge als an der Oberfläche zu hören, und endeten Sekunden vor dem Blas, nur um kurz nach dem Abtauchen fortgesetzt zu werden. Sie wurden in Intervallen und als einzelne Rufe, mit Frequenzen von 100–2.000 Hz und einer durchschnittlichen Dauer von 0,27 sec aufgezeichnet (sie können bis zu 1,25 sec dauern). Diese impulsiven „Gewehrschuss-Rufe" können möglicherweise als Werbeverhalten zur Reproduktion dienen (Parks & Tyack, 2005; Parks *et al.*, 2011) oder als kämpferisches, drohendes Signal über größere Distanzen gegenüber anderen Männchen, da sie hauptsächlich von Männchen produziert werden.

Allerdings wurde kürzlich auch beobachtet, dass ein weiblicher Atlantischer Nördlicher Glattwal impulsive „Gewehrschuss-Rufe" produzierte. Dies könnte ein Anzeichen von Stress bedeuten. Eine weitere mögliche Erklärung für die impulsiven „Gewehrschuss-Rufe" wäre, dass sie produziert werden, um Informationen über die Bodenbeschaffenheit zu erhalten oder um ausreichend konzentrierte Bereiche mit Beute auszumachen (Tyack & Clark, 2000). In jedem Fall spielen impulsive „Gewehrschuss-Rufe" eindeutig eine wichtige Rolle in der Kommunikation (Crance *et al.*, 2017).

WISSENSCHAFTLICHER NAME

Eubalaena australis (Desmoulins, 1822)

Der Gattungsname *Eubalaena* setzt sich zusammen aus dem griechischen *eu*, was so viel wie „echt" oder „wahr" bedeutet, und dem lateinischen *balaena* für „Wal". Damit wird ihr massiger, kräftiger Körper beschrieben. Die lateinische Artbezeichnung *australis* bedeutet „aus der Südhemisphäre" und bezieht sich auf ihr südliches Verbreitungsgebiet (Leatherwood & Reeves, 1983).

Atlantischer Nördlicher Glattwal

Eubalaena glacialis
—North Atlantic Right Whale

Körperlänge: adult 13–19 m; Weibchen etwas größer als Männchen (max.: Weibchen 19 m, Männchen 17 m)
Gewicht: adult 40–70 t (max.: 90–100 t, Weibchen)
Körperform: kräftig, massig, plump, sehr breiter Rücken; Fettschicht bei trächtigen Walkühen am dicksten (bis 22 cm, Miller *et al.*, 2011)
Weitere Informationen, siehe Südlicher Glattwal

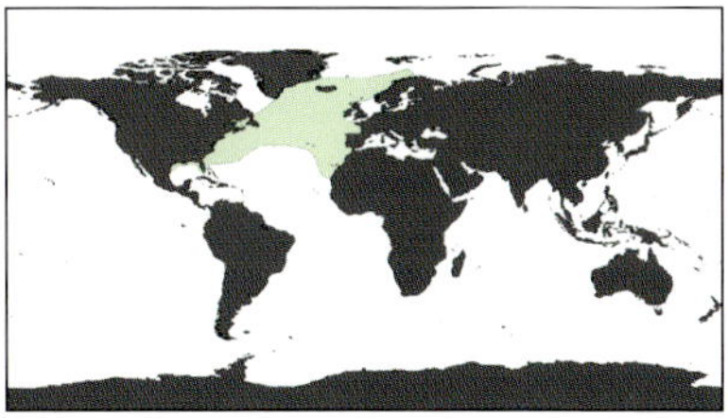

VERBREITUNGSGEBIETE

Der Lebensraum der Atlantischen Nördlichen Glattwale beschränkt sich fast ausschließlich auf den westlichen Nord-atlantik, vorwiegend zwischen 20 °N und 60 °N, in kalten, gemäßigt kalten und subpolaren Gewässern. In den nördlichen Wintermonaten versammeln sie sich in niedrigeren Breiten zur Reproduktion. Dort halten sie sich häufig in Küstennähe oder über dem Kontinentalschelf auf. Im Frühling und Sommer wandern sie zur Nahrungsaufnahme in höhere Breiten, auch in offene Gewässer.

Früher waren Atlantische Nördliche Glattwale beidseits des Nordatlantiks weit verbreitet. Heute sind sie im östlichen Nordatlantik ausgerottet. Im westlichen Nordatlantik hat eine kleine Restpopulation überlebt.

VERHALTEN

Obwohl Atlantische Nördliche Glattwale die ersten Wale waren, die intensiv zu kommerziellen Zwecken bejagt wurden, sind sie bis heute sehr wenig erforscht.
Weitere Informationen, siehe Südlicher Glattwal

TAUCHVERHALTEN

Informationen, siehe Südlicher Glattwal

NAHRUNG

Die Nahrungsgebiete der Atlantischen Nördlichen Glattwale liegen in hohen nördlichen Breitengraden des Atlan-

Sprünge können auch Ausdruck von Imponiergehabe sein.

Die Blaslöcher sind v-förmig angeordnet.

tiks. Dort produziert das kalte, nährstoffreiche Wasser große Mengen an Plankton. Sie ernähren sich hauptsächlich von kleinerem Zooplankton, besonders von Kopepoden der Art *Calanus finmarchicus* und anderen Kopepoden sowie Krill *(Euphausiacea)*, schwarmbildenden Larven und gelegentlich von kleinen Fischen, meist in Oberflächennähe. In der Bay of Fundy (Nova Scotia) wurden sie beim Fressen von Salpen (Manteltiere) beobachtet.
Weitere Informationen, siehe Südlicher Glattwal

HOT SPOTS
Je nach Jahreszeit in verschiedenen Gebieten, bei unterschiedlichen Aktivitäten, in Küstennähe. Sichtungen sind wegen ihres geringen Restbestands sehr selten:
Reproduktionsgebiete: (Winter) entlang der Küstengewässer Nordamerikas, vor Georgia und nordöstlich von Florida. Es ist das einzig bekannte Reproduktionsgebiet.
Nahrungsgebiete: (Sommer) im westlichen Nordatlantik: Golf von Maine, an der südlichen Spitze von Nova Scotia (Kanada), Cape Cod (USA), Fundy-Bay (Nova Scotia), Grand Maman Insel und Browns Bank

REPRODUKTION
Geschlechtsreife: ab 9–12 Jahre; ab einer Körperlänge von 13 m
Geburtszyklus: alle 3–4 Jahre 1 Kalb
Weitere Informationen, siehe Südlicher Glattwal

WISSENSWERTES
Atlantische Nördliche Glattwale waren die ersten Wale, die von den Basken (im 10. Jahrhundert) intensiv bejagt wurden. Die östliche Nordatlantik-Population war wegen des hohen Profits bereits im 16. Jahrhundert ausgerottet. Der Walfang verlagerte sich daraufhin auf den westlichen Nordatlantik. Allein zwischen 1805 und 1844 wurden vermutlich über 50.000 Glattwale erlegt.
Vor den Zeiten des Walfangs waren sie in ihren Verbreitungsgebieten sehr zahlreich vertreten, heute gelten sie nicht nur als eine der seltensten Arten aller großen Wale, sie gehören sogar zu den seltensten aller Meeressäuger. Der Bestand der Atlantischen Nördlichen Glattwale wird auf einige wenige hundert Tiere im gesamten Nordatlantik geschätzt.
Nach Jahrzehnten mit einer langsamen Erholung werden Atlantische Nördliche Glattwale in den letzten Jahren von der industriellen Fischerei bedroht, durch die zunehmende, schwere, kommerzielle Fischereiausrüstung, die auf dem Meeresboden versenkt wird, um Hummer, Eismeerkrabben *(Chionoecetes opilio)* und Große Schweinsfische (Westatlantischer Lippfisch, *Lachnolaimus maximus*) vor der Ostküste Nordamerikas zu fangen. Etwa 50 Wale verfangen sich jedes Jahr in den Tauen, die an den Fallen auf dem Meeresboden und den Bojen befestigt sind (The Guardian, 2017).
Ein Bericht der Marine Animal Response Society und der Canadian Wildlife Health Cooperative aus dem Jahr 2019 zeigt, dass Schiffsunfälle eine große Gefahr für

diese bedrohte Art in kanadischen Gewässern darstellen. 2019 wurden neun Glattwale tot im und um den Sankt-Lorenz-Golf gefunden. In den letzten 25 Jahren starben 25 Tiere in den Gewässern Kanadas (CBC News, 2020).

Zudem fanden Forscher heraus, dass Atlantische Nördliche Glattwale wegen der steigenden Wassertemperaturen durch Klimaveränderungen immer weniger der bevorzugten Beute *(Calanus finnmarchicus)* in ihren angestammten Nahrungsgebieten im Golf von Maine finden.

Neuere Studien lassen vermuten, dass nicht mehr die gesamte Population jährliche Wanderungen unternimmt. Passive akustische Aufzeichnungen (bei denen am Meeresgrund Aufzeichnungsgeräte entlang der Küste montiert wurden) enthüllten, dass Atlantische Nördliche Glattwale seit 2010 im Sommer und Herbst mehr Zeit in den mittleren Regionen des Atlantiks verbringen und weniger im nördlichen Golf von Maine und in den Gewässern vor Cape Hatteras (North Carolina). In den Wintermonaten sind sie in den meisten Gebieten weit verbreitet (Davis *et al.*, 2017).

In den letzten Jahren schienen sie sich weniger häufig in der Fundy-Bay aufzuhalten. Stattdessen kann man sie ganzjährig entlang der gesamten Ostküste Nordamerikas sichten, wo sie in der Vergangenheit nur innerhalb weniger Wochen vorbeischwammen. Zudem werden sie häufiger in der Cape Cod-Bay beobachtet.

Sichtungen wurden in den letzten Jahren von Jacksonville (Florida) bis Nova Scotia von Ende Oktober bis Anfang April gemeldet. Sie wurden auch häufiger weiter nördlich bis zum Golf von St. Lawrence gesichtet sowie bei Island und Grönland zwischen Juli und Oktober. Weitere Veränderungen ihres Verbreitungsgebiets sind möglich, wenn die Wassertemperaturen weiter steigen und dadurch Bewegungen zu Regionen mit bevorzugten Wassertemperaturen und der Verfügbarkeit von Beute verursachen (Davis *et al.*, 2017).

Atlantischer Nördlicher Glattwal und Pazifischer Nördlicher Glattwal:

Durch den industriellen Walfang waren in den frühen 1900er Jahren beide Arten am stärksten dezimiert und schnell an den Rand der Ausrottung gebracht. Beide Arten wurden schon 1935 durch die IWC unter Schutz gestellt. Respektiert wurde der Schutz erst seit den 1970er Jahren.

Weitere Informationen, siehe Südlicher Glattwal

Informationen zu archäologischen Fundstellen, siehe Grauwal

WISSENSCHAFTLICHER NAME

Eubalaena glacialis (Müller, 1776)

Informationen zum Gattungsnamen, siehe Südlicher Glattwal

Der lateinische Artname *glacialis* bedeutet „eisig“ und bezieht sich auf ihr Verbreitungsgebiet an der nördlichen Eisgrenze.

Die Barten können eine Länge von 2,8 Meter erreichen und 1–2 Tonnen wiegen.

Pazifischer Nördlicher Glattwal
Eubalaena japonica
—North Pacific Right Whale

Körperlänge: adult 13 bis über 19 m (die größte der drei Glattwal-Arten); Weibchen etwas größer als Männchen (max.: Weibchen über 19 m, Männchen 17 m)
Gewicht: adult 40–70 t (max.: 90–100 t, Weibchen)
Körperform: kräftig, massig, plump, sehr breiter Rücken
Weitere Informationen, siehe Südlicher Glattwal

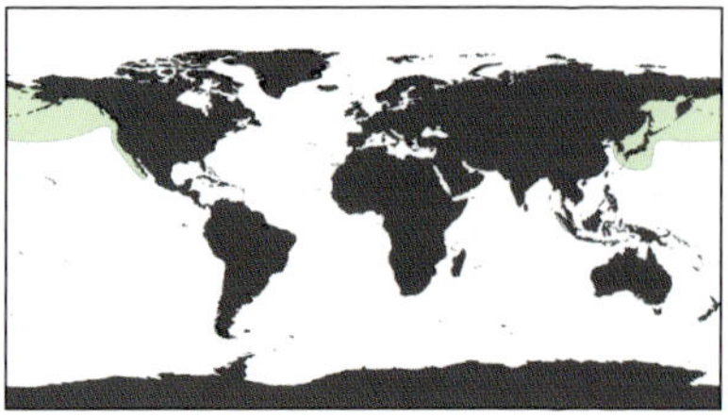

VERBREITUNGSGEBIETE
Zu Beginn des kommerziellen Walfangs bevölkerten Pazifische Nördliche Glattwale den gesamten Nordpazifik, von Japan über das Beringmeer nach Nordalaska. Sie sind vorwiegend nördlich 40 °N verbreitet.
Heute leben nur noch geschätzt einige hundert Tiere im Ochotskischen Meer und weniger als 100 Exemplare im restlichen Nordpazifik (im südöstlichen Beringmeer, bei den Aleuten und im nördlichen Golf von Alaska). Bestimmte Fortpflanzungsgebiete sind unbekannt. Sie scheinen im Frühjahr Richtung Norden und im Herbst Richtung Süden zu wandern. Möglicherweise bevorzugen Pazifische Nördliche Glattwale zur Reproduktion, im Gegensatz zu den anderen Glattwalen, Gewässer der offenen See.

VERHALTEN
Über ihr Verhalten ist nur sehr wenig bekannt, möglicherweise ähnelt es dem der Atlantischen Nördlichen Glattwale.
Weitere Informationen, siehe Südlicher Glattwal

TAUCHVERHALTEN
Informationen, siehe Südlicher Glattwal

NAHRUNG
Ihre Nahrungsgebiete liegen in den hohen nördlichen Breitengraden des Pazifiks. Dort produziert das kalte,

Die Fluke kann eine Spannweite von 5–6 Meter erreichen.

nährstoffreiche Wasser große Mengen an Plankton. Pazifische Nördliche Glattwale ernähren sich hauptsächlich von kleinerem Zooplankton, besonders von Kopepoden der Art *Calanus finmarchicus* und anderen Kopepoden, sowie Krill *(Euphausiacea)* und schwarmbildenden Larven sowie gelegentlich von kleinen Fischen, meist in Oberflächennähe.
Weitere Informationen, siehe Südlicher Glattwal

HOTSPOTS

Wegen des geringen Restbestands sind Sichtungen von Pazifischen Nördlichen Glattwalen sehr selten. In den nördlichen Sommermonaten sind sie mit viel Glück im Ochotskischen Meer und im südöstlichen Beringmeer zu sehen (April bis November).

REPRODUKTION

Das Reproduktionsverhalten von Pazifischen Nördlichen Glattwalen ähnelt möglicherweise dem der Atlantischen Nördlichen Glattwale.
Geschlechtsreife: ab 9–11 Jahre; ab einer Körperlänge von 13 m
Geburtszyklus: etwa alle 3–4 Jahre 1 Kalb
Weitere Informationen, siehe Südlicher Glattwal

WISSENSWERTES

In früheren Zeiten waren Pazifische Nördliche Glattwale in den Wintermonaten im südlichen Japanischen Meer, der Straße von Taiwan, bei den Bonin-Inseln (Japan) und der Baja California (Mexiko) verbreitet.
Sie waren vor den Zeiten des Walfangs in ihren Verbreitungsgebieten ausgesprochen zahlreich vertreten. Allein in den Jahren zwischen 1839 und 1909 wurden schätzungsweise 26.000–37.000 Tiere erlegt (etwa 80 % der Population, Scarff, 2001). Bis 1900 waren die östliche und die westliche Population im Wesentlichen kommerziell ausgerottet, trotzdem wurden noch einige Individuen in den folgenden Jahren gejagt.
Heute gelten sie nicht nur als eine der seltensten Arten aller großen Wale, sie gehören sogar zu den seltensten aller Meeressäuger. Es gibt nur noch weniger als 100 Pazifische Nördliche Glattwale im gesamten Nordpazifik. Der Bestand wird durch zunehmenden Schiffsverkehr, Unfälle mit Schiffen, zunehmende Lärmbelästigung sowie Klimaveränderung und neue Schiffsrouten durch schmelzendes Eis bedroht (Center for Biological Diversity, 10. März 2022).
Weitere Informationen, siehe Südlicher Glattwal und Atlantischer Nördlicher Glattwal

WISSENSCHAFTLICHER NAME

Eubalaena japonica (Lacépède, 1818)
Informationen zum Gattungsnamen, siehe Südlicher Glattwal
Der Artname *japonica* bezieht sich nur auf einen Teil des Verbreitungsgebiets (Japan).

Durch den v-förmigen Blas sind sie schon aus großer Entfernung zu erkennen (links etwas höher als rechts).

Grönlandwal

Balaena mysticetus
—Bowhead

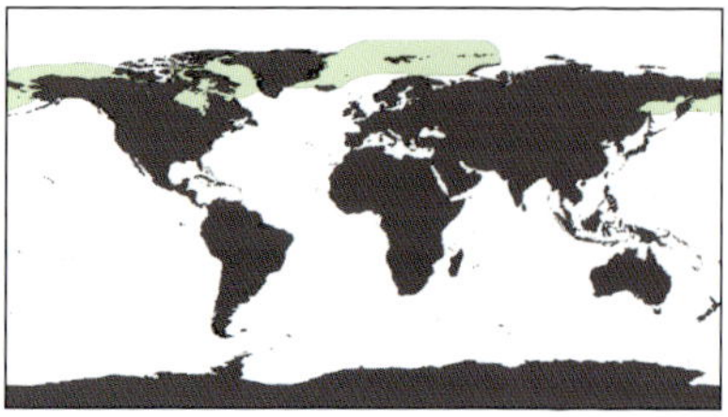

Körperlänge: adult 12–20 m; Weibchen etwas größer als Männchen (max.: Weibchen 20 m, Männchen 18 m)
Gewicht: adult 90–100 t
Körperform: extrem kräftig, massig, plump; bei ruhiger See erscheinen an Oberfläche 2 unterschiedlich geformte „Buckel" über Wasser (ein kleinerer, dreieckiger wird vom Kopf gebildet, der größere, runde vom Rücken entsteht durch breite Vertiefung hinter Blaslöchern, durch die der „Hals" untergetaucht bleibt); glatte, extrem dicke Haut (bis 2,5 cm), Blubberschicht (bis 28 cm)
Körperfarbe: fast durchgehend schwarz, oder dunkelbraun mit einigen grauen oder braunen Flecken; fast durchgehend dunkler Bauch (selten durch eine hellgrauweiße Pigmentierung um die Genital- und Analregion unterbrochen)
Kopf: Kopf, Oberkiefer und Mundlinie stark gewölbt (engl.: „Bowhead", Bogenkopf); groß in Relation zum Körper (etwa 40 % der Körperlänge, über 5 m lang); keine Schwielen (hornartige Auswüchse) und Seepocken; Besonderheit: charakteristische, unregelmäßig geformte, weiße Pigmentierung am Kinn (individueller „Kinnfleck", wird zur Identifikation von Individuen genutzt), auf „Kinnfleck" befinden sich nebeneinander aufgereihte dunkle Pigmentflecken („Halskette")
Kehlfurchen: keine
Blas: 7–8 m hoch, v-förmig
Blaslöcher: 2, paarig v-förmig angeordnet
Flipper: groß, breit, kräftig, spatenförmig, beidseitig dunkel
Fluke: 6 m breit; beidseitig dunkel
Rückenfinne: keine
Barten: 230–360 je Oberkieferseite; schwarz; bis 5,2 m lang, Gesamtgewicht bis 2 t
Lebensalter: unbekannt, möglicherweise bis 200 Jahre

VERBREITUNGSGEBIETE

Grönlandwale haben das nördlichste Verbreitungsgebiet aller Bartenwale. Sie leben nur in hohen Breiten der nördlichen Hemisphäre, in kalten, arktischen und subarktischen Gewässern, oft in Küstennähe. Die saisonale Ver-

Auf dem weißen Kinnfleck befinden sich nebeneinander aufgereiht dunkle Pigmentflecken („Halskette").

breitung wird durch die Ausdehnung des Packeises stark beeinflusst.
Die meiste Zeit halten sie sich entlang der Packeisgrenze in der Arktis, hauptsächlich um Alaska herum, auf. Im Sommer folgen sie der schmelzenden Eiskante nach Norden und verbringen die meiste Zeit in relativ eisfreien Gewässern. Dort versammeln sie sich zum Fressen in Gebieten, in denen riesige Mengen Zooplankton produziert werden. Im Winter weichen sie dem sich ausdehnenden Eis Richtung Süden aus.

VERHALTEN

Wegen des schlecht zugänglichen Lebensraumes und des inzwischen geringen Bestandes gehören Grönlandwale zu den am wenigsten erforschten Walen. Der kräftige Körperbau weist darauf hin, dass sie außerordentlich langsame Schwimmer sind. Normalerweise sind sie mit Geschwindigkeiten von 2–5 km/h unterwegs, selten bis 8 km/h. In extremen Situationen können sie kurzzeitig Geschwindigkeiten von 10 km/h erreichen. In den Reproduktionsgebieten schwimmen sie gelegentlich mit offenem Maul an der Oberfläche, auch wenn keine Nahrung im Wasser vorhanden ist.
Sie leben meist solitär oder in kleinen Gruppen bis 3 Individuen entlang der arktischen Eisgrenze. Bei den Wanderungen, in nährstoffreichen Gewässern oder in ihren Reproduktionsgebieten bilden sich gelegentlich auch größere Gruppen, die in V-Formation schwimmen. Vor der Zeit des kommerziellen Walfangs sollen diese Verbände aus bis zu 100 Einzeltieren bestanden haben. Häufig trifft man Grönlandwale in Gesellschaft von Narwalen und Belugas, mit denen sie sich den arktischen Lebensraum teilen. Komplexe, niederfrequente Rufe sind häufig, zumindest bei der Wanderung, einige können als Lieder arrangiert sein.
Oberflächenaktivitäten wie Springen, Fluke- und Flipperschlagen oder „spyhopping" sind bei Grönlandwalen nur selten zu beobachten. Aufgrund ihres enormen Gewichtes ist es verständlich, dass sie beim Sprung nur mit dem vorderen Teil ihres Körpers aus dem Wasser steigen.
Jungtiere sind oft neugierig und spielen mit Gegenständen, die an der Oberfläche treiben. Die Bindung zwischen Walkuh und ihrem Kalb ist sehr eng.
Von allen großen Walen sind Grönlandwale am besten an ein Leben in eisig kalten Gewässern angepasst. Die Fettschicht kann bis zu 28 cm dick sein. Im Winter kommen Grönlandwale oft an der Eiskante und im Packeis vor, gelegentlich tauchen sie auch weit unter die geschlossene Eisdecke. Wenn sie keine freien Stellen zum Atmen finden, können sie mit ihrem großen Schädel und ihrem massigen Körper bis zu 60 cm dickes Eis durchbrechen. Wissenschaftler vermuten, dass sie auch dickeres Eis durchstoßen können. Es ist möglich, dass sie mit Hilfe von Lauten die Stärke des Eises ausloten können und so vermeiden, dass sie bei ihren Wanderungen unter zu dickes Eis geraten. Im Frühling nutzen sie Risse und Eiskanäle, um in Gebiete vorzudringen, die für sie im Winter wegen der dicken Eisdecke unzugänglich waren.

V-förmig angeordnete Blaslöcher.

Vier Grönlandwale wurden von einem Wissenschaftlerteam in den Gewässern des Cumberland Sounds (Baffin Island, Nunavut) dabei beobachtet, wie sie ihre Körper an großen Felsbrocken rieben, um die Haut abzuscheuern (Fortune *et al.*, 2017).
Informationen zu nichtreproduktivem Sexualverhalten, siehe Großer Tümmler

TAUCHVERHALTEN

Grönlandwale können Tiefen von 200–300 m erreichen. Je nach Region und Aktivität dauern die Tauchgänge 3–30 min. Die maximale Tauchzeit liegt möglicherweise bei 60 min. Lange Tauchzeiten sind überlebenswichtig, um unter dem Eis Atemlöcher zu finden.
Zum Abtauchen heben sie ihre Schwanzflosse nur wenig aus dem Wasser. Meist bleibt dabei die rechte Fluken-Spitze im Wasser oder knapp darüber, während die linke Fluken-Spitze höher angehoben wird. So entsteht der Eindruck, als würde die Schwanzflosse beim Abtauchen nach rechts wegkippen. In Paarungsgebieten tauchen sie oft in der Nähe ihrer Abtauchstelle auf.

NAHRUNG

Das Nahrungsspektrum von Grönlandwalen umfasst etwa 60 Arten. Ihre Hauptnahrung besteht aus kleinem bis mittelgroßem Zooplankton, besonders Ruderfußkrebse (6 Arten von *Copepoda*) und Krill (Leuchtgarnelen, *Euphausiacea*). Sie fressen aber auch Flohkrebse *(Amphipoda)*, kleine Schwebegarnelen *(Mysida)* sowie zahllose andere Wirbellose und kleine Fische.
Sie fressen sowohl nahe der Oberfläche als auch in Tiefen von bis zu 100 m und nehmen die Nahrung vermutlich nicht wie Grauwale vom Meeresboden auf, obwohl in ihren Mägen gelegentlich bodennah lebende Organismen gefunden wurden. In den Sommermonaten nehmen sie täglich bis zu etwa 6 t Nahrung zu sich (Savoca *et al.*, 2021). Erwachsene Wale benötigen im Jahr schätzungsweise 100 t Nahrung.
Weitere Informationen, siehe Südlicher Glattwal

HOT SPOTS
Sichtungen sind sehr selten. Im Frühjahr (Mai bis Juni), je nach Ausdehnung des Packeises, gute Sichtungsmöglichkeiten vor Point Barrow (Alaska) in Küstennähe und in der Isabella Bay (Nunavut, Kanada, wichtiges Sommer-Gebiet).
Es gibt 5 bekannte Populationen:
3 Populationen im Nordatlantik: Barentssee (Spitzbergen, Svalbard, Grönland, Norwegen und Russland), Davisstraße, Baffin-Bay (Grönland und Kanada), Fox-Becken, Hudson-Straße (Kanada)
2 Populationen im Nordpazifik: Ochotskisches Meer (Russland und Japan), Beringmeer, Tschuktschen- und Beaufort-See (Alaska, sowie Kanada und Russland)

REPRODUKTION
Geschlechtsreife: ab etwa 15 Jahre; Weibchen ab 12–14 m, Männchen ab 12–13 m
Paarungszeit: Wintermonate (bis Frühling)
Tragzeit: 13–14 Monate
Geburtszyklus: alle 3–4 Jahre 1 Kalb
Geburtsgröße: 4–5 m
Geburtsgewicht: etwa 1 t
Säugezeit: 5–6 Monate, Entwöhnung ab einer Körperlänge von 6–8 m
Akustische Kommunikation scheint besonders in Reproduktionsgebieten sehr wichtig zu sein. Die Wale sind dort stimmlich besonders aktiv und kommunizieren über 5–10 km Entfernung miteinander.
Weitere Informationen, siehe Südlicher Glattwal

WISSENSWERTES
Ausgewachsene Grönlandwale haben die längsten Barten aller Wale. Sie können 5,2 m lang werden und ein Gewicht von 2 t erreichen. Allein die Zunge eines Grönlandwals kann eine Länge von 2 m, eine Breite von 3 m und ein Gewicht von fast 900 kg haben.
Die durchschnittliche Lebenserwartung ist unbekannt. Anhand von Harpunenspitzen im Körper erlegter Grönlandwale wird vermutet, dass sie wohl weit älter als 100 Jahre werden können. Im Mai 2007 wurde in einem 45 t schweren, vor Alaska erlegten Grönlandwal die Spitze einer Harpune gefunden, die aus dem Jahr 1890 stammt. Wissenschaftler schätzten das Alter dieses Wals auf 115–130 Jahre. Das Alter einer steinernen Harpunenspitze, die im Körper von Wal „92B2" gefunden wurde, stimmte mit dem geschätzten Alter dieses Wals von 133 Jahren überein (George *et al.*, 1999). Frühere Funde von Harpunen in ihren Körpern deuten ebenfalls auf eine sehr lange Lebensdauer hin (George & Bockstoce, 2008). Wetzel und Kollegen (2017) nutzten eine spezielle Methode, um das Alter von Grönlandwalen abzuschätzen. Sie analysierten dafür die Augenlinsen von 68 Grönlandwalen und fanden weitere Bestätigungen dafür, dass einige Grönlandwale ein Alter von annähernd 200 Jahren

Die schwarzen Barten können eine Länge von 5,2 m und ein Gewicht von 2 t erreichen.

oder mehr erreichen können. Dies bestätigt frühere Ergebnisse anderer Wissenschaftler (George *et al.*, 1999). Kate Stafford und Kollegen (2018) fanden heraus, dass Grönlandwale ein überraschend abwechslungsreiches, sich ständig veränderndes Stimmrepertoire haben. Die Wissenschaftler nahmen 184 verschiedene Lieder zwischen 2010 und 2014 östlich von Grönland auf. Die Wale sangen laut, über 24 Stunden, von November bis April. Die Daten lassen vermuten, dass Grönlandwale ein unterschiedliches, sich ständig änderndes Repertoire komplexer Lieder, mit bestimmten musikalischen Phrasen erlernen. Die Lieder werden nicht über die Jahre wiederholt, sondern jedes Jahr hat einen neuen Satz von Liedern. Es ist nicht bekannt, ob nur die männlichen Grönlandwale diese Lieder produzieren, ob die Individuen die Lieder miteinander teilen und warum sie sie verändern.

Im Gegensatz zu den gut untersuchten, komplizierten Paarungsgesängen der männlichen Buckelwale in ihren Reproduktionsgebieten, mit den regelmäßig wiederholten „Strophen", die ständig weiterentwickelt (und zu jeder neuen Saison verändert) werden, sind die Lieder der Grönlandwale unterschiedlich. „Wenn die Lieder der männlichen Buckelwale wie klassische Musik sind, sind die Lieder der Grönlandwale mehr wie Jazz." (Kate Stafford, University of Washington)

Schwertwale sind die einzigen natürlichen Feinde der Grönlandwale (4–8 % haben Narben von Orcas). Möglicherweise hängt ihre bevorzugte Nähe zur Eisgrenze nicht nur mit dem Nahrungsaufkommen zusammen, sondern stellt auch einen gewissen Schutz vor Schwertwalen dar. Durch den Klimawandel und den Rückgang des Meereises in den letzten Jahren können Grönlandwale jedoch anfälliger für Angriffe von Schwertwalen werden. Zum ersten Mal haben Wissenschaftler um Amy Willoughby (NOAA Fisheries Affiliate, University of Washington) direkte Beweise gefunden, dass Angriffe von Schwertwalen die hauptsächliche Todesursache von Grönlandwalen in der amerikanischen pazifischen Arktis (nordöstliche Tschuktschen-See und westliche Beaufort-See) sind. Wegen der geringeren Menge an Meereis im Sommer und Herbst können die Grönlandwale ihren Räubern nicht mehr entkommen, indem sie in dickeres Eis fliehen.

Der Verlust von Meereis könnte das Verhalten von Grönlandwalen beeinflussen: Der Druck durch ihre Jäger könnte sie zwingen, weiter in die offene See zu schwimmen oder sich näher an der Küste in flachem Wasser aufzuhalten. Die zunehmende Anwesenheit von Schwertwalen könnte das Fressverhalten stören und das wärmere Wasser könnte ihre Nahrung beeinflussen. Zudem könnte der Rückgang des Meereises den Schiffverkehr und die kommerzielle Fischerei in diesen Gewässern verstärken (NOAA, 2020). Grönlandwale werden von Inuits schon seit 2.000 Jahren für Öl und zur Ernährung gejagt. Seit dem Jahr 1611 werden Grönlandwale kommerziell bejagt (anfangs nur im nordöstlichen Atlantik). Grönlandwale waren früher so häufig anzutreffen, dass sie von den britischen Walfängern als „Common Whale" („Gewöhnlicher Wal") bezeichnet wurden. Wegen ihrer langsamen Schwimmweise, der extrem dicken Fettschicht und der sehr langen Barten galten sie als lohnenswerte Beute. Schon im frühen 18. Jahrhundert waren Grönlandwale in der Umgebung von Spitzbergen fast ausgerottet. Der Fang verlagerte sich daraufhin in die Gewässer zwischen Grönland und Kanada. Im 18./19. Jahrhundert waren auch diese Bestände so stark dezimiert, dass die Jagd nicht mehr lukrativ war. Ab Mitte des 19. Jahrhunderts wurde das Jagdgebiet im Beringmeer und damit auf die pazifischen Grönlandwale eröffnet, mit dramatischen Folgen. Auch sie wurden nahezu ausgerottet.

Bei ruhiger See erscheinen 2 „Buckel" über Wasser.

Grönlandwale und Grauwale wurden mit Gründung der IWC 1946 als erste Walarten unter Schutz gestellt. Der gesamte Grönlandwal-Bestand scheint sich inzwischen geringfügig zu erholen. Wie Beobachtungen der letzten 30 Jahre ergaben, ist dies hauptsächlich auf den jährlichen Zuwachs von etwa 3 % der Bering-Tschuktschen-Beaufort Population zurückzuführen.

WISSENSCHAFTLICHER NAME

Balaena mysticetus Linnaeus, 1758

Der lateinische Gattungsname *balaena* bedeutet „Wal". Der Artname *mysticetus*, setzt sich aus dem griechischen *mystakos* für „Bart" (stammt möglicherweise von *mystax, mystakos* ab) und dem lateinischen *cetus* oder dem griechischen *ketos* für „Wal" zusammen. Der wissenschaftliche Name bedeutet so viel wie „Wal mit Bart". Damit wird auf die kurzen, kräftigen Barthaare am Unterkiefer hingewiesen.

Nach dem „Oxford English Dictionary" könnte der Artname *mysticetus* auch auf die *„Historia Animalium III, 10"* von Aristoteles (4. Jahrhundert v. Chr.) zurückgeführt werden: Aristoteles schrieb, dass sie keine Zähne in ihrem Maul haben, aber Haare oder Borsten wie sie Schweine auf dem Rücken besitzen.

Zwergglattwal
Caperea marginata
—Pygmy Right Whale

Körperlänge: adult 4–6,5 m (die kleinsten Bartenwale); Weibchen etwas größer als Männchen (max.: Walkuh 6,5 m, Walbulle 6,1 m)
Gewicht: adult 3-3,5 t
Körperform: klein, stromlinienförmig, schlank
Körperfarbe: Rücken: dunkel- bis mittelgrau mit einigen blassen Streifen (auch an Seiten), bei einigen Tieren zwei winkelförmige Zeichnungen auf dem Rücken und den Seiten; Bauch: hellgrau bis weiß; im Alter wird die Körperfarbe dunkler; gelegentlich helle Flecken auf Rücken (ovale Narben von Plätzchenstecher-Leuchthaien, *Isistius brasiliensis*)
Kopf: Oberkiefer und Mundlinie leicht gebogen; Kopf dunkel gefärbt, ohne Schwielen und Seepockenbewuchs (etwa 25 % der Körperlänge)
Kehlfurchen: keine, aber 2 flache Kehlfalten (erinnern an die der Grauwale)
Blas: unscheinbar; kaum sichtbar (klein, oval)
Blaslöcher: 2, paarig angeordnet
Flipper: schlanke Form mit abgerundeten Enden, dunkel
Fluke: mediane Einkerbung, auf Oberseite dunkel, auf Unterseite hell mit dunklem Rand
Rückenfinne: deutlich abgesetzt, klein, sichelförmig
Barten: 213–262 je Oberkieferseite, elfenbeinfarben mit einem dunklen Rand (heben sich gut vom dunklen Kopf ab); bis 68 cm lang, sehr biegsam, widerstandsfähig
Lebensalter: unbekannt, möglicherweise 15 Jahre

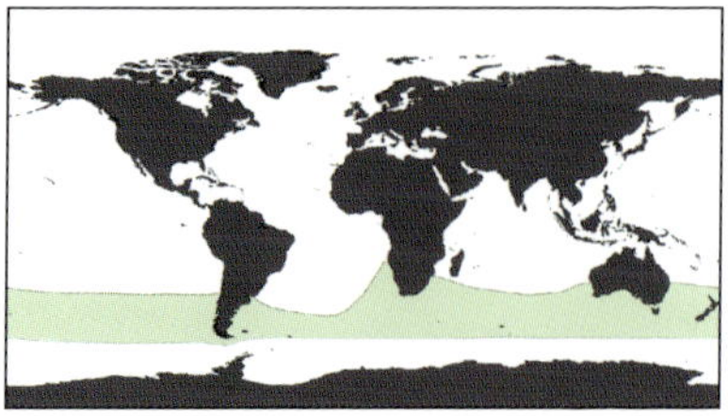

VERBREITUNGSGEBIETE
Zwergglattwale sind nur auf der südlichen Hemisphäre, zirkumpolar, in kühleren Gewässern der gemäßigten Breiten, vorwiegend zwischen 30 °S und 55 °S (gelegentlich bis 19 °S, im Benguela Strom südwestlich von Afrika über dem Kontinentalschelf) verbreitet. Sie bevorzugen Oberflächentemperaturen von 5–20 °C. In flachen Küstengewässern sind sie häufiger anzutreffen. Beobachtungen von Zwergglattwalen wurden hauptsächlich in Gebieten mit Aufwärtsströmungen und enormem Überschuss an

Zwergglattwale bleiben meist nur einige Sekunden an der Oberfläche.

Zooplankton gemeldet, besonders um Inseln oder Kontinente und an der subtropischen Konvergenz im Sommer.

VERHALTEN

Zwergglattwale gelten als scheue Tiere. Der kaum wahrnehmbare, kleine Blas, die geringen Oberflächenaktivitäten sowie die kurze Verweildauer an der Oberfläche (meist nur 4–5 sec) machen es schwer bis fast unmöglich, sie zu beobachten. Möglicherweise können sie nur von Experten eindeutig identifiziert werden. Es ist daher nicht verwunderlich, dass über ihr Verhalten nur sehr wenig bekannt ist. Sie gelten als langsame Schwimmer, können jedoch bei Bedarf kurzzeitig auf 11–15 km/h beschleunigen. Es gibt bisher nur sehr wenige gesicherte Sichtungen von Zwergglattwalen auf See. Meist waren sie solitär oder in Zweier-Gruppen unterwegs. Einige Male wurden Ansammlungen von 14 Tieren, einmal sogar von etwa 80-100 Zwergglattwalen, beobachtet (1992, Indischer Ozean, etwa 740 km südlich von Cape Leeuwin, Südwestaustralien). Bei den meisten Sichtungen waren sie in Begleitung anderer Cetaceen (Grindwale, Seiwale, Minkwale und Delfine). Bei den Sichtungen in der Nähe von Zwergwalen könnte es sich jedoch auch, wegen der großen Ähnlichkeit, um Verwechslungen handeln.

TAUCHVERHALTEN

Zwergglattwale halten sich nur selten länger als 4–5 sec an der Oberfläche auf. Ihre Tauchgänge dauern 4–5 min. Ihre maximale Tauchtiefe ist unbekannt. Die Tatsache, dass das Herz und die Lungen relativ klein sind, lässt geringe Tauchtiefen vermuten. Beim Schwimmen bewegen sie den Körper wellenförmig.
Sie tauchen, wie Zwergwale, oft mit der Schnauzenspitze zuerst auf. Beim Auftauchen erscheinen der Kopf und der unscheinbare, kaum sichtbare Blas vor der Rückenfinne an der Oberfläche.

NAHRUNG

Magenanalysen von zwei Zwergglattwalen, die von einem russischen Walfänger erlegt wurden, und von einem gestrandeten Jungtier lassen darauf schließen, dass sich Zwergglattwale hauptsächlich von Kopepoden (Ruderfußkrebsen), kleinen Euphausiaceen (Leuchtgarnelen) und anderen kleinen Plankton-Arten ernähren. Ein jugendlicher Zwergglattwal wurde beim Fressen von Euphausiaceen-Larven beobachtet (Portland Harbour, West Victoria).

HOT SPOTS

Beobachtungen und bestätigte Sichtungen auf offener See sind selten. Die meisten Strandungen ereigneten sich bei Chile, an den Falklandinseln, Namibia, Südafrika, Nord- und Südinsel Neuseelands und an der Süd- und Ostküste Australiens. Vor Tasmanien leben möglicherweise einige ortstreue Populationen.

Sie tauchen oft mit der Schnauzenspitze zuerst auf.

REPRODUKTION

Geschlechtsreife: möglicherweise ab einer Körperlänge von mehr als 5 m
Paarungszeit: unbekannt, möglicherweise ganzjährig
Tragzeit: möglicherweise 10–12 Monate
Geburtsgröße: 1,6–2 m
Säugezeit: etwa 6–12 Monate, Entwöhnung ab einer Länge von 3–3,5 m

WISSENSWERTES

Sie sind die kleinsten und bis heute am wenigsten erforschten Bartenwale. Bis in die 1960er Jahre waren sie nur durch einige gestrandete Tiere bekannt. Diese Art wurde nie kommerziell bejagt.
Der Populärname „Zwergglattwal" könnte nahelegen, dass sie „Glattwale" sind. Sie wurden jedoch in eine separate Familie eingeordnet. Bei der Klassifizierung dieser Art besteht Uneinigkeit unter den Taxonomen. In einigen Studien werden sie mehr den Grauwalen *(Eschrichtius robustus)* oder den Furchenwalen *(Balaenopteridae)* zugeordnet als den Glattwalen *(Balaenidae)*. Genetische Untersuchungen legen nahe, dass sie eine eigenständige Familie *(Neobalaenidae)* bilden.
Bisher gibt es nur eine veröffentlichte wissenschaftliche Arbeit über Töne, die von Zwergglattwalen produziert werden. Sie werden als einfacher beschrieben als die, die von anderen Bartenwalen erzeugt werden. Zwergglattwale produzieren absteigende Töne zwischen 200 und 50 Hz, mit einer Dauer von 0,3 sec.

WISSENSCHAFTLICHER NAME

Caperea marginata (Gray, 1846)
Der Gattungsname *Caperea* stammt möglicherweise vom lateinischen *capero* und bedeutet so viel wie „ich bin runzlig" (Gotch, 1979). Dies könnte das runzelige Aussehen des Paukenbeins beschreiben (Das Paukenbein ist bei Säugetieren Teil des Schädelknochens, der den äußeren Gehörgang größtenteils umschließt). Die lateinische Artbezeichnung *marginata* bedeutet „umrandet" und beschreibt den dunklen Rand ihrer elfenbeinfarbenen Barten.

Grauwal
Eschrichtius robustus
—Gray Whale

Körperlänge: adult 11–15,3 m; Weibchen etwas größer als Männchen (max.: Weibchen 15,3 m, Männchen 14 m)
Gewicht: adult 15–35 t (max. 45 t)
Körperform: stromlinienförmig, recht kräftig
Körperfarbe: meist durchgängig grau gesprenkelt mit einigen helleren Flecken, kann auch blaugrau oder marmor-weiß sein; am Kopf und der Fluke viele auffällige, gelbliche Parasiten (Walläuse und Seepocken, Gesamtgewicht kann 100–200 kg betragen); Jungtiere meist dunkelgrau, werden heller wenn sie altern
Kopf: relativ lang und schmal; Kopf und Mundlinie von den Blaslöchern bis zur Maulspitze gebogen
Kehlfurchen: 2–7 ventrale Furchen; verlaufen parallel oder v-förmig zueinander
Blas: 3–4 m hoch
Blaslöcher: 2, paarig angeordnet
Flipper: spitze Enden; eher klein und paddelförmig
Fluke: 3–3,6 m Spannweite; in Relation zum Körper recht groß; leicht gefranste, konvexe Hinterkante, mit tiefer Einkerbung in der Mitte
Rückenfinne: keine; stattdessen kleiner Buckel und eine Reihe von etwa 8–14 kleinen Knubbeln
Barten: 130–180 je Oberkieferseite; gelblich bis cremefarben; kräftig; grob; 5–40 cm lang
Lebensalter: unbekannt, möglicherweise 75–80 Jahre

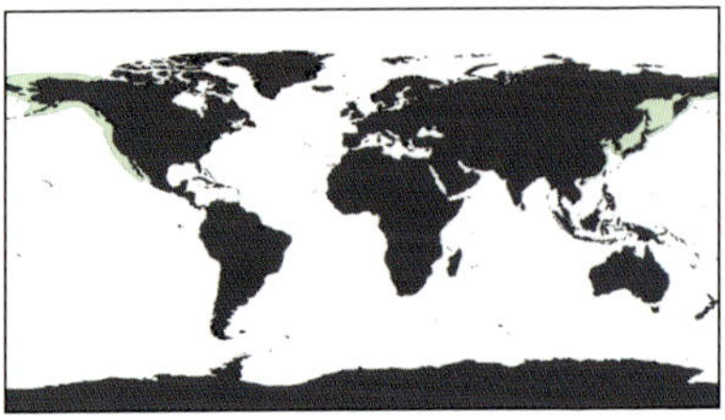

VERBREITUNGSGEBIETE

Grauwale leben ausschließlich im nördlichen Pazifik. Ihre langen, saisonalen Wanderungen erfolgen meist in Küstennähe. Wegen der überwiegend bodennahen Ernährungsweise ist ihr Lebensraum in den Nahrungsgebieten auf flache, küstennahe Gewässer über dem Kontinentalschelf beschränkt. Nur selten sieht man sie weiter als 20–30 km von der Küste entfernt.
Ihre Aufenthaltsgebiete variieren je nach Jahreszeit. Im Winter leben sie im östlichen Nordpazifik in den Buchten der Baja California (Mexiko). Im Sommer in den arktischen Nahrungsgebieten im Beringmeer, in der Tschuktschen- und Beaufortsee.
Eine sehr kleine, westliche Sub-Population (einige hundert Tiere) verbringt den Sommer im Ochotskischen Meer.

Die 2 bis 7 Kehlfurchen verlaufen parallel oder v-förmig zueinander.

Ihr Hauptnahrungsgebiet liegt vor der Nordostküste Kamtschatkas (Russland).

VERHALTEN

Grauwale sind sehr oberflächenaktiv und neugierig. Besonders in den Reproduktionsgebieten gehören sie zu den aktivsten großen Walen. Dort springen sie recht häufig und zeigen andere Oberflächenaktivitäten, wie „spyhopping" oder sie schlagen mit der Fluke und den Flippern auf das Wasser. Gelegentlich surfen sie sogar in den Wellen. Booten nähern sie sich meist ohne Scheu. In den Reproduktionsgebieten halten sich Walmütter mit ihrem Nachwuchs bevorzugt in flachen, geschützten Buchten auf, Walbullen dagegen eher außerhalb dieser Buchten. Grauwale leben normalerweise in Gruppen von 2–3 Tieren, selten in größeren Gruppen. Während der Wanderungen schwimmen sie gelegentlich in Gruppen von bis zu 16 Individuen.

Ihre saisonalen Wanderungen gehören mit einer Länge von 15.000–20.000 km (Hin- & Rückweg) zu den längsten der Säugetiere. Im Laufe ihres Lebens wandern Grauwale eine Strecke, die vergleichbar mit der zum Mond und wieder zurück ist. Ihre Wanderungen, die meist in Küstennähe erfolgen, unternehmen sie in kleinen Gruppen getrennt nach Geschlecht, Alter und Reproduktionsstatus. Dabei schwimmen sie Tag und Nacht mit gleichbleibender Geschwindigkeit. Bei einer durchschnittlichen Reisegeschwindigkeit von etwa 5–9 km/h legen sie 192 km am Tag zurück. Walkühe mit ihren Kälbern legen etwa 96 km pro Tag zurück. Grauwale können Geschwindigkeiten von bis zu 15 km/h erreichen. Der US-Biologe Bruce Mate und sein Team konnten nachweisen, dass die Grauwalkuh „Varvara" in knapp 6 Monaten 22.511 Kilometer zurückgelegt hat. Dies entspricht etwa einer halben Umrundung der Erde und gehört zu der längsten Strecke, die je von einem Säugetier dokumentiert wurde. Die neunjährige „Varvara" schwamm zu ihrem Reproduktionsgebiet in der Baja California (Mexiko) und zurück (von Sachalin zur Baja California vom 24.11.2011 bis 2.2.2012 und zurück vom 3.2.2012 bis 14.5.2012). Sie bewies dabei auch auf dem offenen Meer erstaunliche Navigationsfähigkeiten (Mate *et al.*, 2015).

„Varvara" gehört nicht zu der extrem stark dezimierten ostpazifischen Population, sondern zum westpazifischen Bestand, der sich wieder gut vom Walfang erholt hat. Vor Russland hat sie sich neue Nahrungsgründe erschlossen.

TAUCHVERHALTEN

Grauwale können 26 min tauchen und dabei Tiefen von 170 m erreichen. Beim Atmen ist die Schnauzenspitze nur selten über dem Wasser zu sehen. Erst wenn der Kopf untertaucht, erscheint der Rücken an der Oberfläche. Bevor sie einen tiefen Tauchgang unternehmen, krümmen sie ihren Rücken sowie die Schwanzwurzel und heben dann die Fluke aus dem Wasser.

Bei den Wanderungen tauchen sie in regelmäßigen Abständen von etwa 5–6 min auf. In den Reproduktions- und Nahrungsgebieten ist ihr Tauchverhalten unregelmäßig und sie ändern oft ihren Kurs.

NAHRUNG

Grauwale konsumieren während ihres 4–5-monatigen Aufenthaltes in den Nahrungsgebieten bis zu 180.000 kg Nahrung (etwa 1.200 kg/Tag). Grauwale sind die einzigen

Die Körperfarbe ist meist grau gesprenkelt mit helleren Flecken.

Die kräftigen, gelblich bis cremefarbenen Barten werden 5–40 cm lang.

Bartenwale, die sich vorwiegend von Organismen ernähren, die am Boden leben. Wenn es die Nahrungssituation erfordert, fressen sie auch im Freiwasser oder an der Oberfläche. Die Nahrungsaufnahme erfolgt in Tiefen von 4–120 m (meist oberhalb von 50 m).
Ihre Hauptnahrung besteht aus benthischen Organismen wie Amphipoden und Isopoden (Flohkrebse) sowie anderen Wirbellosen, bodennah lebenden Larven (z. B.: Krabben-Larven, Herings-Eier und Herings-Larven), Cephalopoden, Mysidaceen (Schwebegarnelen) und Polychaeten (Röhrenwürmer). Algen, die eher zufällig mit der Nahrung aufgenommen werden, können bis zu 35 % des Mageninhaltes ausmachen.
Die geringe Größe und Anzahl ihrer kräftigen Barten sind eng mit der bevorzugten Nahrung und der Nahrungsaufnahme verbunden. Zur Nahrungsaufnahme drehen sich Grauwale bevorzugt auf die rechte Seite, pflügen mit geöffnetem Maul über den Meeresboden und saugen die Sedimente mit der Nahrung auf. Dabei ziehen sie eine beachtliche Schlammwolke hinter sich her. Neben der Nahrung nehmen sie so auch Wasser, Bodenschlamm und Steine mit dem Maul auf. Diese besondere Fresstechnik führt dazu, dass die rechte Seite ihres Kopfes viele Kratzspuren aufweist. Auch die Barten der rechten Seite sind abgenutzter und kürzer als die der linken Seite. Der Grund für diese „Rechtsvorliebe" ist nicht bekannt.
Durch das Aufwühlen des Meeresbodens erfüllen Grauwale eine wichtige Funktion für das Ökosystem. Sie wühlen bis zu 150 Millionen Tonnen Sediment vom Meeresboden auf. Wichtige Nährstoffe, die das Wachstum von Phytoplankton begünstigen, werden so dem Kreislauf wieder beigemischt.

HOT SPOTS
Je nach Jahreszeit in verschiedenen Gebieten, bei unterschiedlichen Aktivitäten, auch in Küstennähe:
Reproduktionsgebiete: (Januar-März) küstennah in mexikanischen Fortpflanzungsgebieten an der Baja California (z. B. Magdalena-, San Ignacio- und Scammon's Bay, Laguna Ojo de Liebre, L. San Ignacio und L. Guerrero Negro)
Wanderung: März-Mai Richtung Norden zu Weidegründen; Oktober-Dezember Richtung Süden zu Reproduktionsgebieten entlang der Küste von Nordamerika und Kanada
Nahrungsgebiete: (Mai-September) Beringmeer, in der Tschuktschen- und Beaufortsee

REPRODUKTION
Geschlechtsreife: 6–12 Jahre; Weibchen ab 11,7 m, Männchen ab 11 m
Paarungszeit: Anfang Frühjahr
Geburtszyklus: etwa alle 2 Jahre 1 Kalb
Tragzeit: 11–13 Monate
Geburtsgröße: 4–5 m
Geburtsgewicht: etwa 900 kg
Säugezeit: 6–9 Monate
Die Kopulation erfolgt Bauch an Bauch. Die Paarungen finden in Gruppen von 20 Tieren statt, mit entsprechend hohem Aktivitätsgrad an der Oberfläche (Rollen, Wasserspritzen und Herumtollen). Der Wettkampf der Spermien („sperm competition") ist wahrscheinlich entscheidend für die Reproduktion. Die Kälber haben besonders in den ersten Lebensmonaten eine sehr enge soziale Bindung zu ihren Müttern.
Informationen zu nichtreproduktivem Sexualverhalten, siehe Großer Tümmler

Kälber halten engen Kontakt zu ihrer Mutter.

WISSENSWERTES

Grauwale und Grönlandwale wurden mit Gründung der IWC (Internationale Walfang Kommission) 1946 als erste Walarten unter Schutz gestellt. Bis zum 17. Jahrhundert waren Grauwale auch im nördlichen Atlantik weit verbreitet. Mit Beginn des kommerziellen Walfangs wurden sie jedoch im Atlantik schnell ausgerottet. Die östliche Nordpazifische Population hat sich inzwischen wieder gut erholt, von der westlichen haben dagegen nur einige hundert Tiere überlebt.

2010 wurde ein Grauwal im Mittelmeer vor Spanien und vor Israel gesichtet. Ein Grauwal, der zwischen dem 4. Mai und dem 9. Juli 2013 vor der Walvis Bay (Namibia) beobachtet wurde, hatte eine Strecke von etwa 27.000 km aus dem Nordpazifik zurückgelegt. Dies war die erste Sichtung eines Grauwals in der südlichen Hemisphäre und die weiteste jemals bekannt gewordene Migration eines Meeressäugers (Elwen *et al.*, 2013). Das Tier schien bei bester Gesundheit zu sein. Möglicherweise gelangte der Wal in den Atlantik indem er die Nordwestpassage, die durch die Eisschmelze in den letzten Jahren teilweise passierbar war, durchquerte. Durch Hautproben versuchen Wissenschaftler seine Herkunft zu klären.

Mitte April 2021 wurde ein junger Grauwal im Golf von Neapel gesichtet (z. B. vor dem Küstenort Pozzuoli und vor den Pontinischen Inseln). Wie der etwa 8 m lange Wal, der von den Medien „Wally" getauft wurde, in das Mittelmeer gelangte, ist unklar. Experten halten „Wally" für zu jung, um die Strecke vom nördlichen Pazifik bis ins Mittelmeer zurückgelegt zu haben.

Grauwale sind heute als freundliche und sehr gutmütige Wale bekannt. In frühen Walfangzeiten wurden sie jedoch von Walfängern als „Devilsfish" (Teufelsfische) bezeichnet, weil die Walkühe die Walfangboote gelegentlich angriffen und zerstörten, um ihren Nachwuchs zu verteidigen.

Schwertwale sind die einzigen natürlichen Feinde für adulte Grauwale. Cummings und Thompson (1971) berichteten, dass Grauwale, die über Hydrophone Tonbandaufnahmen mit Tönen von Schwertwalen ausgesetzt wurden, sofort umdrehten und sich geradewegs von der Quelle der Schwertwal-Töne entfernten. Grauwale, die aus der Richtung vom Kelp kamen oder die sich in der Nähe vom Kelp aufhielten, flohen in das Dickicht und blieben dort, bis das Abspielen der Schwertwal-Töne beendet wurde.

Grauwal und Atlantischer Nördlicher Glattwal:

Walknochen von archäologischen Fundstellen aus der Zeit der Römer (und davor) in der Region um die Straße von Gibraltar sowie ein Knochen von der Küste Asturiens (Nordspanien) lassen vermuten, dass beide Arten früher die Region um Gibraltar bevölkerten und möglicherweise das Mittelmeer als Reproduktionsgebiet nutzten. Sie waren früher häufig entlang der Küsten des Römischen Reichs zu finden, zumindest bis zur späten römischen Zeit (6. Jahrhundert n. Chr., Rodrigues *et al.*, 2018).

WISSENSCHAFTLICHER NAME

Eschrichtius robustus (Lilljeborg, 1861)

Der Gattungsname *Eschrichtius* wurde ihnen zu Ehren des dänischen Zoologen Daniel Frederik Eschricht gegeben (Leatherwood & Reeves, 1983). Das angehängte *-ius* ist eine gebräuchliche lateinische Namensendung. Der lateinische Artname *robustus* bedeutet „kräftig, robust" und beschreibt die Barten.

Nördlicher Zwergwal

Balaenoptera acutorostrata
—Common Minke Whale

Körperlänge: adult 6,5–10 m; Weibchen etwas größer als Männchen (max.: Weibchen 10 m)
Gewicht: adult 4–7,5 t (max.: Weibchen 9,2 t)
Körperform: sehr schlank, stromlinienförmig
Körperfarbe: Rücken schwarz bis dunkelgrau-braun mit hellerer, winkelförmiger Zeichnung hinter dem Kopf und über den Brustflossen, Seiten etwas heller; kein Seepockenbewuchs; meist ohne Kratzspuren; Bauch hellgrau bis weiß; helle Flecken auf Rücken (ovale Narben von Plätzchenstecher-Leuchthaien, *Isistius brasiliensis*)
Kopf: von oben betrachtet sehr schmal, fast dreieckig mit deutlicher Mittelleiste; Unterkiefer ragt über den Oberkiefer
Kehlfurchen: 50–70; enden kurz vor dem Nabel
Blas: 2–3 m hoch, unscheinbar (oft unsichtbar)
Blaslöcher: 2, paarig angeordnet
Flipper: schlank, relativ klein; charakteristischer Fleck oder weißes Band auf den Oberseiten; Unterseite hellgrau bis weiß
Fluke: hellgrau-blaugrau bis weiß mit dunklem Rand; Hinterkante leicht konkav mit medianer Einkerbung
Rückenfinne: stark sichelförmig gekrümmt; auffallend weit hinten auf dem Rücken
Barten: 230–360 je Oberkieferseite; gleichmäßig pigmentiert; creme-weiß; 20–30 cm lang; bis 10 cm breit
Lebensalter: möglicherweise 30–50 Jahre

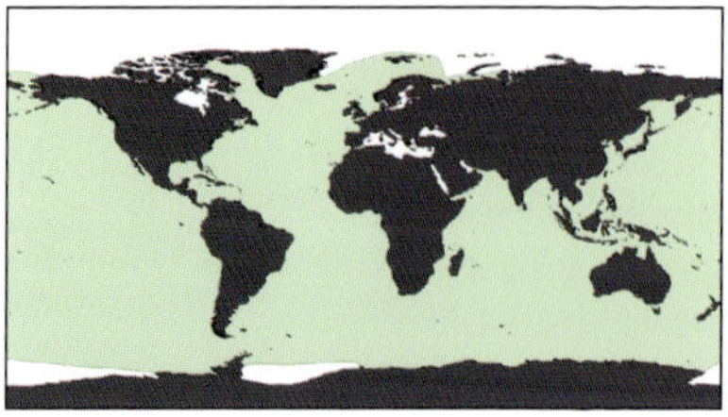

VERBREITUNGSGEBIETE

Nach heute gültiger Einteilung der Art leben sie weltweit auf beiden Hemisphären, in allen Breitengraden von 65 °S bis 80 °N, in Küstennähe und auf offener See, in tropischen-, gemäßigten- und polaren Gewässern, vom Eisrand der Arktis bis zur Antarktis.

VERHALTEN

Nördliche Zwergwale leben meist solitär oder in Gruppen von 2–3 Tieren, in ergiebigen Nahrungsgebieten auch in größeren Ansammlungen.
Sie unternehmen saisonale Wanderungen. Die Sommermonate verbringen sie zur Nahrungsaufnahme in gemäßigten und polaren Regionen, die Wintermonate zur

Die 50 bis 70 Kehlfurchen enden kurz vor dem Nabel.

Reproduktion in subtropischen und tropischen Gewässern. Einige Populationen sind ganzjährig ortstreu.

Nördlicher und Südlicher Zwergwal:
Die relativ große Rückenfinne deutet auf eine schnelle Schwimmweise hin. Zwergwale können Geschwindigkeiten von 20–30 km/h erreichen. Bei hoher Geschwindigkeit erzeugen sie an der Oberfläche eine Gischt, die als „Hahnenschwanz" bezeichnet wird. Sie sind recht oberflächenaktiv und springen häufig. Wenn sie springen, steigt ihr Körper in einem Winkel von ungefähr 45° aus dem Wasser.
Je nachdem, wie regelmäßig sie bejagt wurden, schwankt ihr Verhalten Booten gegenüber von scheu bis neugierig. Gelegentlich tauchen sie plötzlich neben dem Schiff auf und reiten für kurze Zeit auf der Bugwelle.
Sie scheinen eine komplexe Sozialstruktur zu haben und leben oft getrennt nach Geschlecht, Alter und/oder Reproduktionsstatus (z. B. bei Wanderungen).

TAUCHVERHALTEN

Nördlicher und Südlicher Zwergwal:
Zwergwale können bis 20 min tauchen und Tiefen von 200 m erreichen. Ihr Tauchverhalten ist unverwechselbar: Sie atmen aus, bevor die Blaslöcher an der Oberfläche sind. Die Schnauze erscheint beim Auftauchen zuerst an der Oberfläche. Blaslöcher und Finne sind gleichzeitig über Wasser.
Das Abtauchen geschieht mit einer hohen, schnellen Rollbewegung. Der Rücken wird dabei stark gekrümmt. Vor einem tiefen Tauchgang stellen sich Zwergwale fast senkrecht nach unten und zeigen dabei Schwanzstiel und Finne, heben aber die Fluke nicht aus dem Wasser. Oft machen sie unvorhersehbare Richtungsänderungen unter Wasser.

NAHRUNG

Nördliche Zwergwale fressen vorwiegend in seitlicher Lage. Ihre Nahrung besteht hauptsächlich aus Krill (Leuchtgarnelen, *Euphausiacea*) und Kopepoden sowie kleinen Schwarmfischen (z. B.: Hering, Lodde, Anchovis oder Dorsch). Zusätzlich ernähren sie sich auch von anderen Fischarten (Kabeljau, Lachs, Makrele, Sandaal, Schellfisch, Köhler und Rotbarsch).

HOT SPOTS

Arktisches Meer: Franz Josef Land und Novaya Zemlya (Russland)
Nordatlantik: Ganzjährig: Kanarische Inseln. Sommer: Baffin-Bay, Grönland Meer, Svalbard (Norwegen), vor Westschottland und Irland, vor New Jersey (USA)
Nordpazifik: Ganzjährig: vor Kalifornien und im Golf von Kalifornien (Mexiko). Sommer: vor Oregon, Washington, British Columbia und Hawaii
Westpazifik: Ochotskisches Meer (August), Beringmeer, um die Aleuten und im Golf von Alaska
Südliche Hemisphäre: (März-Dezember) vor Australien (z. B. Barrier Reef), Neuseeland, Neukaledonien, der Ostküste Südamerikas und Südafrika

REPRODUKTION

Geschlechtsreife: ab etwa 3–8 Jahre; Weibchen ab 8,5 m, Männchen ab 7,8 m

Charakteristisches, weißes Band auf der Oberseite der Flipper

Zwergwale atmen aus, bevor die Blaslöcher an der Oberfläche erscheinen.

Paarungszeit: meist in den Wintermonaten der jeweiligen Hemisphäre
Geburtszyklus: etwa alle 2 Jahre 1 Kalb (möglicherweise alle 14 Monate)
Tragzeit: etwa 10–11 Monate
Geburtsgröße: 2–2,7 m
Geburtsgewicht: 300–450 kg
Säugezeit: 4–6 Monate, in dieser Zeit wächst das Kalb 1 cm pro Tag

WISSENSWERTES

Nördliche Zwergwale erzeugen hauptsächlich pulsierende Töne, die in Tonfolgen angeordnet sind. Der Frequenzbereich liegt zwischen 10 und 800 Hz. Die Impulse haben eine Dauer von 0,04–0,3 sec (Erbe *et al.*, 2017). Einige Töne werden oft beschrieben, als wären sie aus „Star Wars" oder als würden sie mechanisch oder synthetisch erzeugt. Bevor die Töne erforscht wurden, hielt man sie für Geräusche von australischen U-Booten. Warum sie diese fremdartigen Töne erzeugen, ist bisher unbekannt. Die Kommunikationslaute bestehend aus Grunzen, Klicks und pulsierenden Tönen und können je nach Art und Gebiet variieren.
Es gibt zwei anerkannte Unterarten:
B. a. acutorostrata Lacépède, 1804 – Nordatlantischer Zwergwal, Nordatlantik
B. a. scammoni Deméré, 1986 – Nordpazifischer Zwergwal, Nordpazifik

Nördlicher und Südlicher Zwergwal:
Der erste Zwergwal wurde bereits 1804 von dem französischen Naturforscher Bernard Germain de Lacépède beschrieben. Bis in die 1990er Jahre wurden alle Zwergwale als eine einzige Art betrachtet *(Balaenoptera acutorostrata)*. 2000 wurde die Art vom Scientific Committee (SC) der International Whaling Commission (IWC) in zwei eigenständige Arten unterteilt: Nördliche Zwergwale *(Balaenoptera acutorostrata)* und Südliche Zwergwale *(Balaenoptera bonaerensis)*.
Der englische Name „Minke Whale" ist norwegischen Ursprungs. Er wurde von der IWC auf dem Sondertreffen in Montreal 1975 als gültiger Trivialname anerkannt.
Wegen der geringen Größe und des damit verbundenen niedrigen Profits wurden Zwergwale zu Beginn des kommerziellen Walfanges nur selten gejagt, bis in den 1960er Jahren die Bestände der Groß-Wale so stark dezimiert waren, dass die Jagd auf sie nicht mehr lukrativ war.
Zwergwale zählen zu einer der häufigsten Wal-Arten und gehören bis heute zu den am meisten gejagten Walen. Durch den kommerziellen Walfang wurde der ursprüngliche Bestand um etwa die Hälfte reduziert. Allein in der Fangsaison 1976/77 wurden 12.398 Zwergwale getötet. Auch heute werden sie immer noch von einigen Industrienationen zu „wissenschaftlichen Zwecken" gejagt und direkt auf See portioniert und für den menschlichen Verzehr oder als Tiernahrung eingefroren, bzw. in Dosen verpackt.

WISSENSCHAFTLICHER NAME

Balaenoptera acutorostrata Lacépède, 1804
Der Gattungsname *Balaenoptera* setzt sich aus dem lateinischen *balaena* für „Wal" und dem griechischen *pteron* für „Flügel" oder „Finne" zusammen und weist auf die auffällige Rückenfinne hin. Der Artname *acutorostrata* setzt sich aus dem lateinischen *acutus* für „scharf, spitz" und *rostrata* für „Schnabel, Schnauze" zusammen und bezieht sich auf die spitze Schnauze (Leatherwood & Reeves, 1983).

Südlicher Zwergwal
Balaenoptera bonaerensis
—Antarctic Minke Whale

Körperlänge: adult 8,5–10,7 m; Weibchen etwas größer als Männchen (max.: Weibchen 10,7 m, Männchen 9,8 m)
Gewicht: adult durchschnittlich 4–7 t (max.: 9,1 t, Weibchen)
Körperform: sehr schlank und stromlinienförmig
Körperfarbe: siehe Nördlicher Zwergwal
Kopf: von oben betrachtet sehr schmal, fast dreieckig; deutliche Mittelleiste; Unterkiefer ragt über den Oberkiefer
Kehlfurchen: 20–40; enden kurz vor dem Nabel
Blas: 2–3 m hoch, meist auffällig
Blaslöcher: 2, paarig angeordnet
Flipper: schlank, relativ klein; Unterseiten hellgrau bis weiß; kein weißer Fleck oder weißes Band auf Oberseite
Fluke: Unterseite hellgrau-blaugrau bis weiß mit dunklem Rand; Hinterkante leicht konkav mit medianer Einkerbung
Rückenfinne: stark sichelförmig gekrümmt; auffallend weit hinten
Barten: 200–300 je Oberkieferseite; 20–23 cm lang, bis 10 cm breit; Pigmentierung asymmetrisch: vordere Barten rechte Seite heller als die der linken Seite; alle anderen Barten dunkel; hellere Barten oft durch Bewuchs von Kieselalgen leicht gelblich eingefärbt
Lebensalter: etwa 30–50 Jahre

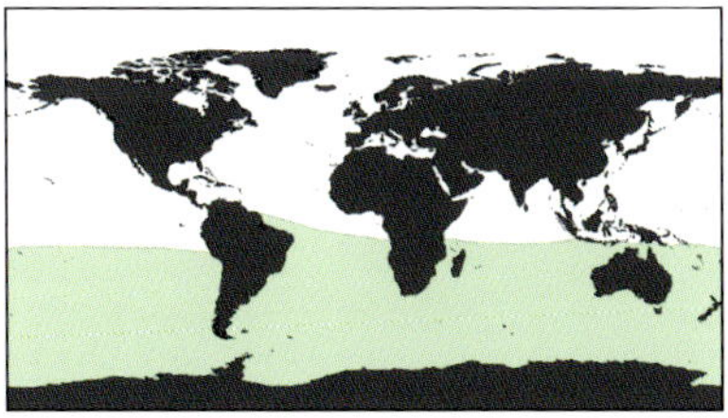

VERBREITUNGSGEBIETE
Südliche Zwergwale leben mit einer Ausnahme ausschließlich auf der südlichen Hemisphäre. Ihr Verbreitungsgebiet erstreckt sich bis in Äquatornähe (60 °S bis 7 °S). Im Sommer halten sie sich vorwiegend in kalt-gemäßigten Gewässern und an der antarktischen Eiskante auf. Gelegentlich schwimmen sie bis in den Packeisgürtel (bis 78 °S, Ross Meer). Einige Tiere scheinen in der Antarktis zu überwintern, die meisten wandern jedoch im Winter zur Reproduktion in mittlere Breiten zwischen 30 °S und 10 °S (maximal bis 7 °S). Hier halten sie sich bevorzugt in offenen Gewässern jenseits des Kontinentalschelf-Abbruchs mit Tiefen von mehr als 600 m auf.

VERHALTEN
Südliche Zwergwale bevorzugen kaltes Wasser, sind aber auch in warmen Gewässern anzutreffen. Sie leben meist solitär oder in Gruppen von 2–3 Tieren. In hohen Breitengraden mit reichem Nahrungsaufkommen auch in größeren Ansammlungen (bis einige hundert Tiere).

Die sichelförmig gekrümmte Rückenfinne sitzt auffallend weit hinten (im letzten Körperdrittel).

In der Nähe von Eisschollen kann man Südliche Zwergwale beim „spyhopping" beobachten. Sie können Eisschichten von einigen Zentimetern Dicke durchbrechen, um Atemlöcher zu schaffen. Der Abstand zwischen diesen Atemlöchern im Eis beträgt etwa 200–300 m.
Weitere Informationen, siehe Nördlicher Zwergwal

TAUCHVERHALTEN
Informationen, siehe Nördlicher Zwergwal

NAHRUNG
Südliche Zwergwale fressen vorwiegend in seitlicher Lage. Ihre Nahrung besteht hauptsächlich aus antarktischem Krill *(Euphausia superba)* sowie Eis-Krill *(E. crystallorophias)*, kleinen Krill-Arten *(E. spinifera)*, gelegentlich auch Kopepoden (Krebse) und kleinen Schwarmfischen (z. B.: Heringe und Sardinen).

HOT SPOTS
Gute Sichtungs-Chancen bestehen am antarktischen Eisrand.
Weitere Möglichkeiten: in den südlichen Wintermonaten vor Costinha, Brasilien (7 °S), möglicherweise vor Australien, Südafrika (Durban), besonders April/Mai und September/Oktober (lässt auf Wanderverhalten schließen). Gelegentliche Sichtungen vor Peru, Süd Georgien und den Südlichen Sandwich Inseln und Uruguay.

REPRODUKTION
Geschlechtsreife: ab 7–8 Jahre; Weibchen ab 9 m, Männchen ab 8,5 m
Paarungszeit: südliche Wintermonate (bis Frühling)
Geburtszyklus: alle 1–2 Jahre 1 Kalb (möglicherweise alle 14 Monate)
Tragzeit: etwa 10 Monate
Geburtsgröße: 2,4–2,8 m
Geburtsgewicht: 300–400 kg
Säugezeit: etwa 3–6 Monate (bis etwa 5,7 m), in dieser Zeit wächst das Kalb 1 cm pro Tag

WISSENSWERTES
In Japan wird der Walfang mit Steuergeldern subventioniert.
Südliche Zwergwale erzeugen schnelle Folgen von Breitband-Impulsen, die wie das Quaken von Enten klingen („Bio-Duck", engl.: „bioduck"), die Impulse mit einer Dauer von 0,1–0,4 sec enthalten. Diese einzigartigen „Bio-Duck"-Töne wurden schon seit Jahrzehnten in den Gewässern der Antarktis und vor Australien aufgezeichnet, bis Risch und Kollegen (2014) sie schließlich den Südlichen Zwergwalen zuordnen konnten. Die Wale erzeugen absteigende Töne, die zwischen 60 Hz und 140 Hz liegen, mit einer Dauer von 0,2–0,1 sec (Erbe *et al.*, 2017). In ihrem Lebensraum in der Nähe der Eisgrenze werden sie häufig Beute von Schwertwalen.
Weitere Informationen, siehe Nördlicher Zwergwal

WISSENSCHAFTLICHER NAME
Balaenoptera bonaerensis Burmeister, 1867
Informationen zum Gattungsnamen, siehe Nördlicher Zwergwal
Der Artname *bonaerensis*, setzt sich aus dem lateinischen *bonus* und dem griechischen *aer*, für „gute Luft" sowie dem lateinischen *ensis* für „gehört zu" zusammen und bezieht sich auf die Stadt Buenos Aires (Argentinien), dem Fundort des Exemplars, an dem die Erstbeschreibung vorgenommen wurde.

Die Schnauze erscheint beim Auftauchen zuerst an der Oberfläche.

Seiwal

Balaenoptera borealis
—Sei Whale

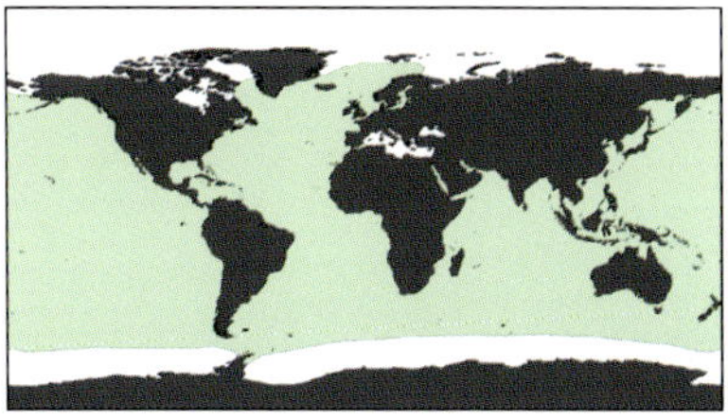

Körperlänge: adult 12–20 m; Weibchen etwas größer als Männchen (max.: Weibchen 20 m, Männchen 17 m); auf der südlichen Hemisphäre etwas größer als auf der nördlichen
Gewicht: adult durchschnittlich 20–30 t (max.: 45 t, Weibchen)
Körperform: sehr schlank und stromlinienförmig
Körperfarbe: Rücken gleichmäßig schwarz bis dunkelgrau, selten mit graubläulicher oder bräunlicher Tönung, die sich an den Seiten fortsetzt, heller am Bauch; häufig ovale Narben, die von Plätzchenstecher-Leuchthaien *(Isistius brasiliensis)* und Neunaugen *(Petromyzontidae)* stammen
Kopf: schlank, gleichmäßig gefärbt, dunkel, mit einer längs gezogenen, median verlaufenden Kopfleiste (von Schnauzenspitze bis Blasloch); keine asymmetrische Pigmentierung am Unterkiefer (wie Finnwale)
Blas: 3–5 m hoch
Blaslöcher: 2, paarig angeordnet
Kehlfurchen: 30–65; enden vor Nabel
Flipper: recht schmal, beidseitig dunkel, etwa 10 % der Körperlänge (kürzer als bei Finn- und Blauwalen)
Fluke: beidseitig dunkel; spitze Enden; im Vergleich zur Körpergröße recht klein; Hinterkante ist fast gerade, mit medianer Einkerbung
Rückenfinne: deutlich ausgeprägt; sichelförmig gebogen; 60 cm hoch (im Vergleich zu anderen Furchenwalen sehr groß)
Barten: 220–410 je Oberkieferseite, dunkelgrau bis schwarz, feiner, weißer, innerer Rand; Länge von max. 80 cm
Lebensalter: etwa 50–70 Jahre

VERBREITUNGSGEBIETE

Seiwale sind Kosmopoliten. Sie sind in allen Weltmeeren, sowohl in tropischen, als auch in subtropischen, gemäßigten und subpolaren Gewässern verbreitet. Sie bevorzugen jedoch gemäßigte Temperaturen in mittleren Breiten. Zur Reproduktion halten sie sich in tropischen Gewässern auf.
Im offenen Meer und in tiefen Gewässern, jenseits des Kontinentalschelfs, werden sie häufiger gesichtet als in Küstennähe. Im Mittelmeer kommen sie normalerweise nicht vor, obwohl es dort einige wenige Sichtungen gab.

Typischer schlanker, stromlinienförmiger Körper, gleichmäßig dunkler Rücken mit ovalen Narben.

Die Rückenfinne ist sichelförmig gebogen und 60 cm hoch.

VERHALTEN

Seiwale sind gut an ihrem gleichmäßigen Schwimmverhalten zu erkennen. Meist schwimmen sie ohne Richtungsänderungen, dicht unter der Wasseroberfläche und erzeugen dabei mit der Fluke in regelmäßigen Abständen „footprints" (Flukenabdrücke) an der Wasseroberfläche. Bei den Wanderungen schwimmen sie mit Geschwindigkeiten zwischen 6 km/h und 15 km/h. Über kurze Strecken können sie auch Höchstgeschwindigkeiten von etwa 50–55 km/h erreichen. Bei der Nahrungsaufnahme kann es, bei Schwimmgeschwindigkeit von 2–6 km/h, häufig zu abrupten Richtungsänderungen kommen.

Sie zeigen keine Oberflächenaktivitäten wie Fluke- und Flipperschlagen. Bei den seltenen Sprüngen steigen sie in einem flachen Winkel aus dem Wasser und landen auf dem Bauch. In den Fortpflanzungsgebieten und bei den Wanderungen leben sie meist in Gruppen von 2–5 Tieren, getrennt nach Alter, Geschlecht und Fortpflanzungsstatus. In guten Nahrungsgründen können sich Ansammlungen von 20–100 Tieren in loser Gruppierung bilden. Im Winter wandern sie zwischen tropischen und subtropischen Breiten, im Sommer zwischen gemäßigten und subpolaren Breiten. Wassertemperaturen zwischen 8–18 °C werden bevorzugt. Zwischen der Nord- und Südpopulation scheint es wegen gleichzeitiger saisonaler Wanderungen keine Kontakte zu geben. Tiere der südlichen Hemisphäre kommen vermutlich häufiger in Küstennähe vor als die der nördlichen Hemisphäre, die sich fast ausschließlich im tiefen Freiwasser aufhalten.

TAUCHVERHALTEN

Seiwale tauchen normalerweise nicht länger als 5–15 min. Die maximale Tauchzeit liegt bei über 20 min, die maximale Tauchtiefe bei etwa 300 m. Blasloch und Finne erscheinen gleichzeitig an der Oberfläche. Rücken und Finne bleiben länger an der Oberfläche sichtbar als bei anderen großen Walen. Normalerweise krümmen sie ihren Rücken nicht zum Abtauchen, sondern sinken unter die Wasseroberfläche und heben die Fluke nicht aus dem Wasser.

NAHRUNG

Seiwale haben eine recht große Nahrungsvielfalt, konzentrieren sich jedoch vorzugsweise jeweils nur auf eine einzige Beute-Art. Ihre Hauptnahrung besteht aus Zooplankton wie Krill (Leuchtgarnelen, *Euphausiacea*), Kopepoden (Krebse) sowie kleinen Schwarmfischen und Cephalopoden (Tintenfische), die sie sowohl schluckfilternd, als auch schöpffilternd zu sich nehmen.

Mit ihren recht feinen Barten können sie sowohl kleine Beute (Ruderfußkrebse) als auch Schwarmfische bis zu einer Größe von 30 cm fangen. Die Nahrung nehmen sie vorwiegend in der Dämmerung und, wie die meisten Furchenwale, bevorzugt in seitlicher Körperhaltung auf. In den Nahrungsgebieten fressen sie bis zu 900 kg pro Tag. Manchmal sind Seevögel am Fressgelage beteiligt.

HOT SPOTS

Nordpazifik: (Sommermonate) im Golf von Alaska und bei den Aleuten (USA)

Nordatlantik: (Frühjahr und Sommer) vor den Azoren; (Sommermonate) im Golf von Maine, Georges Bank und Stellwagen Bank, im Norden bis zur Davisstraße und dem nördlichen Ende der Denmark Strait

Südliche Hemisphäre: (Januar–Februar) hauptsächlich im Bereich 40 °S bis 50 °S im Südatlantik und im Indischen Ozean sowie 45 °S bis 60 °S im Südpazifik; (Winter)

Der schlanke Kopf ist gleichmäßig dunkel, mit einer median verlaufenden Kopfleiste.

vor Nordostbrasilien (7 °S) und vor Peru (6 °S); (Sommer-Herbst) im westlichen Südafrika (vor Donkergat) und im östlichen Südafrika (vor Durban)

REPRODUKTION

Geschlechtsreife: ab 6–12 Jahre; ab einer Körperlänge von etwa 13 m
Paarungszeit: in den Wintermonaten der jeweiligen Hemisphäre, in tropischen Gewässern
Tragzeit: 10–12 Monate
Geburtszyklus: alle 2–3 Jahre, 1 Kalb
Geburtsgröße: 4,5–5 m
Geburtsgewicht: etwa 680 kg
Säugezeit: 6–9 Monate
Seiwale paaren sich gelegentlich mit Finnwalen und zeugen Nachwuchs der „ersten Generation". Der Fettgehalt der Milch von Seiwalkühen beträgt 26 %.

WISSENSWERTES

Die Erstbeschreibung erfolgte 1822 durch den deutsch-schwedischen Zoologen Karl Asmund Rudolphi anhand des Skeletts eines Jungtieres (gestrandet 1819 in der Ostsee, Deutschland) unter dem Namen *Balaena rostrata*. Allerdings stellte sich später heraus, dass dieser Name schon anderweitig vergeben war.
Es gibt zwei anerkannte Unterarten:
B. b. borealis Lesson, 1828 – Nördlicher Seiwal, nördliche Hemisphäre
B. b. schlegelii (Flower, 1865) – Südlicher Seiwal, südliche Hemisphäre
Beide Unterarten haben keinen oder nur extrem seltenen Kontakt zueinander. Seiwale der nördlichen Hemisphäre sind etwas kleiner als die der südlichen. Der Name „Seiwal" stammt vom norwegischen „sejhval". Das norwegische „sei" bedeutet Köhler *(Pollachius virens)*. In Norwegen werden Seiwale oft in der Nähe von Köhler (Dorschart) beobachtet.
Durch den Walfang wurde der Bestand der Seiwale in den 1960er und 1970er Jahren auf ein kritisches Niveau reduziert, heute scheint er sich jedoch stabilisiert zu haben.
Seiwale gehören zu den am wenigsten erforschten Furchenwalen.
Seiwale erzeugen hauptsächlich auf- und absteigende Töne, die 0,7–2,2 sec dauern und eine niederfrequente Bandbreite zwischen 20 Hz und 220 Hz umfassen oder Frequenzen mit mittlerer Bandbreite zwischen 200 Hz und 600 Hz. Es wurden aber auch schon pulsierende Breitband-Töne von 100–800 Hz dokumentiert, die 1–3 sec dauerten (Erbe *et al.*, 2017).
Seiwal, Brydewal, Omurawal und Rice-Wal: Sie können wegen ihrer Ähnlichkeit in Größe und Farbgebung auf See leicht verwechselt werden. Bis 1913 wurden Brydewale und Seiwale als eine Art angesehen. 2003 wurde *Balaenoptera omurai* als neue Art anerkannt. Bis dahin wurden Omurawale als Kleine Brydes Wale oder als Zwerg Brydes Wale bezeichnet.

WISSENSCHAFTLICHER NAME

Balaenoptera borealis Lesson, 1828
Informationen zum Gattungsnamen, siehe Nördlicher Zwergwal
Der lateinische Artname *borealis* bedeutet „nördlich, Nordwind" und bezieht sich auf das Gebiet des Erstfundes auf der Nordhemisphäre (Ostsee, Deutschland). Damit wird jedoch nur auf einen Teil ihres Verbreitungsgebietes hingewiesen.

Brydewal

Balaenoptera edeni
—Bryde's Whale

Körperlänge: adult 11–17 m (max.: Weibchen 17 m, Männchen 15 m)
Gewicht: adult durchschnittlich 25–35 t (max.: 40 t, Weibchen)
Körperfarbe: Rücken und Seiten gleichmäßig dunkel (schwarz, dunkelgrau bis braun), manchmal leicht gesprenkelt, Bauch hellgrau bis weiß, Haut oft scheckig, besonders am Bauch (ovale Narben stammen von Plätzchenstecher-Leuchthaien, *Isistius brasiliensis*)
Kehlfurchen: 40–60, enden hinter dem Nabel
Flipper: beidseitig dunkel; schlanke, spitze Form; in Relation zur Körperlänge recht kurz
Fluke: breit; auf der Oberseite dunkel, Unterseite grau; leicht konkave Hinterkante; deutliche Einkerbung in der Mitte
Barten: 250–350 je Oberkieferseite; grob; grau; kürzer als 40 cm
Lebensalter: etwa 50 Jahre
Brydewal und Rice-Wal:
Körperform: schlank, stromlinienförmig
Kopf: etwa 25 % der Körperlänge; Haupterkennungsmerkmal: 3 längs verlaufende Kopfleisten, etwa 1–2 cm hoch; Brydewale und Rice-Wale sind die einzigen Furchenwale mit drei Kopfleisten, eine verläuft oben auf Kopf mittig von Blaslöchern zur Maulspitze, die beiden anderen verlaufen auf jeder Seite parallel zur Mittelleiste

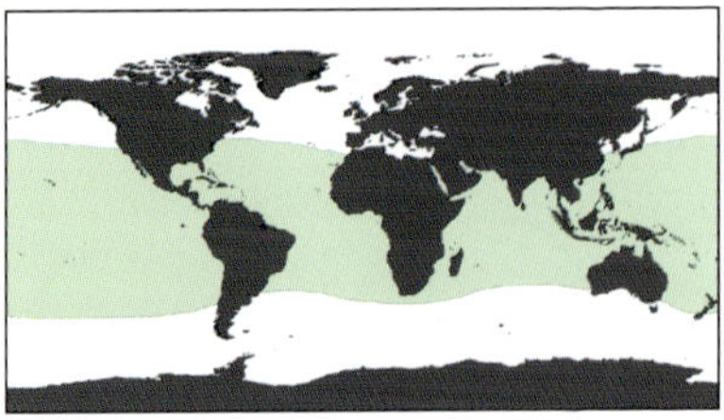

Blas: 3–4 m hoch
Blaslöcher: 2, paarig angeordnet
Rückenfinne: stark sichelförmig gekrümmt; weit hinten; Brydewal bis 45 cm hoch, Rice-Wal bis 38 cm hoch

VERBREITUNGSGEBIETE

Brydewale sind Kosmopoliten. Sie leben weltweit in allen tropischen und subtropischen Weltmeeren, von 40 °S bis 40 °N, sowohl in Küstennähe als auch auf hoher See sowie in halb geschlossenen Meeren, wie dem Roten Meer und dem Persischen Golf. In bestimmten Gebieten gibt es ortstreue Populationen (z. B. im Golf von Thailand und im Golf von Kalifornien). Die bevorzugte Wassertemperatur liegt zwischen 16 °C und 20 °C.

Sie atmen oft aus bevor, ihre Blaslöcher an der Oberfläche erscheinen.

Drei charakteristische längsverlaufende Kopfleisten (nur bei Brydewalen und Rice-Walen)

VERHALTEN

Brydewale leben solitär oder in Gruppen von 2–3 Individuen. In guten Nahrungsgebieten können sich lose Ansammlungen von 10–20 Tieren bilden. Normalerweise schwimmen sie nicht schneller als 2–7 km/h, können aber auf kurzen Strecken Geschwindigkeiten von 20–25 km/h erreichen. Finne und Kopf sind an der Oberfläche nicht gleichzeitig sichtbar. Sprungaktivitäten sind nicht allzu selten. Meist springen sie dann 2–4 Mal hintereinander fast senkrecht aus dem Wasser.

Einige Populationen unternehmen saisonale Wanderungen: im Sommer in Richtung höherer Breiten, im Winter Richtung Äquator. Andere Populationen sind ortstreu.

Brydewale haben keine festgelegten Paarungszeiten, was einzigartig unter Bartenwalen ist.

Gelegentlich sind sie neugierig und nähern sich Booten oder schwimmen neben ihnen her.

Besonders in ihren Nahrungsgebieten ändern sie sehr häufig abrupt und unregelmäßig ihre Richtung.

TAUCHVERHALTEN

Ihr Atemrhythmus ist unregelmäßig. Meist atmen sie 4–7 Mal, bevor sie für etwa 5–15 min abtauchen. Sie können bis 20 min tauchen und Tiefen von 300 m erreichen. Beim Auftauchen zeigen sie selten mehr als den oberen Teil des Kopfes. Oft atmen sie schon aus, bevor ihre Blaslöcher an der Oberfläche erscheinen.

Zum Abtauchen krümmen sie den Rücken stark, heben die Fluke jedoch nur sehr selten über Wasser. Bei Brydewalen sind Schwimmrichtungen, Tauch- und Atemsequenzen im Gegensatz zu Seiwalen, mit denen sie häufig verwechselt werden, sehr unregelmäßig.

NAHRUNG

Brydewale sind Nahrungsopportunisten und haben ein breit gefächertes Nahrungsspektrum: Krill (Leuchtgarnelen, *Euphausiacea*), Kopepoden (Krebse), Schwarmfische (Heringe, Sardinen, Makrelen und Anchovis) und gelegentlich auch Kalmar-Schwärme. Sie nehmen pro Tag 600–700 kg Nahrung zu sich. Das entspricht etwa 4 % ihres Körpergewichts.

Brydewale drehen sich, wie alle Furchenwale, normalerweise zum Fressen auf die Seite. Sie sind die einzigen Furchenwale, die ganzjährig fressen.

Brydewale fressen normalerweise einzeln oder in kleinen Gruppen, aber nicht in koordinierten Fressgruppen (Tershy, 1992), meist in Gebieten mit Aufwärtsströmungen, wie zum Beispiel vor Kalifornien (Tershy, 1992), vor Gabun (De Boer, 2010) und vor Südafrika (Penry *et al.*, 2011).

Mello Netto und Kollegen beschrieben 2017 rotierende Bewegungen um die horizontale Achse bei fressenden Brydewalen vor der Küste von Cabo Frio (Rio de Janeiro, Brasilien). Die Wale machten Jagd auf brasilianische Sardinen *(Sardinella brasiliensis)* und andere kleine schwarmbildende Fische, wie Atlantische Fadenheringe *(Opisthonema oglinum)*.

Das rotierende Fressverhalten kann in drei Phasen unterteilt werden:

Anfangsphase (Schluckfiltern in Bauchlage): Die Wale kommen an die Wasseroberfläche und öffnen das Maul, um die verfügbare Beute zu fressen. Dabei erzeugen sie einen Wasserstrom, der die Fische in die Enge treibt und ein Entkommen verhindert. Der Bauch und die Kehlfurchen können unmittelbar vor dem Abtauchen an der Oberfläche sichtbar sein.

Mittlere Phase: Der Wal rotiert mit weit aufgerissenem Maul um die horizontale Achse, um die Beute zu verwirren und im Maul zu fangen; die Fluke, die Brustflosse und die Augen können dabei an der Oberfläche sichtbar sein.

Schlussphase: Der Wal taucht ab und orientiert sich neu, die Rückenfinne ist an der Oberfläche sichtbar (Mello Netto *et al.*, 2017).

Einige Brydewale im oberen Golf von Thailand, die sich von kleinen Fischarten (hauptsächlich Sardellen) ernähren, haben eine einzigartige, aber sehr effektive Jagdstrategie entwickelt, die „Wassertreten-Fressen" genannt wird (Iwata *et al.*, 2017). Dieses Verhalten zeigte erstmalig eine passive Nahrungsaufnahme bei Bartenwalen. 2018 wurde diese Jagdtechnik zum ersten Mal auch in der Dampier Strait (Indonesien) beobachtet.
Die Wale führen eine spezielle Choreographie auf, um ihre Beute zu fangen: Sie heben ihren Kopf mit geschlossenem Maul über Wasser, dann öffnen sie ihr Maul so weit, bis der Unterkiefer die Wasseroberfläche berührt, wodurch eine Wasserströmung direkt in das Maul erzeugt wird, dann halten sie diese Position für einige Sekunden, während sie darauf warten, dass die Beute in das Maul strömt. Die Sardellen scheinen die Orientierung zu verlieren und treiben mit der Strömung, die durch den Unterkiefer erzeugt wird, direkt in das Maul des Wals. Dann schließen sie ihr Maul und verschlingen die Beute.
Das Verhalten könnte mit den besonderen Bedingungen in dieser bestimmten Gegend zusammenhängen. Das Wasser im oberen Golf von Thailand weist durch das Abwasser, das durch die Flüsse eingespült wird, einen geringen Sauerstoffgehalt auf. Die Beute der Wale könnte deshalb auf ein Leben nahe der Wasseroberfläche angewiesen sein, sodass die Wale gezwungen wurden, ihre Jagdstrategien anzupassen. Auf jeden Fall ist „Wassertreten-Fressen" weit weniger energieaufwendig als aktives „Schluckfiltern" (Iwata *et al.*, 2017).
Weitere Informationen, siehe Buckelwal – „Fallen-Fressen"

HOT SPOTS

Es gibt relativ häufige Sichtungen im westlichen Nordpazifik (Japan), im Sommer hauptsächlich nördlich 20 °N, im Winter südlich 20 °N. Bis auf die Zeit zwischen Juli und September tauchen sie auch ganzjährig vor Ecuador, Peru und Chile auf.

„Wassertreten-Fressen" stellt eine passive Art der Nahrungsaufnahme dar.

Südliche Hemisphäre: (Wintermonate) in Küstennähe vor Sri Lanka, Fidschi und Westaustralien, vor Ogata (Japan) und Simon's Town (Südafrika).
Einige ortstreue Populationen: vor Brasilien, vor Südafrika und im nördlichen Golf von Kalifornien. Eine kleine Population von etwa 50 Brydewalen scheint ganzjährig im Hauraki-Golf (Neuseeland) zu leben. Dazu gesellen sich weitere 150 saisonal wandernde Brydewale (Carroll, 2019).

REPRODUKTION

Geschlechtsreife: ab 9–13 Jahre, ab einer Körperlänge von 11 m
Paarungszeit: ganzjährig
Tragzeit: 11–12 Monate
Geburtszyklus: alle 2 Jahre 1 Kalb
Geburtsgröße: 3,5–4 m
Geburtsgewicht: 800–900 kg
Säugezeit: 6–10 Monate; Entwöhnung ab einer Körperlänge von etwa 7 m

WISSENSWERTES

Brydewale wurden nach Johan Bryde benannt, der 1909 half, die erste Walfangstation in Durban zu bauen. Brydewale werden auch „Tropische Wale" genannt, weil sie die einzigen Bartenwale sind, die ganzjährig in tropischen Gewässern in Äquatornähe leben.
2021 wurden Rice-Wale *(Balaenoptera ricei)* als eigenständige Art anerkannt. Früher wurden sie als Brydewal-Population beschrieben (Golf von Mexiko Brydewale).
Es werden 2 Unterarten anerkannt:
B. e. edeni Anderson, 1879, Eden's Wal, kleine Küstenform, westlicher Pazifik und Indischer Ocean
B. e. brydei Olsen, 1913, Hochsee-Brydewal, Hochseeform, globale Verbreitung
Wissenschaftler haben erst damit begonnen, die Struktur der niederfrequenten Stöhn-Geräusche und schnellen Impulsfolgen der Brydewale zu untersuchen. 2017 fanden Erbe und Kollegen heraus, dass Brydewale Töne von 8–80 Hz, mit einer Dauer zwischen 0,3 sec und 7 sec ausstoßen und dass sie auch Töne (primär absteigend) zwischen 50 Hz und 1.000 Hz produzieren, mit einer Dauer von 0,1–5 sec, manchmal in 2–25 absteigenden Sequenzen.
Weitere Informationen, siehe Seiwal

WISSENSCHAFTLICHER NAME

Balaenoptera edeni Anderson, 1879
Informationen zum Gattungsnamen, siehe Nördlicher Zwergwal
Der Artname *edeni* bedeutet „von Eden" und wurde zu Ehren des britischen Kommissars Ashley Eden aus Burma vergeben (Leatherwood & Reeves, 1983). Er brachte 1858 Anderson das Exemplar (Holotypus) für seine Erstbeschreibung. Das angehängte *i* steht für „gehört zu".

Rice-Wal

Balaenoptera ricei
—Rice's Whale

Körperlänge: adult 4,7–12,65 m
Gewicht: bis 30 t
Körperfarbe: Rücken gleichmäßig dunkel (schwarz, dunkelgrau-braun); Bauch heller (bei dem einzigen gestrandeten Tier)
Kehlfurchen: 44–54; enden hinter dem Nabel
Flipper: bis 1,65 m lang; kurz; schmal
Fluke: bis 3,16 m breit; abgerundete Spitzen
Barten: 230–288 je Oberkieferseite; dunkelgrau bis schwarz, Vorderrand cremefarben; kürzer als 44 cm (bei einem gestrandeten Tier)
Lebensalter: unbekannt, möglicherweise bis etwa 60 Jahre
Weitere Informationen, siehe Brydewal

VERBREITUNGSGEBIETE

Rice-Wale kommen nur im nördlichen Golf von Mexiko vor (Kontinentalschelf mit Tiefen zwischen 100 und 500 m). Früher könnten sie auch im ganzen Golf von Mexiko verbreitet gewesen sein.

VERHALTEN

Bisher ist nur bekannt, dass Rice-Wale normalerweise solitär oder paarweise leben. Gelegentlich bilden sie größere Gruppen, möglicherweise in ergiebigen Nahrungsgründen.

TAUCHVERHALTEN

Über das Tauchverhalten von Rice-Walen ist bisher nur sehr wenig bekannt. Nachts halten sie sich vorwiegend in der Nähe der Meeresoberfläche auf (zu 88 % oberhalb einer Tiefe von 15 m). Tagsüber tauchen sie bis in Tiefen von mehr als 200 m (bis 271 m), möglicherweise bis knapp über den Meeresgrund, vermutlich um dort zu fressen.

NAHRUNG

Bisher ist nur bekannt, dass sie tagsüber bis in Tiefen von mehr als 200 m tauchen. Dort leben große Schwärme von Laternenfischen und Tiefsee-Beilfischen, die zu ihrer Nahrung gehören könnten. Möglicherweise ernähren sie sich, wie Brydewale, von Krill (Leuchtgarnelen, *Euphausiacea*),

Rice-Wale halten sich nachts und in der Dämmerung oft in der Nähe der Oberfläche auf.

Rice-Wale leben normalerweise solitär oder paarweise.

Kopepoden (Krebse) und Schwarmfischen. Im Gegensatz zu Brydewalen, die ihre Nahrung an der Wasseroberfläche fangen, jagen Rice-Wale in der Tiefe, nahe oder am Meeresboden.

MÖGLICHE HOT SPOTS

Sie leben nur im nördlichen Golf von Mexiko, im Südosten der USA. Die meisten Sichtungen werden in der Gegend des De Soto Canyons gemeldet.

REPRODUKTION

Geschlechtsreife: unbekannt, möglicherweise ab 9 Jahre
Tragzeit: unbekannt, möglicherweise etwa 11–12 Monate
Geburtsgröße: unbekannt, möglicherweise etwa 3 m

WISSENSWERTES

Über diese Art wurde schon 1790 von Walfängern im Golf von Mexiko berichtet. Rice-Wale wurden früher als Unterart von Brydewalen beschrieben (Golf von Mexiko Brydewale). In den 1990er Jahren hielten Dale Rice und Kollegen diese kleine Gruppe von Walen für eine Population von Brydewalen.
Anfang 2014 belegten erste Genanalysen, dass sich diese Population von ihren Verwandten unterschied und es sich um eine neue Art handeln könnte. Für die wissenschaftliche Beschreibung einer neuen Art benötigt man jedoch neben Genmaterial auch eine Beschreibung des unversehrten Körpers, des Skeletts und ganz besonders des Schädels. Denn am Schädel befinden sich wichtige Merkmale zur Beschreibung einer neuen Art.
Im Januar 2019 strandete schließlich ein 11,26 m langes Männchen (Holotyp) in der Nähe von Flamingo an der Südspitze Floridas (am äußeren Rand des Everglades National Parks, Golf von Mexiko). Nachdem der tote Wal sorgfältig untersucht und beschrieben war, wurde das Walskelett von einem NOAA-Team beim Fort De Soto Park vergraben, um es zu reinigen. Einige Monate später wurde das gesäuberte Skelett von einem Team des Smithsonian National Museum of Natural History wieder ausgegraben und in die Sammlung des Museums in Washington D. C. transportiert.
Nach den Untersuchungen durch die Biologin Patricia Rosel und ihre Kollegen stand fest, dass es sich um eine neue Art handelt. Der Schädel wies einige artspezifische Merkmale auf, die ihn klar von Brydewalen und anderen Furchenwalen unterscheidet (insbesondere Knochen um das Blasloch Rosel *et al.*, 2020). Im Januar 2021 wurde diese Art als eigenständige Art anerkannt (Marine Mammal Biology).
Rice-Wale sind die einzigen ortstreuen Bartenwale im Golf von Mexiko. Ihr Bestand ist stark bedroht. Es leben schätzungsweise weniger als 100 Exemplare im Golf von Mexiko (NOAA Fisheries). Sie gehören damit zu den am meisten bedrohten Bartenwalen.
Weitere Informationen, siehe Seiwal

WISSENSCHAFTLICHER NAME

Balaenoptera ricei Rosel, Wilcox, Yamada und Mullin, 2021
Informationen zum Gattungsnamen, siehe Nördlicher Zwergwal
Der Artname *ricei* bezieht sich auf den bekannten amerikanischen Biologen und Wal-Experten Dale Rice. Ihm ist diese besondere Gruppe von Walen im Golf von Mexiko 1965 als Erstem aufgefallen. Das angehängte *i* steht für „gehört zu".

Blauwal
Balaenoptera musculus
—Blue Whale

Körperlänge: adult 20–33 m; Weibchen etwas größer als Männchen (max.: Weibchen 33 m, Männchen 29 m); Tiere der südlichen Hemisphäre größer als die der nördlichen (mit Ausnahme der Zwergblauwale, *Balaenoptera musculus brevicauda*)
Gewicht: adult 50–150 t (max.: 180 t, Weibchen)
Körperform: schlank, stromlinienförmig, extrem lang
Körperfarbe: blaugrau bis hellblau, geht von den Seiten zum Bauch in ein helles Blaugrau bis Weiß über, Rücken mit hellen Flecken stark gesprenkelt, Fleckenmuster ist individuell und kann zur Identifikation einzelner Individuen herangezogen werden (größte Tiere, mit stark gesprenkeltem Rücken)
Kopf: gleichmäßig gefärbt, keine Sprenkel; von oben betrachtet breit, flach, u-förmig; mehr als 6 m (etwa 25 % der Körperlänge); deutlich erkennbare Kopfleiste verläuft zentral von den Blaslöchern zur Schnauzenspitze; Blaslöcher werden nach vorne durch einen auffallend großen Spritzschutz („Spritzwachen") vor Spritzwasser geschützt; Durchmesser der Augäpfel ca. 10 cm (vgl. Tennisball 6,54 cm)
Kehlfurchen: 60–88; vom Kinn fast bis zum Bauchnabel
Blas: 10–12 m hoch
Blaslöcher: 2, paarig angeordnet
Flipper: sehr schlank; können etwas heller als der Rücken sein

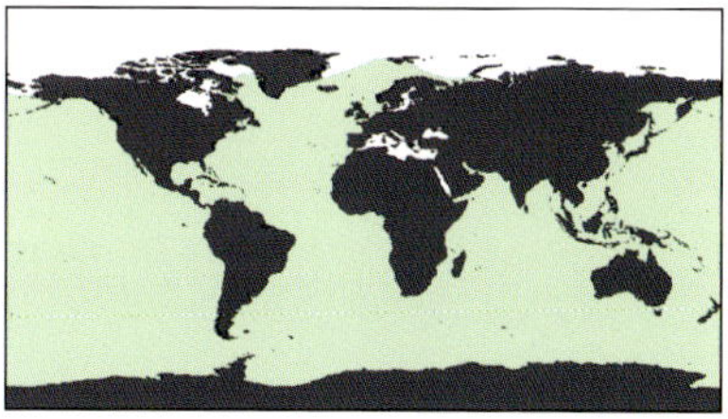

Fluke: sehr breit; etwa 6 m (kann bis zu 25 % der Gesamtlänge ausmachen); glatte, etwas konkave Hinterkante mit einer geringen medianen Einkerbung
Rückenfinne: klein, dreieckig bis sichelförmig; etwa 45 cm hoch; proportional kleiner als bei anderen Furchenwalen; sitzt weit hinten am Rücken (im letzten Körperviertel)
Barten: 270–400 je Oberkieferseite; schwarz; 1 m lang, sind die längsten aller Furchenwale
Lebensalter: möglicherweise über 80–90 Jahre

VERBREITUNGSGEBIETE
Blauwale sind Kosmopoliten und leben in allen Weltmeeren, hauptsächlich in subpolaren (im jeweiligen Sommer)

10 bis 12 Meter hoher Blas, schlanker, extrem langer Körper

Spritzwachen und Blaslöcher

bis subtropischen Breiten (im jeweiligen Winter), bis zum Äquator. Sie kommen nicht in der Arktis und im Mittelmeer vor. Obwohl Blauwale auch in Küstenregionen anzutreffen sind, scheinen sie die offene See zu bevorzugen.
Im Pazifik liegt die nördliche Verbreitungsgrenze in den Sommermonaten bei den Aleuten und der Beringstraße, im Atlantik reicht sie bis in die Gewässer um Spitzbergen (bis 80 °N). Auf der südlichen Hemisphäre erstreckt sich ihr sommerliches Verbreitungsgebiet zirkumpolar bis an die Eisgrenze. Einige Populationen können, je nach Eisausdehnung, bis südlich von 61 °S vorkommen. Sie folgen der zurückweichenden Eisgrenze bis an das Packeis.

VERHALTEN

Blauwale leben solitär oder in kleinen Gruppen von 1–3 Tieren. In sehr nährstoffreichen Gewässern können sich Ansammlungen von 5, selten von mehr als 12 Individuen bilden. Manchmal sieht man sie in der Nähe von Finnwalen.
Bei der Nahrungsaufnahme schwimmen sie normalerweise nicht schneller als 2–6 km/h. Bei ihren Wanderungen sind sie mit Geschwindigkeiten von 6 km/h unterwegs. Wenn sie gejagt werden, können sie kurzzeitig Geschwindigkeiten von 35 km/h erreichen. Beim Auftauchen erzeugen sie dann eine beeindruckende Bugwelle vor ihrem Kopf. Selten konnten Blauwale beim Springen beobachtet werden. Dabei hoben sie einen Großteil ihres Körpers aus dem Wasser. Jungtiere springen häufiger als erwachsene Tiere.
Einige Blauwal-Populationen scheinen ganzjährig ortstreu zu sein, wenn die Region das ganze Jahr über ausreichend Nährstoffe produziert. Die meisten Blauwale unternehmen jedoch festgelegte, saisonale Wanderungen. Im jeweiligen Winter halten sie sich zur Reproduktion in wärmeren, subtropischen und tropischen Gewässern auf, im Sommer zur Nahrungsaufnahme in nährstoffreichen, polaren und subpolaren Gewässern. Wegen der zeitlich versetzten Jahreszeiten auf beiden Hemisphären erfolgen die jeweiligen Nord-Süd-Wanderungen der Populationen zeitgleich, sodass sie sich nicht vermischen.
Durch die saisonalen Wanderungen im jeweiligen Frühling in Richtung der Pole zu ihren sommerlichen Nahrungsgebieten profitieren sie von der dort überaus reichlichen Zooplankton-Produktion. Herbstliche Wanderungen in wärmere, subtropische Gewässer helfen, während der Fastenzeit Energie zu sparen, verhindern, dass sie im Eis eingeschlossen werden und begünstigen die Reproduktion. Bei diesen Wanderungen können sie etwa 6.500 km zurücklegen. Die Neugeborenen müssen sich die dicke, isolierende Fettschicht, ohne die sie in den kalten Gewässern nicht überleben könnten, erst zulegen.

TAUCHVERHALTEN

Blauwale tauchen normalerweise 8–20 min, selten bis 30 min. Der längste Tauchgang dauerte 36 min. Die maximale Tauchtiefe liegt bei etwa 200 m. Wenn der Kopf an der Wasseroberfläche erscheint, wird sofort ausgeatmet. Dabei entsteht eine schlanke, 10–12 m hohe Ausatemwolke. Nach dem Einatmen taucht der Kopf meist gleich wieder ab.
Zum Abtauchen krümmen sie ihren Rücken und heben die Fluke vor dem Tauchgang häufig über die Wasseroberfläche. Wegen der unglaublichen Körperlänge dauert es beeindruckend lange, bis die Rückenfinne an der Oberfläche erscheint. Da die Rückenfinne weit hinten auf dem Rücken sitzt, erscheinen Kopf und Finne nicht gleichzeitig an der Oberfläche.

NAHRUNG

Die Nahrungsaufnahme erfolgt hauptsächlich in den Sommermonaten der jeweiligen Hemisphäre in nährstoffreichen, polaren und subpolaren Gewässern.
Blauwale ernähren sich ausschließlich von Krill (Leuchtgarnelen, *Euphausiacea*). Je nach Vorkommen fressen einige Populationen unterschiedliche Krill-Arten. In der Antarktis fressen sie bevorzugt *Euphausia superba*, vor Südaustralien *Nyctiphanes australis*, vor Westaustralien *Euphausia recurva* und im Nordatlantik *Thysanoëssa inermis* und *Meganyctiphanes norvegica*.
Blauwale folgen den täglichen vertikalen Wanderungen ihrer Beute. Sie fressen normalerweise oberflächennah, verfolgen ihre Beute aber auch bis in Tiefen von 200 m. Ein Blauwal kann in den Nahrungsgebieten täglich bis zu etwa 16 t Krill fressen (Savoca *et al.*, 2021). Durch die dehnbaren Kehlfurchen kann sich das Fassungsvermögen des Maules um das 6-Fache ausdehnen. Dies ermöglicht es ihnen, mit einem Mal über 80.000 l Wasser- und Nahrung im Schlund aufzunehmen. Sie können mit einem Mal fast 480.000 kcal an Nahrung verschlingen.

HOT SPOTS

Atlantik: Regelmäßig in den Gewässern vor Ostkanada, besonders im Golf von St. Lawrence (fast ganzjährig). Nur

in den Wintermonaten verlassen sie diese Region, um nicht vom Eis eingeschlossen zu werden. Gelegentlich auch vor Cape Cod (Massachusetts, USA)
Pazifik: Sommermonate oft im Golf von Kalifornien (Mexiko) und vor der Küste Kaliforniens (USA), besonders im Golf der Farallon-Inseln, der Bodega-Bucht, im Santa Barbara Kanal und der Monterrey-Bucht. Markierte Blauwale belegen, dass einige „Kalifornische" Blauwale im Winter nach Costa Rica wandern, während andere ganzjährig ortstreu sind.
Indischer Ozean: Im südlichen Indischen Ozean häufig auf dem Madagaskar Plateau, vor Süd- und Westaustralien. Im nördlichen Indischen Ozean und um den Äquator ganzjährig, besonders um Sri Lanka und den Malediven und saisonal in der Nähe der Seychellen, im Golf von Aden sowie im Persischen Golf und im Arabischen Meer.

REPRODUKTION

Geschlechtsreife: ab 5–10 Jahre; Weibchen ab 21–24 m, Männchen ab 20–22 m
Paarungszeit: Wintermonate der jeweiligen Hemisphäre
Tragzeit: 10–12 Monate
Geburtszyklus: alle 2–3 Jahre 1 Kalb
Geburtsgröße: etwa 7–8 m
Geburtsgewicht: 2,5 t
Säugezeit: 6–7 Monate
Der Fettgehalt der Milch von Blauwalkühen beträgt über 40 %. In den ersten Lebensmonaten wird der Nachwuchs mit mehr als 180 l Milch pro Tag gesäugt. Jungtiere nehmen in den ersten Wochen bis zu 90 kg pro Tag an Gewicht zu. Wenn sie entwöhnt werden, wiegen Kälber bei einer Körperlänge von 15 m ungefähr 19 t.

Blauwal und Finnwal:
Blauwale paaren sich gelegentlich mit Finnwalen und zeugen Nachwuchs der „ersten Generation". Ein vier Jahre alter weiblicher Hybrid zwischen einem Finnwal (Vater) und einem Blauwal (Mutter) wurde 1984 nordwestlich vor Spanien gefangen. Seine Körperfärbung und Länge (19,4 m) lag zwischen denen von Blauwalen und Finnwalen. Hybride zwischen beiden Arten wurden auch schon von anderen Regionen gemeldet und scheinen relativ häufig vorzukommen, im Gegensatz zu anderen Bartenwalen (Marine Mammal Science, 1998). Der erste Hybrid zwischen beiden Arten wurde 1965 vor Kodiak Island (Golf von Alaska) gefangen und von Doroshenko (1970) beschrieben.

WISSENSWERTES

Blauwale sind die größten Tiere, die jemals auf diesem Planeten gelebt haben, und ernähren sich von einem der kleinsten (Krill, Shrimp-ähnliche Krebstierchen mit einer durchschnittlichen Größe von 8–70 mm).
Alles an ihnen ist gigantisch. Allein das Herz eines durchschnittlich großen Blauwals wiegt etwa 600 kg und ist fast so groß wie ein Kleinwagen. Die Zunge hat ein Gewicht von etwa 4 t.
Analysen des größten jemals gefundenen Fossils eines Blauwals, das am Ufer eines italienischen Sees in der Nähe von Matera gefunden wurde, bestätigen, dass diese Art vor etwa 3,6 Millionen (möglicherweise vor 6 Millionen) Jahren eine Länge von etwa 26 m erreichte (Bianucci *et al.*, 2019).
Blauwale der nördlichen Hemisphäre sind kleiner als die der südlichen Hemisphäre (mit Ausnahme der Zwergblau-

Zum Abtauchen heben Blauwale die bis zu 6 m breite Fluke häufig über die Wasseroberfläche.

Kopf und Finne erscheinen nicht gleichzeitig an der Oberfläche.

wale, *Balaenoptera musculus brevicauda*). Der größte im Nordatlantik erlegte Blauwal hatte eine Länge von 27 m, im Nordpazifik betrug die maximale Länge 26,8 m, in der Antarktis 33,58 m (ein Weibchen, Südgeorgien, 1909). Der schwerste Blauwal war ebenfalls ein Weibchen, mit einem Gewicht von 180 t (Arktis, 1947).
2019 haben Wissenschaftler der Stanford University zum ersten Mal die Herzfrequenz von Blauwalen bei Tauchgängen zur Nahrungsaufnahme von bis zu 184 m Tiefe und bis zu 16,5 min aufgezeichnet (in der Bucht von Monterrey). Der Herzschlag variierte dabei von 2–8 Schlägen pro min bei Tauchgängen zur Nahrungssuche bis zu 25 und 37 Schlägen pro min an der Oberfläche, wenn der Wal sich erholte (Goldbogen *et al.*, 2019).
Es werden 4 Unterarten, mit unterschiedlichem Verbreitungsgebiet, anerkannt. Obwohl sich ihre Verbreitungsgebiete überlappen, vermischen sie sich durch gleichzeitige, jahreszeitliche Wanderungen nicht:
B. m. musculus (Linnaeus, 1758) – Nördlicher Blauwal, nördliche Hemisphäre, Körperlänge von 23–27 m
B. m. brevicauda Ichihara, 1966 – Zwergblauwal, tropische Südhemisphäre. Sie sind die kleinsten Blauwale (durchschnittliche Länge 21 m, maximal 25 m). Aus diesem Grund sind sie nur schwer von Sei-, Bryde- und Finnwalen (und anderen Blauwalen) zu unterscheiden. Von dieser Population gibt es vermutlich nur noch einige hundert Tiere. Das genaue Verbreitungsgebiet ist nicht vollständig bekannt. Sie kommen in weiten Teilen des Indischen Ozeans (auch im nördlichen Indischen Ozean) und in weiten Teilen der südlichen Hemisphäre vor. Berichte von Sichtungen in der Baja California sind falsch.
B. m. intermedia Burmeister, 1871 – Antarktischer Blauwal, südliche Hemisphäre. Sie sind mit einer durchschnittlichen Länge von über 29 m die Größten ihrer Art und werden deshalb auch als „wahre" Blauwale bezeichnet und wurden von Walfängern erlegt.
B. m. indica Blyth, 1859 – Nördlicher Indischer Ozean Blauwal, nördlicher Indischer Ozean
Basierend auf akustischen Analysen von Blauwaltönen, sowie Unterschieden in Größe und Genetik, könnte es weitere Unterarten geben.
Lange Zeit nahm man an, dass die Blauwale im Arabischen Meer zur gleichen Population gehören, die man im nördlichen Indischen Ozean vor Sri Lanka studiert hat. Aber als Wissenschaftler Aufnahmen eines neuen, einzigartigen Song-Typs von Blauwalen zwischen der Küste des Oman bis zum Chagos Archipel im zentralen Indischen Ozean und südlich bis Madagaskar im südwestlichen Indischen Ozean analysierten, hatten sie eine neue Blauwal-Population entdeckt. Diese Population und die der Buckelwale im Arabischen Meer sind ganzjährig ortstreu und wandern nicht zwischen ihren Nahrungs- und Reproduktionsgebieten (Cerchio *et al.*, 2020).
Die Mehrzahl der Kommunikationslaute von Blauwalen liegt in tiefen Frequenzen oder im Infraschall-Bereich von 17–20 Hz, tiefer als das menschliche Ohr hören kann (ein junger Mensch kann zwischen 500 Hz und 16.000 Hz hören). Die Kommunikationslaute der Blauwale erreichen eine Lautstärke von 188 dB (ein normal großer, moderner Düsenjet erreicht eine Lautstärke von 140 dB). Blauwale (und Finnwale) haben (nach den Pottwalen mit maximal 236 dB (Møhl *et al.*, 2000)) die zweit lautesten und tiefs-

ten Stimmen in den Ozeanen. Die niederfrequenten Pfiffe der Blauwale können nur unter Wasser gehört werden, aber sie sind ideal zur Kommunikation über große Entfernungen geeignet. Blauwale können sich über hunderte, unter perfekten Bedingungen sogar über tausende von Kilometern verständigen.
Blauwale der südlichen Hemisphäre produzieren strukturierte Tonsequenzen, die wiederholt werden. Diese „Lieder" können einige Stunden dauern (aufgenommen im südwestlichen Pazifik, vor Neuseeland; im südöstlichen Pazifik, vor Chile; im Indischen Ozean, in der Antarktis und um Australien).
Zwergblauwale produzieren Lieder mit Frequenzen zwischen 15 Hz und 25 Hz und Obertöne mit bis zu 100 Hz (aufgenommen entlang der Südküste Australiens). Sie können jedoch auch bei nahen Individuen höher sein. Liedeinheiten haben normalerweise eine Dauer von 15–40 sec. Mehrere Einheiten (üblicherweise drei) können in Sätzen von 60–120 sec Dauer arrangiert werden. Lieder von Zwergblauwalen um Neuseeland unterscheiden sich von denen aus Westaustralien.
Antarktische Blauwale produzieren Lieder mit etwa 28 Hz. Sie dauern einige Sekunden und werden gefolgt von schnellen absteigenden Tönen mit etwa 18 Hz, die eine Dauer von 16–30 sec haben. Diese werden als „Z-Ruf" bezeichnet, da sie als „Z" in den Spektogrammen erscheinen. Die „Z-Rufe" können in Liedern arrangiert sein, die mehrere Stunden dauern (Erbe *et al.*, 2017).
Wissenschaftler haben in den letzten 20 Jahren festgestellt, dass die Frequenz der Rufe von Blauwalen immer tiefer wurde, ohne den Grund dafür zu kennen oder ob dieses Phänomen zufällig entstanden ist. Eine Gruppe von Akustik-Wissenschaftlern an der Oregon State University Hatfield Marine Science Center zeigten in einer Studie („Scientific Reports", 2017), dass Blauwale die Frequenz ihrer Rufe kontrollieren.
Die Studien zeigten, dass insbesondere Blauwale ihre harmonischen Töne in einer deutlich anderen Art erzeugen, als bisher angenommen (Dziak *et al.*, 2017).
Es wurde lange vermutet, dass sie ihre Rufe erzeugen, indem sie hauptsächlich Töne in großen Kammern oder Hohlräumen im oberen Atmungssystem in Schwingungen versetzen. Aber dies impliziert, dass die Frequenzen der Walrufe von der Größe der Tiere bestimmt werden (je größer das Tier, desto tiefer die Frequenz). Es konnte nachgewiesen werden, dass Blauwale diese niederfrequenten Töne und sogar die Frequenz in der Mitte ihrer Rufe ändern können, indem sie Luft durch spezielle Hohlräume, die in den Nasengang münden und einen modifizierten Kehlkopf pulsieren lassen. Möglicherweise modulieren Blauwale ihre Stimmfrequenz als Reaktion auf zunehmenden natürlichen oder von Menschen gemachten Lärm (z. B. sich brechende Wellen am Strand, Eisberge, die über den Meeresgrund scheuern oder die deutliche Zunahme von Meeresgeräuschen durch Schiffsverkehr sowie Unterwasser-Explosionen).
Wissenschaftler der Stanford University und des Monterey Bay Aquarium Research Institute (MBARI) fanden heraus, dass Blauwale im nordöstlichen Pazifik die Klangmuster ihrer Lieder ändern und so anzeigen, wenn sie von ihren

Durch die dehnbaren Kehlfurchen können sie über 80.000 l Wasser und Nahrung im Schlund aufnehmen.

Zum Fressen drehen sie sich auf die rechte Seite.

Nahrungsgebieten vor der nordamerikanischen Küste in ihre Reproduktionsgebiete vor Mittelamerika wandern. Die Lieder der Blauwale im nordöstlichen Pazifik erklingen im Sommer meist in der Nacht, weil sie tagsüber die meiste Zeit mit Fressen beschäftigt sind. Wenn sie mit der Wanderung in wärmere Gewässer beginnen, erreichen die Gesangsaktivitäten ihren Höhepunkt und erklingen meist tagsüber während der Wanderung (Oestreich *et al.*, 2020).
Blauwale werden wegen ihres manchmal gelblichen oder senffarbenen Bauchs auch „Sulphur-Bottom" (Schwefelbauch) genannt. Diese Verfärbung entsteht durch Anlagerung mikroskopisch kleiner Kieselalgen (Diatomeen, *Cocconeis ceticola*), die in den kalten Gewässern leben, in denen sich Blauwale in den Sommermonaten zur Nahrungsaufnahme aufhalten.
Wissenschaftler nutzen Walblubber, um festzustellen welchen chemischen Substanzen Wale ausgesetzt waren und was sie absorbiert haben. Allerdings lässt sich im Blubber nicht feststellen, wann die Anreicherung mit Schadstoffen erfolgte oder wie lange sie andauerte. Der Pfropfen aus Ohrenschmalz bildet jedoch abwechselnd helle und dunkle Schichten, vergleichbar mit den Lebensringen eines Baumes. Jede Schicht entspricht in etwa einem Zeitraum von 6 Monaten.
Ein Forscherteam, unter der Leitung von Sascha Usenko, Umweltforscher an der Baylor Universität in Waco, Texas (USA), untersuchte einen 25,4 cm langen Schmalzpfropfen aus dem Gehörgang eines toten männlichen Blauwals, der 2007 bei einer Schiffskollision vor der Küste von Santa Barbara (Kalifornien, USA) getötet wurde. Ihre Untersuchungen wurden im September 2013 in *Proceedings of the National Academy of Sciences* veröffentlicht (Heffernan, 2013).
Usenko und sein Team fanden heraus, dass der etwa 12-jährige Blauwal besonders in seinem ersten Lebensjahr den meisten langlebigen chemischen Substanzen ausgesetzt war. Möglicherweise hat er die Schadstoffe schon im Mutterleib oder als er gesäugt wurde aufgenommen. Er war mit 16 langlebigen organischen Schadstoffen wie Pestiziden (besonders dem Insektizid DDT und Chlordan) sowie Flammschutzmitteln und Quecksilber belastet.
Pestizide und Flammschutzmittel haben einen Langzeiteffekt auf die Ozeane. Obwohl einige in den 1970er Jahren und 2005 weitgehend verboten wurden, können sie für mehr als 50 Jahre in den Meeren verbleiben. Quecksilber, das unter anderem Hirnschäden verursachen kann, reicherte sich im Körper des untersuchten Blauwals am stärksten mit etwa 5 und 10 Jahren an. Möglicherweise hat das Tier in dieser Zeit in Gebieten mit erhöhter Quecksilberkonzentration Nahrung zu sich genommen. Im Alter von etwa 10 Jahren, als er vermutlich die Geschlechtsreife erlangte, erhöhte sich der Testosteronspiegel um das 400-Fache. Kurz nachdem der Testosteronspiegel in die Höhe schoss, erhöhte sich die Konzentration des Stresshormons Cortisol um 800 %. Dies kann ein Indiz auf vermehrten Stress durch sexuellen Konkurrenzkampf sein.
Usenko und sein Team hoffen, dass sie bei weiteren Untersuchungen an älteren Präparaten in Museen auf der ganzen Welt neue Erkenntnisse über Umwelt und Stressbelastungen erhalten. Sie hoffen, dass die Untersuchungen von Individuen, die in früheren Zeiten lebten, als die Umweltbelastungen in den Meeren deutlich geringer waren, neue Erkenntnisse bringen werden.

Blauwal und Finnwal:
Erst durch die deutsche Konstruktion einer Harpunenkanone, die um 1863 auf einem norwegischen Walfangdampfer erstmals eingebaut wurde, war es möglich, auch die schnelleren Blau- und Finnwale zu jagen. Die Harpune erhielt einen Granatkopf, der im Walkörper explodierte. Blau- und Finnwale wurden im 19. und zu Beginn des 20. Jahrhunderts intensiv bejagt. Sie waren für Walfänger wegen ihrer enormen Größe und des damit verbundenen Profits eine sehr begehrte Beute. Bis ihr Bestand so stark reduziert wurde, dass die Jagd nicht mehr profitabel war. Allein in den Jahren 1930 und 1931 wurden etwa 30.000 Blauwale getötet. Das ist mehr als heute weltweit in den Ozeanen leben (heutiger weltweiter Blauwal-Bestand, laut IUCN: 10.000–25.000, zum Vergleich: Blauwal-Bestand 1920: geschätzt 250.000).

WISSENSCHAFTLICHER NAME

Balaenoptera musculus (Linnaeus, 1758)
Informationen zum Gattungsnamen, siehe Nördlicher Zwergwal
Der lateinische Artname *musculus* steht wohl für „Muskel, muskulös" und bezieht sich auf die immense Größe dieser Art. Der Artname *musculus* bedeutet aber auch „Maus", und so wird vermutet, dass frühe Anatomiestudenten bei der Untersuchung der Muskeln an die Form und Bewegung einer Maus erinnert wurden (*Thesaurus Linguae Latinae*, 1966 & *Thesaurus Graecae Linguae*, 1954; zitiert in Ranneft *et al.*, 2001).

Omurawal

Balaenoptera omurai
—Omura's Whale

Körperlänge: 9–12 m
Gewicht: adult 10–20 t
Körperform: schlank, stromlinienförmig
Körperfarbe: nicht vollständig bekannt; Rücken und Seiten silbergrau bis dunkelgrau oder braunschwarz; Bauchseite weiß
Kopf: eine deutliche mediane Kopfleiste; asymmetrische Pigmentierung am Unterkiefer (linker Unterkiefer dunkel, der rechte ist hell; wie bei Finnwalen)
Kehlfurchen: 80–90, bis an den Nabel
Blas: etwa 3 m hoch, unscheinbar
Blaslöcher: 2, paarig angeordnet
Flipper: relativ kurz; spitz
Fluke: breit; gerade Hinterkante; wenig ausgeprägte mediane Einkerbung
Rückenfinne: relativ klein; deutlich ausgeprägt; auf dem hinteren Drittel des Rückens
Barten: 180–210 je Oberkieferseite
Lebensalter: mind. 38 Jahre

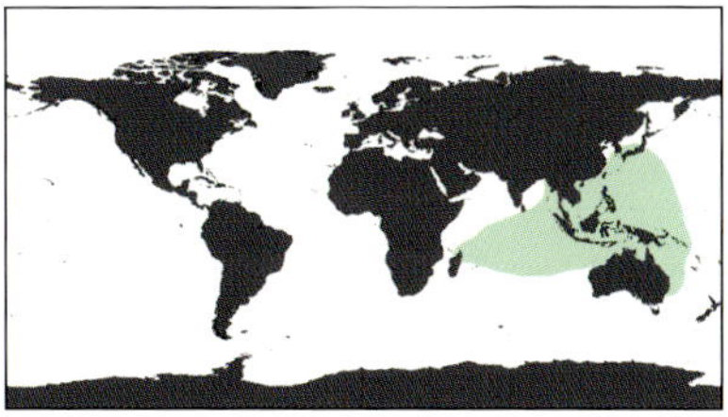

VERBREITUNGSGEBIETE

Das genaue Verbreitungsgebiet ist nicht bekannt, da es bisher nur wenige gesicherte Sichtungen dieser Art gibt. Ihr Lebensraum beschränkt sich vermutlich hauptsächlich auf tropische und subtropische Gewässer, in Küstennähe, über dem Kontinentalschelf des westlichen Pazifiks und des östlichen Indischen Ozeans, möglicherweise auch überall im Indischen Ozean.

Im November 2015 wurden etwa 80 Omurawale vor der Küste von Madagaskar von Wissenschaftlern um Dr. Salvatore Cerchio vom New England Aquarium entdeckt. Möglicherweise handelt es sich um eine ortstreue Population, die um die Insel lebt.

Im März 2019 veröffentlichten Cerchio und Kollegen eine weitere Studie, die vermuten lässt, dass Omurawale weiter verbreitet sind, als bisher angenommen. Sie entdeckten Omurawale im westlichen Indischen Ozean und im Atlantik. Zu den Regionen könnten auch das Rote Meer, die Andamanensee, Madagaskar, Sri Lanka, Thailand, Indonesien (zwischen Raja Ampat und Westsumatra),

Walkuh mit Kalb

der Nordosten und Nordwesten Australiens, die Philippinen, die Solomon-Inseln, Neukaledonien und Taiwan gehören (Cerchio *et al.*, 2019).

VERHALTEN

Über das Verhalten von Omurawalen ist so gut wie nichts bekannt. Einige bestätigte Sichtungen lassen vermuten, dass Omurawale solitär oder in 2er-Gruppen leben. In ergiebigen Nahrungsgebieten könnten sich auch größere Ansammlungen bilden.

TAUCHVERHALTEN

Das Tauchverhalten der Omurawale ist unbekannt. Einigen bestätigten Beobachtungen zufolge heben Omurawale vor einem Tauchgang ihre Fluke nicht aus dem Wasser.

NAHRUNG

Die Nahrung der Omurawale ist unbekannt. Die Art der Barten lässt darauf schließen, dass sie sich hauptsächlich von Krill *(Euphausiacea)*, Kleinkrebsen und kleinen Schwarmfischen ernähren. Wie die meisten Furchenwale sind sie Schluck-Filtrierer.

HOT SPOTS

Gebiete, die gute Chancen auf Begegnungen bieten, sind unbekannt. Vermutlich küstennah über dem Kontinentalschelf der Salomonensee, den Philippinen, Indonesien, dem Südchinesischen Meer und dem Ostchinesischen Meer, bis zum südlichen Japanischen Meer, einige Exemplare auch vor der Nordwestküste Australiens, in der Nähe der Cocos Keeling Inseln auf offener See.

REPRODUKTION

Geschlechtsreife: möglicherweise ab einer Körperlänge von etwa 9 m
Geburtsgröße: 3,5–4 m

WISSENSWERTES

Omurawale wurden erstmals im November 2003 von Shiro Wada, Masayuki Oishi und Tadasu K. Yamada aus Japan beschrieben und 2006 als eigenständige Art klassifiziert.

Omurawale sind den Finnwalen recht ähnlich, jedoch mit 9–12 m Länge deutlich kleiner. Vor dieser Zeit wurden Omurawale für eine Pygmäen-Form der Finnwale gehalten. Da bis heute nur wenige Omurawale als solche genetisch bestätigt wurden, mangelt es an Informationen. In den 1970er Jahren erlegten Walfänger mit wissenschaftlicher Genehmigung 8 Wale im südlichen Pazifik (im Japanischen Meer, in der Salomonensee und in der Nähe der Cocos-Inseln), die man für eine unbekannte Art von *Balaenoptera* hielt.

Das Exemplar für die Erstuntersuchung (Holotypus) strandete 1998 an einer Insel nahe Oyama im Südjapanischen Meer (Wada *et al.*, 2003). Dieses Exemplar und die 8 vorher erlegten Wale ähnelten Finnwalen in der äußeren Erscheinung, waren jedoch deutlich kleiner. Durch morphologische Vergleiche und DNA-Analysen wurde nachgewiesen, dass diese 9 Wale einer einzigen, aber neuen Art angehören. Von den Omurawalen, die in der Salomonensee gefangen wurden, war die größte Walkuh 11,5 m (29 Jahre), der größte Walbulle 9,6 m lang. Das älteste Tier, ein Männchen, war 38 Jahre alt.

Weitere Informationen, siehe Seiwal

WISSENSCHAFTLICHER NAME

Balaenoptera omurai Wada, Oishi & Yamada, 2003

Informationen zum Gattungsnamen, siehe Nördlicher Zwergwal

Der Artname *omurai* leitet sich von dem japanischen Walforscher Hideo Ōmura ab. Das angehängte *i* steht für „gehört zu".

Asymmetrische Pigmentierung am Unterkiefer (rechter Unterkiefer ist hell, nur bei Omurawalen und Finnwalen)

Finnwal

Balaenoptera physalus
—Fin Whale

Körperlänge: adult 17,5–27 m (max.: Weibchen 27 m, Männchen 25 m); auf der südlichen Hemisphäre größer (max. 27 m) als auf der nördlichen (weniger als 24 m)
Gewicht: adult durchschnittlich 45–80 t (max.: 120 t, Weibchen)
Körperform: schlank, stromlinienförmig, lang
Körperfarbe: Rücken und Seiten durchgängig silbergrau, dunkelgrau, braunschwarz oder schwarz; Bauchseite weiß; helle Bauchseite kann durch Anlagerung von Diatomeen (Kieselalgen) einen gelblichen Belag aufweisen (in kalten Gewässern); hellgraue, winkelförmige Zeichnung beidseitig hinter dem Kopf, zeigt oft zu den Atemlöchern, auf der rechten Seite meist stärker ausgeprägt; asymmetrische Pigmentierung am Kopf: rechte Kopfseite und rechter Unterkiefer hell (weißcremefarben), ebenso die rechten Barten im vorderen Drittel, linke Kopfseite, der linke Unterkiefer und die übrigen Barten dunkelgrau; asymmetrische Pigmentierung auch auf der Zunge, allerdings seitenverkehrt (hell auf der linken Seite); asymmetrische Färbung hängt vermutlich mit seitlicher Schwimmlage beim Fressen zusammen (wie fast alle Bartenwale, drehen sich auch Finnwale zum Fressen auf die rechte Seite; aber nur Finnwale und Omurawale haben diese asymmetrische Kopffärbung; oft ovale oder streifenförmige Narben (stammen von Schiffshaltern und Rundmäulern *(Pteromzyon marinus)*

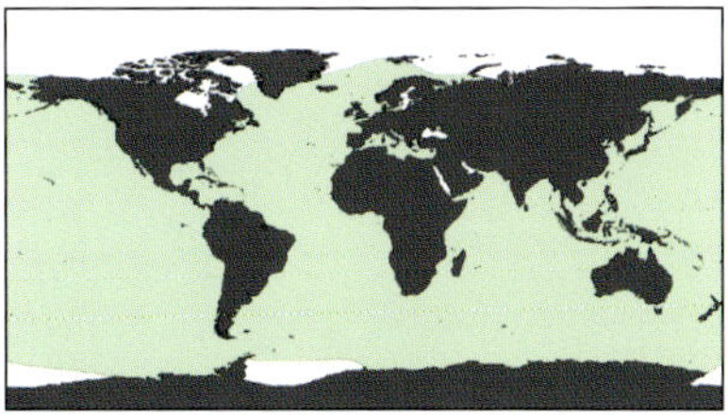

Kopf: v-förmig; eine deutlich erkennbare Kopfleiste verläuft mittig von der Schnauzenspitze bis zu den Blaslöchern; Blaslöcher werden durch einen kleinen Spritzschutz (kleiner Wulst) vor Spritzwasser geschützt
Kehlfurchen: 50–100, bis an oder hinter den Nabel
Blas: 5–6 m hoch
Blaslöcher: 2, paarig angeordnet
Flipper: schlank, mit spitzen Enden; wirken in Relation zum Körper recht kurz; Flipperoberseite dunkel, Unterseite weiß
Fluke: breit, fast dreieckig, leicht konkave Hinterkante mit medianer Einkerbung; Oberseite wie Rückenfärbung, Unterseite weiß mit grauer Begrenzung
Rückenfinne: deutlich ausgeprägt; sichelförmig; sehr hoch, bis 70 cm; auf hinterer Körperhälfte; nach dem Blas sichtbar

Nur Finnwale und Omurawale haben eine asymetrische Pigmentierung am Unterkiefer (rechter Unterkiefer ist hell).

Finnwale haben 50 bis 100 Kehlfurchen.

Barten: 250–480 je Oberkieferseite; schwarz oder olivgrün, rechte Barten im vorderen Drittel sind weiß-cremefarben; max. 70 cm lang
Blubberschicht: etwa 18 % des Körpergewichts
Lebensalter: bis etwa 80–90 Jahre, (max. 111 Jahre, Antarktis)

VERBREITUNGSGEBIETE

Finnwale sind Kosmopoliten und in allen Weltmeeren verbreitet, bevorzugt in polaren und gemäßigten Breiten. In den tropischen Regionen sind sie eher selten. Das Verbreitungsgebiet erstreckt sich ganzjährig über einen weiten Bereich von Längen- und Breitengraden, die Konzentration variiert jedoch je nach Saison: zur Nahrungsaufnahme wandern sie im jeweiligen Frühling in kältere Regionen, zur Reproduktion im jeweiligen Herbst in wärmere Gewässer.
Finnwale leben pelagisch und bevorzugen tiefe, küstenferne Gewässer jenseits des Kontinentalschelfs. In Küstennähe und in flacheren Küstengewässern kommen sie nur selten vor. Sie sind die einzigen Furchenwale, die auch im Mittelmeer leben. Im Beringmeer kommen sie nur selten vor.

VERHALTEN

Bei der Nahrungsaufnahme beträgt die Schwimmgeschwindigkeit 2–6 km/h. Die durchschnittliche Wandergeschwindigkeit beträgt zwischen 9 und 15 km/h. Über kürzere Strecken können sie auch Geschwindigkeiten von über 35 km/h erreichen. Damit gehören sie zu den schnellsten großen Walen und es brachte ihnen bei frühen Walfängern den Namen „Windhund der Meere“ ein.
Finnwale wandern meist alleine oder paarweise. Oberflächenaktivitäten, wie Springen oder „spyhopping“, sind selten. Das Verhalten Booten gegenüber ist eher gleichgültig. Ihr einziger natürlicher Feind ist der Schwertwal.
Über das Sozial- und Paarungsverhalten von Finnwalen ist nicht viel bekannt. Ähnlich wie bei anderen Bartenwalen scheinen lang anhaltende soziale Bindungen selten zu sein. Die einzige stabile soziale Bindung gibt es zwischen Mutter und Kalb, solange es gesäugt wird. Finnwale leben normalerweise in Gruppen von 2–7 Individuen. In ergiebigen Nahrungsgebieten können sich kurzzeitig Ansammlungen von 100 Tieren bilden. Im Nordatlantik versammeln sie sich oft in großen Gruppen zum Fressen, auch mit anderen Walen, beispielsweise Buckelwalen, Nördlichen Zwergwalen und Weißseitendelfinen. In anderen Gebieten werden sie dagegen eher in Gesellschaft von Blauwalen, gelegentlich auch von Grindwalen und Streifendelfinen beobachtet.

TAUCHVERHALTEN

Das Tauchverhalten von Finnwalen ist unberechenbar. Sie ändern häufig und unvorhersehbar die Richtung, sowohl bei der Nahrungsaufnahme, als auch bei den Wanderungen. Finnwale tauchen 3–10 min. Die maximale Tauchtiefe liegt bei etwa 200 m.
Nach einem tiefen Tauchgang tauchen sie oft in einem spitzen Winkel auf. Kopf und Finne erscheinen nicht gleichzeitig an der Oberfläche. Die sichelförmige Finne wird an der Oberfläche sichtbar, kurz nachdem der Blas über dem Wal steht. Zum Abtauchen krümmen sie den Rücken. Nur für tiefe Tauchgänge heben sie die Fluke aus dem Wasser.

NAHRUNG

Zum Fressen drehen sich Finnwale, wie die meisten Furchenwale, auf die rechte Seite. Der Grund für diese „Rechtsvorliebe“ ist nicht bekannt.
Finnwale sind Nahrungsopportunisten und haben ein breites Nahrungsspektrum. Die feinen Barten weisen auf ihre bevorzugte Nahrung hin: kleines Zooplankton. Zu 96 % ernähren sie sich von schwarmbildendem Krill (Leuchtgarnelen, *Euphausiacea*) und Kopepoden (Krebstiere). Nur 2,5 % der Finnwale nehmen eine Mischung aus Krill und kleinen, schwarmbildenden Fischen und Tintenfischen zu sich, nur 1,6 % fressen ausschließlich kleine, schwarmbildende Fische (z. B. Lodde, Hering, Makrele, Dorsch, Blauer Wittling und Köhler) sowie kleine Tintenfische. In Neufundland ernähren sich Finnwale dagegen zu 80–90 % von Lodde.

HOT SPOTS

Mittelmeer: (beste Zeit Sommermonate) ortstreue Population (wurde vor etwa 200.000 Jahren von der nordatlantischen Population getrennt) besonders im Ligurischen Meer und die Gewässer um Sizilien (in der Straße von Sizilien, vor Lampedusa; z. B. vor Punta Grecale) und Malta (auch in Wintermonaten)
Nordatlantik: (Frühjahr–Sommer) gelegentliche Sichtungen vor den Azoren, den Kanarischen Inseln und den Antillen, im Nordatlantik zwischen Svalbard (Norwegen) und Davisstraße sowie Baffin-Bay (Kanada und Grönland).
Nordpazifik: ganzjährig vor der mittleren und südlichen Küste Kaliforniens; (Sommer) vor der Westküste Nordamerikas (Kalifornien bis Alaska); eine genetisch isolierte Sub-Population (mit saisonalen Wanderungen) ganzjährig im Golf von Kalifornien (Sea of Cortez, Mexiko)

Die rechten Barten sind im vorderen Drittel weiß-cremefarben.

Südliche Hemisphäre: am häufigsten auf der südlichen Hemisphäre, in tiefen Gewässern mit gemäßigten Temperaturen, besonders im Südatlantik und im Indischen Ozean in mittleren Breiten, hauptsächlich zwischen 40 °S und 60 °S im Sommer und im Südpazifik zwischen 50 °S und 65 °S

REPRODUKTION

Geschlechtsreife: 6 –12 Jahre, ab einer Körperlänge von 17,5–20 m
Paarungszeit: Wintermonate der jeweiligen Hemisphäre
Tragzeit: 11–12 Monate
Geburtszyklus: alle 2–3 Jahre 1 Kalb
Geburtsgröße: 6–7 m
Geburtsgewicht: 1–2 t
Säugezeit: 11–12 Monate (ab 6–7 Monate zusätzlich feste Nahrung)
Weitere Informationen, siehe Blauwal

WISSENSWERTES

Finnwale sind (nach Blauwalen) die zweitgrößten Tiere unseres Planeten. Finnwale auf der südlichen Hemisphäre werden generell größer als die der nördlichen.
Es gibt einige Bestände mit genetischer Isolation. Finnwale des Mittelmeeres unterscheiden sich von der atlantischen Population. Diese Populationen mischen sich nur selten.
Es werden 3 Unterarten anerkannt:
B. p. physalus (Linnaeus, 1758) – Nördlicher Finnwal, im Nordatlantik
B. p. quoyi (Fischer, 1829) – Südlicher Finnwal, südliche Hemisphäre
B. p. velifera Cope in Scammon, 1869 – Nordpazifischer Finnwal
Drei Finnwal-Populationen gelten als ortstreu: im Mittelmeer, im Golf von Kalifornien und im Ostchinesischen Meer (Mizroch *et al.*, 2009).
Finnwale produzieren eine Reihe von niederfrequenten Tönen mit etwa 30–15 Hz (hauptsächlich etwa 20 Hz, sie werden „20–Hz Signal" genannt), die in Liedern arrangiert werden und viele Stunden dauern können. Sie können auch hochfrequente Töne mit bis zu 310 Hz produzieren, die bis zu 5 sec dauern. Ihre Töne können noch in einigen hundert Kilometern Entfernung wahrgenommen werden. Wenn mehrere Finnwale zugleich singen, können sie Lautstärken von bis zu 195 dB erreichen und ihre Töne gehören damit zu den lautesten biologischen Tönen unter Wasser (Erbe *et al.*, 2017).
Obwohl die Rufe das ganze Jahr über produziert werden, werden sie in den Reproduktionsgebieten in bestimmen Mustern erzeugt, was möglicherweise im Zusammenhang mit ihrem Paarungsverhalten steht (Croll *et al.*, 2002). Finnwale können auch scharfe, impulsive Breitband-Töne produzieren, die mit Fressverhalten in Verbindung stehen und von denen man annimmt, dass sie die Beute betäuben und in ihrem Kehlsack zurückhalten (Brodie, 1993).
Der bisher älteste Finnwal wurde in der Antarktis gefangen. Er war nachweislich 111 Jahre alt. Schwertwale sind ihre einzigen natürlichen Feinde.
Weitere Informationen, siehe Blauwal

WISSENSCHAFTLICHER NAME

Balaenoptera physalus (Linnaeus, 1758)
Informationen zum Gattungsnamen, siehe Nördlicher Zwergwal
Die lateinische Artbezeichnung *physalus* stammt vom griechischen *physalos* für „Furchenwal" oder „eine Art von Kröte, die sich selbst aufbläst" (Leatherwood & Reeves, 1983). Die Herkunft des altgriechischen Wortes *physallis* bedeutet „Blase" und weist auf eine eigenartige Verhaltensweise hin: Finnwale blasen gelegentlich ihre Kehlfurchen auf.

Buckelwal

Megaptera novaeangliae
—Humpback Whale

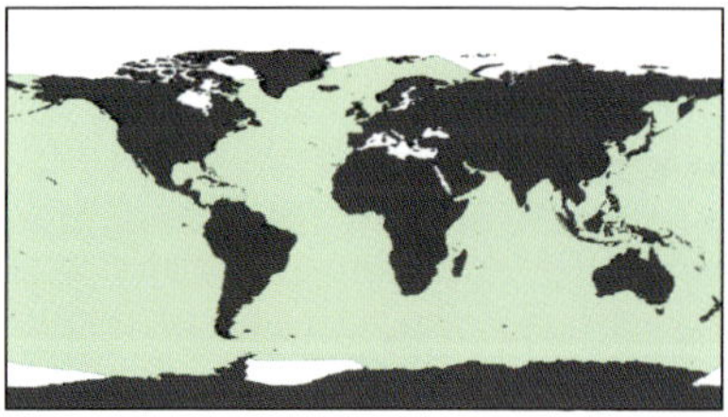

Körperlänge: 11–19 m (max.: Weibchen 19 m, Männchen 17 m)
Gewicht: adult durchschnittlich 35–40 t (max. 65 t)
Körperform: kräftiger und weniger stromlinienförmig als alle anderen Furchenwale
Körperfarbe: sehr variabel und individuell: Rücken und Seiten durchgängig dunkelgrau bis mittelgrau, blauschwarz bis schwarz; Bauchseite meist weiß, manchmal nur teilweise weiß, selten auch komplett dunkel
Kopf: von oben betrachtet relativ breit; keine Mittelleiste (im Gegensatz zu allen anderen Furchenwalen); besonderes Erkennungsmerkmal: mehrere Tuberkel (Beulen) am Kopf, am Oberkiefer, am Unterkiefer und vor den Blaslöchern, aus jedem Tuberkel wächst ein etwa 1–3 cm langes, borstiges Haar, möglicherweise Tast-Funktion; häufig Seepocken (krebsartige Ektoparasiten, *Coronula* spp.) am Kopf, den Kehlfurchen, den Flippern und der Fluke
Kehlfurchen: 12–35; breiter und weniger als bei anderen Furchenwalen; reichen bis zum Nabel
Blas: über 3 m hoch
Blaslöcher: 2, paarig angeordnet
Flipper: 5 m (maximal 5,5 m); etwa 30 % der Körperlänge; die längsten aller Wale; Unterseite überwiegend weiß; Unterschiede auf der Flipperoberseite: im Nordatlantik Oberseiten überwiegend weiß (mit gelegentlicher dunkler Pigmentierung); im nördlichen Pazifik Oberseiten mehr oder weniger komplett dunkel (gelegentlich mit geringer Weiß-Färbung); Flipper-Oberseiten auf der südlichen Hemisphäre sind heller als im nördlichen Pazifik (nur selten mit geringer Weiß-Pigmentierung); mit deutlich erkennbaren Buckeln an der vorderen Kante
Fluke: an der Unterseite weiß; so individuell wie ein Fingerabdruck (wird zur Identifikation einzelner Individuen herangezogen); Oberseite wie dunkle Rückenfarbe; Hinterkante ungleichmäßig, leicht s-förmig, deutliche mediane Einkerbung

Buckelwale haben die längsten Brustflossen aller Wale.

Rückenfinne: variiert extrem stark: kann fast vollständig fehlen, stummelförmig bis klein oder sichelförmig und deutlich abgesetzt sein; die kleine, stummelförmige Finne sitzt auf einem Buckel (wird sichtbar, wenn Buckelwale den Rücken zum Abtauchen krümmen)
Barten: 270–400 je Oberkieferseite; überwiegend dunkel (schwarz); 0,8–1 m lang
Lebensalter: 40–60 Jahre

Tuberkel mit borstigem Haar

VERBREITUNGSGEBIETE

Buckelwale sind Kosmopoliten, unternehmen saisonale Wanderungen und sind in ihrem Verbreitungsgebiet nicht gleichmäßig verteilt. Sie leben weltweit, in allen Weltmeeren beider Hemisphären, vom Äquator bis in subpolare Breiten, meist in Küstennähe. Gelegentlich wandern einige wenige Tiere aus dem Indischen Ozean in das Rote Meer und in den Persischen Golf. Nur extrem selten sind sie sozusagen „zu Besuch" im Mittelmeer.

VERHALTEN

Buckelwale sind von allen großen Walen am besten erforscht, weil sie sich bevorzugt in Küstennahe aufhalten. Sie sind entsprechend ihrer kräftigen, wenig stromlinienförmigen Körperform keine besonders schnellen Schwimmer. Sie wandern mit einer durchschnittlichen Geschwindigkeit von etwa 3 km/h bis zu 5,4 km/h (Noad & Cato, 2007). Über kurze Strecken können sie jedoch Geschwindigkeiten von 25 km/h erreichen. Singende Buckelwale sind normalerweise stationär oder bewegen sich nur langsam (Tyack & Whitehead, 1983; Helweg *et al.*, 1992). Ihre Durchschnittsgeschwindigkeit kann dann bis zu 2,5 km/h betragen (Noad & Cato, 2007).
In den Reproduktionsgebieten leben sie normalerweise in Gruppen von 1–3 Tieren, in den Nahrungsgebieten normalerweise in Gruppen von 1–20 Individuen. In den letzten Jahren haben Wissenschaftler jedoch Super-Gruppen von 20–200 Tieren bei drei Schiffstouren gesichtet (Findlay *et al.*, 2017).
Diese riesigen Gruppen wurden vor der südwestlichen Küste Südafrikas beim Fressen beobachtet (im südlichen Auftriebsgebiet des Benguela-Systems), tausende Kilometer nördlich von ihren normalen Nahrungsgebieten in den antarktischen Gewässern entfernt. Die Gründe für dieses

Der Blas besteht vorwiegend aus kondensierter Luft.

kürzlich entdeckte Verhalten bleiben spekulativ. Diese Super-Gruppen sind möglicherweise außergewöhnlich und spiegeln eventuell nicht ihre normale Gruppengröße wider. Es gibt auch ältere Berichte von fressenden Buckelwalen in mittleren und niedrigen Breitengraden während der Wanderung, zum Beispiel in australischen und neuseeländischen Gewässern, im Nordpazifik und im nordatlantischen Ozean, bei denen es sich sehr wahrscheinlich um opportunistische Nahrungsaufnahme handelt (Stockin & Burgess, 2005; Swingle *et al.*, 1993).

Buckelwale jeglichen Geschlechts und Alters gehören zu den oberflächenaktivsten Bartenwalen. Sie heben manchmal ihren Kopf über Wasser, um die Umgebung zu erkunden, und schlagen oft mit den Flippern, der Fluke und dem Kopf auf das Wasser oder springen.

Die Tatsache, dass sie sehr energieaufwendige Oberflächenaktivitäten auch bei ihren Wanderungen und in ihren Reproduktionsgebieten vollführen, wenn man eigentlich erwarten würde, dass sie Energie sparen, lässt darauf schließen, dass diese möglicherweise eine wichtige Rolle bei ihrer Kommunikation spielen. Oberflächenaktivitäten haben möglicherweise verschiedene Funktionen im unterschiedlichen sozialen Kontext, wie zum Beispiel Kontakt zwischen Gruppen zu halten (Payne & McVay, 1971), bei der Kommunikation innerhalb von Gruppen, und sie könnten auch soziale Interaktionen auslösen oder schlichten (Deakos, 2002; Dunlop *et al.*, 2008).

Der Aufprall auf der Wasseroberfläche ähnelt einer Unterwasserexplosion. Er ist unter Wasser kilometerweit zu hören und fungiert wie eine Art „Ferngespräch", zum Beispiel um entfernten Artgenossen eine Richtung oder die Anwesenheit mitzuteilen (Geräusche werden unter Wasser effektiver als an der Luft weitergeleitet).

Sprünge und Schlagen mit der Fluke auf die Wasseroberfläche könnten auch andere Formen der Kommunikation akzentuieren und möglicherweise als eine Art „physikalisches Ausrufezeichen" fungieren (Whitehead, 1985). In Reproduktionsgebieten könnten diese Aktivitäten auch Ausdruck von Imponiergehabe oder Aggression gegenüber Nebenbuhlern darstellen. Auf jeden Fall ist es eine wirkungsvolle Methode, um sich von Parasiten zu befreien. Für Jungtiere ist es zudem ein gutes Kraft- und Ausdauertraining sowie eine ideale Koordinationsübung.

Das Schlagen mit den Brustflossen auf die Wasseroberfläche könnte der Kommunikation dienen, zum Beispiel um andere Artgenossen herbeizurufen, um ein Männchen auf sich aufmerksam zu machen, oder es könnte eingesetzt werden, wenn ein Weibchen einen Bullen auf Distanz halten möchte.

Normalerweise leben Buckelwale solitär oder in kleinen, instabilen, häufig wechselnden Gruppen. Das Verhalten und die soziale Organisation richten sich nach ihren saisonalen Aufenthaltsgebieten und unterscheiden sich in den Reproduktionsgebieten markant von dem in ihren Nahrungsgebieten.

In den Fortpflanzungsgebieten und auf den Wanderungen nehmen Buckelwale normalerweise keine Nahrung zu sich, bzw. fressen nur sehr wenig und nur, wenn sich eine Gelegenheit bietet (Fossette *et al.*, 2014; Silva *et al.*, 2013), und leben fast ausschließlich von ihren Fettreserven.

Das Verhalten der Walkühe wird in den Reproduktionsgebieten (in den Wintermonaten der jeweiligen Hemisphäre) hauptsächlich von der Fürsorge um den Nachwuchs bestimmt, das Verhalten der Bullen vorwiegend von aggressivem Konkurrenz- und Imponiergehabe.

Flukeschlagen spielt möglicherweise eine wichtige Rolle bei der Kommunikation.

Die Kehlfurchen reichen bis zum Nabel.

Walbullen kämpfen in wechselnden Gruppen von 2–20 Männchen um das Begleitrecht eines paarungsbereiten Weibchens. Diese Kämpfe können einige Stunden dauern. Die Bullen rammen und blockieren sich gegenseitig, erzeugen Luftblasen, schlagen mit den Brustflossen, der Fluke oder dem Kopf und atmen laut schnaubend aus. Gelegentlich springen sie sogar mitten in der Gruppe. Blutende Verletzungen sind dabei keine Seltenheit.

In den kalten, nahrungsreichen Gewässern (in den Sommermonaten der jeweiligen Hemisphäre) schwelgen Buckelwale nach der langen Zeit des Fastens vier Monate lang im Nahrungsüberfluss und decken ihren enormen Kalorienbedarf für das ganze Jahr. In den Nahrungsgebieten konzentrieren sich ihre Aktivitäten vorwiegend auf den Nahrungserwerb. Kooperation und der gemeinschaftliche Jagderfolg gehen hier eindeutig vor Konkurrenzverhalten. Je nach Nahrungsart, -menge und -konzentration bilden sich unterschiedlich große Gemeinschaften. Die Jagd auf langsamen Krill oder auf Schwarmfische kann einzeln oder in kleinen, regelmäßig wechselnden Gruppen erfolgen. Wenn die Heringsschwärme groß genug sind, können sich Jagdgemeinschaften von 20 Individuen bilden. Diese Gruppen bleiben, solange die Nahrung in ausreichender Menge zur Verfügung steht, zusammen. Dies kann man zum Beispiel relativ häufig in Südostalaska beobachten.

Alle Buckelwal-Populationen (bis auf eine im Arabischen Meer) unternehmen saisonale Wanderungen zwischen ihren Reproduktionsgebieten in tropischen Gewässern und ihren Nahrungsgebieten in kalten, nahrungsreichen Gewässern. Dabei schwimmen sie meist in Oberflächennähe. Die saisonalen Wanderungen (Frühling und Herbst der jeweiligen Hemisphäre) der Buckelwale gehören mit zu den längsten der Säugetiere. Die 4.800 km lange Strecke zwischen Alaska und Hawaii legen sie in etwa 40 Tagen zurück und schwimmen dabei mit einer durchschnittlichen Geschwindigkeit von etwa 3 km/h bis zu 5,4 km/h (Noad & Cato, 2007; Findlay, 1994). Die längste, aufgezeichnete Wanderung betrug 8.300 km. Diese Strecke (von Costa Rica zur Antarktis) wurde von 7 erwachsenen Buckelwalen und einem Kalb zurückgelegt.

Buckelwale schlafen meist in der Nähe oder direkt an der Wasseroberfläche sowohl tagsüber als auch nachts. Für Säugetiere, die im Wasser leben, ist die Kontrolle der Atmung beim Schlafen besonders wichtig. Ein schlafender Wal muss seine Atmung so koordinieren, dass er nur an der Oberfläche atmet, ohne dafür jedes Mal aufzuwachen. Aus diesem Grund ist abwechselnd nur die linke oder die rechte Hirnhälfte wach, während die andere schläft. Der Atemreflex wird durch die jeweils wache Gehirnhälfte aufrechterhalten. Die Augen können beim Schlafen geschlossen oder offen sein.

TAUCHVERHALTEN

Buckelwale tauchen normalerweise zwischen 15 und 30 min. Bei der Nahrungsaufnahme dauern ihre Tauchgänge meist 3–5 min, selten länger als 15 min. In den Reproduktionsgebieten tauchen sie bis zu 30 min. Die Tauchtiefe beträgt selten mehr als 50 m.

Für tiefere Tauchgänge heben sie ihre Fluke regelmäßig über die Wasseroberfläche und stellen sie senkrecht. Dabei wird die individuell weiß pigmentierte Unterseite

Die Flukenunterseiten sind so individuell wie ein Fingerabdruck.

der Fluke sichtbar. Das Gewicht der Fluke unterstützt das Abtauchen auf den ersten Metern.

NAHRUNG

Buckelwale haben eine bemerkenswerte Vielfalt in ihrer Nahrung entwickelt. Ihre Hauptnahrung besteht aus kleineren Schwarmfischen (z. B. Hering, Lodde, Sardinen und Makrelen), die sie in großen Schwärmen zusammentreiben und verschlingen. Wenn Schwarmfische nicht in ausreichender Menge verfügbar oder erreichbar sind, weil sie in größere Tiefen abgetaucht sind, ernähren sie sich auch von Krill (Leuchtgarnelen, *Euphausiacea*). Buckelwale können pro Tag bis 1.400 kg Nahrung zu sich nehmen. Sie fressen bevorzugt dicht unter der Oberfläche und bis 50 m Tiefe. Oft drehen sich Buckelwale beim Fressen auf die rechte Seite. Der Grund dafür ist nicht bekannt.
Wissenschaftler konnten dokumentieren, dass Buckelwale auch junge Lachse als Nahrungsquelle erschlossen haben, wenn diese aus den Lachsaufzuchtstationen in Südostalaska freigelassen werden (hauptsächlich bei Takatz und Hidden Falls, weniger häufig bei Port Armstrong). Dabei haben es die Wale hauptsächlich auf Königslachse *(Oncorhynchus tshawytscha)*, Silberlachse *(Oncorhynchus kisutch)* und Ketalachse *(Oncorhynchus keta)* abgesehen (Chenoweth *et al.*, 2017).
Buckelwale sind in ihren Jagdmethoden vielseitiger als alle anderen Bartenwale. Das Fressen von langsam schwimmendem Krill erfordert keine besonderen Jagdstrategien, doch Buckelwale haben ihre Jagdmethoden verfeinert, da die Populationsstärke des Krills stark schwanken kann und für Buckelwale in einigen Regionen nicht immer in ausreichender Menge verfügbar ist, zudem ist der Nährwert von Schwarmfischen erheblich höher.
Für eine effektive und energiesparende Jagd haben sie, je nach Nahrungsart, Nahrungsmenge und Nahrungsverteilung (oberflächennah oder in größeren Tiefen) verschiedene Jagdstrategien entwickelt.
Besonders hervorzuheben sind das sogenannte „Luftblasennetz-Fischen" („bubblenet feeding") und das „Schluckfiltern" („lunge feeding"). Beide Techniken können sowohl einzeln, als auch in der Gruppe, dem sogenannten „Kooperativen Fressen" („cooperative feeding"), durchgeführt werden. Voraussetzung hierfür ist eine komplexe Intelligenz, Kommunikation und Organisation in der Gruppe. Die Größe der Jagdgemeinschaften kann zu jeder Zeit wechseln oder für lange Zeit bestehen bleiben, so wie es gerade opportun ist.
Das „Luftblasennetz-Fischen" („bubblenet feeding") ist eine Technik, die bei der Jagd von schnell schwimmenden Schwarmfischen eingesetzt wird. Buckelwale sind die einzigen großen Wale, die diese Technik zur Perfektion entwickelt haben. Sobald ein geeigneter Fischschwarm geortet wird, taucht ein Buckelwal darunter und zieht eine immer enger werdende Spirale. Dabei entlässt er Luft aus seinen Blaslöchern. Diese Spirale aus Luftblasen bildet eine für Fische undurchdringliche, sprudelnde Wand. Wenn das „Netz" fertig aufgebaut ist, sitzen diese in der Falle. Jetzt stößt der Buckelwal im Zentrum der „Röhre aus Luftblasen" mit weit aufgerissenem Maul senkrecht zur Wasseroberfläche durch.
Je nachdem, wie viele Wale am „Luftblasennetz-Fischen" beteiligt sind, schwankt der Durchmesser dieser „Luft-

blasenröhre". Ein einzelner Buckelwal kann ein Blasennetz mit einem Durchmesser von etwa 4 m effektiv nutzen. Wenn es genügend Fische gibt, kann auch eine große Gruppe von 20 Buckelwalen daran beteiligt sein. Das Blasennetz kann dann einen Durchmesser von gut 25 m haben.
Das „kooperative Luftblasennetz-Fischen", also das gemeinschaftliche „Luftblasennetz-Fischen" erscheint auf den ersten Eindruck sehr chaotisch. Tatsächlich ist jedoch jedes einzelne Manöver genau aufeinander abgestimmt. Solange eine Fress-Gemeinschaft zusammenbleibt, taucht jeder Wal der Gruppe immer in genau der gleichen Reihenfolge und Ausrichtung zu oder zu den anderen auf.
Bei der Jagd auf Krill und andere langsame Beute nutzen Buckelwale die Technik des „Schluckfilterns". Dabei schwimmen sie schnell durch nährstoffreiches Wasser, reißen zwischendurch das Maul plötzlich weit auf und nehmen portionsweise Beute und Wasser im Maul auf. Dabei dehnen sich die Kehlfurchen und vergrößern das Maul um ein Vielfaches. Nachdem das Maul geschlossen ist, pressen sie das Wasser durch ihre Barten nach außen und schlucken die Beute.
Wenn ausreichend Krill in Oberflächennähe vorhanden ist, schwimmen mehrere Buckelwale in einer schräg nach hinten versetzten Reihe und bilden eine Formation, die „Staffel-Fressen" („echelon feeding") genannt wird. Wie eine Reihe von Fischernetzen schwimmen sie dann durch die „Krill-Suppe", besonders in der Morgen- und Abenddämmerung. Zu dieser Zeit verlässt der Krill den Schutz der größeren Tiefen und steigt zur Oberfläche, um sich dort von Phytoplankton zu ernähren.
2011 haben Wissenschaftler von der MERS (Marine Education and Research Society) eine weitere, neue Jagdstrategie nordöstlich vor Vancouver Island (bei Telegraph Cove, British Columbia, Kanada) beobachtet, die zuvor noch nie bei Buckelwalen beobachtet wurde. Die Wissenschaftler nannten sie „Fallen-Fressen", weil es sie daran erinnerte, wie Venusfliegenfallen *(Dionaea muscipula)* Fliegen fangen.
Inzwischen gibt es mehr als 20 Buckelwale, die diese neue Jagdstrategie erlernt haben, um junge Heringe zu fangen, wenn sie in kleinen, diffusen Schulen vorkommen (McMillan *et al.*, 2018).
Der jugendliche Buckelwal „Conger" (BCY0728) verharrte dabei mit weit aufgerissenem Maul an oder knapp unter der Wasseroberfläche (durchschnittlich für 18 sec, bis zu 90 sec) und wartete darauf, dass die Beute in sein Maul schwamm. 2011 nutzten nur „Conger" und „Moonstar" (BCY0768) diese Jagdstrategie nordöstlich vor Vancouver Island. Ende 2015 konnten 16 Buckelwale beobachtet werden, die diese Strategie nutzten, manchmal sogar Seite an Seite.
Die neue Jagdstrategie scheint energetisch effizienter zu sein, wenn kleine und diffuse Fischschwärme (z. B. junge Heringe) gejagt werden. Die Wale nutzen ihre langen Brustflossen, um die Fische Richtung Maul zu schaufeln. Die Buckelwale scheinen dabei auch von tauchenden Vögeln zu profitieren, wie zum Beispiel vom Nashornalk *(Cerorhinca monocerata)* und von der Trottellumme *(Uria aalge)*, die die gleiche Beute jagen. Während die Fische versuchen, den Vögeln zu entkommen, versammeln sie sich neben oder sogar im Maul der Wale, um sich vor den Vögeln zu verstecken oder um Schutz zu finden, ohne zu bemerken, in welch großer Gefahr sie sich befinden.
Eine ähnliches Fressverhalten ist nur von Brydewalen im Golf von Thailand bekannt.
Weitere Informationen, siehe Brydewal – „Wassertreten-Fressen"

„Staffel-Fressen" kann oft in der Morgen- und Abenddämmerung beobachtet werden.

HOT SPOTS

Je nach Jahreszeit in verschiedenen Gebieten, bei unterschiedlichen Aktivitäten, auch in Küstennähe:

Sommermonate der jeweiligen Hemisphäre (Fressaktivitäten)*:*

Nördlicher Pazifik: Alaska (USA) z. B. im Prince William und Frederick Sound, an den Küsten Britisch Kolumbiens (Kanada)

Nördlicher Atlantik: Labrador (Neufundland), Golf von Maine (Neuschottland), Neu England und Westgrönland, Westisland (vor der Snaefellsnes Peninsula), St. Lawrence Golf und Nordnorwegen

Südliche Hemisphäre: Antarktis

Wintermonate der jeweiligen Hemisphäre (Reproduktionsaktivitäten)*:*

Nördlicher Pazifik: vor Hawaii (USA), den Islas Revillagigedo (Mexiko), in den Küstengewässern der Baja California und vor Puerto Vallarta (Bahía de Banderas, beide Mexiko)

Nördlicher Atlantik: Karibik (Dominikanische Republik, größte, bekannteste Population des Atlantiks): Silver Bank, Navidad- und Samana-Bucht. Weitere Gebiete: Nordwestküste Puerto Ricos, um die Virgin-Inseln, die östlichen Antillen (Karibik), eine kleine Population vor den Kap Verden

Südlicher Pazifik: in geschützten Buchten vieler Südsee-Inseln (z. B. Cook-Inseln, Tonga, Fidschi, Französisch-Polynesien), Nordostküste Australiens, Neukaledoniens, Küstengewässer vor Ecuador, Galapagos-Inseln, Costa Ricas, Panama und Kolumbien

Südlicher Atlantik: vor der Küste Brasiliens, besonders Abrolhos-Inseln und vor Westküste Afrikas von Südafrika bis zum Golf von Guinea

Indischer Ozean: Nordwestküste Australiens, an der Küste Mozambiks, Tansanias, Madagaskars und den Komoren. Wanderungen erfolgen entlang der Ostküste Südafrikas.

REPRODUKTION

Geschlechtsreife: ab 11 m, ab 5–10 Jahre
Paarungszeit: Wintermonate der jeweiligen Hemisphäre
Tragzeit: 11–12 Monate
Geburtszyklus: alle 1–3 Jahre 1 Kalb
Geburtsgröße: 4–5 m
Geburtsgewicht: 1–1,5 t
Säugezeit: 6–12 Monate (zusätzlich feste Nahrung ab 6 Monate, Entwöhnung ab 8–10 m)

Mehrere Walbullen kämpfen um die einmalige Paarung mit einem Weibchen und versuchen, ihre Rivalen in dieser Zeit fernzuhalten. Nach erfolgter Paarung kopulieren beide mit weiteren Partnern. Alter und Größe des Kalbes haben Einfluss auf die Wahl des Lebensraums von Mutter-Kalb-Paaren in den Reproduktionsgebieten. Die Orientierung der Mütter in tiefere Gewässer scheint Teil von Verhaltensänderungen in der Phase vor der Wanderung zu sein (Pack *et al.*, 2017).

Dauerhafte soziale Bindungen bestehen nur zwischen Walkühen und ihrem Nachwuchs, bis er entwöhnt ist. Walkälber haben häufigen Körperkontakt mit ihrer Mutter. Wenn der Nachwuchs erschöpft ist, stützt sie ihn an der Oberfläche oder lässt ihn dicht an ihrem Rücken schwimmen. Jungtiere sparen bis zu 25 % Energie, wenn sie dicht an der Mutter schwimmen (Bernoulli-Effekt). Walkühe werden zeitweise von einem Bullen begleitet, der sogenannten „Eskorte", auch wenn das

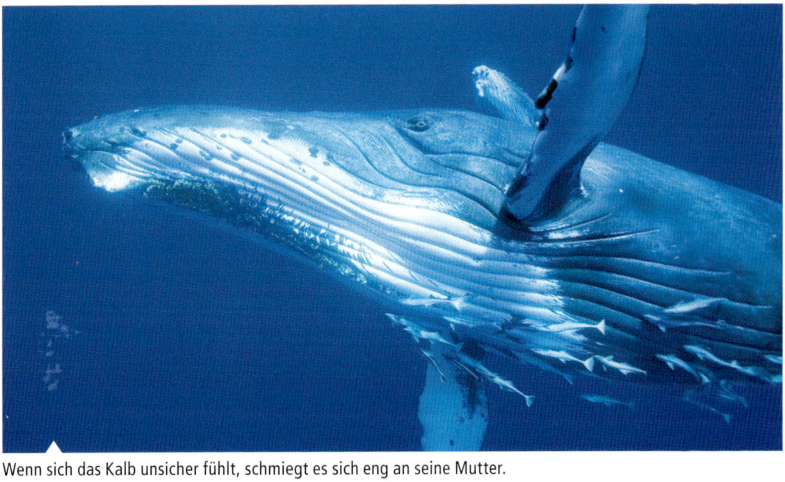

Wenn sich das Kalb unsicher fühlt, schmiegt es sich eng an seine Mutter.

Das gemeinschaftliche „Luftblasennetz-Fischen" erscheint auf den ersten Blick chaotisch.

Weibchen bereits in Begleitung eines Kalbs ist. Der eskortierende Wal ist nicht unbedingt der Erzeuger des Kalbs.

WISSENSWERTES

Es gibt 12 Populationen in den Weltmeeren. Buckelwale werden bis heute als eine einzige Art betrachtet, obwohl sich die südlichen und nördlichen Populationen bei ihren jahreszeitlichen Wanderungen, wegen der unterschiedlichen Jahreszeiten beider Hemisphären, nicht vermischen.
Es werden 3 Unterarten anerkannt:
M. n. novaeangliae (Borowski, 1781) – Nordatlantischer Buckelwal, Nordatlantik
M. n. kuzira (Gray, 1850) – Nordpazifischer Buckelwal, Nordpazifik
M. n. australis (Lesson, 1828) – Südlicher Buckelwal, südliche Hemisphäre
Im Arabischen Meer gibt es eine ganzjährig ortstreue Population (gelegentlich auch im Roten Meer), die sich genetisch von der Population im Indischen Ozean unterscheidet. Es handelt sich um eine kleine, isolierte Sub-Population, die zum Fressen nicht in die Kaltwassergebiete wandert. Da das warme Oberflächenwasser durch den jährlichen Monsun nach Norden gedrängt wird, gelangt kaltes, nährstoffreiches Wasser aus der Tiefe an die Oberfläche und lockt unzählige kleine Schwarmfische aus dem Indischen Ozean an, die wiederum zur Beute dieser Buckelwale werden.
Seit 2000 ließen Studien im Oman vermuten, dass dies die einzige Buckelwal-Population der Welt ist, die keine jährlichen Wanderungen zwischen tropischen Regionen und polaren Gebieten unternimmt. Aber dann unternahm „Luban", ein weiblicher Buckelwal aus dem Arabischen Meer, der im November 2017 im Golf von Masirahin markiert wurde (Environment Society of Oman), die erste aufgezeichnete Ozeandurchquerung durch das Arabische Meer. Sie kam am 21.12.2017, nach einer mehr als 1.500 km langen Reise, an der indischen Küste an (vor Goa). Dies stellte einen wichtigen Durchbruch für die Wissenschaft dar. Die Buckelwal-Population im Golf von Oman wird auf weniger als 100 Individuen geschätzt. Die Tatsache, dass ein Weibchen das Arabische Meer während der Reproduktionszeit durchquert hat, lässt darauf schließen, dass sich zumindest nicht alle Buckelwale im Golf von Oman ausschließlich vor der Südküste des Omans aufhalten (Oman Observer, 2017).
2018 fanden Forscher heraus, dass einige Buckelwale bis zu 6.000 km zwischen ihren Paarungsgebieten in Mexiko und Hawaii wanderten. 2016 schwamm ein Männchen innerhalb von 53 Tagen 4.545 km von Hawaii zur Isla Clarión (Revillagigedo-Inseln, Mexiko). Ein weiterer Wal schwamm innerhalb von 49 Tagen 5.944 km aus dem Reproduktionsgebiet südlich von Zihuatanejo (Mexiko) in den Westen von Maui (Hawaii). Obwohl bei dieser Studie nur Wanderungen von Männchen dokumentiert wurden, könnten auch Weibchen diese Reisen unternehmen (Darling *et al.*, 2019).
Buckelwale haben sehr interessante Strategien entwickelt, um den Jagderfolg und die Reproduktionsmöglichkeiten zu optimieren:

Paarungsgesänge:

Nur die männlichen Buckelwale stimmen Paarungsgesänge in den Reproduktionsgebieten und bei der Wanderung an. Garland und Kollegen (2013) fanden jedoch heraus, dass sie gelegentlich auch in ihren sommerlichen Nahrungsgebieten singen können (z. B. im antarktischen Ozean).
Die Paarungsgesänge können 30 km weit unter Wasser gehört werden und gehören zu den lautesten und komplexesten Gesängen im Tierreich. Wissenschaftler haben lange gerätselt, wie Buckelwale diese Töne erzeugen, obwohl Buckelwale keine Stimmbänder besitzen. Heute weiß man, dass sie diese Töne mithilfe von speziellen

Zum Abtauchen krümmen sie ihren Rücken.

Hohlräumen, die in den Nasengang münden, und einem modifizierten Kehlkopf erzeugen.
Buckelwalbullen liegen bei ihren Gesangsdarbietungen oft regungslos kopfüber im Wasser. Der Gesang besteht aus einer komplexen Serie von über 600 verschiedenen Lauten, die über einen breit gefächerten Frequenzbereich verfügen. Die Bandbreite kann zwischen 20 Hz bis über 24 kHz liegen, bei 151–189 dB. Jedes dieser Lieder ist in „Strophen" unterteilt, die regelmäßig wiederholt werden. Ein Lied kann zwischen 6 und 35 min dauern, eine ganze Symphonie bis zu 24 Stunden. Eine Lieder-Session kann mehrere Tage dauern. Mit den komplexen Paarungsgesängen versuchen die Bullen, die Gunst der Weibchen zu erlangen. Möglicherweise versuchen sie, sich dadurch auch von anderen Bullen abzugrenzen oder Dominanz gegenüber ihren Konkurrenten auszudrücken.
Die Gesänge werden im Laufe einer Saison immer weiterentwickelt und zu jeder neuen Saison variiert, indem alte Teile durch neue ersetzt werden. Ähnlichkeiten der Paarungsgesänge in einer Region entstehen möglicherweise dadurch, dass weniger erfolgreiche Sänger einfach die Kompositionen der erfolgreicheren Nebenbuhler kopieren. Auch die Gesänge in geografisch weit voneinander entfernten Reproduktionsgebieten weisen erstaunliche Ähnlichkeiten auf, unterscheiden sich jedoch deutlich voneinander. Die ozeanübergreifenden Ähnlichkeiten des Gesang-Repertoires entstehen durch eine Art „Erfahrungsaustausch" der erfolgreichsten Sänger in gemeinsamen Nahrungsgebieten. Eine vergleichbare kreative Leistung ist in der Natur nur bei Menschen bekannt.
Eine Studie im Südpazifik enthüllte, dass die Paarungsgesänge von männlichen Buckelwalen von Australien über Französisch Polynesien bis Ekuador übermittelt werden. Es besteht demnach eine stimmliche Verbindung unter den Populationen die 14.000 Kilometer von einander entfernt sind (Distanz zwischen Südaustralien und Ekuador). Dies wird möglicherweise durch überlappende Nahrungsgebiete um die westliche antarktische Halbinsel ermöglicht. Ein Lied könnte dort schrittweise an alle elf Populationen der südlichen Hemisphäre weitergegeben und dabei mit der Zeit entwickelt werden. Es könnte jedoch auch das Resultat aus einer Einwanderung von einem oder mehreren Walen in die ekuadorianische Population sein. Eine zirkumpolare Übermittlung eines Liedes erscheint sehr wahrscheinlich (Schulze *et al.*, 2022).

Jagdgesänge:
Zur Steigerung der Jagdeffektivität stimmen Buckelwale in den Nahrungsgebieten in Alaska spezielle Jagdschreie an. Diese Gesänge haben keine Gemeinsamkeiten mit den Paarungsgesängen der Walbullen. Sie werden nur bei Bedarf und nur zur Jagd auf Schwarmfische, sowohl von Männchen, als auch von Weibchen, angestimmt.
Die Jagdgesänge folgen immer einem bestimmten Muster. Nach einem ansteigenden Schlusston herrscht kurze Zeit Stille, bevor die Wale mit weit aufgerissenen Mäulern die Wasseroberfläche durchbrechen.
Buckelwale erzeugen ihre Jagdschreie hauptsächlich in einer für menschliche Ohren hörbaren Frequenz zwischen 350–988 Hz. Heringe und andere Schwarmfische reagieren auf diesen Frequenzbereich sehr empfindlich und geraten in Panik. Ihrer einzigen Verteidigungsstrategie folgend, rücken sie näher zusammen und bilden einen dichten Schwarm. Dieses Verhalten wird ihnen zum Verhängnis, weil die Buckelwale sie jetzt in großen Mengen auf einmal verschlingen können.
Weitere Informationen, siehe „NAHRUNG"

Soziale Töne:
Sowohl weibliche als auch männliche Buckelwale erzeugen Töne zur sozialen Kommunikation. Sie reichen von 123–192 dB. Soziale Töne beinhalten konstante Schallwellen (flache Töne), frequenzmodulierte Töne und diskrete Impulse sowie Töne, die durch Sprünge oder das Schlagen mit den Brustflossen oder der Fluke auf das Wasser erzeugt werden, und Töne, die durch die Atemlöcher produziert werden. Soziale Töne können auch einzelne Liederteile beinhalten, die bei sozialen Interaktionen eingesetzt werden („soziale Liedeinheiten", engl.: „song-unit social sounds"). Sie werden jedoch nicht als durchgehend strukturierte Lieder erzeugt.
Ein Wissenschaftlerteam aus Dänemark, Australien und Großbritannien, geführt von Dr. Simone Videsen von der Aarhus Universität in Dänemark, verfolgte 8 Buckelwalkälber und zwei Mütter im Exmouth-Golf (Westaustralien), um Informationen über die ersten Monate im Leben eines Buckelwals zu erhalten. Sie befestigten spezielle Ton- und Bewegungs-Aufzeichnungsgeräte (Multi-Sensor-Tracker) mit Saugnäpfen an der Walhaut. Die gewonnenen Daten ergaben, dass Mutter-Kalb-Paare gelegentlich miteinander kommunizieren, so als würden sie flüstern (völlig anders als erwachsene Buckelwale). Die Wissenschaftler glauben, dass dieses Flüstern das Risiko, einen Jäger oder einen männlichen Begleiter (Eskorte) auf sich aufmerksam zu machen, reduzieren könnte. Es könnte zudem hilfreich sein, Kontakt zu halten, wenn Mutter und Kalb in trüben Gewässern schwimmen. Dr. Videsen zufolge klingt das

Flüstern so, als würden „zwei Ballons aneinander gerieben". Das Flüstern konnte nur innerhalb einer Entfernung von weniger als 100 m vom Mutter-Kalb-Paar gehört werden. „Die lauten Schiffsgeräusche können diese leisen Rufe leicht überdecken", sagt Dr. Videsen „und möglicherweise dazu führen, dass sich das Paar verliert" (Videsen *et al.*, 2017).
Wissenschaftler der Universität Stanford konnten zum ersten Mal dokumentieren, dass Buckelwale ihre extrem langen Brustflossen nicht nur zum Manövrieren nutzen. Bei der Sichtung von Videomaterial von Buckelwalen, die in Gruppen jagten, bemerkten sie, dass die Wale ihre Brustflossen auch für kurze Beschleunigungen nutzten, indem sie wie Pinguine oder Seelöwen mit ihren Brustflossen schlugen. Die Wissenschaftler konnten das Schlagen mit den Brustflossen in hunderten Stunden Videomaterial jedoch nur zweimal beobachten. Möglicherweise stellt das Schlagen mit den Flippern, durch das sie einen erheblichen Vorschub erzeugen können, eine große Kraftanstrengung dar. Das könnte erklären, warum dieses Verhalten noch nie zuvor dokumentiert wurde (Segret *et al.*, 2017).
Buckelwale kann man schon aus großer Entfernung leicht an ihrem auffälligen, breiten und buschigen Blas mit einer Höhe von mehr als 3 m erkennen. Der Blas entsteht, wenn sich warme Luft, die in der Wallunge unter großem Druck steht, beim Ausatmen mit einer Geschwindigkeit von bis zu 500 km/h auf einmal entlädt. Die Ausatemluft kühlt dadurch schlagartig ab und kondensiert. Der Blas besteht hauptsächlich aus kondensierter Luft, mit geringen Mengen von Salzwasser, die sich über den Vertiefungen der Blaslöcher ansammeln, sowie aus feinsten ölhaltigen Tropfen von Schleim aus den Lungen.

Die voraussichtlichen Wachstumsraten der Buckelwal-Populationen sind auf der südlichen Hemisphäre größer als auf der nördlichen Hemisphäre, hauptsächlich auf Grund menschlicher Einflüsse (z. B. Walfang, Schiffsverkehr), Unterschiede in der Produktivität und Verfügbarkeit von Beute sowie das Fehlen von geographischen Barrieren auf der südlichen Hemisphäre. Die zirkumpolare, antarktische Strömung fließt ostwärts um den antarktischen Kontinent und erzeugt enorme Aufwärtsströmungen, die die Produktivität des Ökosystems der südlichen Meere enorm erhöhen (Murphy *et al.*, 2007).

WISSENSCHAFTLICHER NAME

Megaptera novaeangliae (Borowski, 1781)
Der Gattungsname *Megaptera* setzt sich aus dem griechischen *megas*/*mega* für „groß" und *pteron* für „Flügel" oder „Finne" zusammen. Der Artname *novaeangliae* setzt sich aus dem lateinischen *novus/nova* für „neu" und *angliae* für „aus Neuengland" zusammen.
Der wissenschaftliche Name *Megaptera novaeangliae* bedeutet „der mit den großen Flügeln aus Neuengland", wegen der auffallend langen Brustflossen und weil das Exemplar für die Erstbeschreibung aus Neuengland stammte. Damit wird allerdings nur auf einen Teil des Verbreitungsgebietes hingewiesen.

Auf Vimeo gibt es übrigens eine sehenswerte Doku über das Leben der Buckelwale:
Giganten der Tiefe: https://vimeo.com/498382792
Giants of the Deep: vimeo.com/498362735
Géants des Profondeurs: vimeo.com/498397954

35 bis 40 Tonnen erheben sich majestätisch aus dem Meer.

Zahnwale

Pottwal

Physeter macrocephalus
—Sperm Whale

Körperlänge: adulte Weibchen 9–12 m, adulte Männchen 15–20,7 m
Gewicht: adulte Weibchen bis 15 t, adulte Männchen bis 45 t
Körperform: groß, kräftig, massig; im Querschnitt fast rund, größter Durchmesser auf Höhe der Flipper
Körperfarbe: durchgängig braun bis dunkelgrau, gelegentliche helle oder weiße Pigmentierungen auf Bauchseite; backpflaumenartige Hautstruktur (in Längsrichtung gefurcht)
Kopf: sehr groß, kastenförmig, senkrechte Frontpartie, macht etwa 25–35 % der gesamten Körperlänge aus, beherbergt Spermaceti-Organ; Kopf steht bis zu 1,5 m über dem schmalen, schlanken Unterkiefer (bei geschlossenem Maul kaum sichtbar); kleine, unauffällige Augen an den Seiten des Kopfes
Blas: 2–5 m hoch, nach vorne links gerichtet, etwa 45 ° Winkel
Blasloch: 1, auf der linken Seite, „s-förmig"
Flipper: paddelförmig, sehr klein, unregelmäßig abgerundete Enden, relativ weit unten an den Körperseiten
Fluke: groß, Hinterkante gerade, mit tiefer Einkerbung in der Mitte, hinterer Rand kann durch Verletzungen unregelmäßig geformt sein; Spitzen leicht abgerundet
Rückenfinne: kleiner, dreieckiger oder rundlicher Buckel; weitere kleine Buckel setzen sich bis zur Schwanzflosse fort

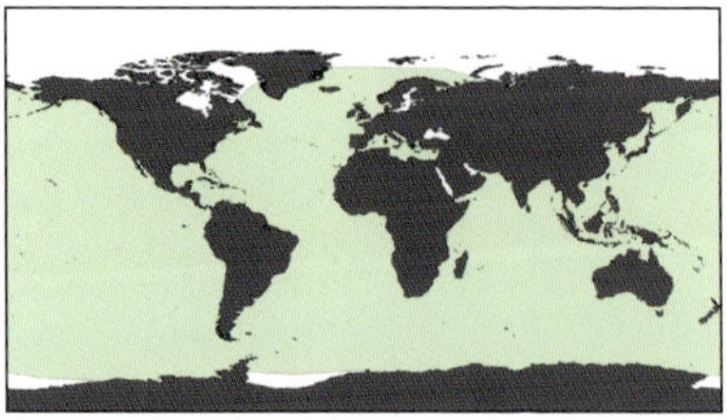

Zähne: max. 30–60 (meist 40–52) groß, konisch, im Unterkiefer (bis 20 cm, bis 1 kg), im Oberkiefer nur kleine rudimentäre; langer, x-förmiger Unterkiefer
Lebensalter: unbekannt, möglicherweise 50–70 Jahre

VERBREITUNGSGEBIETE

Pottwale gehören neben Schwertwalen, Menschen und der Wanderratte *(Rattus norvegicus)* zu den Säugetieren, die am weitesten verbreitet sind. Pottwale sind Kosmopoliten und leben in allen Weltmeeren, die tiefer als 1.000 m sind (Jefferson *et al.*, 2008), vom Äquator bis zum Rand des Packeises (Pottwalbullen) auf beiden Hemisphären (besonders im Pazifik).
Sie können auch in halb geschlossenen Meeren mit tiefen Eingängen vorkommen (z. B. Mittelmeer (selten), Karibi-

Der Kopf steht bis zu 1,5 m über dem schmalen, schlanken Unterkiefer.

Der Kopf macht etwa 25–30 % der gesamten Körperlänge aus.

sches Meer, Golf von Mexiko, Golf von Kalifornien und Japanisches Meer), aber normalerweise nicht in halb geschlossenen Meeren mit flachen Eingängen (z. B. Persischer Golf oder Schwarzes Meer).
Pottwale bevorzugen tiefe Gewässer. In Küstennähe sind sie selten anzutreffen, wenn die Wassertiefe nicht mindestens 300 m beträgt. Ozeanische Inseln mit steil abfallenden Küsten und tiefen Gewässern bilden die Ausnahme. Tiefe, submarine Schluchten in der Nähe von Kontinentalsockeln werden bevorzugt aufgesucht. Aufsteigende Meeresströmungen bewirken dort offensichtlich eine gute organische Produktion und somit eine gute Nahrungsgrundlage für ihre Beute.
Die Verbreitung hängt vom Nahrungsaufkommen und von geeigneten Reproduktionsbedingungen ab und unterscheidet sich je nach Geschlecht und Alterszusammensetzung:
Pottwalbullen wandern in den jeweiligen Sommermonaten in kalte, arktische und antarktische Gewässer. Ihr Verbreitungsgebiet reicht von der antarktischen bis zur arktischen Eisgrenze (etwa 75 °N bis 75 °S). In den jeweiligen Wintermonaten wandern sie in die gemäßigten und tropischen Gewässer zur Paarung. Die Anstrengungen der weiten Wanderungen werden offensichtlich durch die ergiebigeren polaren Futterplätze ausgeglichen.
Pottwalkühe sind wegen ihres Nachwuchses an Oberflächentemperaturen von nicht weniger als 15 °C gebunden und bleiben immer innerhalb der Breitengrade von 40 ° bis maximal 50 ° beider Hemisphären (Ausnahme: Pazifik bis 50 °N und 50 °S).

VERHALTEN

Pottwale schwimmen mit einer durchschnittlichen Geschwindigkeit von 5 km/h. Bei Gefahr können sie kurzzeitig Geschwindigkeiten von 30 km/h erreichen. Ihr Wanderverhalten unterscheidet sich von allen anderen Wal-Arten, denn die Verbreitungsgebiete der Pottwalbullen und -kühe sind saisonal verschieden. Nur die ausgewachsenen Männchen können sowohl in tropischen, als auch in polaren Gewässern beider Hemisphären vorkommen. Die Weibchen bleiben in Gewässern mit maximal 15 °C.
Obwohl die Populationen der Weltmeere bedingt durch jahreszeitlich verschobene Wanderungen eine gewisse Isolation aufweisen, findet ein geringer Austausch statt: zwischen dem Atlantischen und Indischen Ozean durch das Kap der Guten Hoffnung (35 °S) und zwischen dem Pazifischen und Indischen Ozean durch den Sundagraben, durch die Bass-Straße und südlich von Tasmanien

Pottwale können leicht an ihrem nach vorne links gerichteten Blas erkannt werden.

Beim „social meeting" versammeln sich mehrere Pottwale in einer dicht gedrängten Gruppe.

(43 °S). Kap Horn (57 °S) wird dagegen nur von den Bullen passiert. Ein Austausch zwischen der südlichen und nördlichen Population ist bisher nur von einem einzigen Fall bekannt, bei dem ein markierter Pottwal den Äquator überquert hat.

Pottwale sind in verschiedenen Regionen der Welt in sogenannten „Clans" sozial organisiert, die ihre eigene erkennbare Vokalisation haben. Dies lässt vermuten, dass sie auch gemeinsame Verhaltensweisen haben, die regional variieren (Rendell & Whitehead, 2003; Whitehead, 2003).

Pottwale leben solitär oder in Gruppen bis 20 Individuen. In nahrungsreichen Gebieten können sich lose Ansammlungen von 50, in Ausnahmefällen bis zu 100 Tieren bilden. Sie haben eine komplexe Sozialstruktur, die je nach Alter und Geschlecht durch unterschiedliche Ebenen in sozialen Gruppierungen charakterisiert wird. Es gibt 4 verschiedene, komplexe Formen des sozialen Zusammenlebens bei Pottwalen:

Fortpflanzungs-Gruppen („Nursing oder Breading Schools"):
Sie bestehen aus bis zu 12 Pottwalkühen mit ihren Kälbern. Gelegentlich schwimmen mehrere dieser Gruppen zusammen und bilden Ansammlungen von 20–30 Tieren. Sie bevorzugen Oberflächentemperaturen über 15 °C, Wassertiefen von mehr als 1.000 m und Breiten unter 40 ° auf beiden Hemisphären (unter 50 ° im Nordpazifik). Gegen Angreifer (vorwiegend Schwertwale) nutzen sie eine wirkungsvolle Verteidigungsstrategie. Sie nehmen die Kälber in ihre Mitte und bilden eine Formation die „Margariten-Formation" oder „Wagenrad" genannt wird. Dabei richten sie ihre Köpfe zur Mitte und die Fluken nach außen. Wenn sie die Köpfe den Angreifern entgegen nach außen richten, nennt man das „Köpfe nach außen-Formation". Die meisten dokumentierten Beobachtungen, bei denen Pottwale eine Margariten-Formation bildeten, standen in Verbindung mit der Anwesenheit oder Angriffen von Schwertwalen und Kleinen Schwertwalen (Smultea *et al.*, 2008).

Weibchen leben mit Jungtieren beiderlei Geschlechts in enger sozialer Bindung. Da junge Pottwale noch nicht in der Lage sind, tiefe Tauchgänge zu unternehmen, werden sie oft von anderen Weibchen der Gruppe beschützt, wenn ihre Mütter in großen Tiefen jagen. Bei der Geburt helfen mehrere erwachsene Weibchen, kümmern sich um das Neugeborene und führen es für den ersten Atemzug zur Wasseroberfläche. Wenn die jungen Bullen entwöhnt sind und sich selbst versorgen können, verlassen sie die Fortpflanzungs-Gruppen und bilden eigene Gruppen, die sogenannten Junggesellen-Gruppen.

Junggesellen-Gruppen („bachelor schools"):
Junge, geschlechtsunreife Pottwalbullen im Alter von 4–21 Jahren bilden eigene Gruppen von 12–15 Tieren, selten bis 20 Tiere, und wandern langsam in höhere Breitengrade. Je älter sie werden, desto höher werden die durchschnittlichen Breitengrade. Die sozialen Bindungen untereinander werden mit zunehmendem Alter immer geringer und die Gruppen werden kleiner. Wenn sie geschlechtsreif werden, verlassen sie diese Gruppen und wandern in die kalten polaren Gewässer.

Schulmeister-Gruppen („solitary schools"):
Ältere Pottwalbullen leben als Einzelgänger oder in kleinen Gruppen von maximal 6 Tieren. Sie können bis zur Eisgrenze auf beiden Hemisphären vorkommen. Auch

wenn sich mehrere Individuen im gleichen Gebiet aufhalten, bleiben sie meist voneinander getrennt.

Weibchen-Gruppen („female schools"):
Wenn geschlechtsreife Pottwalbullen ihre Nahrungsgebiete zur Paarung verlassen haben, schließen sie sich Fortpflanzungs-Gruppen an. Zwischen den großen Männchen kann es dann zu heftigen Kämpfen um die Weibchen kommen. Dabei rammen sich die Kontrahenten mit dem Kopf und oft tragen sie Narben und Bissspuren von den Kämpfen davon. Die großen Bullen bleiben nur für einige Stunden bei den Weibchen-Gruppen, in denen Polygamie herrscht.

Pottwale zeigen epimelitisches Verhalten. Es gibt Berichte, nach denen Pottwale einem verletzten Artgenossen beistanden. Vor den Azoren trug eine Pottwalkuh ihr verstorbenes Kalb tagelang im Maul mit sich herum, bis sie erschöpft war (1997). Es gibt auch Berichte, nach denen Pottwale vor harpunierten Artgenossen flüchteten. 2011 wurden Pottwale vor den Azoren beobachtet, die gegenüber einem Großen Tümmler epimelitisches Verhalten zeigten.

In alten Walfangzeiten kam es gelegentlich vor, dass ein Walfangschiff oder ein Ruderboot angegriffen wurde. Der Pottwal rammte das Schiff mit seinem Kopf, schlug mit der Fluke danach oder biss in die Ruderboote. Zumindest in zwei Fällen ist der Untergang durch einen solchen Angriff belegt (die „Essex" 1821, 300 t Walfang-Segler in Herman Melvilles „Moby Dick" und die „Ann Alexander" 1851).

Am 30.1.1997 sah ein Pilot, wie sich zwei ausgewachsene Bullen mit dem Kopf rammten, als er über den Golf von Kalifornien flog. Diese Beobachtung und einige Berichte von Ramm-Attacken auf alte Walfangschiffe lassen vermuten, dass Pottwale tatsächlich ihre Köpfe als Rammbock einsetzen. Bindegewebs-Trenner im Junk könnten die Wucht des Aufpralls reduzieren und wie ein Schutzmechanismus dienen (Panagiotopoulou *et al.*, 2016).

Manchmal ruhen Pottwale in Gruppen an oder in der Nähe der Wasseroberfläche. Alle Gruppenmitglieder liegen dann meist in der gleichen Richtung („logging"). Sie schlafen sogar aufrecht, manchmal auch im Kopfstand oder in der Waagerechten, sowohl tagsüber, als auch nachts.

Beim sogenannten „social meeting" versammeln sich mehrere Pottwale in einer dicht gedrängten Gruppe. Sie liegen dann entweder ruhig nebeneinander oder drehen sich und reiben sich aneinander, oft mit geöffneten Mäulern. Während dieser „sozialen Versammlungen" bleiben sie normalerweise länger als 20 min an der Oberfläche (Watwood *et al.*, 2006) und kommunizieren intensiv. Durch Aufnahmen mit Spezialkameras ist bekannt, dass Pottwale auch in 400 m Tiefe diese „social-meetings" abhalten (National Geographic, 1998). Wissenschaftler der Oregon State University Marine Mammal Institute haben herausgefunden, dass Pottwale fast 30 % ihrer Zeit an der Oberfläche zusammen mit anderen Pottwalen verbringen (Irvine *et al.*, 2017).

Sie springen recht häufig, aber selten mehrfach hintereinander. Die meisten Sprünge werden bei Jungtieren, besonders bei rauem Wetter, beobachtet. In Paarungsgebieten springen Pottwalkühe meist nur, wenn Bullen in der Nähe sind. Bei den Sprüngen wird nur ein Teil des Körpers sichtbar. Sie steigen dabei in einem schrägen Winkel aus dem Wasser auf. Auch andere Oberflächenaktivitäten wie Flukeschlagen („tail slapping") und Umschauen („spyhopping") sind häufig.

Wenn Pottwale an der Oberfläche ruhen, liegen sie meist in der gleichen Richtung, „logging".

TAUCHVERHALTEN

Wenn Pottwale ungestört abtauchen, heben sie kurz vor dem Abtauchen ihren Kopf ein wenig aus dem Wasser, so als wollten sie noch einen letzten, tiefen Atemzug machen und Schwung für den Tauchgang holen. Zum Abtauchen in große Tiefen krümmen sie ihren Rücken, bevor sie die Fluke hoch aus dem Wasser heben.

Die Tauchgänge von Pottwalen können in tiefe und flache (nicht tiefer als 350 m) Tauchgänge unterteilt werden. Flache, kurze Tauchgänge könnten soziales Verhalten repräsentieren oder möglicherweise Teil einer Sauerstoff-Erholungsphase nach Tieftauchgängen sein, während flache, lange Tauchgänge mit der Nahrungssuche in geringen Tiefen zusammenhängen könnten (Irvine *et al.*, 2017).

Die durchschnittliche Tauchtiefe beträgt 600–1.000 m. Normalerweise tauchen sie fast senkrecht mit 1–3 m/sec ab. Die maximale Tauchtiefe wird auf über 3.000 m geschätzt. Normalerweise dauern die Tauchgänge bis 60 min (Aoki *et al.*, 2007), der längste Tauchgang dauerte 1 h und 52 min. Pottwalkälber tauchen nur bis maximal 7 min. Ältere Pottwalbullen unternehmen die tiefsten und längsten Tauchgänge. Meist tauchen sie unweit der Abtauchstelle auf. Nach einem langen, tiefen Tauchgang bleiben sie etwa 10 min an der Oberfläche und atmen etwa 50 Mal kräftig durch (fast ein Atemzug, je vorher getauchter Minute).

Pottwale können in den unterschiedlichsten Wassertiefen nach Beute suchen, indem sie ihre Echolokalisations-Klicks variieren (Fais *et al.*, 2015). So können sie Energie sparen, indem sie nur in große Tiefen abtauchen, wenn sie dort Beute entdeckt haben.

Der Pilot eines ROV („remote operated vehicle", dt.: ferngesteuertes Fahrzeug) konnte am 11.3.2006 einen Pottwal an einer Off-Shore-Plattform aufnehmen, der das ROV in einer Tiefe von 2.956 m in aller Ruhe inspizierte. 1970 konnten amerikanische Forscher Ortungsgeräusche, die Pottwale bei der Jagd aussenden, an drei verschiedenen Punkten an der Oberfläche aufnehmen (Triangulationsmethode) und so nachweisen, dass Pottwale in Tiefen von mehr als 2.500 m vordringen können. 1969 wurden 2 Pottwale vor Durban (Südafrika) gefangen, in deren Mägen frische, bodenlebende Fischarten (*Scymnodon* sp.) gefunden wurden. Die Wassertiefe betrug in dieser Region 3.200 m.

NAHRUNG

Pottwale ernähren sich hauptsächlich von Tintenfisch (Kalmare und Kraken) und Riesenkalmaren (*Architeuthis* sp.) mit einem Gewicht von 0,1–10 kg. Sie ernähren sich jedoch auch von anderen Beutetieren, die regional variieren, in einigen Gebieten auch von Fisch (Evans & Hindell, 2004).

Im Magen eines 14 m langen Pottwals fand man einen Riesentintenfisch, der mit Fangarmen eine Länge von 10,49 m hatte (Azoren, 1955). Sein Gewicht betrug 184 kg.

Pottwale jagen normalerweise in großen Tiefen (Aoki *et al.*, 2012; Watwood *et al.*, 2006). Es wurde jedoch auch schon dokumentiert, dass sie in geringen Tiefen von bis zu 48 m gejagt haben (Fais *et al.*, 2015), meist nachts, wenn Tintenfische näher zur Oberfläche schwimmen (Gilly *et al.*, 2006). Die meisten Beutetiere, die in

Zum Abtauchen in große Tiefen heben Pottwale die Fluke hoch aus dem Wasser.

Mägen von Pottwalen gefunden wurden, waren bodenlebende Tiefseearten. Auch versehentlich aufgenommene Steine, Blechdosen sowie am Boden lebende Fische und Krebse wurden in ihren Mägen gefunden.
Bei entsprechendem Nahrungsangebot (z. B. vor Island, Grönland, Neuseeland und im Nordpazifik), bereichern verschiedene größere Fische wie Weiße Thunfische, Schwarzhaie und Barrakudas sowie Seehasen, Rochen und Rotbarsche den Speiseplan. Auf den Azoren wurde ein 2,5 m langer Tiefseesandhai im Magen eines großen Bullen gefunden.
In einigen Regionen stehlen Pottwale (wie Schwertwale) Fische von kommerziellen Langleinen (Kock *et al.*, 2006; z. B. vor Südgeorgien: Schwarze Seehechte, *Dissostichus eleginoides*, Langleinen über Grund, Towers *et al.*, 2019).
Ein ausgewachsener Pottwalbulle nimmt jeden Tag eine Nahrungsmenge, die etwa 3–3,5 % seines Körpergewichtes entspricht, zu sich. Bei einem Gewicht von 50 t ergibt dies 1,5 t pro Tag.

HOT SPOTS

Nordatlantik: ganzjährig vor den Azoren (vorwiegend Pottwalkühe mit Nachwuchs) und Juni-September vor Andenes (Vesterålen, Norwegen), in den Wintermonaten östlich und nordöstlich von Cape Hatteras (USA). Im Frühjahr östlich von Delaware und Virginia bis südlich von Georges Bank, im Herbst bis südlich von Neuengland. Im nördlichen Golf von Mexiko ganzjährig (besonders im Sommer) und vor Dominica (Karibik)
Nordpazifik: Pottwalbullen über flachem Kontinentalschelf von Alaska (USA) auf dem Weg in das Beringmeer und die arktischen Gewässer, vor Hawaii (Sommer-Herbst) und ganzjährig vor Kalifornien und Oregon (besonders April bis Mitte Juni und Ende August bis Mitte November)
Südpazifik: häufig in den Küstengewässern Neuseelands, vor Kaikoura (im Kaikoura-Canyon)
Indischer Ozean: vor Trincomalee (Sri Lanka)

REPRODUKTION

Geschlechtsreife: Weibchen ab 7–12 Jahre; ab 9–10 m, Männchen ab 15–20 Jahre; ab 16 m
Paarungszeit: Spätwinter-Frühsommer
Tragzeit: 14–16 Monate
Geburtszyklus: alle 4–6 Jahre ein Junges
Geburtsgröße: etwa 4 m
Geburtsgewicht: etwa 1 t
Säugezeit: mind. 2 Jahre, höchstens 10 Jahre, ab 1 Jahr zusätzlich feste Nahrung
Wegen später Geschlechtsreife und geringer Reproduktionsrate nimmt der Bestand jährlich nur um etwa 1 % zu. Mit fortschreitendem Alter reduziert sich die Geburtenrate der Weibchen und nur wenige werden nach dem 40. Lebensjahr trächtig.
Pottwalkälber werden, wie alle Cetaceen, in Steißlage geboren (erscheinen mit dem Schwanz zuerst) und bleiben so lange wie möglich mit der lebenswichtigen Nabelschnur verbunden. Die Pottwalkuh spritzt ihrem Kalb die Milch aus den Zitzen unter hohem Druck direkt ins Maul. Das Gesäuge liegt zur Verbesserung der Stromlinienform in taschenförmigen Vertiefungen.

Zum Säugen spritzt die Pottwalkuh ihrem Kalb die Milch unter hohem Druck direkt ins Maul.

WISSENSWERTES

Pottwale sind nicht nur die größten Zahnwale, sondern auch die größten Tiere mit Zähnen auf Erden. Sie haben den größten Kopf, das größte Gehirn, den auffälligsten Geschlechtsdimorphismus und unternehmen, nach den Schnabelwalen, die längsten und tiefsten Tauchgänge aller Wale.

In den ersten 10 Lebensjahren sind Pottwalbullen nur geringfügig größer als gleichaltrige Walkühe. Erst ab einem Alter von 30 Jahren setzt bei Bullen ein beachtliches Größenwachstum ein. Der größte, jemals exakt vermessene Pottwalbulle hatte eine Länge von 20,7 m (1950 vor den Kurilen, Nordwestpazifik, von sowjetischem Walfänger erlegt), der schwerste Bulle wog 57 t.

Helle Punkte, Flecken oder Streifen können an allen Körperstellen auftreten, besonders häufig an der Kopf- und Mundregion. Es handelt sich dabei um Narben, die von Schnäbeln oder Saugnäpfen der Beute (Tintenfische) verursacht wurden. Auf ihnen siedeln sich Diatomeen (Kieselalgen) und Walläuse an, die ihrerseits für unterschiedlich gefärbte Narben sorgen. Albinismus, wie er in Herman Melvilles Buch „Moby Dick" beschrieben wurde, kommt nur sehr selten vor.

Pottwale sind der Grund einer sehr kontroversen „taxonomischen Auseinandersetzung":

1758 beschrieb der schwedische Zoologe, Botaniker und Mediziner Carolus Linnaeus in der 10. Auflage seiner *„Systema Naturae"* vier verschiedene Arten der Gattung *Physeter*: *Physeter catodon*, *Physeter macrocephalus*, *Physeter microps* und *Physeter tursio*. Linnaeus hat jedoch nie einen Pottwal gesehen. Er bezog sich auf frühere Publikationen, in denen diese Art beschrieben wurde (Husson & Holthuis, 1974).

Von 1758 bis 1911 wurde von den meisten Autoren der wissenschaftliche Name *Physeter macrocephalus* für Pottwale benutzt, bis der britische Zoologe Oldfield Thomas festlegte, dass der korrekte Name für diese Art *Physeter catodon* sein sollte, da dies in der Beschreibung von Linnaeus der erste Artname für die Gattung *Physeter* war.

1938 bemerkte der niederländische Zoologe Hilbrand Boschma, dass der Name *P. catodon* schon vor Linnaeus von dem schottischen Mediziner Robert Sibbald verwendet wurde, um etwa 100 Tiere zu beschreiben, die 1693 auf den Orkney Inseln strandeten. Diese Tiere waren jedoch alle kleiner als 7,3 m und er bezweifelte, dass es sich bei den beschriebenen Tieren wirklich um Pottwale handelte. Auch weil der schottische Naturforscher Andrew Murray 1866 den Namen *P. macrocephalus* zur Beschreibung von Pottwalen nutzte, plädierte Boschma für den Namen *P. macrocephalus*.

1966 widersprach der amerikanische Mammaloge Phillip Hershkovitz. Er begründete dies mit dem „First Revisor Principle" der „Code of Nomenclature". 1974 überarbeiteten der niederländische Naturforscher A. M. Husson und

Die konischen Zähne von Pottwalen können eine Länge von bis zu 20 cm und ein Gewicht von bis zu 1 kg erreichen.

Das Blasloch befindet sich bei Pottwalen auf der linken Seite.

der niederländische Crustaceologe Lipke Bijdeley Holthuis das nomenklatorische Durcheinander und bestätigten *P. macrocephalus* als korrekten Namen, basierend auf dem „First Revisor Principle" von Blasius aus dem Jahr 1857.

1986 kam William E. Schevill, ein amerikanischer Wal-Biologe, zu dem Schluss, dass *P. catodon* tatsächlich der richtige wissenschaftliche Name sei. Seine Begründung: das Konzept des „type specimen" existierte noch nicht, als Linnaeus die *„Systema Naturae"* schrieb. 1987 widersprach Holthuis den Argumenten von Schevill und bestätigte *P. macrocephalus* als definitiv korrekten Namen für Pottwale. Im selben Jahr drückte Schevill seine Verwunderung aus, indem er fragte, wie es möglich ist, dass sich Taxonomen für solch ein einzigartiges Tier nicht auf einen wissenschaftlichen Namen einigen können. Heute ist durch die „International Code of Zoological Nomenclature" *Physeter macrocephalus* der allgemein anerkannte wissenschaftliche Name für Pottwale.

Zusätzlich zu dieser „taxonomischen Debatte" fand Michel Milinkovitch 1995 heraus, dass es bei Pottwalen neben molekulargenetischen Ähnlichkeiten auch verblüffende anatomische Übereinstimmungen mit Bartenwalen *(Mysticeti)* gibt und dass Pottwale näher mit Bartenwalen verwandt sind als mit Zahnwalen *(Odontoceti)*:

Pottwale haben zwar nur ein Blasloch, wie alle anderen Zahnwale, verfügen jedoch, wie Bartenwale, als einzige Zahnwal-Art über zwei völlig voneinander getrennte Nasengänge. Bei Pottwalen münden beide Nasengänge kurz vor dem Blasloch in eine einzige Atemöffnung. Dies lässt eine Überarbeitung der Position der Pottwale in der aktuellen Klassifikation notwendig erscheinen.

Ein weiteres typisches Merkmal der Pottwale ist die Asymmetrie des Schädels. Sie ist im Vergleich zu allen anderen Zahnwalen wesentlich deutlicher ausgeprägt. Der Schädel ist rechts größer als links. Bei Pottwalbullen ist er im Verhältnis größer als bei Weibchen.

Der sehr große, kastenförmige Kopf ist eigentlich eine überdimensionale Nase. Pottwale haben „die größte Nase auf Erden" (Raven & Gregory, 1933). Dies brachte ihnen auch die Bezeichnung „eine Nase mit Außenbordmotor" ein (Møhl *et al.*, 2003).

Das Gehirn von Pottwalen ist das größte und schwerste im gesamten Tierreich (bis zu 9,2 kg bei adulten Bullen, durchschnittliches Gewicht 7,8 kg). Es hat eine breite, kugelartige Form (etwa 18 cm hoch, 24 cm lang, 30 cm breit). Pottwalkühe haben kleinere und leichtere Gehirne (unter 6 kg). Trotzdem ist das Gehirn in Relation zur Körpergröße nicht bemerkenswert groß. Es gibt keine Information über kognitive Fähigkeiten, obwohl ihr komplexes Sozialverhalten vergleichbar ist mit dem von Tieren mit hohen kognitiven Fähigkeiten.

Der kastenförmige Kopf beherbergt zum großen Teil das sogenannte Spermaceti-Organ, dem der Pottwal seinen englischen Namen „Sperm Whale" („Samenwal") verdankt. Dabei handelt es sich bei dieser milchigen, wachsartigen Substanz jedoch nicht um „Spermacet" („Samen des Wals"), wie fälschlicherweise in den Anfängen des Walfanges vermutet wurde. Dieses Walrat wurde im 18. und 19. Jahrhundert zur Herstellung von Kerzen genutzt und war lange Zeit als Schmiermittel für Hochleistungsmotoren unentbehrlich.

1970 glaubte Malcolm Clarke, seine Funktion entdeckt zu haben: Er nahm an, dass Pottwale mithilfe des Sper-

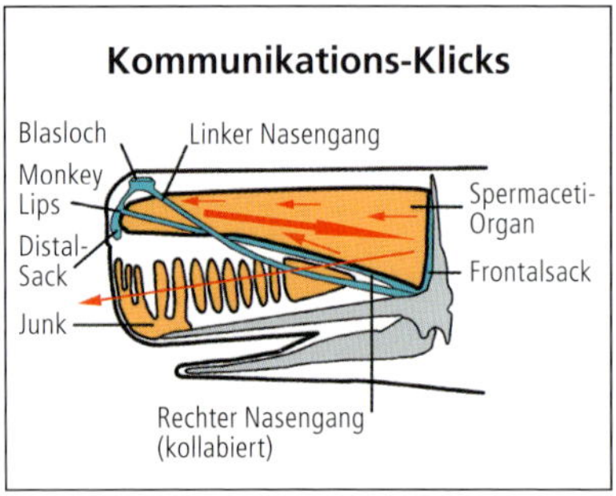

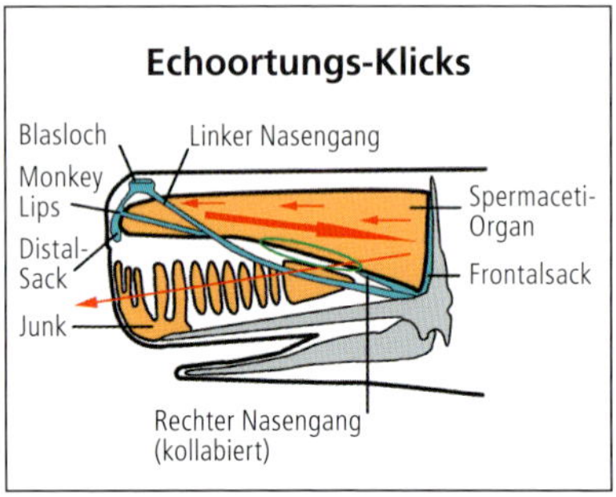

maceti durch Temperatur-Änderungen den Aggregatzustand von fest nach flüssig verändern und so Auf- und Abtrieb erzeugen können. In festem Zustand wird es schwerer als Wasser und würde für Abtrieb sorgen, in flüssigem Zustand wird es leichter und würde Auftrieb erzeugen. Clarke glaubte, dass diese Änderungen der Dichte durch Erwärmung, bzw. Abkühlung erreicht wird, indem Wasser durch das Atemloch aufgenommen und über spezielle Kanäle weitergeleitet wird. Heute geht man davon aus, dass das Spermaceti-Organ den Bullen als Rammbock dient und an der Vokalisation beteiligt ist. Den deutschen Zoologen Dr. Stefan Huggenberger (Universität Köln) und Prof. Dr. Helmut A. Oelschläger (Universität Frankfurt am Main) ist es durch moderne Computer- und Kernspintomografie sowie entsprechende Computermodelle gelungen, die Lauterzeugung bei Pottwalen zu erklären (2016):
Sie erzeugen zwei unterschiedliche Klicklaute (erstmals 1957 erwähnt): zur Echoortung und zur Kommunikation. Zur Echolokalisation erzeugen sie einen einzigen, extrem starken Impuls, dem eine kurze Serie schwächerer Impulse folgt. Zur sozialen Kommunikation produzieren sie einen ersten Impuls, der um etwa 20 dB schwächer ist und dem eine kurze Serie schwächerer Impulse folgt.
Die Abklingrate der Echolokalisations-Klicks ist viel höher als die der Kommunikations-Klicks.
Beide Vokalisationsformen entstehen, wenn Luft durch den rechten Nasengang über eine lippenähnliche Struktur, die an eine Affenschnauze erinnert („monkey lips"), zum Distalsack an der Nasenspitze gepresst wird. Die normalerweise fest verschlossenen Affenlippen öffnen sich dadurch kurz und schlagen beim Schließen aufeinander. Dieses Klatschen erzeugt Vibrationen im vorderen Bereich des Spermaceti-Organs. Der luftgefüllte Distalsack fungiert wie ein „akustischer Spiegel" und reflektiert die entstandenen Schwingungen durch das Spermaceti-Organ nach hinten zum luftgefüllten Frontalsack. Von dort werden sie zum Teil durch den Junk und zum Teil zurück zum Distalsack reflektiert. Diese Prozedur wiederholt sich einige Male, wobei die Impulse immer geringer werden.
Der Unterschied bei der Erzeugung von Echoortungs- und Kommunikations-Klicks liegt im Zustand des rechten Nasengangs, wenn die Schallwellen durch den Junk gesendet werden. Bei den Kommunikations-Klicks wird der größte Teil der Schallwellen vom rechten Nasengang, der mit Luft gefüllt ist, zurück in das Spermaceti-Organ reflektiert („akustischer Spiegel"). Bei den Kommunikations-Klicks ist dagegen der rechte Nasengang kollabiert, wodurch die meisten Schallwellen nicht reflektiert werden und so durch den Junk dringen können („akustisches Fenster").
Dem dänischen Bioakustiker Bertel Møhl (Universität Aarhus) zufolge werden die Schallwellen von den Fettlinsen im Junk fokussiert und ins Wasser ausgesendet (Madsen *et al.*, 2002b). Auf diese Weise erzeugen Pottwale Schallwellen, mit denen sie bis zu 2 km weit ihre Umgebung erkunden können.
Zur sozialen Kommunikation nutzen Pottwale stereotype Serien von 3–20 Klicks, mit einer Dauer von 0,2–2 sec. In Fortpflanzungs-Gruppen haben Weibchen ein ganz bestimmtes Repertoire von Kodas (ein Koda ist eine Serie von Klicks, 3–40 Klicks dauern normalerweise weniger als 3 sec).
Verschiedene Pottwal-Gruppen variieren ihre unterschiedlichen Koda-Typen, wie ihren eigenen Dialekt. Kälber lernen die Kodas von ihren Müttern und vom Clan. Im Pazifik konnten verschiedene Gruppen anhand der Kommunikationslaute unterschieden werden. Männchen erzeugen oft langsamere Klicks, die alle 6–8 sec wiederholt werden. Der Grund dieser langsamen Klicklaute ist nicht bekannt. Möglicherweise locken sie damit Weibchen an oder grenzen ihr Gebiet gegenüber anderen Männchen ab.
Walgesänge, wie bei Buckelwalen, gibt es bei Pottwalen nicht. Das Echolotsystem der Pottwale umfasst ein umfangreiches Spektrum an Schallwellen. Wenn sie jagen, nutzen sie vorwiegend pulsierende Klicklaute und Frequenzen zwischen 0,2 und 32 KHz. Wenn sie ein Beute-

tier lokalisiert haben, werden diese Klicks in immer schnellerer Folge ausgesendet. Eine Serie von sehr schnellen Klicks, sogenannte „Buzzer", zeigen an, dass der Wal eine Beute genau lokalisiert hat, unmittelbar bevor er sie fängt (Miller *et al.*, 2004). Wenn die Beute gepackt und verschlungen wird, verstummen die Klicklaute kurzzeitig. Möglicherweise können Pottwale mit ihren Klicks aber nicht nur Beutetiere orten, sondern auch betäuben oder zumindest bewegungsunfähig machen. Pottwale haben die lautesten Stimmen der Meere. Es wurden Lautstärken von maximal 236 dB (Møhl *et al.*, 2000) gemessen (zum Vergleich: ein (normal großer) moderner Düsenjet erreicht eine Lautstärke von 140 dB).
Der riesige, zahnbesetzte Unterkiefer der Pottwale ist mit Sicherheit nicht entscheidend für eine erfolgreiche Jagd auf Riesenkraken. Denn immer wieder werden männliche Pottwale mit seitlich abstehendem Unterkiefer gesichtet. Die Ursachen können Brüche als Folge von innerartigen Auseinandersetzungen, Kämpfe mit Beutetieren, Krankheit oder genetisch bedingt sein. Alle Pottwale mit abstehendem Unterkiefer befanden sich in guter physischer Verfassung und waren offensichtlich nach wie vor erfolgreiche Jäger.
Die Form der Zähne variiert von spitz bei jungen Individuen bis zu abgerundeten Stümpfen bei alten Tieren. Die Unterkieferzähne der Pottwale können bis zu 20 cm lang werden und mehr als 1 kg schwer sein. Sie sind heute sehr wertvoll. Im Oberkiefer sind nur kleine, rudimentäre Zähne angelegt. Diese brechen nur sehr selten durch, sind etwa 8–10 cm lang und wiegen 50–80 g. Weibchen haben weniger und kleinere Zähne als Männchen.
Zu Walfangzeiten wurden diese Zähne zum Zeitvertreib von den Walfängern mit kunstvollen Verzierungen und Schnitzereien, sogenannten „Scrimshaws", versehen. Das Vorhandensein von Zähnen spielt möglicherweise nur eine untergeordnete Rolle bei der Jagd, denn sie brechen erst zur Pubertät durch, in wenigen Fällen sogar überhaupt nicht. Hinter den Mundwinkeln befinden sich oft einige kleine Kehlfurchen (2–10). Die Innenseite des Mauls kann hell weiß pigmentiert sein.
Eine Studie lässt vermuten, dass Pottwale, die im 19. Jahrhundert im Nordpazifik sehr stark gejagt wurden, herausgefunden haben, wie sie den Walfangschiffen entkommen konnten. Digitalisierte Logbücher von Walfängern bestätigen, dass schon wenige Jahre nach Beginn des Walfangs die Fangquote um 58 % zurückging. Der schnelle Rückgang kann jedoch nicht mit einer höheren Effizienz der früheren Walfänger erklärt werden. Die Forscher vermuten vielmehr, dass die Wale effektive Abwehrmaßnahmen erlernt haben müssen, besonders wenn alte und erfahrene Tiere in der Gruppe waren. Auch die Walfänger glaubten, dass sich die Pottwale untereinander verständigten, wenn sich Walfangschiffe näherten, und dann versuchten, zu entkommen, indem sie gegen den Wind schwammen oder die Walfangboote angriffen (Whitehead *et al.*, 2021).
Schwertwale greifen gelegentlich Pottwale an, jedoch bei adulten Tieren meist ohne Erfolg. Es gibt nur einen dokumentierten erfolgreichen Angriff vor Kalifornien (Pitman *et al.*, 2001). Junge Pottwale können Opfer von großen Haien werden. Pilotwale belästigen Pottwale gelegentlich, stellen aber wahrscheinlich keine ernste Bedrohung dar.

Die typische backpflaum-artige Hautstruktur ist in Längsrichtung gefurcht.

Innerartige Auseinandersetzung

Das Wachstum von männlichen Pottwalen kann bis zu einem Alter von 35–60 Jahren andauern. Der Darm eines Pottwals kann eine Länge von 250 m erreichen. In ihren Därmen produzieren Pottwale eine sehr ungewöhnliche Substanz, das sogenannte Ambra (Amber).

Schon den Chinesen des 10. und 11. Jahrhunderts war Ambra als „Spucke des Drachen" bekannt. Sie glaubten, dass auf den Malediven Drachen leben würden, die im Frühjahr einen Schleim erbrechen, der sich zu Ambra entwickelt. Im 9. Jahrhundert glaubten die Araber, dass Ambra wie Pflanzen auf dem Meeresboden wächst und bei stürmischer See in Stücken an die Oberfläche gespült wird. 1501 berichtet ein unbekannter portugiesischer Schreiber, dass Ambra in toten Walen gefunden werden kann.

Ambra ist eine Substanz aus dem Darm von Pottwalen, die unverdauliche Nahrungsreste umschließt, besonders von Tintenfischschnäbeln, und sehr wertvoll ist. Genau genommen handelt es sich also um Exkremente von Pottwalen. Ambra ist eine dunkle, oft wachsartige Substanz, die in hoher Konzentration sehr übel riecht. Wenn Ambra trocknet, wird es heller, verliert an Gewicht und nimmt einen moschusartigen Geruch an. In früheren Zeiten wurde Ambra für eine Vielzahl medizinischer Zwecke verwendet und war bis in die Neuzeit als Geruchsträger in der Parfümindustrie unentbehrlich. Heute gibt es synthetischen Ersatz, nur exklusive Marken verwenden noch natürliches Ambra.

Ambraklumpen können sowohl in den Därmen von toten Pottwalen, als auch im Wasser treibend oder am Ufer gefunden werden. Sie wiegen im Durchschnitt 0,5–10 kg. Der größte, bisher gefundene Ambraklumpen, wurde 1953 in der Antarktis gefunden. Er wog 420 kg. Vor den Azoren wurde 1944 ein 322 kg schweres Stück gefunden. Im Dezember 2012 wurde im Darm eines am Strand von Texel (Niederlande) gestrandeten, knapp 30 t schweren Männchens, ein Ambraklumpen mit einem Gewicht von 83 kg gefunden. Sein Wert wurde auf etwa 800.000 € geschätzt.

Der brasilianische Autor Jorge Amado beschreibt in seinem Buch „Navegação de Cabotagem" die wahre Geschichte des deutschen Karl Hansen, bekannt unter dem Namen „Hansen Bahia". Der verarmte Hamburger Künstler lebte in den 1950er Jahren in einem kleinen Haus am Strand von Amaralina in Bahia (Brasilien). Eines Tages fand er einen großen, merkwürdigen Klumpen am Strand. Um herauszufinden, ob es sich wirklich, wie er vermutete, um Ambra handelte, entnahm er eine kleine Probe und fuhr mit der überfüllten Straßenbahn in die Stadt. Nach eingehender Prüfung wurde ihm bescheinigt, dass es sich tatsächlich um Ambra von hohem Wert handelte. In der Gewissheit großen Reichtums nahm er für den Rückweg ein Taxi. Zu Hause angekommen, musste er feststellen, dass sein Esel „Sigmund Freud" in der Zwischenzeit den ganzen Klumpen des wertvollen Ambras aufgefressen hatte.

Bereits im frühen 18. Jahrhundert wurden Pottwale kommerziell bejagt. In den 1830er Jahren wurden jährlich etwa 5.000 Pottwale erlegt. Später, als die Jäger mit Harpunenkanonen und Dampfschiffen Pottwale jagten,

Beim Springen wird nur ein Teil des Körpers sichtbar.

wurden bis 30.000 Tiere pro Jahr getötet. In den 1970er Jahren verringerte sich der kommerzielle Pottwal-Fang und wurde nach dem IWC Moratorium 1988 weitgehend eingestellt.

Den legendären Pottwal „Moby Dick" aus Herman Melvilles gleichnamigem Buch gab es wirklich, allerdings hieß er „Mocha Dick". Er lebte im frühen 19. Jahrhundert und wurde oft in den Gewässern bei Mocha Island gesichtet (vor Chile). Er war sehr groß und stark und konnte kleinere Walfangschiffe mit seiner Fluke zerstören. Er überlebte viele Angriffe von Walfängern (den ersten vor Mocha Island vor 1810), bis er schließlich um 1838 getötet wurde.

In der heutigen Zeit kommt es immer häufiger zu Strandungen von Pottwalen. Stellvertretend für alle anderen werden hier 2 Beispiele angeführt, die zum Nachdenken anregen sollten:

Am 28.3.2012 wurde ein verendeter, junger Pottwal an Spaniens Südküste angeschwemmt (Playa de Castell de Ferro, Granada). Im Verdauungstrakt des etwa 4,5 t schweren Tieres befanden sich 17 kg Plastikmüll. Im Magen war ein ganzes Gewächshaus, 30 m^2 Plastikfolie und 59 verschiedene Teile aus den Treibhausanlagen (von Andalusiens Küsten) sowie Unmengen anderer Plastikmüll, wie Kleiderbügel und Plastiktüten.

In der Nacht zum 27.3.1996 strandeten 16 junge Pottwalbullen an der dänischen Insel Rømø. Die Kadaver dieser 16 Pottwale sollten zu Tierfutter verarbeitet werden. In den Walkadavern wurden jedoch so große Mengen von Schwermetallen und anderen Umweltgiften nachgewiesen, dass sie schließlich als Sondermüll entsorgt werden mussten. In den Därmen der Pottwale wurde zwanzigmal so viel Cadmium und doppelt so viel Quecksilber wie sonst bei Fischen üblich nachgewiesen. Auch andere industrielle Giftstoffe, wie Polychlorierte Biphenyle (PCB's) und Pestizide wie DDT, die vermutlich das Immunsystem der Tiere schwächten, wurden in hohem Maße nachgewiesen.

Giftstoffe werden durch Niederschläge aus dem Boden ausgewaschen und über Flüsse in die Meere gespült. Umweltgifte wie Phthalate (Weichmacher, z. B. in PVC-Folien), Alkyphenole, PCB's und Dioxine greifen nachweislich schon in geringer Konzentration in das Hormonsystem von Tieren ein und können Unfruchtbarkeit hervorrufen.

WISSENSCHAFTLICHER NAME

Physeter macrocephalus Linnaeus, 1758

Der Gattungsname *Physeter* stammt vom griechischen *physeter* für „Bläser". Der Artname *macrocephalus* setzt sich aus dem griechischen *makros* für „groß, lang" und *kephale* für „Kopf" zusammen (Leatherwood & Reeves, 1983). Hiermit wird auf den riesigen Kopf hingewiesen. Bei dem in älterer Literatur gebräuchlichen wissenschaftlichen Namen *Physeter catodon* bedeutet der Artname *catodon* so viel wie „Zähne unten". *Catodon* setzt sich aus dem griechischen *kata* für „unten" und *odous* für „Zahn" zusammen. Hiermit wird darauf hingewiesen, dass die Zähne bei Pottwalen nur im Unterkiefer sichtbar sind.

Kleiner Pottwal
Kogia sima
—Dwarf Sperm Whale

Körperlänge: adult 2,1–2,7 m
Gewicht: adult 135–272 kg
Körperform: klein, recht robust, zur Fluke verjüngend; ähnelt der eines Delfins (bis auf den Kopf)
Körperfarbe: Rückenfarbe: meist dunkelgrau, manchmal blaugrau bis fast schwarz; Seiten: Färbung schwächer, zum Bauch hin heller, fast weißlich, gelegentlich leicht pink nuancierend
Kopf: charakteristisch, konisch, stupsnasig; unter dem Hals bei einigen Individuen mehrere unregelmäßige Furchen oder Falten; markante halbmondförmige, hell-dunkle Zeichnung seitlich hinter Augen (typisch für beide *Kogia*-Arten), in Form einer Klammer (ähnelt Kiemendeckeln bei Fischen, werden auch als „falsche Kiemen" bezeichnet, schon im Embryonalstadium vorhanden); nur der schmale Unterkiefer beweglich (wie bei Pottwalen); durch unterständigen Kiefer und „falsche Kiemen" fast haiähnliches Aussehen
Blas: niedrig und unauffällig
Blasloch: 1; etwas nach links versetzt; etwa 5 cm lang, nach hinten geöffnete U-Form; recht weit hinten, Abstand von Schnauzenspitze bis Blasloch etwa 10 % der Körperlänge
Blubberschicht: dick; 17–25 % des Körpergewichtes
Flipper: kurz aber breit
Fluke: breite, konkave Hinterkante, mit ausgeprägter medianer Einkerbung
Rückenfinne: ausgeprägt, auf Rückenmitte (wie bei Großen Tümmlern), sichelförmig gekrümmt; Form variiert von spitz bis mehr oder weniger stark abgerundet
Zähne: Unterkiefer: 14–26, klein, konisch, gekrümmt, kürzer als 3 cm, sehr spitz, Reißzahn ähnlich; Oberkiefer: normalerweise keine Zähne (nur rudimentär, in seltenen Fällen bis zu 6 Zähne)
Lebensalter: ältestes bekanntes Tier: 22 Jahre

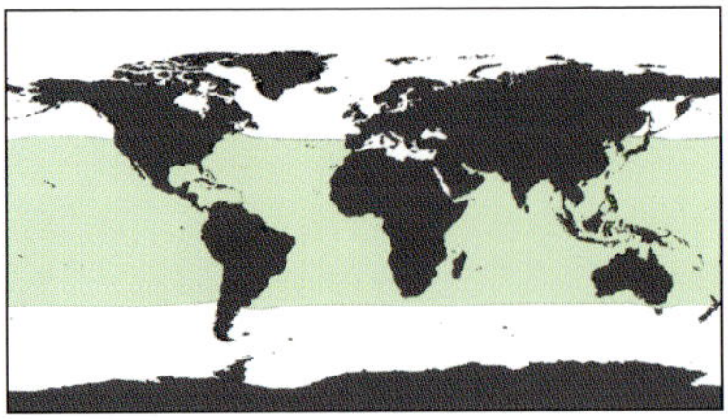

VERBREITUNGSGEBIETE
Möglicherweise weltweit im Atlantik, Pazifik und Indischen Ozean. Kleine Pottwale bevorzugen warme und gemäßigte Gewässer der tropischen und subtropischen Breiten beider Hemisphären. Sie halten sich vorwiegend im tiefen Freiwasser und an den Rändern der Kontinentalsockel auf. Möglicherweise sind sie auch im Mittelmeer verbreitet. Es gibt dort jedoch keine Sichtung von lebenden Tieren, aber eine Strandung an der Küste Italiens.
Kleiner Pottwal und Zwergpottwal:
Beide Arten sind wahrscheinlich weltweit im Atlantik, Pazifik und Indischen Ozean verbreitet. Sie bevorzugen warme Gewässer der tropischen, subtropischen und gemäßigten Breiten, auf beiden Hemisphären, sowohl im tiefen Freiwasser, als auch in der Nähe von Kontinentalsockeln; bevorzugt seewärts mit Aufwärtsströmungen. Sie sind sehr scheu und werden nur selten auf See gesichtet. Entsprechend wenig ist über das tatsächliche Verbreitungsgebiet bekannt. Die meisten Informationen über ihren Lebensraum stammen von Strandungen, die aber ein ungenaues Bild liefern könnten.

VERHALTEN
Kleine Pottwale leben meist solitär oder paarweise und wandern langsam, mit einer Geschwindigkeit von 5 km/h. Gelegentlich kann man sie in Gruppen von 6–16 Tieren beobachten. Auf Grund der Zusammensetzung der Gruppen bei Strandungen wird vermutet, dass Weibchen mit ihren Jungtieren in eigenen Gruppen leben. Zahnwunden an gestrandeten Tieren lassen Kämpfe innerhalb der Gruppe vermuten.
Aufgrund der wenigen Beobachtungen an lebenden Tieren ist nicht viel über ihr Verhalten bekannt. Sie sind sehr scheu und durch den unauffälligen, niedrigen Blas nur sehr schwer auf See auszumachen.
Kleine Pottwale (und Zwergpottwale) verbringen die Ruhephasen scheinbar regungslos an der Wasseroberfläche. Kopf und Rücken sind teilweise über Wasser sichtbar, die Fluke hängt im Wasser herab (Kleine Pottwale liegen etwas tiefer im Wasser als Zwergpottwale). Diese Haltung vermittelt den Eindruck als würden sie sich mit ihren Brustflossen auf dem Wasser abstützen. Dieses Verhalten hat ihnen den japanischen Beinamen „Uki Kujira" („treibender Wal" oder „floating whale") eingebracht. Sie zeigen wenig Oberflächenaktivitäten und nähern sich nur selten Booten.

TAUCHVERHALTEN
Kleine Pottwale (und Zwergpottwale) tauchen mindestens 300 Meter tief (eventuell deutlich tiefer). Die maximale Tauchzeit liegt bei 18 Minuten, obwohl sie meist kürzer tauchen.

Sie sind sehr scheu und tauchen auch bei vorsichtigen Annäherungen meist sofort ab. Dabei rollen sie langsam nach vorne weg (ohne die Fluke aus dem Wasser zu heben) oder sinken einfach in die Tiefe.
Wenn sie sich bedroht fühlen und fliehen wollen nutzen sie eine ungewöhnliche Taktik („squid tactic"), die sie von allen anderen Cetaceen unterscheidet: bei Annäherungen hinterlassen sie gelegentlich eine tintenähnliche Wolke, wenn sie abtauchen. Im unteren Darmtrakt haben beide Arten eine Blase, die mit einer dunklen, rot-braunen Flüssigkeit gefüllt ist. Wenn sie sich bedroht fühlen, können sie bis zu 12 Liter dieser Flüssigkeit herausspritzen. Wie bei Tintenfischen erzeugt diese Flüssigkeit eine dichte Wolke, die möglicherweise dazu dient, Angreifer zu verwirren oder abzuschrecken (Reeves *et al.*, 2002).

NAHRUNG

Bei Gruppen, die aus weiblichen Kleinen Pottwalen mit Jungtieren bestanden, wurden zu über 90 % Cephalopodenreste (meist kleine Sepien) gefunden, die vorwiegend auf dem Kontinentalsockel leben. Bei den anderen erwachsenen Tieren wurden zu etwa 70 % ozeanische Cephalopodenarten gefunden, die vorwiegend im Freiwasser leben. Bei den Beutefischen handelt es sich fast ausschließlich um Tiefseefische, die meist 10–30 cm lang sind.

Kleiner Pottwal und Zwergpottwal:
Magenanalysen gestrandeter Tiere beider Arten ergaben, dass sie sich hauptsächlich von pelagisch lebenden Kopffüßern (Cephalopoden) aus mittleren und großen Tiefen ernähren (über 300 m). Crustaceen (Krebse und Krabben) und Fische ergänzen den Speiseplan. Zur Nahrungssuche nutzen sie möglicherweise Echolokalisation.
Benthische Krabben in den Mägen lassen darauf schließen, dass sie die Beute am Meeresboden oder in Bodennähe jagen. Zur Nahrungssuche nutzen sie möglicherweise Echolokalisation.
Einige Beutetiere folgen ihrer Nahrung und wandern nachts Richtung Oberfläche. Dies könnte bedeuten, dass die Wale am Tag in größeren Tiefen und nachts in geringeren Tiefen jagen.

HOT SPOTS

Nur wenige bestätigte Sichtungen:
Nördliche Hemisphäre: vor Hawaii, im Golf von Kalifornien (Sea of Cortez, Mexiko). In Küstennähe: vor Kalifornien, an der Ostküste der USA und Guam (USA), vor Sri Lanka, Malediven und Japan
Südliche Hemisphäre: südliche Spitze Südafrikas und vor Südaustralien

REPRODUKTION

Geschlechtsreife: 2,5–5 Jahre, ab einer Körperlänge von 2,1 m
Paarungszeit: Sommermonate
Tragzeit: 9–11 Monate
Geburtsgröße: 1 m
Geburtsgewicht: 40–50 kg
Säugezeit: etwa 1 Jahr (bis Kälber über 1 m Körperlänge haben)

Ruhephasen verbringen sie scheinbar regungslos an der Wasseroberfläche.

Das Blasloch ist etwas nach links versetzt.

WISSENSWERTES

Die Erstbeschreibung von Kleinen Pottwalen stammt aus dem Jahre 1866. Sie wurde von dem britischen Zoologen Sir Richard Owen anhand eines Skelettes, welches bei Waltair (Madras, Indien) am Strand gefunden wurde, vorgenommen. Er gab dieser Art den Namen *Euphyseter simus*.

Obwohl der britische Zoologe Frank Evers Beddard schon 1902 zwei Arten der Gattung *Kogia* unterschied, wurde diese Art in Europa lange zu *Kogia breviceps* gezählt. Erst nach Untersuchungen von Ogawa (1936) und später vom japanischen Wissenschaftler Munesato Yamada (1954) erfolgte die Anerkennung von *Kogia sima* als eigenständige Art. Der früher auch verwendete Artname *simus* wurde auf Grund von Regeln im Gebrauch der lateinischen Sprache in *sima* geändert. Seit 1954 werden Zwergpottwale und Kleine Pottwale in der Familie *Kogiidae* zusammengefasst.

Kleiner Pottwal und Zwergpottwal:

In einigen Sprachen werden sowohl *Kogia sima* als auch *Kogia breviceps* fälschlicherweise als Zwergpottwal bezeichnet. Bei beiden Arten werden bei gestrandeten Individuen oft Plastiktüten, die im Meer trieben, in den Mägen gefunden. Möglicherweise haben sie die Verdauung behindert und zum Tod dieser Tiere geführt.

Beide Arten haben ein Spermaceti-Organ wie Pottwale. Nach heutigen Erkenntnissen wird es dazu genutzt, Echolokalisationslaute zu erzeugen und gebündelt auszusenden, um Beute in der Tiefe zu lokalisieren.

Die wenigen Erkenntnisse über beide Arten stammen fast ausschließlich von gestrandeten Tieren. 1993 verfingen sich im Nordpazifik 17 Kleine Pottwale zusammen mit 51 Zwergpottwalen in den Treibnetzen japanischer und taiwanesischer Fischer.

Bei Jungtieren ist die Schnauze anfangs eher spitz und nimmt erst mit zunehmendem Alter die viereckige Form der Erwachsenen an. Diese Veränderung ist bei einer Größe von etwa 2,1 m (bei Zwergpottwalen: ab 2,7 m), also mit dem Erreichen der Geschlechtsreife, abgeschlossen. Möglicherweise hängt diese Formveränderung der Schnauze mit der Verbesserung des Echolokalisation zusammen.

WISSENSCHAFTLICHER NAME

Kogia sima (Owen, 1866)

Kogia ist wahrscheinlich die lateinisierte Form des altenglischen „codger" und bedeutet so viel wie „alter Geizhals" oder „alter Knacker". Möglicherweise wurde *Kogia* auch nach Cogia Effendi benannt, einem türkischen Naturwissenschaftler aus dem frühen 19. Jahrhundert, der im Mittelmeer Wale beobachtete (Leatherwood & Reeves, 1983). Der Artname *sima* stammt vom lateinischen *simus* oder vom griechischen *simos* und bedeutet „stupsnasig".

Kogia sima wurde früher in einiger Literatur auch *Kogia simus* genannt. Auf Grund von Regeln im Gebrauch der lateinischen Sprache wurde der Name jedoch geändert.

Zwergpottwal
Kogia breviceps
—Pygmy Sperm Whale

Körperlänge: adult 2,7–3,8 m; Weibchen geringfügig größer als Männchen
Gewicht: adult 450 kg
Körperform: klein, massig, robust, zur Fluke verjüngend; ähnelt der eines Delfins (bis auf den Kopf)
Körperfarbe: bei einigen Tieren backpflaumenartige Hautstruktur wie bei Pottwalen (wenn überhaupt, nur aus nächster Nähe erkennbar); weitere Informationen hierzu, siehe Kleiner Pottwal
Kopf: Informationen, siehe Kleiner Pottwal
Blas: niedrig, unauffällig
Blasloch: 1; etwas nach links versetzt
Flipper: kurz aber breit
Fluke: breite, konkave Hinterkante, mit medianer Einkerbung
Rückenfinne: sehr klein, sichelförmig, sitzt etwas hinter Rückenmitte (Form variiert je nach Individuum)
Zähne: Unterkiefer: 20–32, extrem spitz, Reißzahn ähnlich, passen in spezielle Taschen im Oberkiefer, schmal, gekrümmt, konisch; Oberkiefer: keine
Lebensalter: möglicherweise etwa 23 Jahre

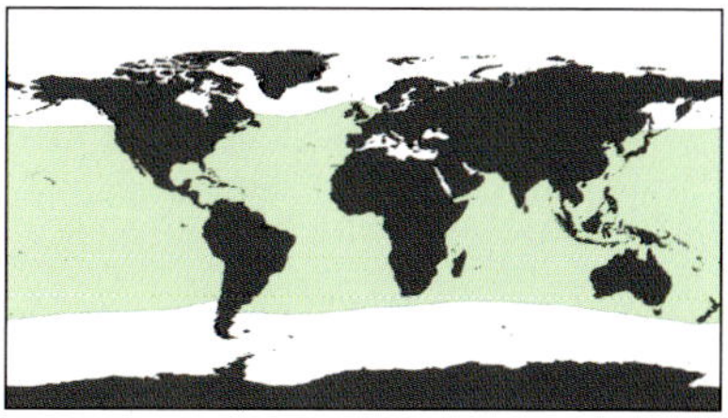

VERBREITUNGSGEBIETE
In Küstennähe kommen sie nur selten vor. Die Verbreitung ist möglicherweise nicht immer durchgängig, sodass es einige getrennte Populationen geben kann. Sie sind wahrscheinlich weltweit im Atlantik, Pazifik und Indischen Ozean verbreitet. Sie bevorzugen warme Gewässer der tropischen, subtropischen und gemäßigten Breiten, auf beiden Hemisphären, sowohl im tiefen Freiwasser, als auch in der Nähe von Kontinentalsockeln (bevorzugt seewärts mit Aufwärtsströmungen).
Sie sind sehr scheu und werden nur selten auf See gesichtet. Entsprechend wenig ist über das tatsächliche Verbreitungsgebiet bekannt. Die meisten Informationen über ihren Lebensraum stammen von Strandungen, die aber ein ungenaues Bild liefern könnten.

VERHALTEN
Zwergpottwale sind bisher nur von Strandungen (meist Weibchen mit ihren Kälbern) und einigen wenigen Beobachtungen auf See bekannt.
Normalerweise leben sie weit von der Küste entfernt auf offener See. In Küstennähe kommen sie nur selten vor.

Zwergpottwal, *Kogia breviceps*

Sie gehören trotzdem zu den Cetaceen, die an der Ostküste der USA am häufigsten stranden. Auf Grund der Gruppenzusammensetzung bei Strandungen wird vermutet, dass sie bevorzugt solitär oder in kleinen Gruppen von 3–6, selten auch bis 10 Tieren leben. Zwergpottwale schwimmen langsam (5 km/h) und legen dabei die Brustflossen eng an den Körper.
Aufgrund der wenigen Beobachtungen an lebenden Tieren ist nicht viel über ihr Verhalten bekannt. Sie sind sehr scheu und durch den unauffälligen, niedrigen Blas nur sehr schwer auf See auszumachen.
Beide Arten verbringen die Ruhephasen scheinbar regungslos an der Wasseroberfläche. Kopf und Rücken sind teilweise über Wasser sichtbar, die Fluke hängt im Wasser herab (Kleine Pottwale liegen etwas tiefer im Wasser als Zwergpottwale). Diese Haltung vermittelt den Eindruck als würden sie sich mit ihren Brustflossen auf dem Wasser abstützen. Dieses Verhalten hat ihnen den japanischen Beinamen „Uki Kujira" („treibender Wal" oder „floating whale") eingebracht. Sie zeigen wenig Oberflächenaktivitäten und nähern sich nur selten Booten.

TAUCHVERHALTEN

Zwergpottwale (und Kleine Pottwale) tauchen mindestens 300 Meter tief (eventuell deutlich tiefer). Die maximale Tauchzeit liegt bei 18 Minuten, obwohl sie meist kürzer tauchen.
Sie sind sehr scheu und tauchen auch bei vorsichtigen Annäherungen meist sofort ab. Dabei rollen sie langsam nach vorne weg (ohne die Fluke aus dem Wasser zu heben) oder sinken einfach in die Tiefe.
Wenn sie sich bedroht fühlen und fliehen wollen nutzen sie eine ungewöhnliche Taktik („squid tactic"), die sie von allen anderen Cetaceen unterscheidet: bei Annäherungen hinterlassen sie gelegentlich eine tintenähnliche Wolke, wenn sie abtauchen. Im unteren Darmtrakt haben beide Arten eine Blase, die mit einer dunklen, rot-braunen Flüssigkeit gefüllt ist. Wenn sie sich bedroht fühlen, können sie bis zu 12 Liter dieser Flüssigkeit herausspritzen. Wie bei Tintenfischen erzeugt diese Flüssigkeit eine dichte Wolke, die möglicherweise dazu dient, Angreifer zu verwirren oder abzuschrecken (Reeves *et al.*, 2002).

NAHRUNG

Die Struktur des Unterkiefers sowie benthische Krabben und Fische in den Mägen von Zwergpottwalen lassen darauf schließen, dass sie die Beute am Meeresboden oder in Bodennähe jagen. Zur Nahrungssuche nutzen sie möglicherweise Echolokalisation.
Weitere Informationen, siehe Kleiner Pottwal

HOT SPOTS

Nur wenige bestätigte Sichtungen:
Nördliche Hemisphäre: Azoren, Kanarische Inseln (La Gomera), Hawaii, Golf von Mexiko, südöstliche Küste der USA, besonders bei Florida
Südliche Hemisphäre: Chile, Uruguay, Südafrika, die Tasmanische See, um Neuseeland und vor Südostaustralien

REPRODUKTION

Geschlechtsreife: möglicherweise ab 3–5 Jahre; Männchen ab 2,7 m, Weibchen etwas kleiner
Paarungszeit: Frühling-Sommer
Tragzeit: 9–11 Monate
Geburtsgröße: 1–1,2 m
Geburtsgewicht: etwa 50 kg
Säugezeit: 12 Monate, möglicherweise über 24 Monate
Eine vermutete jährliche Reproduktionsrate wurde widerlegt, als ein gestrandetes trächtiges Weibchen gefunden wurde, das ihr Kalb mit 2 m Körperlänge noch säugte.

WISSENSWERTES

Die Erstbeschreibung eines Zwergpottwals erfolgte 1838 durch den französischen Anatomen und Zoologen Henri de Blainville anhand eines Schädels, der am Kap der Guten Hoffnung (Südafrika) gefunden wurde. Er nannte diese Art damals *Physeter breviceps*, weil er glaubte, eine kleine Form des Pottwals beschrieben zu haben. 1846 ordnete der britische Zoologe John Edward sie der eigenen Gattung *Kogia* zu. Erst 1954 wurden Zwergpottwale und Kleine Pottwale als getrennte Arten anerkannt und in der Familie *Kogiidae* zusammengefasst.
Es gibt keine Tonaufzeichnungen von frei lebenden Zwergpottwalen. In Monterey Bay und New Jersey erzeugten gestrandete Individuen, die in ein Aquarium transportiert wurden, jedoch Klicks zwischen 60 und 200 kHz.
Bei Jungtieren befinden sich, auf einer Linie von den Augen zum Mundwinkel, kurze Haare. Sie gehen mit zunehmendem Alter weitgehend verloren, bis auf 4–5 Haare mit einer Länge von etwa 1 cm.
Weitere Informationen, siehe Kleiner Pottwal

WISSENSCHAFTLICHER NAME

Kogia breviceps (Blainville, 1838)
Informationen zum Gattungsnamen, siehe Kleiner Pottwal
Der Artname *breviceps* setzt sich aus dem lateinischen *brevis (breve)* für „kurz" und *ceps* (von *caput*) für „Kopf" zusammen und bedeutet so viel wie „kurzköpfig".

Narwal

Monodon monoceros
—Narwhale

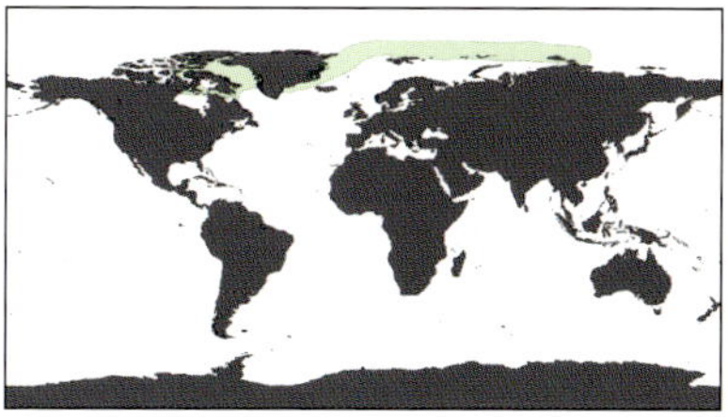

Körperlänge: adult 3,6–4,5 m (max.: Männchen 4,5 m)
Gewicht: adult 1–1,6 t; Männchen etwas schwerer als Weibchen
Körperform: spindelförmig, dicke Blubberschicht
Körperfarbe: Rücken: variiert bei adulten Tieren von hell, dunkelbraun bis weiß; Rücken und Seiten stark gesprenkelt, stark marmoriert; Seiten: zum Bauch nicht marmoriert, meist blass-weiß, mit zunehmendem Alter auf dem Rücken immer heller bis fast ganz grau oder weiß, nur oben auf dem Rücken (hinter dem Kopf) bleibt ein dunkles, gesprenkeltes Muster; Neugeborene: einheitlich grau bis dunkelbraun-grau, gelegentlich dunkelblaue Flecken, Sprenkel entwickeln sich nach dem 2. Lebensjahr
Kopf: relativ klein, knollig; beweglicher Hals (nur 2 Halswirbel miteinander verwachsen)
Schnabel: leicht angedeutet, nicht ausgeprägt; geht fast ohne Übergang in den Körper über
Blas: klein, unscheinbar
Blasloch: 1, mittig
Blubberschicht: dick
Flipper: kurz, dunkelgrau; leicht nach oben gerollte Spitzen (im Alter immer ausgeprägter); dunkler, manchmal fast schwarzer Rand auf Flipper und Fluke adulter Tiere
Fluke: stark konvexe Hinterkante, mit medianer Einkerbung (bei allen anderen Walen und Delfinen gerade oder konkav); Hinterkante wird bei älteren Bullen immer ausgeprägter, erweckt Eindruck einer „umgekehrten" Flukenhinterkante
Rückenfinne: keine, gelegentlich leichter Buckel
Zähne: Oberkiefer: 2, manchmal keine; 1 Stoßzahn (hauptsächlich Männchen), nach links gedrehte Spirale, bis 10 cm Durchmesser, durchschnittlich 2 m lang, 10–14 kg, oft rötlicher oder grünlicher Algenbelag
Lebensalter: mind. 25 Jahre, eventuell bis 50 Jahre

VERBREITUNGSGEBIETE

Ausschließlich in der atlantischen hohen Arktis, nahe der geschlossenen Eisdecke. Narwale haben eines der nördlichsten Verbreitungsgebiete aller Wale, wodurch sie möglicherweise negativer durch den globalen Klimawandel beeinflusst werden als die meisten anderen Cetaceen-Arten (wie Grönlandwale und Belugas).
Sie leben hauptsächlich in tiefen Gewässern zwischen 65 °N und 81 °N (selten südlicher als 65 °N), häufig in den Gebieten zwischen Svalbard und Franz Josef Land.

Der durchschnittlich 2 m lange Stoßzahn gehört zu den außergewöhnlichsten Zähnen im Tierreich.

Von der Zahnwurzel aus gesehen bilden alle Stoßzähne eine links gedrehte Spirale.

Die nördlichste Sichtung war zwischen 84–85 °N. Zu ihrem Verbreitungsgebiet gehören die Baffin Bay (dort überwintern etwa 80 %), die Davisstraße, das Grönland Meer und das Arktische Meer, im Frühjahr und Sommer die Gewässer der kanadischen hohen Arktis (z. B. im Lancaster Sound) und in der nördlichen Hudson Bay.
Die Wanderungen sind abhängig von der Ausdehnung der geschlossenen Eisdecke. Sie folgen traditionellen Routen von bis zu 1.700 km entlang der Eiskante im Herbst und Frühjahr. Dabei navigieren sie oft zwischen dem Packeis und nutzen kleine Spalten in der geschlossenen Eisdecke, um in die Fjorde vorzudringen.
Narwale bevorzugen tiefe, kalte Fjorde und Buchten. In Küstennähe werden sie nur angetroffen, wenn das Wasser tief ist. Im Sommer suchen sie gelegentlich flache Fjorde auf.
Wissenschaftler schätzen, dass die Population der Narwale bis zum Jahr 2100 um 25 % abnehmen wird und dass sich ihr Verbreitungsgebiet um 1,6 ° nach Norden verschieben wird. Ihr Lebensraum wird sich vermutlich wegen der steigenden Meerestemperatur, dem Rückgang des Meereises, durch Veränderungen in der Verfügbarkeit von Beute, durch neue Nahrungskonkurrenten und eine zunehmende Anzahl von Angriffen durch Schwertwale verkleinern (Louis *et al.*, 2020).

VERHALTEN

Über ihre winterlichen Aktivitäten gibt es auf Grund der schlechten Licht- und Wetterverhältnisse und wegen der Unzugänglichkeit des Lebensraumes kaum gesicherte Informationen. Alle Erkenntnisse über ihr Verhalten stammen von Beobachtungen, die während des sehr kurzen arktischen Sommers gemacht wurden.
Narwale sind Menschen und Booten gegenüber scheu. Bei Annäherung eines Bootes reagieren sie normalerweise mit Bewegungslosigkeit, lassen sich absinken und stellen Kommunikationslaute ein. Dieses Verhalten wird von den Inuit „ardlingayuk" genannt. Die „Starre und Stille" Haltung beginnt manchmal schon, wenn Boote noch 50–60 km entfernt sind. Diese Regungslosigkeit stellt ein wirkungsvolles Schutzverhalten gegenüber ihren natürlichen Feinden (Schwertwalen) dar, sobald sie deren Stimmen unter Wasser wahrnehmen.
Narwale sind meist sehr oberflächenaktiv. Flipper- und Flukenschlagen sowie Umschauen („spyhopping") sind oft zu beobachten. Beim Auftauchen oder Umschauen wird der Stoßzahn hoch aus dem Wasser gehoben. Sprünge sind bei Narwalen sehr selten.
Narwale sind sehr gesellig und leben in enger sozialer Bindung in Gruppen von 2–10 Tieren, selten bis 25 Tieren, miteinander. Weibchen und Kälber bilden meist eine Gruppe, entwöhnte Jungtiere und Männchen eine andere Gruppe. Bullen-Gruppen leben weiter von der Küste entfernt als die der Weibchen mit ihren Jungtieren. Eine Trennung nach Geschlechtern wird besonders im Sommer und bei den Wanderungen deutlich. Hierbei schließen sich mehrere gleichartige Gruppen zusammen und können über mehrere Quadratkilometer verteilt sein. Die Gruppen sind dann wesentlich größer als während der Nahrungssuche. Während des Sommers, wenn sie sich mehr in Küstennähe aufhalten, bilden sie große Herden von einigen hundert bis einigen tausend Individuen (bis 4.000 Tiere).
Bei den jährlichen Wanderungen scheinen Narwale einem genauen Zeitplan und festgelegten Routen zu folgen. Im Herbst schwimmen sie meist in offene Gewässer und kehren im Frühjahr in die Küstengewässer zurück. In den Sommermonaten folgen sie dem Eis in Küstennähe und den Winter verbringen sie im Packeis und nutzen Spalten oder Löcher im Eis zum Atmen.
Wenn Narwale vom Eis eingeschlossen werden, können sie mit dem Fettpolster ihrer Stirn oder der Melone bis zu 15 cm dicke Eisdecken durchbrechen, um Atemlöcher zu schaffen. Entgegen früheren Theorien wird das Horn der Männchen nicht als Eisbrecher eingesetzt. Die Männchen achten sehr darauf, dass ihre Hörner nicht zerbrechen.
Trotz der engen Verwandtschaft zu Belugas schwimmen Narwale nicht zu „Häutungen" in den Sommermonaten in flache Flussmündungen.

Narwal und Beluga:
Beide Arten schwimmen nur selten zusammen. Trotzdem gibt es Berichte über große Ansammlungen von mehreren hundert bis tausend Tieren. Möglicherweise paaren sich dann Narwale gelegentlich mit Belugas. Individuen, die wie Hybride aussahen, wurden beschrieben (Heide-Jørgensen & Reeves, 1993).

TAUCHVERHALTEN

Das Tauchverhalten der Narwale ändert sich, wenn sie die flachen, küstennahen Sommer-Aufenthaltsgebiete verlassen und in die küstenfernen, tiefen Überwinterungs-Gebiete wandern. Im Sommer tauchen sie selten tiefer als 500 m. Im Winter unternehmen sie normalerweise 5–25 Tauchgänge pro Tag mit Tiefen von mehr als 800 m (gelegentlich über 1.500 m), um nach Beute zu suchen. Der tiefste dokumentierte Tauchgang war 1.864 m.

Normalerweise dauern Tauchgänge 25 min, nur selten bis 30 min. Zusammengerechnet halten sie sich in den Wintergebieten mehr als 3 von 24 Stunden in Tiefen von 800 m oder mehr auf.
Bei der Nahrungssuche sind sie nur sehr kurz an der Oberfläche. Alle Mitglieder einer Gruppe tauchen dabei fast synchron auf und ab. Bei den Wanderungen legen sie über 6 % der Strecke unter Wasser zurück und schwimmen dicht unter der Wasseroberfläche. Dabei erreichen sie eine Geschwindigkeit von 4–9 km/h. Kurzzeitig können sie Höchstgeschwindigkeiten von 20 km/h erreichen. Gelegentlich heben sie ihre Fluke zum Abtauchen aus dem Wasser. Wenn sie sich bei ruhiger See an der Oberfläche ausruhen, ist nur ein Teil ihres Rückens und der Flipper sichtbar.

NAHRUNG

Narwale fressen bei den Wanderungen sowie im Herbst und Winter sehr viel, in den Sommermonaten nur sehr wenig. Sie jagen ihre Beute sowohl oberflächennah, als auch in großen Tiefen, sowohl küstennah, als auch auf offener See. Sie ernähren sich hauptsächlich von Tiefseefischen wie Grönland-Heilbutt *(Reinhardtius hippoglossoides)* und Rotbarsch, die sie in Tiefen von 500–1.500 m jagen. Zur bevorzugten Beute gehören auch Kalmare *(Gonatidae)* und andere arktische Fische sowie Krebse und Krabben.
Magenanalysen aus den Jahren 1978 und 1979 bei Pond-Inlet (Baffin-Island, Kanada) ergaben, dass Fisch zu über 90 % der Hauptnahrung ausmacht. Für Nordwestgrönland wurden Polardorsche *(Boreogadus saida)* und Grönlanddorsche *(Arctogadus glacialis)* , sowie Grönland Heilbutt *(Reinhardtius hippoglossoides)* als Hauptnahrungsquelle im Frühling und Sommer ermittelt. Im Herbst konnten nur Tiefsee-Kalmare *(Gonatus fabricii)* festgestellt werden. Ihre tägliche Nahrungsmenge liegt bei 45–80 kg. Sie nutzen Sogwirkung, um Beute in ihr Maul zu bekommen.

Narwal und Beluga:
Beide Arten ernähren sich von der gleichen Beute. Sie haben jedoch unterschiedliche Fressgründe, sodass eine Nahrungskonkurrenz vermieden wird. In Fällen, in denen es dennoch zu Überschneidungen kommt, vermeiden sie eine Nahrungs-Konkurrenzsituation, indem sie in unterschiedlichen Wassertiefen nach Nahrung suchen. Während Narwale bevorzugt in den tiefen, klaren Fjorden jagen, bevorzugen Belugas die oft trüben und flachen Buchten.

HOT SPOTS

Winter: Sichtungen sind sehr selten wegen der schlechten Licht- und Wetterverhältnisse und wegen der Unzugänglichkeit ihres Lebensraumes
Sommer: häufig in der östlichen kanadischen Hocharktis, in der Nähe der Admiral-Bay und in der Region von Navy Board Inlet, Milne Inlet und Pond Inlet bis in die Fjord-Systeme des Eclipse Sounds, im Nordwesten Grönlands in der Milne-Bay und im Inglefield-Fjord anzutreffen

Der Stoßzahn entwickelt sich bei den meisten Männchen aus dem linken Zahn des Oberkiefers.

Der Stoßzahn enthält im Inneren ein hoch entwickeltes Nervensystem.

REPRODUKTION

Geschlechtsreife: ab 6–9 Jahre; Weibchen ab 3 m, Männchen ab 4,3 m
Paarungszeit: März-Mai
Tragzeit: 14–16 Monate
Geburtszyklus: alle 3 Jahre 1 Kalb
Geburtsgröße: 1,6 m
Geburtsgewicht: 80 kg
Säugezeit: 1–2 Jahre (mind. 1 Jahr, normalerweise knapp 2 Jahre)

Über das Reproduktionsverhalten ist nur wenig bekannt; möglicherweise polygyn.

Der Stoßzahn scheint als sekundäres Geschlechtsmerkmal bei Rivalitätskämpfen der Männchen eine wichtige Rolle zu spielen (wie Hirschgeweihe). Physische und soziale Vorteile hängen von der Länge des Horns ab. Die kräftigsten Männchen mit den längsten Stoßzähnen paaren sich am häufigsten. Bei Kämpfen richten sie Stoßzähne gegeneinander und kreuzen sie wie Schwerter, wobei es klingt, als würden Holzschwerter aufeinanderschlagen. Zahlreiche Narben der Männchen im Kopfbereich und abgebrochene Spitzen in Körpern toter Bullen sind sichtbare Folgen dieser Kämpfe. Gelegentlich brechen Stoßzähne bei den Kämpfen.

WISSENSWERTES

Der Populärname „Narwal" stammt vermutlich vom norwegischen Wort „nar" ab, was so viel wie „toter Körper" bedeutet. Er bezieht sich auf das fahle Aussehen der Haut, die an eine menschliche Leiche erinnert. Möglicherweise stammt er auch vom altdeutschen „narwa", für „eng" ab und weist auf den langen, schmalen Stoßzahn hin (Reeves, 1992).

Narwale haben nur 2 Zähne im Oberkiefer (manchmal keine). Im Embryonalstadium sind 6 Oberkiefer- und 2 Unterkieferzähne angelegt. Es entwickeln sich jedoch nur die ersten beiden Oberkieferzähne, während die anderen verborgen bleiben und im Alter resorbiert werden.

Bei den meisten Männchen entwickelt sich aus dem linken Zahn des Oberkiefers ein einzelner, gerader Stoßzahn, der zu den außergewöhnlichsten Zähnen auf diesem Planeten gehört und der sie unverwechselbar macht. Er bricht ab einem Alter von etwa 2–3 Jahren durch die Oberlippe nach vorne durch. Die Durchschnittslänge dieses hohlen und zerbrechlichen Zahnes beträgt 2 m (längster, je vermessener Stoßzahn 2,67 m). Der Stoßzahn kann ein Gewicht von 10–14 kg haben und an der Basis einen Umfang von 10 cm erreichen. Von der Zahnwurzel aus gesehen bilden die Stoßzähne eine links gedrehte Spirale, die an den Enden glatt und leicht glänzend, fast wie poliert ist. Oft weisen die Stoßzähne einen rötlichen oder grünlichen Belag von Diatomeen (Kieselalgen) und anderer Algen (*Rhodochorton* sp.) auf. Außen sind diese Stoßzähne weich und flexibel, innen sind sie wie eine Stahlwelle. Ganz im Gegensatz zu unseren Zähnen, die eine harte Hülle aus Zahnschmelz besitzen und im Inneren weicher sind. Narwale sind die einzigen Cetaceen, bei denen solch ein Stoßzahn vorne aus dem Kopf wächst. Unregelmäßigkeiten bei der Entwicklung der Stoßzähne sind möglich. Bei etwa 0,2 % aller Männchen brechen beide Oberkieferzähne durch und bilden einen doppelten Stoßzahn. Beide sind linksgedreht. Bei sehr wenigen Weibchen (unter 3 %) wächst ebenfalls ein einzelner, allerdings kleinerer Stoßzahn mit einer maximalen Länge von 1,2 m. Abgebrochene Stoßzähne sind bei älteren Tieren keine Seltenheit.

Bis zum späten Mittelalter waren Gold und Edelsteine, im Vergleich zu diesem Stoßzahn, nahezu wertlos. Schon um 1100 tauschten die Wikinger auf ihren Grönlandfahrten Stoßzähne von Inuit gegen Waren ein. Bis zum 17. Jahrhundert glaubte man, dass dieses Horn vom sagenhaften Einhorn stammt. Man sprach dem Horn heilende Kräfte zu und man glaubte, dass man die scheuen Tiere nur mit einer Jungfrau als Köder fangen könnte. Wegen des scheuen Verhaltens wurden Narwale nie kommerziell bejagt. Nur Inuit in Grönland und Kanada jagen Narwale wegen des Stoßzahnes und der Haut, die eine Delikatesse für Inuit ist.

Lange haben Wissenschaftler über die Funktion dieses Horns spekuliert. Anfangs wurde vermutet, dass dieser Stoßzahn bei der Nahrungsbeschaffung eine wichtige Rolle spielen würde (beim Durchgraben des Bodens, Aufspießen von Beutefischen oder beim Durchbrechen von dünnen Eisschichten). Heute wird der Stoßzahn als sekundäres Geschlechtsmerkmal angesehen, das bei der Hierarchie der Bullen eine wichtige Rolle spielt.

Graham und Kollegen untersuchten 2020 die Variationen und das Wachstum von 245 Narwal-Stoßzähnen und fanden heraus, dass die größten Männchen überproportional lange Stoßzähne hatten. Das Ergebnis ihrer Studien unterstützt die Theorie, dass Narwal-Stoßzähne sexuelle Signale darstellen könnten, entweder bei der Partnerwahl oder bei Aggressionen unter Männchen.

Kingsley und Ramsay fanden 1988 heraus, dass die Stabilität des Stoßzahnes durch den spiraligen Wuchs verbessert wird. Gedrehte Stämme von Bäumen, die starkem Wind ausgesetzt sind, haben ebenfalls eine höhere Stabilität als gerade gewachsene Stämme. Den geraden Wuchs des Stoßzahnes erklären sie mit den verbesserten Schwimmeigenschaften und dem geringeren Wasserwiderstand.

Der Stoßzahn erfüllt auch eine wichtige sensorische Funktion. 2005 fanden Martin Nweeia und Kollegen heraus (Harvard School of Dental Medicine, HSDM), dass sich der Stoßzahn in jede Richtung um etwa 30 cm biegen lässt. Er fand zudem heraus, dass der Stoßzahn im Inneren ein hoch entwickeltes Nervensystem enthält. Die Nerven enden in nach außen offenen Kanälen an der Oberfläche und können Temperatur- und Druckunterschiede sowie Bewegungen und Zusammensetzung des Wassers und darin gelöster Teilchen wahrnehmen und sogar Beute aufspüren.

1971 wurden Narwale durch die kanadische Regierung im „Fisheries Act" unter Schutz gestellt. Außer für Inuit, die als Höchstquote 5 Tiere pro Jahr zum Eigenbedarf erlegen dürfen, ist seitdem jegliche Jagd auf Narwale verboten. Allerdings ist die Jagd der Inuit, mit ihren kleinen Motorbooten und Gewehren, sehr verschwenderisch. Viele der getöteten Tiere gehen unter, bevor sie geborgen werden können, viele verletzte Tiere flüchten und sterben später. Der hohe Geldwert der Elfenbein-Stoßzähne verleitet Inuit-Jäger zudem, mehr die Narwalbullen zu jagen. Der Handel mit Narwal-Elfenbein wird durch die CITES-Konvention kontrolliert. Die Jagd der Inuit wird in Kanada und Grönland durch Quoten geregelt. In Grönland gibt es zwei Narwal-Schutzgebiete in Nordostgrönland und in der Melville Bay. In Grönland ist seit dem Jahr 2006 der Export von Narwal-Produkten verboten.

Narwale werden besonders häufig in der Disko Bay (Westgrönland) vom Eis eingeschlossen. Meist sterben die Tiere nach einiger Zeit an Erschöpfung durch das kräftezehrende Freihalten des Eislochs. 1915 starben über 1.000 Narwale in einer „Eisfalle" in der Disko Bay. Die einzigen natürlichen Feinde sind Schwertwale, Eishaie *(Somnoisus)* und Eisbären *(Ursus maritimus)*. Eisbären jagen Narwale, wenn sie in kleinen Atemlöchern gefangen sind. 2014 konnte dokumentiert werden, wie eine Gruppe Schwertwale erfolgreich Jagd auf etwa 50 Narwale im flachen Wasser vor der kanadischen Küste machte.

Obwohl Narwale selten südlicher als 67 °N vorkommen und außer in Spitzbergen in Europa nicht verbreitet sind, wurde 1736 ein toter Narwal im Mündungsgebiet der Elbe gefunden. Vor England gab es ebenfalls eine bestätigte Sichtung. Die südlichste Sichtung war vor der Küste der Niederlande (1970). Bei beiden handelte es sich um verirrte Tiere.

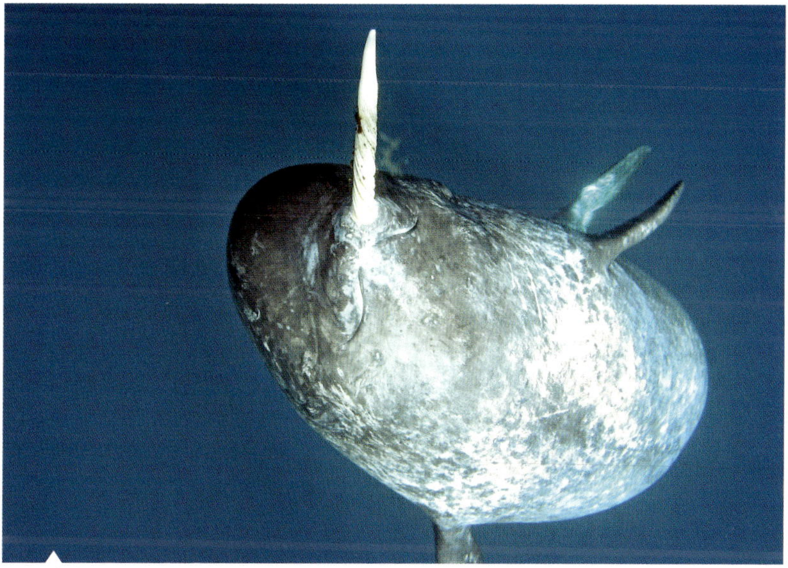

Der Stoßzahn spielt bei der Hierarchie der Bullen eine wichtige Rolle.

Der Stoßzahn erfüllt auch eine wichtige sensorische Funktion.

Im März 2016 wurde ein verirrter Narwal von Vogelbeobachtern im Fluss Schelde in Belgien entdeckt. Einen Monat später wurde das Tier tot auf einer Flussbank gefunden. Die Biopsie ergab, dass der Narwal Plastik im Magen hatte. Bis jetzt ist dies die südlichste bekannte Strandung dieser Art und wird als außergewöhnlich angesehen. Nach einer Studie von Jens C. Koblitz (BioAcoustics Network, 2016), haben Narwale möglicherweise das am stärksten gebündelte Richtungssonar aller Cetaceen-Arten. Es könnte helfen, Echos von der Wasseroberfläche oder vom Eis an der Oberfläche zu reduzieren. Ihr präzises Echolot ermöglicht es ihnen sogar, Luftlöcher im Eis aus einer Entfernung von bis zu 1,5 km auszumachen und zu berechnen, wie dick das Eis an dieser Stelle ist. Die Kommunikationslaute der Narwale umfassen verschiedene Pfeiftöne und liegen im Frequenzbereich von 300–20 kHz. Serien von Pfeif- und Klick-Lauten dienen vermutlich der Echolokalisation. Sie erreichen eine maximale Frequenz von 48 kHz (bei 3–10 Klicks pro Sekunde).

Narwal und Beluga:
Weil beide Arten nahe der Eisgrenze leben, kommt es vor, dass sie in Eislöchern eingeschlossen werden. In den Eislöchern werden sie zur leichten Beute für Eisbären und für Inuit. In der Sprache der Inuit werden diese Eisfallen „Sassat" (sprich: s'set) genannt, was so viel wie „Überfüllung" bedeutet und die Situation in diesen Eisfallen beschreibt.
Die Haut beider Arten wird in der Sprache der Inuit „maktaaq" (sprich: maktak) genannt (grönländisch: „mattak"). Sie ist die beste Vitamin-C-Ressource im Tierreich. Der Vitamin-C-Gehalt entspricht dem einer Orange und ist die einzige natürliche Vitamin-C-Resource in diesem entlegenen Lebensraum. Aus diesem Grund stellte die Haut beider Arten früher einen überlebenswichtigen Bestandteil in der Ernährung der Inuit dar. Beide schwimmen nur äußerst selten zusammen und bilden extrem große Ansammlungen von mehreren hundert, bis tausend Tieren. Dabei paaren sich Narwale gelegentlich mit Belugas. Individuen, die wie Hybride von Belugas und Narwalen aussahen, wurden schon 1993 beschrieben (Heide-Jørgensen & Reeves, 1993) und 2019 durch Genomanalysen bestätigt (Skovrind *et al.*, 2019).

Narwal, Beluga, Irawadi-Delfin, Australischer Stupsfinnendelfin und Flussdelfine:
Bei diesen Arten sind die Halswirbel frei beweglich und nicht, wie bei allen anderen Cetaceen, fest miteinander verschmolzen, denn nur 2 Halswirbel sind miteinander verwachsen. Ein starrer Hals bietet Delfinen den Vorteil, dass der Kopf ohne jegliche Muskelanstrengung, besonders beim schnellen Schwimmen, immer gerade in Schwimmrichtung ausgerichtet ist. Bei den langsam schwimmenden Narwalen ergibt sich daraus kein Nachteil, sondern ein Vorteil. Der bewegliche Hals macht sie zu überaus wendigen Jägern.

WISSENSCHAFTLICHER NAME

Monodon monoceros Linnaeus, 1758
1758 nannte der schwedische Zoologe, Botaniker und Mediziner Carolus Linneaus diese Art in seiner *Systema Naturae* wegen des gewaltigen Stoßzahnes erstmals *Monodon monoceros*. In der wörtlichen Übersetzung bedeutet dies „Ein-Zahn-Einhorn". Der wissenschaftliche Name *Monodon monoceros* ist rein griechischen Ursprungs und setzt sich zusammen aus *monos*, was so viel wie „ein einziger, einzeln" bedeutet, *odon* für „Zahn" und *keros* für „Horn" (Leatherwood & Reeves, 1983).

Beluga

Delphinapterus leucas
—Beluga

Körperlänge: adult 3,5–6 m; Männchen 25 % größer als Weibchen, stärker ausgeprägte Muskeln
Gewicht: adult bis 1,5 t
Körperform: kompakt, massig, gedrungen, kräftig, zum Kopf und zur Fluke verjüngend
Körperfarbe: adult weiß; Neugeborene: schiefergrau bis braun; nach etwa einem Jahr: blaugrau (bis zum fünften Lebensjahr, „Blues" genannt); ab Geschlechtsreife: durchgängig weiß bis gelblichweiß, gelegentlich leichter bläulicher Schimmer, vor allem bei Weibchen; Unterschiede einzelner Individuen bis jetzt nicht feststellbar
Kopf: relativ klein; sehr ausgeprägte Melone; Form des Mauls und der Melone kann verändert werden; beweglicher Hals (nur 2 Halswirbel miteinander verwachsen)
Schnabel: sehr kurz
Blas: klein, unscheinbar
Blasloch: 1, mittig
Blubberschicht: 15 cm
Flipper: breit, spatenförmig; bei erwachsenen Tieren an den Spitzen nach oben gekrümmt (wie Narwale)
Fluke: Hinterkante: meist dunkelbrauner Rand, leicht konvex (im Alter stärker ausgeprägt), deutliche mediane Einkerbung, oft rollt sich die Hinterkante nach oben (bei älteren Tieren), bei Neugeborenen fast gerade
Rückenfinne: keine; meist kleine Rückenleiste, gelegentlich als dunkel eingefärbter Rückenkamm zu erkennen

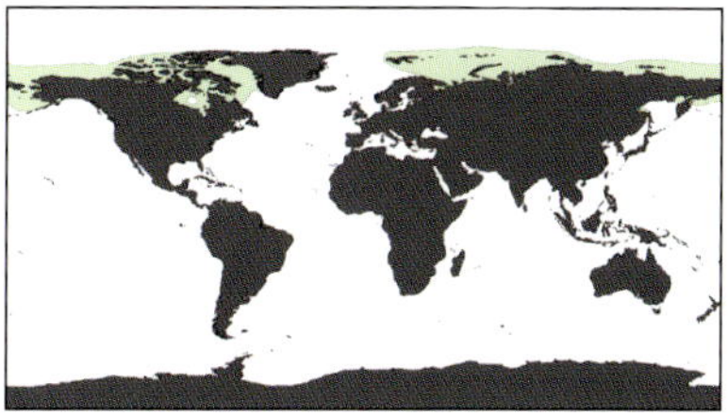

Zähne: kegelförmig, Oberkiefer: 10–22; Unterkiefer: 6–22; werden ab 8. Lebensjahr stummelartig (können bei älteren Individuen bis zum Gaumen abgenutzt sein)
Lebensalter: mind. 40–50 Jahre

VERBREITUNGSGEBIETE

Zirkumpolar in den Gewässern der Arktis und Subarktis bis zur Packeisgrenze. Belugas bevorzugen, besonders im Sommer, flache Gewässer, Flüsse und Mündungsgebiete, halten sich jedoch auch in offenen Gewässern auf. Die saisonale Verbreitung und die Wanderungen hängen von der Ausdehnung der Eisdecke ab. Nach Norden erstreckt sich ihr Verbreitungsgebiet je nach Eisverhältnissen bis 80 °N, südwärts bis 46 °N (St. Lorenz-Mündung).

Durch Formveränderungen der Melone können Belugas die Echolokalisationslaute unterschiedlich stark bündeln.

Beim Abscheuern der Haut im flachen Wasser kommt der Körper bis zur Hälfte aus dem Wasser.

Sie bevorzugen ruhige Küstengewässer mit mäßiger Tiefe und felsigem, steinigem oder sandigem Untergrund vor Skandinavien, Russland, Grönland, Kanada und Nordamerika. Sie meiden Regionen mit Brandung. Sichtungen auf offener See sind nur bei den Wanderungen üblich. Das Verbreitungsgebiet variiert je nach Saison und Veränderung der Packeisgrenze (durch Auftauen oder Zufrieren der Eisdecke). Im Frühling versammeln sich Belugas normalerweise in der Nähe der Packeisgrenze, im Sommer nähern sie sich der Küste und werden sogar in flachen Flussmündungen gesichtet, in denen sie sich ihre Haut abscheuern. Im Herbst schwimmen sie in tiefere Gewässer, im Winter mehr in Richtung offene See.

VERHALTEN

Belugas sind langsame Schwimmer und verbringen die meiste Zeit nahe der Wasseroberfläche. Die Schwimm-

Im Sommer versammeln sie sich zu hunderten oder tausenden in Flussmündungen.

bewegungen sind gleichmäßig und wellenförmig. Die normale Wandergeschwindigkeit beträgt etwa 2,5–6 km/h, in Ausnahmefällen können sie kurzzeitig Spitzengeschwindigkeiten von 20 km/h erreichen. Sie halten sich normalerweise in offenen Gewässern mit Tiefen bis zu 1.000 m auf. Im Sommer, wenn sie zum Hautabscheuern in flache Flüsse und Mündungsgebiete schwimmen, kann man sie in Tiefen von 1–3 m beobachten.

Sie sind sehr neugierige Tiere. Beim Schwimmen heben sie oft den Kopf aus dem Wasser und schauen sich um („spyhopping"), obwohl sie über Wasser kurzsichtig sind. Dabei drehen sie den beweglichen Hals oder nicken mit dem Kopf. Sie spähen so häufig aus dem Wasser, dass ihre Augen gelegentlich austrocknen („cloud eyes"). Die Sehfähigkeit über Wasser verbessern sie durch absichtliches Schielen.

Oberflächenaktivitäten wie Bugwellenreiten oder mit der Fluke und den Flippern auf das Wasser schlagen, sind in freier Wildbahn nicht oft zu beobachten. Belugas springen nur in Delfinarien. Sie schlafen an der Oberfläche oder in geringer Tiefe am Boden und stützen sich dabei auf den Flossen ab. In regelmäßigen Intervallen von etwa 3 Minuten tauchen sie dann zum Atmen auf.

Bei der jahreszeitlichen Wanderung und in den Flussmündungen wird die Trennung nach Geschlechtern aufgehoben. In den Sommermonaten versammeln sich Belugas zu hunderten oder tausenden in wärmeren Flussmündungen, um sich in den flachen Kiesbetten die alte, runzelige Haut abzuscheuern.

Der Erneuerungsprozess ist durch das kalte Wasser, in dem sie sonst leben, sehr langsam und bietet eine gute Angriffsfläche für Parasiten. Sie verursachen, besonders im Sommer, eine gelbliche Färbung der Haut. Durch das wärmere Wasser und den niedrigeren Salzgehalt in den Flussmündungen quillt die Haut auf, wird weicher und lässt sich dann besser abscheuern. Das wärmere Wasser aktiviert zusätzlich bestimmte Hormone, die wiederum den Neubildungsprozess der Haut beschleunigen. Der Körper kommt beim Abscheuern oft bis zur Hälfte aus dem Wasser. Ihre Mägen sind in dieser Zeit fast leer und die Speckschicht hat deutlich abgenommen. Dann haben sie ein geringeres Verlangen nach Nahrung, aber großes Interesse an Paarungsaktivitäten.

Für Jungtiere, die noch eine dünne Fettschicht haben, stellt das „warme" Wasser in den Flussmündungen eine ideale Umgebung dar, um schnell zu wachsen und sich eine dicke, isolierende Fettschicht zu zulegen. Diese Fettschicht schützt auf der einen Seite vor der Kälte in ihrem arktischen Lebensraum und dient gleichzeitig als Nahrungsspeicher für die jahreszeitlichen Wanderungen. Die bevorzugte Wassertemperatur der Belugas variiert von minus 1,8 °C im Winter, bis zu plus 3 °C im Sommer und in den Flussmündungen sogar bis zu 9 °C.

Belugas unternehmen große Wanderungen und schwimmen manchmal weit in Flussläufe hinein. 1966 schwamm ein einzelner Beluga, „Moby Dick" genannt, 400 km im Rhein stromaufwärts, 1863 wurde ein Beluga 700 km flussaufwärts im Yukon (USA) gesichtet und im Argun-Fluss (sowjetische Region Chabarowsk) schwamm ein Weißwal sogar fast 2.000 km stromaufwärts. Auch in die Elbe und in beinahe alle sibirische Flüsse haben sich schon Einzeltiere oder kleinere Gruppen verirrt. Im Sep-

Statt einer ausgeprägten Rückenfinne besitzen Belugas eine kleine Rückenleiste.

Belugas haben sich sehr gut an ein Leben zwischen Eisblöcken angepasst.

tember 2018 wurde eine Beluga bei Gravesend östlich von London in der Themse gesichtet („Benny").
Normalerweise sind Belugas gesellige und soziale Tiere und leben das ganze Jahr in Gruppen von 5–20 Tieren mit geschlechtlicher Trennung (mit Ausnahme der Sommermonate):
Nursing-Groups bestehen aus mehreren Weibchen mit ihren Jungen. Weibchen habe eine enge soziale Bindung mit ihrem Kalb. Die Kälber schwimmen meist an der rechten Seite ihrer Mutter (Karenina *et al.*, 2010b, 2013a). Oft werden sie von einem älteren Jungtier begleitet, ihrem vorherigen Kalb.
Blues-Groups bestehen aus 3–4 Jahre alten, halbstarken Junggesellen.
Bachelor-Groups werden von erwachsenen, geschlechtsreifen Junggesellen gebildet. Zur Paarungszeit übernehmen sie einen „Harem".
Männchen bilden kreisförmige Formationen, die als „Rosette" bezeichnet werden. Die Köpfe werden nach innen, die Fluken nach außen gerichtet. In dieser Lage kommunizieren sie sehr intensiv miteinander.
Die Mäuler werden dabei sehr weit aufgerissen, aber nicht um Aggressionen auszudrücken. Es ist eher wie bei kleinen Hunden, die spielerisch ihre Dominanz erproben.
Belugas haben sich sehr gut an ein Leben in Küstennähe und zwischen Eisblöcken angepasst. Sie manövrieren auch sehr geschickt in extrem seichtem Wasser. Sogar wenn sie stranden, können sie gut überleben und sich selbst mit der nächsten Flut durch robbenartige Bewegungen befreien, wenn sie keinem Eisbären *(Ursus maritimus)* zum Opfer fallen.
Weitere Informationen, siehe Narwal

TAUCHVERHALTEN

Belugas sind, außer in Flussmündungen, kaum an der Oberfläche zu sehen. Sie tauchen auch unter geschlossener Eisdecke. Das typische Tauchverhalten von Belugas besteht aus mehreren flachen, kurzen Tauchgängen, gefolgt von einem langen Tieftauchgang. Die flachen Tauchgänge sind normalerweise nicht tiefer als 20 m und dauern nur etwa 1–3 min. Bei tiefen Tauchgängen dringen sie normalerweise in Tiefen von 300–600 m vor und tauchen 15–25 min. Jenseits des Kontinentalschelfs tauchen sie bis 1.000 m tief oder mehr.

NAHRUNG

Belugas manövrieren sehr geschickt zwischen losem Treibeis, und dank des beweglichen Halses sind sie auch in engen Eisschluchten erfolgreiche Jäger. In den Nahrungsgebieten nehmen Belugas bis zu 3 % ihres Gewichtes pro Tag zu sich.
Sie jagen vorwiegend allein, auch wenn sie in einer Gruppe sind, und fressen bevorzugt Arktischen Kabeljau *(Boreogadus saida)*. Trotzdem weist ihr Speiseplan eine große Variation benthischer und pelagischer Beutetiere auf und ist einer der Umfangsreichsten aller Wale: arktische Fische sowie Krebstiere, Tintenfische und Mollusken (Wirbellose). Entwöhnte Jungtiere ernähren sich vor allem von Krebsen, zum Beispiel Sandgarnelen *(Crangon)*. Erst mit zunehmendem Alter verschiebt sich ihr Nahrungsspektrum in Richtung Fische.
Sand, Geröll und Algen, die in Mägen von Belugas gefunden werden, beweisen, dass die Nahrungsaufnahme bevorzugt am oder nahe dem Meeresboden erfolgt (bis in 300 m Tiefe), obwohl auch frei schwimmende Fische erfolgreich gejagt werden. In Delfinarien gehalte-

ne Belugas knabberten und saugten sogar das Dichtungsmaterial aus den Bodenfugen ihres Bassins (z. B. Duisburg).
Weitere Informationen, siehe Narwal

HOT SPOTS

Kanada: höchste Beluga-Konzentration in Flussmündungen um Somerset Island (Cunningham Inlet) Ende Juli und Anfang August, zur „Spring-Tide" (bei Vollmond, Höchststand der Flut). Weitere gute Sichtungsmöglichkeiten: in der Barrow Strait, im Peel Sound und im Prince Regent Inlet, Churchill River (Manitoba), Cumberland Sound, Ungava-Bay, östliche Hudson-Bay, Saguenay River (in der Nähe von Tadoussec, Quebec) und St.-Lorenz-Strom. Isolierte, ortstreue Population in St.-Lorenz-Mündung (ganzjährig)
Grönland: (Herbst-Frühling) Westgrönland, zwischen der Disko-Bay und Sisimiut
Norwegen: Svalbard
Alaska: östliche Tschuktschensee, östliches Beringmeer, Bristol-Bay und Cook Inlet, ganzjährig im Cook Inlet und in der Yakutat-Bay
Russland: Ostsibirische See, Beringmeer (Anadyr Golf, Juni-Mitte November, wenn Lachse zum Laichen durch diese Region wandern), Ochotskisches Meer (Sommer in der Region von Shakhalin-Amur, den Shantar Islands und Westkamchatka), in der Laptew-See (nordöstliche Küste der Halbinsel Taimyr und den Mündungen der Flüsse Anabar, Olenyok und Lena), in der südlichen Barentssee, im Weißen Meer und in den Küstengewässern der Kara-See.

REPRODUKTION

Geschlechtsreife: Weibchen ab etwa 5 Jahre, Männchen ab etwa 8 Jahre
Paarungszeit: Frühling-Sommer, bevor sie in die wärmeren Flussmündungen schwimmen
Tragzeit: 14–14,5 Monate
Geburtszyklus: alle 3 Jahre, bis etwa 21 Jahre
Geburtsgröße: 1,5–1,7 m
Geburtsgewicht: 70–100 kg
Säugezeit: 18–24 Monate
Das Erreichen der Geschlechtsreife fällt bei Männchen mit der endgültigen Weißfärbung zusammen. Paarungsbereite Weibchen werden von mehreren Männchen verfolgt. Die Paarung dauert recht lange. Hierbei schwimmen beide Partner nahe der Oberfläche im Kreis.
Besonders in den ersten Lebenswochen besteht ein sehr enger Kontakt zwischen Mutter und Kalb. Da es Energie beim Schwimmen spart, reitet das Kalb oft auf dem Rücken der Mutter. Mütter sind oft mit 2 Jungen in verschiedenem Alter zusammen. Das Ältere ernährt sich in dieser Zeit eigenständig, lebt aber bei seiner Mutter und seinem jüngeren Geschwister. Kälber verlassen ihre Mütter mit Erreichen der Geschlechtsreife.

WISSENSWERTES

Zwischen 1768 und 1774 unternahm der deutsche Autor und Naturforscher Peter Simon Pallas mehrere Expeditionen nach Sibirien. Auf einer dieser Expeditionen wurde er in der Mündung am Golf von Ob zur Kara-See (Westsibirien) Zeuge, wie ein völlig weißer Wal harpuniert wurde. Er beschrieb ihn erstmals in seinem Buch „Reise durch verschiedene Provinzen des Russischen Reiches". 1776 gab er diesem weißen „Delfin" den Namen *Delphinus leucas*. Erst 1804 bemerkte der französische Naturwissenschaftler Bernard Lacépède an anderen Individuen das Fehlen einer Rückenfinne und stellte die neue Gattung *Delphinapterus* auf. Die volkstümliche Bezeichnung „Beluga" leitet sich von dem russischen „beloye" ab und bedeutet „weiß". In der heutigen Zeit ist der Beluga Namensgeber für den Airbus A300-600ST.
Bei älteren Belugas können die Zähne manchmal bis zum Gaumen abgenutzt sein. Diese Abnutzung ist abhängig von der Ernährungsweise und vom Substrat in der Nahrung. In den Zähnen entwickeln sich die zur Altersbestimmung herangezogenen Dentinschichten, die jeweils aus einer transparenten Schicht und einer opaken Schicht bestehen. Die transparenten Dentinschichten entstehen während der Nahrungsmangelphase im Sommer, wenn sie sich in den Flussmündungen die Haut abscheuern und paaren. Die opaken Schichten entstehen während der Nahrungsüberschussphase im Winter, wenn sie sich in den Nahrungsgebieten aufhalten und reichlich Nahrung zur Verfügung steht.
Belugas waren mit die ersten Cetaceen, die in Aquarien gehalten wurden (Barnum's Museum, New York, 1861).

Bei älteren Belugas können die Zähne stark abgenutzt sein.

Undressierte Belugas in Aquarien bespritzen Besucher gezielt mit Wasserfontänen, die sie aus dem Maul spritzen (New York, Vancouver und früher in Duisburg). Ein ähnliches Verhalten ist von frei lebenden Irawadi-Delfinen bekannt.
Weitere Informationen hierzu, siehe Irawadi-Delfin
Belugas entfernen sich bis 1.100 km von der Küste und dringen bis 700 km in Regionen vor, die mit mehr als 90 % Eis bedeckt sind. Bei diesen Tauchgängen finden sie leicht Atemlöcher in der Eisdecke. Diese heben sich, aus größerer Tiefe betrachtet, als helles Loch gegen die dunkle, geschlossene Eisdecke, ab.
Sie verfügen vermutlich über das höchst entwickelte und effektivste Sonarsystem aller Wale. Sie können Gegenstände noch in 100 Meter Entfernung unterscheiden und sind sogar in der Lage, akustische Barrieren zu überwinden. Sie können durch Eisflächen hindurch Echolokalisations-Signale senden und empfangen und können sogar Lufttaschen unter dem Eis lokalisieren. Diese Fähigkeit ist für sie überlebenswichtig, um unter dem Eis zu navigieren, sich zu orientieren oder auch um Atemlöcher in der Eisfläche zu orten, wenn sie nach Arktischem Kabeljau jagen.
Wegen der erstaunlichen Vielfalt an Pfiffen, Trillern, Quietschen, Schreien, Schnarren, Knarren und Klicks zwischen 0,1–12 kHz wurden sie von frühen Seeleuten „Kanarienvögel der Meere" genannt. Die Töne, die aus 50 verschiedenen Variationen bestehen, sind gelegentlich auch an der Oberfläche und durch Schiffsrümpfe zu hören. Diese Töne dienen der Echolokalisation, stellen ein wichtiges innerartiges Kommunikationsmittel dar und vermitteln Droh-, Angst-, Lock- und Stimmungsgefühle.
Durch Formveränderungen der Melone können Belugas die Echolokalisationslaute unterschiedlich stark bündeln. Helle Quiek-Töne gestrandeter Belugas drücken wohl Furcht aus, schnaubendes Schnarren von Tieren, die sich an der Oberfläche ausruhen, Wohlbehagen. Die Veränderung der Form der Melone steht primär in Zusammenhang mit der Lauterzeugung, fungiert aber auch wie eine Art mimische Kommunikation. Belugas verfügen über eine erstaunliche Vielfalt an Gesichtsausdrücken, im Gegensatz zum „eingefrorenen Lächeln" der Delfine. Abwehr oder Aggression werden durch klapperndes, krachendes Zusammenschlagen der Kiefer und durch Vorwölbung der Melone deutlich gemacht. Ein geschlossenes Maul und abgeflachte Melone signalisieren dagegen Friedfertigkeit.
Notsignale locken, wie bei allen Zahnwalen, Artgenossen herbei (epimelitisches Verhalten). Durch das Abspielen von Tonbandaufnahmen mit Feind-Tönen (Schwertwale), konnten in der Bristol-Bay (Alaska) Belugas erfolgreich von Lachsnetzen ferngehalten werden.
Es wurde sogar schon dokumentiert, dass sie in der Lage sind, Geräusche wie menschliche Sprache, Vogelgesang oder Geräusche von Computern zu imitieren. An der japanischen Tōkai-Universität ist es durch spezielles Training gelungen, den Tieren die Begriffe „Taucherbrille", „Flosse" und „Eimer" akustisch eindeutig zu entlocken.
Im November 2013 wurde ein vier Jahre alter, weiblicher Beluga von einem Becken, das sie mit anderen Belugas teilte, in das Koktebel-Delfinarium auf der Krim umgesiedelt.

Belugas verfügen vermutlich über eines der höchstentwickelten Sonarsysteme aller Wale.

Dort waren ihre einzigen Kameraden Delfine. Der Beluga passte sich dem einzigartigen Quieken, den Pfiffen und Rufen der Delfine innerhalb weniger Monate an und hörte auf, die „Signatur-Pfiffe" der Belugas zu erzeugen. Der Beluga imitierte Töne, die ihr halfen, mit den Delfinen in ihrem Becken zu kommunizieren (Panova & Agafonov, 2017).

Belugas verfügen, wegen ihres polaren Lebensraumes, über eine dicke Fettschicht, die je nach Alter, Ernährungszustand und Jahreszeit eine Dicke von 15 cm haben kann. Zudem verfügen sie über eine extrem dicke Haut. Die Epidermis der Belugas zählt mit einer Stärke von 5–12 mm zu den dicksten im Tierreich. Zum Vergleich: Menschliche Haut ist nur 0,03–2,5 mm dick.

Die Reduzierung der Eisfläche in der Arktis hat nicht nur einen großen Einfluss auf Eisbären, die zum Fressen, zur Fortpflanzung und zur Wanderung auf eine Eisdecke angewiesen sind, sondern es beeinflusst auch Belugas. Nach einer Studie in der Tschuktschensee (durchgeführt von Wissenschaftlern der University of Washington, veröffentlicht im Februar 2018 in „Diversity and Distributions") tauchen Belugas, die in den Sommermonaten in der Arktis fressen, tiefer und länger, um Nahrung zu finden als in früheren Jahren, als das Eis für einen längeren Zeitraum eine größere Meeresfläche bedeckte. Es ist jedoch nicht klar, ob diese Veränderungen des Tauchverhaltens einen positiven oder negativen Effekt auf Belugas haben (Science Daily, 2018).

In einer spektakulären Aktion versuchten sowjetische Behörden im Dezember 1984 in der Senjawin-Straße (südlich der Bering-Straße) etwa 3.000 Belugas, die in etwa 3,5 m dickem Packeis eingeschlossen waren, zu befreien. Der riesige Eisbrecher „Moskwa" benötigte fast einen Monat, um sich die 19 km lange Strecke durch das dicke Eis bis zu den eingeschlossenen Walen durchzukämpfen. Helfer hielten bis dahin rund um die Uhr das viel zu kleine Atemloch im Eis frei. Die eigentlichen Probleme begannen jedoch erst, als der Eisbrecher bei den eingeschlossenen Belugas eintraf. Wie sollte man den Walen erklären, dass sie einfach nur dem Schiff folgen müssen, um wieder in Freiheit zu gelangen? Nach 4 Tagen gelang es schließlich, die Belugas mit klassischer Musik anzulocken, und die „Moskwa" fuhr mit dröhnenden Lautsprechern, gefolgt von den noch etwa 2.000 überlebenden Belugas, Richtung offenes Meer in die Freiheit.

Der Populärname „Weißwale" bezieht sich auf die weiße Farbe der Belugas, die möglicherweise als Tarnung vor Feinden dient. Die einzigen natürlichen Feinde sind Schwertwale, Eishaie *(Somnoisus)* und Eisbären *(Ursus maritimus)*.

Weitere Informationen, siehe Narwal
Informationen zu beweglichem Hals, siehe Narwal
Informationen über eine vermutete Verwandtschaft zu Irawadi-Delfin und Australischer Stupsfinnendelfin, siehe Australischer Stupsfinnendelfin..

Beim spyhopping drehen sie den beweglichen Hals oder nicken mit dem Kopf.

WISSENSCHAFTLICHER NAME

Delphinapterus leucas (Pallas, 1776)
Der wissenschaftliche Name bedeutet übersetzt „flossenloser, weißer Delfin". Der Gattungsname *Delphinapterus* leitet sich ab vom griechischen *delphinos* für „Delfin". Der Buchstabe *a* bedeutet „ohne", *pteros* steht für „Flosse" oder „Flügel". Der lateinisierte Artname *leucas* stammt vom griechischen *leukos* für „weiß".

Die Hinterkante der Fluke weist meist einen dunkelbraunen Rand auf.

Gemeiner Delfin

Delphinus delphis
—Common Dolphin

Körperlänge: adult 1,7–2,7 m; Männchen etwas größer als Weibchen (max.: Weibchen 2,24 m; Männchen 2,7 m); variiert je nach Region, im östlichen tropischen Pazifik max.: Weibchen 1,93 m, Männchen 2,35 m
Gewicht: adult bis 235 kg
Körperform: schlank, stromlinienförmig
Körperfarbe: graues, schwarzes, lilaschwarzes oder bräunliches Cape auf Rücken; von Stirn bis Schwanzwurzel, verjüngt sich dort v-förmig; unter Rückenfinne reicht das Cape v-förmig zu den Seiten, mündet in stundenglasartiger Seitenzeichnung, vorderer Teil dieser charakteristischen Seitenzeichnung gelblich bis hellbraun, hinterer Teil hellgrau (Ähnlichkeit mit „Zick-Zack-Muster"); weißer Bauch erstreckt sich bis zu den Seiten (gelegentlich geringe Farbunterschiede zwischen den Geschlechtern); Kälber haben ähnliches Farbmuster wie adulte Tiere, aber etwas blasser
Kopf: Augen von dunklem Kreis umschlossen („Augenringe"), am Übergang von Schnabel und Melone durch dunkle Linie miteinander verbunden
Schnabel: ausgeprägt, deutlich durch auffällige Falte von leicht abfallender Stirn getrennt; Schnauze kann in Länge und Farbe variieren (normalerweise dunkel); dunkle Linie von der Schnauze zu den Brustflossen
Blas: unscheinbar, klein
Blasloch: 1, mittig
Flipper: dunkel

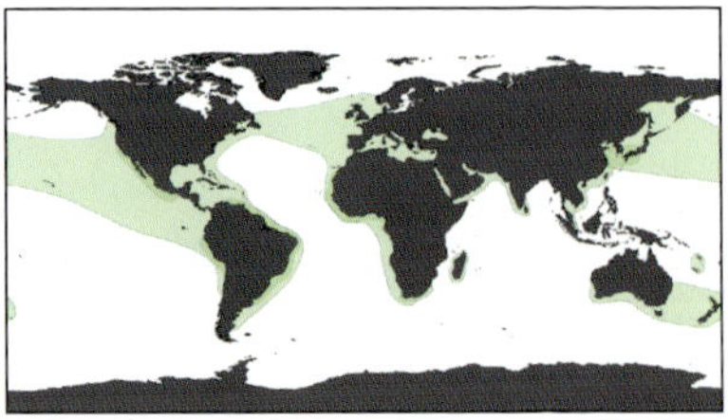

Fluke: Hinterkante deutlich konkav mit leichter Einkerbung in der Mitte
Rückenfinne: groß, dunkel, deutlich sichelförmig gekrümmt
Zähne: 80–134 je Kiefer; klein, spitz, konisch (mit Spinner-Delfinen und La-Plata-Delfinen die meisten Zähne aller Cetaceen)
Lebensalter: etwa 30–40 Jahre

VERBREITUNGSGEBIETE

Sie sind in allen tropischen bis warm-gemäßigten Gewässern aller Weltmeere weit verbreitet. Sie leben meist in Küstennähe, aber in einigen Regionen auch einige 1.000 Kilometer von der Küste entfernt, sowie in einigen

Typische stundenglasartige Seitenzeichnung.

Bei sehr guten Nahrungsbedingungen können sich riesige Schulen bilden.

teilweise geschlossenen Meeren (Mittelmeer und Schwarzes Meer).
Gemeine Delfine bevorzugen Wassertiefen von 200–2.000 m mit Aufwärtsströmungen. Oft trifft man sie über dem Kontinentalsockel sowie in der Nähe von Untiefen, an steil abfallenden Küstenstreifen und Inseln. Die bevorzugte Wassertemperatur von 10–28 °C begrenzt das Verbreitungsgebiet nach Norden und Süden, sofern nicht warme Strömungen eine Ausbreitung über die normale Nord-Süd-Grenze hinaus ermöglichen.
Im Atlantik erstreckt sich ihr Lebensraum südlich von Neufundland und Südskandinavien bis Argentinien und Südafrika, im Pazifik von Japan und Kalifornien bis Chile und Australien.

VERHALTEN

Gemeine Delfine sind sehr schnelle Schwimmer. Sie erreichen Höchstgeschwindigkeiten von 60 km/h. Oft schnellen sie hoch aus dem Wasser und schlagen mit dem Kopf, den Flippern oder der Fluke auf das Wasser. Manche Sprünge werden mit einem Salto ausgeführt.
Sie leben normalerweise in Gruppen von 10–50 oder über 100 Individuen mit engen sozialen Bindungen. Bei sehr guten Nahrungsbedingungen können aus mehreren Gruppen Ansammlungen von 500, selten bis 10.000 Individuen entstehen („Mega-Pods"). Die Gruppengröße variiert je nach Jahreszeit und Nahrungsaufkommen. Die größten Gruppen bilden sich im Herbst und Winter der jeweiligen Hemisphäre. Die Gruppenbildung erfolgt möglicherweise nach Geschlechtern. Gruppen mit geschlechtsreifen Männchen sowie trächtige und stillende Weibchen mit geschlechtsunreifem Nachwuchs beiderlei Geschlechts bilden eigene Gruppen. Bei der Jagd oder bei Wanderungen und zu Paarungszeiten vermischen sich die Gruppen.
Im östlichen Pazifik begleiten sie Gelbflossen-Thunfischschwärme *(Thunnus albacares)*. Die Nähe zu Gelbflossen-Thunfischen bedeutet für sie eine große Gefahr durch die Fischerei mit Netzen. Im Atlantik und Mittelmeer werden oft Zusammenschlüsse mit Großen Tümmlern, Spinner-Delfinen, Streifendelfinen und Atlantischen Fleckendelfinen beobachtet.
Sie sind sehr neugierig und nähern sich Booten oft mit weiten Sprüngen, um auf deren Bugwelle zu reiten. Im Gegensatz zu anderen Delfinen lassen sie sich leicht von der Jagd ablenken oder von ihrer ursprünglichen Route abbringen (außer in Thunfisch-Fanggebieten im tropischen Ostpazifik).
In einigen Regionen scheinen sie ortstreu zu sein, während sie in anderen Gebieten saisonale Wanderungen unternehmen. Im Frühjahr und Sommer wandern sie eher in offene Gewässer und im Winter mehr Richtung Küste. Diese Wanderungen stehen wohl mehr mit der Fortpflanzung als mit dem Nahrungsaufkommen in Zusammenhang.
An der Ostküste Südafrikas haben sie sogar ihren Reproduktionszyklus dem Zyklus ihrer Beutetiere angepasst. Der Nachwuchs wird genau dann entwöhnt, wenn gewaltige Sardinenschwärme (bis zu 20 km Länge) vom Kap der Guten Hoffnung bis Durban schwimmen. Dieser gewaltige Nahrungsüberschuss bietet für den Nachwuchs hervorragende Überlebensbedingungen.

TAUCHVERHALTEN

Gemeine Delfine tauchen normalerweise etwa 5 min. Die maximale Tauchzeit beträgt 10 min. Die durchschnittliche Tauchtiefe überschreitet selten 50–70 m. Die maximale Tauchtiefe liegt bei über 200 m, möglicherweise auch bei über 300 m.

Gemeine Delfine erreichen Höchstgeschwindigkeiten von 60 km/h.

NAHRUNG
Gemeine Delfine haben ein breit gefächertes Nahrungsspektrum. Je nach Region und Jahreszeit fressen sie im jeweiligen Sommer vorwiegend schwarmbildende Fische (Sardinen, Heringe, Anchovis, Makrelen, Meerhecht, Stint, Blauer Wittling). Im Winter ernähren sie sich hauptsächlich von Kopffüßern (Kalmare und Sepien). Im westlichen Atlantik fressen sie auf hoher See mehr Kopffüßer als in Küstennähe.
Sie jagen die Beute bis in Tiefen von 200–300 m (möglicherweise tiefer). Schwarmfische jagen sie in Gruppen. Sie unterschwimmen den Schwarm, treiben ihn zu einem sogenannten „Baitball" (Beuteball) zusammen und drängen ihn zur Wasseroberfläche. Ständiges Umkreisen hält den Schwarm zusammen. Durch diese kooperative Jagdstrategie können sie die Beute kräftesparend an der Oberfläche fressen. Wenn der Schwarm dicht genug zusammengedrängt ist, stößt ein Delfin nach dem anderen in den Schwarm, um sich seinen Anteil zu holen. Bevor sie sich in den Schwarm stürzen, stoßen sie einen lang gezogenen „Schrei" aus und lassen dabei Luftblasen aus dem Blasloch entweichen.
In einigen Regionen (z. B. in den Wintermonaten an der Ostküste Südafrikas) schließen sich verschiedene Haie und (an der Oberfläche) auch Seevögel (Tölpel) diesen Jagdgemeinschaften an. Haie und Delfine scheinen dabei zu kooperieren. Die Haie umkreisen den Schwarm von unten und verhindern so, dass er abtaucht, die Delfine unterbinden ein Ausbrechen der Schwarmfische zu den Seiten. Die Haie stoßen immer wieder in den Schwarm, während die Delfine das Innere des Schwarms meiden und sich auf die Fische konzentrieren, die versuchen, aus der tödlichen Falle auszubrechen.
Im östlichen Teil des Nordpazifiks folgen sie einem bestimmten Verhaltensmuster: tagsüber ruhen sie sich in großen Schulen aus, während sie nachmittags kleinere Gruppen bilden und nachts auf Nahrungssuche gehen. Wenn ausreichend Nahrung vorhanden ist, jagen sie auch tagsüber.
Gemeiner Delfin, Pantropischer Fleckendelfin, Clymene-Delfin, Spinner-Delfin, Streifendelfin, Borneodelfin, Rundkopfdelfin, Kurzflossen-Grindwal, Gewöhnlicher Grindwal, Schwarzdelfin und Dall-Hafenschweinswal: Die nächtlichen Jagdaktivitäten dieser Arten erklären sich durch das Aufsteigen der „tiefen Streuschicht". Diese Schicht aus Organismen besteht hauptsächlich aus Zooplankton, also aus tierischen Kleinstlebewesen. Das Zooplankton meidet tagsüber die lichtdurchfluteten, oberen Wasserschichten und verbringt zum Schutz den Tag in den dunklen Tiefen der Ozeane. Im Schutz der Dunkelheit steigt das Zooplankton in die oberen Wasserschichten auf, um das dort lebende Phytoplankton zu fressen. Dem Rhythmus des Zooplanktons passen sich viele Fische und Tintenfische an, die vom Zooplankton leben.

HOT SPOTS
Westküste der USA, vor Kalifornien, Oregon, Washington (Staat), Baja California und Golf von Kalifornien (Mexiko), wenn das Wasser wärmer wird. Im Winter an der Südostküste Südafrikas (riesige Gruppen über 1.000 Tiere, Jagd auf Sardinenschwärme)
Vor der amerikanischen Ostküste von Neufundland bis Florida, vor Cape Hatteras (Nord Carolina, USA). Im Sommer und im Herbst bei der Georges Bank (Neufund-

land, Kanada) und über dem schottischen Kontinentalschelf
Weitere Regionen vor Nordeuropa, im Schwarzen Meer und im Mittelmeer, vor den Azoren, Japan, Korea, Taiwan, Südaustralien, rund um Tasmanien und Neuseeland, Kalifornien und Mexiko sowie Brasilien, Chile, Venezuela, Argentinien, Westafrika, Südafrika (besonders an der Ostküste), Madagaskar, Indien, Indonesien, Korea, China, Südjapan, der Arabischen Halbinsel und Neuseeland (Nordinsel)

REPRODUKTION

Geschlechtsreife: Weibchen ab 2–7 Jahre, Männchen ab 3–12 Jahre
Paarungszeit: meist in Sommermonaten, in den Tropen möglicherweise ganzjährig
Geburtszyklus: alle 1–3 Jahre 1 Kalb (im Ostpazifik; im Schwarzen Meer jährlich 1 Kalb)
Tragzeit: 10–11 Monate
Geburtsgröße: 0,8–1 m
Geburtsgewicht: etwa 10 kg
Säugezeit: etwa 6–12 Monate (5–6 Monate im Schwarzen Meer)
Der Nachwuchs bleibt etwa drei Jahre bei der Mutter und wird knapp ein Jahr gesäugt. Untersuchungen von Skeletten ergaben, dass 20 % der Tiere gebrochene Rippen oder gebrochene Wirbelfortsätze hatten. Alle anderen Delfinarten, außer Große Tümmler, wiesen mit bis zu 70 % deutlich mehr Rippenbrüche auf. Die Weibchen hatten mehr Knochenbrüche als Männchen, vermutlich, weil Männchen mehr daran interessiert sind, ihre Dominanz gegenüber den Weibchen auszudrücken, als sich gegenüber anderen Männchen durchzusetzen.

WISSENSWERTES

Gemeine Delfine (auch Gewöhnliche Delfine genannt) verdanken ihren Populärnamen der Tatsache, dass sie über Jahrhunderte die bekannteste Art waren. Schon bei den alten Römern und Griechen spielten sie in den Mythen und Legenden eine wichtige Rolle. Der Philosoph Aristoteles (384–322 v. Chr.) nannte diese Art als Erster „Delfin". Er erkannte damals schon, dass sie Säugetiere sind. 1758 gab der schwedische Botaniker und Mediziner Carolus Linnaeus in der 10. Ausgabe seiner *Systema Naturae* dieser Art den heute gültigen wissenschaftlichen Namen *Delphinus delphis*.
Gemeine Delfine sind beispielhaft für den endlosen Prozess von Überarbeitungen und Neubeurteilungen der Systematik. Sie variieren so stark im Aussehen, dass in der Vergangenheit eine Unterteilung in mehr als 20 verschiedene Arten vorgeschlagen wurde. Die Färbung der Finne kann von schwarz bis schwarz mit grauen Punkten

Gemeine Delfine schnellen oft mit dem ganzen Körper aus dem Wasser.

oder bis hellgrau mit schwarzem Rand variieren. Unterhalb der gelblichen Seitenfärbung können keine, eine oder zwei dunkle Linien verlaufen. Die Graufärbung an der Schwanzwurzel kann unterschiedlich hell, bzw. dunkel sein, ebenso die Intensität der gelben Seitenflächen. Tiere aus dem Mittelmeer und dem Schwarzen Meer sind kleiner als Artgenossen im Atlantik.
Auf Grund von morphologischen und genetischen Untersuchungen in Kalifornien und Mexiko sowie wegen einiger anatomischer Unterschiede wurden Gemeine Delfine und Langschnäuzige Gemeine Delfine (*Delphinus delphis* und *D. capensis*) 1995 als getrennte Arten anerkannt. Sie unterscheiden sich etwas in der Körperlänge sowie der Länge und Breite der Schnauze und durch unterschiedliche Verbreitungsgebiete. Außerdem wurden bei Langschnäuzigen Gemeinen Delfinen eine geringfügig höhere Anzahl von Zähnen und Wirbelkörpern festgestellt. Vor einigen Jahren wurde diese Trennung in zwei Arten jedoch von der „Society for Marine Mammalogy" zurückgenommen und sie werden heute als eine Art angesehen. Es werden 4 Unterarten anerkannt. Alle können in tropischen und gemäßigten Gewässern, sowohl küstennah, als auch auf hoher See, gesichtet werden:
D. d. delphis Linnaeus, 1758 – Gemeiner Delfin
D. d. bairdii Dall, 1873 – Östlicher Nordpazifischer Langschnäuziger Gemeiner Delfin
D. d. ponticus Barabash, 1935 – Schwarzmeer Gemeiner Delfin
D. d. tropicalis van Bree, 1971 – Indopazifischer Gemeiner Delfin
Gemeine Delfine erzeugen 3 verschiedene Arten von Tönen: Pfiffe, Echolokalisations-Klicks und sehr schnelle Tonimpulse. Die Pfiffe sind sehr variantenreich und dienen der Kommunikation. Einzelne Tiere können mit diesen Pfiffen über hunderte Meter oder sogar einige Kilometer miteinander kommunizieren. Sie werden hauptsächlich zwischen 3 und 24 kHz produziert und dauern 0,01–4 sec. Echolokalisations-Klicks dienen der Orientierung, um Beute aufzuspüren und um Feinde rechtzeitig (über große Entfernungen) zu erkennen. Die sehr schnellen Tonimpulse werden bei sozialen Interaktionen und bei der Jagd produziert.
Gemeine Delfine sind (wie andere Delfine) sehr stark durch die Verschmutzung der Meere gefährdet, da sie am Ende der marinen Nahrungskette stehen. Besonders Tiere im Mittelmeer sind sehr hoch mit Quecksilber, Chlorkohlenwasserstoffen und Schwermetallen belastet. Als Jäger von schwarmbildenden Fischen verfangen sie sich oft in Netzen. Die allgemeine Überfischung in einigen Gebieten gefährdet ihre Nahrungsgrundlage zusätzlich und zwingt sie manchmal, gemeinsam mit ihren Jägern (große Haie, Schwertwale und Kleine Schwertwale) zu jagen. Trotz gelegentlich beobachteter Aggressionen von Kleinen Schwertwalen gegenüber Gemeinen Delfinen, die in Thunfischnetzen gefangen waren, leben sie meist friedlich nebeneinander.
Gemeine Delfine zählen zu den häufigsten Delfinen. Allerdings ist der Bestand besonders in den letzten Jahren im Mittelmeer, im Schwarzen Meer und im östlichen tropischen Pazifik stark zurückgegangen.
Gemeiner Delfin, Großer Tümmler, Indopazifischer Großer Tümmler (und andere Delfine): Sie verfügen über eine stark ausgeprägte Melone, die eine präzise Echolokalisation ermöglicht. Die Melone und das Fettorgan im Unterkiefer bestehen aus sogenanntem „akustischem Fett". Durch die Melone werden Klicklaute gebündelt (wie durch eine „akustische" Linse), bevor sie zielgerichtet ausgesendet werden. Schallwellen, die von einem Gegenstand reflektiert werden, werden durch das Fettorgan im Unterkiefer weitergeleitet. Im Gehirn werden die Informationen zu einem präzisen Bild zusammengesetzt.

Gemeine Delfine sind sehr oberflächenaktiv.

WISSENSCHAFTLICHER NAME

Delphinus delphis Linnaeus, 1758
Frei übersetzt bedeutet der wissenschaftliche Name so viel wie „delfinähnlicher Delfin". Er setzt sich aus dem lateinischen Gattungsnamen *Delphinus* und dem griechischen Artnamen *delphis* zusammen. Beide bedeuten „Delfin". Diese doppelte Namensgebung drückt aus, dass diese Art zu den ältesten bekannten Delfin-Arten gehört und dass schon die Menschen der Antike mit ihr vertraut waren. Schon im ersten Jahrhundert beschrieb der Naturforscher Plinius der Ältere (23 A. D. bis 79 A. D.) diese Art als „die schnellsten Tiere, freundlich zu Menschen und für Musik empfänglich" (*Naturalis Historiae*, IX, 8).

Großer Tümmler
Tursiops truncatus
—Common Bottlenose Dolphin

Körperlänge: adult 1,5–3,8 m (max.: Weibchen 3,7 m, Männchen 3,8 m); variiert je nach Region: Hochsee-Populationen etwas größer als Küsten-Populationen, Mittelmeer: 1,5 m
Gewicht: adult 140–650 kg (westl. Nordatlantik max.: Weibchen 260 kg, Männchen 500 kg)
Körperfarbe: Rücken: variiert von grau, dunkelgrau bis fast schwarz; Seiten und Bauch: hellgrau (nicht deutlich abgegrenzt, sondern verlaufend, Hochsee-Populationen etwas heller als Küsten-Populationen); variierende Pigmentmuster auf beiden Körperseiten, auch im Alter beständig (werden zur Identifikation von Individuen genutzt); Pigmentierung im Alter blasser; kaum sichtbare, dunkelgraue Streifen von der Spitze der Melone zu den Augen, zu den Brustflossen und zum Blasloch
Rückenfinne: deutlich ausgeprägt, sichelförmig gekrümmt, an der Basis recht breit
Zähne: Oberkiefer: 36–54, Unterkiefer: 36–48; konisch
Lebensalter: Weibchen über 57 Jahre, Männchen 48 Jahre
Großer Tümmler und Indopazifischer Großer Tümmler:
Körperform: recht kräftig
Kopf: ausgeprägte Melone deutlich abgesetzt vom Schnabel, Falte am Übergang
Schnabel: deutlich abgesetzt, kurz, dick; kräftig (engl. Populärname: „Bottlenose Dolphin", Flaschennasen-Delfin); Unterkiefer etwas länger als Oberkiefer (steht etwas vor); Mundwinkel leicht nach oben gezogen, charakteristisches „ewiges Lächeln"; bei meisten Tieren graues Band vom Ansatz des Schnabels zu den Augen, weiteres graues Band in der Körpermitte vom Schnabelansatz über die Melone zum Blasloch
Blas: unscheinbar
Blasloch: 1, mittig
Flipper: relativ lang, schlank mit spitzen Enden
Fluke: Hinterkante konkav, mit deutlicher Einkerbung in der Mitte

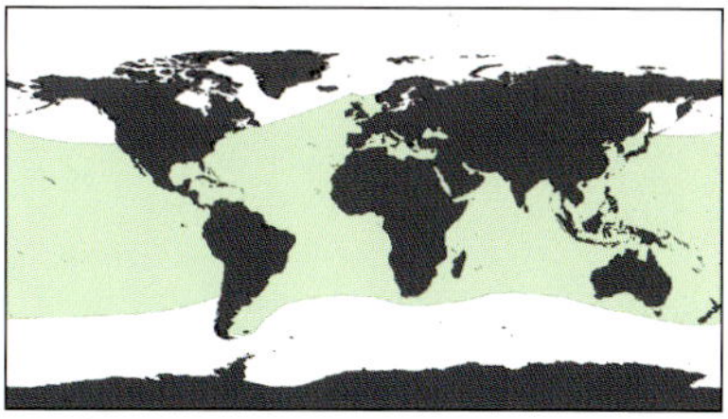

VERBREITUNGSGEBIETE
Sie leben weltweit in allen tropischen und gemäßigten Meeren, von 10–30 °C, auf beiden Hemisphären. Sie bevorzugen Küstengewässer, sind aber auch auf hoher See, vor ozeanischen Inseln und über dem Kontinentalschelf anzutreffen. Im Indischen Ozean leben Große Tümmler mehr auf dem offenen Meer, während Indopazifische Tümmler mehr in küstennahen Gewässern verbreitet sind.
Bei Großen Tümmlern unterscheidet man zwei Populationen mit unterschiedlichen Verbreitungsgebieten. Die

Große Tümmler haben einen recht kräftigen Körperbau.

Große Tümmler reiten häufig auf den Bugwellen von Schiffen.

Hochsee-Population ist vorwiegend in gemäßigten Gewässern und am Rande des Kontinentalsockels verbreitet und unternimmt nahrungsbedingte, saisonale Wanderungen: im Frühjahr zur Küste und im Herbst zur offenen See. Die Küsten-Population ist meist ortstreu. Küsten mit starker Brandung gehören ebenso zu ihrem Lebensraum, wie Buchten und Lagunen bis zu einer Wassertiefe von 1 m. Auch in großen Mündungen oder niedrigen Flussregionen und Häfen kann man sie antreffen, wenn es dort etwas Interessantes für sie zu entdecken gibt.
Sie leben auch in halb geschlossenen Meeren: im Roten Meer, im Schwarzen Meer *(Tursiops truncatus ponticus)*, im Mittelmeer, in der Nordsee, im Golf von Oman sowie im Golf von Kalifornien (Sea of Cortez, Mexiko), im Golf von Mexiko (Karibik) und im Japanischen Meer.

VERHALTEN

Große Tümmler sind schnelle und ausdauernde Schwimmer. Die normale Schwimmgeschwindigkeit beträgt 6 km/h, bei kurzen Sprints können sie Geschwindigkeiten von 20–25 km/h erreichen. Im Durchschnitt legen sie täglich eine Strecke von 60–100 km zurück.
In Küstennähe sind die Gruppen kleiner als auf offener See. Küstennah lebende Große Tümmler bilden meist Gruppen von 2–15 Individuen. Auf offener See leben sie in größeren Gruppen von bis zu 30 Tieren. Bei guten Nahrungsbedingungen können Ansammlungen von mehreren hundert oder über 1.000 Tieren entstehen („Mega-Pods", Scott & Chivers, 1990, Shane *et al.*, 1986).
Die Zusammensetzung der Gruppen ist variabel und richtet sich nach Alter, Geschlecht, Reproduktionsstatus und familiärer Bindung. Soziale Einheiten bestehen aus Aufzucht-Gruppen, gemischtgeschlechtlichen Jungtieren, einzelnen adulten Männchen oder Pärchen mit jahrelanger Bindung. Es gibt bestätigte Paarbindungen bei Männchen mit einer Dauer von etwa 20 Jahren. In Delfinarien gibt es Hierarchien, bei denen große Männchen die anderen Poolmitglieder dominieren. Innerhalb der Gruppe verständigen sie sich durch Pfeiftöne. Jedes Gruppenmitglied hat einen eigenen, charakteristischen Klang. Große Tümmler sind Tag und Nacht sehr oberflächenaktiv und reiten häufig auf den Bugwellen von Schiffen oder surfen in starker Brandung.
Schwimmern gegenüber sind sie zutraulich. Sie vergesellschaften sich mit Pilotwalen und anderen Delfinen (Indopazifische Große Tümmler, in der Taiwan-Straße, um Penghu Island), obwohl sie gegenüber Delfinen auch aggressives Verhalten zeigen können.

Große Tümmler, Atlantische Fleckendelfine, Schwertwale, Amazonas-Delfine, Grauwale und Grönlandwale:
Nichtreproduktives Sexualverhalten zwischen Individuen, bei denen das Geschlecht und/oder das Alter keine Möglichkeit auf Fortpflanzung bietet (z. B. Interaktionen zwischen: Weibchen-Weibchen, Männchen- Männchen, geschlechtsunreif-geschlechtsunreif oder geschlechtsunreif-Erwachsene, Furuichi *et al.*, 2014), wurde bei diesen Arten beobachtet (Würsig *et al.*, 1993).

Großer Tümmler, Indopazifischer Großer Tümmler, Spinner-Delfin (und andere Delfin-Arten):
Delfine schlafen meist schwimmend in dichten Gruppenverbänden und erzeugen dabei keine Kommunikationslaute. In regelmäßigen Abständen schwimmen sie für ein

Große Tümmler surfen auch in starker Brandung.

paar Atemzüge an die Oberfläche, bevor sie wieder für einige Minuten abtauchen. Wenn Delfine schlafen, arbeitet nur eine Gehirnhälfte, während die andere ruht, und sie schließen dabei nur ein Auge. Der Atemreflex und die Fähigkeit, zu schwimmen, werden durch die jeweils wache Gehirnhälfte aufrechterhalten. Mit nur einer aktiven Gehirnhälfte funktioniert jedoch das Echolokalisations-System nicht, was sie zur leichten Beute für ihre Feinde (hauptsächlich Haie) macht.

TAUCHVERHALTEN

Bei Großen Tümmlern unterscheidet man zwei verschiedene Populationen mit unterschiedlichem Tauchverhalten: Hochsee- und Küsten-Populationen. Bei Tieren der Hochsee-Populationen wurden zwei verschiedene Arten von Hämoglobin nachgewiesen, bei Tieren der Küsten-Populationen dagegen nur eine Art von Hämoglobin. Diese zwei Arten von Hämoglobin und eine höhere Konzentration von roten Blutkörperchen ermöglicht Tieren der Hochsee-Populationen, tiefere und längere Tauchgänge zu unternehmen als Individuen der Küsten-Populationen.

Tiere der Hochsee-Populationen können eine maximale Tauchtiefe von etwa 500 m erreichen und 5–10 min lang tauchen. Die Tauchgänge von Individuen der Küsten-Populationen sind deutlich flacher und kürzer.

Eine Studie lässt vermuten, dass Große Tümmler (und möglicherweise auch andere Meeressäuger) ihren Herzschlag bereits vor dem Tauchgang verlangsamen können und dass sie ihn sogar anpassen können, je nachdem, wie lange sie beabsichtigen zu tauchen (Fahlman *et al.*, 2020).

NAHRUNG

Küstennah lebende Große Tümmler ernähren sich hauptsächlich von bodennah oder im Boden lebenden Fischen und Wirbellosen, küstenfern lebende Tiere von pelagischen Fischen und Tintenfischen. Sie nutzen hoch frequente Echolokalisations-Laute, um im Boden verborgene Beute aufzuspüren.

Sie haben sehr unterschiedliche Traditionen/Kulturen zur Jagd entwickelt. Eine bekannte Strategie ist „fish wacking". Dabei schlagen sie mit der Fluke nach fliehenden Fischen und schleudern sie aus dem Wasser. Beutetiere machen sie orientierungslos, indem sie sie an der Oberfläche zusammentreiben und dann mit der Fluke auf das Wasser schlagen („kerplunking"). Sprünge mit heftigem Aufprall auf der Oberfläche (z. B. Bauchklatscher) erfüllen einen ähnlichen Zweck.

Häufig treiben sie ihre Beute gegen natürliche Barrieren (z. B. die Küste, Meeresoberfläche oder Riffe) oder sie umkreisen ihre Opfer. In den Sümpfen von Savannah (Georgia, Ostküste USA) und South Carolina jagen einige Große Tümmler während der Ebbe synchron in Gruppen und treiben die Beutefische Richtung Ufer. Dann kreieren sie eine Welle, in der sie schwimmen und die die Fische auf die Uferböschung spült. Auf diese Weise stranden auch die Delfine und brauchen nur noch die hilflos zappelnde Beute vom Strand aufzulesen. Auch Möwen und Silberreiher profitieren von der leichten Beute. Dieses Fressverhalten nennt man „strand feeding".

Große Tümmler jagen solitär oder in Gruppen. Amerikanische Wissenschaftler der Universität Massachusetts in Dartmouth konnten nachweisen, dass sie bei der Jagd auf Fischschwärme gelegentlich eine klare Aufgabenteilung

Die ausgeprägte Melone ist deutlich vom Schnabel abgesetzt.

haben: Ein Delfin treibt die Beutefische anderen Gruppenmitgliedern entgegen, die eine Barriere für die Fische bilden.

Sie helfen sich bei der Jagd nicht nur gegenseitig, sondern einige lokale Tümmler kooperieren gelegentlich mit Fischern: In Laguna (Brasilien) treiben sie Meeräschen in flaches Wasser und signalisieren den Fischern, ihre Netze auszuwerfen. Ein Wissenschaftlerteam der Federal University of Santa Catarina (Brasilien) entdeckte, dass Delfine, die mit Menschen jagen, engere soziale Bindungen haben und dass sie mehr Zeit miteinander verbringen als nicht-kooperative Delfine. Eine ähnliche Kooperation zwischen Menschen und Großen Tümmlern wird von der Moreton Bay in Australien beschrieben. In den Jahren 1840 bis 1860 fingen dort die Aborigines wandernde Meeräschen durch die Mithilfe von Delfinen.

Großer Tümmler und Atlantischer Buckeldelfin: Wenn im Winter Meeräschen auf ihrer Südwanderung dicht an der Küste von Mauretanien (Westafrika) am Kap Timiris (nördlich von Nouakschott) vorbeiziehen, schlagen die Fischer mit Stöcken auf die Wasseroberfläche. Meist erscheinen kurz darauf Große Tümmler, bzw. Atlantische Buckeldelfine und treiben die Fische näher ans Ufer, direkt in die Netze der Fischer. Die Delfine holen sich dann ihren Anteil an der Beute selber aus den Netzen oder fangen die Fische, die den Netzen entwischt sind.

Großer Tümmler und Indopazifischer Großer Tümmler:
Beide Arten sind Nahrungsopportunisten. Die Nahrung ist abhängig von regionalen und saisonalen Gegebenheiten. Sie ernähren sich von vielen Fischarten, auch von Schwarmfischen und Tintenfischen, die sie am Boden, an der Oberfläche (bis zu einer Größe von 20–30 cm) oder im offenen Meer jagen (Große Tümmler). Krabben und andere Krebstiere wühlen sie aus dem Boden. Auch an einer Langleine gefangene Fische passen in ihr Beutespektrum.

HOT SPOTS

Praktisch überall in ihrem Verbreitungsgebiet, besonders in Küstennähe:
Pazifik: vor Hawaii, im Golf von Kalifornien (Sea of Cortez, Mexiko), vor Neuseeland und Japan
Atlantik: Karibik, Küstengewässer im westlichen Nordatlantik, im Golf von Mexiko, Kap Verde und Afrika
Indischer Ozean: Malediven, Australien und Cocos Keeling Inseln (Australien)
Europäische Küstengewässer: Irland, Gibraltar, Frankreich, Monaco, Griechenland, Italien, St. Helena, Spanien, Portugal, den Azoren sowie Madeira und Färöer-Inseln
Auf hoher See: vor Kalifornien, Oregon, Washington (Staat), Golf von Mexiko (über dem Kontinentalschelf und außerhalb) und im westlichen Nordatlantik
In halb geschlossenen Meeren: Rotes Meer, Schwarzes Meer, Mittelmeer, Nordsee, Golf von Oman und im Golf von Kalifornien (Sea of Cortez, Mexiko)

REPRODUKTION

Geschlechtsreife: Weibchen ab 5–13 Jahre, Männchen 9–14 Jahre
Paarungszeit: europäische Küste in den Sommermonaten, Küste Floridas Frühling-Herbst
Geburtszyklus: alle 3–6 Jahre 1 Kalb
Tragzeit: 12 Monate
Geburtsgröße: 1–1,4 m
Geburtsgewicht: 14–20 kg
Säugezeit: 18–24 Monate, ab 4 Monaten zusätzlich feste Nahrung

Das Erreichen der Geschlechtsreife variiert bei den einzelnen Populationen. Weibchen können bis 48 Jahre gebären. Bei der Geburt haben Jungtiere einige kurze Haare auf dem Schnabel, die kurz nach der Geburt verloren gehen. In der Zeit, in der Kälber gesäugt werden, wachsen sie am schnellsten. Die Kälber verlassen den Schutz der

Mutter mit 3–6 Jahren, wenn ein neues Kalb geboren wurde. Zwillingsgeburten sind selten, falls doch, leben sie meist nicht lange, da die Muttermilch nicht für beide ausreicht. Die Hoden der Männchen sind im Vergleich zu anderen Delfinen klein, verglichen mit anderen Säugetieren jedoch recht groß (Gesamtgewicht: 2 kg). Bei einigen Strandungen wurden hybride Kreuzungen (1. Generation) zwischen Großen Tümmlern und Rundkopfdelfinen sowie Gewöhnlichen Grindwalen entdeckt.

Großer Tümmler und Indopazifischer Großer Tümmler:

Bei beiden Arten bleiben Mutter und Kalb in den ersten Lebensmonaten dicht zusammen. Die Mutter kontrolliert ständig ihren Nachwuchs, um für seine Sicherheit zu sorgen. Bei Fehlverhalten bestraft sie ihr Kalb, indem sie es gegen den Boden drückt oder heftig an die Wasseroberfläche stupst. In den ersten Tagen hält das Junge sehr engen Körperkontakt zur Mutter und schwimmt seitlich nach hinten versetzt dicht an ihrem Körper, um Kraft zu sparen.

Bei beiden Arten löst sich das Baby im Alter von 3–4 Wochen, wenn die Muskulatur des Nachwuchses besser ausgebildet ist, immer mehr von der Mutter und schwimmt eigenständig zum Atmen an die Oberfläche und erkundet seine Umwelt.

Epimelitisches Verhalten ist bei beiden Arten sehr stark ausgeprägt. Sie helfen sich gegenseitig bei der Geburt, bei der Jagd und bei der Verteidigung gegen Angreifer. Verletzte Tiere werden zum Atmen über Wasser gehalten. Bei der Geburt helfen oft mehrere, noch nicht geschlechtsreife Weibchen („Tanten"). Wenn die neugeborenen Tümmler nicht sofort nach der Geburt aus eigener Kraft zur Oberfläche schwimmen, werden sie von der Mutter oder den „Tanten" zu ihrem ersten Atemzug an die Wasseroberfläche geleitet.

Sexuelle Aktivitäten sind das ganze Jahr über zu beobachten. Die Paarung findet nach einem sehr variablen Werbeverhalten statt und umfasst viele verschiedene Körperpositionen sowie gegenseitige Berührungen mit Flossen, Flippern, Schnauze oder Zähnen. Das Werbeverhalten wird begleitet von Klapper-Geräuschen der Kiefer und verschiedenen Pfeiftönen. Bei der Paarung, die durchschnittlich nur wenige Sekunden dauert und mehrmals wiederholt wird, schwimmen beide Partner auf der Seite.

WISSENSWERTES

Große Tümmler gehören zu den Delfinen, die mit Abstand am besten erforscht sind. Die Tatsache, dass sie weltweit in allen tropischen und gemäßigten Meeren, oft in Küstennähe, vorkommen, macht sie wahrscheinlich zu den am häufigsten gesichteten Cetaceen-Arten.

Sie wurden schon in der Antike durch ihre Anwesenheit in den Küstengewässern des Mittelmeers in den Legenden der Römer und Griechen beschrieben. Große Tümmler sind heute durch Film und Fernsehen (z. B. „Flipper") sowie durch zahllose Freizeitparks die wohl bekanntesten Delfine überhaupt. Für viele Menschen stellen sie den „Prototyp" aller Delfine dar und sind der Inbegriff des intelligenten und immer lächelnden Wesens. Aber in Wirklichkeit lächeln Delfine nicht. Dieser Eindruck entsteht nur durch die angeborenen, hochgezogenen Mundwinkel.

Die stark ausgeprägte Melone ermöglicht eine präzise Echolokalisation.

Große Tümmler sind schnelle Schwimmer.

Der britische Naturkundler George Montagu gab dieser Art 1821, wohl in Anspielung auf den kurzen Schnabel, zunächst den wissenschaftlichen Namen *Delphinus truncatus* (lateinisch *truncare*, für „abschneiden"). Die Bezeichnung *truncatus* könnte sich jedoch auch auf die abgekauten, wie abgeschnitten wirkenden Zähne des erstbeschriebenen Tieres („Holotypus"), beziehen.
1843 stellte der britische Zoologe John Edward Gray für diese Art eine neue Gattung auf, die er *Tursio (Thursio)*, also „delfinähnlicher Fisch", nannte (wie in „*Naturalis Historiae*, IX, 11", von Plinius dem Älteren). Erst später wurde dieser Name durch Anhängen der griechischen Endung *-ops*, für „Auge, Gesicht", zu *Tursiops* erweitert. In seinem Buch „Review of the *Delphinidae*", führte der amerikanische Mammologe Frederick William True 1889 vier Tümmler-Arten auf *(T. tursio, T. catalunia, T. abusalam, T. gillii)* und hielt *Delphinus truncatus* für ein Synonym von *Tursiops tursio*.
Es werden 3 Unterarten anerkannt:
T. t. truncatus (Montagu, 1821): Großer Tümmler
T. t. ponticus Barabash-Nikiforov, 1940: Schwarzmeer Großer Tümmler
T. t. gephyreus Lahille, 1908: Lahille's Großer Tümmler

Großer Tümmler und Indopazifischer Großer Tümmler:

1977 plädierte Ross für eine Trennung von *T. truncatus* und *T. aduncus* in zwei unterschiedliche Arten, ohne sich damals durchsetzen zu können. Indopazifische Große Tümmler *(Tursiops aduncus)* wurden lange Zeit weiter als Unterart der Großen Tümmler angesehen. Auf Grund von morphologischen und molekularen Unterschieden werden beide seit 2000 als eigenständige Arten anerkannt. Bei *Tursiops aduncus* handelt es sich um eine kleinere, schlankere Art, die vorwiegend in den Küstengewässern und über dem Kontinentalschelf des Westpazifiks und Indischen Ozeans beheimatet ist und im Roten Meer.
Die anatomischen Unterschiede beider Arten sind: zahlreiche Abweichungen im Schädel, eine schmalere Schädelform, eine etwas geringere Anzahl von Zähnen, geringere Körpergröße, schlankere Körperform sowie ein schmalerer und längerer, etwas abgeknickt wirkender Schnabel, eine etwas dunklere Rückenfärbung und dunkle Flecken an der Bauchseite. Möglicherweise werden in naher Zukunft weitere Arten anerkannt.
Neben Tigerhaien *(Galeocerdo cuvier)* zählen, je nach Region, auch Weiße Haie *(Carcharodon carcharias)*, Bullenhaie *(Carcharhinus leucas)*, und Düstere Haie *(Carcharhinus obscurus)* zu ihren Hauptfeinden. In einigen Regionen haben 50 % der Großen Tümmler Narben von Haiangriffen, vorwiegend in der Bauch- und hinteren Körperregion. Große Tümmler verteidigen sich erfolgreich gegen Haie, indem sie sie mit dem Schnabel rammen. Möglicherweise gehören auch Schwertwale zu ihren natürlichen Feinden.
Tümmler erzeugen 3 verschiedene Arten von Tönen: Pfiffe, Echolokalisations-Klicks und sehr schnelle Tonimpulse (stoßartige Pulsgeräusche). Die Pfiffe sind sehr variantenreich und dienen der Kommunikation. Jedes Tier hat seinen eigenen individuellen „Signatur-Pfiff" (stereotyp,

lang gezogen). Er dient der Identifikation von Individuen und möglicherweise, um Emotionen auszudrücken. Sobald der „Signatur-Pfiff" von Neugeborenen entwickelt wurde, bleibt er über Jahre hinweg unverändert. Die individuellen Pfiffe Neugeborener ähneln denen ihrer Mütter. „Signatur"-Pfiffe von Großen Tümmlern dienen möglicherweise auch dazu, die Wiedervereinigung von Müttern mit ihren getrennten Kälbern über kurze Distanzen zu erleichtern (Smolker *et al.*, 1993).
Stephanie King und Vincent Janik von der Sea Mammal Research Unit in der School of Biology an der St. Andrews Universität (Schottland) fanden in einer Studie heraus, dass Große Tümmler auch „Signatur"-Pfiffe anderer Artgenossen nachahmen, um einzelne Individuen beim Namen zu nennen und gezielt zu kontaktieren, genau wie Menschen, wenn sie ihr Gegenüber mit Namen anreden (2013). Tiere, die mit verschiedenen „Signatur"-Pfiffen konfrontiert wurden, antworteten, sobald sie ihren „Signatur"-Pfiff hörten. Wenn sich Große Tümmler treffen, wiederholen sie immer wieder ihren „Signatur"-Pfiff, so als wollten sie sich den anderen Artgenossen vorstellen. Einzelne Tiere können mit diesen Pfiffen über hunderte Meter oder sogar einige Kilometer miteinander kommunizieren. Echolokalisations-Klicks dienen der Orientierung, um Beute aufzuspüren und um Feinde rechtzeitig (über große Entfernungen) zu erkennen. Sie haben einen Frequenzbereich von 40–130 kHz. Die sehr schnellen Tonimpulse werden bei sozialen Interaktionen und bei der Jagd (möglicherweise um Fische zu irritieren) produziert. Während der Produktion der BBC ONE-Dokumentation „Spy in the Pod" (2014) wurde eine Gruppe junger Tümmler beobachtet, die vorsichtig auf einem Kugelfisch kauten, damit er ein Nervengift (Tetrodotoxin) ausstößt. Wenn man größere Mengen dieses Nervengifts zu sich nimmt, kann es tödlich sein, da es das Atemzentrum lähmt. Die Delfine kauten jedoch so vorsichtig auf dem Kugelfisch herum, dass dieser nur eine geringe Menge seines Giftes absonderte, und reichten den Fisch dann an den nächsten wartenden Artgenossen weiter. Anschließend verhielten sich die Delfine so, als wären sie „high". Rob Pilley, ein Zoologe, der an der Produktion des Films beteiligt war, kommentierte: „Sie hingen mit ihren Nasen an der Oberfläche herum, als wären sie von ihren eigenen Reflektionen fasziniert." Über dieses Verhalten gibt es jedoch keine wissenschaftliche Publikation. Delfine im Roten Meer nehmen Kugelfische nicht in ihr Maul, sondern spielen nur damit.
Weitere Informationen über Echolokalisation, siehe Gemeiner Delfin

WISSENSCHAFTLICHER NAME

Tursiops truncatus (Montagu, 1821)
Der Gattungsname *Tursiops* setzt sich wie folgt zusammen: die lateinische Bezeichnung *tursio (thursio)*, steht für „delfinähnlicher Fisch" (oder „Fisch wie ein Delfin", in „*Naturalis Historiae*, IX, 11", von Plinius dem Älteren). Die griechische Endsilbe *-ops* bedeutet „Auge, Gesicht". Der lateinische Artname *truncatus* steht für „abgeschnitten" und beschreibt den kurzen, stumpfen Schnabel. Der Artname *truncatus* könnte sich jedoch auch auf die abgekauten, wie abgeschnitten wirkenden Zähne des erstbeschriebenen Tieres („Holotypus"), beziehen.

Durch die hochgezogenen Mundwinkel entsteht der Eindruck eines immer lächelnden Wesens.

Indopazifischer Großer Tümmler

Tursiops aduncus
—Indo-Pacific Bottlenose Dolphin

Körperlänge: adult 1,9–2,7 m (max.: Weibchen 2,5 m, Männchen 2,7 m)
Gewicht: adult 100–230 kg (max.: Weibchen 180 kg, Männchen 230 kg)
Körperfarbe: Rücken: grau bis dunkelgrau; Bauch: heller, artspezifische, dunkle Fleckenmuster (besonders ausgeprägt bei erwachsenen Tieren, bei Jungtieren weniger, bzw. nicht ausgebildet, bilden sich in einigen Regionen erst ab einer Körperlänge von 1,6 m, in anderen ab 2,2 m); beide Körperseiten weisen Variationen auf, die auch im Alter beständig sind und zur Identifikation von Individuen genutzt werden können
Rückenfinne: deutlich ausgeprägt, sichelförmig gekrümmt (etwas höher als bei Großen Tümmlern)
Zähne: 42–58 je Kiefer; konisch
Lebensalter: 40–50 Jahre
Weitere Informationen, siehe Großer Tümmler

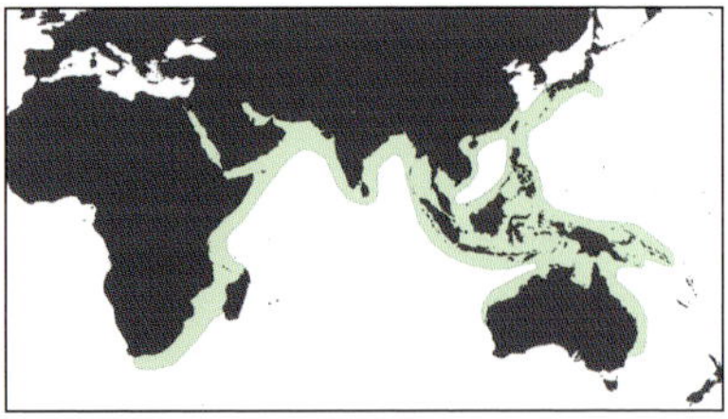

VERBREITUNGSGEBIETE

Sie leben in küstennahen, tropischen und gemäßigten Gewässern des Indopazifiks. Ihr Verbreitungsgebiet erstreckt sich von der südlichen Küste Südafrikas, entlang der Küste Ostafrikas und der gesamten Nordküste des Indischen Ozeans bis zum tropischen westlichen Pazifik nach Südjapan, Nordaustralien und Melanesien. Auch halb geschlossene Meere gehören zu ihrem Lebensraum (z. B. Rotes Meer, Golf von Oman, Persischer Golf und Golf von Thailand).

Indopazifische Große Tümmler leben meist innerhalb der Küstenzone von 1 km und werden als Küstendelfine angesehen, dennoch können sie auch auf offener See gesichtet werden. Sie bevorzugen Wassertiefen unter 100 m und flache Buchten mit Wassertiefen unter 30 m, kommen aber auch in Gewässern mit mehr als 200 m Tiefe vor und bevorzugen Oberflächentemperaturen von 20–30 °C. In den Gewässern vor Amakusa-Shimoshima (Japan) betrug die niedrigste Wassertemperatur 12 °C.

VERHALTEN

Indopazifische Große Tümmler sind weniger oberflächenaktiv als Große Tümmler und reiten seltener auf den Bugwellen von Schiffen. Die normale Schwimmgeschwindigkeit beträgt 1,5–5 km/h, auf kurzen Sprints können sie

Bei Jungtieren sind die artspezifischen dunklen Fleckenmuster weniger, bzw. nicht ausgebildet.

Geschwindigkeiten von 20 km/h erreichen. Sie surfen gelegentlich in schwacher Brandung.
Sie leben normalerweise in relativ isolierten Gruppen von 20–50, in einigen Regionen bis 140 Tieren (Plettenberg Bay, Südafrika). In Südafrika wurde einmal eine Gruppe von bis zu 2.000 Individuen beobachtet. Große Ansammlungen bestehen aus mehreren kleinen Gruppen. Sie sind nach Alter und Geschlecht getrennt, wobei es gelegentlich auch zu Vermischungen kommt. Die Gruppengröße kann sich im Tagesverlauf ändern.
Oft bilden mehrere Männchen (2–4) lebenslange Freundschaften, um andere Männchen zu bekämpfen, um Zugang zu Weibchen zu bekommen und um sie zusammenzutreiben. Weibchen sind flexibler und haben mehrere Freundinnen und Verwandte, die sie immer wieder mal treffen, um dem Nachwuchs zu helfen und um sich paarungswilliger Männchen zu erwehren oder um sich vor Haiangriffen zu schützen. Es wurde beobachtet, dass Mütter ihre verstorbenen Kälber für längere Zeit beschützt haben. In Gegenden, in denen sie intensiv beobachtet wurden, schienen die Delfine eine ganzjährige Ortstreue in einer beschränkten Küstenregion zu zeigen (z. B. um Mikura Island und Shark-Bay). Einige markierte Tiere bewegten sich in einem Radius von mehr als 200 km, (Encyclopedia of Marine Mammals, Perrin, Würsing, Thewissen).
Der Grund für die bemerkenswert großen Gruppen, mit durchschnittlich nicht weniger als 400 Tieren in der Shark-Bay (Westaustralien), hängt mit den dort sehr zahlreich vorkommenden Tigerhaien und den verbesserten Schutzmechanismen in einer großen Gruppe zusammen. Bei einer Untersuchung an Indopazifischen Großen Tümmlern der Shark-Bay wurden an etwa 74 % aller untersuchten Tiere Bisswunden und Narben, vorwiegend von mehr als 3 m großen Tigerhaien *(Galeocerdo cuvier)*, gefunden. Der Anteil der missglückten Haiangriffe wird auf etwa 12 % geschätzt.
In der Taiwan-Straße, um Penghu Island, vergesellschaften sie sich mit Großen Tümmlern und anderen Delfinen, vor Südafrika mit Bleifarbenen Buckeldelfinen und vor Australien mit Australischen Buckeldelfinen.
Im Roten Meer vor der Küste Ägyptens (vor Hurghada und El Gouna) wurde beobachtet, dass Indopazifische Große Tümmler sich regelrecht in einer Art „Warteschlange" aufreihten, um sich an ausgewählten Korallen und Schwämmen zu reiben: Gorgonienkoralle *(Rumphella aggregata)*, Lederkoralle (*Sarcophyton* sp.) und dem Schwamm (*Ircinia* sp.). In diesen ausgewählten Organismen fanden Wissenschaftler 17 biologisch aktive Stoffe mit antioxidativen, antimikrobiellen, hormonellen und toxischen Eigenschaften. Möglicherweise nutzen die Delfine diese „Selbst-Medikation", um die Haut bei Irritationen oder zur Prophylaxe mit den darin enthaltenen Substanzen zu versorgen. Durch das wiederholte Reiben geben die Korallenpolypen Schleim an die Haut der Delfine ab. Es scheint, dass der Schleim dazu dient, Infektionen zu behandeln oder vorzubeugen und das Mikrobiom der Delfinhaut zu regulieren. Kälber unter einem Jahr beobachteten die Aktivitäten der adulten Artgenossen, nahmen jedoch nicht daran teil. Diese Studie belegt, wie wichtig der Schutz von Korallenriffen ist (Morlock *et al.*, 2022). Ähnliches Verhalten wurde bei Schwertwalen (Ford *et al.*, 2000) und Belugas (Smith *et al.*, 1992) beobachtet.

Delfine schlafen in dichten Gruppen und erzeugen dann keine Kommunikationslaute.

Indopazifischer Großer Tümmler mit Schwamm

Weitere Informationen über den Atemreflex beim Schlafen, siehe Großer Tümmler

TAUCHVERHALTEN

Das bevorzugte Verbreitungsgebiet und die Art der Beute lässt auf Tauchtiefen von weniger als 200 m schließen. Die Tauchgänge dauern durchschnittlich 3–5 min. Die maximale Tauchzeit liegt bei 10 min. Meist tauchen sie in flachem Winkel zur Oberfläche auf, sodass dann zuerst die Stirn an der Oberfläche erscheint, selten die Schnauzenspitze.

NAHRUNG

Die meisten bodenbewohnenden Fische besitzen keine Schwimmblase und sind dadurch nur schwer vom Sonar der Delfine zu orten. Forscher der Universität New South Wales (Sydney, Australien) und der Universität Zürich (Schweiz) berichteten in einer Studie im „Journal Proceedings of the National Academy of Science" (USA, 2005), dass in der Shark-Bay (Westaustralien) etwa 1 % der Tümmler (*Tursiops* sp.) Werkzeuge zur Nahrungssuche nutzen. Sie stülpen sich Schwämme über den Schnabel und schützen so ihre Schnauze bei der Futtersuche im Boden vor Verletzungen (Dr. Michael Krützen vom Anthropologischen Institut der Universität Zürich). Neuere Untersuchungen (publiziert in „Proceedings B" der britischen Royal Society, 2014) zeigen, dass dieses Verhalten erlernt wird. Delfinmütter geben es an ihren Nachwuchs, vorwiegend an ihre Töchter, weiter.

Wissenschaftler um Michael Krützen und Sina Kreicker von der Universität Zürich, untersuchten Gewebeproben von Tümmlern (*Tursiops* sp.) der Shark-Bay, von denen bekannt war, ob sie Schwämme als Werkzeug zur Nahrungssuche nutzen oder nicht. Sie konnten nachweisen, dass die Zusammensetzung bestimmter Fettsäuren in der Fettschicht (dem Blubber) bei Tümmlern, die in der gleichen Tiefwasserschicht jagen, verschieden ist, je nachdem ob sie Schwämme zur Nahrungssuche nutzen oder nicht.

Offensichtlich wurde durch den Gebrauch der Schwämme eine neue ökologische Nische erschlossen. Die Nahrungskonkurrenz mit Artgenossen wird dadurch erheblich vermindert. Dies könne eine Erklärung dafür sein, warum in der Shark-Bay so viele Tümmler leben, wie in kaum einem anderen Lebensraum.

Als die Untersuchungen durchgeführt wurden, nutzten etwa 60 Prozent der meist in tieferen, fischärmeren Wasserzonen jagenden Delfinweibchen Schwämme als Schnauzenschoner. Bei den Männchen lag der Anteil zwischen 25 und 50 Prozent. Nur von wenigen anderen Tierarten ist bekannt, dass die Anwendung von Werkzeugen zu einer signifikanten Veränderung der Ernährungsmöglichkeiten und zur Erschließung einer bisher ungenutzten Nische führt.

Eine weitere, bisher selten dokumentierte Jagdtechnik, die in der Shark-Bay (Westaustralien) beobachtet wurde, wird „shelling" (oder „conching") genannt. Sie dauert oft nur wenige Sekunden. Die Indopazifischen Großen

Tümmler jagen ihre Beute (meist Fisch) in leere größere Muschelgehäuse, bringen diese zur Oberfläche, wo sie die gefangene Beute in ihr Maul schütteln. Die Delfine lernen diese Strategie nicht nur von ihren Müttern, sondern auch von nicht verwandten Gleichaltrigen. Dies ist eine Fähigkeit, die üblicherweise mit Menschen oder großen Affen, wie Schimpansen und Orang-Utans, in Verbindung gebracht wird. Allerdings ist bisher noch vieles über das „shelling" unbekannt (Wild *et al.*, 2020).
Zumindest in der Shark-Bay schlagen die Delfine mit der Fluke nach Beute und treiben Fische auf Strände und stranden sich selbst, um sie zu fangen (Connor *et al.*, 2000; Krützen *et al.*, 2005; Sargeant *et al.*, 2005).
Weitere Infos zu „fish wacking" und „kerplunking", siehe Großer Tümmler
Vor KwaZulu-Natal (Ostküste, Südafrika) stehlen sie kommerziellen Fischern und Sportanglern regelmäßig Fische vom Haken. Vor der Moreton Bucht (Australien) folgen sie Fisch-Trawlern und ernähren sich vom Beifang.
Weitere Informationen, siehe Großer Tümmler

HOT SPOTS

Sie sind besonders häufig anzutreffen: Südostküste Australiens (z. B. Jervis Bay, südlich von Sydney, ganzjährig), Shark-Bay (Westküste Australiens, ganzjährig), Küstengewässer des Indischen Ozeans, chinesische und indonesische Gewässer, Taiwan-Straße (um Penghu Island) und im nördlichen Pazifik bei Mikura Island in der Nähe von Tokyo (Japan), vor Zanzibar (Tansania), an der Ostküste Afrikas (bis Südafrika), im Arabischen Golf, in halb geschlossenen Meeren, wie dem Roten Meer (z. B. vor El Gouna/Hurghada) und im Golf von Oman
Der Massentourismus an einigen Riffen vor Hurghada stellt ein großes Problem für die Tiere dar.

REPRODUKTION

Geschlechtsreife: Weibchen ab 8–12 Jahre, Männchen ab 10 –15 Jahre; ab 1,9–2,3 m
Paarungszeit: Spätfrühling-Sommer (in einigen Regionen möglicherweise fast ganzjährig)
Geburtszyklus: je nach Region,alle 3–6 Jahre 1 Kalb (selten alle 2–3 Jahre 1 Kalb)
Tragzeit: 12 Monate
Geburtsgröße: 0,8–1 m
Geburtsgewicht: 9–15 kg
Säugezeit: meist 3–5 Jahre (wenn das Kalb nicht kräftig genug ist, länger), manchmal 18–20 Monate
Weitere Informationen, siehe Großer Tümmler

WISSENSWERTES

Indopazifische Große Tümmler wurden erstmals von dem deutschen Zoologen Christian Gottfried Ehrenberg 1832 beschrieben. In seinem Buch „Review of the Delphinidae" führte der amerikanische Mammologe Frederick William True 1889 vier Tümmler-Arten auf *(T. tursio, T. catalunia, T. abusalam, T. gillii)* und hielt *Delphinus truncatus* für ein Synonym von *Tursiops tursio*. Er machte keine Angaben über den Status von *T. aduncus*, weil er keinen Zugang zu den Originalbeschreibungen von Ehrenberg hatte.
Weitere Informationen, siehe Großer Tümmler
Weitere Informationen über Echolokalisation, siehe Gemeiner Delfin

WISSENSCHAFTLICHER NAME

Tursiops aduncus (Ehrenberg, 1832)
Informationen zum Gattungsnamen, siehe Großer Tümmler
Der Artname *aduncus* ist lateinischen Ursprungs und bedeutet so viel wie „hakenförmig". Er bezieht sich auf die leicht nach oben gezogenen Mundwinkel.

Indopazifischer Großer Tümmler spielt mit einem Kugelfisch.

Atlantischer Fleckendelfin
Stenella frontalis
—Atlantic Spotted Dolphin

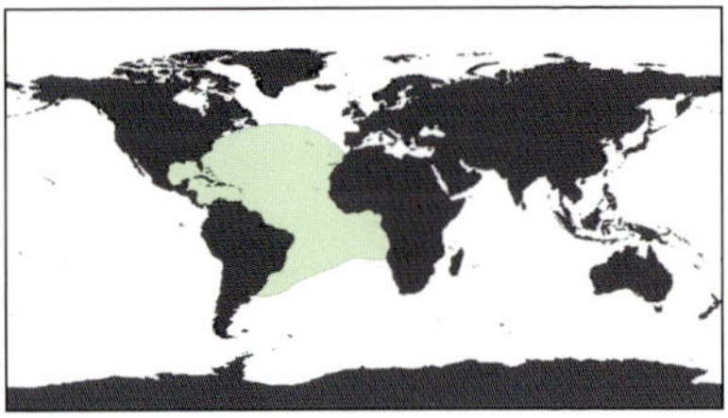

Körperlänge: adult 1,6–2,4 m
Gewicht: adult 100–145 kg
Körperform: relativ kräftig
Körperfarbe: variiert je nach Alter und geographischer Verbreitung; dreigeteilte Körperfärbung: dunkelgraues Cape auf Rücken, mittelgraue Zone an den Seiten und weißer Bauch; Seitenzeichnung reicht unterhalb der Rückenfinne flammenförmig in dunkles Rückencape hinein (Unterschied zu Pantropischen Fleckendelfinen), kann bei älteren Tieren der Küsten-Population fehlen; individuelle Musterung: sehr deutlich abgegrenzte Flecken bei ausgewachsenen Tieren (auf hellem Untergrund dunkel und auf dunklem Untergrund hell), Flecken können so stark ausgeprägt sein, dass sie die Grundfarbe teilweise überdecken (verschmelzen miteinander zu einheitlicher heller Färbung, beeinflussen möglicherweise die Individualerkennung und soziale Bindung), mit dem Erreichen der Geschlechtsreife und zunehmendem Alter mehr; bei Neugeborenen keine Flecken, ausgeprägtes, deutlich erkennbares dunkelgraues Rückencape, hellgraue Seiten und helle Bauchseite, nach 1 Jahr die ersten grauweißen Flecken am Bauch und Seiten, breiten sich mit zunehmendem Alter weiter zum dunklen Rücken-Cape aus, an Bauchseite entwickeln sich gleichzeitig dunkle Flecken, ab zweitem Lebensjahr ist Körper weitgehend mit Flecken überzogen; Besonderheit: sind nicht immer gefleckt: eine große, kräftige Form an den Küsten beidseits des Atlantiks (an Ostküste der USA früher *Stenella plagiodon* genannt) kann so stark gefleckt sein, dass sie von Weitem weiß erscheint, eine kleinere, schlankere Form (im Golfstrom und im zentralen Nordatlantik) hat nur sehr wenige Flecken, gelegentlich haben adulte Tiere dort keine Flecken
Kopf: Melone ausgeprägt, abgerundet (ähnelt der von Großen Tümmlern)
Schnabel: lang, schmal, mit Falte am Übergang zur deutlich abgesetzten Melone; Schnabelspitze meist weiß, Mundspalt gerade
Blas: klein, unscheinbar
Blasloch: 1, mittig
Flipper: relativ lang, schlank, mit spitzen Enden, ohne Fleckenmuster
Fluke: Hinterkante konkav, deutliche Einkerbung in der Mitte
Rückenfinne: deutlich abgesetzt, breite Basis, hoch, sichelförmig gekrümmt, dunkel, meist keine Flecken
Zähne: Oberkiefer: 64–84, Unterkiefer: 60–80; konisch
Lebensalter: 23 Jahre (ermittelt an 44 Tieren vor Brasilien)

Bei Jungtieren bilden sich erst nach 1 Jahr die ersten grauweißen Flecken am Bauch und Seiten.

VERBREITUNGSGEBIETE

Atlantische Fleckendelfine leben ausschließlich im Atlantischen Ozean, in küstennahen und küstenfernen, tropischen, subtropischen und warm-gemäßigten Gewässern. Sie leben beidseitig des Äquators zwischen 50 °N und 25 °S, vorwiegend im Bereich des Golfstroms.
Im Westatlantik erstreckt sich ihr Verbreitungsgebiet von Cape Cod (USA) bis Rio Grande do Sul (Brasilien) und im Ostatlantik von den Azoren, südlich der Kanarischen Inseln, St. Helena, entlang der Westküste Afrikas bis Gabun.

VERHALTEN

Atlantische Fleckendelfine sind sehr neugierig und zutraulich. Sie gelten allgemein als sehr oberflächenaktive Tiere. Besonders die Küstenform nähert sich Schwimmern oft bis auf wenige Meter ohne Scheu. Sie sind sehr schnelle Schwimmer, die in wenigen Sekunden auf 40 km/h beschleunigen können.
Sie halten sich bevorzugt in Gewässern mit weniger als 250 m Tiefe auf, kommen aber auch in flachen Gewässern mit nicht mehr als 20 m Tiefe vor. Die Sandbänke der Kleinen Bahamas Bank sind sogar nur 6–12 m tief. Trotzdem leben sie gelegentlich auch in tiefen, offenen Gewässern. Während der Nahrungssuche springen sie häufig aus dem Wasser, um mit kräftigem Klatscher wieder im Wasser zu landen. Außer in den Jagdgebieten eilen sie auch aus großen Entfernungen Booten entgegen, um auf deren Bugwelle zu reiten. Wenn sie schnell schwimmen, machen sie meist lange, flache Sprünge, knapp über der Wasseroberfläche („porpoising").
In Küstennähe leben sie meist in kleineren Gruppen von 5–15 Tieren in enger sozialer Bindung. Selten bilden sich aus diesen Gruppen Ansammlungen mit 50 Individuen. Im offenen Meer sind die Gruppen mit durchschnittlich 25–50, selten bis über 200 Individuen, deutlich größer. In Ausnahmefällen können die Gruppen auch mehrere hundert Mitglieder umfassen (in den Sommermonaten vor den Azoren, besonders im September). Dann bilden sie kurzzeitige, gemischte Fressgruppen mit Thunfischen, anderen Cetaceen und Seevögeln.
Von einigen Populationen im Golf von Mexiko ist bekannt, dass sie im Sommer Richtung Küste wandern.
Atlantische Fleckendelfine vergesellschaften sich mit Großen Tümmlern und Gemeinen Delfinen.
Informationen zu nichtreproduktivem Sexualverhalten, siehe Großer Tümmler

TAUCHVERHALTEN

Atlantische Fleckendelfine tauchen meist in spitzem Winkel auf, sodass die Schnauzenspitze zuerst an der Oberfläche erscheint, erst dann folgen Kopf, Rücken und Finne. Die Tauchzeit beträgt normalerweise 2–6 min. Die maximale Tauchzeit beträgt 10 min. Tauchgänge der in Küstennähe lebenden Tiere sind etwas kürzer als die ihrer Artverwandten, die auf offener See leben.
Meist halten sie sich in Oberflächennähe auf und tauchen nicht tiefer als 10 m. Tauchgänge mit Tiefen von 40–60 m sind trotzdem keine Seltenheit. Die maximale Tauchtiefe liegt bei 100 m.

NAHRUNG

Sie ernähren sich hauptsächlich von kleinen Fischen und Cephalopoden, selten auch von bodennah lebenden Wirbellosen. Die Hochseeform ernährt sich bevorzugt von kleinen schwarmbildenden, pelagischen Fischen und Kalmaren. Die Küstenform jagt auch bodennah lebende und riffbewohnende Fische sowie Wirbellose und Krebstiere,

Das individuelle Fleckenmuster dient möglicherweise der Individualerkennung.

Im Golfstrom und im zentralen Nordatlantik haben sie nur sehr wenige Flecken.

die sie im Sand aufstöbern. Aus der unterschiedlichen Größe der Zähne beider Formen wird geschlossen, dass die Beute der Küstenform größer zu sein scheint, als die der küstenfern lebenden Form.

HOT SPOTS
Meiste Sichtungen im westlichen Nordatlantik entlang der Küste der USA und im Golf von Mexiko, um die Bahamas (in Tiefen von 6–12 m), an den Sandbänken der Kleinen Bahama Bank kann man sehr gut mit ihnen schnorcheln. Weitere Spots: Kanarische Inseln, im Sommer vor den Azoren (besonders September), um Sankt Helena. Seltener: Antillen (Karibik), Küsten Kolumbiens und Venezuelas

REPRODUKTION
Geschlechtsreife: ab 8–14 Jahre (Weibchen)
Geburtszyklus: alle 1–5 Jahre (meist alle 3 Jahre) ein Kalb
Tragzeit: 11–12 Monate
Geburtsgröße: 0,8–1,2 m
Säugezeit: 1–5 Jahre

WISSENSWERTES
Der französische Naturforscher Georges Baron de Cuvier beschrieb Atlantische Fleckendelfine erstmals 1829 als *Delphinus frontalis*. Durch die große Vielfalt bezüglich der Musterung und Körperlänge, die je nach Verbreitungsgebiet stark variiert, war die Systematik der Fleckendelfine sehr verwirrend.
Atlantische Fleckendelfine werden in eine Hochseeform und eine Küstenform unterteilt. Die Küstenvariante ist etwas größer und kräftiger, hat größere Zähne und dadurch eine etwas breitere Schnauze. Die größeren Zähne deuten auf größere Beutetiere hin.
Es gibt erhebliche Unterschiede bezüglich Körperfarbe und Zeichnung zwischen den Populationen. So fehlen zum Beispiel bei Populationen im östlichen Atlantik und den vor den Azoren lebenden Artgenossen die Flecken fast ganz. Außerdem sind diese Populationen deutlich kleiner und gedrungener als die Küstenform des nordamerikanischen Kontinents.
Zu ihren natürlichen Feinden zählen neben Schwertwalen und Kleinen Schwertwalen möglicherweise auch Zwerggrindwale und große Haie. In den Gewässern um die Bahamas weisen sie ernsthafte Wunden von Haien auf, besonders Kälber und Halbwüchsige. Die Sterblichkeitsrate unter Jungtieren ist dort besonders im ersten Lebensjahr entsprechend hoch (24 %).
Atlantischer Fleckendelfin und Pantropischer Fleckendelfin:
Erst seit 1987 (William F. Perrin) werden beide als getrennte Arten anerkannt. Beide Arten sind heute die einzigen anerkannten Arten von Fleckendelfinen.
Atlantischer Fleckendelfin, Pantropischer Fleckendelfin und Clymene-Delfin:
Genetische Untersuchungen lassen darauf schließen, dass es in den nächsten Jahren einige tiefgreifende Umstrukturierungen in der Familie der *Delphinidae* geben wird. Diese Arten könnten dann umbenannt oder einer anderen Familie oder Gattung zugeordnet werden (LeDuc *et al.*, 1999).

WISSENSCHAFTLICHER NAME
Stenella frontalis (G. Cuvier, 1829)
Der vom britischen Zoologen John Edward Gray geprägte Gattungsname *Stenella* leitet sich ab vom griechischen *stenos* für „eng, schmal" und dem lateinischen *ella* für „klein". Er beschreibt die charakteristische, lange, schmale und deutlich abgesetzte Schnauze. Die Artbezeichnung *frontalis* setzt sich zusammen aus dem lateinischen *frons* für „Stirn" und *alis* für „gehört zu" und bedeutet „die Stirn betreffend".

Pantropischer Fleckendelfin
Stenella attenuata
—Pantropical Spotted Dolphin

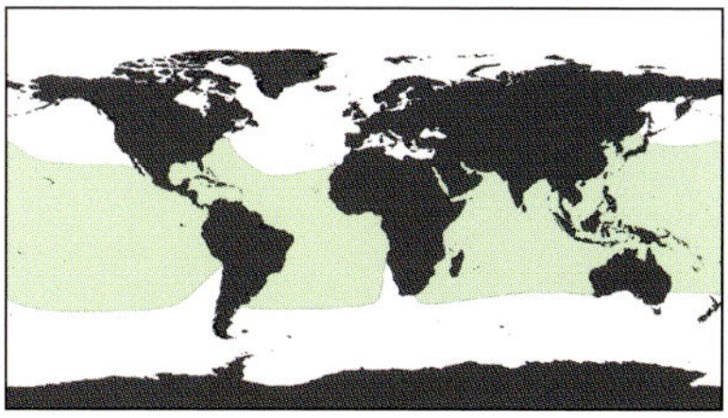

Körperlänge: adult 1,6–2,4 m; Weibchen etwas kleiner als Männchen
Gewicht: adult 90–120 kg
Körperform: schlank, länglich
Körperfarbe: Rücken: dunkel mit dunkelgrauem Cape bis zu den Seiten, helle Flecken; Seiten: mittelgrauer Streifen bei einigen Tieren; Bauch: hellgrau, dunkle Flecken, sie variieren je nach Region und Alter: nehmen mit fortschreitendem Alter an Zahl und Größe zu (bei älteren Tieren kann Grundfärbung durch Fleckenbildung fast ganz verschwinden), durch Reflektionen im Sonnenlicht und auf hoher See kann Rücken manchmal recht blass erscheinen (Populärnamen in einigen Gebieten „Silberrücken"), es gibt 5 altersabhängige Stufen der Pigmentierung: 1. keine Flecken kurz nach der Geburt; 2. obere Körperhälfte wird dunkler, untere bleibt hell; 3. erste dunkle Flecken auf der hellen Bauchseite (ab Körperlänge von 1,4 m); 4. erste helle Flecken auf dem dunklen Rücken, dunkle Flecken auf heller Bauchseite werden mehr, verschmelzen miteinander und werden dadurch größer; 5. Flecken werden auf dem Rücken zahlreicher und größer, zusätzlich bildet sich eine dunkle Zeichnung, die beide Augen zügelartig miteinander verbindet, ein weiterer dunkler Steifen vom Schnabel (über den Augen) zu den Brustflossen, die „Lippen" und Schnabelspitze werden weiß; Besonderheit: Färbung nicht nur altersabhängig, kann sich auch je nach Verbreitungsgebiet unterscheiden; regionale Unterschiede in Körperlänge und Pigmentierung bei einigen Unterarten: größere, sehr stark gefleckte Küstenform und kleinere, deutlich weniger gefleckte Hochseeform; einige Populationen im Golf von Mexiko und um Hawaii haben nur sehr wenige Flecken
Kopf: flach abfallende Stirn
Schnabel: lang, dünn, mit typischer weißen Spitze und weißen „Lippen"; durch Falte deutlich von flach abfallender Stirn abgesetzt; Mundspalt gerade; auffälliger, dunkler Streifen vom Schnabel (über den Augen) zu den Brustflossen bei adulten Tieren
Blas: unscheinbar
Blasloch: 1, mittig
Flipper: relativ lang, schlank, mit spitzen Enden, leicht nach hinten gebogen, nicht gefleckt, dunkelgrau, können bei älteren Tieren gesprenkelt sein

Pantropische Fleckendelfine schnellen bei hoher Schwimmgeschwindigkeit mit langen flachen Sprüngen aus dem Wasser („Porposing").

Sie sind sehr oberflächenaktiv und springen oft hoch aus dem Wasser.

Fluke: Hinterkante leicht konkav, deutliche Einkerbung in der Mitte, dunkelgrau, kann bei älteren Tieren gesprenkelt sein
Rückenfinne: deutlich abgesetzt, sichelförmig gekrümmt, breite Basis, dunkelgrau, kann bei älteren Tieren gesprenkelt sein
Zähne: Oberkiefer: 70–96, Unterkiefer: 68–94; konisch, spitz
Lebensalter: 45 Jahre

VERBREITUNGSGEBIETE

Pantropische Fleckendelfine sind weltweit in allen tropischen, subtropischen und einigen warm-gemäßigten Gewässern, sowohl in Küstennähe, als auch in küstenfernen Regionen verbreitet, zwischen 30 °N bis 40 °N und 20 °S bis 40 °S.
Sie halten sich bevorzugt jenseits des Kontinentalschelfs mit Wassertiefen über 1.000 m und Oberflächentemperaturen von mehr als 25 °C auf, besonders über Sprungschichten in weniger als 50 m Tiefe.
Das Verbreitungsgebiet erstreckt sich im Ostpazifik von Kalifornien bis Peru und im Westpazifik von Japan bis Australien. Sie sind im ganzen Indischen Ozean zwischen der Ostküste Afrikas und Australien sowie im Rotem Meer und dem Persischen Golf verbreitet. Im Mittelmeer kommen sie nicht vor. Im Atlantik überschneidet sich ihr Verbreitungsgebiet teilweise mit dem der Atlantischen Fleckendelfine. Wegen der großen Ähnlichkeit kann es dort leicht zu Verwechslungen kommen.

VERHALTEN

Pantropische Fleckendelfine sind sehr aktive Schwimmer, die bei hohen Schwimmgeschwindigkeiten von mindestens 22 km/h mit langen, flachen Sprüngen mit dem ganzen Körper aus dem Wasser schnellen („porpoising"). Sie sind sehr oberflächenaktiv (Flukeschlagen und Springen). Beim Springen schleudern sie den ganzen Körper aus dem Wasser, drehen sich dabei aber nicht um die eigene Achse („spinning"). Hawaiianische Fischer nennen sie deshalb „leapers" (Springer). In Thunfischfang-Gebieten meiden sie Boote. In anderen Gebieten reiten sie dagegen häufig auf den Bugwellen von Schiffen. Zwei trainierte Pantropische Fleckendelfine konnten innerhalb von 3 sec auf 40 km/h beschleunigen.
Sie können oft aus einiger Entfernung an der Gischt auf dem Wasser erkannt werden. Sie leben meist in großen Gruppen von 50, manchmal von bis zu einigen hundert oder 1.000 Individuen mit engen sozialen Bindungen, die nach Geschlecht, Alter oder beidem getrennt sein können (Perrin, 2001). Bei sehr guten Nahrungsbedingungen können Ansammlungen von bis zu 3.000 Individuen entstehen („Mega-Pods"). Große Gruppen bestehen aus kleineren sozialen Einheiten. Die durchschnittliche Gruppengröße im östlichen tropischen Pazifik beträgt 120 Individuen, im westlichen tropischen Pazifik 170, vor den Philippinen 90 und im Golf von Mexiko 70 Tiere (Dolar *et al.*, 2006).
Die Gruppengröße variiert je nach Jahreszeit und Nahrungsaufkommen. Die Küstenform bildet normalerweise Gruppen von weniger als 100 Tieren. Sie entfernen sich selten mehr als 300 km von der Küste. Die auf hoher See lebenden Pantropischen Fleckendelfine bilden häufig größere Gruppen als die in Küstennähe lebenden. Bei der Hochseeform können sich Gruppen mit weit mehr als 1.000 Individuen bilden. Es gibt 3 verschiedene soziale Gruppen: Weibchen mit ihren Jungen, unreife Tiere beider Geschlechter und erwachsene, geschlechtsreife Männchen.
Pantropischer Fleckendelfin, Clymene-Delfin und Spinner-Delfin:
Im tropischen Ostpazifik vergesellschaften sie sich mit Großen Tümmlern, Gelbflossen-Thunfischen *(Thunnus albacares)* und jagenden Seevögeln. Jährlich verfangen sich viele tausend Delfine in Thunfischnetzen.

TAUCHVERHALTEN

Pantropische Fleckendelfine tauchen über 300 m tief und bis zu 3,4 min. Die Tauchgänge der in Küstennähe lebenden Populationen sind etwas kürzer und weniger tief als die ihrer Verwandten, die auf offener See leben.

NAHRUNG

Pantropische Fleckendelfine jagen in den oberen Wasserschichten von 90–300 m Tiefe. Auf offener See fressen sie bevorzugt kleine, schwarmbildende Fische (18 verschiedene Arten), Fliegende Fische und Cephalopoden (mindestens 8 verschiedene Arten). In Küstennähe, bei geringer Wassertiefe, jagen sie auch riffbewohnende

Fische und Krebstiere, die sie vom Boden aufnehmen. Weitere Informationen, siehe Gemeiner Delfin

HOT SPOTS

Bevorzugt auf offener See und in der Nähe von ozeanischen Inseln. Gute Sichtungsmöglichkeiten: Hawaii (besonders in Kanälen zwischen den Inseln), Golf von Mexiko, St. Vincent und Kleine Antillen, vor Südafrika (Ostküste), Salomon-Inseln, Australien, Indonesien (Lamalera), Japan (Gebiet um die Iki-Inseln), Philippinen, von Kalifornien bis Peru (Ostpazifik), von Japan bis Australien (Westpazifik)

REPRODUKTION

Geschlechtsreife: Weibchen ab 9–11 Jahre, Männchen ab 12–15 Jahre; 1,66–2,57 m; 119 kg
Paarungszeit: ganzjährig
Geburtszyklus: alle 2–3 Jahre 1 Kalb
Tragzeit: 11 Monate
Geburtsgröße: 0,8–0,9 m
Säugezeit: 9–12 Monate, selten 2 Jahre, ab 3–6 Monate teilweise feste Nahrung; bis 1,22 m
Bei Populationen, deren Bestand durch industrielle Fischerei erheblich reduziert und stark bedroht war, konnte verkürzter Fortpflanzungszyklus und frühere Geschlechtsreife festgestellt werden.

WISSENSWERTES

Bei seiner Erstbeschreibung 1846 nannte der britische Zoologe John Edward Gray diese Art zunächst *Delphinus attenuatus* und änderte später den Namen in *Steno attenuatus*. Durch die große Vielfalt bezüglich der Musterung und Körperlänge, die je nach Verbreitungsgebiet stark variiert, war die Systematik der Fleckendelfine sehr verwirrend.
Es werden 2 Unterarten anerkannt:
S. a. attenuata (Gray, 1846) – Hochsee Pantropischer Fleckendelfin, auf hoher See, weltweit
S. a. graffmani (Lönnberg, 1934) – Küsten Pantropischer Fleckendelfin, Küstennähe, in einem schmalen Streifen an der Küste von Baja California bis Peru
In den 1960er Jahren wurde der Bestand durch Fänge in Thunfischnetzen im östlichen, tropischen Pazifik um fast 70 % reduziert. Noch in den frühen 1970er Jahren starben jährlich mehr als 100.000 Pantropische Fleckendelfine durch den Thunfischfang. Heute werden sie in Asien, Indonesien, den Philippinen und in Teilen des pazifischen Raums gejagt und als Nahrung genutzt.
Trotzdem zählen sie zu den häufiger vorkommenden Delfin-Arten. Neue Fangtechniken und Gesetze haben inzwischen die Zahl der tödlichen Beifänge in den Netzen im östlichen tropischen Pazifik auf jährlich etwa 20.000 Delfine aller Arten reduziert. Nur in Japan gelten Pantropische Fleckendelfine noch als Fleischlieferanten. In Indonesien werden sie für einige Zoos gefangen, obwohl sie praktisch nicht dressierbar sind und in Gefangenschaft nur kurze Zeit überleben. Zu ihren natürlichen Feinden zählen neben großen Haien Schwertwale, Kleine Schwertwale und möglicherweise auch Zwerggrindwale.
Weitere Informationen, siehe Atlantischer Fleckendelfin

WISSENSCHAFTLICHER NAME

Stenella attenuata (Gray, 1846)
Informationen zum Gattungsnamen, siehe Atlantischer Fleckendelfin
Der Artname *attenuata* stammt vom lateinischen *attenuatus* und steht für „dünn, fein, verkleinert".
Es sind kleine, schlanke Delfine.

Sie können oft schon von Weitem an der Gischt auf dem Wasser erkannt werden.

Clymene-Delfin

Stenella clymene
—Clymene Dolphin

Körperlänge: adult 1,7–2 m
Gewicht: adult 75–90 kg; Männchen etwas schwerer
Körperform: stromlinienförmig, recht kräftig
Körperfarbe: dreigeteilte Körperfärbung: dunkelgrau-schwarzes Rücken-Cape, hellgraue Seiten und weiße oder blass-graue Bauchseite (ähnlich wie Spinner-Delfine); dunkelgraues bis schwarzes Cape reicht auf dem Rücken von der Melone bis an die hellgraue Schwanzwurzel; häufig Narben oder Wunden an Seiten (von Plätzchenstecher-Leuchthaien, *Isistius brasiliensis*)
Kopf: flach abfallende Melone; hellgrauer streifen von den Augen zu den Flippern; Augen von einem dunklen Ring umgeben
Schnabel: durch Falte deutlich von Melone abgesetzt; Schnauzenspitze und „Lippen" schwarz; dunkelgrauer Streifen von der Schnabelspitze zur Melone auf Schnabeloberseite; hellgraue Linie entlang des Schnabels (erinnert an dünnen „Bart"); Unterkiefer unterschiedlich hell bis weiß
Blas: unscheinbar
Blasloch: 1, mittig
Flipper: überwiegend dunkel
Fluke: Hinterkante konkav, deutliche Einkerbung in der Mitte, überwiegend dunkel

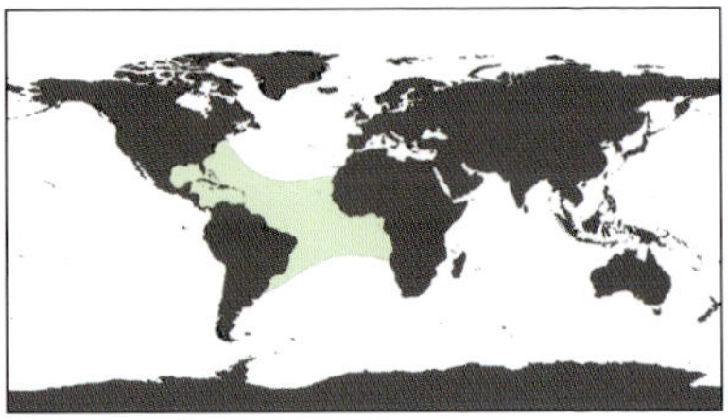

Rückenfinne: 15 cm hoch, leicht sichelförmig gebogen, in Relation zum Körper recht groß, überwiegend dunkel
Zähne: 72–98 je Kiefer; konisch, spitz

VERBREITUNGSGEBIETE

Clymene-Delfine leben ausschließlich im Atlantik, in tropischen und subtropischen Gewässern, beiderseits des Äquators. Nur selten werden sie auch in warm-gemäßigten Regionen des Atlantiks gesichtet. Sie bevorzugen tiefe Gewässer der offenen See mit Tiefen von 250–5.000 m und sind nur selten in Küstennähe zu finden.

Clymene-Delfine haben eine typische dreigeteilte Körperfärbung.

Sie nähern sich gern Booten und reiten kurze Zeit auf deren Bugwellen.

Die genaue Ausdehnung des Verbreitungsgebiets ist noch nicht eindeutig bestimmt, besonders im südlichen Teil. Das Verbreitungsgebiet erstreckt sich im nordwestlichen Atlantik etwa von Cape Cod (USA) bis etwa Santa Catarina (Südbrasilien) und im östlichen Atlantik von Mauretanien bis Angola (Afrika). Clymene-Delfine leben im Golf von Mexiko. Im Mittelmeer kommen sie nicht vor.

VERHALTEN

Clymene-Delfine gehören zu den am wenigsten erforschten Delfinen. Sie vollführen als einzige Delfin-Art ähnlich hohe Drehsprünge wie Spinner-Delfine. Allerdings sind sie weniger akrobatisch und sie drehen sich nicht so häufig um die eigene Achse.
Sie nähern sich Booten und reiten kurze Zeit auf deren Bugwelle. Sie leben in Gruppen von 60–80 Tieren mit engen sozialen Bindungen. Strandungen lassen darauf schließen, dass sie in den Gruppen nach Alter und Geschlechtern getrennt leben. In ergiebigen Nahrungsgebieten kann die Gruppengröße bis zu einigen hundert Individuen anwachsen. Sie vergesellschaften sich mit Spinner-Delfinen, Gemeinen Delfinen und anderen Delfinen.
Sie sind sehr kommunikativ. Ihre Pfiffe liegen in einem Frequenzbereich von 6–19 kHz.
Tiere im Golf von Mexiko schwimmen bei der Jagd meist gegen den Uhrzeigersinn (Konda *et al.*, 2019).

Weitere Informationen, siehe Pantropischer Fleckendelfin

TAUCHVERHALTEN

Clymene-Delfine können 200 m tief tauchen.
Clymene-Delfin und Spinner-Delfin:
Beide Arten tauchen meist in spitzem Winkel auf, sodass die Schnauzenspitze zuerst an der Oberfläche erscheint, erst dann folgt der Kopf, der Rücken und schließlich die Finne.

NAHRUNG

Über die Ernährung ist nicht viel bekannt. In den Mägen gestrandeter Clymene-Delfine konnten verschiedene Fische und Cephalopoden aus mittleren Tiefen nachgewiesen werden (bis etwa 200 m).
Weitere Informationen, siehe Gemeiner Delfin

HOT SPOTS

Meist in tiefen, küstenfernen Regionen des Atlantiks in Äquatornähe. Einige regelmäßige Sichtungen: im Golf von Mexiko (Karibik), südlich der Florida Keys, an der nordwestlichen Küste Afrikas und entlang der nordöstlichen Küste Südamerikas.

REPRODUKTION

Geschlechtsreife: ab etwa 1,7 m
Geburtsgröße: 0,8–1,2 m
Geburtsgewicht: etwa 10 kg

Clymene-Delfine haben eine stromlinienförmige, recht kräftige Körperform.

WISSENSWERTES

Der britische Zoologe John Edward Gray stellte bei der Untersuchung eines Schädels aus dem Natural History Museum in London große Ähnlichkeit mit dem Schädel der Spinner-Delfine fest. Dieser Schädel hatte jedoch weniger Zähne. Er schloss daraus, dass es sich um eine andere Art handeln müsse. Er nannte diese Art zunächst *Delphinus metis*. Allerdings hatte er diesen Namen zuvor schon einmal zur Beschreibung eines Schädels verwendet, der sich später als Schädel eines Großen Tümmlers herausstellte. Gray gab dieser Art daraufhin den Artnamen *Delphinus clymene*.

Die Beschreibung als eigenständige Art wurde anfangs von vielen Taxonomen angefochten. Von der Erstbeschreibung durch Gray 1850, bis zur Neubestimmung 1981 wurde *Stenella clymene* (Clymene-Delfin) für eine Unterart von *Stenella longirostris* (Spinner-Delfin) gehalten, trotz ihrer Ähnlichkeit zu Streifendelfinen. Erst 1981, als die Untersuchungsergebnisse des Wissenschaftlers für Meeressäuger, William F. Perrin, veröffentlicht wurden, erfolgte die allgemeine Anerkennung von *Stenella clymene* als eigenständige Art (Perrin *et al.*, 1981).

Dr. Ana Rita Amaral von der Universität in Lissabon (Portugal) untersuchte 2014 DNA von 72 Tieren der drei ähnlichen Arten und kam zu dem Ergebnis, dass der Clymene-Delfin aus einer Kreuzung von Spinner-Delfinen *(S. longirostris)* und Streifendelfinen *(S. coeruleoalba)* entstand. Diese Hybriden produzierten lebensfähige und zeugungsfähige Nachkommen, die sich nur untereinander paarten und schließlich zu einer eigenständigen Art wurden. Aus organisatorischen Gründen wurde die Population der Clymene-Delfine in US Gewässern in zwei Sub-Populationen unterteilt: eine nördliche Population im Golf von Mexiko und eine westliche Nordatlantik-Population.

Clymene-Delfine verfangen sich in Thunfisch-Netzen vor den Küsten Westafrikas und landen versehentlich als Beifang in Fischernetzen vor Venezuela. Dort werden sie als Hai-Köder an Langleinen und zum menschlichen Verzehr genutzt. In der Karibik werden sie gelegentlich mit Harpunen gejagt, besonders vor St. Vincent und den Kleinen Antillen. Große Haie und Schwertwale sind ihre einzigen natürlichen Feinde.

Weitere Informationen, siehe Atlantischer Fleckendelfin

WISSENSCHAFTLICHER NAME

Stenella clymene (Gray, 1850)

Informationen zum Gattungsnamen, siehe Atlantischer Fleckendelfin

Der Artname *clymene* ist die lateinisierte Form des griechischen *Klymene* und bezieht sich auf Klymene, die Tochter von Okeanis und Tethys aus der griechischen Mythologie (nach Moreford & Lenardon, 1977; Ranneft *et al.*, 2001).

Spinner-Delfin
Stenella longirostris
—Long-snouted Spinner Dolphin

Körperlänge: adult 1,3–2,4 m (max.: Weibchen 2,1 m, Männchen 2,4 m)
Gewicht: adult 59–82 kg (max.: Weibchen 65 kg, Männchen 82 kg)
Körperform: sehr schlank
Körperfarbe: Rücken: normalerweise dunkelgrau (dunkelgraues Rückencape nicht immer vorhanden); Seiten: heller (vom Kopf bis zur Schwanzwurzel); Bauch: weiß oder hellgrau; Besonderheit: große Variationsbreite bei Körperlänge und Farbmuster (abhängig vom jeweiligen Verbreitungsgebiet: allein im Pazifik werden 4 verschiedene, geografisch voneinander getrennte Formen unterschieden (variieren in Größe von 1,4–2,4 m):
Hawaiianische Form: größte Form (2,4 m); charakteristische, dreigeteilte Körperfärbung; leicht gekrümmte Rückenfinne, Männchen haben fast keine betonte Wölbung des Bauches am Kiel vor der Schwanzflosse
Östliche Form: die kleinste Form (1,4 m); einfarbige Körperfärbung
Weißbauch-Form: Hybride von zwei Unterarten (*S. l. longirostris* und *S. l. orientalis*); besonders variabel bezüglich ihres Farbmusters und der Körperlänge
Zentralamerikanische Form: bis zu 2 m Körperlänge (mittelgroße Form); einfarbige Körperfärbung
Zentralamerikanische und Östliche Form: dunkelgrau mit einigen unterschiedlich großen Aufhellungen im Bereich der Kehle, der Genitalien und hinter den Flippern; Männchen: stehende, dreieckige Rückenfinne (gelegentlich sogar leicht nach vorne geneigt); betonte Wölbung des Bauches am Kiel vor der Schwanzflosse

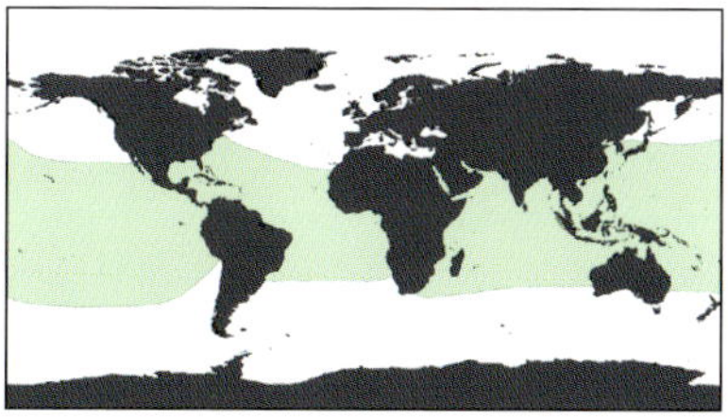

Kopf: flache Melone
Schnabel: lang, dünn, durch Falte deutlich von Melone abgesetzt; Schnabelspitze dunkel; Oberkiefer dunkelgrau, Unterkiefer weiß; dunkelgrauer Streifen (verschmilzt mit dunkler Mundlinie) verläuft in gerader Linie über die Augen zu den Brustflossen
Blas: unscheinbar
Blasloch: 1, mittig
Flipper: auffallend lang und spitz, dunkel
Fluke: Hinterkante leicht konkav, kleine Einkerbung in der Mitte, nach hinten gebogene spitze Enden, dunkel
Rückenfinne: dreieckig, steht aufrecht (nicht sichelförmig nach hinten gekrümmt), bei ausgewachsenen Männchen ist sie manchmal etwas nach vorne geneigt, dunkel
Zähne: Oberkiefer: 84–128, Unterkiefer: 82–124; klein, konisch (neben Gemeinen Delfinen und La-Plata-Delfinen die meisten Zähne aller Cetaceen)
Lebensalter: 20 Jahre

Der charakteristische lange Schnabel ist deutlich von der flachen Melone abgesetzt.

VERBREITUNGSGEBIETE

Sie leben in tropischen und subtropischen Gewässern des Atlantiks, des Pazifiks und des Indischen Ozeans, von 30 °N bis 40 °N und 20 °S bis 40 °S. Meist leben sie im tiefen Freiwasser, kommen aber auch in Küstennähe und an ozeanischen Inseln vor. In Küstennähe bevorzugen sie steil abfallende Küsten.

Es werden 4 Unterarten anerkannt:

S. l. longirostris (Gray, 1828): Gray's Spinner-Delfin, hauptsächlich an Hochsee-Inseln im tropischen Atlantik, im Indischen Ozean sowie im westlichen und zentralen Pazifik bis etwa 145 °W (Rice, 1998). Adulte Weibchen erreichen eine Körperlänge von 1,39–2,04 m, Männchen von 1,6–2,08 m.

S. l. orientalis Perrin, 1990: Östlicher Spinner-Delfin, offene See im tropischen Ostpazifik etwa 145 °W, von 24 °N vor der Baja California (Mexiko) bis 10 °S vor Peru (Perrin, 1990). Adulte Weibchen erreichen eine Körperlänge von 1,52–1,93 m, Männchen 1,6–1,99 m.

S. l. centroamericana Perrin, 1990: Zentralamerikanischer Spinner-Delfin, Küstengewässer über dem Kontinentalschelf vom Golf von Tehuantepec (Südmexiko) bis Costa Rica (Perrin, 1990). Adulte Weibchen erreichen eine Körperlänge von 1,57–1,98 m, Männchen 1,6–2,4 m.

S. l. roseiventris (Wagner, 1846): Zwerg Spinner-Delfin, flache Gewässer Südostasiens, auch im Golf von Thailand, der Timor- und der Arafurasee (vor Nordaustralien) und ähnlich flachen Gewässern vor Indonesien und Malaysia. Adulte Tiere erreichen eine maximale Körperlänge von 1,58 m.

VERHALTEN

Die Gruppengröße variiert von einigen Delfinen bis zu 200 Individuen mit enger sozialer Bindung. Bei sehr guten Nahrungsbedingungen können Ansammlungen von über 1.000 Tieren entstehen („Mega-Pods"). Innerhalb der großen Gruppen gibt es kleine Familiengruppen. Männchen bilden Gruppen mit bis zu 12 Tieren, der Grund dafür ist unbekannt. Spinner-Delfine erreichen Geschwindigkeiten von mehr als 20 km/h.

Die Kommunikation untereinander ist besonders hoch entwickelt und wird als Zeichen der engen, sozialen Bindungen angesehen. Spinner-Delfine sind bekannt für spektakuläre Drehsprünge. Dabei springen sie bis 3 m hoch aus dem Wasser und drehen sich dabei bis zu 14 Mal um die eigene Längsachse. Der genaue Grund für diese Drehsprünge ist nicht bekannt. Diese „Spinnings" dienen möglicherweise einer Art von „territorialer Kommunikation" (z. B. um die Anwesenheit zu bekunden). Die unterschiedlichen Wasserverwirbelungen durch die Drehung, die beim Eintauchen im Wasser entstehen, könnten bei weit verstreuten Gruppen als Echolokalisations-Ziel über größere Entfernungen dienen. Es könnte aber auch das Resultat von Warnverhalten sein, mit sozialer Funktion oder möglicherweise einfach nur ein Ausdruck von Verspieltheit.

Sie reiten häufig auf den Bugwellen von Booten. Manchmal kommen sie dafür sogar aus großer Entfernung mit weiten Sprüngen herangeeilt. In einigen Regionen sind sie dagegen eher scheu und nähern sich Booten nur selten: z. B. im tropischen Ostpazifik wo sie von den Fischern belästigt wurden (sie kreisen die Delfine ein, um die Thunfische unter ihnen zu fangen) und in der Karibik (Kleine Antillen).

Spinner-Delfine verbringen die Nacht mit der Jagd auf hoher See und ruhen tagsüber. Um Hawaii schließen sie

Spinner Delfine ruhen tagsüber in geschützten Buchten und Lagunen.

sich zu großen Gruppen von mehreren hundert Tieren zusammen, wenn sie zur nächtlichen Jagd ins offene Meer schwimmen. Bei ihrer Rückkehr teilen sie sich in kleinere Gruppen von einigen Dutzend, um in den Buchten und Lagunen zu ruhen und zu sozialisieren („fission-fusion society", Trennungs- und Vereinigungs-Gruppen).
Von einigen Populationen ist bekannt, dass sie zum Ausruhen in geschützte Lagunen schwimmen (in Küstennähe, häufiger jedoch innerhalb von Riffen auf hoher See). Diese Lagunen sind flach, haben einen sandigen Grund und sind vor der Brandung geschützt. Räuber haben häufig Angst, in flache Gewässer zu schwimmen, und wenn es trotzdem gelegentlich vorkommt, können sie wegen des hellen Untergrundes in den Lagunen rechtzeitig von den Delfinen gesehen werden. Oft säugen Mütter ihre Kälber während des Ruhens. Es ist extrem wichtig, dass sie in dieser Zeit entspannt und ungestört sind!
Weitere Informationen über den Atemreflex beim Schlafen, siehe Großer Tümmler
Weitere Informationen, siehe Pantropischer Fleckendelfin

TAUCHVERHALTEN

Spinner-Delfine können 600 m tief tauchen, möglicherweise auch tiefer (Dolar *et al.*, 2003).
Weitere Informationen, siehe Clymene-Delfin

NAHRUNG

Spinner-Delfine ernähren sich vorwiegend von Fischen (kleiner als 20 cm) aus mittleren Tiefen und Tintenfischen aus größeren Tiefen. Anglerfische und andere kleine bis mittelgroße Fische jagen sie in Tiefen von 200–600 m (möglicherweise tiefer).
Weitere Informationen, siehe Gemeiner Delfin

HOT SPOTS

Tropischer Pazifik: häufig um Hawaii (z. B. Kealakekua-Bucht, Kona, Hawaii-Spinner), bis 150 km vor der westlichen Küste Mittelamerikas (Zentralamerikanische Spinner), südlich der Baja California (Mexiko) bis zum Äquator, im offenen Meer bis zum 125 °W (Ostpazifischer Spinner), vor Japan und Fidschi
Atlantik: brasilianische Inselgruppe Fernando de Noronha (Noronha-Spinner), im nördlichen Golf von Mexiko
Indischer Ozean: Malediven
Rotes Meer (Ägypten)**:** Gebiete, in denen sie tagsüber ruhen: Samadai Riff (südlich von Marsa Alam), Satayah Riff (südlich von Hamata) und Abu Fandira (bei Shalatin, seltener). Der Massentourismus an einigen Riffen vor Hurghada stellt ein großes Problem für die Tiere dar. Eine vierte Region ist „geheim" (militärisches Sperrgebiet).
Weiterer Spot: vor der Küste des Sudans

REPRODUKTION

Geschlechtsreife: Weibchen ab 4–7 Jahre, Männchen ab 7–10 Jahre, 1,3–2,35 m, 23–80 kg

Nachmittags verlassen sie die geschützten Buchten und gehen nachts auf Jagd.

Paarungszeit: ganzjährig
Geburtszyklus: alle 3 Jahre 1 Kalb
Tragzeit: 10–11 Monate
Geburtsgröße: 0,75–0,8 m
Säugezeit: 12–24 Monate
Promiskuitives Paarungsverhalten; aufeinander folgende Paarungen dauern nur kurze Zeit.

WISSENSWERTES

Der britische Zoologe John Edward Gray beschrieb diese Art erstmals 1828 als *Delphinus longirostris* anhand eines Schädels unbekannter Herkunft.
Der alte deutsche Populärname „Ostpazifischer Delfin" ist irreführend. Sie sind nicht nur im Ostpazifik, sondern in allen tropischen Weltmeeren, vom Indischen Ozean über den Pazifik bis zum Atlantik, verbreitet. Der später eingedeutschte Populärname „Spinner-Delfin" ist weitaus zutreffender. Er stammt vom englischen Namen „Spinner Dolphin" (Kreisel-Delfin) und beschreibt die Drehsprünge.
In den späten 1960er und 1970er Jahren wurden sie besonders wegen ihrer Funktion beim Thunfisch-Fang im tropischen Ostpazifik bekannt. Fischer nutzen dort Spinner-Delfine, um Thunfischschwärme zu finden. Sehr zum Schaden der Delfine, die sich oft in den Netzen verfangen. Große Haie, Schwertwale und möglicherweise auch Kleine Schwertwale, Zwerggrindwale und Gewöhnliche Grindwale zählen zu ihren natürlichen Feinden.

WISSENSCHAFTLICHER NAME

Stenella longirostris (Gray, 1828)
Informationen zum Gattungsnamen, siehe Atlantischer Fleckendelfin
Die Artbezeichnung *longirostris* bedeutet so viel wie „langschnäuzig" und leitet sich ab vom lateinischen *longus (longum)*, für „lang" und *rostrum* für „Schnabel". Diese Doppelbezeichnung soll auf ihren langen Schnabel hinweisen.

Streifendelfin
Stenella coeruleoalba
—Striped Dolphin

Körperlänge: adult 1,8–2,7 m (max.: Weibchen 2,5 m, Männchen 2,7 m)
Gewicht: adult 75–160 kg (max.: Weibchen 150 kg, Männchen 160 kg)
Körperform: recht kräftig
Körperfarbe: Rücken: vom Schnabel bis an die Schwanzwurzel dunkelgrau, blaugrau oder bräunlichgrau; Bauch: weiß-pinkfarben, durch auffälligen, dünnen, dunklen Steifen (namensgebende Streifen, variieren je nach Population geringfügig) von hellgrauen Seiten getrennt (Streifen verläuft vom Auge bis zur Analgegend), zweiter dunkler Streifen verbindet die Augen und Brustflossen, zwischen diesen beiden Linien laufen eine oder mehrere kurze, dunkle Linien oberhalb der Flipper aus; schwarze Augenbinde und Seitenstreifen variieren geringfügig; hellgraue Seiten verlaufen von Stirn nach hinten und teilen sich unterhalb Rückenfinne flammenförmig auf; oberer Teil reicht in dunkles Rückencape hinein, unterer Teil umfasst gesamte Schwanzwurzel; Kälber gleiches Farbmuster
Kopf: leicht abfallende, runde Melone
Schnabel: dunkel, relativ kurz, durch Falte deutlich von Melone getrennt
Blas: unscheinbar
Blasloch: 1, mittig
Flipper: überwiegend dunkelgrau bis schwarz

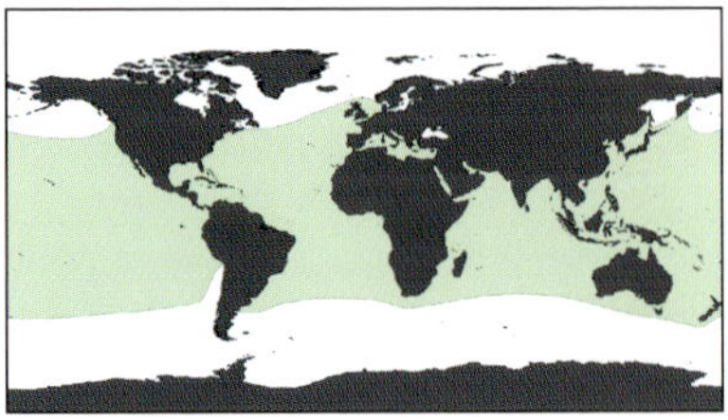

Fluke: beidseitig hellgrau; Hinterkante konkav, leichte Einkerbung in der Mitte
Rückenfinne: groß, stark sichelförmig gebogen
Zähne: 80–110 je Kiefer; klein, konisch
Lebensalter: 58 Jahre

VERBREITUNGSGEBIETE

Streifendelfine sind unter den Delfinen der Gattung *Stenella* am weitesten verbreitet. Sie kommen in allen Weltmeeren, in warmen Gewässern, von 50 °N bis 40 °S vor, bevorzugt in tropischen und subtropischen Gewässern, selten auch in den warm-gemäßigten Zonen (10–26 °C, meist 18–22 °C). Sie leben in nährstoffreichen,

Der namensgebende dunkle Streifen verläuft vom Auge bis zur Analgegend.

Streifendelfine sind sehr oberflächenaktiv und vollführen oft weite Sprünge.

tiefen, offenen Gewässern mit Aufwärtsströmungen, jenseits des Kontinentalschelfs, und nähern sich nur Küsten oder ozeanischen Inseln mit steil abfallenden Uferzonen. Einige Exemplare wurden außerhalb des üblichen Verbreitungsgebietes bis zu den Färöer-Inseln, Südgrönland und den Prince Edward-Inseln gesichtet.

VERHALTEN

Streifendelfine leben meist in Gruppen von 10–30 Individuen in engen sozialen Bindungen. Bei sehr guten Nahrungsbedingungen können Ansammlungen von einigen hundert (selten bis zu 500 oder sogar bis zu 1.000) Tieren entstehen („Mega-Pods"). Großen Gruppen bestehen aus kleineren sozialen Einheiten. Möglicherweise erfolgt in den Gruppen eine Trennung nach Geschlechtern.

Sie gelten als sehr oberflächenaktive, schnelle Schwimmer (über 20 km/h). Sie können bis zu 7 m hoch aus dem Wasser springen. Dabei bewegen sie die Fluke auch in der Luft in einer kraftvollen Kreisbewegung weiter („roto-tailing"). Sie reiten häufig auf der Bugwelle von Booten, außer im tropischen Ostpazifik. Dort fliehen sie normalerweise mit hoher Geschwindigkeit vor Booten.

Vor Japan, wo sie besonders gut erforscht wurden, konnten saisonale Wanderungen beobachtet werden. Den Winter verbringen sie dort im Ostchinesischen Meer, den Sommer im offenem Nordpazifik. Saisonale Wanderungen in anderen Gebieten sind nicht bekannt. Sie könnten jedoch in Abhängigkeit zu warmen Strömungen und/oder zum Nahrungsaufkommen stehen.

TAUCHVERHALTEN

Die normale Tauchzeit beträgt 5–10 min, kann aber auch über 15 min betragen. Die maximale Tauchtiefe liegt bei 200–700 m.

NAHRUNG

Streifendelfine ernähren sich von einer Vielzahl verschiedener Schwarmfische und Cephalopoden, die sie sowohl im Freiwasser, als auch am Boden jagen. Sie bevorzugen Kabeljau, Laternenfische und Makrelen, die sie in Tiefen von 200–700 m jagen. Die Fische sind meist kleiner als 15 cm, die Cephalopoden kleiner als 20 cm. Magenanalysen lassen vermuten, dass sie vorwiegend abends und zu Beginn der Nacht jagen.

Weitere Informationen, siehe Gemeiner Delfin.

HOT SPOTS

Westliches Mittelmeer: häufigste Delfinart
Atlantik: Azoren, in der Biskaya und im Golf von Mexiko
Pazifik: vor Papua-Neuguinea, Salomon-Inseln und Japan, an den Küsten Amerikas vor Kalifornien, Oregon, Washington (Staat) und Hawaii
Indischer Ozean: vor den Küsten von Mosambik und Südafrika

REPRODUKTION

Geschlechtsreife: Weibchen ab 5–13 Jahre, Männchen ab 7–15, ab einer Körperlänge von 1,8 m, meist 2,1–2,2 m
Paarungszeit: im Sommer und Herbst (im Mittelmeer Herbst-Anfang Winter)
Geburtszyklus: alle 3–4 Jahre 1 Kalb

Streifendelfine sind sehr schnelle Schwimmer (über 20 km/h).

Tragzeit: 12–13 Monate
Geburtsgröße: 0,9–1 m
Geburtsgewicht: 7–11 kg
Säugezeit: 12–18 Monate
Ihr Paarungsverhalten ist möglicherweise polygyn. Geburten und Säugen der Kälber finden in Gruppen von bis zu 30 Tieren statt.

WISSENSWERTES

Der erste Streifendelfin wurde vor der südamerikanischen Ostküste in der Nähe des Rio de la Plata (Argentinien) gefangen. 1833 nannte der deutsche Zoologe Franz Julius Meyen diese Art zunächst *Delphinus coeruleoalba*. Nach 1866, als der britische Zoologe John Edward Gray den Gattungsnamen *Stenella* einführte, wurde die Art in *Stenella coeruleoalba* umbenannt und der Gattung *Stenella* zugeordnet. Wegen der vielen Farbvariationen war die Systematik der Streifendelfine recht verwirrend. In der Vergangenheit gab es eine Vielzahl von Namen, die sich jedoch nicht durchsetzen konnten.
Der deutsche Populärname „Blau-Weißer Delfin" (an den lateinischen Artnamen *S. coeruleoalba* angelehnt) ist irreführend, denn nur wenige Tiere haben eine blau-weiße Seitenfärbung. Im östlichen tropischen Pazifik werden sie von Biologen und Fischern „Streakers" („Flitzer") genannt, weil sie vor Booten mit hoher Geschwindigkeit fliehen. In amerikanischen Gewässern werden sie in 4 Populationen unterteilt: die Kalifornien-Oregon-Washington-Population, die Hawaii-Population, die Golf von Mexiko-Population und eine Population im westlichen Nordatlantik.
In Japan werden Streifendelfine schon seit Jahrhunderten wegen des Fleisches getötet. In einigen Regionen können sie zahlreich auftreten (25 °N bis 41 °N und 135 °E bis 180 °E, von August bis September), während ihr Bestand in anderen Gebieten Anlass zur Sorge bereitet.
Im Mittelmeer und im Pazifik werden sie in großer Anzahl unbeabsichtigt in den Treibnetzen der Thunfisch-Fangflotten gefangen und getötet. Das Fettgewebe der Streifendelfine, die im Mittelmeer und vor Japan leben, ist sehr stark mit PCB und DDT, den beiden größten Organochlor-Pestiziden, belastet. Streifendelfine gehören zu den am meisten mit Umweltgiften kontaminierten Säugetieren.

WISSENSCHAFTLICHER NAME

Stenella coeruleoalba (Meyen, 1833)
Informationen zum Gattungsnamen, siehe Atlantischer Fleckendelfin
Der Artname *coeruleoalba* steht für „blau-weiß" und setzt sich zusammen aus dem lateinischen *caeruleus (coeruleus = caeruleus)* für „wie der Himmel, dunkelblau" und *albus* für „weiß".

Borneodelfin
Lagenodelphis hosei
—Fraser's Dolphin

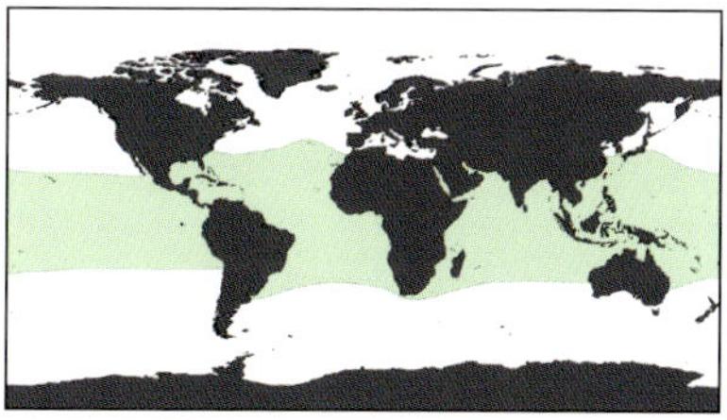

Körperlänge: adult 2,1–2,7 m (max.: Weibchen 2,64 m, Männchen 2,7 m)
Gewicht: adult 160–210 kg (max.: Weibchen 160 kg, Männchen 210 kg)
Körperform: recht kräftig
Körperfarbe: Rücken und Seiten: größtenteils graubraun bis schwarz oder blaugrau; Bauch und Kehle: creme- bis pink-weiß; an den dunklen Seiten charakteristisches, grau-cremefarbenes Band mit unterschiedlicher Breite von Melone in leichtem Bogen über das Auge bis zur Analgegend (verliert zur Schwanzwurzel hin etwas an Intensität); wird durch schwarzes Band mit variabler Breite betont, umschließt die Augen und verläuft bis zur Analgegend unterhalb der hellen Linie (erinnert an eine „Räuber-Maske", bei Männchen stärker ausgebildet); je ein weiteres dunkles Band von den Mundwinkeln bis zu Brustflossen, Intensität und Kontrast dieser Streifen können, je nach Alter und Geschlecht, sehr stark variieren; Brustflossen, Rückenfinne und Schwanzflosse einheitlich blaugrau bis graubraun; Kälber etwas blassere Färbung
Kopf: flach abfallende Melone
Schnabel: deutlich abgesetzt, kurz, dick; Oberkiefer und Spitze des Unterkiefers dunkel, restlicher Unterkiefer cremeweiß
Blas: unscheinbar
Blasloch: 1, mittig
Flipper: klein, spitz
Fluke: klein, Hinterkante konkav mit leichter Einkerbung in der Mitte
Rückenfinne: fast dreieckig, nur wenig gekrümmt, sehr klein
Zähne: 72–88 je Kiefer; klein, spitz, konisch
Lebensalter: mind. 19 Jahre

VERBREITUNGSGEBIETE

Sie leben in allen tropischen und warm-gemäßigten Meeren, zwischen 30 °N und 30 °S. In seltenen Fällen kommen sie auch jenseits 30 °N bis 30 °S vor. Borneodelfine trifft man vorwiegend in offenen Gewässern mit Tiefen von über 1.000 m und vor ozeanischen Inseln mit steil abfallender Küste an. Nur sehr selten werden sie in flachen Gewässern und in Küstennähe gesichtet. Bei Indonesien, den Kleinen Antillen (Karibik) sowie vor den Philippinen (am südlichen Ende der Straße von Bohol) nähern sie sich bis auf 100 m der Küste. Im östlichen tropischen Pazifik steht ihr Erscheinen oft in Verbindung mit Aufwärtsströmungen.

Borneodelfin, *Lagenodelphis hosei*

Borneodelfine schwimmen nur selten neben Booten her.

VERHALTEN

Über das Verhalten der scheuen Borneodelfine ist bis heute nur sehr wenig bekannt. Sie leben bevorzugt in Gruppen von 10–100 Tieren. In ergiebigen Nahrungsgründen und bei Wanderungen können sich Ansammlungen von 1.000 oder mehr Individuen bilden. Auch über ihre Sozialstruktur ist nur wenig bekannt. Sie sind gelegentlich an Massenstrandungen beteiligt.
Sie sind Booten gegenüber eher scheu. Wenn sich ein Boot nähert, schwimmen sie schnell weg oder suchen engen Kontakt zu Artgenossen. Dabei zeigen sie oft ein sehr aktives Verhalten an der Oberfläche. Vor den Philippinen reiten sie gelegentlich auf der Bugwelle von langsamen Booten (weniger als 3 Knoten / 5,5 km/h). Auch vor der Küste Natals (Brasilien) und Südafrikas schwimmen sie manchmal neben Booten her oder reiten kurz auf deren Bugwelle, wenn sie sich in einer großen Gruppe befinden. Sie ergreifen jedoch die Flucht, wenn das Schiff die Geschwindigkeit ändert. Borneodelfine vergesellschaften sich mit anderen Cetaceen (Rundkopfdelfinen, Breitschnabel-Delfinen, Kleinen Schwertwalen, Pantropischen Fleckendelfinen und Streifendelfinen).

TAUCHVERHALTEN

Borneodelfine können über 6 min lang und 600 m tief tauchen (möglicherweise tiefer).

NAHRUNG

Magenanalysen gestrandeter Borneodelfine ergaben, dass sie sich von Fischen, Krabben und Cephalopoden aus mittleren Tiefen ernähren. Sie jagen ihre Beute nachts, hauptsächlich in Tiefen von 250–600 m. Gelegentlich konnte beobachtet werden, dass sie auch in Oberflächennähe fressen.
Weitere Informationen, siehe Gemeiner Delfin

HOT SPOTS

Häufig im Pazifik, entlang des Äquators vor Hawaii und dem Golf von Kalifornien (Mexiko), vor Taiwan, im Indischen Ozean bei Madagaskar, Sri Lanka, Malediven, im

Norden vor der Ostküste Südafrikas. Bei Indonesien, den Kleinen Antillen (Karibik), Fidschi sowie vor Philippinen (am südlichen Ende der Straße von Bohol) bis 100 m vor der Küste.

REPRODUKTION

Geschlechtsreife: Weibchen ab 5–8 Jahre; ab 2,1 m, Männchen ab 7–10 Jahre; ab 2,3 m
Geburtszyklus: etwa alle 2 Jahre 1 Kalb
Tragzeit: 11–12,5 Monate
Geburtsgröße: 0,9–1,1 m
Geburtsgewicht: 18 kg
Kälber ernähren sich im Alter von 3–6 Monaten, zumindest teilweise, eigenständig von Fischen.

WISSENSWERTES

Der britische Walforscher Francis Charles Fraser beschrieb diese Art erstmals 1955 an einem Schädel, den der britische Zoologe Dr. Charles Hose 1895 eingesammelt hat. Er stammte von einem Delfin, der am Strand von Sarawak (Borneo) angespült wurde. Der Schädel wies sowohl Merkmale der Gattung *Lagenorhynchus*, als auch der Gattung *Delphinus* auf. Er nannte diese Gattung deshalb *Lagenodelphis*.
Der Schädel und das Skelett (Holotypus) waren lange Zeit der einzige Nachweis dieser Art. Sie galt als ausgestorben. Bis 1971, in weit voneinander entfernten Gebieten, die ersten lebenden Exemplare gesichtet wurden: in der Nähe der Cocos-Insel (Costa Rica), vor Südafrika und Südostaustralien. Durch den zunehmenden Waltourismus gab es in den letzten Jahren viele Sichtungen, sodass man heute von einem größeren Bestand ausgeht, als einst vermutet wurde. 1973 wurde bei Untersuchungen eine nähere Verwandtschaft mit Fleckendelfinen der Gattung *Stenella* bestätigt.
Lange Zeit glaubte man, dass sich das Verbreitungsgebiet nur auf die tropischen Gewässer des Pazifiks und Indischen Ozeans beschränkt. Bis 1976 von dieser Art im Atlantik 3 Tiere am Strand von St. Vincent (Karibik) gefunden wurden. 1986 wurden in Florida weitere 17 Schädel entdeckt. In Jahre 1984 wurden die bislang einzigen Borneodelfine an der Küste der Bretagne entdeckt (die bis heute nördlichste Sichtung). Von etwa 30 Tieren strandeten 11.
Sie erzeugen Pfiffe von 4–24 kHz, mit einer Dauer von 0,06–2 sec (in der Karibik und im östlichen tropischen Pazifik). Borneodelfine werden im Indopazifik noch für den menschlichen Verzehr gejagt. Große Haie und Schwertwale gehören zu den natürlichen Feinden der Borneodelfine.

WISSENSCHAFTLICHER NAME

Lagenodelphis hosei Fraser, 1956
Der Gattungsname *Lagenodelphis* leitet sich vom lateinischen *lagena* für „große Flasche" und dem griechischen *delphis* für „Delfin" ab. Der Artname *hosei* bezieht sich auf Dr. Charles Hose, der den Schädel eines Delfins, der 1895 an den Strand von Sarawak (Borneo) gespült wurde, eingesammelt hat (Leatherwood & Reeves, 1983). Das angehängte *i* zeigt die Zugehörigkeit an.

Borneodelfine haben eine recht kräftige Körperform.

Rauzahndelfin
Steno bredanensis
—Rough-Toothed Dolphin

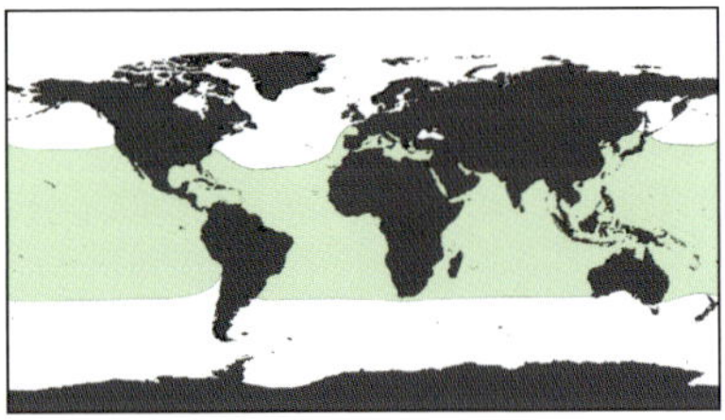

Körperlänge: adult 2,1–2,8 m (max.: Weibchen 2,55 m, Männchen 2,8 m)
Gewicht: adult 130–155 kg (max.: Männchen 155 kg)
Körperform: kräftig, einige Männchen mit betonter Wölbung des Bauches am Kiel vor der Schwanzflosse, Weibchen in Relation zum Körper längerer Schnabel
Körperfarbe: sehr variabel, im Wesentlichen schwarz (Rücken), grau (Seiten) und weiß (Bauch); Rücken: schmaler, dunkelgrau-schwarzer Sattel (etwas dunkler als dunkelgraue Seiten); weiße oder pink-weiße Bauchseite; auf grauen Seiten charakteristische, kreisrunde oder ovale, pinkfarbene bis gelbweiße Flecken (Narben von Plätzchenstecher-Leuchthaien, *Isistius brasiliensis*)
Kopf: einzigartige, konische, lang gezogene Kopfform, fließender Übergang von Melone zu Schnabel
Schnabel: bildet Verlängerung der flachen Stirn; nicht durch Einkerbung abgesetzt
Blas: unscheinbar
Blasloch: 1, mittig
Flipper: spitz, sichelförmig gekrümmte Vorderkante, recht groß (17–19 % der Körperlänge), schwarz
Fluke: Hinterkante konkav, deutliche Einkerbung in der Mitte, schwarz
Rückenfinne: relativ groß, hoch, nur wenig sichelförmig gekrümmt, schwarz
Zähne: 38–56 je Kiefer; groß, konisch, senkrecht gefurcht (wirken wie aufgeraut, die einzigen Cetaceen mit senkrechten Rillen auf Zahnschmelz – Populärname)
Lebensalter: etwa 32–35 Jahre (möglicherweise älter)

VERBREITUNGSGEBIETE

Rauzahndelfine sind Kosmopoliten und in allen tropischen, subtropischen und warm-gemäßigten Weltmeeren mit Wassertemperaturen über 22 °C verbreitet. Die Grenze liegt hauptsächlich um 40 °N und 35 °S.
Sie bevorzugen tiefe Gewässer der offenen See mit über 1.500 m Tiefe, jenseits des Kontinentalschelfs, sind aber auch über dem Kontinentalsockel und vor ozeanischen

Pinke Bauchseite mit charakteristischen kreisrunden, ovalen Flecken (Narben von Plätzchenstecher-Leuchthaien)

Inseln mit steilen Küsten verbreitet, nur selten trifft man sie in flacheren Küstengewässern (z. B. vor Flores in Brasilien und Mauretanien).
Sie sind auch in halb geschlossenen Meeren verbreitet: Nordsee (im Englischen Kanal), Mittelmeer, Golf von Mexiko (Karibik), Golf von Kalifornien (Mexiko) sowie im Roten Meer und im Golf von Thailand.

VERHALTEN

Bisher ist nur sehr wenig über das Verhalten von Rauzahndelfinen bekannt. Am besten erforscht sind sie im tropischen Ostpazifik. Dort leben sie bevorzugt in Gruppen von 10–20 Tieren mit enger sozialer Bindung (selten über 50 Tiere). Bei jahreszeitlichen Wanderungen können sich gelegentlich Ansammlungen von über 100 Tieren bilden. Je enger die Gruppen zusammen schwimmen, desto weniger Individuen produzieren Ultraschallrufe.
Die Gruppe lauscht dann den Rufen eines Gruppenmitglieds und orientiert sich daran. Innerhalb der Gruppen schwimmen sie recht eng und synchron mit gleicher Geschwindigkeit.
Sie schwimmen meist nicht besonders schnell und sind nicht sehr oberflächenaktiv. Sprungaktivitäten und Bugwellenreiten sind selten zu beobachten. Manchmal schwimmen sie mit gemäßigter Geschwindigkeit knapp unter oder an der Oberfläche, mit dem Kopf und dem Kinn knapp über Wasser und zeigen ein eindeutiges Abschöpf-Verhalten. Sie vergesellschaften sich mit Großen Tümmlern, Kurzflossen-Grindwalen, in der Sulusee mit Borneodelfinen und im östlichen tropischen Pazifik mit Gelbflossen-Thunfischen *(Thunnus albacares)*.
Bei Rauzahndelfinen wurde sehr ausgeprägtes epimelitisches Verhalten beobachtet. Der Biologe Fabian Ritter beobachtete vor der Insel La Gomera (Kanarische Inseln), wie ein Rauzahndelfin-Weibchen über 5 Tage ihr totes Neugeborenes an der Oberfläche hielt und dabei von einer Gruppe von Rauzahndelfinen unterstützt wurde.
Rauzahndelfine konnten erfolgreich in Gefangenschaft gehalten werden (West *et al.*, 2011). Sie lernten erstaunlich schnell neue Verhaltensweisen (Pryor *et al.*, 1969).
Gestrandete Tiere überleben normalerweise nicht lange. Trotzdem konnten einige wieder erfolgreich in die offene See geleitet werden.

TAUCHVERHALTEN

Sie können bis zu 15 min tauchen. Der tiefste gemessene Tauchgang war 70 m tief. Es wird jedoch allgemein angenommen, dass sie tiefer tauchen können, weil anatomische Anpassungen festgestellt wurden, die bei tief tauchenden Meeressäugern häufig vorkommen. Oft tauchen sie und erscheinen in entgegengesetzter Richtung an der Oberfläche.

NAHRUNG

Magenanalysen gestrandeter Rauzahndelfine lassen darauf schließen, dass sie sich hauptsächlich von pelagischen Fischen und Kalmaren der Hochsee sowie einigen Mollusken ernähren. Vor Hawaii wurde beobachtet, dass sie etwa 5 kg schwere Goldmakrelen, die sie möglicherweise kooperativ gejagt haben, untereinander geteilt

Innerhalb der Gruppen schwimmen sie recht eng und synchron mit gleicher Geschwindigkeit.

Langgezogene Kopfform, mit fließendem Übergang von Melone zum Schnabel

haben. Es wurde auch schon beobachtet, dass sie opportunistisch in der Nähe von aktiven Trawlern (Schleppnetzfischern) gefressen haben.

HOT SPOTS

Beste Sichtungsmöglichkeiten im Westpazifik vor Hawaii (ganzjährig ortstreu) und Ogasawara (Japan), im Atlantik vor den Bahamas-Inseln und den Kleinen Antillen (Karibik) und den Galapagos-Inseln

Nordatlantik: einige Sichtungen an den Küsten von Virginia, über Georgia und Florida bis zu den Karibischen Inseln und im nördlichen Golf von Mexiko (ganzjährig ortstreu)

Indischer Ozean: gelegentlich in Indonesien, im Golf von Bengalen, im Golf von Aden und um Südafrika. Auch an der Westküste Afrikas, der Elfenbeinküste, des Senegals und Mauretaniens

REPRODUKTION

Geschlechtsreife: Weibchen ab 10 Jahre; ab 2,1 m, Männchen ab 14 Jahre; ab 2,25 m (in japanischen Gewässern)

Geburtsgröße: 0,8–1 m

WISSENSWERTES

Rauzahndelfine waren lange Zeit nur durch einige Schädelfunde bekannt. Bereits 1817 wurden sie erstmals von dem französischen Zoologen Anselme Gaëtan Desmarest beschrieben und *Delphinus rostratus* genannt. Der französische Arzt und Naturwissenschaftler René Primevère Lesson (1828), der sich bei seiner Beschreibung auf Arbeiten von Cuvier und Zeichnungen von van Breda stützte, schlug den Namen *Delphinus bredanensis* vor. 1846 stellte der britische Zoologe John Edward Gray, beeinflusst durch den schmalen Schnabel, die Gattung *Steno* auf.

1960 stellten der britische Walforscher Francis Charles Fraser und Purves die Gattungen *Steno*, *Sousa* und *Sotalia* zur Familie der *Stenidae*. Nach der Auffassung der meisten Systematiker gehören sie in die Familie der *Delphinidae* und werden dort in der Unterfamilie der Langschnauzendelfine, *Stenoninae* zusammengefasst. Neuere genetische Analysen belegen eine Verwandtschaft mit *Sotalia* in der Unterfamilie *Stenoninae*, aber nicht mit *Sousa*, die phylogenetisch zur Unterfamilie *Delphininae* gehören.

Rauzahndelfine erzeugen Pfeiftöne zur Kommunikation und Klicks, die der Echolokalisation dienen, die bis in den Frequenzbereich von 200 kHz reichen. In Japan, Indonesien und den Antillen (Karibik) werden sie gejagt. Rauzahndelfine sind auffallend häufig an Massenstrandungen beteiligt.

WISSENSCHAFTLICHER NAME

Steno bredanensis (Lesson, 1828)

Leatherwood und Reeves sind der Meinung, dass sich der Gattungsname *Steno* vom griechischen *stenos* für „eng, schmal, zusammengedrückt" ableitet. In einiger Literatur findet sich eine zusätzliche Erklärung für den Gattungsnamen *Steno*. Hiernach soll diese Gattung zu Ehren des im 17. Jahrhundert sehr berühmten dänischen Anatomen und Autoren Dr. Nikolaus Steno benannt worden sein (Ranneft *et al.*, 2001).

Der Artname *bredanensis* setzt sich aus *breda* und dem lateinischen *ensis* für „gehört zu" zusammen. *Breda* steht zu Ehren des Künstlers van Breda. Er fertigte als Erster eine Zeichnung von einem 1823 in Brest gestrandeten Tier an und schickte diese Zeichnung an den französischen Naturforscher Georges Baron de Cuvier.

Atlantischer Buckeldelfin
Sousa teuszii
—Atlantic Humpback Dolphin

Körperlänge: adult 2,4–2,8 m
Gewicht: adult 250–284 kg
Körperform: ziemlich kräftig, mittelgroß, kräftiges Aussehen durch 2 fleischige Lappen bzw. kielartige Leisten an Ober- und Unterseite der Schwanzwurzel
Körperfarbe: Rücken und Seiten: gleichmäßig schiefergrau; Bauchseite: hellgrau bis weißlich; je nach Lichteinfall kann Körperfarbe gelegentlich bräunlich wirken; einige Individuen haben dunkle Flecken an Schwanzwurzel und an Basis der Rückenfinne sowie einige weiße Narben auf Rücken und Rückenfinne; Jungtiere: hellere Körperfarbe, wird im Alter dunkler
Kopf: runde Melone fällt leicht nach vorne zum Schnabel ab, sehr flache Falte am Übergang von Melone zum Schnabel
Schnabel: lang, schlank, deutlich abgesetzt
Blas: unscheinbar
Blasloch: 1, mittig
Flipper: recht breit, abgerundete Spitzen

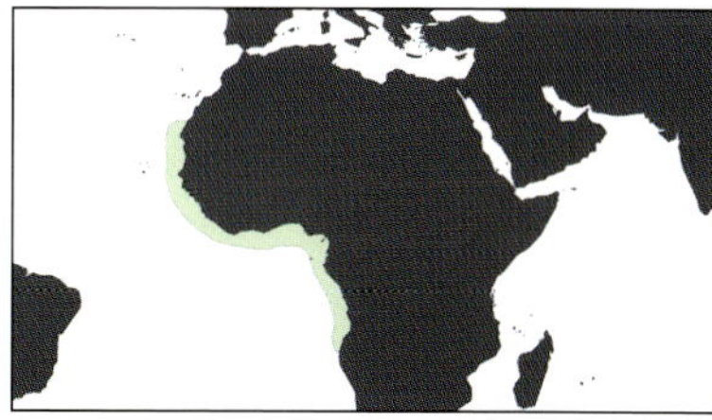

Fluke: stark ausgeprägt, konkave Hinterkante, deutliche Einkerbung in der Mitte
Rückenfinne: klein, sichelförmig gekrümmt, variiert in Form, sitzt auf stark ausgeprägtem Buckel mit breiter Basis (etwa 30 % der Körperlänge, Ursache für Populärname „Buckeldelfin"); (Spitze abgerundeter als bei Bleifarbenen Buckeldelfinen)

Den Populärnamen verdanken sie dem ausgeprägten Buckel.

Atlantische Buckeldelfine sind langsame Schwimmer und verweilen oft träge an der Oberfläche.

Zähne: Oberkiefer: 54–64, Unterkiefer: 52–62; kräftig
Lebensalter: mind. 40 Jahre

VERBREITUNGSGEBIETE

Das Verbreitungsgebiet der Atlantischen Buckeldelfine erstreckt sich entlang der Küste des tropischen und subtropischen Ost-Atlantiks von der Westsahara bis Süd-Angola.

Sie leben bevorzugt in flachen Küstengewässern, in trüben Brackwasserzonen und in Flussmündungen mit weichem Sedimentgrund, mit Wassertemperaturen von 17–28 °C, die meist nicht tiefer als 50 m sind. Sie wurden bis 50 km flussaufwärts im Saloum-Fluss (Senegal) gesichtet. Im Niger und im Bandiala-Fluss schwimmen sie selten weit flussaufwärts. Zumindest in einigen Regionen (Gabun und Mauretanien) werden sie auch kurz hinter der Brandungszone gesichtet.

VERHALTEN

Atlantische Buckeldelfine leben meist solitär oder in kleineren Gruppen von bis zu 10, selten von 30–40 Individuen.

Wenn im Winter Meeräschen auf ihrer Südwanderung dicht an der Küste von Mauretanien (Westafrika) am Kap Timiris (nördlich von Nouakschott) vorbeiziehen, schlagen die Fischer mit Stöcken auf die Wasseroberfläche. Meist erscheinen kurz darauf Atlantische Buckeldelfine, bzw. Große Tümmler und treiben die Fische näher ans Ufer, direkt in die Netze der Fischer. Die Delfine holen sich dann ihren Anteil an der Beute selber aus den Netzen oder fangen die Fische, die den Netzen entwischt sind.

Atlantischer und Indopazifischer Buckeldelfin: Soziales Verhalten und Paarungsverhalten gehen einher mit auffälligen Interaktionen (z. B. Körperkontakt, sich jagen und beißen sowie aneinander reiben). Sie pflegen eine sehr rege Kommunikation über Pfeiftöne und Klicks. Die Echolokalisation ist sehr hoch entwickelt. Dies ist zum Überleben in den teilweise trüben, sedimentbeladenen Gewässern sehr wichtig.

Im Allgemeinen sind sie sehr scheu und meiden Boote. Bei der Annäherung von Booten tauchen sie meist in verschiedene Richtungen ab und erst in großem Sicherheitsabstand wieder zusammen auf.

Obwohl sie im Allgemeinen langsame Schwimmer sind (5 km/h) und oft träge an der Oberfläche verweilen, können sie auch sehr akrobatisch sein. Besonders Jungtiere springen sehr häufig und machen dabei sogar Rückwärtssaltos. Erwachsene Tiere liegen manchmal auf der Seite und halten eine Brustflosse über Wasser, so als wollten sie „winken". Wenn sie jagen, schlagen sie häufig mit der Fluke auf das Wasser.

TAUCHVERHALTEN

Atlantischer, Indopazifischer- und Bleifarbener Buckeldelfin:
Sie tauchen meist nicht länger als eine Minute, können aber auch bis zu 5 min tauchen. Bei der Nahrungssuche tauchen sie meist etwa 2 min in Tiefen von bis zu 50 m. Sie haben ein sehr auffälliges Auf- und Abtauchverhalten. Sie tauchen meist in einem Winkel von 30–45 ° mit der Schnauze zuerst auf. Beim Abtauchen krümmen sie den Rücken sehr stark und heben die Fluke aus dem Wasser.

NAHRUNG

Es gibt nur wenige Informationen über die Nahrung von Atlantischen Buckeldelfinen. Magenanalysen an einigen Individuen ergaben, dass sie sich vorwiegend von küstennah lebenden Schwarmfischen (Sardinen, Heringe, Lippfische, Meeräschen und Meerbarben) ernähren. Sie fressen grundsätzlich in Küstennähe oder direkt hinter der Brandungszone. In einiger älterer Literatur wurden sie fälschlicherweise als die einzigen vegetarischen Delfine beschrieben. Man glaubte, dass sie sich von Mangrovenkeimlingen, Seegras und Blättern ernähren. Zu dieser falschen Schlussfolgerung kam es bei einer Untersuchung des Kadavers eines Atlantischen Buckeldelfins, bei der dessen Magen mit dem einer Seekuh vertauscht wurde.

HOT SPOTS

Besonders häufig werden Atlantische Buckeldelfine an der Küste im südlichen Senegal und im Nordwesten Mauretaniens gesichtet. Sie suchen bevorzugt flache, sedimentbeladene Küstengewässer mit einer maximalen Tiefe von etwa 50 Meter auf (mit Wassertemperaturen von 17 °C–28 °C). Gute Beobachtungsmöglichkeiten gibt es um Canal do Gêba-Bijagos (die größte Population, Guinea Bissau), Dakhla Bay (Marokko), Banc d'Arguin (Mauretanien) und im Saloum Delta (Senegal).

REPRODUKTION

Geschlechtsreife: möglicherweise Weibchen ab 10 Jahre, Männchen ab 12–13 Jahre
Geburtszyklus: vermutlich alle 3 Jahre 1 Kalb
Tragzeit: vermutlich 10–12 Monate
Geburtsgröße: 1 m
Geburtsgewicht: 14 kg
Säugezeit: vermutlich 24 Monate, ab 6 Monate zusätzlich feste Nahrung
Das Reproduktionsverhalten von Atlantischen Buckeldelfinen ist weitgehend unbekannt.

WISSENSWERTES

Atlantische Buckeldelfine wurde erstmals 1892 von dem deutschen Zoologie-Professor Willy Kükenthal vom Naturkunde Museum Jena beschrieben. Die Erstbeschreibung erfolgte an einem Schädel, den er von Eduard Tëusz erhielt.

Atlantischer, Indopazifischer, Bleifarbener und Australischer Buckeldelfin:
Lange Zeit wurde angenommen, dass Buckeldelfine eng mit Rauzahndelfinen verwandt sind. Durch DNA-Untersuchungen weiß man heute, dass sie näher mit Delfinen der Gattungen *Delphinus*, *Tursiops*, *Stenella* und *Lagenodelphis* verwandt sind (LeDuc *et al.*, 1999). Die Einteilung innerhalb der Gattung *Sousa* wurde 2013 geändert. Heute werden 4 Arten anerkannt (Society for Marine Mammalogy, Mai 2022):
Sousa teuszii – Atlantische Buckeldelfine, in Küstengewässern von der Westsahara bis Südangola
Sousa chinensis – Indopazifische Buckeldelfine, von Zentralchina im Osten, zum Malaiischen Archipel und westwärts zur östlichen Küste Indiens
Sousa plumbea – Bleifarbene Buckeldelfine, schmaler Küstenstreifen von Kapstadt bis zum Golf von Bengalen
Sousa sahulensis – Australische Buckeldelfine, von der Grenze zwischen Queensland und New South Wales zum Ningaloo Reef und mindestens bis zum südlichen Neuguinea
Zu ihren Hauptfeinden gehören ausgewachsene Tigerhaie *(Galeocerdo cuvier)* und Bullenhaie *(Carcharhinus leucas)*.

WISSENSCHAFTLICHER NAME

Sousa teuszii (Kükenthal, 1892)
Der Ursprung des Gattungsnamens *Sousa* ist unbekannt (Leatherwood & Reeves, 1983). Möglicherweise bezieht er sich auf „Sousa", die königliche Stadt der Perser, und die Verbreitung dieser Art in Ost- und Zentralasien (Ranneft *et al.*, 2001). Eventuell ist er auch auf einen volkstümlichen indischen Namen für „Delfin" zurückzuführen. Der Artname *teuszii*, bezieht sich auf Eduard Tëusz, der 1892 das Skelett eines damals unbekannten Delfins in Kamerun (Westafrika) entdeckte. Das angehängte *i* steht für „gehört zu".

Indopazifischer Buckeldelfin

Sousa chinensis
—Indo-Pacific Humpback Dolphin

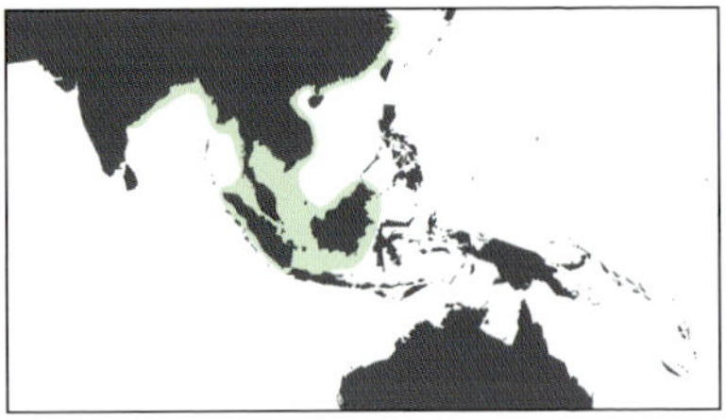

Körperlänge: adult 2,4–2,7 m (max.: Weibchen 2,6 m, Männchen 2,7 m)
Gewicht: adult etwa 250 kg
Körperform: ziemlich kräftig, mittelgroß
Körperfarbe: variiert, je nach Alter, Geschlecht und Region; adulte Tiere in meisten Gebieten in Südostasien pink-weiß, oft mit dunklen Flecken auf dem Rücken und einigen an den Seiten, Flecken können bei älteren Weibchen verschwinden (zumindest im Süden Chinas); Jungtiere: meist dunkel (dunkle Farbe wird mit zunehmendem Alter durch weiße Flecke ersetzt)
Kopf: runde Melone fällt leicht nach vorne zum Schnabel ab, keine tiefe Falte am Übergang von Melone zum Schnabel
Schnabel: deutlich abgesetzt
Blas: unscheinbar
Blasloch: 1, mittig
Flipper: recht breit, abgerundete Spitzen
Fluke: stark ausgeprägte konkave Hinterkante, deutliche Einkerbung in der Mitte
Rückenfinne: klein, leicht sichelförmig gekrümmt (manchmal dreieckig), auf breiter Basis mittig auf Rücken (kein Buckel; Australischer- und Indopazifischer Buckeldelfin haben keinen Buckel wie Atlantischer- und Bleifarbener Buckeldelfin)
Zähne: Oberkiefer: 64–76, Unterkiefer: 58–76; kräftig
Lebensalter: mind. 40 Jahre

VERBREITUNGSGEBIETE

Entlang eines schmalen, flachen Küstenstreifens von Zentralchina im Osten (an der Mündung des Yangtse-Flusses), zum Malaiischen Archipel, in den Golf von Thailand und westwärts zur östlichen Küste Indiens, bis Odisha (vor 2011 bekannt als Orissa). Indopazifische Buckeldelfine leben in tropischen und subtropischen küstennahen Gewässern, die normalerweise nicht tiefer als 50 m (meist flacher als 25 m; Hung, 2008) und wärmer als 15 °C sind, bevorzugt in der Nähe von großen Flussmündungen, in Buchten, Lagunen, Mangrovensümpfen sowie an Innenriffen (mit Korallen oder Felsen) und Sandbänken, bis hinter die Brandungszone. Sie werden selten viel weiter als 10–20 km von der Küste entfernt gesichtet.

VERHALTEN

Meist leben Indopazifische Buckeldelfine solitär oder in kleineren Gruppen von bis zu 6, selten von bis zu 10 Individuen. In einigen Regionen umfassen die Gruppen auch bis zu 20 oder 30–40 Tiere (z. B. vor Hong Kong, in der Nähe von aktiven Trawlern).

Die Körperfarbe variiert, je nach Alter, Geschlecht und Region, adulte Tiere in den meisten Gebieten in Südostasien sind pink-weiß.

Indopazifische Buckeldelfine haben keinen Buckel, die Rückenfinne sitzt auf breiter Basis.

Sie pflegen eine sehr rege Kommunikation über Pfeiftöne und Klicks. Das akustische Repertoire ähnelt dem anderer Delfin-Arten und variiert von 0,6 kHz bis maximal 200 kHz. In Regionen, in denen sie an Bootsverkehr gewöhnt sind, nähern sie sich gelegentlich Booten und reiten auch auf deren Bugwelle (z. B. Delfin-Watching-Boote vor Hong Kong). Große saisonale Wanderungen wurden nicht beobachtet, aber saisonale Veränderungen der Verbreitung. Vor der Insel Lanatau (Hong Kong) sind sie ganzjährig im Norden anzutreffen, orientieren sich jedoch im Sommer (Monsun) mehr nach Südosten. Diese saisonalen Veränderungen hängen vermutlich mit dem Nahrungsaufkommen zusammen. Sie vergesellschaften sich mit Indopazifischen Tümmlern, Australischen Stupsfinnendelfinen und Indischen Glattschweinswalen.
Weitere Informationen, siehe Atlantischer Buckeldelfin

TAUCHVERHALTEN
Informationen, siehe Atlantischer Buckeldelfin

NAHRUNG
Indopazifische Buckeldelfine jagen nur selten gemeinschaftlich bis in Tiefen von 50 m. Einzeltiere sind bei der Jagd weit verteilt (50–100 m voneinander entfernt). Vor Hong Kong folgen sie gelegentlich aktiven Trawlern (Schleppnetzfischern), um entkommene, verletzte oder über Bord gegangene Fische zu fangen. Zumindest in Hong Kong fressen sie nicht in der Nähe von Riffen, aber jagen Fische im flachen, trüben Wasser.

Indopazifischer, Bleifarbener und Australischer Buckeldelfin:
Diese Arten scheinen Nahrungsopportunisten zu sein. Sie ernähren sich von einer breiten Vielfalt bodennah lebender Rifffische oder von Brackwasserfischen in Flussmündungen und von schwarmbildenden Fischen (Sardinen, Heringe, Meeräschen und Meerbarben), möglicherweise gelegentlich auch von Tintenfischen und von Krebstieren. Sie fressen meist in Küstennähe.

HOT SPOTS
Vor Hong Kong (Lantau Island), Macau und in der Cowie-Bay (Tawau, Malaysia). Einige Sichtungen auch in chinesischen Gewässern von vielen Flussmündungen an den südlichen und mittleren Küsten des Landes (Wang *et al.*, 2016).

REPRODUKTION
Geschlechtsreife: Weibchen ab 9–10 Jahre, Männchen ab 10–14 Jahre
Paarungszeit: ganzjährig, in einigen Regionen saisonal (Frühling–Sommer in Südafrika und China)
Die meisten Informationen stammen aus Hongkong. Dort drehen sie vor der Paarung schnelle Kreise und verfolgen sich gegenseitig. Die Kopulation dauert etwa 20–30 sec.
Weitere Informationen, siehe Atlantischer Buckeldelfin

WISSENSWERTES
Der schwedische Schiffskaplan und Entdecker Pehr Osbeck veröffentlichte 1765 die Erstbeschreibung eines schneeweißen Delfins, den er 1757 im Chinesischen Meer beobachtet hatte. Osbeck, ein Student von Linnaeus, nannte diese Art *Delphinus chinensis*. Indopazifische Buckeldelfine werden in der Artenliste der „Society for Marine Mammalogy" als eigenständige Art aufgeführt (2022).
Es gibt zwei Unterarten:
S. c. chinensis (Osbeck, 1765) – Chinesischer Buckeldelfin
S. c. taiwanensis Wang, Yang und Hung, 2015 – Taiwanesischer Buckeldelfin
Weitere Informationen, siehe Atlantischer Buckeldelfin

WISSENSCHAFTLICHER NAME
Sousa chinensis (Osbeck, 1765)
Informationen zum Gattungsnamen, siehe Atlantischer Buckeldelfin
Der Artname *chinensis* setzt sich zusammen aus „China" und dem lateinischen *ensis* für „gehört zu". Damit wird auf einen Teil des Verbreitungsgebietes hingewiesen.

Bleifarbener Buckeldelfin
Sousa plumbea
—Indian Ocean Humpback Dolphin

Körperlänge: adult 2,5–2,8 m (max.: Weibchen 2,6 m, Männchen 2,8 m)
Gewicht: adult 250–280 kg
Körperform: ziemlich kräftig, mittelgroß, kräftiges Aussehen durch 2 fleischige Lappen bzw. kielartige Leisten an Ober- und Unterseite der Schwanzwurzel
Körperfarbe: variiert im Alter; Rücken und Seiten: überwiegend bräunlichgrau; Bauchseite: meist etwas heller; selten Flecken am Körper; bei älteren Tieren kann weißer Saum zur Rückenfinne und zum Buckel erkennbar sein; Jungtiere: hellere Körperfarbe, wird im Alter dunkler
Kopf: runde Melone fällt leicht nach vorne zum Schnabel ab, keine tiefe Falte am Übergang von Melone zum Schnabel
Schnabel: lang, schlank, deutlich abgesetzt
Blas: unscheinbar
Blasloch: 1, mittig
Flipper: recht breit, abgerundete Spitzen
Fluke: stark ausgeprägte konkave Hinterkante, deutliche Einkerbung in der Mitte
Rückenfinne: Informationen, siehe Atlantischer Buckeldelfin
Zähne: Oberkiefer: 66–78, Unterkiefer: 62–74; kräftig
Lebensalter: mind. 40 Jahre

VERBREITUNGSGEBIETE
Sie sind entlang eines schmalen Küstenstreifens von Kapstadt (Südafrika) bis zum Golf von Bengalen (östlich bis zum Mergui-Archipel, Myanmar) verbreitet.

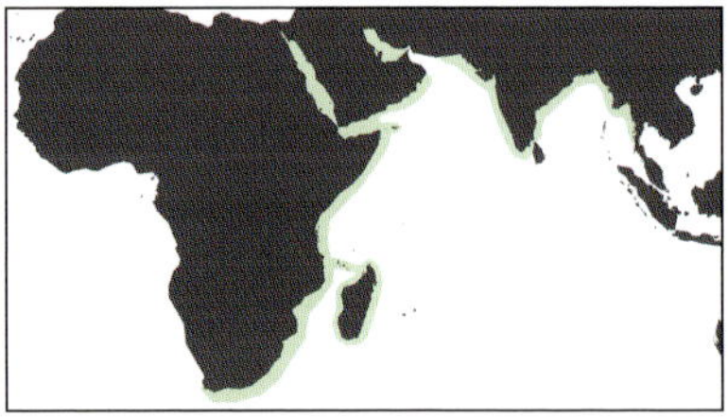

Bleifarbene Buckeldelfine leben in tropischen und warmgemäßigten Küstengewässern, die meist nicht tiefer als 30 m sind. Am häufigsten halten sie sich in der Nähe von Brackwasserzonen, Mangrovensümpfen und Flussmündungen auf, auch in halb geschlossenen Meeren, wie dem Roten Meer und dem Persischen Golf, sind sie zu finden. Einige Individuen wurden im Mittelmeer gesichtet, doch da es sich dabei um Einwanderer aus dem Roten Meer handeln könnte, repräsentiert es nicht ihr Verbreitungsgebiet.

VERHALTEN
Bleifarbene Buckeldelfine leben meist in kleinen Gruppen von bis zu 10 Tieren. Ansammlungen von über 100 Individuen können manchmal in arabischen Gewässern beobachtet werden. Die Gruppen bleiben meist nicht für eine längere Zeit zusammen, mit Ausnahme in den Gewässern um Mosambik, dort wurden Langzeit-Gruppen beobachtet.

Die kleine sichelförmig gekrümmte Rückenfinne sitzt auf einem stark ausgeprägtem Buckel mit breiter Basis.

Bleifarbene Buckeldelfine sind langsame Schwimmer.

Zumindest in Südafrika, wo diese Art recht gründlich beobachtet wurde, schwimmen Gruppen oft langsam, parallel zur Küste. Zur Jagd scheinen sie größere Brackwasserzonen, Gewässer mit felsigem Untergrund und Riffe zu bevorzugen, zum Ausruhen und zum Vergesellschaften sandige Buchten. Einige Populationen scheinen ortstreu zu sein.

Bleifarbener und Australischer Buckeldelfin: Im Allgemeinen sind sie langsame Schwimmer (5 km/h), die oft träge an der Oberfläche verweilen und wenig akrobatisch sind. Sie sind sehr scheu gegenüber Booten und reiten nur sehr selten auf deren Bugwelle. In ihrem Lebensraum, den oft trüben, sedimentbeladenen Gewässern, ist eine hoch entwickelte Echolokalisation zum Überleben sehr wichtig.

TAUCHVERHALTEN

Informationen, siehe Atlantischer Buckeldelfin

NAHRUNG

In einigen Regionen jagen sie hauptsächlich bei steigender Flut (z. B. Algoa Bay und Richards Bay, Ostküste Südafrikas). In einigen Tidenkanälen der Bazaruto-Inseln (Mosambik) wurden Bleifarbene Buckeldelfine bei der Jagd beobachtet, die Fischen bis in flaches Wasser folgten und dabei sogar absichtlich auf den Strand oder auf Sandbänke schwammen.
Weitere Informationen, siehe Indopazifischer Buckeldelfin

HOT SPOTS

Ostküste Südafrikas: Algoa-Bay, Plettenberg-Bay, Richards-Bay

REPRODUKTION

Geschlechtsreife: Weibchen ab etwa 9–10 Jahre, Männchen ab etwa 12–14 Jahre
Geburtszyklus: vermutlich alle 3 Jahre 1 Kalb
Geburtsgröße: etwa 1 m
Die meisten Informationen stammen aus Südafrika.

WISSENSWERTES

Bleifarbene Buckeldelfine wurden erstmals von Cuvier 1829 beschrieben und werden in der Artenliste der „Society for Marine Mammalogy" als eigenständige Art aufgeführt (Mai, 2022).
Ausgewachsene Tigerhaie *(Galeocerdo cuvier)*, Bullenhaie *(Carcharhinus leucas)* und in einigen Regionen auch Weiße Haie *(Carcharodon carcharias)* gehören zu den natürlichen Feinden von Bleifarbenen Buckeldelfinen.
Weitere Informationen, siehe Atlantischer Buckeldelfin

WISSENSCHAFTLICHER NAME

Sousa plumbea (G. Cuvier, 1829)
Informationen zum Gattungsnamen, siehe Atlantischer Buckeldelfin
Der Artname *plumbea* beschreibt ihren bleifarbenen Rücken und die Seiten.

Australischer Buckeldelfin

Sousa sahulensis
—Australian Humpback Dolphin

Körperlänge: adult etwa 2,4–2,7 m
Gewicht: adult mind. 240 kg
Körperform: ziemlich kräftig, mittelgroß
Körperfarbe: variiert im Alter; Rücken: überwiegend dunkel (dunkler Sattel), mit variablen Narben und Flecken, leicht gebogene, diagonale Linie mit undeutlichem Saum trennt dunklen Rücken vom helleren, unteren Bereichen der Seiten und des Bauchs; Jungtiere: hellere Körperfarbe, wird im Alter dunkler
Kopf: runde Melone fällt leicht nach vorne zum Schnabel ab (keine tiefe Falte am Übergang von Melone zum Schnabel)
Schnabel: lang, schlank, deutlich abgesetzt
Blas: unscheinbar
Blasloch: 1, mittig
Flipper: recht breit, abgerundete Spitzen
Fluke: stark ausgeprägte konkave Hinterkante, deutliche Einkerbung in der Mitte
Rückenfinne: mäßig klein, sitzt auf breiter Basis mittig auf dem Rücken (kein Buckel, weitere Infos siehe Indopazifischer Buckeldelfin)
Zähne: Oberkiefer: 62–70, Unterkiefer: 62–68; kräftig

VERBREITUNGSGEBIETE

Tropischer und subtropischer Teil Australiens von der Grenze zwischen Queensland und New South Wales zum

Ningaloo Reef und mindestens bis zum südlichen Neuguinea (Golf von Papua).
Australische Buckeldelfine leben meist in flachen Küstengewässern, in Brackwasserzonen, Mangrovensümpfen des Sahulshelfs (Teil des Kontinentalschelfs des australischen Kontinents) und schwimmen oft in Flüsse.

VERHALTEN

Über das Verhalten von Australischen Buckeldelfinen ist nicht viel bekannt. Die meisten Beobachtungen wurden vor Queensland gemacht. Die Gruppen scheinen meist weniger als 10 Individuen zu umfassen. Einige Tiere vor Queensland scheinen ortstreu zu sein. Möglicherweise spielen sie mit Schwämmen oder nutzen sie als Werk-

Die kleine Rückenfinne sitzt auf einer breiten Basis ohne Buckel.

zeuge. Dies wäre ein einzigartiges Verhalten für diese Art.
Sie werden manchmal in Gebieten gesichtet, in denen sich auch Australische Stupsfinnendelfine aufhalten. Aggressive Interaktionen zwischen beiden Arten sind nicht ungewöhnlich und gelegentlich jagen Australische Buckeldelfine die Australischen Stupsfinnendelfine (z. B. in der Cleveland Bay).
Wissenschaftler der University of Western Australia (Perth) konnten während einer 10-jährigen Studie in einem Küstenabschnitt von etwa 1.500 km im Nordwesten Australiens dokumentieren, dass das Sozialverhalten von Australischen Buckeldelfinen wesentlich komplexer ist als bisher angenommen. Nur adulte Männchen werben um die Gunst von geschlechtsreifen Weibchen, indem sie ihnen große Meeresschwämme präsentieren. Es scheint, dass männliche Tiere die Schwämme nutzen, um unterschiedliches Imponiergehabe zur Schau zu stellen, das man bei Menschen als „Machogehabe" bezeichnen würde. Zusätzlich bilden adulte Männchen zumindest temporäre Koalitionen oder Allianzen, um besseren Zugang zu fruchtbaren Weibchen zu erlangen, auch wenn diese in der Minderheit sind. Dies lässt auf eine bisher unbekannte soziale Komplexität schließen. Die Nutzung von Objekten im Zusammenhang mit Balzverhalten und die Kooperation zwischen Männchen ist bei nicht-menschlichen Säugetieren extrem selten (Allen *et al.*, 2017).
Weitere Informationen, siehe Bleifarbener Buckeldelfin

TAUCHVERHALTEN

Über das Tauchverhalten ist nicht viel bekannt. Sie tauchen möglicherweise nicht länger als 1–2 min, können aber möglicherweise auch bis 5 min tauchen, eventuell bis in Tiefen von 30 m.

NAHRUNG

Vor Queensland (Australien) folgen sie gelegentlich aktiven Trawlern (Schleppnetzfischern) um entkommene, verletzte oder über Bord gegangene Fische zu fangen, manchmal zusammen mit Indopazifischen Großen Tümmlern. Vor Nordostqueensland wurden Australische Buckeldelfine bei der Jagd beobachtet, die Fischen bis in flaches Wasser folgten und dabei sogar absichtlich auf den Strand oder auf Sandbänke schwammen. Ihre Beute konsumieren sie meist in Bodennähe in trüben, flachen Gewässern, oft in Küstennähe.
Parra und Jedensjö (2009) zufolge sind die wichtigsten Beutefische Lippfische (*Pomadasys* sp.), Kardinalfische (*Apogon* sp.) und Wittlinge (*Sillago* spp.).
Weitere Informationen, siehe Indopazifischer Buckeldelfin

HOT SPOTS

Cleveland-Bay, vor Queensland (im Tin Can Inlet und der Great Sandy Strait nahe der Hervey-Bay, Australien), auch um das Nordwest-Kap (Westaustralien). Ortstreue Populationen in der Moreton-Bay und den angrenzenden Gewässern

Mutter mit Kalb

REPRODUKTION

Geburtszyklus: vermutlich alle 3 Jahre 1 Kalb
Geburtsgröße: etwa 1 m

WISSENSWERTES

Australische Buckeldelfine wurden erstmals von Jefferson und Rosenbaum 2014 beschrieben und werden in der Artenliste der „Society for Marine Mammalogy" als eigenständige Art aufgeführt (Mai, 2022). Der für die Erstbeschreibung verwendete Holotyp wurde 1985 am Saunders Beach (nordöstliches Queensland) gefunden (ein 2,27 m großes Männchen).
Sie erzeugen „Signatur-Pfiffe", die der Identifikation von Individuen dienen. Pfiffe reichen von 1–33 kHz, mit einer Dauer von 0,1–9 sec. Stoßartige Pulsgeräusche decken ein Frequenzband zwischen 600 Hz und 25 kHz und dauern 0,1–8 sec. Klicks variieren zwischen 116 und 20 kHz.
Weitere Informationen, siehe Atlantischer Buckeldelfin

WISSENSCHAFTLICHER NAME

Sousa sahulensis Jefferson und Rosenbaum, 2014
Informationen zum Gattungsnamen, siehe Atlantischer Buckeldelfin
Der Artname *sahulensis* setzt sich zusammen aus „Sahul" und dem lateinischen *ensis* für „gehört zu". Damit wird auf ihr Verbreitungsgebiet hingewiesen. Das „Sahulshelf" ist Teil des Kontinentalschelfs des australischen Kontinents.

Amazonas-Sotalia

Sotalia fluviatilis
—Tucuxi

Körperlänge: adult 1,5 m
Gewicht: adult max. 55 kg
Zähne: 52–72 je Kiefer; konisch
Amazonas-Sotalia und Guyana-Delfin:
Körperform: klein, kräftig (wie kleine Große Tümmler)
Körperfarbe: Rücken: hellgrau oder blaugrau; Seiten: hellere Fläche zwischen den Flippern und der Rückenfinne; Bauch: hellgrau bis pink, gelegentlich weißlich; vom Mundwinkel jeweils eine deutliche Linie zur Vorderkante der Flipper, eine weitere von Körpermitte zum Anus (bildet Unterteilung der hellen Seitenfläche); Augen von einem dunklen Fleck eingefasst; Amazonas-Sotalia: Färbung kann je nach Alter und Region geringfügig variieren
Kopf: rundliche Melone, fällt leicht nach vorne ab, deutlich vom Schnabel abgesetzt
Schnabel: lang, schmal, deutlich abgesetzt
Blas: unscheinbar
Blasloch: 1, mittig
Flipper: groß, breit
Fluke: stark ausgeprägte konkave Hinterkante, deutliche mediane Einkerbung
Rückenfinne: fast dreieckig; auf einer breiten Basis; gelegentlich an der Spitze leicht abgerundet
Lebensalter: mind. 30–35 Jahre

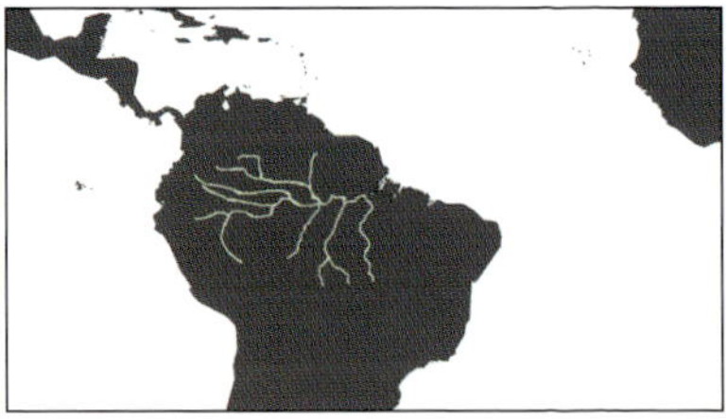

VERBREITUNGSGEBIETE

Der Amazonas-Sotalia ist im Amazonas/Solimões Flussgebiet und größeren Nebenflüssen, Seen und Kanälen bis in den Südosten Kolumbiens, in den Süden von Ecuador und in den Nordosten von Peru weit verbreitet.
Bei Überflutungen können sie auch in kleineren Zuflüssen vorkommen. Soweit bekannt ist, schwimmen sie jedoch nicht in überflutete Waldgebiete, sondern bleiben in den tieferen Hauptflüssen, Zuflüssen und Seen. Im Beni/Mamoré-Flussgebiet in Bolivien und im oberen Rio Negro kommen sie nicht vor. Im Orinoco wird die Verbreitung durch Wasserfälle und Stromschnellen stark eingeschränkt.

VERHALTEN

Der Amazonas-Sotalia lebt meist in Gruppen von 1–6 Individuen in enger sozialer Bindung, die meist mit den gleichen Aktivitäten beschäftigt sind. Ansammlungen von bis zu 30 Tieren sind selten.

Sie springen häufig und landen oft auf der Seite.

Beim Auftauchen strecken sie den Kopf und Teile des Körpers aus dem Wasser. Mit Amazonas-Delfinen interagieren sie nicht, obwohl sich im Amazon/Solimões-Flussgebiet ihre Lebensräume teilweise überschneiden. Möglicherweise leben sie ganzjährig in einigen Regionen.
Amazonas-Sotalia und Guyana-Delfin:
Beide Arten sind aktive, schnelle Schwimmer. Sie schlagen häufig mit der Fluke und den Flippern auf das Wasser und schauen sich um („spyhopping"). Sie springen häufig (gelegentlich mit Salto) und landen auf der Seite. Booten gegenüber sind sie sehr scheu und reiten nicht auf deren Bugwellen.

Der Bauch kann hellgrau bis pink sein.

TAUCHVERHALTEN
Amazonas-Sotalia und Guyana-Delfin:
Beide Arten unternehmen meist flache, recht kurze Tauchgänge von 30 sec bis 2 min, gelegentlich sogar nur 5–10 sec. Zwischen den Tauchgängen verweilen sie nur wenige Sekunden an der Oberfläche.

NAHRUNG
Der Amazonas-Sotalia ernährt sich von mindestens 28 verschiedenen, meist kleinen Schwarmfischarten (unter 35 cm Länge). In der Trockenperiode, wenn sich die Beutefische in den Hauptflüssen konzentrieren, finden sie leicht Nahrung. Dies ändert sich in der Regenzeit, wenn viele Fische in überflutete Waldgebiete ausweichen können und somit außer Reichweite sind. Sie fressen oft in Gruppen.

HOTSPOTS
Haufig an Zusammenflüssen von Neben- und Hauptflüssen sowie in tiefen Seen. Gute Sichtungsmöglichkeiten im Tapajós-Fluss um Santarém, Tefé See, im See des Mamirauá-Reservats für nachhaltige Entwicklung (Brasilien), im Seen-Komplex von Tarapoto und El Correo sowie im Pacaya-Samiria-Naturschutzgebiet (Peru), bevorzugt an Zusammenflüssen von sedimentreichen Weißwasser-Kanälen und Schwarzwasser mit niedrigem pH-Wert.

REPRODUKTION
Geschlechtsreife: ab 6 Jahre, ab einer Körperlänge von etwa 1,4 m
Paarungszeit: Sommer-Frühherbst (bei Niedrigwasser)
Geburtszyklus: vermutlich alle 2 Jahre 1 Kalb
Tragzeit: 10–11,5 Monate
Geburtsgröße: 0,71–0,83 m

WISSENSWERTES
Der Populärname „Tucuxi" leitet sich ab von „tucuchiuna" und stammt aus der Sprache der Tupi (brasilianische Ureinwohner) und bedeutet „der andere Delfin". Er bezieht sich auf die Tatsache, dass sich der Amazonas-Sotalia in einigen Regionen das Verbreitungsgebiet mit Amazonas-Delfinen teilt. In Brasilien wird er „boto-tucuxi, boto-cinza" oder einfach „boto" genannt, in anderen Regionen des Amazonas „delfín" oder „bufeo gris del río". Im Bereich des Amazonas-Beckens glauben einige Menschen, dass der Amazonas-Sotalia Ertrinkenden und Schiffbrüchigen hilft und Fische in Fischernetze treibt. Trotz des Lebensraums in Flüssen und Seen gehören sie zur Familie *Delphinidae* und sind nicht mit Flussdelfinen verwandt.
Amazonas-Sotalia und Guyana-Delfin:
1853 untersuchte der französische Zoologe und Arzt Paul Gervais ein Tier aus dem Oberlauf des Amazonas und gab dieser Art den Namen *Delphinus fluvitalis*. 1866, stellte der britische Zoologe John Edward Gray die Gattung *Sotalia* auf.
Bis ins 20. Jahrhundert ging man von 5 verschiedenen Arten aus *(Sotalia fluviatilis, S. brasiliensis, S. tucuxi, S. pallida, S. guianensis)*, die später in einer Art *(Sotalia fluviatilis)* zusammengefasst und in zwei Unterarten (eine marine und eine in Flüssen lebende) geteilt wurden. Seit dem Jahr 2005 werden zwei Arten anerkannt: *Sotalia fluviatilis* und *Sotalia guianensis*.
Beide Arten sehen sich sehr ähnlich und können im Alter heller werden. Genanalysen lassen darauf schließen, dass sie sich vor etwa 1,5–2 Millionen Jahren, im Pleistozän bis frühen Pliozän (vor etwa 5 Millionen Jahren), getrennt voneinander weiterentwickelt haben und heute zu Recht in zwei Arten eingestuft werden. Es gibt einige augenscheinliche Unterschiede beider Arten. Der Amazonas-Sotalia ist kleiner, hat einen kürzeren Schnabel und etwas weniger Zähne im Oberkiefer als der Guyana-Delfin. Der Amazonas-Sotalia lebt in Süsswasserflüssen, der Guyana-Delfin in salzigen Küstengewässern.

WISSENSCHAFTLICHER NAME
Sotalia fluviatilis (Gervais und Deville in Gervais, 1853)
Der Ursprung des Gattungsnamens *Sotalia* ist unbekannt. Der lateinische Artname *fluviatilis* bedeutet so viel wie „flussbewohnend" und bezieht sich auf das Verbreitungsgebiet.

Guyana-Delfin
Sotalia guianensis
—Guiana Dolphin

Körperlänge: adult 1,6–2,2 m
Gewicht: adult mind. 120 kg
Zähne: Oberkiefer: 56–68, Unterkiefer: 60–72; konisch
Weitere Informationen, siehe Amazonas-Sotalia

VERBREITUNGSGEBIETE
Das Verbreitungsgebiet erstreckt sich durchgängig in den tropischen und gemäßigten, meist flachen Küstengewässern des Westatlantiks sowie in Flussmündungen, von Florianópolis (Santa Catarina Staat, Brasilien, 27 °S), nordwärts im Karibischen Meer, entlang der Küste Mittelamerikas, bis in den Nordosten Nicaraguas und möglicherweise bis Honduras (15 °N).

VERHALTEN
Guyana-Delfine leben meist in Gruppen von 2–10 Tieren in enger sozialer Bindung, die meist mit den gleichen Aktivitäten beschäftigt sind. Ansammlungen von 50–60 sind jedoch nicht selten. Die größten Gruppen (200 Tiere) wurden bei Baía de Sepetiba (Brasilien) und etwa 400 Individuen in der Baía da Ilha Grande (Südostküste Brasiliens) gesichtet. Große Gruppen bilden sich bei guten Nahrungsbedingungen.
Sie erzeugen Pfeiftöne in einer Frequenz von 0,21–24 kHz mit einer Dauer von 38–1064 ms. Vor der Küste Fortalezas (Brasilien) mieden Guyana-Delfine Gebiete, in denen akustische Sender aktiv waren.
Durch Fotoidentifikation konnte nachgewiesen werden, dass einige Guyana-Delfine ortstreu sind. Sie vergesellschaften sich nicht mit Großen Tümmlern. Begegnungen

Die rundliche Melone ist deutlich vom langen, schmalen Schnabel abgesetzt.

Guyana-Delfine haben Ähnlichkeit mit kleinen Großen Tümmlern.

resultieren meist in aggressivem Verhalten der Tümmler und Fluchtreaktion der Guyana-Delfine. Schwertwale und große Haie gehören vermutlich zu den natürlichen Feinden der Guyana-Delfine, obwohl bisher nur ein einziger Angriffsversuch eines Bullenhais *(Carcharhinus leucas)* beobachtet wurde.
Weitere Informationen, siehe Amazonas-Sotalia

TAUCHVERHALTEN

Informationen, siehe Amazonas-Sotalia

NAHRUNG

Guyana-Delfine ernähren sich hauptsächlich von küstennah lebenden Fischen aus allen Wasserschichten (z. B. *sciaenidae* und *clupeidae*), sowie Kopffüßern (Cephalopoden), Krabben und gelegentlich Flundern, die sie am Boden aufspüren. Bei Jagdaktivitäten, die solitär oder in Gruppen stattfinden, bilden sich oft Schwärme von Meeresvögeln an der Oberfläche. Nördlich von Rio de Janeiro (Brasilien) wurde beobachtet, dass Guyana-Delfine Fische bis zu einer Größe von 1,06 m erbeuteten.

HOT SPOTS

Brasilien: Baía de Sepetiba, Baía da Ilha Grande (Südostküste), Armação da Piedade (Santa Catarina)

REPRODUKTION

Geschlechtsreife: Weibchen ab 5–8 Jahre, ab 1,6 m; Männchen ab 7 Jahre, ab 1,8 m
Paarungszeit: ganzjährig
Geburtszyklus: vermutlich alle 2 Jahre 1 Kalb
Tragzeit: 11–12 Monate
Geburtsgröße: 0,9–1,1 m

WISSENSWERTES

Guyana-Delfine werden an der brasilianischen Küste „boto comun" oder „golfinho cinza" genannt oder allgemein „boto" und „golfinho". In Kolumbien werden sie „bufeo gris, bufeo blanco" oder „bufeo negro" genannt, im Amazonasgebiet Venezuelas „tonina de rio, delfín blanco" oder „soplón", am Maracaibo See „tonina del lago".
Weitere Informationen, siehe Amazonas-Sotalia

WISSENSCHAFTLICHER NAME

Sotalia guianensis (Van Bénedén, 1864)
Der Ursprung des Gattungsnamens *Sotalia* ist unbekannt. Der Artname *guianensis* setzt sich zusammen aus „Guyana" und dem lateinischen *ensis* für „gehört zu". Damit wird auf einen Teil des Verbreitungsgebietes hingewiesen.

Rundkopfdelfin

Grampus griseus
—Risso's Dolphin

Körperlänge: adult 2,6–4 m; Weibchen etwas kleiner als Männchen
Gewicht: adult 300–500 kg
Körperform: groß, kräftig, besonders im vorderen Teil; Schwanzstil recht schlank
Körperfarbe: werden auch „Graue Delfine" genannt; Grundfarbe: dunkelgrau bis grauschwarz, Rücken etwas dunkler als Bauchseite; weiße, ankerförmige Zeichnung auf Brust; Pigmentierung kann, je nach Alter und Geschlecht, stark variieren; mit zunehmendem Alter mehr, Tiere werden immer heller, bis hin zu weiß; nur Rückenfinne, Fluke und Oberseite der Flipper bleiben dunkel; adulte Tiere mit lang gezogenen Narben und Kratzern übersät (haben die meisten Kratzer aller Delfin-Arten, Männchen mehr Narben als Weibchen, Kratzer stammen von Zähnen anderer Rundkopfdelfine, Folge von Aggressionen untereinander), runde Narben stammen von Plätzchenstecher-Leuchthaien *(Isistius brasiliensis)*, Neunaugen *(Pteromzyon marinus)* und Beutetieren (Cephalopoden), Narben können zur Identifikation der Individuen herangezogen werden; bei Geburt einheitlich dunkelgrau-schwarz, ohne Narben und Kratzer
Kopf: charakteristische, steil abfallende Stirn (ohne erkennbare Schnauze) lässt Kopf fast rund oder „abgehackt, fast quadratisch" wirken

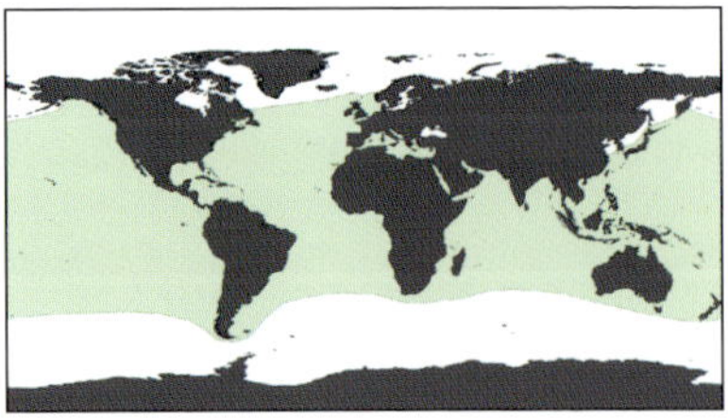

Schnabel: nicht erkennbar; Mundlinie verläuft nicht gerade, Mundwinkel leicht nach oben geschwungen, verleiht „lächelnden" Gesichtsausdruck
Blas: unscheinbar
Blasloch: 1, mittig
Flipper: lang, schmal, sichelförmig gebogen, spitze Enden
Fluke: Hinterkante konkav, deutliche Einkerbung in der Mitte; Flukenspitzen pfeilförmig nach hinten gebogen
Rückenfinne: dunkel; bis 50 cm, in Relation zum Körper sehr hoch, leicht nach hinten gebogen
Zähne: oval, Oberkiefer: meist keine (nur gelegentlich 2–4), Unterkiefer: 4–14, im Alter oft zahnlos (typisches

Rundkopfdelfine sind sehr gesellig.

Gebiss für Cetaceen, die sich überwiegend von Kalmaren ernähren)
Lebensalter: über 35 Jahre

VERBREITUNGSGEBIETE

Rundkopfdelfine sind Kosmopoliten und haben ein weites Verbreitungsgebiet. Sie sind in tropischen bis gemäßigten Gewässern auf beiden Hemisphären von 60 °N bis 40 °S (um Südamerika bis etwa 55 °S) verbreitet. Sie leben auch in teilweise geschlossenen Meeren (Golf von Mexiko, Golf von Kalifornien, Golf von Alaska, Persischer Golf, Rotes Meer, Japanisches Meer (nur teilweise) und im Mittelmeer. Im Schwarzen Meer kommen sie nicht vor.
Im Atlantik verläuft die Verbreitungsgrenze im Norden von Neufundland bis etwas nördlich der Britischen Inseln, im Süden von Feuerland bis nach Südafrika. Im Pazifik bilden die Kurilen die Nordgrenze, Australien und Neuseeland die Südgrenze. Der Indische Ozean gehört bis zu einer gedachten Linie zwischen Südafrika und Australiens Südspitze zu ihrem Lebensraum.
Sie bevorzugen tiefe, offene Gewässer (über 1.000 m Tiefe), jenseits des Kontinentalschelfs, mit Oberflächentemperaturen von 10–30 °C. Gelegentlich sind sie auch in Küstennähe, z. B. vor ozeanischen Inseln mit steil abfallender Küste oder schmalem Kontinentalsockel, wo Kalmare leben, zu finden. Die meisten Populationen scheinen ortstreu zu sein. Saisonale Wanderungen zu und von der Küste weg sind ausschließlich nahrungsbedingt.

VERHALTEN

Rundkopfdelfine sind sehr gesellige Tiere, obwohl sie gelegentlich auch solitär angetroffen werden können. Sie leben normalerweise in Gruppen von 10–100 Individuen. In Ausnahmefällen bilden sich lose Ansammlungen von einigen hundert oder tausend Tieren. Die bisher größte bestätigte Ansammlung betrug etwa 4.000 Tiere. Durch Beobachtungen in der Monterey-Bay (Kalifornien, USA) wird angenommen, dass die Zusammensetzung der Gruppen sehr konstant ist.
Jungtiere sind sehr akrobatisch und springen häufig. Erwachsene Tiere springen seltener und wenn, dann kommen sie nur mit halbem Körper aus dem Wasser. Gelegentlich zeigen sie Oberflächenaktivitäten, wie Fluke- und Flipperschlagen sowie Umschauen („spyhopping") und Wellenreiten. Wenn sie gejagt werden, fliehen sie mit weiten Sprüngen („porpoising"). Dabei können sie Geschwindigkeiten von 25 km/h erreichen. Wenn sie ruhen, liegen mehrere Tiere zugleich bewegungslos in gleicher Ausrichtung an der Oberfläche.
Das Verhalten gegenüber Booten kann sehr unterschiedlich sein. Einige Gruppen sind sehr scheu, andere sind leicht zugänglich und schwimmen neben Schiffen her oder reiten auf deren Bugwelle. Bei der Jagd bilden sie oft lange Reihen. Rundkopfdelfine vergesellschaften sich mit anderen Delfinen und Walen (Großen Tümmlern, Grindwalen, Nördlichen Glattdelfinen, Weißstreifendelfinen und Grauwalen). Aggressives Verhalten gegenüber Kurzflossen-Grindwalen wurde beobachtet. Rundkopfdelfine sind auffallend oft an Massenstrandungen beteiligt. In einigen Regionen stehlen sie die Köder von Langleinen.

Sie können Geschwindigkeiten von 25 km/h erreichen.

TAUCHVERHALTEN

Vor dem Abtauchen atmen Rundkopfdelfine 10–12 Mal (in Intervallen von 15–20 sec). Für tiefe Tauchgänge heben sie die Fluke aus dem Wasser. Zum Atmen tauchen sie meist in einem spitzen Winkel von 45 ° auf. Normalerweise tauchen sie nicht länger als 1–2 min. Sie können jedoch Tauchzeiten von 30 min erreichen und tiefer als 300 m tauchen.

NAHRUNG

Die zahlenmäßige Reduktion der Zähne ist ein Hinweis auf die Ernährungsform. Sie fressen alle Arten von Cephalopoden (Oktopus, Tintenfische und Sepien), die sowohl küstennah, als auch auf offener See leben. Nur in Ausnahmefällen ernähren sie sich von Fischen (z. B. Anchovis, vor Südafrika).
Weitere Informationen, siehe Gemeiner Delfin

HOT SPOTS

Um Großbritannien und Irland finden die meisten Begegnungen nicht weiter als 10 km von der Küste entfernt statt, vor den Azoren häufig in nur einigen hundert Metern vor der Küste, vor den USA hauptsächlich an der Kante des Kontinentalsockels.
Gute Sichtungsmöglichkeiten: vor Kalifornien (besonders im Winter), vor Washington (Staat), Oregon, Hawaii, im Nördlichen Golf von Mexiko, Küstengewässer westlich von Schottland (besonders an der Isle of Lewis), Sri Lanka, östliche Sulusee und vor Japan.

Jungtiere sind einheitlich dunkelgrau-schwarz und haben noch keine Narben und Kratzer.

REPRODUKTION

Geschlechtsreife: Weibchen ab 8–10 Jahre, Männchen ab 10–12 Jahre; ab einer Körperlänge von 2,6 m
Paarungszeit: westlicher Pazifik Sommermonate, östlicher Pazifik Wintermonate
Geburtszyklus: alle 2–3 Jahre 1 Kalb
Tragzeit: 13–14 Monate
Geburtsgröße: 1,1–1,5 m
Geburtsgewicht: 20 kg
Bei einigen Strandungen wurden hybride Kreuzungen zwischen Rundkopfdelfinen und Großen Tümmlern entdeckt.

WISSENSWERTES

Rundkopfdelfine wurden erstmals 1812 vom französischen Naturforscher Georges Baron de Cuvier unter dem Namen *Delphinus griseus* anhand eines Exemplars beschrieben, das aus der Nähe von Brest (Frankreich) stammte. Das Skelett befindet sich heute im Naturhistorischen Museum in Paris. Nach der vom britischen Zoologen John Edward Gray 1828 aufgestellten Gattung *Grampus* gab Hamilton 1837 dieser Art den heute gültigen wissenschaftlichen Namen *Grampus griseus*.
Der französische, spanische und englische Populärname ist nach dem französisch-italienischen Naturkundler Antoine Joseph Risso, der das erste gestrandete Tier in Nizza (Frankreich) entdeckte, benannt. Risso schickte seine Zeichnungen und seine Beschreibung dem seinerzeit berühmten französischen Anatomen Baron de Cuvier.
Alte Rundkopfdelfine werden von Fischern auf den Azoren „moleiro" („Müller") genannt, weil sie mit dunkler Färbung geboren werden und mit zunehmendem Alter immer heller, bis hin zu weiß, werden. Ein Mühlstein ist anfangs auch dunkel und wird mit zunehmender Nutzung weiß.
Die Neuseeländer nannten den wohl freundlichsten und berühmtesten Rundkopfdelfin „Pelorus Jack". Von 1888 bis 1912 begleitete er 24 Jahre lang Schiffe vom Pelorus-Sound zum French Pass. „Pelorus Jack" war so bekannt, dass er zu einer Touristenattraktion wurde. Selbst Mark Twain kam nach Neuseeland, um sich den Delfin anzusehen. Anfang 1900 schoss ein betrunkener Mann vom Dampfschiff „SS Penguin" auf seine Rückenfinne. Als die Crew und die Passagiere den blutenden „Pelorus Jack" sahen, waren sie so aufgebracht, dass sie den Passagier beinahe lynchten. Die Leute forderten daraufhin, dass der Delfin unter Schutz gestellt werden sollte. Dies geschah 1904 im „Sea Fisheries Act". Möglicherweise ist er der erste, individuell geschützte Delfin, der per Gesetz durch ein Land unter Schutz gestellt wurde. Trotz des Zwischenfalls begleitete „Pelorus Jack" weiterhin die Schiffe. Allerdings soll er die „SS Penguin" seitdem gemieden haben. Sie sank 1909 in der Cook Strait.
„Pelorus Jack" wurde zuletzt Ende 1912 gesichtet und niemand weiß wirklich, was mit ihm geschehen ist. Einige behaupten, dass er erschossen wurde, andere glauben zu wissen, dass er harpuniert wurde oder dass er gestrandet ist. Tatsache ist, dass „Pelorus Jack" mindestens 25 Jahre alt gewesen ist, sodass er möglicherweise aus Altersgründen gestorben sein könnte.
In einigen Regionen von Indonesien, Japan, den Salomon-Inseln und in der Karibik (Kleine Antillen) werden Rundkopfdelfine gejagt. In Delfinarien haben sie wie alle anderen Delfin-Arten, die bevorzugt in tiefen Gewässern leben, keine guten Überlebenschancen.

WISSENSCHAFTLICHER NAME

Grampus griseus (G. Cuvier, 1812)
Der wissenschaftliche Name bedeutet „Großer Grauer". Er setzt sich aus dem lateinischen *grampus* für „groß" und *griseus* für „grau" zusammen. Nach Burris und Casson (1949) ist der Gattungsname *Grampus* auch eine Ableitung vom lateinischen *crassus piscis* für „dicker Fisch" (Ranneft *et al.*, 2001). Im Französischen bedeutet „grand poisson", „großer Fisch" und „gras poisson", „dicker Fisch".

Kurzflossen-Grindwal
Globicephala macrorhynchus
—Short-finned Pilot Whale

Körperlänge: adult 3,5–7,3 m (max.: Weibchen 5,5 m, Männchen 7,3 m)
Gewicht: adult 1–3,5 t
Flipper: nahe am Kopf; sichelförmig, mit bis zu 1/6 der Körperlänge deutlich kürzer als bei Gewöhnlichen Grindwalen (bei Kurzflossen-Grindwalen sind Flipper schmaler und haben keinen „Ellenbogen-Knick)
Rückenfinne: niedrig (bei Männchen höher), stark nach hinten gekrümmt, sitzt auf einer breiten Basis im vorderen Bereich des Rückens; wird im Alter länger
Zähne: 14–18 je Kiefer; relativ groß, konisch

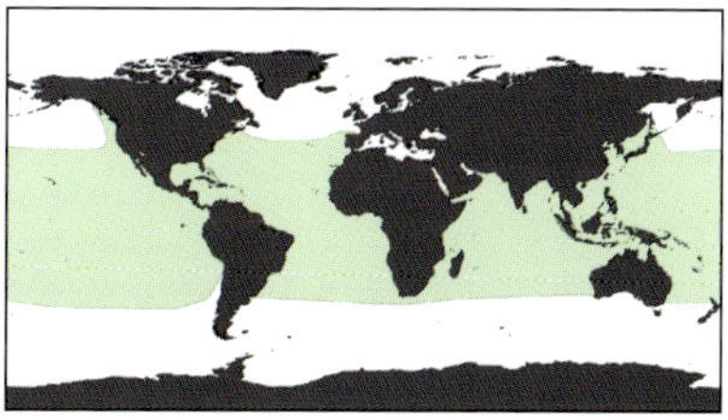

Kurzflossen- und Gewöhnlicher Grindwal:
Körperform: lang, schlank, kräftig wirkend, mit dickem Schwanzstil
Körperfarbe: durchgängig schwarz bis dunkelbraun, nur durch grauen, anker- oder w-förmigen Pigmentfleck auf der Brust unterbrochen, Fleck verjüngt sich zwischen den Flippern zu einer dünnen Linie, verläuft entlang des Bauches und wird an der Genitalregion breiter, einige Tiere haben graue oder weiße, diagonale Streifen hinter jedem Auge und eine helle Schattierung hinter der Rückenfinne; Bauch: etwas heller als Rücken und Seiten (weniger hell als bei Gewöhnlichen Grindwalen)
Kopf: charakteristische knollige Melone, bei Männchen stärker ausgeprägte, höhere Melone, kann bei älteren Männchen etwas über die Schnauze hinausragen, bei jüngeren Kurzflossen-Grindwalen knollige Kopfform noch nicht sehr deutlich ausgeprägt, Kopf wirkt etwas spitzer (bei Versuchen mit Schiffsrümpfen hat sich diese Bugform als besonders strömungsgünstig erwiesen)
Schnabel: nicht erkennbar
Blas: bis 1 m hoch, unscheinbar
Blasloch: 1, mittig
Fluke: komplett dunkel; in Relation zum Körper eher klein; konkave Hinterkante deutlich in der Mitte eingekerbt, sehr spitze Enden
Lebensalter: Weibchen mind. 60 Jahre, Männchen 35–45 Jahre

VERBREITUNGSGEBIETE
Auf beiden Hemisphären leben sie bevorzugt in tiefen, tropischen bis warm-gemäßigten Gewässern der offenen

Kurzflossen-Grindwale haben eine kräftig wirkende Körperform, mit dickem Schwanzstil.

Kurzflossen-Grindwale schwimmen und tauchen gemeinsam, oft in langen Reihen nebeneinander.

See. Ihr Verbreitungsgebiet erstreckt sich sowohl im Pazifik, als auch im Atlantik und im Indischen Ozean zwischen 50 °N und 40 °S.
Kurzflossen-Grindwale bevorzugen tiefe Gewässer über der Kante des Kontinentalsockels und tiefe, submarine Schluchten. Trotzdem werden sie gelegentlich auch in Küstennähe beobachtet. Wanderungen sind abhängig vom Beuteaufkommen und von Warmwasserströmungen. Im Nordatlantik ist das Verbreitungsgebiet schwer exakt abzugrenzen, da es sich dort mit dem der Gewöhnlichen Grindwale überschneidet, mit denen sie oft verwechselt werden. Die Grenze der Verbreitungsgebiete scheint im östlichen Nordatlantik südlich der Azoren und Madeira zu verlaufen. Im Nordpazifik sind sie die einzigen Grindwale. Im Mittelmeer kommen sie nicht vor, aber im südlichen Roten Meer.

VERHALTEN

Kurzflossen-Grindwale leben in sehr engen sozialen Bindungen. Die Gruppen sind meist etwas kleiner als die der Gewöhnlichen Grindwale. Kurzflossen-Grindwale leben in Gruppen von 20–90 Individuen. In diesen Gruppen gibt es mehr Weibchen als Männchen. Bei Wanderungen oder bei der Jagd können sich in Ausnahmefällen Ansammlungen von mehreren hundert Tieren bilden.
Booten gegenüber sind sie meist gleichgültig. Bugwellenreiten ist, im Gegensatz zu Gewöhnlichen Grindwalen, nur sehr selten zu beobachten. Sie können für kurze Zeit Geschwindigkeiten von bis zu 45 km/h erreichen.

Kurzflossen- und Gewöhnlicher Grindwal: Tiere beider Arten schwimmen und tauchen gemeinsam, oft in langen Reihen nebeneinander. Diese Reihen können bis zu 4 km lang sein und werden „Chorus Lines" („Sänger-Gruppen") genannt.
Die Sozialstrukturen innerhalb einer Gruppe ähneln denen von Schwertwalen. Grindwale leben in sehr festen, matriarchalisch geprägten Gruppen. Sie wachsen in der Gruppe auf und bleiben dort oft ein Leben lang. Epimelitisches Verhalten ist bei Pilotwalen sehr ausgeprägt. Vor den Azoren trug eine Pilotwalkuh ihr verstorbenes Kalb tagelang im Maul mit sich herum.
Alle Mitglieder der Gruppe stehen in engem Kontakt zueinander und zeigen ein ähnliches Verhalten. Sie wandern, fressen und ruhen gemeinsam und oft atmen sie sogar fast gleichzeitig. Wenn sie ruhen, liegt die ganze Gruppe (senkrecht oder horizontal) träge an der Wasseroberfläche („logging"). Sie jagen meist nachts und wandern oder ruhen am Tag. Gelegentliche Wanderungen von und zur Küste sind abhängig vom jeweiligen Nahrungsaufkommen.
Der Populärname „Pilotwal" hat seinen Ursprung in einer früheren Theorie, nach der eine Gruppe von einem Leittier, dem sogenannten „Führer" oder „Piloten", geleitet wurde. Grindwale vergesellschaften sich mit anderen Cetaceen, besonders mit Großen Tümmlern, aber auch mit Gemeinen Delfinen, Weißstreifendelfinen, Weißseitendelfinen, Streifendelfinen, Breitschnabel-Delfinen, Schwertwalen, Finnwalen, Pottwalen und Grauwalen. Gegenüber Gemeinen Delfinen, Buckelwalen und Pottwalen können sie aggressives Verhalten zeigen. Gelegentlich greifen Kurzflossen-Grindwale Große Tümmler und andere kleine Cetaceen an.
Das enge soziale Gefüge der Grindwale wird besonders bei Massenstrandungen deutlich. Grindwale gehören,

nach Kleinen Schwertwalen, zu den Cetaceen, die an den meisten Massenstrandungen beteiligt sind. Die Ursachen dafür sind bis heute nicht eindeutig geklärt. Natürliche Irritationen könnten durch Schwankungen im Magnetfeld der Erde, durch Erd- und Seebeben oder Vulkanausbrüche hervorgerufen werden. Dafür spricht, dass sich die meisten Massenstrandungen in Gebieten ereignen, in denen die zur Orientierung dienenden magnetischen Feldlinien fast senkrecht zur Küste verlaufen oder in denen es Anomalien dieser Linien gibt. Weitere Ursachen sind Lärmbelästigung, Schiffsverkehr und Sprengungen. Auch Erkrankungen oder Parasitenbefall im Innenohr könnten die Ursache für Strandungen sein. Bereiche des Innenohres sind für die Orientierung zuständig. Wenn sich Grindwale in flaches Wasser verirrt haben, finden sie nur schwer den Weg zurück in tiefes, sicheres Wasser. Als Bewohner der Hochsee sind sie nicht daran gewöhnt, in seichtem Wasser zu navigieren.

TAUCHVERHALTEN

Bei der nächtlichen Jagd tauchen Kurzflossen-Grindwale normalerweise bis 300 m tief, meist nicht länger als 10 min (max. 15 min). Der tiefste gemessene Tauchgang war 610 m. Bei Wanderungen atmen sie mehrmals schnell hintereinander, bevor sie für 1–2 min dicht unter der Oberfläche tauchen (meist 1–16 m, selten tiefer als 30–60 m).

Kurzflossen- und Gewöhnlicher Grindwal:
Bei beiden Arten atmen fast alle Gruppenmitglieder synchron. Der Blas ist unscheinbar, etwa 1 m hoch, kann aber bei guten Bedingungen deutlich gesehen und gehört werden. Erwachsene Tiere tauchen bei normaler Schwimmgeschwindigkeit nur mit der oberen Hälfte des Kopfes auf. Wenn sie schnell schwimmen, kann der ganze Kopf sowie der halbe Körper aus dem Wasser schnellen. Jungtiere heben den Kopf höher aus dem Wasser.

NAHRUNG

Kurzflossen-Grindwale ernähren sich vorwiegend von Cephalopoden. Nur wenn diese nicht in ausreichender Menge verfügbar sind, fressen sie auch Fische, die sie in Tiefen von über 300 m jagen. Täglich nehmen sie etwa 5 % ihres Körpergewichtes an Nahrung zu sich.
Weitere Informationen, siehe Gemeiner Delfin

HOT SPOTS

Ortstreue Populationen bei Teneriffa (Kanarische Inseln) und Hawaii (USA), regelmäßige Sichtungen vor Westküste Amerikas, im westlichen Nordatlantik, im Golf von Mexiko, vor den Azoren, vor Japan und den Philippinen (östliche Sulusee und Tañon Strasse)

REPRODUKTION

Geschlechtsreife: Weibchen ab 9 Jahre, Männchen ab 13–16 Jahre
Paarungszeit: variiert je nach Region
Tragzeit: 15–16 Monate
Geburtszyklus: alle 5–8 Jahre ein Kalb, bei älteren Weibchen deutlich länger
Geburtsgröße: 1,4–2 m
Geburtsgewicht: 60 kg
Säugezeit: mind. 2–3 Jahre, bei älteren Weibchen deutlich länger
Weibchen haben ihr letztes Kalb gegen Ende von 40 Jahren. Es kann bis zur Geschlechtsreife gesäugt werden. Vor der japanischen Küste gibt es eine nördliche und eine südliche Population mit unterschiedlichen Paarungszeiten: Die nördliche Population paart sich hauptsächlich von August–Januar (besonders Oktober–November) und die meisten Kälber werden in den Wintermonaten (Dezember–Januar) geboren. Die südliche Population paart sich vorwiegend im Mai und die Kälber werden in den Sommermonaten (Juli–August) geboren

Kurzflossen- und Gewöhnlicher Grindwal:
Das Reproduktionsverhalten beider Arten ist polygyn. Ein Männchen befruchtet mehrere Weibchen, kämpft erbittert um seinen „Harem" und trägt oft Kampfspuren und Narben davon. Genetische Untersuchungen ergaben, dass die Bullen einer Gruppe nicht immer die Väter aller Kälber sind. Paarungen kommen häufig vor, wenn sich verschiedene Gruppen treffen (genetische Vielfalt). Ältere, nicht mehr fortpflanzungsfähige Weibchen helfen innerhalb der Gruppe bei der Fürsorge des Kalbes.

WISSENSWERTES

Schon 1828 stellte der französische Arzt und Naturwissenschaftler René Primevère Lesson die Gattung *Globicephala* auf, 18 Jahre bevor Kurzflossen-Grindwale bekannt waren. 1846 wurde das erste Exemplar von dem britischen Zoologen John Edward Gray anhand eines Skeletts aus der Südsee beschrieben und *Globicephala macrorhynchus* genannt. Gray vermutete bei seiner Erst-

Sie haben typischerweisse eine knollige Melone.

beschreibung, dass das Tier zu Lebzeiten eine große Schnauze *(macro rhynchus)* gehabt hat.
Zwei geographisch getrennt lebende Populationen nördlich und südlich vor Japan weisen morphologische und genetische Unterschiede auf. Obwohl beide geographisch voneinander getrennt sind, werden sie noch als eine Art *(Globicephala macrorhynchus)* klassifiziert. Beide Formen kommen vor der Pazifikküste Japans vor: die nördliche Japan-Form nördlich von 35 °N, die südliche Japan-Form südlich 39 °N. Tiere der nördlichen Form sind größer (Weibchen bis 5,1 m, Bullen bis 7,2 m) als die der südlichen Form (Weibchen bis 4 m, Bullen bis 5,2 m).
Jagd-Klicks und Brummen während tiefer Tauchgänge wurden vor den Kanarischen Inseln und vor Hawaii aufgenommen, mit Spitzen von 8–39 kHz und einer Dauer von 0,2–1,2 ms pro Klick.
In den vergangenen Jahrzehnten wurden sie ausschließlich in der Karibik bejagt. Mehrere tausend Tiere wurden mit Booten in Buchten zusammengetrieben und grausam abgeschlachtet. Die einzigen natürlichen Feinde sind große Haie und Schwertwale.

Kurzflossen- und Gewöhnlicher Grindwal:
Grindwale haben eine hoch entwickelte Echolokalisation und kommunizieren intensiv innerhalb der Gruppe. Je aktiver das Verhalten, desto komplexer sind die Kommunikationslaute. Es gibt deutliche Unterschiede zwischen der Kommunikation beider Arten. Die Rufe der Kurzflossen-Grindwale haben eine höhere Frequenz und einen breiteren Frequenzbereich. Die Frequenz liegt bei Kurzflossen-Grindwalen hauptsächlich bei 7870 Hz, bei Gewöhnlichen Grindwalen bei 4480 Hz.
Gelegentlich findet man Reste von Riesenkalmaren *(Architeuthis)* an der Wasseroberfläche, wenn zuvor eine Gruppe von Grindwalen vorbeigezogen ist. Möglicherweise würgen adulte Tiere einen Teil ihrer Beute wieder hoch, um teilweise entwöhnte Jungtiere zu füttern. Sie können noch nicht in größere Tiefen abtauchen, um selbstständig zu jagen.

Kurzflossen-, Gewöhnlicher Grindwal und Kleiner Schwertwal:
Von allen drei Arten wird berichtet, dass sie menschengemachte Töne imitieren können.

Kurzflossen-, Gewöhnlicher Grindwal, Kleiner Schwertwal, Zwerggrindwal, Breitschnabeldelfin und Schwertwal:
Diese Arten werden im Englischen (und normalerweise von Fischern) auch „Blackfish" („Schwarzfisch") genannt, wegen ihrer gleichmäßigen Schwarzfärbung (die hellgraue Schattierung hinter der Rückenfinne ist oft nur bei gutem Licht sichtbar).

WISSENSCHAFTLICHER NAME

Globicephala macrorhynchus Gray, 1846
Der Gattungsname *Globicephala* setzt sich aus dem lateinischen *globus* für „Kugel" und dem griechischen *kephalos* für „Kopf", zusammen. Damit wird auf die ausgeprägte Melone hingewiesen. Die Artbezeichnung *macrorhynchus* setzt sich aus dem griechischen *makros* für „lang, groß" und *rhynchos* für „Schnabel oder Schnauze", zusammen. Der britische Zoologe John Edward Gray vermutete bei seiner Erstbeschreibung anhand eines Skeletts aus der Südsee, dass das Tier zu Lebzeiten eine große Schnauze hatte.

Die Flipper befinden sich nahe am Kopf und haben keinen „Ellenbogen-Knick"

Gewöhnlicher Grindwal

Globicephala melas
—Long-finned Pilot Whale

Körperlänge: adult 4–6,8 m (max.: Weibchen 5,8 m, Männchen 6,8 m); Tiere der Südhalbkugel etwa 1 m kleiner
Gewicht: adult 1,8–2,3 t (max.: Weibchen 1,3 t, Männchen 2,3 t)
Flipper: nahe am Kopf; auffallend lang, etwa 1/5 der Körperlänge, schmal, sichelförmig; unverwechselbares Unterscheidungsmerkmal zum Kurzflossen-Grindwal: charakteristischer „Ellenbogen-Knick" nach hinten, im Alter stärker ausgeprägt
Rückenfinne: niedrig, stark nach hinten gekrümmt, sitzt auf breiter Basis im vorderen Bereich des Rückens, im Alter länger als bei Kurzflossen-Grindwalen, bei Männchen höher
Zähne: 16–26 je Kiefer; relativ klein, konisch
Weitere Informationen, siehe Kurzflossen-Grindwal

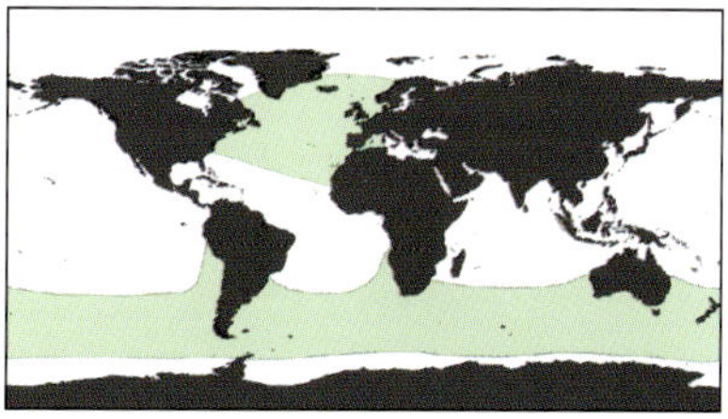

VERBREITUNGSGEBIETE

Gewöhnliche Grindwale bevorzugen tiefe, gemäßigte und subpolare, offene Gewässer zwischen 0 °C und 25 °C. Auf der südlichen Hemisphäre erstreckt sich ihr Verbreitungsgebiet im Atlantik, Pazifik und Indischen Ozean von 19 °S bis 60 °S (maximal bis 68 °S im Südpazifik), gelegentlich bis in die Nähe der antarktischen Eiskante. Auf der nördlichen Hemisphäre sind sie nur im Atlantischen Ozean verbreitet, im Nordpazifik kommen sie nicht vor. Tiere der nördlichen Hemisphäre leben isoliert von den Tieren der südlichen Hemisphäre. Im Atlantik gibt zwei geographisch voneinander isolierte Populationen, die jedoch als eine Art gelten. Beide Populationen werden durch einen breiten, tropischen Gürtel voneinander getrennt, der von den sehr ähnlich aussehenden Kurzflossen-Grindwalen besiedelt wird. Auf der Höhe von Madeira und den Azoren überschneidet sich im östlichen Nordatlantik die südliche Verbreitungsgrenze der Gewöhnlichen Grindwale mit der von Kurzflossen-Grindwalen.

Wenn die Uferzonen steil abfallen, kommen Gewöhnliche Grindwale auch in Küstennähe vor. Häufig trifft man sie an der Kante des Kontinentalsockels und in der Nähe von ozeanischen Inseln, die von tiefen Gewässern umgeben sind. Im Mittelmeer und in der Nordsee sind sie gelegentlich anzutreffen.

Auch der Körper der Gewöhnlichen Grindwale wirkt kräftig und hat einen dicken Schwanzstil.

Sich umschauen („spyhopping") ist häufige Oberflächenaktivität.

VERHALTEN

Gewöhnliche Grindwale sind sehr gesellig. Sie leben meist in Gruppen von 10–20 Individuen. In diesen Gruppen gibt es mehr Weibchen als Männchen. Bei der Wanderung und auf der Jagd können sich Ansammlungen von 200–600, in Ausnahmefällen sogar von über 1.000 Tieren bilden.

Im Sommer und Herbst wandern sie mehr Richtung Küste, im Winter und Frühling dagegen mehr zum offenen Meer. Bei Wanderungen beträgt die normale Schwimmgeschwindigkeit Gewöhnlicher Grindwale etwa 6 km/h, bei Bedarf können sie kurzzeitig Geschwindigkeiten von 45 km/h erreichen.

Booten gegenüber sind sie oft zutraulich. Gelegentlich reiten sie auf deren Bugwelle oder schwimmen neben ihnen her. Flukeschlagen und Umschauen („spyhopping") sind häufig zu beobachtende Oberflächenaktivitäten. Jungtiere springen häufiger als Erwachsene.

Februar 2015 strandeten fast 200 Gewöhnliche Grindwale bei Farewell Spit (nördliches Ende der Südinsel, Neuseeland). Am 10.2.2017 wurden dort 416 gestrandete Individuen gezählt, weitere etwa 200 strandeten am nächsten Tag. Mehr als 300 Tiere konnten von fast 500 freiwilligen Helfern zurück ins Meer geschoben werden oder schwammen von sich aus zurück ins offene Wasser. Dies war die zweitgrößte Massenstrandung seit Aufzeichnungsbeginn in den 1800er Jahren. Die größte Massenstrandung fand 1918 statt, bei der etwa 1.000 Grindwale bei den Chatham-Inseln strandeten, die drittgrößte ereignete sich 1985, als ungefähr 450 Grindwale bei Auckland strandeten.

Weitere Informationen, siehe Kurzflossen-Grindwal

TAUCHVERHALTEN

Bei der nächtlichen Jagd tauchen Gewöhnliche Grindwale normalerweise bis in Tiefen von 200–500 m, meist nicht länger als 10 min (maximal 16 min). Der tiefste gemessene Tauchgang war über 600 m. Bei Wanderungen tauchen sie am Tag meist nur 1–2 min dicht unter der Oberfläche, meist in Tiefen von 1–16 m, selten tiefer als 30–60 m.

Weitere Informationen, siehe Kurzflossen-Grindwal

NAHRUNG

Die Nahrung besteht vorwiegend aus schwarmbildenden Cephalopoden (besonders *Todarodus sagittatus* und *Illex illecebrosus*). Nur wenn diese nicht in ausreichender Menge verfügbar sind, ernähren sie sich von schwarmbildenden Fischen (Kabeljau, Hundshaie, Seehecht, Hering, Makrele und Steinbutt) sowie Crustaceen. Sie jagen ihre Beute in Tiefen von weit über 100 m. Täglich nehmen sie etwa 5 % ihres Körpergewichtes an Nahrung zu sich. Dies entspricht bei Bullen der Menge von etwa 100 kg, bei Weibchen etwa 50 kg.

Weitere Informationen, siehe Gemeiner Delfin

HOT SPOTS

In europäischen Gewässern werden sie regelmäßig gesichtet (z. B. um Island, vor der Küste Norwegens, in der Barentssee, nördlich von Großbritannien und in der Nord-

Die schmalen Flipper haben den charakteristischen „Ellenbogen-Knick".

see), im Mittelmeer häufig im Bereich der Straße von Gibraltar, vor Korsika und gelegentlich im Tyrrhenischen Meer und der Adria. Im Bereich der Orkney- und Shetland-Inseln, sowie den Färöer-Inseln ziehen regelmäßig große Schulen vorbei.

REPRODUKTION

Geschlechtsreife: Weibchen ab 8 Jahre, Männchen ab 12–13 Jahre
Paarungszeit: April–September (Nordatlantik), Oktober–April (Südhemisphäre)
Tragzeit: 12 Monate
Geburtszyklus: alle 3–6 Jahre ein Kalb
Geburtsgröße: 1,7–2 m
Geburtsgewicht: 75 kg
Säugezeit: mind. 2–3 Jahre, bei älteren Weibchen deutlich länger
Weitere Informationen, siehe Kurzflossen-Grindwal

WISSENSWERTES

1809 beschrieb der schottische Zoologe Thomas Stewart Traill den ersten Gewöhnlichen Grindwal anhand eines gestrandeten Exemplars (Orkney, Schottland). Er nannte die Art *Delphinus melas*. Erst 1828 erhielt diese Art den heute gültigen wissenschaftlichen Namen *Globicephala melas* und wurde der, von dem französischen Arzt und Naturwissenschaftler René Primevère Lesson neu erstellten Gattung *Globicephala* zugeordnet. Wissenschaftliche Publikationen vor den 1990er Jahren nutzten den wissenschaftlichen Namen *Globicephala melaena.*

Es werden 2 Unterarten anerkannt:
G. m. melas (Traill, 1809) – Nordatlantischer Gewöhnlicher Grindwal, Nordatlantik
G. m. edwardii (A. Smith, 1834) – Südlicher Gewöhnlicher Grindwal, Südatlantik, nach einer Beschreibung eines Tieres vor Südafrika
Eine dritte Unterart ist ausgestorben: *Globicephala melas* unbenannte Unterart – Nordpazifischer Gewöhnlicher Grindwal, nördlicher Pazifik.
Neben der geographischen Trennung gibt es geringfügige morphologische und farbliche Unterschiede zwischen den beiden Unterarten.
Der kanadische Biologe David E. Sergeant hat bei Sommergruppen vor Neufundland herausgefunden, dass dort die großen Herden aus doppelt so vielen Bullen wie weiblichen Tieren bestehen.
Die Jagd auf Gewöhnliche Grindwale hat leider eine sehr lange Tradition, bis heute. Ihre engen sozialen Bindungen machen sie zur leichten Beute bei Treibjagden. Wenn sie in Küstennähe an den Färöer-Inseln (Dänemark) vorbeiziehen, treiben Fischer die Tiere in flache Buchten, um sie grausam abzuschlachten, oder sie fahren auf das Meer, um dort vorwiegend die großen Bullen zu harpunieren. Diese Jagd wird „Grinderáp" genannt. Die durchschnittliche Fangquote beträgt auf den Färöer-Inseln 1.000–1.500 Gewöhnliche Grindwale pro Jahr (Sea Shepherd Conservation Society).
Da sie an der Spitze der Nahrungskette stehen, sind sie sehr stark mit Schadstoffen belastet (Schwermetalle: Quecksilber, Blei und Kadmium). In der Speckschicht

kommt es vor allem zu Einlagerungen von fettlöslichen Umweltgiften wie polychlorierten Biphenylen (PCB, mittlerweile abnehmend) oder Dichlordiphenyltrichlorethan (DDT) und dessen Abbauprodukt Dichlordiphenyltrichlorethen (DDE).
Im November 2008 berichtete das Wissenschaftsmagazin „New Scientist", dass die Gesundheitsbehörde der Färöer-Inseln ihren Einwohnern dringend empfiehlt, ab sofort auf den Verzehr von Grindwalfleisch zu verzichten. Wegen der hohen Konzentration an Giftstoffen sei es nicht mehr für den menschlichen Verzehr geeignet.
2012 erklärten der Färöer Arzt Pál Weihe (Leiter einer Langzeitstudie an der einheimischen Bevölkerung) und Høgni Debes Joensen vom färöischen „Department of Occupational Medicine and Public Health", dass Grindwalfleisch wegen der hohen Konzentrationen von Quecksilber und industriellen Umweltgiften nicht länger für den menschlichen Verzehr genutzt werden sollte. Mit dem Erfolg, dass sie von vielen Färöern als Verräter an ihrer traditionellen Lebensweise bezichtigt wurden und dass selbst Studienteilnehmer diese Warnungen ignorierten.
OceanCare untersucht seit 1998 die Schadstoffkonzentrationen in Walfleisch und stellte fest, dass das Fleisch derart stark belastet ist, dass es als Sondermüll deklariert werden müsste: der Grenzwert für Quecksilber liegt laut WHO bei 0,1 mg/kg Körpergewicht. Ein Gramm Grindwalfleisch enthält im Durchschnitt 2 mg Quecksilber. Ein Mensch mit einem Gewicht von 70 kg dürfte demnach pro Tag maximal 3,5 g Walfleisch verzehren. 2010 wurden auf den Färöer-Inseln 540 t Walfleisch angelandet. Dies ergibt rund 11 kg für jeden Inselbewohner, inklusive Kinder und Säuglinge.
Unabhängige Langzeituntersuchungen an Kindern der Färöer-Inseln bestätigen einen direkten Zusammenhang zwischen dem Verzehr von Walfleisch der Mütter während der Schwangerschaft und neurologischen Störungen, Herz-Kreislauf-Erkrankungen sowie anderen Entwicklungs-Problemen. Außerdem haben Studien kürzlich gezeigt, dass ein direkter Zusammenhang zwischen dem Verzehr von Grindwalfleisch und dem Auftreten der Parkinsonkrankheit bei erwachsenen Färöern besteht. Trotzdem gehen die Jagd und der Verzehr weiter.
Das älteste schriftliche Dokument der Grindwal-„Fischerei" in europäischen Gewässern stammt aus dem Jahr 1584 und beschreibt die Jagd auf Grindwale auf den Färöer-Inseln. Vermutlich reichen die Anfänge der Jagd sogar bis ins 9. Jahrhundert zurück. An den Färöer-Inseln wird bis heute, aus „traditionellen" Gründen, grausame Jagd auf Gewöhnliche Grindwale gemacht. Allein vor Neufundland wurden von 1947 bis 1971 etwa 54.000 Tiere getötet, was zu einer gravierenden Reduzierung der lokalen Population führte. Die einzigen natürlichen Feinde der Gewöhnlichen Grindwale sind große Haie und Schwertwale.
Weitere Informationen, siehe Kurzflossen-Grindwal

WISSENSCHAFTLICHER NAME

Globicephala melas (Traill, 1809)
Informationen zum Gattungsnamen, siehe Kurzflossen-Grindwal
Die griechische Artbezeichnung *melas* bedeutet „schwarz". Der wissenschaftliche Name beschreibt den knollenartigen Kopf und die durchgehend schwarze bis schiefergraue Körperfarbe (Leatherwood & Reeves, 1983).

Die Rückenfinne ist stark nach hinten gekrümmt.

Zwerggrindwal
Feresa attenuata
—Pygmy Orca

Körperlänge: adult 2–2,6 m
Gewicht: adult 110–170 kg (max. 225 kg)
Körperform: klein, kräftig bis zur Rückenfinne, zur Fluke hin verjüngend
Körperfarbe: durchgängig dunkel, fast schwarz, dunkleres Rückencape von der Stirn bis hinter die Rückenfinne reicht vor der Rückenfinne bis an die Seiten herunter; großer, heller Bauchfleck von der Kehlregion bis zu den Genitalien, gelegentlich bis zu den Seiten; kann einige Kratzer haben
Kopf: klein, rundliche Melone
Schnabel: nicht abgesetzt; weiße Mundregion umfasst „Lippen", bei einigen Individuen auch das Kinn, erinnert an „Spitzbart"
Blas: unscheinbar
Blasloch: 1, mittig
Flipper: recht lang, verjüngen sich zu den leicht abgerundeten Spitzen; unregelmäßige Hinterkante
Fluke: Hinterkante konkav, deutliche mediane Einkerbung
Rückenfinne: deutlich abgesetzt, sehr groß, sichelförmig, ungefähr auf Rückenmitte
Zähne: Oberkiefer: 16–22; Unterkiefer: 22–26; konisch

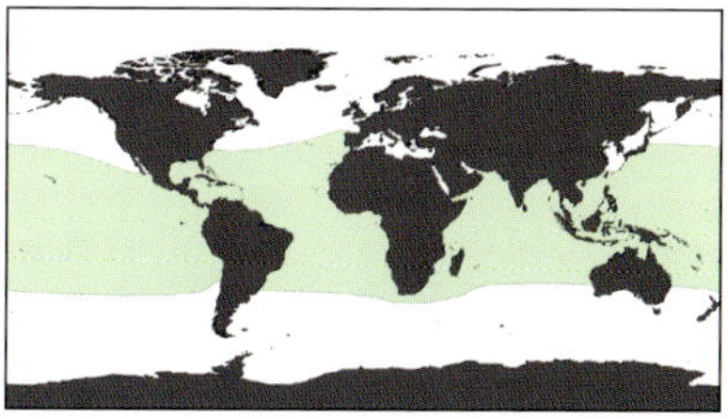

VERBREITUNGSGEBIETE
Zwerggrindwale sind weltweit verbreitet. Sie bevorzugen tiefe, warme, tropische, küstenferne Gewässer, jenseits des Kontinentalschelfs, normalerweise zwischen 40 °N und 35 °S. Nur selten werden sie in Küstennähe gesichtet, mit der Ausnahme von Hochsee-Inseln, wenn diese von tiefen Gewässern umgeben sind. Über gezielte saisonale Wanderungen ist nichts bekannt.
Gelegentliche Beobachtungen im Mittelmeer entsprechen nicht der Realität, obwohl es in der Literatur immer wieder erwähnt wird. Sichtungen im Roten Meer oder im Persischen Golf sind ebenso zweifelhaft (Leatherwood *et al.*, 1991).

VERHALTEN
Wegen der großen Scheu ist nur wenig über das Verhalten von Zwerggrindwalen bekannt. Oberflächenaktivitäten, wie Bugwellenreiten, Springen oder das Schlagen mit der Fluke auf das Wasser, werden nur sehr selten beobachtet. Sie leben bevorzugt in Gruppen von 15–50 Tieren, selten bilden sich Ansammlungen von einigen 100 Individuen. Sie

Sie sind auffällige Schwimmer und heben beim Auftauchen den Kopf über Wasser.

Typische weiße bis hellgraue „Lippen" an Ober- und Unterkiefer

schwimmen in einer festen Formation nebeneinander. Bei Gefahr bilden sie kleinere Gruppen, die dann plötzlich auseinanderstürmen. An sonnigen Tagen und bei flacher See ruhen sie manchmal an der Oberfläche („logging"). In diesen Momenten sind vorsichtige Annäherungen möglich. Sie sind häufig an Massenstrandungen beteiligt. In Gefangenschaft haben sie sich wiederholt Menschen und anderen Cetaceen gegenüber aggressiv verhalten und Delfine getötet, die im gleichen Becken gehalten wurden. In freier Wildbahn wurde beobachtet, dass sie Delfine gejagt und gefressen haben. Ihr Erscheinen erzeugt bei vielen Delfinen Angst und Panik.

TAUCHVERHALTEN

Die Tauchzeiten und Tauchtiefen sind weitgehend unbekannt. Sie sind auffällige Schwimmer. Beim Auftauchen heben sie den Kopf aus dem Wasser. Wenn sie flüchten, springen sie mit dem ganzen Körper aus dem Wasser. Unter Wasser erzeugen sie Knurr-Geräusche, die auch über Wasser hörbar sein können.

NAHRUNG

Über die bevorzugte Nahrung ist nur wenig bekannt. Magenanalysen lassen darauf schließen, dass sich Zwerggrindwale hauptsächlich von Fischen und Kalmaren ernähren. Gelegentlich machen sie Jagd auf andere Delfin-Arten, besonders deren Jungtiere (im tropischen Ostpazifik). Meist jagen sie nachts, zumindest vor Hawaii.

HOT SPOTS

Sichtungen sind selten (sehr scheu).

Atlantik: gelegentlich an den Kleinen Antillen und vor der Dominikanischen Republik, ortstreue Populationen vor der Insel St. Vincent (alle Karibik)
Pazifik: meiste Sichtungen im tropischen Pazifik, um Hawaii und Japan
Indischer Ozean: ortstreue Populationen vor Sri Lanka (Trincomalee), gelegentlich auch in der Nähe der Cocos Keeling-Inseln (Australien)

REPRODUKTION

Geschlechtsreife: ab 2 m
Geburtsgröße: 0,8 m
Kälber werden vermutlich im Sommer geboren. Das kleinste gestrandete, geschlechtsreife Weibchen hatte eine Körperlänge von 2,07 m.

WISSENSWERTES

Zwerggrindwale wurden erstmals 1827 von dem britischen Zoologen John Edward Gray beschrieben. Er untersuchte zwei Schädel gestrandeter Tiere und nannte diese Art *Delphinus intermedius*. Später änderte er den Namen zunächst in *Grampus intermedius* (1843) und dann in *Orca intermedia* (1846). 1871 stellte Gray diese Art in die Gattung *Feresa* und nannte sie *Feresa intermedia*. 1874 beschrieb er einen weiteren Schädel als *Feresa attenuata*. 1889 schlug True, ein amerikanischer Walforscher, vor, *F. intermedia* und *F. attenuata* als gleiche Art zu betrachten. Bis in die frühen 1950er Jahre kannte man Zwerggrindwale nur auf Grund von diesen Schädeln aus dem British Museum. 1954 veröffentlichte der japanische Wissenschaftler Munesato Yamada die Beschreibung eines „seltenen Delfins", der von Walfängern bei Taiji (Südostküste von Honshu, Japan) erlegt wurde. Er bemerkte, dass der Schädel des Tieres Übereinstimmungen mit den Schädeln aus dem British Museum hatte und dass es auch Ähnlichkeiten mit Schwertwalen gab (die Anzahl und Form der Zähne sowie die Form der Rückenfinne). 1960 schlug Fraser, ein schottischer Walforscher vom British Museum, *Feresa attenuata* als Namen für diese Art vor. Sie produzieren Klicks von 10–150 kHz, Pfiffe über 5 kHz, oft mit Spitzen von etwa 10 kHz, die 0,3–0,8 sec dauern, und stoßartige Pulsgeräusche über 3 kHz. Normalerweise dauern sie 1–3,5 sec.
Vor Taiwan und Indonesien landen sie oft als Beifang in Fischernetzen.
Weitere Informationen, siehe Kurzflossen-Grindwal

WISSENSCHAFTLICHER NAME

Feresa attenuata Gray, 1874
Der Gattungsname *Feresa* stammt von der französischen, volkstümlichen Bezeichnung *Feres* für „Delfin" (Leatherwood & Reeves, 1983). Der Artname *attenuata* stammt vom lateinischen *attenuatus* und steht für „dünn, fein, verkleinert" und bezieht sich auf den schlanken hinteren Teil ihres Körpers.

Breitschnabeldelfin

Peponocephala electra
—Melon-headed Whale

Körperlänge: adult 2,2–2,8 m (max. 2,8 m, Weibchen, gestrandet in Brasilien)
Gewicht: adult durchschnittlich etwa 180 kg (max. etwa 275 kg)
Körperform: schlank, torpedoförmig, verjüngt sich nach hinten; Männchen etwas kräftiger
Körperfarbe: durchgängig schwarz bis dunkelgrau, oft mit großem, noch dunklerem Cape auf Rücken (auf See kaum erkennbar); Bauchseite: hellgrauer oder weißer Streifen von der Brust bis zur Genitalregion
Kopf: spitz, ähnlich der Form einer Melone (englischer Populärname: „Melon-headed Whale", melonenköpfiger Wal), Melone fällt in einem Winkel von etwa 45 ° zur Schnauzenspitze ab, Mundregion: weiße bis hellgraue „Lippen" an Ober- und Unterkiefer
Schnabel: kein
Blas: unscheinbar
Blasloch: 1, mittig
Flipper: 50 cm; spitz, lang; bei Männchen etwas länger als bei Weibchen
Fluke: Spannweite von bis zu 60 cm; Hinterkante konkav, deutliche Einkerbung in der Mitte
Rückenfinne: 25–30 cm hoch; sichelförmig, deutlich abgesetzt, ungefähr auf Rückenmitte; bei Männchen etwas höher

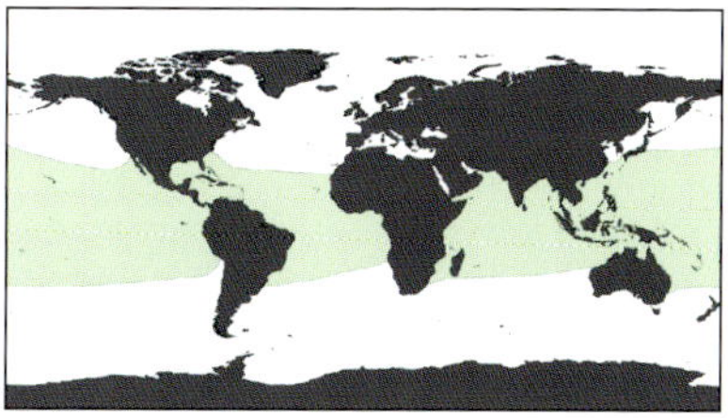

Zähne: 40–52 je Kiefer; klein, konisch (wegen dunkler Körperfarbe und vieler, kleiner Zähne im Englischen auch „Many-toothed Blackfish" (vielzahniger Schwarzfisch) genannt
Lebensalter: Weibchen 30 Jahre, Männchen 22 Jahre

VERBREITUNGSGEBIETE

Breitschnabeldelfine sind weltweit in tropischen und subtropischen Meeren, auf beiden Hemisphären, hauptsächlich zwischen 20 °N und 20 °S verbreitet. Sie leben bevorzugt auf hoher See und in tiefen Gewässern.
Die Verbreitungsgrenzen sind von warmen Meeresströmungen abhängig. Nur wenn die Küstengewässer tief

Oberflächenaktivitäten wie Springen sind bei Breitschnabeldelfinen selten.

sind, trifft man sie in warm-gemäßigten Gewässern und in Küstennähe an. Im Mittelmeer kommen sie nicht vor.

VERHALTEN

Wegen der Scheu vor Booten und der oft schnellen Schwimmweise ist über das Verhalten von Breitschnabeldelfinen nur wenig bekannt.

Sie sind Hochseebewohner mit ausgeprägtem Sozialverhalten. Sie sind gesellig und leben in Gruppen von 100–500 Individuen, die aus vielen kleinen Gruppen mit sehr enger sozialer Bindung bestehen. Ansammlungen von 1.500 Tieren sind keine Seltenheit und die größte bekannte Ansammlung umfasste etwa 2.000 Individuen. Mitglieder einer Gruppe schwimmen meist eng zusammen und ändern oft synchron den Kurs. Oberflächenaktivitäten wie Springen, Flukeschlagen oder Umschauen („spyhopping") sind nur selten zu beobachten. Sie sind häufig an Massenstrandungen beteiligt. Der Grund dafür ist nicht bekannt. Bei zwei Strandungen (Brasilien und Japan) wurden viele innere Parasiten nachgewiesen, die als Ursache für die Strandungen angesehen wurden. 2004 strandeten Breitschnabeldelfine in Kauai (Hawaii). 150–200 Tiere blieben so lange in der Bucht, bis eine Gruppe freiwilliger Helfer sie aus dieser Bucht leiteten. Möglicherweise besteht ein Zusammenhang zwischen dieser Strandung und Sonar-Übungen die die U.S. Navy in der Nähe abhielt.

Beobachtungen in Gefangenschaft und in freier Wildbahn lassen vermuten, dass Breitschnabeldelfine (ähnlich wie Zwerggrindwale) recht aggressiv sein können. Trotzdem vergesellschaften sie sich immer wieder friedlich mit Borneodelfinen, Spinner-Delfinen, Fleckendelfinen und anderen Cetaceen. Es gibt einige Berichte von Hawaii, nach denen sie Tauchern und Schwimmern gegenüber recht aggressiv waren, in anderen Regionen variiert ihr Verhalten von aggressiv bis neugierig.

TAUCHVERHALTEN

Die Tauchzeit und Tauchtiefe sind weitgehend unbekannt. Vermutlich jagen sie in Tiefen von 1.000 m oder mehr. Sie sind auffällige Schwimmer und krümmen die Schwanzwurzel zum Abtauchen. Beim Auftauchen schnellt oft der ganze Körper aus dem Wasser und erzeugt bei schneller Schwimmweise viel Spritzwasser. Körperdetails sind dann schwer zu erkennen. Wenn sie langsam schwimmen, heben sie beim Auftauchen den Kopf aus dem Wasser.

NAHRUNG

Über die Ernährung von Breitschnabeldelfinen ist nicht viel bekannt. Magenanalysen ergaben, dass sie sich bevorzugt von pelagischen Kalmaren aber auch von kleinen Fischen und Crustaceen ernähren, die in Tiefen von 1.000–1.500 m vorkommen.

Sie jagen die bevorzugte Beute (Kalmare) hauptsächlich nachts, wenn ihre Beute, dem Zooplankton folgend, aus tieferen Schichten vertikal in Richtung Oberfläche wandert. In der Nacht nutzt das Zooplankton den Schutz der Dunkelheit und steigt zur Oberfläche auf, um sich dort vom Phytoplankton zu ernähren, das wegen der Photosynthese in den oberen Wasserschichten lebt.

Breitschnabeldelfine haben charakteristische weiße bis hellgraue „Lippen" an Ober- und Unterkiefer.

Die Körperfarbe ist durchgängig schwarz bis dunkelgrau.

HOT SPOTS

Die meisten Sichtungen gibt es vor ozeanischen Inseln und seewärts von Kontinentalsockeln.
Pazifik: um Hawaii (ganzjährig), an der Ostküste Australiens, Tuamotu und den Marquesas-Inseln (Südpazifik), Japan und den Philippinen (besonders um Cebu)
Indischer Ozean: Malediven
Atlantik: Gute Möglichkeiten bei den Antillen, vor der Dominikanischen Republik (beide Karibik) und im nordwestlichen Golf von Mexiko

REPRODUKTION

Geschlechtsreife: Weibchen ab 11,5 Jahre, ab 2,35 m; Männchen ab 16 Jahre, ab 2,44 m
Paarungszeit: unbekannt, möglicherweise saisonal
Tragzeit: 12 Monate
Geburtsgröße: 0,8–1,1 m
Geburtsgewicht: 15 kg (wenige Tage altes männliches Kalb, gefangen in Thunfisch-Netz)

WISSENSWERTES

Der erste Bericht dieser Art stammt von 1841 aus der Hilo Bay (Hawai'i), als etwa 60 Tiere an Land getrieben und wegen ihres Fleisches und Öls getötet wurden (Wilkes, 1845). An einem dieser Tiere beschrieb der amerikanische Naturforscher Titian Peale (1848) diese Art und nannte sie *Phocaena pectoralis* (Aschettino, 2010). Die Entdeckung der Art wird jedoch meist dem britischen Zoologen John Edward Gray zugeschrieben. Er beschrieb einen Breitschnabeldelfin und gab dieser Art schließlich den wissenschaftlichen Namen *Lagenorhynchus electra* (Gray, 1846). Erst 1963, also mehr als 100 Jahre später, wurde vor Japan ein weiteres lebendes Exemplar gefangen. Bis dahin war diese Art nur von Skelettfunden bekannt und galt als ausgestorben.
1965 schwamm eine Gruppe von 500 Breitschnabeldelfinen in die Suruga-Bucht von Honshu (Japan). Etwa 250 Tiere wurden gefangen. Wissenschaftler konnten die meisten Breitschnabeldelfine untersuchen, bevor sie von den Anwohnern verzehrt wurden. Nach unabhängig voneinander durchgeführten Untersuchungen wurde diese Art von den Wissenschaftlern Masaharu Nishiwarki und Kenneth Norris in die neue Gattung *Peponocephala* gestellt. Sie erzeugen Klicks, die zwischen 6 und 50 kHz liegen und eine Dauer von 0,02 bis 0,45 Millisekunden pro Klick haben.
Weitere Informationen, siehe Kurzflossen-Grindwal

WISSENSCHAFTLICHER NAME

Peponocephala electra (Gray, 1846)
Der Gattungsname *Peponocephala* bedeutet „melonenköpfig" und setzt sich aus dem lateinischen *pepon* für „Melone" oder „Kürbis" und dem griechischen *kephalos* für „Kopf", zusammen. Die Artbezeichnung *electra* stammt vom griechischen *Elektra* und bezieht sich vermutlich auf Elektra, eine Nymphe aus der griechischen Mythologie (Leatherwood & Reeves, 1983).
Möglicherweise bezieht sich die Artbezeichnung auch auf eine andere Electra: Die Tochter des Agamemnon beklagte den Tod ihres Vaters, der nach seiner Rückkehr aus dem trojanischen Krieg von ihrer Mutter getötet wurde. Möglicherweise erinnerte das schwarze Cape auf dem Rücken der Breitschnabeldelfine an die trauernde Elektra (Ranneft, 2001).

Kleiner Schwertwal

Pseudorca crassidens
—False Orca

Körperlänge: adult 4–6 m (max.: Weibchen 5 m, Männchen 6 m)
Gewicht: adult 700–1.800 kg; Weibchen leichter als Männchen (max.: 2 t, Männchen)
Körperform: lang, schlank, torpedoförmig
Körperfarbe: durchgängig schwarz; Bauch: gelegentlich blasser, ankerförmiger Fleck zwischen Brustflossen (nicht so deutlich ausgeprägt wie bei Gewöhnlichen Grindwalen)
Kopf: klein, sehr schlank, rundliche oder stumpfe Melone, lang gestreckte Melone ragt etwas über den Unterkiefer (bei Männchen weiter nach vorne); gerade Mundlinie (keine hellen „Lippen")
Schnabel: nicht erkennbar
Blas: unscheinbar
Blasloch: 1, mittig, im Profil leichte Einkerbung am Blasloch (Erkennungsmerkmal auf hoher See)
Flipper: relativ kurz, schlank; relativ weit vorne am Körper; etwa 1/8–1/10 der Körperlänge, auf halber Länge an der Vorderkante deutlicher Knick nach hinten („Ellenbogen-Knick")
Fluke: in Relation zum Körper recht klein, stark konkav gebogene Hinterkante, leichte Einkerbung in der Mitte
Rückenfinne: bis 40 cm hoch; auffällig, sichelförmig gekrümmt, Spitze stark abgerundet bis spitz
Zähne: 14–24 je Kiefer; kräftig, konisch
Lebensalter: Weibchen bis 62 Jahre, Männchen bis 57 Jahre

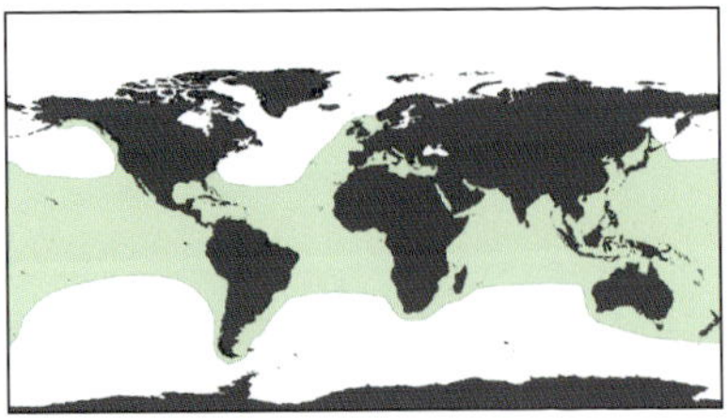

VERBREITUNGSGEBIETE

Kleine Schwertwale sind weltweit in allen tropischen, subtropischen und warm-gemäßigten Ozeanen verbreitet und selten in höheren Breiten als 50 ° auf beiden Hemisphären. Sie bevorzugen tiefe, küstenferne Gewässer, mit Tiefen von mehr als 1.000 m, kommen aber auch in Küstennähe vor, besonders an Hochseeinseln, wenn sie von tiefen Gewässern umgeben sind.
Sie bevorzugen wärmeres Wasser. Gelegentlich werden sie auch in kalt gemäßigten Gewässern beobachtet. Die kältesten Gewässer, in denen sie gesichtet wurden, waren in der Nordsee an der Skandinavischen Küste (südlich 60 °N). Sie sind auch in teilweise geschlossenen Meeren, wie dem Mittelmeer (nur sehr selten, in kleinen Gruppen), dem Roten Meer sowie dem Japanischen Meer und dem Persischen Golf verbreitet.

Kleine Schwertwale verfügen über einen langen, torpedoförmigen Körper.

Bei schneller Schwimmweise erscheint ein Teil ihres Körpers über dem Wasser.

VERHALTEN

Kleine Schwertwale sind recht schnelle Schwimmer. Sie können Höchstgeschwindigkeiten von 22–26 km/h erreichen. Dabei kommt nicht nur der Kopf, sondern der größte Teil ihres Körpers bis zu den Brustflossen, aus dem Wasser. Sie sind sehr neugierig und oberflächenaktiv, nähern sich Booten und reiten auf deren Bugwelle. Sie springen häufig aus dem Wasser und machen in der Luft eine seitliche Drehung.

Sie sind sehr gesellig und leben normalerweise in Gruppen von 10–60 Tieren. Je nach Regionen können sich auch Ansammlungen von 100 Individuen bilden, gelegentlich auch von einigen hundert. Nur sehr selten trifft man kleinere Gruppen an (z. B. im Mittelmeer). Die Gruppen setzen sich aus Individuen aller Altersstufen zusammen. Die soziale Struktur ist nicht so ausgeprägt wie bei Schwertwalen.

Oft werden sie zusammen mit Großen Tümmlern und anderen Delfinen beobachtet, obwohl sie diese gelegentlich auch angreifen. Sogar große Wale werden von ihnen attackiert. Vor den Galapagos Inseln wurde beobachtet, dass eine Gruppe Pottwalkühe mit ihren Kälbern auf die Annäherung einer Gruppe Kleiner Schwertwale und Großer Tümmler Abwehrreaktionen zeigte. Aus den Fleischstücken, die nach dieser Begegnung im Wasser trieben, schlossen Wissenschaftler, dass die Kleinen Schwertwale zumindest in die Flipper und Fluken der Pottwale gebissen hatten.

Brown, Caldwell und Caldwell (1966) haben beobachtet, dass ein Kleiner Schwertwal in Gefangenschaft einem Gemeinen Delfinweibchen half, als ein Kurzflossen-Grindwal ihr totgeborenes Baby gefressen hat. Trotz der Aggressivität, die sie gelegentlich in freier Wildbahn zeigen, ist es möglich, Kleine Schwertwale in Gefangenschaft zu halten und zu dressieren. Sie bekommen dort sogar Nachwuchs und in einigen Fällen wurden Mischlinge der „ersten Generation" mit Großen Tümmlern gezeugt.

Sie sind für spektakuläre Massenstrandungen bekannt. Bei der größten, jemals dokumentierten Massenstrandung wurden 835 Kleine Schwertwale gezählt (10.10.1946 in Mar del Plata, Argentinien). Möglicherweise sind sie als Bewohner der tiefen Gewässer nicht in der Lage, einen Ausweg zu finden, wenn sie in zu flache Gewässer geraten.

Sie verfügen über ein sehr effektives Sonarsystem mit unterschiedlichen akustischen Signalen. Sie dienen sowohl der Kommunikation, als auch zum Aufspüren von Beute. Bei der Suche nach Nahrung schwimmen sie oft in einer mehrere Kilometer breiten Reihe. Diese Reihen werden „Chorus Lines" („Sänger-Gruppen") genannt.

Kleine Schwertwale tauchen oft mit leicht geöffnetem Maul auf und zeigen ihre Zähne. Dieses Verhalten zeigen sie auch gegenüber Schwimmern. Möglicherweise handelt es sich dabei um eine Art Drohgebärde.

TAUCHVERHALTEN

Das Tauchverhalten ist weitgehend unbekannt. Ein Tier, das mit einem Sender versehen war, tauchte 12 min und erreichte eine maximale Tiefe von 230 m. Sie tauchen meist in Gruppen, schwimmen sehr schnell und machen, vor allem bei der Jagd, plötzliche Kursänderungen.

NAHRUNG

Kleine Schwertwale ernähren sich vorwiegend von pelagischen Cephalopoden (Kopffüßern) und von größeren pelagischen Fischen, wie Gelbflossen-Thunfischen, Schwertfischen, Bonitos, Stachelmakrelen und Goldmakrelen, die sie sowohl tagsüber, als auch nachts jagen.

Die langgestreckte Melone ragt etwas über den Unterkiefer.

Sie greifen auch andere Cetaceen an und zumindest in einem Fall sogar Pottwale.
Sie sind auf Nahrung spezialisiert, die in ihrer Region vorkommt: Vor Südafrika ernähren sie sich hauptsächlich von Cephalopoden, die sie über dem Kontinentalschelf jagen. Vor Hawaii fressen sie dagegen häufiger Goldmakrelen und Gelbflossen-Thunfische. Zumindest beim Fressen von Thunfisch ignorieren sie die inneren Organe sowie die Kiemen und den Schwanz und fressen nur das Fleisch. Fischern stehlen sie gelegentlich Marline, Thunfische und andere größere Fische bis zu einem Gewicht von 30 kg vom Haken.
Delfine gehören ebenfalls zu ihrer Beute. Im östlichen tropischen Pazifik haben sie Spinnerdelfine angegriffen, die von Fischern aus Netzen befreit wurden. In großen Gruppen greifen Kleine Schwertwale gelegentlich auch kranke, alte oder verletzte große Wale oder deren Jungtiere an (z. B. Buckelwale, Pottwale). Vor Hawaii wurde beobachtet, wie sie ein Buckelwalkalb getötet haben. Kleine Schwertwale sind dafür bekannt, dass sie sich die Beute untereinander teilen.

HOT SPOTS

Sichtungen sind nicht allzu häufig.
Atlantik: Azoren, an der südlichen Ostküste der USA, im Golf von Mexiko, Dominica, Belize, Kap Verden und Brasilien
Pazifik: Hawaii, entlang der ganzen Westküste der USA und Französisch-Polynesien
Indischer Ozean: Cocos Keeling Islands (Australien)
Mittelmeer: Gibraltar

REPRODUKTION

Geschlechtsreife: Weibchen ab 8–11 Jahre, Männchen ab 11–18 Jahre
Paarungszeit: einige Monate
Geburtszyklus: etwa alle 6–7 Jahre ein Kalb
Tragzeit: 14–16 Monate
Geburtsgröße: 1,6–2,1 m
Geburtsgewicht: 80 kg
Säugezeit: 18–24 Monate
Kleine Schwertwale haben eine geringe Reproduktionsrate. Das macht den Bestand anfällig für Überfischung. Wenn man zugrunde legt, dass Weibchen nur etwa alle 7 Jahre ein Kalb bekommen und im Alter von über 45 Jahren unfruchtbar werden, produzieren sie nur bis zu 5 Kälber in ihrem Leben. Das Überleben der Art wird durch hohe Überlebensrate des Nachwuchses gesichert.

WISSENSWERTES

Der britische Zoologe Sir Richard Owen beschrieb diese Art anhand eines fossilen Skeletts, das 1846 in Lincolnshire in England gefunden wurde, und gab ihr den Namen *Phocoena crassidens*. Er hielt Kleine Schwertwale zu dieser

Der ankerförmige Fleck zwischen den Brustflossen ist nicht so deutlich wie bei Gewöhnlichen Grindwalen.

Zeit für ausgestorben, bis 1862 viele Tiere in der Kieler Bucht (westliche Ostsee) strandeten. Der dänische Zoologe Johannes Reinhardt untersuchte einige Exemplare und stellte diese Art in eine neue Gattung. Wegen der großen Ähnlichkeit zum Schwertwal gab er ihr den bis heute gültigen wissenschaftlichen Namen *Pseudorca crassidens*.
Sie erzeugen Pfiffe zwischen 5 kHz und 8 kHz und einer Dauer von 0,2–0,8 sec. In Teilen der Karibik (St. Vincent) und in Taiwan (Penghu Inseln) werden sie gejagt, weil sie die Fische von den Haken der Langleinen und Sportfischer stehlen. Die lokalen Fischer machen sie für die zurückgehenden Erträge verantwortlich. In Japan werden Kleine Schwertwale mit Booten in Buchten getrieben und dort zu hunderten abgeschlachtet. Das Fleisch der Tiere wird als Nahrung genutzt, obwohl hohe Giftkonzentrationen in den Körpern gestrandeter Individuen nachgewiesen wurden.
Weitere Informationen, siehe Kurzflossen-Grindwal

WISSENSCHAFTLICHER NAME

Pseudorca crassidens (Owen, 1846)
Der Gattungsname bezieht sich auf die Ähnlichkeit zum Schwertwal *(Orcinus orca)*. *Pseudorca* setzt sich aus dem griechischen *pseudos* für „falsch" oder auch für „Lügner" und „Nachahmer" sowie dem lateinischen *orca* für „Wal" zusammen. In der Literatur wird *orca* auch mit „wildes Tier mit tonnenförmigem Leib" übersetzt. Im Lateinischen bedeutet *orc* „schreckliches Seeungeheuer". *Orcus* steht auch für „alte römische Gottheit des Totenreiches". Der Artname *crassidens* bedeutet „großzähnig" und setzt sich aus dem lateinischen *crassus*, was so viel wie „dick" oder „dicht" bedeutet, und dem lateinischen *dens* für „Zahn" zusammen und bezieht sich auf die auffallenden Zähne (Leatherwood & Reeves 1983).

Die Rückenfinne ist bis zu 40 cm hoch.

Schwertwal

Orcinus orca

—Orca

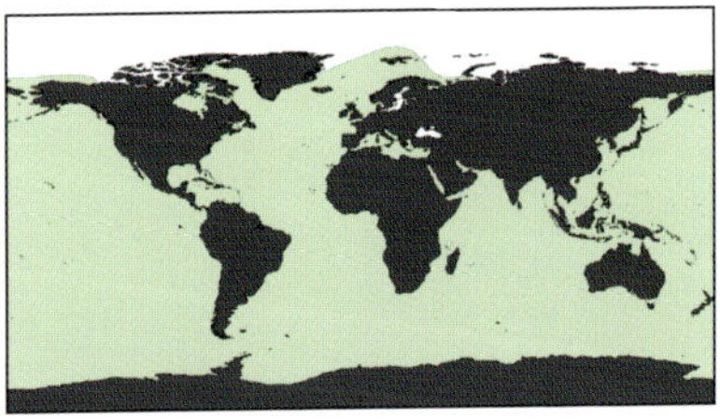

Körperlänge: adult 6–9,8 m (max.: Weibchen 8,5 m, Männchen 9,8 m)
Gewicht: adult 5–10 t (max.: Weibchen 7,5 t, Männchen 10 t; deutlicher Geschlechtsdimorphismus)
Körperform: stämmig, sehr kräftig, groß (die größten Delfine); Körperumfang bei Männchen größer
Körperfarbe: auffällige, charakteristische Schwarz-Weiß-Pigmentierung: überwiegender Teil des Körpers tiefschwarz (Rücken und größtenteils Seiten), sehr variabler, grauweißlicher Sattelfleck hinter der schwarzen Rückenfinne, Sattel und Rückenfinne können zur Identifikation einzelner Individuen genutzt werden; Bauch: überwiegend weiß; breiter, weißer Bauchfleck vom Unterkiefer bis zur Analgegend, verengt sich zwischen den schwarzen Brustflossen wie eine Sanduhr und teilt sich hinter Nabel in drei zur Fluke gerichtete „Finger", der mittlere umschließt die Genitalregion und reicht bis zur weißen Flukenunterseite, die beiden seitlichen „Finger" reichen von Genitalregion nach hinten gerichtet zu den Seiten; charakteristischer elliptischer, weißer Fleck hinter und über den Augen („Augenfleck")
Kopf: etwas zugespitzt (ohne erkennbaren Schnabel); deutlich ausgeprägte, gewölbte Melone
Schnabel: nicht erkennbar
Blas: 1–2 m, buschig, recht gut sichtbar (besonders bei kalter Luft)
Blasloch: 1, mittig
Flipper: beidseitig schwarz, recht groß, oval (paddelförmig); mit zunehmendem Alter größer, bei alten Bullen bis 20 % der Körperlänge, bis 2 m
Fluke: Oberseite schwarz, Unterseite weiß mit dunklem Rand; leicht konvexe Hinterkante, deutliche mediane Einkerbung
Rückenfinne: charakteristisch, je nach Alter und Geschlecht unterschiedlich stark ausgeprägt: bei Männchen deutlich größer und ausgeprägter (1,67 m, bis max. 1,8 m hoch, kann leicht nach vorne geneigt sein) als bei Weibchen (90 cm hoch, leicht sichelförmig gebogen), namensgebende Rückenfinne dient als Stabilisator bei hohen Schwimmgeschwindigkeiten, von der Seite betrachtet wie ein gleichschenkliges Dreieck, mit zunehmendem Alter größer (besonders bei Bullen); kann im Alter von

Schwertwale sind leicht an der charakteristischen Schwarz-Weiß-Pigmentierung zu erkennen.

Beim Umschauen kommt der Oberkörper bis zur Hälfte der Brustflossen aus dem Wasser.

vorne betrachtet leichte Wellenlinie haben; Narben oder Kerben an Hinterkante werden zur Identifikation einzelner Tiere herangezogen; Größe und Form entspricht bei Kälbern den Finnen der Weibchen

Zähne: 20–28 je Kiefer; recht groß, bis 10 cm lang, bis 2 cm Durchmesser, konisch, leicht nach hinten gerichtet, greifen ineinander

Lebensalter: Weibchen 80–90 Jahre, Männchen 50–60 Jahre

VERBREITUNGSGEBIETE

Sie gehören neben Pottwalen, Menschen und der Wanderratte *(Rattus norvegicus)* zu den Säugetieren, die auf der Welt am weitesten verbreitetet sind. Schwertwale bevölkern als Kosmopoliten alle Weltmeere beider Hemisphären, von der Eisgrenze im Norden bis zur Eisgrenze im Süden (gelegentlich auch unter geschlossener Eisdecke). Sie können in praktisch allen Meeresgebieten, auch in teilweise geschlossenen Meeren, wie dem Mittelmeer oder dem Roten Meer, dem Persischen Golf oder dem Golf von Mexiko, vorkommen.

Sie treten in ihrem Verbreitungsgebiet meist in geringer Konzentration auf. In kalten, polaren Gewässern sind sie häufiger anzutreffen als in wärmeren, subtropischen oder tropischen Gewässern.

Sie bevorzugen küstennahe Regionen bis zu einer Entfernung von 800 km, werden aber auch regelmäßig bei der Nahrungssuche in offenen Gewässern gesichtet. Sie werden meist in tieferen Gewässern beobachtet, kommen aber auch in seichten Buchten und gelegentlich sogar in Flussmündungen vor.

VERHALTEN

Schwertwale schwimmen normalerweise mit Geschwindigkeiten von 5–10 km/h und bei Wanderungen bis 20 km/h. Bei kurzen Sprints können sie Höchstgeschwindigkeiten von bis zu 55 km/h erreichen. Dabei schnellt ein Großteil ihres Körpers zum Atmen aus dem Wasser. Sie sind sehr soziale Tiere, die normalerweise in Gruppen von 2–20 Individuen zusammenleben, sie bilden auch oft Ansammlungen von 40–50, manchmal von weit über 200 Tieren.

Sie sind sehr neugierig und oberflächenaktiv. Springen, Fluke- und Flipperschlagen sowie Umschauen („spy-hopping“) sind häufig zu beobachten. Wenn sie springen, schnellt der ganze Körper aus dem Wasser. Jungtiere, die ebenso häufig wie erwachsene Tiere springen, vollführen dabei akrobatische Verrenkungen. Beim Umschauen stehen oft mehrere Schwertwale senkrecht nebeneinander im Wasser, tauchen langsam auf, bis die Hälfte der Brustflossen sichtbar wird und tauchen dann langsam wieder ab. Das Sehvermögen ist auch über Wasser erstaunlich gut, sodass sie Beute auch an Land erspähen können. Über das Wanderverhalten ist nicht sehr viel bekannt. Sie können jedoch große Distanzen zurücklegen. Bei einigen Tieren konnte dokumentiert werden, dass sie

zwischen Alaska und Kalifornien eine Strecke von 2.000 km zurückgelegt haben. Schwertwale vor Norwegen folgen den saisonalen Wanderungen des Atlantischen Herings *(Clupea harengus)*. In den Wintermonaten (September bis Mitte Januar) halten sie sich zeitgleich mit den Heringen in ihren Überwinterungsgebieten vor den Lofoten oder im Tysfjord (Norden Norwegens) auf. Im Frühjahr, wenn die Heringe viele 100 Kilometer zu ihren Laichgründen südwärts wandern, folgen ihnen die Schwertwale. Wenn sich die Heringe im März und April bis zur nächsten Überwinterung in offene Gewässer verstreuen, verlassen auch die Schwertwale diese Region.
Auch in anderen Regionen folgen Schwertwale ihrer Beute. Vor der Westküste von British Columbia, Washington (Staat) und Alaska folgt zum Beispiel eine Population der Wanderung der Lachse.
Schwertwale können sich sehr gut wechselnden Bedingungen anpassen. 1970 verschwand die bevorzugte Beute (Atlantischer Hering) durch Überfischung vor Island. Daraufhin haben sie ihr jahrelang angestammtes Jagdrevier verlassen und sind den Heringsschwärmen gefolgt. Sie überwintern nordwestlich von Norwegen und werden dort von den Fischern als Nahrungskonkurrenten betrachtet.
Die sozialen Bindungen innerhalb der Gruppen sind sehr eng. Die Sozialstrukturen sind abhängig von den Bindungen innerhalb einer Familie sowie sozialisierenden Gruppen und dem Repertoire ihrer Kommunikationslaute.
Im Allgemeinen werden vier Formen des sozialen Zusammenlebens unterschieden: die Mutterlinie, der Pod, der Clan und die Gemeinschaft. Die Mutterlinie ist die kleinste Einheit, mit sehr enger Bindung von mütterlicherseits verwandten Walen. Sie besteht aus einem Weibchen mit ihrem Nachwuchs sowie deren Nachwuchs und kann bis zu vier Generationen umfassen. Bis zu drei verwandte Mutterlinien bilden einen Pod. Die Bindungen innerhalb eines Pods sind nicht so eng wie in einer Mutterlinie. Wenn sich Pods mit einem ähnlichen Dialekt versammeln, bilden sie einen Clan. Die Bindungen innerhalb eines Clans sind lockerer als in einem Pod. Clans, die sich regelmäßig treffen, werden als Gemeinschaft bezeichnet.
Die engen, sozialen Bindungen drücken sich durch stark ausgeprägtes epimelitisches Verhalten aus. Sie helfen verletzten Artgenossen und stützen sie zum Atmen an der Oberfläche. Auch bei Massenstrandungen kann man dieses Fürsorgeverhalten beobachten. Wenn einige gestrandete Tiere gerettet und in tieferes Wasser geleitet wurden, schwimmen sie oft zurück an den Strand, vermutlich um ihren Artgenossen zu helfen.
Eine Studie enthüllte, dass Schwertwale auch enge „Freundschaften" mit anderen Mitgliedern der Gruppe schließen (Weiss *et al.*, 2021). Die Wissenschaftler beobachteten Muster von Kontakten und synchrones Verhalten (z. B. gleichzeitiges Auftauchen). Gemeinsames Handeln wird bei vielen Arten als Zeichen der Nähe und der sozialen Bindungen angesehen. Die Schwertwale zeigten auch eine bestimmte Art, sich gegenseitig nachzuahmen.
Obwohl Wissenschaftler bisher nur einen einzigen Fall beobachtet haben, bei dem ein südlicher ortstreuer Schwertwal einen Artgenossen angegriffen hat, zeigen Bisssspuren auf den Rücken südlicher ortstreuer Schwertwale vor der Küste von Britisch Kolumbien und Washington (Staat), dass aggressive Interaktionen recht häufig stattfinden müssen. Forscher fanden heraus, dass junge Bullen die meisten frischen Narben, die sie sich bei Scharmützeln

Schwertwale leben in Gruppen von 2 bis 20 Tieren zusammen.

untereinander zugefügt haben, davontrugen. Möglicherweise weil sie ihre Position in der Hierarchie etablieren, den ersten Happen der Beute erhaschen wollen oder um die Aufmerksamkeit der Weibchen rivalisieren.
Die Studie enthüllte weiter, dass die Anzahl der Bissspuren mit zunehmender Menge und Verfügbarkeit von ihrer bevorzugten Beute (Lachs) stieg (mehr Lachs = mehr Narben). Das übermäßige Nahrungsangebot könnte zu höheren Ansammlungen von Schwertwalen und zu mehr sozialen Interaktionen führen. Zudem könnten junge Bullen, durch die eingesparte Energie der leichten Jagd, mehr in wilde Spiele verwickelt sein (Grimes *et al.*, 2022).
Informationen zu nichtreproduktivem Sexualverhalten, siehe Großer Tümmler

TAUCHVERHALTEN

Schwertwale unternehmen normalerweise recht flache und kurze Tauchgänge von 1–8 min, sie können auch 20–25 min dauern. Sie tauchen jedoch auch regelmäßig bis in Tiefen von über 500 m, flache Tauchgänge sind gewöhnlich tiefer als 7 m (Rose *et al.*, 2017). In einigen Populationen tauchen sie bis zu 12 Mal am Tag tiefer als 200 m (Reisinger *et al.*, 2015), während die Tiere in anderen Populationen mindestens alle 5 h tiefer als 150 m tauchen (Baird *et al.*, 2005).
Der tiefste bestätigte Tauchgang betrug 1.087 m, aufgezeichnet am 8.6.2015 während eines Fischdiebstahls von Schwarzen Seehechten *(Dissostichus eleginoides)* von Langleinen über Grund vor Südgeorgien. Die Dauer dieses Tauchgangs betrug 11,4 min (Towers *et al.*, 2018). Schwertwale können also deutlich tiefer tauchen, als in früherer Literatur angegeben (Durban & Pitman, 2013).
Bei den Wanderungen schwimmen die Gruppen in enger Formation mit Geschwindigkeiten von 20 km/h. Bei der Jagd auf Lachse schwärmen sie bis zu 1 km weit aus und schwimmen mit Geschwindigkeiten von 6 km/h. Die Gruppenmitglieder tauchen und atmen fast gleichzeitig, so als würden sie einer „Choreographie" folgen.
Schwertwale, die hauptsächlich Fisch fressen, tauchen meist in Abständen von etwa 10–30 sec, etwa 4–5 Mal kurz ab, um dann einen 3–4-minütigen Tauchgang folgen zu lassen. Schwertwale, die sich vorwiegend von Säugetieren ernähren, zeigen kein einheitliches Tauchverhalten.
Ruhende Schwertwale liegen alle in der gleichen Richtung an der Oberfläche und atmen innerhalb einer Minute mehrmals ruhig, bevor sie für 3–4 min absinken und an der gleichen Stelle wieder auftauchen.

NAHRUNG

Schwertwale sind die Top-Meeresräuber und stehen in der marinen Nahrungskette ganz oben. Diese Tatsache brachte ihnen möglicherweise die recht grimmigen Populärnamen „Mörderwal" und „Killerwal" ein.
Sie haben ein unglaublich breit gefächertes Nahrungsspektrum, das sich deutlich von allen anderen Cetaceen unterscheidet. Es umfasst mehr als 140 Arten und reicht von kleinen Fischen bis zu großen Meeressäugetieren. Neben Fischen (u. a. Lachs, Hering, Kabeljau und Dorsch), ernähren sie sich auch von Haien, Kalmaren, Seevögeln (Kormoranen, Möwen, Pinguinen) und Meeresschildkröten.
Schwertwale sind die einzigen Cetaceen, die regelmäßig Jagd auf Meeressäuger machen. Angriffe und Tötungen auf 50 Arten sind dokumentiert: Seehunde, Seelöwen, Robben, Seekühe, Walrosse und verschiedene Wal- und

Schwertwale mit Buckelwalen auf der Jagd nach Heringen.

Delfin-Arten (z. B. Finn-, Zwerg-, Buckel-, Grau-, Grönland-, Glatt- und Grindwale, Belugas, verschiedene Schweinswale und Delfine sowie Blauwale). Sogar vor großen Pottwal-Schulen schrecken sie nicht zurück, wie Beobachtungen in den Gewässern vor der Kalpitiya-Halbinsel (Nordwesten von Sri Lanka) beweisen (Nanayakkara *et al.*, 2020).

Sie verbringen 60–95 % ihrer Zeit mit der Nahrungssuche. Schwertwalbullen haben einen täglichen Energiebedarf von rund 290.000 kcal.

Obwohl Schwertwale Nahrungsopportunisten sind, haben sich einige Populationen auf unterschiedliche Beute spezialisiert, je nach geografischer Verbreitung und Nahrungsaufkommen. Beutetiere die von einigen Populationen gejagt werden, werden von anderen ignoriert. Schwertwale Norwegens bevorzugen Atlantische Heringe *(Clupea harengus)* und andere Schwarmfische. Eine Form im östlichen Nordpazifik macht hauptsächlich Jagd auf Lachse, während eine andere Form sich dort bevorzugt von verschiedenen Meeressäugern ernährt. Vor Neuseeland jagen einige Populationen hauptsächlich Haie und Rochen. In der Straße von Gibraltar fressen sie Blauflossen-Thunfische und haben gelernt, diese den Fischern vom Haken zu stehlen (sie lassen nur den Kopf am Haken) und vor Südgeorgien nehmen sie Schwarze Seehechte *(Dissostichus eleginoides)* von Langleinen über Grund (Towers *et al.*, 2018).

Die Jagdtechniken sind eindrucksvoll und sehr vielfältig. Bei der Jagd können mehrere Schwertwal-Gruppen miteinander kooperieren. Gelegentlich schließen sich auch andere Wale und Delfine mit Schwertwalen zusammen. Sie scheinen instinktiv zu wissen, wann ihnen Gefahr droht und wann nicht.

Bei der Jagd auf Heringe oder andere Schwarmfische nutzen Schwertwale eine Jagdtechnik, die „Karussell" genannt wird. Dabei treiben sie den Fischschwarm zunächst wie einen großen „Beute-Ball" dicht an der Oberfläche zusammen. Fluchtversuche der verängstigten Fische werden durch „Jagd-Rufe", Blasennetze um den Fischschwarm und durch immer engeres Einkreisen verhindert. Um den Fischschwarm zusammenzutreiben, zeigen sie immer wieder ihre helle Bauchseite. Wenn der Fischschwarm dicht genug zusammengetrieben wurde, schlagen sie mit der Fluke in den Heringsschwarm. Die ungeheure Wucht dieser Schläge tötet oder betäubt die Fische und macht sie zu wehrlosen Opfern, die leicht zu verschlingen sind.

Lange Zeit hat man gedacht, dass Schwertwale Heringe nur tagsüber jagen, weil sie auch ihre weiße Bauchseite einsetzen, um diese kleinen Fische zusammenzutreiben. Die Fähigkeit, das Jagdverhalten an unterschiedliche Lichtverhältnisse anzupassen, könnte jedoch für Jäger sehr wichtig sein, besonders wenn sie im Winter in hohen Breitengraden mit begrenztem Tageslicht jagen. Vor Island haben Wissenschaftler kürzlich Schwertwale beobachtet, die nachts gefressen haben. Sie verbrachten 50 % der Nacht und 73 % des Tages mit dem Fressen von Heringen. Dabei nutzten sie „Jagd-Rufe", die eindeutig mit dem Schlagen der Fluke in Verbindung standen, häufiger in der Nacht. Daraus lässt sich schließen, dass sie mehr von der Akustik („Jagd-Rufe") abhängig sind, wenn sie Heringe in schlechten Lichtverhältnissen zusammentreiben (Richard *et al.*, 2017).

David H. Brown und Kenneth Norris beobachteten einen Angriff von Schwertwalen auf Gemeine Delfine. Bei diesem Angriff umzingelten die Schwertwale ihre Opfer,

Schwarmfische wie der Hering gehören zur bevorzugten Beute.

Sie sind sehr oberflächenaktiv, auch Flukenschlagen wird häufig beobachtet.

ähnlich wie beim Heringsfang, und trieben die Delfine immer dichter zu einem „Beute-Ball" zusammen. Ein Schwertwal nach dem anderen stieß dann in die Delfingruppe und holte sich seinen Anteil der Beute, während die anderen Schwertwale weiter kreisten und die Delfine an der Flucht hinderten.

Bei der Jagd auf große Wale schließen sich oft 10–20 Schwertwale zusammen. Sie greifen auch ausgewachsene Blauwale, Pottwale und Grauwalkühe mit ihren Kälbern an. Bei einem Angriff auf eine Grauwalmutter mit ihrem Kalb drängten die Schwertwale zunächst das Kalb von seiner Mutter ab, damit sie ihm nicht mehr beistehen konnte. Einige Schwertwale rammten dann das Kalb mit großer Wucht in die Seiten und schwammen im Wechsel unter das Opfer, um es am Abtauchen zu hindern. Andere bedrängten es gleichzeitig von beiden Seiten, während weitere Orcas die Fluchtwege nach vorne und hinten abschnitten. Sobald das Kalb ein wenig abtauchte, schwammen einige Schwertwale über ihre Beute, um sie am Atmen zu hindern.

Bei einem Angriff auf einen Blauwal nutzten sie die gleiche Jagdstrategie. Als der Blauwal durch diese Angriffe erschöpft war und die Gegenwehr geringer wurde, attackierten sie ihn vorwiegend von hinten und bissen Stücke aus seiner Fluke und der Blubberschicht heraus. Andere Schwertwale bissen in den Kopf und die Atemlöcher, um das Opfer am Atmen zu hindern.

Schwertwale fressen oft nur bestimmte Körperteile ihrer Opfer. Bei Pinguinen fressen sie bevorzugt nur die Brustmuskeln, bei großen Walen die Zunge, die Lippen und den Blubber. Oft teilen Schwertwale die Beute mit anderen Gruppenmitgliedern. Jungtiere machen erste Jagderfahrungen, indem sie von der Mutter Richtung Beute gestoßen werden oder sie werfen ihrem Nachwuchs bereits gefangene und geschwächte Beutetiere zu.

Drei Jagdbeispiele, die ihre Intelligenz belegen und dass sie das „Ursache-Wirkung-Prinzip" verstehen: Eine Gruppe Schwertwale umkreiste in aller Ruhe einen aus dem Wasser ragenden Felsen, auf dem eine Gruppe Steller-Seelöwen *(Eumetopias jubatus)* ruhte. Sie schienen darauf zu warten, dass die aufkommende Flut den Felsen überspülen wird. Ihre Ausdauer wurde belohnt. Ein anderes Mal erbeutete eine Gruppe von Schwertwalen Pinguine, die sich auf einer Eisscholle ausruhten, indem ein Schwertwal mit großer Geschwindigkeit auf diese Eisscholle zuschwamm und unmittelbar davor abtauchte. Die Bugwelle des Schwertwales spülte die Pinguine auf der anderen Seite ins Wasser in ihr Verderben. Dort warteten schon die anderen Schwertwale der Gruppe. Beim dritten Beispiel erbeutete ein Schwertwal eine Robbe, die auf einer kleinen Eisscholle schlief. Der Schwertwal neigte mit dem Gewicht seines Oberkörpers die Eisscholle, bis die Robbe ins Wasser rutschte.

Es gibt einige Populationen, die zur Jagd sogar das Wasser verlassen, wie zum Beispiel bei Punta Norte auf der Halbinsel Valdes (Argentinien, Jagd auf Südliche Seelöwen) und an der zu Frankreich gehörenden Crozet-Insel (südlicher Indischer Ozean, Jagd auf See-Elefanten-Jungtiere). An beiden Gebieten schwimmen sie auf den leicht abschüssigen Kiesstrand und holen sich unvorsichtige Seelöwen oder See-Elefanten vom vermeintlich sicheren Ufer. Die Schwertwale halten zunächst Ausschau nach Beutetieren, die zu dicht am Wasser liegen. Dann tauchen sie ab, schwimmen auf die Küste zu, lassen sich

Wenn Schwertwale springen schnellt oft der ganze Körper aus dem Wasser.

mit einer Welle an Land spülen und packen sich die Beute. Mit der nächsten Welle zerren sie das überrumpelte Opfer zurück ins Wasser. Diese spezielle Jagdtechnik wird von Generation zu Generation weitergegeben. Kälber ab einem Alter von 3–5 Jahren werden auf den Strand geführt und wieder ins Wasser gestoßen.

Im August 2016 wurden Bigg's Schwertwale (Transients, die sich im Süden vor Vancouver Island und in der Bucht von Monterey bevorzugt von Meeressäugern ernähren) bei Protection Island, einem nationalen Naturschutzgebiet in der Nähe der Discovery-Bay (Staat Washington) bei absichtlichen Strandungen beobachtet, um Seehunde zu fangen. Vorsätzliche Strandungen wurden zuvor nur bei Schwertwalen an der Halbinsel Valdes (Patagonien) und der Crozet-Insel dokumentiert. Sehr wahrscheinlich hat sich dieses Verhalten auf der nördlichen Hemisphäre opportunistisch entwickelt und diese Schwertwale haben nicht mit einer südamerikanischen Population interagiert oder von ihnen gelernt (Aquatic Mammals, 2021).

Weitere Informationen zu Transients, siehe „Wissenswertes"

HOT SPOTS

Nordatlantik: Oktober-Januar vor Norwegen bei den Lofoten und Vesterålen (im Tysfjord und im Ofotfjord bis zu 500 Tiere), in den Gewässern um Grönland, Island, Jan Mayen, den Färöer-Inseln, der Bäreninsel, Franz-Joseph-Land, Spitzbergen, den Shetland- und Orkney-Inseln

Mittelmeer: Straße von Gibraltar (stehlen dort Fischern Thunfische vom Haken)

Nordpazifik: oft vor Alaska, im Beringmeer, um die Aleuten und im Prince William Sound. Auch in den Küstengewässern von Britisch Kolumbien, um Vancouver-Island (in der Johnstone-Straße und den San Juan Inseln, Kanada), vor Oregon und Washington (Staat), entlang der russischen Küste des Beringmeers und des Ochotskischen Meeres, östlich von Sachalin und den Kurilen. Ganzjährig ortstreue Gruppen in der Baja California (Mexiko)

Südliche Hemisphäre: entlang des antarktischen Packeises, vor den Küsten Argentiniens (Patagonien), Crozet-Insel (Frankreich, südlicher Indischer Ozean) und Neuseeland

REPRODUKTION

Geschlechtsreife: Weibchen ab 10–15 Jahre, ab etwa 4,6–5,4 m; Männchen ab 12–16 Jahre

Paarungszeit: ganzjährig

Tragzeit: 15–18 Monate

Geburtszyklus: vermutlich alle 3–5 Jahre ein Kalb, über einen Zeitraum von 25 Jahren

Geburtsgröße: 2–2,5 m

Geburtsgewicht: 160–200 kg

Säugezeit: mind. 12 Monate, Entwöhnung ab 1–2 Jahre

Neugeborene haben einen hellgrauen Körper mit dunkelblauen Flecken. Durch fettreiche Muttermilch verdoppelt sich ihr Gewicht in den ersten Lebensmonaten. Die Sterblichkeitsrate der Jungtiere ist recht hoch, nur etwa 40–50 % der Jungtiere überleben das 1. Lebensjahr. Bei Erreichen der Geschlechtsreife setzt bei männlichen Schwertwalen das enorme Wachstum der Rückenfinne ein, das mit etwa 21 Jahren abgeschlossen ist.

WISSENSWERTES

Bei seiner Erstbeschreibung 1758 benannte der schwedische Zoologe, Botaniker und Mediziner Carolus Linnaeus den Schwertwal *Delphinus orca*. Der belgische Zoologe

Pierre-Joseph van Beneden und Paul Gervais (französischer Zoologe) nannten diese Art später *Orca gladiator*, wegen der schwertartigen Rückenfinne. Der heute gültige wissenschaftliche Name *Orcinus orca* wurde erst 1860 vom österreichischen Zoologen Leopold Fitzinger eingeführt.
Schwertwale werden auch „Killerwale" oder „Mörderwale" („Killer Whales") genannt. Schon im ersten Jahrhundert beschrieb Plinius der Ältere (23–79 A. D.) in seiner Naturgeschichte „*Naturalis Historiae*, IX, 5", den Schwertwal als besonders furchtbar und aggressiv. Plinius schrieb: „… ein Schwertwal kann als nichts anderes als eine riesige, mit grausamen Zähnen bewaffnete Fleischmasse geschildert und beschrieben werden …".
Im 18. Jahrhundert gaben spanische Walfänger Schwertwalen den Namen „whale killer" (Wal-Mörder). Sie hatten Schwertwale beobachtet, die größere Bartenwale töteten und sich anschließend über deren Zungen und Lippen hermachten. Schwertwale sind die einzigen Meeressäuger, die keine natürlichen Feinde haben. Es gibt bis heute keine bestätigten Beobachtungen, dass ein Schwertwal jemals einen Menschen in freier Wildbahn angegriffen hat, im Gegensatz zu einigen Delfinarien.
Es gibt Berichte aus der Straße von Gibraltar und von der Atlantikküste (von Cádiz, Galicien und dem Kantabrischen Meer), nach denen Schwertwale zwischen Juli und November 2020 etwa 45 Yachten und Boote gerammt haben. Bei einigen Zwischenfällen wurden die Boote so stark gerammt, dass sie sich um 180 Grad drehten oder sich zur Seite neigten. Einige Angriffe endeten in gebrochenen Ruderanlagen oder beschädigten Schiffsrümpfen, einige Boote waren manövrierunfähig und mussten von der Seenotrettung abgeschleppt werden.
Wissenschaftler sprechen jedoch nicht von Angriffen der Schwertwale auf Boote, sondern von Interaktionen. 2021 registrierte die spanische Seenotrettung allein bis August 66 solcher Interaktionen auf kleine Segelboote, vorwiegend um die Straße von Gibraltar, meist vor der kleinen Stadt Barbete. Die spanische Regierung sperrte daraufhin für einige Wochen einen etwa 30 km langen Küstenstreifen zwischen Punta Paloma und dem Kap Travalgar für Segelboote mit einer Kiellänge von weniger als 15 m. Den Grund für diese Interaktionen, an denen meist mehrere junge Schwertwale beteiligt sind, können Wissenschaftler bisher nicht erklären. Einige Experten vermuten, dass es sich um ein Spiel oder um eine Folge von Stress in den stark befahrenen Gewässern handeln könnte oder mit einem Vorfall, den die Schwertwale mit ähnlichen Booten hatten (The Guardian, 8.8.2021).
Sie gelten bis heute als eine einzige Art. Variationen in der Form der Rückenfinne und der Körpergröße (z. B. Zwergform in der Antarktis, Männchen max. 6 m) sowie genetische Unterschiede legen nahe, dass sie in Zukunft in verschiedene Arten unterteilt werden könnten. Im Nordwesten der USA und vor Vancouver (Kanada) gibt es drei genetisch verschiedene Gruppen, die sich durch unterschiedliches Verhalten unterscheiden: „Residents" (ortstreue Schulen), „Transients" (vagabundierende Schulen) sowie die „Offshores" (Schulen, die auf offener See leben).
Residents ernähren sich hauptsächlich von Fisch, bevorzugt von Lachs. Obwohl sie Residents genannt wer-

Die typische Rückenfinne kann bei Männchen bis max. 1,80 m hoch sein.

Die Rückenfinne ist je nach Alter und Geschlecht unterschiedlich stark ausgeprägt.

den, halten sie sich nicht immer in einem bestimmten Gebiet auf, suchen jedoch oft die gleiche Region auf. Sie werden meist in einer breiten Küstenzone angetroffen und sind aus diesem Grund am besten erforscht. Auf ihren kurzen Streifzügen halten sie festgelegte Routen ein und folgen den Lachsen. Residents haben eine gekrümmte Rückenfinne mit einer abgerundeten Spitze. Ihr Sattelfleck wird von einer schwarzen Markierung unterbrochen. Sie leben normalerweise in großen Schulen von über 50 Tieren, geben häufig Laute von sich und scheinen sehr akrobatisch zu sein. Sie tauchen nur selten länger als 4 min. Residents haben sehr enge soziale Bindungen. Paarungen finden während der großen jahreszeitlichen Versammlung zwischen den Gruppen statt, wodurch die genetische Vielfalt gesichert wird.

Transients ernähren sich hauptsächlich von Meeressäugern. Ihr Verbreitungsgebiet ist deutlich größer und schließt zum Teil das der beiden Residents-Gruppen und der Offshore-Population mit ein. Sie unternehmen keine nennenswerten saisonalen Wanderungen, weil ihre Beute ganzjährig in ihrem Gebiet verfügbar ist. Transients haben eine spitze, aufrechte Rückenfinne. Der Sattelfleck hat eine gleichmäßige ovale Form und ist weißlich gefärbt. Sie bilden kleinere Gruppen mit weniger als 10 Individuen und kommunizieren sehr wenig. Sie tauchen 5–15 min und ändern abrupt die Richtung. Transients haben weniger enge soziale Bindungen als Residents. Heute werden Transients auch als „Bigg's Wale" bezeichnet, zu Ehren von Michael Bigg, einem kanadischen Meeresbiologen.

Offshores ernähren sich vermutlich bevorzugt von Fischen, hauptsächlich Heilbutt und Haie, fressen aber auch Kopffüßer und Meeressäuger. Sie haben das größte Verbreitungsgebiet und sind aus diesem Grund schwierig zu beobachten. Sie bilden große Gruppen von bis zu 75 Individuen. Ansammlungen von mehr als 200 Tieren sind möglich. Über das Verhalten ist weit weniger bekannt als über Residents und Transients.

In den Gewässern der Antarktis gibt es drei verschiedene Schwertwal-Gruppen mit unterschiedlichem Verhalten: Typ A, Typ B und Typ C. Typ A lebt in offenen Gewässern und ernährt sich vorwiegend von Minkwalen *(Balaenoptera bonaerensis)*. Typ B hält sich in der Nähe des saisonalen Packeises auf, ist kleiner als Typ A, hat größere, ovale Augenflecke und ernährt sich vorwiegend von Seehunden. Typ C ist im Rossmeer verbreitet, ist kleiner als Typ B, hat kleinere Augenflecke und ernährt sich hauptsächlich von Riesen-Antarktisdorschen *(Dissostichus mawsoni)* sowie von anderen Fischarten.

Das Verhältnis der Gehirnmasse zur Körpergröße entspricht bei Schwertwalen ungefähr dem von Großen Tümmlern und ist deutlich größer als bei Bartenwalen.

Auf Grund von Unterschieden im Verhalten, den weltweiten Verbreitungsgebieten und der Spezialisierung beim Nahrungserwerb, schlugen Forney und Wade (2007) die folgende Einteilung von Schwertwal-Populationen vor:

Mamal-eaters: ernähren sich bevorzugt von Meeressäugern, wie Robben und Cetaceen (z. B. „Transients" im Nordostpazifik, Atlantikküste Argentiniens, vor Grönland und Antarktis-Typ-A-Schwertwale in neuseeländischen Gewässern)

Coastal-fish-eaters: ernähren sich bevorzugt von Fischen, meist in Küstennähe (z. B. „Residents" im Nordpazifik und Norwegen)

Oceanic und Neritic Killer Whales: über ihre bevorzugte Beute ist nicht viel bekannt. Vermutlich jagen sie hauptsächlich Fische, aber auch Kopffüßer und Meeressäuger. Sie leben küstenfern (z. B. „Offshores" in offenen Gewässern vor der amerikanischen Westküste von Alaska bis Mexiko).

Im Januar 2019 haben Wissenschaftler zum ersten Mal Schwertwale etwa 100 km vor der Küste von Kap Horn (Chile) in freier Wildbahn gefunden und beobachtet. Diese Schwertwale, die als Typ-D-Schwertwale bezeichnet werden, sehen anders als andere Schwertwale aus und sind „höchstwahrscheinlich" eine neue Art (Robert Pitman, Forscher der National Oceanic and Atmospheric Administration, NOAA). Sie haben einen stärker abgerundeten Kopf, eine spitzere und schmalere Rückenfinne, einen sehr kleinen, weißen Augenfleck und sind etwas kleiner. DNA-Analysen werden zeigen, ob es sich um eine neue Art handelt. Ein guter Populärname könnte „Subantarktische Schwertwale" sein (Robert Pitman). Damit würde ihr Lebensraum auf hoher See, nahe der Antarktis zwischen dem 40. und 60. Breitengrad, beschrieben.

Typ-D-Schwertwale wurden zum ersten Mal 1955 registriert, als eine Gruppe von mehr als einem Dutzend Tiere in Neuseeland strandete. Damals wurden jedoch keine Gewebeproben entnommen, die für die Anerkennung einer neuen Art notwendig sind. 50 Jahre später wurden sie nun vor den Crozet-Inseln (südlicher Indischer Ozean) wiederentdeckt und fotografiert. Dieses Mal konnten sogar Gewebeproben entnommen werden. Diese Schwertwale sind dafür bekannt, dass sie Fische von den Angelleinen der Fischer bei den Crozet-Inseln und Chile stehlen.

Eine Studie zwischen 2003 und 2018 enthüllte, dass immer mehr Schwertwale (normale und Typ-D) Fische von den Leinen der Fischer bei den Crozet-Inseln stehlen. Die Tiere nehmen dort etwa 180 t Fisch jedes Jahr von den Langleinen (Amelot *et al.*, 2022).

Für Schwertwale sind akustische Signale zur Orientierung, zur Jagd und zur Kommunikation sehr wichtig. Die Lautäußerungen lassen sich in verschiedene Kategorien unterteilen: Klicks, Pfiffe und einzelne, pulsierende Rufe oder Schreie.

Klicks dienen der Orientierung sowie der Unterscheidung von Gegenständen und Beute in der näheren Umgebung. Da sie auch bei sozialen Interaktionen genutzt werden, dienen sie wohl ebenso der Kommunikation. Einige Klicks können bis zu 4.000 Schläge pro Sekunde erreichen. Sie liegen in Frequenzen von 1–6 kHz.

Pfiffe und pulsierende Rufe werden hauptsächlich zur Kommunikation und bei sozialen Aktivitäten eingesetzt und dienen wohl dem Kontakt und zur Koordination innerhalb der Gruppen (Thomsen *et al.*, 2001; Miller, 2002). Für das menschliche Ohr klingen sie wie Quieken, Kreischen oder Schreien.

Pulsierende Rufe werden über größere Distanzen genutzt. Sie liegen zwischen 500 Hz und 25 kHz und dauern 0,1–1,5 sec, bei 131–176 dB. Residents auf der Jagd nutzen hauptsächlich ein Repertoire von 7–17 hohen, stereotypen Rufen. Transients, die Jagd auf Meeressäuger machen, sind dagegen still.

Sie haben einen elliptischen weißen Augenfleck.

Ortstreue Populationen haben eine sehr feste, matriarchalisch geprägte Sozialstruktur, mit einer gemeinsamen Sprache, dem sogenannten „Dialekt". Der jeweilige Dialekt bleibt über mehrere Jahre hinweg unverändert. Jeder Pod benutzt unterschiedliche Dialekte. Der Akzent, mit dem jeder Laut abgegeben wird, und die Anzahl der Rufe sind charakteristisch für jeden Pod und werden von den Müttern an ihren Nachwuchs weitergegeben. Der Wissenschaftler John Ford (1989), der diese Dialekte entdeckte, schreibt dazu (Zitat): „... Dialekte, in welcher Form auch immer, kommen bei Säugetieren selten vor, und die der Schwertwale scheinen anders zu sein als die, die bei irgendeiner nichtmenschlichen Spezies beobachtet wurden ...".

Schwertwal-Populationen vor Vancouver (Kanada), die miteinander in Kontakt stehen, haben verschiedene Dialekte entwickelt. Dies beweist, dass die Lautäußerungen nicht genetisch programmiert sind, sondern dass sie von Generation zu Generation weitergegeben und erlernt werden.

Interaktionen zwischen Schwertwalen und Menschen verlaufen nicht immer positiv. Es ist bekannt, dass einige Schwertwale bei der Jagd mit Menschen zusammengearbeitet haben. Einige halfen Walfängern der Walfangstation bei Eden (nahe der Grenze von New South Wales und Victoria, Südaustralien) bei der Jagd auf Südliche Glattwale. Dort trieben sie die Südlichen Glattwale direkt vor die Harpunen der Jäger. Die Walfänger verwerteten die Knochen und das Fett der erlegten Glattwale, die Abfälle überließen sie den Schwertwalen. Erst als der Anführer dieser Schwertwal-Gruppe starb, wurde diese Kooperation beendet. Die Zusammenarbeit mit den Walfängern wurde von der nächsten Generation nicht fortgesetzt. Aber als 1970 ihre bevorzugte Beute (Atlantischer Hering) durch Überfischung vor Island verschwand und die Schwertwale den Heringsschwärmen folgten, die nordwestlich von Norwegen überwintern, wurden sie von den lokalen Fischern als Nahrungskonkurrenten betrachtet. Bis zum Schutz der Schwertwale wurden zwischen 1971 und 1981 allein um die Lofoten und Vesterålen 369 Schwertwale getötet.

Weil sie an der Spitze der marinen Nahrungskette stehen, nehmen sie große Mengen an Umweltgiften mit ihrer Beute zu sich. Einige dieser Umweltgifte reichern sich im Fettgewebe an und beeinflussen ihre Reproduktion und ihr Immunsystem, wodurch sie anfälliger für Krankheiten werden. Fettproben von Schwertwalen aus dem Prince William Sound (USA), British Columbia (Kanada) und Neuseeland belegen, dass diese Tiere zu den Kreaturen auf unserem Planeten gehören, die am stärksten kontaminiert sind. Einige Schwertwale, besonders in industrialisierten Gebieten, sind von einer Reduzierung ihrer Populationen oder sogar von regionaler Ausrottung bedroht (Stuart-Smith & Jepson, 2017).

Untersuchungen von Fettproben an 10 männlichen Tieren aus dem Tysfjord (Norwegen), die vom Norwegian Polar Institute (NPI) 2002 durchgeführt wurden, ergaben, dass diese Tiere die am stärksten mit Umweltgiften belasteten

Bei kurzen Sprints können sie Höchstgeschwindigkeiten von bis zu 55 km/h erreichen.

Säugetiere in arktischen Gewässern sind (WWF). Besonders besorgniserregend ist, dass viele der nachgewiesenen Umweltgifte weder in der Arktis produziert, noch dort verwendet werden.Sie werden von Meeresströmungen auch in die entlegensten Regionen transportiert. Besonders in kalten Gewässern und Gebieten mit langen, dunklen Wintern verlangsamt sich die Zersetzung von Umweltgiften. Große Mengen an Öl und Schwermetallen, die ebenfalls im Meer landen, erschweren zusätzlich das Überleben der Meeressäuger. Bei einigen Schwertwalen ist die Konzentration von langlebigen organischen Schadstoffen (persistent organic pollutants, POPs) so hoch, dass sie wohl als Sondermüll entsorgt werden müssten, wenn sie sterben. Weibliche Schwertwale geben die PCB's mit ihrer fettreichen Milch an den Nachwuchs weiter.

Ganz besonders alarmierend ist die Situation der Schwertwal-Population AT1 im Prince William Sound (USA). Möglicherweise haben nach der Ölkatastrophe der Exxon Valdez (am 24.3.1989) nur 7 Tiere überlebt. Dies ist eine einzigartige Schwertwal-Population, die, der amerikanischen Biologin Eva Saulitis zufolge, eine sehr komplexe Struktur in ihren Lauten hat. Ihre Rufe haben keinerlei Ähnlichkeiten mit anderen Populationen. Es scheint, als würden sie in ihrer eigenen Sprache „sprechen", während die anderen in unterschiedlichen Dialekten kommunizieren. Es ist äußerst bedauernswert, dass diese Population sehr stark vom Aussterben bedroht ist. Obwohl einige der langlebigen organischen Schadstoffe (POPs) schon seit den 1970er Jahren verboten sind, dauert es sehr lange, bis diese biologisch angereicherten Schadstoffe aus der marinen Nahrungskette verschwunden sind. Zusätzlich gibt es weitere langlebige organische Schadstoffe, wie polybromierte Flammschutzmittel (polybromierte Diphenylether, PBDEs), die heutzutage nahezu überall verwendet werden, von Textilien bis Autos, von Stühlen bis zu Computern oder elektronischen Geräten. Sie sind zum Teil immer noch nicht verboten und enden irgendwann in der marinen Nahrungskette.

Weitere Informationen, siehe Kurzflossen-Grindwal

WISSENSCHAFTLICHER NAME

Orcinus orca (Linnaeus, 1758)

Der gattungsbeschreibende Name *Orcinus* setzt sich aus dem lateinischen *orca* für „Wal" und der lateinischen Endsilbe *-inus* für „ähnlich, gehörend zu" zusammen. Im Lateinischen bedeutet *orc* auch „schreckliches Seeungeheuer". In der Literatur wird *orca* als „wildes Tier mit tonnenförmigem Leib" übersetzt. *Orcus* steht auch für „alte römische Gottheit des Totenreiches".

Schon im ersten Jahrhundert beschrieb der Naturforscher Plinius der Ältere (23–79 A. D.) in der „*Naturalis Historiae*, IX, 5" Orcas als besonders schrecklich und aggressiv. Plinius stellte fest,"..., dass der *Orca* die Jungen anderer Wale und sogar Weibchen mit ihren Neugeborenen oder trächtige Walkühe angreift" (Ranneft, Eaker & Davis, 2001).

Schon unmittelbar vor dem Auftauchen wird ausgeatmet.

Irawadi-Delfin

Orcaella brevirostris
—Irrawaddy Dolphin

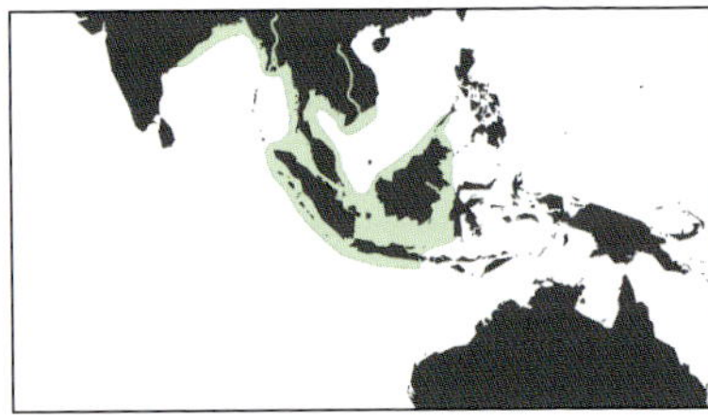

Körperlänge: adult 1,3–2,8 m (max.: Weibchen 2,1 m, Männchen 2,8 m)
Gewicht: adult 100–150 kg (max.: Männchen 150 kg)
Körperform: schlank; leichte Vertiefung vom Kopf bis zur Rückenfinne
Körperfarbe: zweifarbig, variiert durchgängig von hellgrau bis dunkelgrau; Rücken: meist dunkelgrau bis mittelgrau; zur Seite (und Bauch) heller; wenn sie die Oberfläche des schlammigen Flusswassers durchbrechen, erscheint die Körperfarbe, wegen des starken Kontrastes, oft hellgrau bis fast weiß
Kopf: gedrungen, rundlich; große, abgerundete Melone; beweglicher Hals (nur 2 Halswirbel miteinander verwachsen)
Flipper: lang, breit, spatenförmig, stark gebogen
Rückenfinne: bis 8 cm hoch; sehr klein, fast dreieckig, abgerundete Spitze, sitzt etwa auf der Mitte des Rückens
Zähne: Oberkiefer: 16–38, Unterkiefer: 22–36; konisch, klein, 1 cm; einige Tiere der Mahakam River Population ohne Zähne
Irawadi-Delfin und Australischer Stupsfinnendelfin:
Schnabel: nicht erkennbar; gerade Mundlinie
Blas: unscheinbar
Blasloch: 1, etwas links von der Mittellinie positioniert, u-förmig (im Gegensatz zu anderen Delfinen nach vorne geöffnet)
Fluke: Hinterkante leicht konkav, deutliche Einkerbung in der Mitte
Lebensalter: etwa 30 Jahre

VERBREITUNGSGEBIETE

Das Verbreitungsgebiet ist besonders in den verzweigten Flussgebieten nicht vollends bekannt. Sie leben in den warmen, flachen, brackigen Küstengewässern des Indopazifiks, um Borneo und den zentralen Inseln Indonesiens, im Norden von Palawan (Philippinen), im Golf von Bengalen und im Golf von Thailand sowie in Seen und Süßwasserflüssen.
Von den Küstengebieten entfernen sich Irawadi-Delfine nicht mehr als 5 km. Sie bevorzugen flache, geschützte Buchten (nicht tiefer als 18 m), schlammige Flussmündungen und Mangrovensümpfe. Ihr Verbreitungsgebiet im Meer ist abhängig von Süßwasserzuflüssen. Sie können bis 1.500 km flussaufwärts im Ayeyarwady-Fluss (oder Irawadi-Fluss) vorkommen, im Mekong-Fluss bis zu 700 km flussaufwärts, im Mahakan-Fluss bis 550 km flussaufwärts sowie im Chilika See (Indien) und im Songkhla See (Thailand). In einigen Gebieten konnten sie in weniger als 1 m Wassertiefe beobachtet werden.

Die Körperfarbe variiert durchgängig von hellgrau bis dunkelgrau.

Sie sind sehr langsame Schwimmer.

VERHALTEN

Irawadi-Delfine leben bevorzugt in kleinen Gruppen von 1–6 Individuen, manchmal bilden sie Ansammlungen von bis zu 15 Tieren, in Flussläufen können sie auch einzeln vorkommen oder in Gruppen von bis zu 25 Tieren (z. B. in Vertiefungen des Mekong-Flusses während der Trockenzeit). In den Gruppen gibt es keine Trennung nach Geschlechtern.

Sie sind sehr langsame, ruhige Schwimmer, solange sie nicht jagen. An der Oberfläche ist meist sehr wenig von ihnen zu sehen. Der Blas ist jedoch an windstillen Tagen gut zu hören. Gelegentlich schlagen sie mit der Fluke und den Flippern auf das Wasser oder „winken" mit ihren Brustflossen. Beim Springen kommen sie nie mit dem ganzen Körper aus dem Wasser.

Irawadi-Delfine und Australische Stupsfinnendelfine sind bekannt dafür, Wasserfontänen aus dem Maul zu spritzen, wenn sie zum Umschauen den Kopf aus dem Wasser heben („spyhopping"). Irawadi-Delfine stehen dabei senkrecht im Wasser, sodass der Oberkörper und die Brustflossen an der Oberfläche zu sehen sind. In dieser Position erzeugen sie einen kräftigen Wasserstrahl (bis zu 2 m) mit dem sie sehr genau zielen können. Möglicherweise nutzen sie diese Technik, um kleine Beutetiere von überhängenden Zweigen ins Wasser zu spülen oder um im Sandgrund verborgene Beutetiere freizulegen.

TAUCHVERHALTEN

Tauchgänge dauern normalerweise nicht länger als 1–3 min. Bei Bedrohung und bei der Nahrungssuche können die Tauchgänge bis 12 min lang sein. Vor den nur wenige Meter tiefen Tauchgängen krümmen sie die Schwanzwurzel auffallend stark.

Irawadi-Delfin und Australischer Stupsfinnendelfin:

Beide Arten tauchen mit langsamen, gleichmäßigen, rollenden Bewegungen, fast schwerfällig auf und ab. An der Oberfläche ist nicht viel von ihnen zu sehen.

NAHRUNG

Sie ernähren sich je nach Region von verschiedenen Fischen und Cephalopoden, die sie entweder im Freiwasser oder in Bodennähe jagen. Gelegentlich treiben sie Fischschwärme in flache Uferzonen.

Irawadi-Delfin und Australischer Stupsfinnendelfin:

Beide Arten sind Nahrungsopportunisten, mit einem breiten Beutespektrum an Fischen und Cephalopoden. Sie fressen hauptsächlich kleine Schwarmfische (Hering, Anchovis und Ponyfische) sowie solitär lebende Bodenfische (Heilbutt, Kardinalfisch, Brasse, Lippfisch und Eidechsenfisch), Cephalopoden (Tintenfisch, Oktopus und Sepia) und in Flüssen verschiedene Wels-Arten. Crustaceen wühlen sie aus dem Bodenschlamm.

HOT SPOTS

Es gibt fünf Süßwasser-Populationen: im Chilika See (Indien), im Songkhla See (Thailand), in den Flusssystemen des Ayeyarwady (früher: Irawadi), in den Flüssen Mahakam und Mekong. Gute Sichtungsmöglichkeiten vor Kuching (Sarawak, Malaysia), in der Cowie-Bay (Tawau, Malaysia), vor Kratie (Kambodscha), Chiteal Pool (Grenzgebiet Laos/Kambodscha), den Mangrovensümpfen von Sundarban (Bangladesch) und dem Chilika See (Indien).

Sie haben einen beweglichen Hals.

REPRODUKTION
Geschlechtsreife: ab 4–6 Jahre
Paarungszeit: möglicherweise ganzjährig
Geburtszyklus: alle 2–3 Jahre 1 Kalb
Tragzeit: 12–14 Monate
Geburtsgröße: 0,9–1 m
Geburtsgewicht: 10–12 kg
Säugezeit: 24 Monate
Die meisten Informationen stammen von 2 Geburten in Gefangenschaft. Beide Jungtiere wurden 2 Jahre gesäugt, nahmen aber schon mit 6 Monaten zusätzlich feste Nahrung zu sich.

WISSENSWERTES
1869 beschrieb der britische Biologe und Paläontologe Richard Owen vom British Museum (London) den ersten Irawadi-Delfin anhand eines Schädels, den Sir Walter Elliot 1852 im Hafen von Vishakhapatnam (am Golf von Bengalen, Indien) gefunden hatte. Er nannte diese Art *Phocoena brevirostris*. Später (im gleichen Jahr) beschrieb der britische Zoologe John Edward Gray den Schädel erneut und gab der Art den bis heute gültigen wissenschaftlichen Namen *Orcaella brevirostris.*
1879 glaubte der schottische Zoologe John Anderson, dass sich Irawadi-Delfine vom Ayeyarwady-Fluss (früher: Irrawaddy) in ihrer äußerlichen Erscheinung von *Orcaella brevirostris* unterscheiden, und klassifizierte sie als Süßwasserart *Orcaella fluminalis.* Diese Einteilung in zwei Arten konnte durch spätere Untersuchungen jedoch nicht bestätigt werden.
Irawadi-Delfine wurden im Laufe der Zeit in die Familien *Orcellidae* (Nishiwaki, 1963), *Delphinapteridae* (Kasuya, 1973), *Monodontidae* (Barnes, 1984) und schließlich in *Delphinidae* (de Muizon, 1988) eingeordnet. Innerhalb der *Delphinidae* wurden sie in verschiedene Unterfamilien gestellt von *Orcinae*, zu *Globicephalinae*, zu *Orcaellinae.*
Die Süßwasser-Populationen scheinen geographisch von den Meerwasser-Populationen getrennt zu sein.
Der Populärname bezieht sich auf den großen Fluss Ayeyarwady, der Myanmar teilt. In Myanmar locken Fischer Irawadi-Delfine an, indem sie mit hölzernen Stäben („labai kway") gegen ihre Kanus schlagen. Sie warten darauf, dass die Delfine ihnen Fische zutreiben, um diese in Wurfnetzen fangen zu können. Irawadi-Delfine nutzen Echolokalisations-Laute hauptsächlich im Frequenzbereich von 60 kHz.
Vietnamesische Fischer halten Irawadi-Delfine heute noch für heilige Tiere und befreien versehentlich gefangene Tiere aus den Netzen. In der Seenregion von Borneo (im Oberlauf des Flusses Mahakam) halten Fischer jeden „Pesut" (lokale Bezeichnung für Irawadi-Delfine) für einen wiedergeborenen Vorfahren. Nach einer Sage werden diese Delfine auch in Laos für wiedergeborene Menschen gehalten. Man glaubt, dass sich die Prinzessin Nang Sida und ihr Diener Thao Kha, die in den Li Phi-Wasserfällen ertranken, verwandelt haben. Sie wurde zu einer Seeschwalbe, er zu einem Delfin. In Kambodscha gibt es das Märchen über eine junge Frau, die mit einem hölzernen Eimer auf dem Kopf in den Mekong-Fluss sprang und vom Flussgeist in einen Delfin verwandelt wurde.
Der natürliche Lebensraum von Irawadi-Delfinen in den tropischen Flüssen, Flussmündungen und flachen Küstengebieten ist durch Dammbauten und andere industrielle Einrichtungen stark gefährdet.
Seit 1997 hat sich der Bestand kontinuierlich verkleinert (von 200 Tieren zu 80 im Jahr 2015). Einer Untersuchung der kambodschanischen Behörden und des World Wildlife Fund (WWF) zufolge hat sich der Bestand jedoch seit 2017 von 80 auf 92 Individuen 2018 erhöht. Dies entspricht dem höchsten Bestand seit über 20 Jahren. Diese Wendung wird der Arbeit von Flusspatrouillen sowie dem Entfernen von Stellnetzen und Touristen-Bootsführern zugeschrieben, die dabei helfen, die Wilderei und illegale Stellnetzfischerei den Behörden zu melden.
Irawadi-Delfin und Australischer Stupsfinnendelfin:
Seit dem Jahr 2005 werden zwei getrennte Arten der Gattung *Orcaella* anerkannt: Irawadi-Delfine *(Orcaella brevirostris)* und Australische Stupsfinnendelfine *(Orcaella heinsohni)*, (Beasley *et al.*, 2005). Literatur vor dieser Zeit beschreibt den Australischen Stupsfinnendelfin als Irawadi-Delfin.
Informationen über eine vermutete Verwandtschaft zu Beluga und Australischer Stupsfinnendelfin, siehe Australischer Stupsfinnendelfin
Informationen zu beweglichem Hals, siehe Narwal

WISSENSCHAFTLICHER NAME
Orcaella brevirostris (Gray, 1866)
Der Gattungsname *Orcaella* leitet sich vom lateinischen *orca* für „Wal" und *ella* für „klein" ab. Der Artname *brevirostris* bedeutet so viel wie „kurzschnäblig". Er leitet sich vom lateinischen *brevis* für „kurz" und *rostrum* für „Schnabel" ab (Leatherwood & Reeves, 1983).

Australischer Stupsfinnendelfin
Orcaella heinsohni
—Australian Snubfin Dolphin

Körperlänge: adult 1,8–2,7 m (max.: Weibchen 2,3 m, Männchen 2,7 m)
Gewicht: adult 114–133 kg (Arnold & Heinsohn 1996, gemessen an 37 Exemplaren)
Körperform: schlank
Körperfarbe: dreifarbig; dunkles Rückencape, übriger Körper blaugrau, Bauch hellgrau-weiß (zwischen Flippern und Genitalregion); die einzelnen Bereiche verlaufen ineinander (nicht deutlich abgegrenzt)
Kopf: gedrungen, rundlich; große, abgerundete Melone (ohne erkennbaren Schnabel); Kopf durch Falte oder kleine Vertiefung im Nacken deutlich vom Körper abgesetzt; beweglicher Hals (nur 2 Halswirbel miteinander verwachsen)
Flipper: paddelförmig, breit, gebogen, sehr beweglich, etwa 16 % der Körperlänge
Rückenfinne: namensgebend, 9,6 cm hoch; sehr klein, leicht gekrümmt, fast dreieckig, sitzt etwa auf der Mitte des Rückens
Zähne: Oberkiefer: 22–44, Unterkiefer: 28–38; klein, konisch
Weitere Informationen, siehe Irawadi-Delfin

VERBREITUNGSGEBIETE
Australische Stupsfinnendelfine sind in tropischen und subtropischen, flachen Küstengewässern Australiens und möglicherweise in einigen Teilen von Papua-Neuguinea verbreitet (Beasley *et al.*, 2005). In Australien erstreckt sich das Verbreitungsgebiet von Broome (Westaustralien) nach Norden zum Northern Territory (Australien), entlang der Küste von Queensland bis östlich des Brisbane-Flusses (Queensland, Australien). Die Verbreitung entlang der Küste Papua-Neuguineas ist kaum bekannt (Parra *et al.*, 2002).

VERHALTEN
Australische Stupsfinnendelfine sind recht scheu und halten sich von Booten fern. Sie leben normalerweise in Gruppen von 1–10 Individuen, Ansammlungen von bis zu 20 Tieren sind möglich. Soziales Verhalten wird von Quiektönen begleitet. Bei der Jagd und bei sozialen Inter-

Australischer Stupsfinnendelfin, *Orcaella heinsohni*

aktionen werden kurze, relativ niederfrequente Pfeiftöne (1–8 kHz) erzeugt. Zur Kommunikation werden zusätzlich Töne im Ultraschallbereich genutzt. Sie halten sich bevorzugt im Brackwasser von Flussmündungen und Meeresbuchten mit weniger als 20 m Wassertiefe auf (maximal bis 30 m Tiefe).
Sie vergesellschaften sich in einigen Regionen mit Dugongs *(Dugong dugon)* und werden manchmal in Gebieten gesichtet, in denen sich auch Australische Buckeldelfine aufhalten. Aggressive Interaktionen zwischen beiden Arten sind nicht ungewöhnlich und gelegentlich werden Australische Stupsfinnendelfine von Australischen Buckeldelfinen gejagt (z. B. in der Cleveland-Bay).
Australische Stupsfinnendelfine und Irawadi-Delfine sind bekannt dafür, Wasserfontänen aus dem Maul zu spritzen, wenn sie zum Umschauen den Kopf aus dem Wasser heben („spyhopping"). Irawadi-Delfine stehen dabei senkrecht im Wasser, so dass der Oberkörper und die Brustflossen an der Oberfläche zu sehen sind. In dieser Position erzeugen sie einen kräftigen Wasserstrahl (bis zu 2 Meter) mit dem sie sehr genau zielen können. Möglicherweise nutzen sie diese Technik, um kleine Beutetiere von überhängenden Zweigen ins Wasser zu spülen oder um im Sandgrund verborgene Beutetiere freizulegen.

TAUCHVERHALTEN

Über das Tauchverhalten ist nicht viel bekannt. Bedingt durch ihr Verbreitungsgebiet tauchen sie vermutlich nicht tief. Bei Wanderungen dauern die Tauchgänge 30–60 sec, wenn sie jagen 2–3 min.
Australische Stupsfinnendelfine und Irawadi-Delfine tauchen mit langsamen, gleichmäßigen, rollenden Bewegungen, fast schwerfällig auf und ab. An der Oberfläche ist nicht viel von ihnen zu sehen.

NAHRUNG

Parra und Jedensjö (2009) zufolge sind die wichtigsten Beutetiere Kardinalfische (*Apogon* sp.), gefolgt von Sepien (*Sepia* sp.) und Tintenfischen (*Photololigo* sp.).
Australische Stupsfinnendelfine und Irawadi-Delfine sind Nahrungsopportunisten, mit einem breiten Beutespektrum an Fischen und Cephalopoden. Sie fressen hauptsächlich kleine Schwarmfische (Hering, Anchovis und Ponyfische), sowie solitär lebende Bodenfische (Heilbutt, Kardinalfisch, Brasse, Lippfisch, und Eidechsenfisch), Cephalopoden (Tintenfisch, Oktopus und Sepia) und in Flüssen verschiedene Wels-Arten. Crustaceen wühlen sie aus dem Bodenschlamm.

HOT SPOTS

Sie werden bevorzugt in Küstengewässern von Queensland und über dem Sahulschelf (Westaustralien) beobachtet. Im Carpentaria Golf (Northern Territory, Australien) leben schätzungsweise 1.000 Tiere. Gute Sichtungsmöglichkeiten an der Roebuck-Bucht (Broome, Westaustralien) und vor Darwin Harbour (Northern Territory, Australien). Ganzjährig in der Cleveland-Bucht (Queensland)

REPRODUKTION

Geschlechtsreife: ab etwa 9 Jahre
Geburtszyklus: alle 2 Jahre 1 Kalb
Die meisten Daten werden in Anlehnung an Erkenntnissen ihrer nahen Verwandten, den Irawadi-Delfinen, geschätzt. Weitere Informationen, siehe Irawadi-Delfin

WISSENSWERTES

Bestandsschätzungen lassen vermuten, dass es weniger als 10.000 erwachsene Tiere dieser Art gibt. Das Verbreitungsgebiet begünstigt die Tatsache, dass sie verstärkt unter der Wasserverschmutzung mit Pestiziden (besonders DDT) leiden und als Beifang in Fischernetzen und Hainetzen gefangen werden. Zwischen 1968 und 1976 verendeten allein in der Region um Townsville (Australien) 15 Australische Stupsfinnendelfine in Hainetzen (WWF Report Australia, 2011).
Besonders an der Ostküste vor Queensland werden Australische Stupsfinnendelfine oft mit Wunden von Haien beobachtet. Sie stammen hauptsächlich von großen Tigerhaien *(Galeocerdo cuvier)* und Bullenhaien *(Carcharinus leucas)*.
Beluga, Irawadi-Delfin, Australischer Stupsfinnendelfin:
Eine, wegen des beweglichen Halses, vermutete Verwandtschaft zu Flussdelfinen konnte durch DNS-Analysen nicht bestätigt werden. Rein äußerlich betrachtet, sehen sich Irawadi-Delfine, Australische Stupsfinnendelfine und Belugas sehr ähnlich. Sie sind die einzigen Delfin-Arten, die ihre Mimik beliebig durch Formveränderung der Melone variieren können. In der Vergangenheit glaubte man, dass beide Arten, wegen anatomischer Ähnlichkeiten, der Familie *Delphinapteridae* angehören. 1984 stellte Barnes beide Arten (Irawadi-Delfine und Belugas), zusammen mit den Narwalen in die Familie der *Monodontidae*. Weil Irawadi-Delfine jedoch mehr morphologische Gemeinsamkeiten mit Delfinen haben, werden sie heute der Familie *Delphinidae* zugeordnet.
Informationen zu beweglichem Hals, siehe Narwal

WISSENSCHAFTLICHER NAME

Orcaella heinsohni Beasley, Robertson und Arnold, 2005
Informationen zum Gattungsnamen, siehe Irawadi-Delfin
Der Artname *heinsohni* bezieht sich auf George E. Heinsohn. Das angehängte *i* zeigt die Zugehörigkeit an. Diese Art wurde nach Heinsohn benannt, in Anerkennung seiner Arbeit an Zahnwalen im Nordosten Australiens und seinen ersten Untersuchungen an dieser Art.

Nördlicher Glattdelfin
Lissodelphis borealis
—Northern Right Whale Dolphin

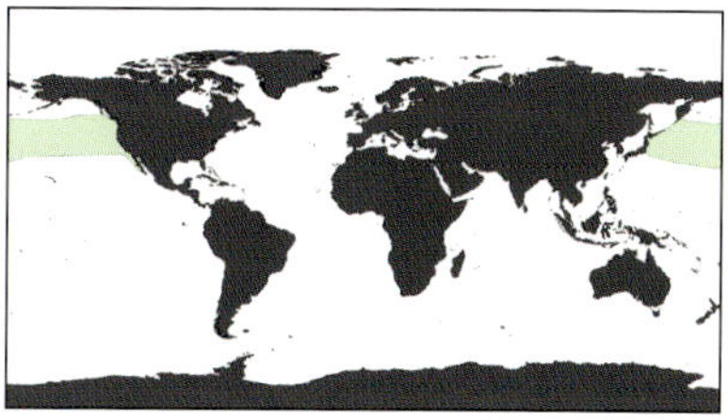

Körperlänge: adult 2–3 m; Männchen größer als Weibchen (max.: Männchen 3,07 m)
Körperfarbe: außergewöhnliche Schwarz-Weiß-Färbung: Rücken und Seiten durchgängig schwarz, Bauch überwiegend weiß; weißer Brustfleck verjüngt sich hinter den Flippern zu einem dünnen Streifen (bei Männchen um die Genitalregion etwas breiter, bei Weibchen insgesamt etwas breiter, reicht bis zu den Seiten; mit weißem Bauchnabelfleck verbunden); Kälber bei der Geburt graubraun oder cremefarben, entwickeln endgültige Färbung im ersten Lebensjahr
Kopf: leicht abfallende Melone
Schnabel: kurz, schlank, bis auf einen weißen „Kinnfleck“ am Unterkiefer durchgängig schwarz, durch eine Furche deutlich von der Melone abgesetzt; Unterkiefer etwas länger als der Oberkiefer; gerade Mundlinie
Flipper: schwarz, Unterseite weiß
Fluke: klein, Oberseite schwarz mit weißem Rand, Unterseite weiß; Hinterkante leicht konkav, deutliche Einkerbung in der Mitte
Rückenfinne: keine (die einzigen Delfine im Nordpazifik ohne Rückenflosse)
Zähne: 74–108 je Kiefer; konisch
Nördlicher und Südlicher Glattdelfin:
Gewicht: adult bis 116 kg
Körperform: sehr schlank, stromlinienförmig, zur Fluke hin stark verjüngend
Blas: unscheinbar
Blasloch: 1, mittig
Lebensalter: 42 Jahre

VERBREITUNGSGEBIETE
Sie leben ausschließlich in kalt-gemäßigten und subarktischen Gewässern des Nordpazifik, bevorzugt in tiefen Regionen, über oder jenseits des Kontinentalschelfs, auf offener See zwischen 30 °N und 50 °N. In Küstennähe trifft man sie nur selten an (nur wenn diese Gewässer tief sind). Die bevorzugte Wassertemperatur liegt unter 19 °C.
Das Verbreitungsgebiet erstreckt sich im östlichen Nordpazifik von der Baja California (Mexico) bis zum Golf von Alaska (USA) und im Westen von Honshu (Japan) bis Kamtschatka (Russland). Sie kommen nicht im Japanischen Meer und im Ochotskischen Meer vor, aber es gibt einige Berichte von Sichtungen entlang der Aleuten, die jedoch außerhalb ihres Verbreitungsgebietes liegen.

VERHALTEN
Nördliche Glattdelfine leben normalerweise in Gruppen von 100–200 Tieren mit enger sozialer Bindung. Gele-

Nördliche Glattdelfine haben eine außergewöhnliche Schwarz-Weiß-Färbung.

Wenn sie schnell schwimmen, machen sie flache bis zu 7 m weite Sprünge („Porpoising").

gentlich bilden sich Ansammlungen von 2.000–3.000 Individuen, besonders bei Wanderungen. Obwohl sie als recht scheu gelten, reiten sie gelegentlich auf den Bugwellen von Schiffen oder den Bugwellen von Großwalen wie Finn- und Grauwalen.
Nur wenn sie auf der Flucht sind, landen sie nach einem Sprung gelegentlich auf dem Bauch oder der Seite und wirbeln dabei viel Wasser auf. Wenn sie langsam schwimmen, rollen sie zum Abtauchen nach vorne ab. Sie sind dann schwer an der Oberfläche auszumachen, weil nur wenig vom Körper sichtbar wird. Sowohl Springen (mit Bauchklatscher) als auch Flipper- und Flukeschlagen sind nicht ungewöhnlich.
Sie unternehmen jahreszeitliche Wanderungen, bei denen sie vermutlich der bevorzugten Beute folgen (Tintenfischen). Zwischen Oktober und Mai/Juni wandern sie Richtung Küste und nach Süden.
Nördlicher und Südlicher Glattdelfin:
Beide Arten sind sehr schnelle Schwimmer. Die Höchstgeschwindigkeit liegt bei 40 km/h. Dabei machen sie flache, bis zu 7 m weite Sprünge („porpoising") und tauchen elegant und ohne Wasserspritzer fast synchron ins Wasser ein. Kleine Gruppen vergesellschaften sich oft mit anderen Cetaceen, zum Beispiel mit Weißstreifendelfinen, Rundkopfdelfinen und Kurzflossen-Grindwalen.

TAUCHVERHALTEN

Nördlicher und Südlicher Glattdelfin:
Beide Arten tauchen bis 6,5 min und vermutlich bis 200 m tief.

NAHRUNG

Mindestens 17 verschiedene Fischarten, Laternenfische und Squid sind ihre Hauptnahrung. Sie jagen aber auch Seehechte, Makrelenhechte und andere Fischarten der mittleren Wasserschichten.
Nördlicher und Südlicher Glattdelfin:
Beide Arten sind Nahrungsopportunisten. In den Mägen gestrandeter Tiere fand man vorwiegend Reste von Kalmaren und verschiedenen Fischarten der mittleren Wasserschichten.

HOT SPOTS

Monterey Bay, San Francisco Bay (beide USA), vor Vancouver (Kanada) und in kälteren Gewässern vor Japan

REPRODUKTION

Geschlechtsreife: Weibchen ab 9 Jahre (etwa 2 m), Männchen ab 10 Jahre (etwa 2,1–2,2 m)
Paarungszeit: meist im Sommer (besonders Juli–August)
Geburtszyklus: etwa alle 2 Jahre (oder länger) 1 Kalb
Tragzeit: etwa 12 Monate
Geburtsgröße: etwa 0,8–1 m

WISSENSWERTES

Titian Peale beschrieb 1848 den ersten Nördlichen Glattdelfin, der an der Nordwestküste Nordamerikas gefangen wurde. Er nannte diese Art *Delphinapterus borealis*, um sie vom Südlichen Glattdelfin zu unterscheiden, der damals schon seit 44 Jahren bekannt war.
Bei Tonaufnahmen wurden Klicks mit hoher Wiederholungsrate und wenigen Pfiffen festgestellt. In Delfinarien lassen sie sich nicht halten, denn sie leben dort nicht länger als 3 Wochen. Massenstrandungen sind nicht bekannt.
Nördlicher und Südlicher Glattdelfin:
Der deutsche Populärname „Glattdelfin" bezieht sich auf die fehlende Rückenfinne. Der gebräuchliche englische Populärname „Northern Right/Southern Right Whale Dolphin" ist irreführend und sollte ersetzt werden durch „Northern Finless Dolphin".

WISSENSCHAFTLICHER NAME

Lissodelphis borealis (Peale, 1849)
Der Gattungsname setzt sich aus dem griechischen *lisso* für „glatt" und *delphis* für „Delfin" zusammen und weist auf die fehlende Rückenfinne hin. Der lateinische Artname *borealis* bedeutet „nördlich, Nordwind" und bezieht sich auf das Verbreitungsgebiet (Leatherwood & Reeves, 1983).

Südlicher Glattdelfin
Lissodelphis peronii
—Southern Right Whale Dolphin

Körperlänge: adult 2–3 m; Männchen größer als Weibchen
Gewicht: adult bis 116 kg
Körperform: sehr schlank, stromlinienförmig, zur Fluke hin stark verjüngend
Körperfarbe: außergewöhnliche Schwarz-Weiß-Färbung: Rücken durchgehend schwarz (fast bis zu den Flippern); weiße Bauchfärbung reicht hinter den Brustflossen bis zur Fluke (in einem Bogen etwa bis zur Mitte der Seiten hoch); Bauch, Schnabel, Flukenunterseite, Brustflossen und vorderer Teil der Melone weiß, hinterer Teil der Melone schwarz (wie Rücken); Flipper können dunkle Vorder- bzw. Hinterkante haben; Kälber bei Geburt graubraun oder cremefarben (entwickeln endgültige Färbung im ersten Lebensjahr)
Kopf: leicht abfallende Melone; vorderer Teil der Melone weiß, hinterer Teil der Melone schwarz
Schnabel: kurz, schlank, komplett weiß, durch eine Furche deutlich von der Melone abgesetzt; Unterkiefer etwas länger als Oberkiefer; gerade Mundlinie
Blas: unscheinbar
Blasloch: 1, mittig

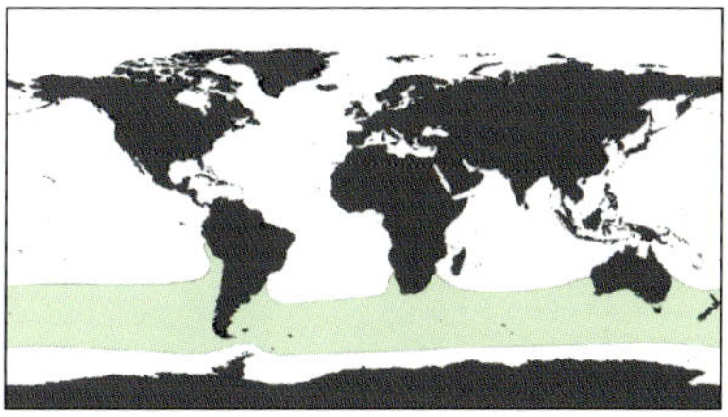

Flipper: weiß (können dunkle Vorder- bzw. Hinterkante haben)
Fluke: klein, Oberseite dunkel, Unterseite weiß; Hinterkante meist leicht konkav; deutliche Einkerbung in der Mitte
Rückenfinne: keine (die einzigen Delfine auf der südlichen Hemisphäre ohne Rückenflosse)
Zähne: 88–100 je Kiefer; spitz, konisch (gut zum Festhalten von Beutetieren geeignet)
Lebensalter: 42 Jahre

Südlicher Glattdelfin, *Lissodelphis peronii*

VERBREITUNGSGEBIETE

Südliche Glattdelfine sind zirkumpolar in allen tiefen, küstenfernen, kalt-gemäßigten und subantarktischen Gewässern der südlichen Hemisphäre verbreitet.
Im östlichen Südpazifik sind Südliche Glattdelfine meist zwischen 25 °S und 55 °S, im westlichen Südpazifik zwischen 30 °S und 65 °S anzutreffen. Im östlichen Südatlantik erstreckt sich ihr Verbreitungsgebiet zwischen 22 °S und 60 °S, im westlichen Südatlantik zwischen 30 °S und 55 °S.
Die südliche Verbreitung variiert je nach Wassertemperatur und Jahreszeit, reicht aber nicht bis in die antarktischen Kaltgewässer. Die nördlichste Sichtung war bei 12 °S vor Peru. Die bevorzugten Wassertemperaturen liegen zwischen 1 °C und 20 °C. Normalerweise bevorzugen sie tiefe, offene Meere, sind aber auch gelegentlich vor Küsten mit größeren Tiefen anzutreffen.

VERHALTEN

Über das Verhalten ist nur wenig bekannt. Südliche Glattdelfine sind Herdentiere, die in Gruppen mit bis zu 1.000 Individuen in enger sozialer Bindung leben. Sowohl Springen (mit Bauchklatscher) als auch Flipper- und Flukeschlagen sind nicht ungewöhnlich.
Einige Gruppen scheinen sehr scheu zu sein und meiden Schiffe, andere dagegen sind leichter zugänglich und reiten gelegentlich auf den Bugwellen. Möglicherweise unternehmen sie jahreszeitliche Wanderungen, die mit Wanderungen der bevorzugten Beute (Tintenfische) begründet sind.
Südliche und Nördliche Glattdelfine sind sehr schnelle Schwimmer. Die Höchstgeschwindigkeit liegt bei 40 km/h. Dabei machen sie flache, bis zu 7 Meter weite Sprünge („porpoising") und tauchen elegant und ohne Wasserspritzer fast synchron ins Wasser ein. Kleine Gruppen vergesellschaften sich oft mit anderen Cetaceen, zum Beispiel mit Weißstreifendelfinen, Rundkopfdelfinen und Kurzflossen Grindwalen.

TAUCHVERHALTEN

Südliche und Nördliche Glattdelfine tauchen bis 6,5 Minuten und vermutlich bis 200 Meter tief.

NAHRUNG

Südliche und Nördliche Glattdelfine sind Nahrungsopportunisten. In den Mägen gestrandeter Tiere fand man vorwiegend Reste von Kalmaren und verschiedene Fischarten der mittleren Wasserschichten.

HOT SPOTS

Sichtungen von Südlichen Glattdelfinen sind auf Grund ihres entlegenen Verbreitungsgebietes selten. Da sie sich vorwiegend von Kalmaren ernähren, findet man sie recht häufig in der Umgebung von vulkanischen Inseln mit steilen Küsten und tiefen Gewässern. Die häufigsten Sichtungen werden vor Südafrika, Australien und besonders vor Neuseeland und entlang des Falkland-Stromes, zwischen Patagonien und den Falklandinseln, sowie im Norden Chiles gemeldet (ganzjährig), besonders zwischen Valparaiso und 76 °W. Auch vor Namibia scheinen sie sich ganzjährig aufzuhalten.

REPRODUKTION

Geburtsgröße: etwa 1 m
Das Reproduktionsverhalten von Südlichen Glattdelfinen ist weitgehend unbekannt. Untersuchungen an zwei Weibchen mit einer Körperlänge von 2,18 und 2,29 Meter und einem Männchen mit einer Körperlänge von 2,51 Meter lassen darauf schließen, dass sie geschlechtsreif waren.

WISSENSWERTES

Der französische Naturforscher Francois Peron entdeckte und beobachtete diese Delfinart als Erster bei einer Expedition südlich von Tasmanien an Bord des Schiffes „Géographe" zwischen 1800 und 1804. Der weiße Schnabel brachte brachte dieser Art den englischen Populärnamen „Mealy mouthed Porpoise" („Mehlmauldelfin") ein.
Massenstrandungen sind bis auf eine Ausnahme nicht bekannt (77 Südliche Glattdelfine strandeten bei den Chatham-Inseln im Südpazifik). Vor Brasilien strandete 1995 ein einzelnes Männchen sowie bei Neuseeland 3 Individuen 1952.
Nach Cruickshank und Brown, die diese Art vor Südafrika ausgiebig beobachtet haben, ermöglicht die individuelle Färbung der Flossen, des Kopfes und des Körpers eine Unterscheidung der einzelnen Individuen.
Der deutsche Populärname „Glattdelfin" bezieht sich auf die fehlende Rückenfinne. Der gebräuchliche englische Populärname „Northern Right/Southern Right Whale Dolphin" ist irreführend und sollte ersetzt werden durch „Northern Finless Dolphin".

WISSENSCHAFTLICHER NAME

Lissodelphis peronii (Lacépède, 1804)
Der Gattungsname setzt sich aus dem griechischen *lisso* für „glatt" und *delphis* für „Delfin" zusammen und weist auf die fehlende Rückenfinne hin.
Der lateinische Artname *peronii*, bedeutet „von Peron" und bezieht sich auf den französischen Naturforscher F. Peron, der diese Art als Erster vor Tasmanien beobachtete (Leatherwood & Reeves, 1983). Das angehängte *i* steht für „gehört zu".

Weißbauchdelfin

Cephalorhynchus eutropia
—Chilean Dolphin

Körperlänge: adult 1,2–1,67 m (max.: Weibchen 1,65 m, Männchen 1,67 m; ähneln wegen geringer Körperlänge eher Schweinswalen als Delfinen)
Gewicht: adult 40–63 kg (max.: Weibchen 57 kg, Männchen 63 kg)
Körperfarbe: Rücken und Seiten dunkelgrau bis schwarz; kleiner weißer Fleck am hinteren Ansatzpunkt der Brustflossen weiß („Achselhöhlenfleck"); Bauch und Kehle weiß, mit dunkelgrauen-schwarzen Stellen zwischen den Flippern, an der Genitalregion und nahe am Flukenansatz; Flipper, Fluke und Finne einheitlich dunkelgrau-schwarz
Kopf: konisch, leicht abfallende Stirn, Melone von hellgrauer „Kappe" bedeckt
Flipper: klein, abgerundete Spitzen; dunkelgrau-schwarz
Rückenfinne: sehr groß, stark abgerundet; dunkelgrau-schwarz
Zähne: 56–68 je Kiefer; klein, spitz, konisch
Lebensalter: mind. 20 Jahre
Weißbauchdelfine, Commerson-, Heaviside- und Hector-Delfine:
Körperform: klein, recht stämmig (Umfang bis 2/3 der Körperlänge), zur Fluke hin stark verjüngend
Schnabel: abgesetzter Schnabel nicht erkennbar; Unterkiefer überragt den Oberkiefer etwas
Blas: unscheinbar
Blasloch: 1, mittig
Fluke: Hinterkante konkav, deutliche Einkerbung in der Mitte

VERBREITUNGSGEBIETE

Sie leben in flachen, kalten Küstengewässer Chiles von 30 °S bis Kap Horn (Feuerland) und möglicherweise auch im Süden Argentiniens. Gelegentlich trifft man Weißbauchdelfine auch in der Magellan-Straße an. Ihr Verbreitungsgebiet scheint durchgängig zu sein. In einigen Regionen sind sie jedoch häufiger zu beobachten als in anderen. Saisonale Wanderungen sind nicht bekannt. Neben flachen, küstennahen Gewässern leben sie auch in Fjorden,

Bauch und Kehle sind weiß und werden durch dunkelgrau-schwarze Stellen zwischen den Flippern getrennt.

Buchten, Flussmündungen und Flüssen sowie Küstenregionen mit starkem Tidenunterschied und in kabbeligem Wasser. In Südchile trifft man sie meist in Gewässern mit weniger als 20 m Tiefe und innerhalb von etwa 500 m zur Küste an.

VERHALTEN

In ihrem südlichen Verbreitungsgebiet halten sich Weißbauchdelfine von Booten fern und sind extrem scheu. Sie wurden dort bisher nur von Fischern, die sie vor der Küste versehentlich in Netzen gefangen haben, lebend aus der Nähe gesehen. Im nördlichen Verbreitungsgebiet sind sie zugänglicher und reiten gelegentlich für kurze Zeit auf der Bugwelle von Schiffen. Sie erzeugen vorwiegend kurze, pulsierende Töne, jedoch keine Pfiffe wie andere Delfine.

Normalerweise leben sie in Gruppen von 2–3, gelegentlich in Gruppen von 10–15 Individuen. Im nördlichen Verbreitungsgebiet bilden sich auch Gruppen von 20–50 Tieren. In früheren Zeiten soll es größere Gruppen gegeben haben. Sie springen selten und werden nicht oft an der Oberfläche gesichtet.

Weißbauchdelfine vor der Isla Grande de Chiloé (Chile) leben in einem Gebiet von weniger als 30 km entlang der Küste. Oft sieht man sie mit großen Schwärmen von Seevögeln zusammen.

Weißbauch- und Commerson-Delfin:

Sie gelten als sehr schnelle, wendige Schwimmer und surfen oft in Brandungszonen in den Wellen und schwimmen in turbulentem Wasser. Kleine Gruppen sind charakteristisch für diese Gattung.

TAUCHVERHALTEN

Weißbauch- und Heaviside-Delfin:

Das Tauchverhalten beider Arten ist unbekannt. Die Tauchgänge sind vermutlich kurz (1–2 min) und nicht tief.

NAHRUNG

Magenanalysen ergaben, dass sie sich von verschiedenen Flachwasser-Fischen (z. B. Sardinen und Anchovis) sowie Kopffüßern, Krustentieren und Algen ernähren (Goodall, 1994). Wenn sie in der Nähe von Lachsfarmen gesichtet werden, scheinen sie mit den Fischen zu spielen und fressen junge, freigelassene Lachse.

Weißbauchdelfin, Commerson-, Heaviside- und Hector-Delfin:

Alle vier Arten sind Nahrungsopportunisten. Sie jagen die Beute in der Nähe des Meeresbodens, direkt am Meeresboden oder in offeneren Gewässern.

HOT SPOTS

Sichtungen sind selten (geringer Bestand). Gute Sichtungsmöglichkeiten: bei Playa Frailes, Bahia Corral (vor Valdivia), im Golf von Arauco (nahe Concepción) und vor Isla Grande de Chiloé

REPRODUKTION

Weißbauchdelfin, Commerson-, Heaviside- und Hector-Delfin:

Geschlechtsreife: möglicherweise Weibchen ab 5–8 Jahre, Männchen ab 5–9 Jahre

Paarungszeit: möglicherweise Frühling–Spätsommer (Oktober–März)

Die Melone wird von einer hellgrauen Kappe bedeckt.

Weißbauchdelfine springen nur selten und werden nicht oft an der Oberfläche entdeckt.

Geburtszyklus: möglicherweise alle 2–4 Jahre 1 Kalb
Tragzeit: möglicherweise 11–2 Monate
Geburtsgröße: unbekannt, möglicherweise 0,6–0,8 m

WISSENSWERTES

Schon 1826 beschrieb der französische Arzt und Naturwissenschaftler René Primevère Lesson eine ähnliche Art als *Delphinus lunatus*. Möglicherweise handelte es sich dabei tatsächlich um Weißbauchdelfine. Der britische Zoologe John Edward Gray ordnete sie der Gattung *Delphinus* zu und gab dieser Art bei seiner Erstbeschreibung den Namen *Delphinus eutropia*. 1874 ordnete der amerikanische Zoologe William Healey Dall schließlich diese Art der Gattung *Cephalorhynchus* (Schwarz-Weiß-Delfine) zu und gab ihr den heutigen wissenschaftlichen Namen *Cephalorhynchus eutropia*.
Sie gehören zu den kleinsten Cetaceen und zu den am wenigsten erforschten Delfinen. Ihr Aussehen wurde erst in den 1970er Jahren von Rae Natalie Goodall und ihren Kollegen detailliert an lebenden Tieren beschrieben. Weißbauchdelfine waren viele Jahre unter dem englischen Populärnamen „Black Dolphin" (Schwarzer Delfin) bekannt, weil Wissenschaftler diesen Delfin nur von toten Exemplaren kannten, bei denen die Farbveränderung nach dem Tode (Dunkelfärbung durch den Einfluss von Sonne und Luft) schon abgeschlossen war oder von Sichtungen auf See aus großer Entfernung. Der heutige englische Populärname „Chilean Dolphin" (Chilenischer Delfin) bezieht sich auf das küstennahe Verbreitungsgebiet. In Chile werden sie gefangen und als Köder für die Krabbenfischerei verwendet. Dadurch wird der möglicherweise ohnehin schon geringe Bestand weiter dezimiert. Aus alten Überlieferungen ist bekannt, dass schon die alten Indianer Feuerlands Weißbauchdelfine jagten.

Weißbauch-, Commerson-, Heaviside- und Hector-Delfin:
DNA-Untersuchungen lassen vermuten, dass alle 4 *Cephalorhynchus*-Arten von einem Vorfahren der *Lissodelphininae* aus südafrikanischen Gewässern abstammen, die mit der Westwinddrift wanderten. Alle Arten von *Cephalorhynchus* leben ausschließlich auf der südlichen Hemisphäre, in küstennahen Gewässern, in kleinen Gruppen und haben ein sehr begrenztes Verbreitungsgebiet.

WISSENSCHAFTLICHER NAME

Cephalorhynchus eutropia (Gray, 1846)
„Der Gattungsname *Cephalorhynchus* setzt sich aus dem griechischen *kephalos* für „Kopf" und der, aus dem Griechischen lateinisierten Form *rhynchos* für „Nase" oder „Schnauze", zusammen. Der Artname *eutropia* stammt vom griechischen *eutropos* und bedeutet „Vielseitigkeit" oder „Gewandtheit".
Eine weitere Erklärung des wissenschaftlichen Namens: der Gattungsname könnte sich darauf beziehen, dass der Schnabel nur etwa halb so lang wie der Schädel und deutlich abgesetzt ist (Leatherwood & Reeves, 1983). Der Artname *eutropia* könnte sich aus dem griechischen *eu* für „gut, wohl, schön" und dem griechischen *tropidos* für „Kiel" zusammensetzen, bezugnehmend auf die kielförmige Kopfform oder aus *tropis*, für „Kopf" (Ranneft *et al.*, 2001).

Commerson-Delfin
Cephalorhynchus commersonii
—Commerson's Dolphin

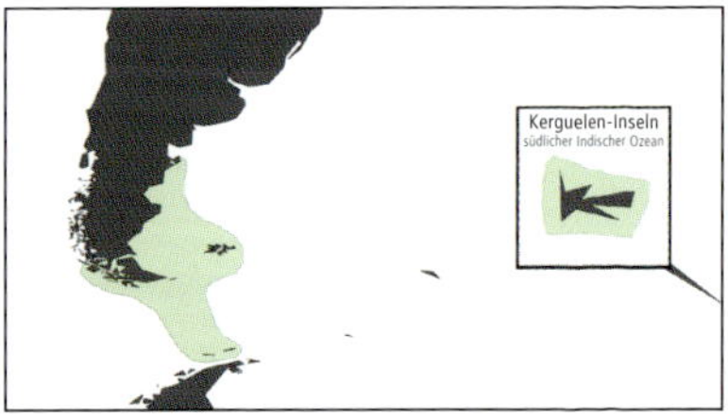

Körperlänge: Körperlänge: adult 1,2–1,74 m; Weibchen 5–10 % größer als Männchen (vor Südamerika max.: Weibchen 1,47 m, Männchen 1,44 m; isolierte Unterart um Kerguelen-Inseln: deutlich größer, robuster, schwerer, max. Weibchen 1,74 m, Männchen 1,67 m); ähneln wegen geringer Körperlänge eher Schweinswalen als Delfinen
Gewicht: adult 45–86 kg (Südamerika 45 kg, Kerguelen-Inseln max. 86 kg)
Körperfarbe: sehr charakteristische Schwarz-Weiß-Pigmentierung: Kopf, Unterkiefer, Brustflossen, Rückenfinne, Fluke und Flukenansatz schwarz; Fluke mit Rückenfinne durch schwarzen Streifen auf dem Rücken verbunden; schwarze Färbung zwischen den Flippern, sowie zwischen Flippern und Kopf durchgehend und nur durch einen großen, weißen Kehlfleck unterbrochen; Bauch: weiß (mit schwarzem, geschlechtsspezifischem Fleck im Analbereich, bei Weibchen hufeisenförmig, bei Bullen eher tropfenförmig; bei Tieren um Kerguelen-Inseln sind weiße Anteile ihrer südamerikanischen Artgenossen grau, wie bei jugendlichen Tieren vor Südamerika); Jungtiere bei Geburt schwarz, grau und braun (geht allmählich in schwache Schwarz-Grau-Pigmentierung über)
Kopf: kegelförmig, leicht abfallende Stirn
Flipper: fast oval; Spitzen stark abgerundet; bei über 50 % adulter Männchen Vorderkante der linken Brustflosse sägezahnartig ausgebildet, bei 80 % aldulter Weibchen beidseitig
Rückenfinne: klein, sitzt in der Körpermitte, Spitze stark abgerundet
Zähne: 56–70 je Kiefer; klein, spitz, konisch
Lebensalter: etwa 18–20 Jahre
Weitere Informationen, siehe Weißbauchdelfin

VERBREITUNGSGEBIETE

Sie leben ausschließlich in küstennahen Gewässern des südlichen Südamerikas, der Falklandinseln und der Kerguelen-Inseln (südlicher Indischer Ozean), hauptsächlich mit kalten und gemäßigten Oberflächentemperaturen. Das Verbreitungsgebiet ist von Argentinien bis zu den Falklandinseln durchgängig. Um Südamerika erstreckt es sich von der Halbinsel Valdes (Argentinien), südlich bis zur Drake-Passage (60 °S), bis zu den Südlichen Shetland-Inseln. An der Westküste Südamerikas ist die

Commerson-Delfine können leicht an ihrer arttypischen schwarz-weiß-Färbung erkannt werden.

Sie springen oft mehrmals hintereinander.

nördlichste Verbreitung etwa bei 53 °S. Es gibt erstaunlicherweise keine Sichtungen vor Inseln zwischen Südamerika und den Kerguelen-Inseln (zum Beispiel um Crozet, Prince Edward, Bouvet und südlichen Sandwich-Inseln). Commerson-Delfine bevorzugen Küstenregionen mit starkem Tidenunterschied, Gebiete mit starker Strömung (mit mehr als 15 km/h, z. B. in der Magellan-Straße) und die Nähe von Seetangfeldern. Sichtungen in tiefen Küstengewässern, in Fjorden, Buchten und Flussmündungen sind gelegentlich möglich.

VERHALTEN

Normalerweise leben Commerson-Delfine in Gruppen von 2–15 Tieren (manchmal über 100, selten solitär). Sie schwimmen zu Booten und reiten auf deren Bugwelle. Sie springen oft mehrmals hintereinander. Beim Schwimmen drehen sie sich auf den Rücken oder sogar um die eigene Achse.

Sie erzeugen hauptsächlich kurze, pulsierende Töne im hohen Frequenzbereich (ca. 125 kHz) und bei der Jagd Klicks im Ultraschallbereich. Sie erzeugen keine Pfiffe wie andere Delfine. Sie vergesellschaften sich mit Peale-Delfinen und Burmeister-Schweinswalen.

Weitere Informationen, siehe Weißbauchdelfin

TAUCHVERHALTEN

Commerson-Delfine haben ein unbeständiges Tauch- und Schwimmverhalten. Sie ändern die Richtung unter Wasser, sodass es fast unmöglich ist abzuschätzen, wo sie auftauchen. Die Tauchgänge sind recht kurz (1–2 min) und nicht tief. Die Individuen einer Gruppe zeigen synchrone Atem- und Tauchmuster.

NAHRUNG

Sie jagen bevorzugt in Gebieten, in denen der Grund durch Gezeitenströmungen aufgewirbelt wird. Die bevorzugte Nahrung besteht aus verschiedenen Schwarmfischen (z. B. Sardinen, Seehecht und Ährenfische) sowie Kalmaren und Krebstieren.

Vor den Kerguelen-Inseln ernähren sich Commerson-Delfine hauptsächlich von Fisch. Schwarmfische jagen sie in der Gemeinschaft. Sie treiben die Fische zu einem dichten Schwarm zusammen und stürzen sich dann einzeln in den Schwarm. In Südamerika jagen sie auch im Flachwasser, in der Nähe von Häfen und Stränden.

Bei vielen erwachsenen männlichen Tieren ist die Vorderkante der linken Brustflosse sägezahnartig ausgebildet. Bei 80 % der Weibchen sind diese Zacken an der Vorderkante beider Brustflossen vorhanden. Möglicherweise durchpflügen sie auf der Suche nach Beute mit der Brustflosse den Boden.

Weitere Informationen, siehe Weißbauchdelfin

HOT SPOTS

Sichtungsmöglichkeiten bestehen in unmittelbarer Nähe zur Küste vom Golfo San Mathias (Halbinsel Valdes, Argentinien) bis nach Tierra del Fuego (Feuerland), besonders vor Puerto Rawson, vor Punta Deseado (beide Argentinien), in der Magellan-Straße (besonders im östlichen Teil) und um die Falklandinseln sowie um die

Kopf und Unterkiefer sind schwarz.

Kerguelen-Inseln (südlicher Indischer Ozean) und im Golfe du Morbihan (Ostseite).

REPRODUKTION

Geburtsgewicht: 4,5–7,5 kg

Säugezeit: in Delfinarien feste Nahrung (Fisch) ab 4 Monate

Weitere Informationen, siehe Weißbauchdelfin

WISSENSWERTES

Commerson-Delfine wurden erstmals 1767 von dem französischen Arzt und Botaniker Philibert Commerson bei seiner Weltumseglung mit Louis Bougainville beschrieben. In der Magellan-Straße (Feuerland) ritten sie auf der Bugwelle seines Schiffes. Commerson nannte diesen Delfin wegen der auffälligen Schwarz-Weiß-Färbung „Le Jacobin" (der Jakobiner). 1804 nannte der französische Naturwissenschaftler Bernard Lacépède diese Art *Delphinus commersonii.* Er stützte sich auf Beschreibungen von Philibert Commerson.

1827 erhielt diese Art vom französischen Naturwissenschaftler René Lesson den Namen *Phocoena commersonii.* 1892 wurden sie von dem argentinischen Anthropologen Francisco Moreno in *Lagenorhynchus floweri* umbenannt und schließlich in die Gattung *Cephalorhynchus* eingeordnet. 1922 erhielten sie von Hammer ihren heutigen wissenschaftlichen Namen *C. commersonii.*

Rae Natalie Goodall und ihre Kollegen beobachteten Commerson-Delfine erstmals ausgiebig Anfang der 1970er Jahre um Feuerland. Bis dahin war nur sehr wenig über diese Art bekannt. Kleine Gruppen sind charakteristisch für diese Gattung.

Es werden 2 Unterarten, mit einer geographischen Trennung von 8.500 km, anerkannt:

C. c. commersonii (Lacépède, 1804) – Commerson-Delfin, vor Südamerika

C. c. kerguelenensis Robineau, Goodall, Pichler und C. S. Baker, 2007 – Kerguelen-Inseln Commerson-Delfin, vor den Kerguelen-Inseln, südlicher Indischer Ozean

Die Unterart um den zu Frankreich gehörenden Kerguelen-Inseln wurde vermutlich von einigen Individuen aus Südamerika, die sich vor mehr als 10.000 Jahren bei den Kerguelen-Inseln ansiedelten, gegründet. Tiere dieser Unterart sind etwas größer als die Commerson-Delfine vor Südamerika. Ihre Färbung ist, im Unterschied zu den Tieren vor Südamerika, schwarz, grau und grauweißlich. Durch die geographische und zeitliche Trennung könnte diese Unterart irgendwann einmal zu einer eigenständigen Art werden. Die Anerkennung steht noch aus (Kraft *et al.*, 2021).

Einige Populationen scheinen ortstreu zu sein. Der tatsächliche Bestand dieser Art ist unbekannt. In einigen Verbreitungsgebieten scheinen sie recht häufig vorzukommen, in anderen Gebieten, in denen sie als Köder für die Krabbenfischerei genutzt werden, ist der Bestand sehr gering. Besonders die Bestände vor Südchile, wie auch die Bestände in Argentinien gelten deshalb als gefährdet. Früher wurden Ansammlungen von einigen hundert Individuen beobachtet (in den 1980er und 1990er Jahren entlang der Nordküste Feuerlands).

Weitere Informationen, siehe Weißbauchdelfin

WISSENSCHAFTLICHER NAME

Cephalorhynchus commersonii (Lacépède, 1804)

Informationen zum Gattungsnamen, siehe Weißbauchdelfin.

Der Artname *commersonii* bezieht sich auf Philibert Commerson, einen französischen Arzt und Botaniker des 18. Jahrhunderts, der diese Art 1767 erstmals bei Feuerland anhand von Sichtungen nahe der Magellan-Straße beschrieb (Leatherwood & Reeves, 1983). Das angehängte *i* steht für „gehört zu".

Heaviside-Delfin
Cephalorhynchus heavisidii
—Heaviside's Dolphin

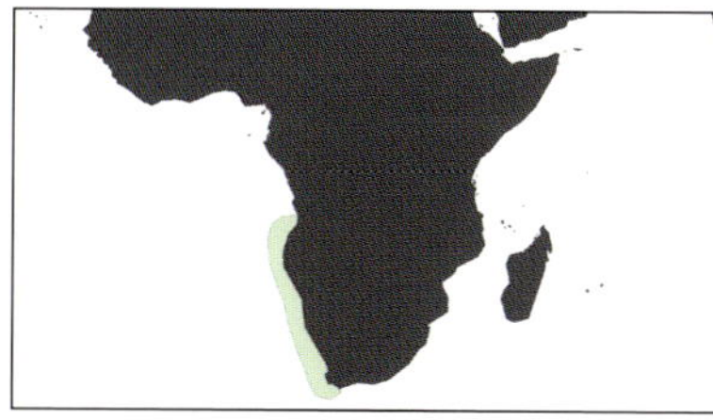

Körperlänge: adult 1,6–1,74 m (max.: Weibchen 1,68 m, Männchen 1,74 m; ähneln wegen geringer Körperlänge eher Schweinswalen als Delfinen)
Gewicht: adult 40–75 kg
Körperfarbe: einzigartiges Farbmuster: vorderer Teil des Körpers überwiegend hellgrau, mit dunklem, ovalem Fleck um die Augen und dunkler Fläche um das Blasloch; ein schwarzer Streifen vom Blasloch zum Schwanzstil, verbreitert sich kurz vor der Rückenfinne zu einem Cape; Bauch: überwiegend weiß mit zwei nicht zusammenhängenden weißen Flecken: ein diamantförmiger, weißer Brustfleck und eine lang gezogene, nach hinten gerichtete, fingerförmige Ausbuchtung („Drei-Fingerfleck"), reicht bis zu den Seiten (2 Finger) und zur Analgegend (ein Finger, endet bei Weibchen am After, bei den Männchen etwas hinter dem After); Fluke dunkelgrau bis blauschwarz
Kopf: kegelförmig, flache Stirn
Flipper: klein, dunkelgrau bis blauschwarz, hinter Flippern weißer Fleck: „Achselhöhlenfleck"; verjüngen sich leicht, abgerundete Spitzen; die meisten untersuchten Tiere hatten Zacken an der Vorderkante
Rückenfinne: auffällig dreieckig, in Relation zum Körper groß; dunkelgrau bis blauschwarz (wie der überwiegende Teil des hinteren Körpers)
Zähne: 44–56 je Kiefer; klein, konisch
Lebensalter: möglicherweise etwa 18–20 Jahre
Weitere Informationen, siehe Weißbauchdelfin

VERBREITUNGSGEBIETE

Heaviside-Delfine kommen nur auf einem etwa 1.600 km langen Küstenstreifen an der Westküste Südafrikas bis Angola vor. Das Verbreitungsgebiet reicht entlang der Westküste Afrikas im Süden vom Kap der Guten Hoffnung (Cape Point, Südafrika, 34 °S) nach Norden bis Angola (bis etwa 10 °S).
Die wenigen bisherigen Sichtungen beschränkten sich hauptsächlich auf einen 10 km breiten Küstenstreifen mit einer Wassertiefe von weniger als 100 m und Ober-

Heaviside-Delfin, *Cephalorhynchus heavisidii*

flächentemperaturen von 9–15 °C. Selten werden sie weiter von der Küste entfernt (maximal bis 85 km) und über Wassertiefen bis 180 m gesichtet. Die Verbreitung scheint in Abhängigkeit zum kalten, nordwärts fließenden Benguela-Strom zu stehen.

VERHALTEN

Kleine Gruppen sind charakteristisch für diese Gattung. Meist schwimmen Heaviside-Delfine in Gruppen bis 10 Tiere. Nur selten bilden sich kurzzeitige Ansammlungen von 20–30 Individuen. Saisonale Wanderungen sind nicht bekannt. Einige Populationen scheinen ortstreu zu sein, mit begrenzten Streifgebieten.
Heaviside-Delfine sind sehr schnelle, wendige Schwimmer und reiten auf der Bug- und Kielwelle kleinerer Boote. Sie springen nur selten, vollführen dann aber bis über 2 m hohe Sprünge. Sie machen schnelle Vorwärtssaltos, die mit einem Flukenschlag auf dem Wasser enden. Wenn sie schnell schwimmen, machen sie weite, flache Sprünge („porpoising").

TAUCHVERHALTEN

Informationen, siehe Weißbauchdelfin

NAHRUNG

Heaviside-Delfine sind Nahrungsopportunisten. Magenanalysen gestrandeter Individuen ergaben, dass sie sich hauptsächlich von jungen Seehechten, sowie von kleinen Schwarmfischen und bodennah lebenden Fischen, Kopffüßern und Krustentieren ernähren. Sie jagen die Beute in der Nähe des Meeresbodens, direkt am Meeresboden oder in offeneren Gewässern.

HOT SPOTS

Gute Chancen auf Sichtungen von Heaviside-Delfinen bestehen an der Walvis Bay (Walfischbucht, Namibia), vor Lüderitz (Namibia), in der Santa Helena Bay und ganzjährig in der Lambert´s Bay (beide Südafrika). Gelegentlich werden sie auch an der Skelettküste von Namibia, sowie zwischen Kapstadt und der Walfischbucht gesichtet.

REPRODUKTION

Geburtsgröße: 0,8–0,85 m
Geburtsgewicht: 9–10 kg
Geschlechtsreife: möglicherweise Weibchen ab 5–8 Jahre, Männchen ab 5–9 Jahre
Paarungszeit: möglicherweise Frühling–Spätsommer (Oktober–März)
Geburtszyklus: möglicherweise alle 2–4 Jahre 1 Kalb (wie Hector-Delfine)
Tragzeit: möglicherweise 11–2 Monate

WISSENSWERTES

Der erste Schädel und die Haut dieses seltenen südafrikanischen Delfins wurde 1827 von Kapitän Haviside nach England gebracht. Allerdings beruht die wissenschaftliche Namensgebung auf einem kleinen Irrtum. Man glaubte damals, dass das untersuchte Exemplar aus der anatomischen Sammlung des prominenten Flottenarztes Heaviside stammte, die in jenem Jahr versteigert worden war. Heaviside hatte zuvor dem Britischen Museum Tiere zu Anatomie-Studien verkauft, jedoch keine Cetaceen. Wie sich später herausstellte, stammte der beschriebene Schädel in Wirklichkeit von Kapitän Haviside, einem Angestellten der British East India Company. Die Regeln der zoologischen Namensgebung verlangen, dass die originale Schreibweise erhalten bleibt, auch wenn sie fehlerhaft ist (dieser Fehler in der Taxonomie wird „Ausrutscher des Füllers" oder „*lapsus calami*" genannt)."
Bis 1969 war das tatsächliche Aussehen von Heaviside-Delfinen unbekannt. Man kannte diese Art nur von gestrandeten Tieren, bei denen die Farbveränderung nach dem Tode (Dunkelfärbung durch den Einfluss von Sonne und Luft) schon abgeschlossen war, oder von stark verwesten Kadavern. Die ersten Fotos von Heaviside-Delfinen wurden 1984 veröffentlicht. 1988 publizierte der südafrikanische Zoologe Peter Best die erste detaillierte Beschreibung.
Sie erzeugen nicht die für Delfine üblichen Schreie und Pfeiftöne, sondern ausschließlich Klicks und pulsierende Laute. Der Bestand ist vermutlich sehr gering, umso tragischer ist es, dass einige Tiere in den Netzen und Reusen der südafrikanischen und namibischen Fischer ertrinken. DNA Untersuchungen lassen vermuten, dass alle vier *Cephalorhynchus* Arten, von einem Vorfahren der *Lissodelphininae* aus südafrikanischen Gewässern abstammen, die mit der Westwinddrift wanderten. Alle Arten von *Cephalorhynchus* leben ausschließlich auf der südlichen Hemisphäre, in küstennahen Gewässern, in kleinen Gruppen und haben ein sehr begrenztes Verbreitungsgebiet.

WISSENSCHAFTLICHER NAME

Cephalorhynchus heavisidii (Gray, 1828)
Der Gattungsname *Cephalorhynchus* setzt sich aus dem griechischen *kephalos* für „Kopf" und der, aus dem Griechischen lateinisierten Form *rhynchos* für „Nase" oder „Schnauze", zusammen.
Der Artname *heavisidii* bezieht sich auf den Kapitän Haviside (nicht Heaviside), Angestellter der East India Company, der 1827 das erste Exemplar vom Kap der Guten Hoffnung nach London brachte. Das angehängte *i* steht für „gehört zu". Das zusätzliche *e* im Namen wurde möglicherweise von William Clift irrtümlich hinzugefügt (Kenneth Norris, 1977).

Hector-Delfin
Cephalorhynchus hectori
—Hector's Dolphin

Körperlänge: adult 1,2–1,63 m; Weibchen 5–10 % größer als Männchen (max.: Weibchen 1,63 m, Männchen 1,46 m; ähneln wegen geringer Körperlänge eher Schweinswalen als Delfinen)
Gewicht: adult 35–65 kg (max.: Weibchen 65 kg, Männchen 60 kg)
Körperfarbe: deutlich abgegrenzte Hellgrau-Schwarz-Weiß-Färbung: Rücken und Seiten einheitlich hellgrau; Bauch überwiegend weiß mit zwei nicht zusammenhängenden weißen Flecken: ein breiter, weißer Fleck vom Schnabel bis zur Brust und jeweils eine lange, weiße, fingerförmige Ausbuchtung zeigen an den Seiten zur Fluke und am Bauch zur Genitalregion („Drei-Fingerfleck"), Genitalregion wird von einem schwarzen Fleck eingefasst (bei Männchen größer), weißer Bauch wird von der weißen Kehle durch graues Band zwischen den Brustflossen getrennt; hinter dunklen Flippern ein kleiner, weißer Fleck („Achselhöhlenfleck"); Kälber anfangs blassere Farbe; besonders auffällig: großer, runder Fleck auf der Stirn („Kappe", hellgrau, wird von dunkler Linie umschlossen); Spitze der unscheinbaren Schnauze dunkelgrau-schwarz, ebenso wie lang gezogener Fleck (reicht vom Auge bis zu den Flipperenden); Flipper, Rückenfinne und Fluke dunkelgrau bis schwarz
Kopf: kegelförmig, flache Stirn
Flipper: groß, stark abgerundete Spitzen, wirken rundlich; dunkelgrau bis schwarz
Rückenfinne: sehr groß, auffällig stark abgerundet, erscheint dadurch fast rundlich; kann in der Farbe und Form geringfügig variieren (dunkelgrau bis schwarz); markante Form brachte dieser Art den Spitznamen „Mickey-Mouse-Delfin" ein (erinnert an Mickey Mouse Ohren)
Zähne: 48–62 je Kiefer; konisch
Lebensalter: mind. 20 Jahre
Weitere Informationen, siehe Weißbauchdelfin

VERBREITUNGSGEBIETE
Sie sind ausschließlich um Neuseelands flache Küstengewässer verbreitet, normalerweise innerhalb von 8 km zur Küste, in weniger als 300 m Wassertiefe. An der Nordinsel beschränkt sich das Verbreitungsgebiet auf den westlichen Teil, an der Südinsel werden sie fast überall an der Küste gesichtet. In einigen Regionen treten sie geballt auf, während sie in anderen Gebieten überhaupt nicht vorkommen. Nur sehr selten sind sie auf hoher See anzutreffen.
Im Sommer sind Hector-Delfine dicht an der Küste (bis in der Brandungszone und in Häfen) und folgen der steigen-

Hector-Delfine haben einen typischen großen, runden Fleck auf der Stirn („Kappe").

Vertikale Sprünge stehen in Zusammenhang mit sozialen Interaktionen.

den Anzahl an Beutetieren, im Winter sind sie eher Richtung offenes Meer orientiert. Sie entfernen sich nur selten weiter als 15 km von der Küste. Meist halten sie sich in seichten Gewässern, innerhalb von 1 km entlang der Küste und an Felsen auf. Gelegentlich schwimmen sie in schlammigen Flussmündungen, flachen Buchten und kurze Strecken in Flussläufe hinein.

VERHALTEN

Hector-Delfine sind die wohl bekanntesten und am besten erforschten Delfine der Gattung *Cephalorhynchus*.
Im Gegensatz zu allen anderen Vertretern dieser Gattung sind sie sehr neugierig und verspielt. Sie erzeugen Luftblasen, spielen mit Seetang, surfen in der Brandung und reiten in den Bug- und Kielwellen von Booten. Im Gegensatz zu vielen anderen Delfinen scheinen sie ankernde oder langsame Boote, mit weniger als 10 Knoten, schnelleren vorzuziehen. Man kann sie oft beim Springen, Flukeschlagen und Umschauen („spyhopping") beobachten. Beim Ausruhen liegen sie bewegungslos an der Oberfläche, alle in die gleiche Richtung ausgerichtet.
Sprünge wurden in 3 Kategorien eingeteilt:
Vertikale Sprünge: stehen in Zusammenhang mit sozialen Interaktionen, werden von zwei oder mehreren Tieren ausgeführt, sie tauchen mit dem Kopf zuerst ins Wasser, ohne Spritzer zu erzeugen
Horizontale Sprünge: werden zum schnellen Schwimmen genutzt, kommen in flachem Winkel aus dem Wasser
Geräuschvolle Sprünge: landen mit lauten Klatschern auf Seite, Bauch oder Rücken im Wasser

Kleine Gruppen sind charakteristisch für diese Gattung. Hector-Delfine schwimmen meist in Gruppen von 2–8 Tieren in lockeren Verbänden. Selten bilden sich aus mehreren kleinen Gruppen Ansammlungen von 25–50 Tieren. Bei großen Gruppen verstärken sich die Oberflächenaktivitäten (Sprünge, Flukeschlagen, sich gegenseitiges Jagen). Auch sexuelle Aktivitäten sind dann häufiger. Diese Ansammlungen sind normalerweise nur von kurzer Dauer. Sie lösen sich nach 10–30 min wieder auf.
Einige Tiere sind innerhalb eines Küstenabschnitts von 30 km ganzjährig ortstreu (Slooten *et al.*, 1993). Einige Individuen wurden über 20 Jahre im gleichen Gebiet gesichtet. Sie erzeugen hauptsächlich kurze, pulsierende Töne im hohen Frequenzbereich (ca. 125 kHz) und Klicks im Ultraschallbereich (bei der Jagd). Sie erzeugen keine Pfiffe wie andere Delfine.

TAUCHVERHALTEN

Die Tauchgänge dauern meist nicht länger als 1–2 min. Wenn sie länger als 1 min tauchen, brauchen sie etwa die gleiche Zeit an der Oberfläche. Vom Körper zeigen sie an der Oberfläche nur wenig. Gelegentlich tauchen mehrere Tiere synchron auf und ab.

NAHRUNG

Sie ernähren sich von kleinen Schwarmfischen, Meeräschen, Sprotten, Kabeljau, Dorschen, Sandhimmelsguckern (Bodenfisch) und Kalmaren. Das Nahrungsspektrum der Hector-Delfine an der Ostküste der Südinsel ist vielseitiger (8 Arten machen dort 80 % der Nahrung aus)

als an der Westküste (4 Arten machen dort 80 % der Nahrung aus).
Weitere Informationen, siehe Weißbauchdelfin

HOT SPOTS
Sie sind am häufigsten an der Ost- und Westküste der Südinsel Neuseelands am Akaroa-Hafen und an der angrenzenden Banks-Halbinsel (in der Nähe von Christchurch) anzutreffen, auch in der Cloudy-Bay sowie zwischen Kawhia und Manukau Harbour.

REPRODUKTION
Paarungszeit: Frühling–Frühsommer (Anfang November–Mitte Februar)
Geburtsgewicht: 4,5–7,5 kg
Weitere Informationen, siehe Weißbauchdelfin.

WISSENSWERTES
1869 beschrieb der Schotte Sir James Hector, Verwalter des Wellington Colonial Museum in Neuseeland, diese Art zum ersten Mal und nannte sie *Electra clancula*. 1881 untersuchte der belgische Zoologe Pierre-Joseph van Bénéden diese Art nach den damaligen wissenschaftlichen Regeln und nannte sie *Electra hectori*.
Es werden 2 Unterarten anerkannt:
C. h. maui A. Baker, Smith und Pichler, 2002 – Maui-Delfin, um die Nordwestküste der Nordinsel, hauptsächlich zwischen Maunganui Bluff im Norden und Whanganui im Süden (Currey *et al.*, 2012). Vermutlich leben etwa 90 % der Maui-Delfine entlang eines 41 km langen Küstenstreifens. Sie gehören zu den seltensten Delfinen der Erde. Es gibt weniger als 100 Tiere.
C. h.hectori (Van Bénéden, 1881) – Südinsel Hector-Delfin, um die Südinsel. Diese Unterart wird in 3 genetisch unterschiedliche Populationen unterteilt: Ostküste, Südküste und Westküste.
Obwohl Hector-Delfine in einigen Gebieten um Neuseeland recht häufig gesichtet werden und fast ein Wahrzeichen Neuseelands sind, gehören sie wegen des kleinen Lebensraumes weltweit zu den seltenen Delfinen.
Ihr Bestand ist durch unbeabsichtigte Beifänge in Fischernetzen stark bedroht. Allein zwischen 1984 und 1988 verendeten fast 30 % der ursprünglich auf 760 Tiere geschätzten „Banks-Population" (vor der Banks-Halbinsel) in den Netzen von Fischern. Erst danach wurde diese Region zum Naturschutzgebiet erklärt.
1970 gab es etwa 30.000 Hector-Delfine, 2014 konnten nur noch etwa 7.200 Tiere gezählt werden. In der kleinen Population um die Nord-Insel leben nur noch 15 reproduktionsfähige Weibchen (WDC, Whale and Dolphin Conservation, 2014).
Wegen des küstennahen Lebensraumes und der zunehmenden Entwicklung und Nutzung der küstennahen Gebiete stellen Pestizide der Landwirtschaft, die verstärkt über die Flüsse in die küstennahen Gebiete eingeschwemmt werden, eine zunehmende Bedrohung dar.
Große Haie zählen zu ihren natürlichen Feinden.
In der Sprache der Maori werden sie „Tupoupou, Hopuhopu, Pehipehi, Tutumairekurai" und „Waiaua" genannt.
Weitere Informationen, siehe Weißbauchdelfin

WISSENSCHAFTLICHER NAME
Cephalorhynchus hectori (Van Bénéden, 1881)
Informationen zum Gattungsnamen, siehe Weißbauchdelfin
Der Artname *hectori* bedeute „von Hector" und bezieht sich auf den Zoologen Sir James Hector, der 1869 das erste Exemplar fand. Das angehängte *i* steht für „gehört zu".

Die markante Form der Rückenfinne brachte dieser Art den Spitznamen „Mickey-Mouse-Delfin" ein.

Weißseitendelfin

Lagenorhynchus acutus
—Atlantic White-sided Dolphin

Körperlänge: adult 2–2,7 m (max.: Weibchen 2,5 m, Männchen 2,7 m)
Gewicht: adult 180–230 kg (max.: Weibchen 180 kg, Männchen 230 kg)
Körperform: stromlinienförmig, robust, kräftig
Körperfarbe: auffällig; Rücken, Schnabeloberseite, Rückenfinne, Schwanzflosse und Brustflossen schwarz bis dunkelgrau; Schnabelunterseite und Bauch weiß, Flukenansatz an Unterseite hellgrau; Seiten hellgrau, auf Höhe der Rückenfinne je ein weißer Streifen, geht entlang der Schwanzwurzel in einen sehr auffälligen gelben oder hellbraunen Streifen über; dünner, dunkelgrauer Streifen vom Mundwinkel zur Brustflosse; Augen umgeben von einem schwarzen Fleck
Kopf: flach abfallende Melone
Schnabel: 5 cm, kurz, dick; deutlich von Melone abgesetzt
Blas: unscheinbar
Blasloch: 1, mittig
Flipper: spitz, am Ansatz relativ breit
Fluke: Hinterkante konkav, deutliche Einkerbung in der Mitte
Rückenfinne: Rückenfinne in Relation zum Körper groß, sehr stark ausgeprägt, deutlich sichelförmig gekrümmt, spitz

Typischer weißer und gelber (oder hellbrauner) Streifen an den Seiten

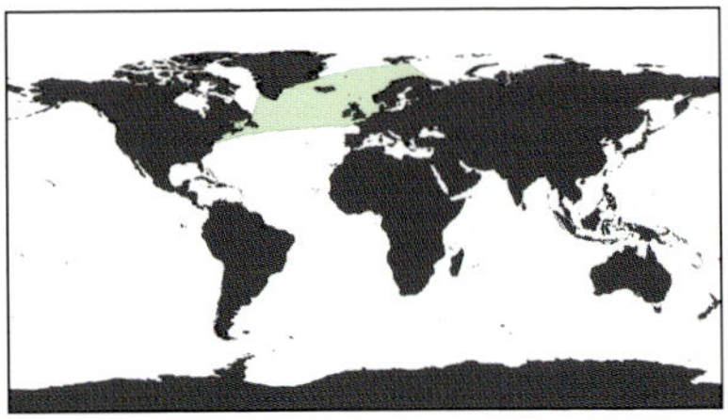

Zähne: 58–80 je Kiefer; klein, konisch,
Lebensalter: Weibchen mind. 27 Jahre, Männchen 22 Jahre

VERBREITUNGSGEBIETE

Sie leben ausschließlich im Nordatlantik, in kalt-gemäßigten bis sub-polaren Gewässern, zwischen 35 °N und 80 °N. Die nördliche Verbreitung erstreckt sich im Westen bis in die südliche Davis-Straße, vor Grönland, bis nach Island und im Osten bis zu den Lofoten (Norwegen). Im Süden reicht die Verbreitungsgrenze bis zum Ärmelkanal und Cape Cod (USA).
Weißseitendelfine sind über dem Kontinentalsockel, mit ausgeprägten Bodenreliefs, besonders entlang der Kante, weit verbreitet, leben aber auch auf hoher See. Sie bevorzugen Wassertemperaturen zwischen 9 °C und 15 °C und Wassertiefen bis 300 m.
In einigen Gebieten gibt es saisonale Wanderungen in Abhängigkeit zum Nahrungsaufkommen, entweder zur Küste oder zum offenen Meer. Das Verbreitungsgebiet überschneidet sich, zumindest teilweise, mit Weißschnauzendelfinen.

VERHALTEN

Weißseitendelfine leben bevorzugt auf offener See. Wenn sie in flachen Küstengewässern gesichtet werden, dann nur weil sie der Wanderung von Fischschwärmen gefolgt sind. Strandungen sind recht häufig, obwohl (oder gerade, weil) sie selten in Küstennähe vorkommen.
Sie sind verspielt und gelegentlich sehr gesellig. Sie leben normalerweise in kleinen Gruppen von 5–15 Individuen mit sehr enger sozialer Bindung. Gruppen mit 50–60 Tieren sind keine Ausnahme. Große Ansammlungen von bis zu 500 (selten von bis zu 4.000) Tieren, sogenannte „Mega-Pods“, können sich bilden, wenn mehrere Gruppen bei sozialen Treffen, Wanderungen oder bei einem Überangebot an Nahrung, zusammenkommen. Im freien

Wasser sind die Gruppen zum besseren Schutz größer als in Küstennähe.
Sie sind sehr oberflächenaktiv und akrobatisch (springen und schlagen mit der Fluke auf das Wasser). In manchen Gebieten sind sie Booten gegenüber sehr scheu, in anderen Regionen schwimmen sie neben Schiffen oder reiten auf deren Bugwelle.
Epimelitisches Verhalten ist bisher nur in einem Fall beobachtet worden, bei dem ein in Not geratener Weißseitendelfin von Artgenossen zum Atmen an der Oberfläche gestützt wurde. Normalerweise zeigen sie sich, für Delfine unüblich, eher gleichgültig gegenüber in Not geratenen Artgenossen. Auch wenn Tiere einer Gruppe harpuniert werden, zeigen die anderen keinerlei Panik.
Weißseiten- und Weißschnauzendelfin:
Der schnellen Schwimmweise und der Angewohnheit, dabei aus dem Wasser zu springen, verdanken sie den norwegischen Beinamen „Springval" („Springwal").
In Kanada werden sie deshalb „Jumper" und in Deutschland „Springer" genannt.
Beide Arten vergesellschaften sich mit Großen Tümmlern, Gewöhnlichen Grindwalen, Weißschnauzendelfinen und anderen Delfinen. Auch in Gesellschaft von Finn- und Buckelwalen werden sie regelmäßig gesichtet. Sie reiten dann gelegentlich auf deren Bugwelle.

TAUCHVERHALTEN

Weißseitendelfine tauchen nicht tiefer als 200 m. Normalerweise tauchen sie alle 10–20 sec auf, können aber bis zu 5 min tauchen, wenn sie gejagt oder gestört werden. Zum Atmen springen sie entweder mit dem ganzen Körper aus dem Wasser oder zeigen sich fast gar nicht an der Oberfläche.

NAHRUNG

Magenanalysen gestrandeter Tiere belegen, dass die Hauptnahrung je nach Region und Jahreszeit aus kleinen pelagischen, schwarmbildenden Fischen wie Hering, Wittling, Kabeljau, kleinen Makrelen, Stint und Seehecht sowie Cephalopoden und Garnelen besteht, die sie bevorzugt in geringeren Tiefen jagen.

HOT SPOTS

Weißseitendelfine können gut vor Massachusetts, im Golf von Maine (beide USA), vor den Vesterålen (Norwegen), vor Nova Scotia, Neufundland (Kanada), Island und bei Irland beobachtet werden. Große Schulen schwimmen gelegentlich im Mündungsgebiet des St. Lorenz-Golfs (Kanada).

REPRODUKTION

Geschlechtsreife: Weibchen ab 6–12 Jahre (ab 2 m), Männchen ab 7–11 Jahre (ab 2,2 m)
Paarungszeit: im westl. Atlantik Sommermonate, im östl. Atlantik einige Monate länger
Geburtszyklus: alle 1–2 Jahre 1 Kalb
Tragzeit: 11 Monate
Geburtsgröße: 1–1,2 m
Geburtsgewicht: etwa 25 kg
Säugezeit: 12–18 Monate
Die Kälber bleiben 2 Jahre bei ihren Müttern in Fortpflanzungsgruppen, auch wenn sie entwöhnt sind. Im Alter von 6 Jahren leben sie in Junggesellengruppen. Wenn sie geschlechtsreif sind, verlassen sie Junggesellengruppen und versammeln sich in Paarungsgruppen.

WISSENSWERTES

Der britische Zoologe John Edward Gray nannte den ersten Weißseitendelfin, den er 1828 untersuchte, *Delphinus acutus*. Nachdem er 1846 weitere Schädel untersucht hatte, stellte er die Gattung *Lagenorhynchus* auf und änderte den Namen in *Lagenorhynchus leucopleurus*. Später wurde dieser Name in *Lagenorhynchus acutus* geändert.
Die Laute von Weißseitendelfinen bestehen aus Pfeiftönen und Klicks, zwischen 1.000 und 24.000 Hz.
Schwertwale und Haie sind die einzigen natürlichen Feinde. In amerikanischen Gewässern wurden im 18. und 19. Jahrhundert Weißseitendelfine in Zusammenhang mit der Treibjagd auf Grindwale zu hunderten an die Küste von Cape Cod (Massachusetts) und in die Trinity-Bay (Neufundland) getrieben. Heute werden sie noch von einigen Fischern in kleinen Stückzahlen als Beifang erlegt. Wissenschaftler im westlichen Nordatlantik nennen Weißseitendelfine „white sides".
Weißseiten-, Weißstreifen-, Weißschnauzen-, Stundenglas-, Schwarz- und Peale-Delfin:
Alle 6 Mitglieder der Gattung *Lagenorhynchus* (Kurzschnauzendelfine) sind durch einen nicht deutlich vom Kopf abgesetzten Schnabel gekennzeichnet. Sie haben meist kleine Verbreitungsgebiete.
Neuere Untersuchungen legen nahe, die bisherige Einteilung (möglicherweise) auf 3 Gattungen zu erweitern. Zur Gattung *Lagenorhynchus* würden dann nur Weißschnauzendelfine gehören, zur neuen Gattung *Leucopleurus* nur Weißseitendelfine und die übrigen 4 Arten würden in der dritten Gattung *Sagmatias* eingeordnet werden. Wissenschaftler verkürzen ihren Namen zu „Lags" (Abkürzung für *Lagenorhynchus*).

WISSENSCHAFTLICHER NAME

Lagenorhynchus acutus (Gray, 1828)
Der Gattungsname *Lagenorhynchus* setzt sich aus dem griechischen *lagenos* für „Flasche" und dem aus dem Griechischen lateinisierten *rhynchos* für „Nase, Schnauze" zusammen. Beschrieben wird damit der kurze, dicke Schnabel. Der lateinische Artname *acutus* bedeutet „spitz" oder „scharf". Er beschreibt die große, spitze, stark gekrümmte Rückenfinne (Leatherwood & Reeves, 1983).

Weißstreifendelfin
Lagenorhynchus obliquidens
—Pacific White-sided Dolphin

Körperlänge: adult 1,7–2,5 m (max.: Weibchen 2,4 m, Männchen 2,5 m)
Gewicht: adult 75–198 kg
Körperform: stromlinienförmig, robust, kräftig (besonders vordere Körperhälfte)
Körperfarbe: scharf abgegrenzt: Rücken und Fluke durchgängig dunkelgrau-schwarz; auf oberem, dunklem Teil der Seiten und auf Rücken zwei dünne, hellgraue bis weiße Streifen (erinnern von oben betrachtet an „Hosenträger"), die Streifen verbreitern sich vor der Schwanzwurzel, bzw. enden in einem seitlichen Fleck; dominanter, hellgrauer Seitenfleck im vorderen Teil (reicht von Finne bis Kopf) wird durch eine dunkle Abschlussleiste zum weißen Bauch scharf abgegrenzt; vorderer und hinterer hellgrauer Seitenfleck durch ein dunkles Band voneinander getrennt; Finne und Flipper (markante Färbung): Vorderkanten dunkel, zu den Hinterkanten heller; Augen von dunklen Ringen umgeben
Kopf: flach abfallende Melone
Schnabel: dunkel, kaum erkennbar
Blas: unscheinbar
Blasloch: 1, mittig
Flipper: Vorderkanten dunkel, zur Hinterkante heller
Fluke: Hinterkante nur leicht konkav, schwache Einkerbung in der Mitte
Rückenfinne: ungewöhnlich groß, sichelförmig gebogen; Vorderkanten dunkel, zur Hinterkante heller

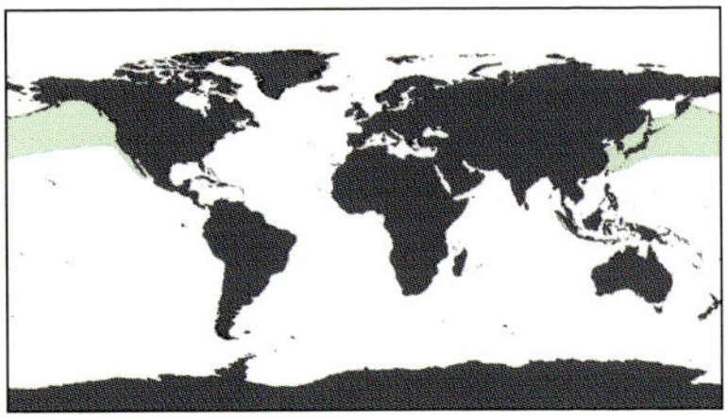

Zähne: 46–72 je Kiefer; klein, spitz, konisch (gut zum Ergreifen von Beute geeignet)
Lebensalter: Weibchen 46 Jahre, Männchen 42 Jahre

VERBREITUNGSGEBIETE
Sie leben ausschließlich in gemäßigten Gewässern des Nordpazifiks. Das Verbreitungsgebiet erstreckt sich nördlich 20 °N bis max. 60 °N, hauptsächlich zwischen 38 °N und 47 °N. Es reicht im Osten von der Baja California (Mexiko) bis zu den Aleuten (Alaska) und im Westen von Taiwan bis zur Kamtschatka-Halbinsel (Sibirien). Sie sind im Japanischen Meer, im Ochotskischen Meer (nur im südlichen Teil), im südlichen Beringmeer und im südlichen Golf von Kalifornien (Mexiko) verbreitet.

Der weiße Bauch wird durch eine dunkle Abschlussleiste scharf abgegrenzt.

Meist trifft man Weißstreifendelfine auf offener See oder über Kontinentalsockeln und vor tiefen Küsten an. Vermutlich unternehmen einige Populationen saisonale Nord-Süd-Wanderungen, während andere Populationen ortstreu sind. Möglicherweise hängen die Wanderungen oder die Ortstreue mit dem Nahrungsangebot zusammen.

VERHALTEN

Weißstreifendelfine sind gesellig. Sie leben normalerweise in Gruppen von 10–100 Tieren mit engen sozialen Bindungen. Selten bilden sich Ansammlungen von mehreren tausend Individuen. Gruppen in Küstennähe sind kleiner als die auf offener See. Größere Gruppen bieten auf offener See besseren Schutz. Zur Jagd teilen sich die großen Gruppen in kleinere Gruppen auf und schließen sich zum Ausruhen oder Wandern wieder zusammen. Über die Sozialstruktur innerhalb der Gruppen ist nicht viel bekannt. Möglicherweise bestehen permanente Bindungen zwischen männlichen Tieren.

Sie sind extrem lebhaft und oberflächenaktiv. Besonders bei großen Schulen fällt das aufgewirbelte Spritzwasser schon von Weitem auf. Auf kurzen Strecken können sie Spitzengeschwindigkeiten von 30–40 km/h erreichen. Sie sind sehr neugierig und reiten häufig auf den Bugwellen von Schiffen oder surfen im Kielwasser. Wie aus dem Nichts tauchen sie neben Booten auf und verschwinden genauso schnell wieder. Im Sprung drehen sie sich um die eigene Achse oder schlagen Saltos und klatschen mit dem Bauch oder den Seiten auf das Wasser. Wenn sie dicht unter der Oberfläche schwimmen, erscheint nur die Rückenfinne über dem Wasser, fast wie bei einem Hai. Weißstreifendelfine in Monterey Bay (Kalifornien, USA) zeigen bei der Jagd und sogar beim Schlafen eine Tendenz, gegen den Uhrzeigersinn zu schwimmen (Goley, 1999, zitiert in Konda *et al.*, 2019).

Oft vergesellschaften sie sich zur Jagd mit anderen Cetaceen (z. B. Dall-Hafenschweinswalen, Rundkopfdelfinen und Nördlichen Glattdelfinen) sowie Stellerschen-Seelöwen *(Eumetopias jubatus)* und Kalifornischen Seelöwen *(Zalophus calfornianus)*.

Weißstreifendelfin und Weißschnauzendelfin: Wenn sie schnell schwimmen, „fliegen" sie förmlich mit flachen, weiten Sätzen über das Wasser („porpoising"). Dabei ziehen sie einen typischen Wasserschweif, der auch als „rooster tail" (Hahnenschwanz) bezeichnet wird, hinter sich her. Er wird nicht von der Fluke verursacht, sondern durch das vom Kopf abfließende Wasser beim Durchbrechen der Wasseroberfläche.

TAUCHVERHALTEN

Normalerweise unternehmen sie keine allzu langen und tiefen Tauchgänge. Sie können jedoch bis 200 m tief und über 6 min lang tauchen.

NAHRUNG

Weißstreifendelfine sind schnelle und wendige Jäger. Sie sind Nahrungsopportunisten und ernähren sich vorwiegend von Cephalopoden (20 Arten) und pelagischen Schwarmfischen (60 Arten, z. B. Heringe, Sardellen, Lodde, Sardinen, Makrelenhecht, Lachs und Laternenfische). Magenanalysen belegen, dass auch Tiefseefische zu ihrer Beute gehören. Sie jagen ihre Beute meist in Oberflächennähe (0–200 m), in der Dämmerung und in der Nacht, wenn ihre Beute, dem Zooplankton folgend, aus tieferen

Wenn sie schnell schwimmen, „fliegen" sie förmlich mit flachen weiten Sätzen über das Wasser.

Schichten vertikal in Richtung Oberfläche wandert. In der Nacht nutzt das Zooplankton den Schutz der Dunkelheit und steigt zur Oberfläche auf, um sich dort vom Phytoplankton zu ernähren, das wegen der Photosynthese in den oberen Wasserschichten lebt.
Schwarmbildende Fische, die sie an die Oberfläche gedrängt haben, treiben sie zu einem dichten Schwarm zusammen, indem sie mit dem Kopf oder der Schwanzflosse auf die Oberfläche klatschen. Hierbei bilden sie Gruppen von 10–20 Tieren. In den Gewässern vor Kalifornien konnte beobachtet werden, dass sie im Sommer und Herbst den Sardellenschwärmen Richtung Küste und im Frühjahr und Winter in die tieferen, offenen Gewässer folgen.

HOT SPOTS
Vor der Nordküste von Vancouver Island (Mai–September, zusammen mit Dall-Hafenschweinswalen und gelegentlich mit Schwertwalen), über Tiefwasserkanälen in Küstennähe vor Alaska, Britisch Kolumbien und Washington (Staat) sowie über dem Kontinentalschelf vor Südkalifornien (November–April), vor Monterey (Kalifornien, USA), vor Oregon und vor Muroran (Japan). Größere Gruppen gelegentlich in der Johnstone-Straße und der Königin-Charlotte-Straße (im Nordosten vor Vancouver Island, Kanada)

REPRODUKTION
Geschlechtsreife: Weibchen ab 8–11 Jahre (1,75–1,86 m), Männchen ab 9–12 Jahre (1,7–1,8 m)
Paarungszeit: Sommer
Geburtszyklus: alle 4–5 Jahre 1 Kalb
Tragzeit: 11–12 Monate, Kälber werden normalerweise im Sommer geboren
Geburtsgröße: 0,9–1 m
Geburtsgewicht: 15 kg
Säugezeit: mind. 6 Monate, vermutlich länger
Weißstreifen-, Weißschnauzen-, Stundenglas- und Schwarzdelfin:
Über das Reproduktionsverhalten dieser Arten ist erstaunlich wenig bekannt. Wegen der relativ großen Hoden (zur Paarungszeit vergrößert) wird promiskuitives Paarungsverhalten und „sperm competition" vermutet. Die Männchen dieser 4 Arten sind vermutlich mehr an der eigenen erfolgreichen Paarung interessiert, als ihre Nebenbuhler daran zu hindern. Für eine erfolgreiche Fortpflanzung ist „sperm competition" wichtiger als „social competition" (Konkurrenzverhalten). Der Erfolg der Paarung wird durch die Menge des Samens bestimmt.

WISSENSWERTES
Die ersten 3 Schädel dieser Art wurden 1855 an einem Strand bei San Francisco (USA) gefunden. 10 Jahre später (1865) wurden diese 3 Schädel vom amerikanischen Ichtyologen und Mammalogen Theodore Nicholas Gill (Smithsonian Institution in Washington) beschrieben und klassifiziert.

Flach abfallende Melone und dunkler, kaum erkennbarer Schnabel

Wegen der ungewöhnlich großen, sichelförmig gebogenen Rückenfinne werden Weißstreifendelfine auch als „hookfin porpoise" (Hakenfinnen-Schweinswale) bezeichnet, obwohl sie keine Schweinswale sind.
Im östlichen Nordpazifik gibt es 3 Populationen, die nicht vollständig isoliert voneinander leben: vor der Baja California (Mexiko), Kalifornien-Oregon (USA) und vor British Columbia (Kanada). Diese Populationen leben isoliert von einer Hochsee-Population im Nordpazifik. 2 weitere getrennte Populationen leben an der Küste vor Japan und auf hoher See.
Wegen der Seitenstreifen wurden sie früher von Wissenschaftlern „Striped Dolphins" (Streifendelfine) genannt, dieser Populärname ist jedoch schon vergeben *(Stenella coeruleoalba)*.
Schwertwale scheinen für Weißstreifendelfine eine bedeutende Gefahr darzustellen. Sobald Schwertwale in der Nähe erscheinen, reagieren sie mit heftigen Fluchtreaktionen.
Sie sind sehr akrobatisch und wurden deshalb häufig für Delfinarien gefangen. Oft verfangen sie sich als Beifang in Fischernetzen, wenn sie den Beutefischen folgen. An den Küsten Nordamerikas und Japans betrachten die Fischer sie als Konkurrenz. In Japan wird das Fleisch von Weißstreifendelfinen zum menschlichen Verzehr genutzt, obwohl es hochgradig mit Schadstoffen belastet ist.
Weitere Informationen, siehe Weißseitendelfin

WISSENSCHAFTLICHER NAME
Lagenorhynchus obliquidens Gill, 1865
Informationen zum Gattungsnamen, siehe Weißseitendelfin
Der Artname *obliquidens* bedeutet so viel wie „mit schiefen Zähnen". Er leitet sich vom lateinischen *obliquus* für „schräg, schief" und *dens* für „Zahn" ab. Der artbeschreibende Name bezieht sich auf die etwas schräg stehenden Zähne (Leatherwood & Reeves, 1983).

Weißschnauzendelfin
Lagenorhynchus albirostris
—White-beaked Dolphin

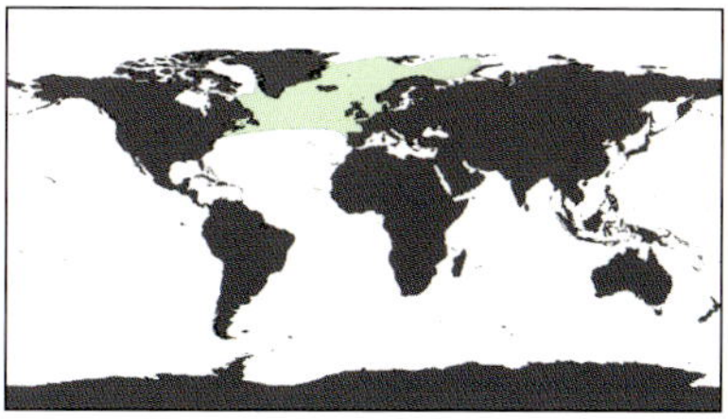

Körperlänge: adult 2,4–3,2 m (max.: Weibchen 2,8 m, Männchen 3,2 m; größte Vertreter der Gattung *Lagenorhynchus*)
Gewicht: adult 180–360 kg (max.: Weibchen 310 kg, Männchen 360 kg)
Körperform: stromlinienförmig, robust, kräftig
Körperfarbe: Rücken dunkelgrau bis schwarz, weißer oder hellgrauer Sattelfleck, beginnt oberhalb der Flipper und reicht vom Rücken bis zu den Seiten; Seiten: überwiegend schwarz bis dunkelgrau, unterbrochen von hellgrau-weißen Zeichnungen; Bauch: weiß; keine altersbedingten Unterschiede bei der Pigmentierung
Kopf: flach abfallende Melone
Schnabel: 5–8 cm, recht kurz, dick; deutlich von Melone abgesetzt; Pigmentierung kann individuell unterschiedlich sein: meist weiß bis cremefarben, manchmal grau oder braun (im östlichen Verbreitungsgebiet); kann im Westen des Verbreitungsgebietes dunkelgrau oder braun gesprenkelt sein (Populärname „Weißschnauzendelfin" ist etwas ungenau)
Blas: unscheinbar
Blasloch: 1, mittig
Flipper: durchgängig schwarz
Fluke: durchgängig schwarz, gelegentlich weiße Flecken entlang der Ränder; Hinterkante konkav, geringe Einkerbung in der Mitte, spitze Enden
Rückenfinne: auffällig groß, sichelförmig gebogen, sitzt auf breiter Basis; durchgängig schwarz
Zähne: 44–56 je Kiefer; klein, konisch (gut zum Ergreifen von Beute geeignet)
Lebensalter: etwa 34 Jahre

VERBREITUNGSGEBIETE
Weißschnauzendelfine sind die nördlichsten Vertreter der Gattung *Lagenorhynchus*. Sie leben ausschließlich im nördlichen Atlantik, in kalten und kalt-gemäßigten, küstenfernen und küstennahen Gewässern, von 40 °N bis 80 °N.
Sie sind über dem Kontinentalsockel, besonders entlang der Kante mit Aufwärtsströmungen häufig anzutreffen. Sie scheinen Gewässer mit Tiefen von bis zu 200 m und Temperaturen von 5–15 °C zu bevorzugen, wurden aber auch schon in Gewässern mit Tiefen von bis zu 1.000 m beobachtet.

Weißschnauzendelfine springen hoch aus dem Wasser und landen auf dem Rücken oder den Seiten.

Die nördlichste Verbreitung reicht bis an die Packeisgrenze heran. Im westlichen Nordatlantik erstreckt sich das Verbreitungsgebiet von Cape Cod (USA) nach Norden bis zur Davis-Straße und Grönland. Im östlichen Nordatlantik reicht es vom nördlichen Portugal bis Svalbard (Norwegen) und zur Barentssee.

VERHALTEN

Weißschnauzendelfine sind wenig scheu, nähern sich Booten und reiten oft auf deren Bugwelle. Normalerweise leben sie in Gruppen von 2–30 Tieren (selten bis 50). Große Verbände treten in Zusammenhang mit der Nahrungssuche oder mit reichem Nahrungsaufkommen und bei Wanderungen über große Strecken im Freiwasser auf. Besonders vor Neufundland und im St. Lorenz-Golf werden häufiger Gruppen mit bis zu 1.500 Tieren gesichtet. Die im Westen des Verbreitungsgebietes vorkommenden Tiere leben in größeren Gruppen als ihre östlichen Artgenossen.
Die normale Wandergeschwindigkeit beträgt 6–12 km/h, kurzzeitig können sie Geschwindigkeiten von 30 km/h erreichen. Besonders bei der Jagd und beim Fressen sind sie sehr lebhaft und springen hoch aus dem Wasser und landen auf dem Rücken oder den Seiten.
Informationen zu „porpoising", siehe Weißstreifendelfin
Weitere Informationen, siehe Weißseitendelfin

TAUCHVERHALTEN

Das Tauchverhalten ist weitgehend unbekannt. Bei Studien, die in isländischen Gewässern (in der Faxaflói-Bay, Südwestisland) durchgeführt wurden, tauchte ein mit einem Sender ausgestattetes Männchen (2,09 m Körperlänge) 45 m tief. Die Dauer der Tauchgänge variierte zwischen 6 und 128 sec (durchschnittlich 24–28 sec, Rasmussen *et al.*, 2013). Möglicherweise können sie länger tauchen.

NAHRUNG

Weißschnauzendelfine jagen meist in Oberflächennähe, selten in größeren Tiefen oder am Boden. Die Nahrung besteht aus kleinen pelagischen Schwarmfischen (wie Hering, Lodde und Makrele) und größeren, im Flachwasser oder in Bodennähe lebenden Fischen (Kabeljau, Schellfisch, Wittling) bis 20 cm Länge sowie Cephalopoden und Krebstieren. In Neufundland werden sie „squid hounds" („Kalmar-Jagdhunde") genannt, obwohl sie sich nicht ausschließlich von Kalmaren ernähren.

HOT SPOTS

Häufiger in europäischen Gewässern als in amerikanischen.
Frühling und Sommer: über dem Kontinentalschelf Grönlands, Islands (besonders vor der Nordwestküste), der Faröer-Inseln, Schottlands, Norwegens, Neufundlands, Labradors, im St. Lorenz-Golf und in der Davis-Straße, sowie in Teilen der Nordsee
Herbst und Winter: bei Cape Cod (Massachusetts, USA)

Die Rückenfinne ist auffällig groß, durchgängig schwarz und sichelförmig gebogen.

REPRODUKTION

Geschlechtsreife: Weibchen ab 7–12 Jahre (2,4–2,5 m), Männchen ab 9–15 Jahre (2,6–2,7 m)
Paarungszeit: Sommermonate (Mai–August)
Tragzeit: 11–12 Monate
Geburtsgröße: 1–1,25 m
Geburtsgewicht: 40 kg
Zur Paarungszeit vergrößern sich Hoden fast um das 6-Fache, von je 500 g auf je fast 3.000 g.
Weitere Informationen, siehe Weißstreifendelfin

WISSENSWERTES

Weißschnauzendelfine wurden 1846 gleich zweimal beschrieben. Im März beschrieb zunächst der britische Zoologe John Edward Gray ein Exemplar, das im Oktober 1845 vor Great Yarmouth (England) gefangen wurde. Seine Beschreibung basierte auf dessen Schädel und der Beschreibung von Thomas Brightwell, der dieses Tier für *„Delphinus Tursio"* (so die Schreibweise in Brightwell's Originaltext) hielt. Gray nannte es *Delphinus albirostris*. Im November beschrieb dann der dänische Zoologe Daniel Frederik Eschricht ein Tier, das vor Jütland (Dänemark) gefangen wurde, und benannte diese Art *Delphinus ibsenii*, nach I. P. Ibsen, dem Finder dieses Individuums. Im gleichen Jahr führte Gray, nachdem er weitere Schädel untersucht hatte, die Gattung *Lagenorhynchus* ein und nannte diese Art *Lagenorhynchus albirostris*.
Auf Grund des Verbreitungsgebietes im Norden bis an die Packeisgrenze werden sie gelegentlich im Eis eingeschlossen. Von allen Vertretern dieser Gattung haben sie die dickste Fettschicht (20–35 mm). Die Blubberschicht macht 20–30 % des Gesamtgewichts aus.
Weitere Informationen, siehe Weißseitendelfin

WISSENSCHAFTLICHER NAME

Lagenorhynchus albirostris (Gray, 1846)
Informationen zum Gattungsnamen, siehe Weißseitendelfin
Der Artname *albirostris* setzt sich aus dem lateinischen *albus* für „weiß" und dem lateinischen *rostrum* für „Schnabel" oder „Schnauze" zusammen und bedeutet „weißschnäuzig". Er weist auf den weißen Schnabel im östlichen Verbreitungsgebiet hin.

Stundenglasdelfin
Lagenorhynchus cruciger
—Hourglass Dolphin

Körperlänge: adult mind. 1,7–1,87 m
Gewicht: adult mind. 70–94 kg
Körperform: recht kräftig, robust
Körperfarbe: Rücken, Rückenfinne, Fluke, Flipper und kurze, dicke Schnauze: einheitlich dunkelgrau bis schwarz; seitliches Farbmuster erinnert an Sanduhr: die dunklen Seiten werden jeweils von einem auffälligen, länglichen, weißen Fleck im vorderen Teil und im Bereich des Flukenansatzes unterbrochen, unterhalb der Rückenflosse sind diese Flecken durch schmale Linie miteinander verbunden (wie die sich scheidenden Parabeln einer Sanduhr); weißer Ring umgibt einen dunklen Augenfleck; Bauch: weiß
Kopf: flach abfallende Melone
Schnabel: kurz, dick, kaum erkennbar; einheitlich dunkelgrau bis schwarz
Blas: unscheinbar
Blasloch: 1, mittig
Flipper: einheitlich dunkelgrau bis schwarz
Fluke: Hinterkante konkav, deutliche Einkerbung in der Mitte; einheitlich dunkelgrau bis schwarz
Rückenfinne: spitz, sehr stark sichelförmig gebogen; einheitlich dunkelgrau bis schwarz
Zähne: Oberkiefer: 52–68, Unterkiefer: 54–70; klein, konisch (gut zum Ergreifen von Beute geeignet)

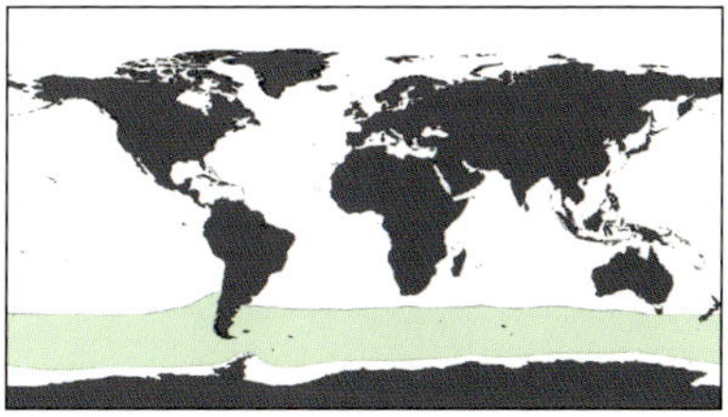

VERBREITUNGSGEBIETE

Zirkumpolar, ausschließlich auf der südlichen Hemisphäre. Das Verbreitungsgebiet reicht von 45 °S bis 68 °S bis dicht an die antarktische Eisgrenze heran. Die nördlichste Sichtung im Südpazifik war bei 33 °S, vor Valparaíso (Chile) und im Südatlantik bei 36 °S. Die meisten Sichtungen erfolgen zwischen 45 °S bis 60 °S. Stundenglasdelfine scheinen die kalten Hochseegewässer mit Temperaturen zwischen 0,3–14 °C zu bevorzugen, können aber auch in Gewässern mit –0,3 ° C vorkommen (Goodall, 2002). Sie leben fast ausschließlich im offenen Meer, kommen aber gelegentlich auch in Küstennähe oder an ozeanischen Inseln vor (oft in turbulentem Wasser).

VERHALTEN

Wegen des entlegenen Verbreitungsgebietes gehören Stundenglasdelfine mit zu den am wenigsten erforschten Delfin-Arten. Normalerweise leben sie in kleinen Gruppen von 1–8 Tieren, was sehr ungewöhnlich für Delfine

Stundenglasdelfin, *Lagenorhynchus cruciger*

der Hochsee ist (nur selten bilden sich Ansammlungen von 60–100 Individuen).
Die hohe Rückenfinne lässt darauf schließen, dass sie zu den schnell schwimmenden Delfinen gehören. Auf kurzen Sprints erreichen sie Spitzengeschwindigkeiten von 30–40 km/h. Sie reiten auf den Bug- oder Heckwellen schneller Boote. Wenn sie schnell schwimmen, bleiben sie dicht unter der Oberfläche. Wenn sie dann zum Atmen an die Oberfläche kommen, machen sie flache, weite Sätze dicht über der Wasseroberfläche („porpoising") und erzeugen dabei viel Spritzwasser. Auf hoher See reiten sie auf den Wellen.
Sie sind wohl am besten von allen Delfinen an ein Leben auf der Hochsee angepasst, kommen nur selten in Küstennähe vor, werden aber häufig an ozeanischen Inseln gesichtet. Gelegentlich vergesellschaften sie sich mit anderen Cetaceen, besonders Finnwalen und Gewöhnlichen Grindwalen. Für Walfänger war die Anwesenheit von Stundenglasdelfinen ein Indiz, dass Finnwale in der Nähe sind. Auch Ansammlungen von Seevögeln weisen auf die Anwesenheit von Stundenglasdelfinen hin. Möglicherweise unternehmen sie saisonale Wanderungen in Nord-Süd-Richtung, wenn sich die Eisgrenze ausdehnt, bzw. zurückzieht.

TAUCHVERHALTEN

Das Tauchverhalten der Stundenglasdelfine ist weitgehend unbekannt.

NAHRUNG

Magenanalysen von 5 Stundenglasdelfinen lassen vermuten, dass sie sich von kleinen Schwarmfischen der Hochsee, Kalmaren und Crustaceen ernähren. Sie fressen oft in großen Planktonmengen. Wenn sie in Oberflächennähe jagen, beteiligen sich Ansammlungen von Seevögeln.

HOT SPOTS

Wegen des entlegenen Verbreitungsgebietes sind Sichtungen recht selten. Die meisten Sichtungen gibt es in der Drake Passage, vor Südgeorgien, im Beagle-Kanal, über dem Kontinentalschelf der Falklandinseln (September–Februar), gelegentlich vor der Macquarie-Insel (Australien, zwischen Tasmanien und Antarktis) und nahe der antarktischen Halbinsel und vor Südamerika in Gewässern mit weniger als 200 m Tiefe.

REPRODUKTION

Geschlechtsreife: Weibchen ab etwa 1,7 m, Männchen ab etwa 1,74 m
Geburtsgröße: wahrscheinlich etwa 0,9–1 m
Die Hoden eines bei den Falklandinseln gestrandeten Männchens (Körperlänge 1,87 m) wogen 2.250 g und 2.200 g, Größe 36 × 11 cm (Goodall, 2009).
Weitere Informationen, siehe Weißstreifendelfin

Die namensgebende sanduhrförmige Zeichnung

WISSENSWERTES

1820 beobachteten die französischen Zoologen Jean René Constant Quoy und Jean-Paul Gaimard eine neue Delfin-Art, als sie mit den Schiffen „Uranie" und „Physicienne" die Meere durchkreuzten. Sie nannten diese Art *Delphinus cruciger* („Kreuz tragender Delfin"). Sie beschrieben ihn, ohne jemals ein Exemplar gefangen und ohne einen Schädel untersucht zu haben. Erst 1830 konnte der französische Naturforscher Alcide D'Orbigny einen Schädel von *Delphinus cruciger* beschreiben. Nachdem der britische Zoologe John Edward Gray 1846 weitere Schädel untersucht und die Gattung *Lagenorhynchus* aufgestellt hatte, nannte der amerikanische Walforscher Frederick True diese Art 1889 *Lagenorhynchus latifrons*. Der britische Biologe Denis Lillie nannte sie 1915 *Lagenorhynchus wilsoni* und später *Lagenorhynchus cruciger.* Frühe amerikanische Walfänger nannten diesen Delfin „sea skunks" (Meeres-Stinktiere), wegen der Schwarz-Weiß-Zeichnung an den Seiten.
Die Körperfärbung von Stundenglasdelfinen könnte möglicherweise den Umriss eines Kalbes, das neben seiner Mutter schwimmt, vor möglichen Jägern verschleiern (Yablokov, 1963; Mitchell, 1970).
Stundenglasdelfine wurden nie kommerziell gejagt oder in Gefangenschaft gehalten. Auch die Anzahl der in Fischernetzen als Beifang getöteten Tiere ist gering, sodass nur wenige Exemplare dieser Art wissenschaftlich untersucht wurden.
Weitere Informationen, siehe Weißseitendelfin

WISSENSCHAFTLICHER NAME

Lagenorhynchus cruciger (Quoy und Gaimard, 1824)
Informationen zum Gattungsnamen, siehe Weißseitendelfin
Der Artname *cruciger* setzt sich aus dem lateinischen *crucis* für „Kreuz" und *gero* für „tragen" zusammen und bedeutet so viel wie „Kreuzträger" (Leatherwood & Reeves, 1983). Der artbeschreibende Name bezieht sich auf die sanduhrförmige Seitenzeichnung.

Schwarzdelfin
Lagenorhynchus obscurus
—Dusky Dolphin

Körperlänge: adult 1,75–2,1 m (variiert je nach Region: Peru max.: Weibchen 2,05 m, Männchen 2,11 m; vor Südwestafrika und Neuseeland 8–10 cm kleiner als vor Peru)
Gewicht: adult 50–85 kg (variiert je nach Region: Neuseeland max.: Weibchen 78 kg, Männchen 85 kg)
Körperform: klein, robust, gedrungen, hinter der Rückenfinne verjüngend
Körperfarbe: Rücken: dunkelgrau-schwarz, kontrastiert mit dem weißen Bauch und der weißen Kehle; leicht an charakteristischer Seitenfarbe zu erkennen: breiter, hellgrauer Fleck im vorderen Teil, dahinter eine dunkle Stelle mit hellgrauem Fleck und zwei vorwärts gerichteten, keilförmigen Blessen („Zügel"); kleiner, dunkler Ring umgibt die Augen; Schnabel durchgängig dunkel; Kopf, Halsregion und Melone hell
Kopf: flach abfallende Melone
Schnabel: kurz, kräftig, dick, kaum erkennbar (erscheint wie eine natürliche, übergangslose Verlängerung des Körpers)
Blas: unscheinbar
Blasloch: 1, mittig
Flipper: gleichmäßig dunkelgrau oder schwarz
Fluke: Hinterkante leicht konkav; deutliche Einkerbung in der Mitte; gleichmäßig dunkelgrau oder schwarz
Rückenfinne: groß, sichelförmig gekrümmt; Vorderkante dunkelgrau oder schwarz, wird nach hinten heller
Zähne: 48–72 je Kiefer; konisch
Lebensalter: etwa 35 Jahre

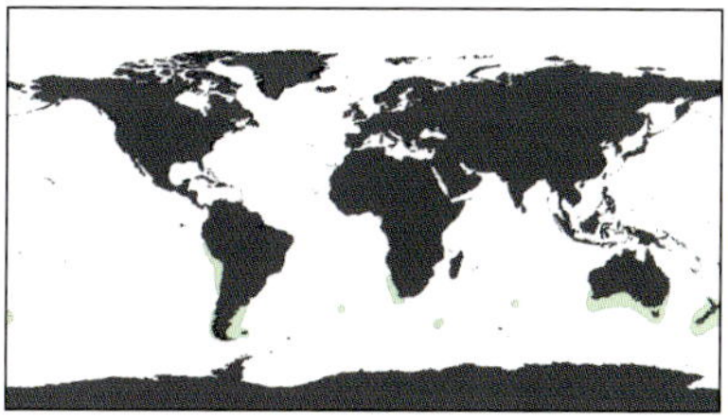

VERBREITUNGSGEBIETE
Sie leben ausschließlich auf der südlichen Hemisphäre in gemäßigten Gewässern, vorwiegend in Strand- und Küstennähe, sowie über dem Kontinentalschelf. Schwarzdelfine sind in ihrem Verbreitungsgebiet recht zahlreich anzutreffen. Die Populationen leben geographisch voneinander getrennt. Schwarzdelfine bevorzugen Oberflächentemperaturen von 10–18 °C (gelegentlich kälter).
Im südwestlichen Atlantik erstreckt sich das Verbreitungsgebiet in den Küstengewässern von der Südspitze Südamerikas bis 36 °S und um die Falklandinseln. Im mittleren südlichen Atlantik bevölkern sie die Gewässer um Tristan da Cunha. Im östlichen Atlantik kommen sie an der Westküste des südlichen Afrikas von der Lobito-Bay (Namibia) bis zur False-Bay (Südafrika) vor.

Sobald ein Tier anfängt zu springen, folgen andere diesem Beispiel.

Im Südpazifik erstreckt sich das Verbreitungsgebiet von der Südspitze Südamerikas bis etwa 11 °S und um Neuseeland sowie in den Küstengewässern der zu Neuseeland gehörenden Campbell-, Chatham- und Auckland-Inseln.
Im Indischen Ozean erstreckt sich ihr Lebensraum um die Küstengewässer der Kerguelen-Inseln (südlicher Indischer Ozean, Frankreich) sowie um die Inseln Prince Edward (Südafrika), New Amsterdam und St. Paul (südlicher Indischer Ozean, Frankreich).

VERHALTEN

Meist leben Schwarzdelfine in Gruppen von 5–15 Individuen. Je nach Jahreszeit und Nahrungsangebot können die Gruppen aber auch aus 100–500 Tieren bestehen. Die größte Ansammlung mit 2.000 Tieren wurde vor Kaikoura (Neuseeland, April–Mai) beobachtet. Im Sommer sind die Gruppen grundsätzlich größer.
Die Gruppengröße beträgt vor Patagonien (Argentinien) bei der Jagd normalerweise etwa 300 Tiere. Die Gruppe nicht jagender Delfine umfasste dagegen meist nur 5–15 Tiere. Während des Tages werden die Gruppen größer und orientieren sich mehr zum offenen Meer.
Bei der Nahrungsaufnahme wurden Schwimmgeschwindigkeiten von bis zu 15 km/h gemessen. Die normale Geschwindigkeit betrug 6,5 km/h.
Vor Argentinien und Neuseeland unternehmen sie saisonale Wanderungen von der Küste zum offenen Meer und zurück. Wanderungen von 780 km sind dokumentiert.
Schwarzdelfine sind sehr gesellige Tiere. Sie vergesellschaften sich mit anderen Cetaceen und Seelöwen. Auch vor Menschen haben sie meist keine große Scheu. Sie reiten auf der Bugwelle von Schiffen.
Sie treiben die Beutefische dicht unter der Wasseroberfläche zusammen. Dies lockt viele Seevögel an und sorgt für ein weithin sichtbares Spektakel. Um Neuseeland vergesellschaften sich Schwarzdelfine oft in den Sommermonaten mit Gewöhnlichen Delfinen. Es wurden wiederholt Tiere mit Merkmalen beider Arten gesichtet. Möglicherweise handelte es sich um Mischlinge der „ersten Generation". In anderen Gebieten vergesellschaften sich Schwarzdelfine mit Südlichen Glattwalen und Pilotwalen.
Beim schnellen Schwimmen machen sie weite, bogenförmige Sprünge. Sie gehören mit zu den akrobatischsten Delfinen. Besonders nach dem Fressen vollführen sie hohe, spektakuläre Sprünge und Saltos (auch Rückwärtssalto). Sobald ein Tier anfängt, folgen andere diesem Beispiel.

TAUCHVERHALTEN

Schwarzdelfine tauchen nicht tiefer als 200 m. Die maximale Tauchzeit ist unbekannt.

NAHRUNG

Schwarzdelfine haben je nach Verbreitungsgebiet ein breites Nahrungsspektrum. Es umfasst Fische, die oberflächennah leben, ebenso wie Beutetiere, die in mittleren Tiefen und am Boden leben (bis 200 m Tiefe).
Vor Südamerika bilden südliche Anchovis und Sardinen die Hauptnahrung. In den tiefen Gewässern vor Neuseeland ernähren sie sich hauptsächlich von mesopelagischen Fischen (Laternenfisch und Neuseeländischer Seehecht). Vor Südafrika konnten 7 Cephalopoden-Arten und 16 Fisch-Arten bei Magenanalysen nachgewiesen werden. Einige dieser Fische lebten in tiefen Meeresschichten. In Küstennähe fressen sie auch bodennah lebende und riffbewohnende Fische und Krebse.
Das Jagdverhalten variiert je nach Region und Saison. Sie können kooperieren und Schwarmfische einkreisen und an der Oberfläche zusammentreiben. Untersuchungen belegen, dass Schwarzdelfine in Argentinien eine Jagdtechnik anwenden, die auch von Schwertwalen in Norwegen und von Großen Tümmlern im Schwarzen Meer bekannt ist und als „Karussell" bezeichnet wird. Bei dieser Jagdtechnik werden Schwarmfische durch Warnrufe, Blasennetze und spezielle Schwimmmanöver erschreckt und dicht an der Wasseroberfläche zu einem „Beuteball" zusammengetrieben. Die eingekreisten Beutefische werden durch Flukenschlagen und gezielte Angriffe erbeutet. Die Wucht der Flukenschläge tötet oder betäubt die Fische.
Das Fressen an der Oberfläche findet vorwiegend in großen Gruppen statt und wird von extremen Oberflächenaktivitäten begleitet (Springen, Flukeschlagen). Es wird

Schwarzdelfine vollführen hohe, spektakuläre Sprünge und Saltos.

Sie haben einen kurzen, kräftigen, dunklen Schnabel.

vermutet, dass diese Aktivitäten zur Koordination der gemeinschaftlichen Jagd und anschließendem Sozialverhalten genutzt werden.
Weitere Informationen, siehe Gemeiner Delfin

HOT SPOTS
Sie gehören um South Island (Neuseeland) und vor Kaikoura (April–Mai) zu den beliebtesten Cetaceen für Walbeobachtungstouren. Häufig auch im südlichen Drittel um North Island (Neuseeland) bis zur Hawke-Bucht im Osten und New Plymouth (39 °S) im Westen. Ganzjährig ortstreu in der Lambert's-Bay (Südafrika). Eine große Population im Pazifik lebt an der Küste von Peru bis Chile und etwa 7.000 Tiere vor der Küste Patagoniens (Argentinien), zwischen Punta Ninfas und Cabo Blanco (Argentinien) mehr als 6.000.

REPRODUKTION
Geschlechtsreife: je nach Region, beide Geschlechter etwa ab 4–5 Jahre, ab 1,75 m
Paarungszeit: in Peru Ende Winter bis Anfang Frühling (August–September)
Tragzeit: 11–13 Monate
Geburtsgröße: 0,5–0,6 m (Peru 0,9 m)
Geburtsgewicht: 3–6 kg (Peru 9,5 kg)
Säugezeit: 12–15 Monate
Um Neuseeland und Argentinien werden kleine Kälber meist Ende Frühling und im Sommer (November–Januar) gesichtet. Die Hoden vergrößern sich zur Paarungszeit. Die größten Hoden hatten ein Gewicht von je 5.120 g und gehören damit zu den größten Hoden aller Säugetiere in Relation zur Körpergröße.
Weitere Informationen, siehe Weißstreifendelfin

WISSENSWERTES
Diese Art wurde erstmalig vom britischen Zoologen John Edward Gray, 1828 anhand eines Schädels vom Kap der Guten Hoffnung (Südafrika), als *Delphinus obscurus* beschrieben. Im gleichen Jahr hatte Gray auch erstmals Weißseitendelfine beschrieben. Nachdem er 1846 weitere Schädel untersucht hatte, stellte er die Gattung *Lagenorhynchus* auf. Der amerikanische Walforscher Frederick True änderte 1889 den Namen in *Lagenorhynchus obscurus* um.
Es werden 3 Unterarten anerkannt, die weitgehend voneinander isoliert leben:
L. o. obscurus (Gray, 1828) – Afrikanischer Schwarzdelfin, vor Südafrika
L. o. fitzroyi (Waterhouse, 1838) – Fitzroys Delfin, vor den Küsten des südlichen Südamerikas
L. o. posidonia (Philippi, 1893) – Peruanischer/Chilenischer Schwarzdelfin, vor Peru und Chile
Eine weitere kleine Population, die um die Kerguelen-Inseln (Frankreich) im südlichen Indischen Ozean lebt, wird nicht als Unterart angesehen.
Schon in den 1970er Jahren wurde das Jagdverhalten und die soziale Organisation von den Biologen Melany und Bernd Würsig auf der Halbinsel Valdés (Argentinien) eingehend studiert.
Die größten Schwarzdelfine leben in den Gewässern um Peru. Ihre Artgenossen vor Nordchile, Argentinien und um Neuseeland sind kleiner. Einige Populationen scheinen ortstreu zu sein. An der Küste von Peru werden sie mit Harpunen kommerziell gejagt und als Köder für die Krabbenfischerei verwendet.
Weitere Informationen, siehe Weißseitendelfin

WISSENSCHAFTLICHER NAME
Lagenorhynchus obscurus (Gray, 1828)
Informationen zum Gattungsnamen, siehe Weißseitendelfin
Der lateinische Artname *obscurus* bedeutet „dunkel, undeutlich". Er bezieht sich auf die überwiegend dunkle Färbung des Schnabels, des Rückens und der Seiten.

Peale-Delfin

Lagenorhynchus australis
—Peale's Dolphin

Körperlänge: adult 1,5–2,18 m (max.: Weibchen 2,1 m, Männchen 2,18 m)
Gewicht: adult bis 115 kg
Körperform: recht kräftig, robust
Körperfarbe: Rücken: größtenteils dunkelgrau bis schwarz; hellgraue Seiten durch dunkles Band in zwei hellgraue Flächen geteilt und durch dunkle Linie vom weißen Bauch getrennt; auffälliger weißer Fleck (grau umrandet) am oberen Ansatz der Brustflossen („Achselhöhlenfleck"); Fluke, Flipper, Kopf und Schnabel einheitlich dunkelgrau bis schwarz
Kopf: einheitlich dunkelgrau bis schwarz
Schnabel: kurz, dick, kaum erkennbar; einheitlich dunkelgrau bis schwarz
Blas: unscheinbar
Blasloch: 1, mittig
Flipper: einheitlich dunkelgrau bis schwarz
Fluke: Hinterkante konkav, Einkerbung in der Mitte
Rückenfinne: sehr groß, sichelförmig gebogen; vorne überwiegend dunkel, wird nach hinten heller
Zähne: Oberkiefer bis 74, Unterkiefer bis 68; konisch (Anzahl variabel)

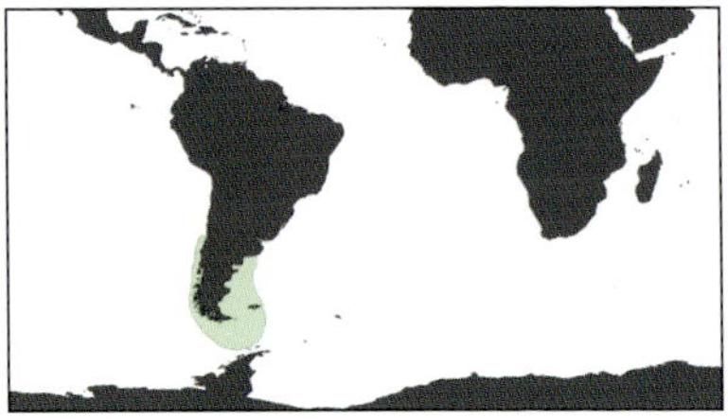

VERBREITUNGSGEBIETE

Peale-Delfine haben ein relativ kleines Verbreitungsgebiet. Es beschränkt sich hauptsächlich auf die Küstengewässer um die Südspitze Südamerikas, von Valdívia (Chile), um Kap Horn, bis zum Golfo San Jorge (Argentinien) und um die Falklandinseln. Die südlichste Sichtung war in der Drake-Passage (südlich von Kap Horn) bei 59 °S.
Innerhalb ihres Verbreitungsgebietes sind sie gleichmäßig verteilt. Sie können in flachen Gewässern, in der Nähe

Die dunkelgraue, schwarze Schnauze hat ihnen den englischen Namen „Black-chinned Dolphin" eingebracht.

Peale-Delfine können erstaunlich oberflächenaktiv sein.

von Kelp, in Flussmündungen, an Eingängen zu Kanälen, in Fjorden, Buchten und über flachen Kontinentalsockeln angetroffen werden.

VERHALTEN

Peale-Delfine leben normalerweise in kleinen Gruppen von 2–7 (maximal 30) Individuen. Gelegentlich bilden sich Ansammlungen von 100 Tieren, hauptsächlich im Sommer und Herbst. Oft schwimmen sie parallel zur Küste, in flachem Wasser mit nicht mehr als 20 m Tiefe und in der Nähe von Kelp. Es gibt nur wenige Sichtungen in Gewässern mit Tiefen von etwa 300 m.
Sie schwimmen meist recht langsam und schwerfällig, können aber trotzdem erstaunlich oberflächenaktiv sein. Dann springen sie, schlagen mit dem Kopf auf das Wasser oder schauen sich um („spyhopping"). Sie reiten auch auf den Bugwellen großer Schiffe oder schwimmen neben kleineren Booten her.
Sie werden auch als „entrance dolphins" (Eingangs-Delfine) bezeichnet, weil man sie häufig nahe an felsigen Küsten und an schnell fließenden Eingängen von Fjorden, Kanälen und Verengungen antrifft. Manchmal begleiten sie Boote, die in Fjorde einfahren, bis zum Ankerplatz.
Viele Peale-Delfine scheinen ortstreu zu sein. Gelegentlich werden sie in Gesellschaft von Commerson-Delfinen und Weißbauchdelfinen beobachtet.

TAUCHVERHALTEN

Das Tauchverhalten ist weitgehend unbekannt. Normalerweise tauchen sie etwa 30 sec, bis fast 3 min. Die maximale Tauchtiefe ist unbekannt. Auf Grund ihres Verbreitungsgebietes ist anzunehmen, dass sie nicht in größere Tiefen tauchen.

NAHRUNG

Peale-Delfine scheinen beim Nahrungserwerb, in Bezug auf Größe und Art der Beute sowie die Fangmethoden vielseitig zu sein. Sie fressen Cephalopoden, verschiedene Fische (vorwiegend bodennah oder am Boden lebend) und Crustaceen. Gelegentlich jagen sie in Kooperationsgemeinschaften (auch im Kelp) oder dreschen beim Fressen mit ihren Fluken auf die Wasseroberfläche ein. Die Oberfläche ähnelt dann einem „Whirlpool".

HOT SPOTS

Sie sind am häufigsten vor der chilenischen Küste (südlich von Puerto Montt), vor der Insel Chiloe, in den Kanälen Feuerlands, im Beagle-Kanal, um die Falklandinseln, über der Burdwood-Bank (südlich der Falklandinseln) und vor Patagonien (besonders vor Punta Deseado, Argentinen) anzutreffen sowie in der Magellan-Straße.

REPRODUKTION

Geschlechtsreife: Weibchen etwa ab 2,1 m, Männchen unbekannt
Paarungszeit: Herbst
Geburtsgröße: wahrscheinlich etwa 0,9–1 m
Kälber werden vermutlich von Frühling–Herbst geboren.

WISSENSWERTES

Der amerikanische Naturforscher Titian Peale beschrieb diese Art erstmals 1848 vor der Küste Patagoniens (Argentinien) und gab ihr den Namen *Phocoena australis*. Der Holotypus wurde während der „United States Exploring Expedition" am 12. Februar 1839 harpuniert. 1866 beschrieb Edward Cope, ein amerikanischer Paläontologe, den Schädel eines Delfins, den er *Sagmatias amblodon* nannte. Erst 1941 untersuchte der amerikanische Zoologe Remington Kellogg vom Smithsonian Institution ein Exemplar von der Chiloe-Insel und schloss daraus, dass *Phocoena australis* und *Sagmatias amblodon* eine Art sind. Er stellte sie als *L. australis* in die Gattung *Lagenorhynchus*.
Die einheitlich dunkelgraue bis schwarze Schnauze hat Peale-Delfinen den englischen Beinamen „Black-chinned Dolphin" (Schwarzkinndelfin) eingebracht.
Sie produzieren pulsierende Töne und Klicks in einem Frequenzbereich von 1–12 kHz.
Besonders in den 1970er und 1980er Jahren wurden tausende Peale-Delfine von chilenischen Fischern in Netzen gefangen und als Köder für Krabbenfallen genutzt.
Weitere Informationen, siehe Weißseitendelfin

WISSENSCHAFTLICHER NAME

Lagenorhynchus australis (Peale, 1849)
Informationen zum Gattungsnamen, siehe Weißseitendelfin
Der lateinische Artname *australis* bedeutet „südlich" und bezieht sich auf das Verbreitungsgebiet.

Schweinswal
Phocoena phocoena
—Harbour Porpoise

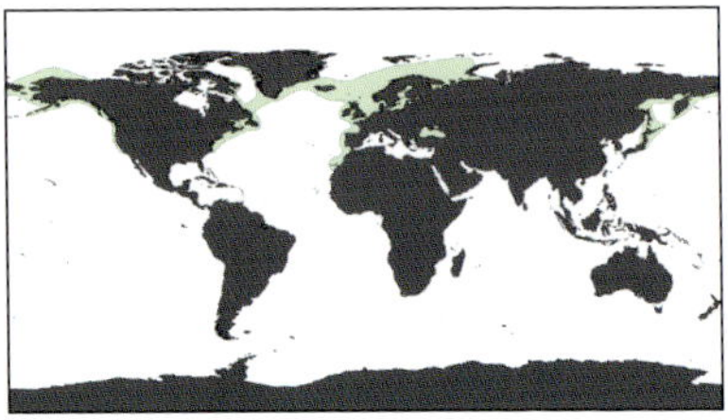

Körperlänge: adult 1,3–2 m (max.: Weibchen 2 m, Männchen 1,57 m); variiert je nach Population (größtes Exemplar war Weibchen: 2 m; Gewicht 70 kg); im Schwarzen Meer kleiner als in der Ostsee
Gewicht: adult 45–70 kg
Körperform: sehr klein, kräftig, spitzt sich zum Schwanz zu (kurz vor Rückenfinne; maximaler Körperumfang etwa 70 % der Körperlänge)
Körperfarbe: Rücken durchgängig dunkelgrau bis schwarz; Bauch weiß; Seiten hellgrau, individuell sehr unterschiedlich; Übergang vom weißen Bauch zum dunklen Rücken verläuft mittig an den Seiten, Übergang im hinteren Körperteil schärfer abgegrenzt als im vorderen Teil des Körpers (verläuft dort meist fließend); Unterkiefer bis auf eine unterschiedlich breite, dunkle „Lippe" ebenfalls weiß, Oberkiefer schwarz; gelegentlich einige dunkle Bänder vom Mundwinkel zum Ansatz der Flipper; Kälber haben mattere Hautfarbe (haben nur in den ersten Stunden nach ihrer Geburt horizontale Streifen, „Geburtslinien")
Kopf: klein, rundlich, dunkel; flache Melone
Schnabel: kurz, stumpf, kaum erkennbar
Blas: unscheinbar
Blasloch: 1, mittig
Flipper: leicht rundlich, komplett schwarz
Fluke: Hinterkante leicht konkav; deutliche mediane Einkerbung
Rückenfinne: klein, dreieckig, komplett schwarz; Vorderkante weist bisweilen einige mehr oder weniger stark ausgeprägte Tuberkeln auf
Zähne: 38–56 je Kiefer; spatenförmig (charakteristisch für Schweinswale, gut zum Fangen von Beute geeignet)
Lebensalter: normalerweise 8–10 Jahre, selten 20 Jahre, ältestes Exemplar 23 Jahre

VERBREITUNGSGEBIETE
Schweinswale leben in kalt-gemäßigten und eisfreien, subarktischen Gewässern der nördlichen Hemisphäre, im Nordatlantik und Nordpazifik in Küstennähe und über dem Kontinentalschelf. Nur bei Wanderungen werden sie gelegentlich in tiefen, küstenfernen Gewässern gesichtet.

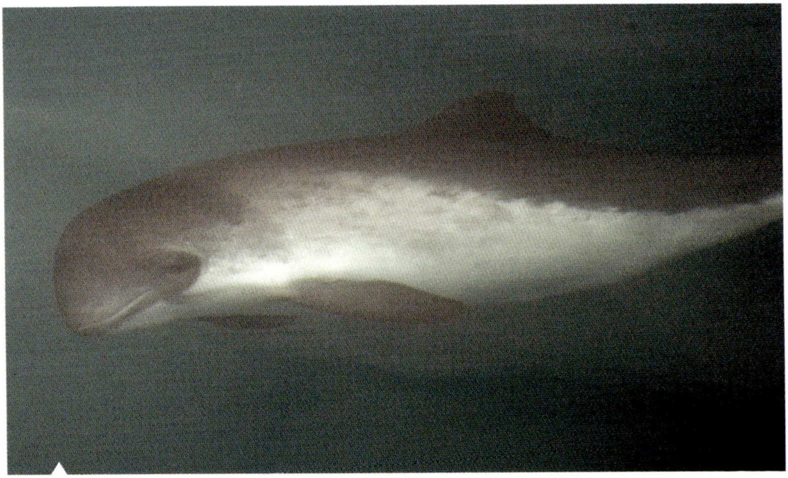

Der Unterkiefer ist bis auf eine dunkle „Lippe" weiß.

Schweinswale vollführen manchmal bogenförmige Sprünge, wenn sie schnell schwimmen.

Selten trifft man sie weiter als 10 km von der Küste entfernt und in Gewässern mit mehr als 200 m Tiefe an (in Nordkalifornien meist mit weniger als 60 m Tiefe). Sie schwimmen oft in Fjorde, flache Buchten, Flussmündungen, Tidenkanäle und Häfen, gelegentlich schwimmen sie sogar flussaufwärts.

Das Verbreitungsgebiet der Schweinswale ist nicht zusammenhängend. Im westlichen Nordatlantik erstreckt sich das Verbreitungsgebiet vom Südosten der USA (Cape Hatteras) bis südlich von Baffin Island (nicht in der Hudson-Bay) und im östlichen Nordatlantik von Novaja Zemlja (Russland) in der Barentssee, Island und Grönland, den Färöer-Inseln, bis zum Senegal. Im Nordpazifik erstreckt sich das Verbreitungsgebiet von den Küsten Südkaliforniens (etwa von Los Angeles) bis Alaska, bis zur südlichen Beaufortsee und der Tschuktschensee, dem Beringmeer, der Kamtschatka-Halbinsel, dem Ochotskischen Meer und dem Japanischen Meer bis Honshu (Japan).

Das Schwarze Meer, das Azov Meer und das Marmarameer zählen ebenso zu ihrem Verbreitungsgebiet wie die Nordsee und die Ostsee. Sie leben als einzige Cetaceen ständig in der Ostsee. Im Mittelmeer sind sie nur selten anzutreffen (entlang der Küste Marokkos, Algeriens und Tunesiens sowie an der Küste Spaniens).

Es gibt saisonale Wanderungen von und zur Küste, die in Abhängigkeit vom Nahrungsaufkommen stehen. Im Frühjahr und Sommer folgen sie der Beute nördlich in Küstennähe, im Winter und im Herbst dagegen mehr Richtung Süden und küstenfern. In einigen Gebieten scheint es ortstreue Populationen zu geben.

Untersuchungen der Biologin Denise Wenger für die GRD (Gesellschaft zur Rettung der Delphine) zeigten, dass Schweinswale nach fast 100 Jahren im Frühjahr wieder in norddeutsche Flüsse ziehen (in der Weser bis Bremen und in der Elbe bis Hamburg). Sie folgen Fischschwärmen (vor allem Stint), die aus der Nordsee in die Flüsse schwimmen, um dort abzulaichen (GRD).

VERHALTEN

Schweinswale leben meist solitär oder in kleinen Gruppen von 2–6 Individuen, selten bis zu 50 Tieren. Nur in sehr ergiebigen Nahrungsgebieten und bei Wanderungen können sich gelegentlich größere Ansammlungen von einigen hundert Tieren bilden.

Junge, noch geschlechtsunreife Männchen bilden „Junggesellengruppen", geschlechtsreife Männchen bilden eigene Gruppen. Weibchen mit ihrem Nachwuchs leben in sogenannten „Kinderstubengruppen". Sie bevorzugen flache Gewässer, die als „Kinderstubengewässer" be-

Wenn sie abtauchen krümmen sie den Rücken, als wollten sie eine Rolle vorwärts machen.

zeichnet werden. Mutter-Kind-Beziehungen sind sehr eng. Wenn Kälber von der Mutter getrennt werden, stoßen sie Stresslaute aus. Mütter zeigen ein besonderes Schutzverhalten, bei dem sie sich zwischen ihrem Nachwuchs und einem Angreifer positionieren. Hybride zwischen Schweinswalen und Dall-Hafenschweinswalen sind im Nordostpazifik nicht selten.
Konfliktverhalten drücken Schweinswale durch Schläge mit der Fluke auf das Wasser und durch Nicken des Kopfes aus, gelegentlich auch mit offenem Maul und Ausstoßen eines kurzen Klicklauts.
Sie sind sehr schnelle Schwimmer und erscheinen nur kurz an der Oberfläche. Nähere Details sind dabei kaum zu erkennen. Auf der Flucht können sie Geschwindigkeiten von bis zu 22 km/h erreichen. Sie schnellen nicht (oder nur sehr selten) mit dem Körper aus dem Wasser („porpoising"). Einen „Hahnenschwanz" („rooster tail") wie Dall-Hafenschweinswale erzeugen sie nur selten. Wenn sie jagen und schnell schwimmen, machen sie gelegentlich bogenförmige Sprünge. Nur sehr selten springen sie hoch aus dem Wasser.
Der Blas ist nur selten zu sehen, aber gut zu hören (Niesgeräusch). Besonders bei ruhiger See ruhen sie gelegentlich an der Oberfläche (meist nicht länger als 1–2 min). Dann drehen sie sich auf die Seite oder den Rücken. In dieser Situation sind vorsichtige Annäherungen möglich, ansonsten sind sie sehr scheu. Sie reiten nicht auf den Bugwellen von Schiffen. Große Haie und Schwertwale sind ihre natürlichen Feinde.

TAUCHVERHALTEN

Schweinswale können bei der Jagd für mehr als 5 min, in Tiefen von mindestens 220 m tauchen. Die meisten Tauchgänge dauern jedoch etwa 1 min (z. B. bei Wanderungen). Wenn sie auftauchen, erzeugen sie keine Spritzer, sondern tauchen in einer rollenden Bewegung von der Schnauze bis zur Fluke auf. Zum Abtauchen krümmen sie den Rücken, als wollten sie eine Rolle vorwärts machen.

NAHRUNG

Schweinswale sind Nahrungsopportunisten. Über 30 verschiedene Fischarten wurden bei Magenanalysen festgestellt. Die bevorzugte Nahrung besteht, je nach Lebensraum und Nahrungsangebot, aus verschiedenen Schwarmfischen (kleine Dorsche, Heringe, Sardinen, Makrelen, Seezungen) und Bodenfischen, aber auch aus Kalmaren und Krebsen.
Meist jagen sie die Beute einzeln in Bodennähe, selten im Freiwasser oder an der Oberfläche (z. B. Sprotten).

Die meisten Beutefische sind kleiner als 30 cm. In Gefangenschaft fressen sie im Durchschnitt täglich etwa 10 % ihres Körpergewichts.

HOT SPOTS

Sichtungen sind sehr selten (sehr scheu). Gelegentliche Sichtungen: an der Südspitze Grönlands, vor Irland, Island (vor Húsavík und dem Eyjafjörður-Fjord), Schottland, Dänemark, Deutschland und den Färöer-Inseln, im Schwarzen Meer (und dem Azov Meer), der Nordsee, der Ostsee, in der Monterey-Bay (USA), vor Maine (USA), um Vancouver Island und in der Bay of Fundy (beide Kanada). Möglicherweise ganzjährig in einigen Fjorden Norwegens

REPRODUKTION

Geschlechtsreife: Weibchen ab 3–4 Jahre, Männchen ab 5–7 Jahre
Paarungszeit: Mai–August, im nordöstlichen Atlantik meist zwischen Juni–Juli, im nordwestlichen Atlantik meist im Mai
Geburtszyklus: jährlich im Atlantik (alle 2 Jahre im Pazifik) 1 Kalb
Tragzeit: 10–11 Monate
Geburtsgröße: 0,7–0,9 m (je nach Population)
Geburtsgewicht: 5–6 kg
Säugezeit: 8–12 Monate, ab 5 Monate zusätzlich feste Nahrung (kleinere Fische)

Ab 7 Monaten ist das Gebiss voll entwickelt. Sie wachsen besonders im ersten Lebensjahr sehr schnell (Länge nach 1 Jahr: Weibchen 125 cm, Männchen 120 cm, Bjørge und Tolley, 2009). Bei geschlechtsreifen Männchen schwellen Hoden von einem Normalgewicht von 200 g (im Winter) auf 800 g zur Paarungszeit an.
Weitere Informationen, siehe Vaquita

WISSENSWERTES

Die alten Römer nannten diesen sehr kleinen Wal *Porcus piscus*, was so viel wie „Schweinefisch" bedeutet. In Ostkanada werden sie heute noch von einigen Fischern „Puffing Pigs" („blasende Schweine") genannt, Fischer in Maine (USA) nennen sie „herrings hogs"(„Herings-Schweine"). Der norwegische Populärname „nise" („niesen") beschreibt das Geräusch, wenn sie ausatmen. Ihre, in Relation zur Körpergröße, sehr dicke Blubberschicht ermöglicht es ihnen, in den kalten, nordischen Gewässern zu leben.
1758 beschrieb der schwedische Naturforscher Carolus Linnaeus diese Art in seiner *Systema Naturae* zunächst als *Delphinus phocoena*. 1816 stellte der französische Naturforscher Georges Baron de Cuvier die Gattung *Phocoena* auf. 1828 erhielt diese Art ihren heute gültigen wissenschaftlichen Namen.
Morphologische Untersuchungen ergaben, dass Schweinswale eng mit Burmeister-Schweinswalen und Vaquitas verwandt sind und einer Gattung angehören.

Der kurze, stumpfe Schnabel ist bei Schweinswalen kaum erkennbar.

Neue genetische Untersuchungen lassen eine enge Verwandtschaft zu Dall-Hafenschweinswalen vermuten.
Bis in die späten 1970er Jahre interessierten sich nur einige wenige Wissenschaftler für diese scheuen, unscheinbaren Cetaceen. In den 1990er Jahren rückten Schweinswale in den Fokus der Öffentlichkeit, weil sich immer wieder Tiere in Fischernetzen verfangen hatten. Mit dem Erfolg, dass sich nun viele Wissenschaftler für diese Art interessierten und dass einige Fischereibestimmungen erlassen wurden.
Es werden 3 Unterarten anerkannt:
P. p. phocoena (Linnaeus, 1758) – Atlantischer Schweinswal,Nordatlantik
P. p. vomerina (Gill, 1865) – Ostpazifischer Schweinswal, östlicher Nordpazifik
P. p. relicta Abel, 1905 – Schwarzmeer-Schweinswal, Schwarzes Meer
Schwarzmeer-Schweinswale leben vollständig isoliert von allen anderen Schweinswalen (sie sind endemisch im Schwarzen Meer und in angrenzenden Gewässern) und sind die kleinsten Vertreter ihrer Art.
Die Vorderkante der Rückenfinne weist bisweilen einige mehr oder weniger stark ausgeprägte Tuberkeln auf. Der Grund dafür ist nicht bekannt, könnte jedoch eine hydrodynamische Funktion haben (Ginter *et al.*, 2011) und gibt Jungtieren möglicherweise einen besseren Halt, wenn sie auf dem Rücken der Mutter reiten.
In den Fjorden Norwegens sorgen Süßwasser-Zuflüsse für eine Wasseroberfläche mit geringem Salzgehalt, die innerhalb weniger Stunden zufrieren kann und dann zur tödlichen Falle für Schweinswale wird. In den letzten Jahren hat sich der Süßwasser-Eintrag der Flüsse in die Fjorde durch die Klimaerwärmung dramatisch verstärkt und damit das Risiko erhöht, unter dem Eis eingeschlossen zu werden.
Sie wurden früher in vielen Gebieten gejagt (heute hauptsächlich noch vor Grönland). Wegen des küstennahen Lebensraumes und der zunehmenden Nutzung dieser Gebiete wurde ein deutlicher Populationsrückgang registriert. Immer wieder werden Tiere in Fischernetzen gefangen und getötet oder es wird ihnen durch die Fischerei die Nahrungsgrundlage entzogen.
Beim Sambah-Projekt (Static Acoustic Monitoring of the Baltic Sea Harbour Porpoise) wurden ihre Echoortungs-Laute über drei Jahre erfasst und Bewegungsprofile erstellt. Dadurch konnte nachgewiesen werden, dass sich fast die gesamte Schweinswal-Population der Ostsee südlich der schwedischen Insel Gotland im Meeresareal der Midsjöbank zwischen Mai und Juli zur Reproduktion einfindet.
In der Bay of Fundy (Kanada) wurden besonders hohe Konzentrationen von Polychlorierten Biphenylen (PCB's) und Pestiziden wie DDT in der Speckschicht einiger Individuen nachgewiesen. Schwermetalle wie Blei, Cadmium und Quecksilber werden verstärkt in Muskeln, Leber und anderen inneren Organen eingelagert. Besonders im Schwarzen Meer verenden viele Jungtiere durch Infektionen.
Der zunehmende Bau von Windparks zur Erzeugung erneuerbarer Energie, besonders in flachen Gewässern, stellt vermutlich eine neue, zusätzliche Bedrohung ihres Lebensraumes dar (Gilles *et al.*, 2009). Frühere Studien in Offshore-Windkraftanlagen haben gezeigt, dass es zu einer deutlichen Reduzierung der Anzahl von Schweinswalen während der Bauphase der Anlagen kam (Carstensen *et al.*, 2006; Dähne *et al.*, 2013). Insbesondere die lauten Rammarbeiten, um die Fundamente im Boden zu verankern, haben einen starken Einfluss in einem Gebiet von einigen hundert Quadratkilometern um das Baugebiet (Tougaard *et al.*, 2009; Brandt *et al.*, 2011).
Beobachtungen von akustischen Aktivitäten im holländischen Windpark Egmond aan Zee vor dem Bau (Juni 2003–Juni 2004) und während des normalen Betriebs der Windkraftanlage (April 2007–April 2009) und in zwei Referenz-Gebieten zeigten, dass die akustischen Aktivitäten innerhalb des Windparks im Betrieb deutlich höher waren, als in den Referenz-Gebieten, was auf eine erhöhte Anzahl von Schweinswalen schließen lässt. Die Gründe für diese offensichtliche Vorliebe zum Windpark sind noch nicht klar. Möglicherweise gibt es innerhalb des Windparks ein erhöhtes Nahrungsangebot (Riff-Effekt) und/oder die Abwesenheit von Schiffen, in der sonst stark befahrenen Nordsee, bietet einen gewissen Schutz (Scheidat *et al.*, 2011).
Clausen und Kollegen fanden 2021 heraus, dass Schweinswale von Öl -und Gasplattformen auf hoher See angezogen werden, trotz des Lärms unter Wasser. Sie beobachteten hohe Jagdaktivitäten von Schweinswalen innerhalb von 800 m zu den Plattformen, besonders zwischen Juli und Januar in der Nordsee. Das künstliche Riff, das durch die Struktur der Plattformen unter Wasser gebildet wird, und die Tatsache, dass die Fischerei in der Nähe der Plattformen verboten ist, führen offensichtlich zu einer größeren Nahrungsvielfalt.
Für Tiere, die in Küstennähe leben und an diesen Lebensraum angepasst sein sollten, sind sie außerordentlich häufig an Strandungen beteiligt.

WISSENSCHAFTLICHER NAME

Phocoena phocoena (Linnaeus, 1758)
Der Gattungsname *Phocoena* ist eine Abwandlung vom lateinischen *phocaena* oder dem griechischen *phokaina* und bedeutet „Schweinswal" (Leatherwood & Reeves, 1983). Die Doppelbenennung im wissenschaftlichen Namen deutet darauf hin, dass diese Art als Erste dieser Familie entdeckt und beschrieben wurde.
Schon der griechische Philosoph Aristoteles (384–322 v. Chr.) bemerkte, dass *phokaina* wie ein kleiner Delfin aussieht und im Schwarzen Meer lebt. Er erkannte weiter, dass diese Art kleiner ist, eine blaue Farbe und einen breiteren Rücken als Delfine hat (*Historia Animalium* 6, 11).

Vaquita

Phocoena sinus
—Vaquita

Körperlänge: adult 1,2–1,5 m (max.: Weibchen 1,5 m, Männchen 1,45 m; die kleinsten Cetaceen)
Gewicht: adult 45–55 kg
Körperform: klein, sehr kräftig (max. Körperumfang fast 70 % der Körperlänge)
Körperfarbe: Rücken: durchgängig dunkelgrau; Seiten: hellgrau; Bauch: weiß; Finne, Fluke und Flipper: grau; am Maul: charakteristische schwarze Färbung (wie dunkle „Lippen"); Augen werden von arttypischem, schwarzem Augenring eingefasst („Panda der Meere"); hellgrauer Streifen beidseitig vom Kinn zu den Brustflossen; Jungtiere deutlich dunkler
Kopf: flache Stirn; etwas rundlicher als bei anderen Schweinswalen
Schnabel: nicht erkennbar
Blas: kaum zu sehen, sehr gut hörbar (schnaubend)
Blasloch: 1, mittig
Flipper: proportional größer als bei anderen Schweinswalen; grau
Fluke: Hinterkante konkav; deutliche mediane Einkerbung; grau
Rückenfinne: gekrümmt; im Vergleich zum Körper relativ groß; fast haiähnliche Form; Vorderkante mit einigen kleinen Tuberkeln (bei älteren Individuen stärker ausgeprägt; bei Jungtieren anfangs nur als weiße Punkte erkennbar); grau
Zähne: Oberkiefer: 32–44; Unterkiefer: 34–40; spatenförmig (charakteristisch für Schweinswale)
Lebensalter: höchstes bekanntes Alter 21 Jahre

VERBREITUNGSGEBIETE

Vaquitas bevorzugen sehr flache, trübe Gewässer in Küstennähe (bis 25 km) mit nicht mehr als 40–50 m Tiefe. Sie haben das wohl kleinste Verbreitungsgebiet aller Cetaceen (es entspricht etwa ¼ der Größe von Los Angeles). Heute leben sie nur noch im nördlichen Ende des Golfes von Kalifornien (Mexiko) und im Mündungsgebiet des Colorado-Flusses, meist nördlich 30°45'N und westlich 114°20'W, etwa 40 km nordöstlich der Stadt San Felipe, in einem Gebiet von etwa 2.000 km² bei Rocas Consag (Rojas-Bracho *et al.*, 2006).
Das Verbreitungsgebiet ist so klein, dass sie es in einem Tiden-Zyklus durchqueren können (Jaramillo-Legorreta *et al.*, 2005). Vermutlich erstreckte sich der Lebensraum früher weiter südlich entlang der mexikanischen Küste bis Tres Marias Islands und Banderas-Bay (außerhalb des Golfes von Kalifornien, südwärts, Leatherwood *et al.*, 1982).

Vaquita, *Phocoena sinus*

VERHALTEN
Über das soziale Verhalten von Vaquitas ist nur sehr wenig bekannt. Sie leben bevorzugt solitär oder paarweise, gelegentlich bilden sich kurzzeitig lose Ansammlungen von 8–10 Tieren. Die größte Ansammlung wurde 1999 gesichtet, bei der 41 Gruppen von Vaquitas über einige hundert Quadratmeter verteilt waren (Jaramillo-Legorreta *et al.*, 1999).
Sie sind im Gegensatz zu anderen Schweinswalen eher geruhsame und langsame Schwimmer, die, wegen des unspektakulären Schwimmstils, kaum an der Oberfläche zu sehen sind. Sprünge wurden bisher nicht beobachtet. Sie sind sehr scheu und meiden Boote. Meist verschwinden sie bei der ersten Sichtung auf Nimmerwiedersehen. Gelegentlich nähern sie sich treibenden Booten.

TAUCHVERHALTEN
Der Blas von Vaquitas ist kaum zu sehen, aber sehr gut zu hören (schnaubend). Wenn sie langsam schwimmen, krümmen sie zum Abtauchen den Rücken, so als wollten sie eine Rolle vorwärts machen. Sie kommen nur kurz zum Atmen an die Oberfläche und tauchen meist sofort wieder ab, oft für lange Zeit.

NAHRUNG
Magenanalysen lassen vermuten, dass Vaquitas Nahrungsopportunisten sind. Die Nahrung besteht demnach aus 21 kleineren Fischarten, die am Boden oder im Freiwasser leben, Kalmaren und Crustaceen. Einige der Beutefische produzieren Laute (z. B. Umber- und Trommlerfische der Familie *Scianidae*). Es wird angenommen, dass sie zur Ortung der Beutetiere mehr auf deren Eigengeräusche achten, als aktive Echolokalisation zu nutzen.

HOT SPOTS
Sichtungen sind selten, denn sie gehören zu den seltensten marinen Säugetieren. Sichtungsmöglichkeiten bestehen zwischen San Felipe-Bay und Rocas Consag im oberen westlichen Bereich ihres Verbreitungsgebiets.

REPRODUKTION
ähnelt möglicherweise dem der Schweinswale
Geschlechtsreife: etwa ab 3–6 Jahre
Paarungszeit: etwa Anfang Frühjahr bis Anfang Sommer
Geburtszyklus: alle 2 Jahre 1 Kalb; möglicherweise jährlich (Jaramillo-Legorretta *et al.*, 2019)
Tragzeit: 10–11 Monate
Geburtsgröße: 0,6–0,78 m
Geburtsgewicht: 7,5 kg
Säugezeit: vermutlich 8–12 Monate
Vaquita und Schweinswal:
Auf Grund der relativ großen Hoden wird ein promiskuitives Paarungsverhalten und „sperm competition" (Wettkampf der Spermien) vermutet.

WISSENSWERTES
1950 fand der amerikanische Walforscher Ken Norris einen ausgebleichten Schädel an einem mexikanischen Strand, im nördlichen Teil des Kalifornischen Golfes. Zwei weitere Schädel wurden 1951 und 1955 gefunden. Norris konnte einen lebenden Vertreter der neuen Art *Phocoena sinus* beobachten, die er 1958 zusammen mit William McFarland beschrieb. Bis zum Jahr 1985 hatten Wissenschaftler von dieser Art keine lebenden (oder frisch gestorbenen) Individuen zur Verfügung, die noch die tatsächliche Färbung aufwiesen.

Die Augen werden von schwarzen Ringen eingefasst („Panda der Meere").

Die Rückenfinne ist im Vergleich zum Körper relativ groß, fast haiähnlich.

Vaquitas sind die kleinsten Cetaceen mit dem kleinsten Verbreitungsgebiet. Die Fischer in Mexiko nennen sie „Vaquita", was so viel wie „kleine Kuh" („Vaquita Marina" – „kleine Meereskuh") bedeutet.

Sie gehören zu den seltensten und am stärksten vom Aussterben bedrohten Meeressäugern der Welt. Das Überleben dieser Art gilt auch durch das Anstauen des Colorado-Flusses und die starke Belastung durch Pestizide in ihrem Lebensraum als sehr unwahrscheinlich.

Am 10. Juni 1993 erklärte die Mexikanische Regierung den oberen Golf von Kalifornien zum Schutzgebiet für Vaquitas.

1900 wurde ihr Bestand auf 2.000–4.000 Individuen geschätzt, 2008 auf 245 Tiere und 2014 auf weniger als 100 (CIRVA, 2014). Anfang 2016 konnten nur noch 60 Tiere gezählt werden. Der Bestand ist, nicht zuletzt auch wegen des sehr kleinen Verbreitungsgebietes und der intensiven Fischerei, sehr stark gefährdet.

Trotz der Anstrengungen der mexikanischen Regierung, der mexikanischen Navy und der Sea Shepherd Conservation Society wurde die illegale Fischerei in alarmierendem Umfang fortgesetzt. Ende 2017 war der Bestand auf weniger als 30 Tiere geschrumpft (Thomas *et al.*, 2017). Dies entspricht einem Rückgang von 50 % im Vergleich zu 2016! Ein dauerhaftes Verbot der Stellnetz-Fischerei im Lebensraum der Vaquitas wurde am 30.6.2017 erlassen. Trotzdem geht die illegale Totoaba-Fischerei (*Totoaba macdonaldi*, bedrohte Fischart deren Schwimmblase nach China exportiert wird) unvermindert weiter.

Im März 2019 berichtete Jorge Urban (Biologie-Professor an der Baja California Sur University), dass nur noch 22 Vaquitas im Golf von Kalifornien leben. Im Oktober 2021 war der Bestand der Vaquitas bereits auf weniger als 10 Individuen reduziert (yaqupacha.de).

Im August 2022 hat Francisco Gómez Díaz, Direktor des „Museo de Ciencias Marinas y Ballenas", die Hoffnung aufgegeben, dass die Vaquitas noch gerettet werden können (semana.com). Die Arbeit am Erhalt des Vaquita-Bestands ist wegen der organisierten Kriminalität sehr gefährlich geworden und selbst die Regierung konnte die Sicherheit der Forscher nicht mehr garantieren.

Auf der anderen Seite hat der Wissenschaftler Rojas-Bracho ein wenig Hoffnung. Von wissenschaftlicher Seite könnten die Vaquitas gerettet werden: Alle Tiere, die in Netzen verendet sind, waren gesund und hatten keine Probleme, ausreichend Beute zu fangen. Das Wichtigste zum Fortbestand ihrer Art wäre, das Töten der Vaquitas sofort zu stoppen (semana.com).

Weil es Mexiko wiederholte Male nicht gelungen ist, die illegale Totoaba-Fischerei zu unterbinden, wurde 2022 auf einem Treffen der CITES die kommerzielle Zucht und der Handel von in Gefangenschaft gezüchtetem Totoaba vereinbart (Environmental Investigation Agency, EIA). Dies könnte das Todesurteil für die letzten Vaquitas sein. Einige Wissenschaftler betrachten Populationen mit einer so geringen Größe als „funktional ausgestorben". Es scheint, als würden wir die Ausrottung einer Art in Zeitlupe beobachten und weder Geld noch Gesetze und Wissenschaft können dies verhindern. Naturschützer befürchten, dass sie die nächsten Meeressäuger sind, die durch Menschenhand ausgerottet werden, für immer.

Vaquita und Burmeister-Schweinswal:
Norris und McFarland vermuteten 1958, dass Vaquitas und Burmeister-Schweinswale einen gemeinsamen Vorfahren hatten und dass sie enger miteinander verwandt sind als mit Schweinswalen. Erst 37 Jahre später (1995) konnte diese Hypothese durch Molekular-Untersuchungen bestätigt werden.

WISSENSCHAFTLICHER NAME

Phocoena sinus Norris und McFarland, 1958
Informationen zum Gattungsnamen, siehe Schweinswal
Der Artname stammt vom lateinischen *sinus* und bedeutet „Bucht" oder „Kurve" und bezieht sich auf das Verbreitungsgebiet im nördlichen Ende des Golfes von Kalifornien (Mexiko; Leatherwood & Reeves, 1983).

Brillenschweinswal
Phocoena dioptrica
—Spectacled Porpoise

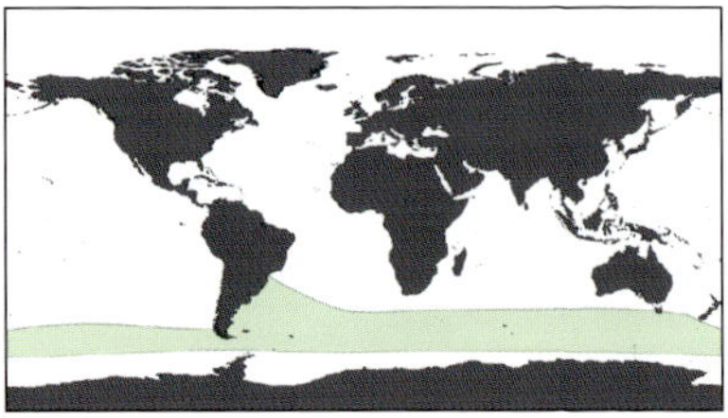

Körperlänge: adult 1,9–2,24 m (max.: Weibchen 2,05 m, Männchen 2,24 m; an Exemplaren ermittelt, die bei Feuerland, Neuseeland und Australien strandeten, möglicherweise werden sie größer und schwerer; gehören zu den größten Mitgliedern der Schweinswale)
Gewicht: adult 60–115 kg (max.: Weibchen 85 kg, Männchen 115 kg)
Körperform: recht kräftig (max. Körperumfang etwa 60 % der Körperlänge)
Körperfarbe: gehören (neben Dall-Hafenschweinswalen) zu den am auffälligsten pigmentierten Schweinswalen: Rücken: durchgängig schwarz (bei einigen Tieren kleiner, weißer Bereich entlang der Oberseite der Schwanzwurzel); scharf abgegrenzter Übergang vom schwarzen Rücken zum weißen Bauch verläuft etwa mittig an Seiten; Oberseiten der Fluke und der Flipper variieren (je nach Individuum) von weiß bis grau gesprenkelt zu schwarz, Unterseite weiß; Rückenfinne schwarz; schwarzer Augenfleck jeweils von einer feinen, weißen Linie brillenförmig eingefasst; auf Ober- und Unterkiefer bilden 2 dünne, schwarze Linien markante „Lippen" auf weißem Untergrund; bei Jungtieren ein bis zwei dünne, dunkle Linien, vom „Mundwinkel" zu den Flippern, setzen sich auf deren Vorderkante bis zur Spitze fort; verliert sich bei adulten Tieren
Kopf: klein, rundlich, flache Melone
Schnabel: kaum erkennbar
Blas: unscheinbar
Blasloch: 1, mittig
Flipper: relativ klein; weit vorne am Körper
Fluke: relativ klein; Hinterkante fast gerade, abgerundete Spitzen; deutliche mediane Einkerbung
Rückenfinne: schwarz; je nach Geschlecht unterschiedlich geformt: Männchen: sehr groß, hoch, breite Basis,

Brillenschweinswale sind leicht an ihrer charakteristischen Körperfarbe zu erkennen.

fast oval; Weibchen: kleiner, mit flacherer, fast dreieckiger Form
Zähne: Oberkiefer: 34–46; Unterkiefer: 34–40; spatenförmig (charakteristisch für Schweinswale)

VERBREITUNGSGEBIETE
Das Verbreitungsgebiet erstreckt sich über die südliche Hemisphäre, zirkumpolar in kalt-gemäßigten und subantarktischen Gewässern. Sie leben sowohl in Küstennähe als auch in offenen Gewässern, gelegentlich auch in Flussmündungen und Kanälen. Die bevorzugten Wassertemperaturen betragen mindestens 1–10 °C. Die südlichste Sichtung war bei 64°34'S, die nördlichste Strandung bei 32 °S.
Es gibt bestätigte Sichtungen von den Falklandinseln, Südgeorgien, den Kerguelen-Inseln und von den zu Australien gehörenden Heard- und McDonald-Inseln sowie der Macquarie-Insel und von den zu Neuseeland gehörenden Auckland- und Champbell-Inseln (südlich von Neuseeland).

VERHALTEN
Das Verhalten wurde nur an einigen, wenigen Tieren auf See beobachtet. Brillenschweinswale scheinen überwiegend solitär, paarweise oder zu dritt zu leben, nur selten werden sie in größeren Gruppen von bis zu 5 Tieren angetroffen. Das Schwimmverhalten wird als unauffällig beschrieben. Sie tauchen in einer langsamen, rollenden Bewegung nach vorne ab. 2 Brillenschweinswale, die 1995 in einer Bucht bei Südgeorgien kreisten, reagierten auf Bootsgeräusche mit Strandung (sie wurden wieder in tieferes Wasser geleitet).
Bisher wurden so gut wie keine Oberflächenaktivitäten wie Springen, porpoising oder Flukeschlagen beobachtet, bis auf eine Ausnahme, bei der sie lange, weite Sprünge (porpoising) zeigten (Sekiguchi *et al.*, 2006). Sie leben nicht, wie alle anderen Schweinswale, ausschließlich in küstennahen Gewässern, sondern auch im offenen Meer. Sie scheinen sehr schnelle Schwimmer zu sein, die Boote und Schiffe meiden.

TAUCHVERHALTEN
Unbekannt

NAHRUNG
Untersuchungen an vier gestrandeten Tieren lassen vermuten, dass sie sich von kleinen Fischen (z. B. Anchovis) und kleinen Crustaceen wie Fangschreckenkrebsen *(Stomatopoda)* ernähren.

HOT SPOTS
Sichtungen sind sehr selten: möglicherweise am ehesten in der San Sebastián Bucht (Feuerland, Argentinien) und vor der Küste südlich der Bucht oder auf Schiffsreisen zwischen Ushuaia und den Falklandinseln bzw. Richtung Antarktis.

REPRODUKTION
Geburtszeit: möglicherweise Ende Frühjahr–Sommer
Geburtsgröße: möglicherweise 0,9–1 m
Gestrandete Kälber, bei denen die Zähne noch nicht durchgebrochen waren, hatten eine Körperlänge von 1,25–1,63 m.

WISSENSWERTES
Das erste Exemplar dieser Art wurde 1912 vom argentinischen Zoologen Fernando Lahille (Nationalmuseum in Buenos Aires, Argentinien) erstmals beschrieben. Er nannte die Art *Phocoena dioptrica* wegen des weißen Rings, der den dunklen, brillenförmigen Augenfleck umgibt. Der Holotypus (ein trächtiges Weibchen) war zuvor bei Punta Colares am Rio de la Plata gestrandet. 1985 stellte der Paläontologe Lawrence Barnes für diese Art die Gattung *Australophocaena* auf und nannte sie *Australophocaena dioptrica*. Nach Gen-Analysen wird diese Art seit dem Jahr 1995 wieder der Gattung *Phocoena* zugeordnet.
Brillenschweinswale gehören bis heute zu den am wenigsten erforschten Cetaceen (neben Schnabelwalen). Bis Mitte der 1970er Jahre waren sie nur durch 9 Exemplare, die alle im südwestlichen Südatlantik gefunden wurden, bekannt. Alle Tiere waren tot. Man glaubte damals, dass Brillenschweinswale nur an der südöstlichen Küste des südlichen Südamerikas vorkommen würden. 1975 wurde der erste Schädel an der Enderby-Insel (Neuseeland) und ein weiterer an der Macquarie-Insel (Australien) gefunden. In den späten 1970er Jahren wurden die ersten Exemplare in der Magellan-Straße vor Chile entdeckt. 1985 wurde der erste Schädel im Indischen Ozean an der Heard-Insel (Australien) gefunden. Der nördlichste Fund stammt von Brasilien (1985).
Normalerweise weisen Brillenschweinswale keine kleinen Tuberkel an der Vorderkante der Rückenfinne auf, wie andere Schweinswale (Ausnahmen: ein junges Weibchen von Südaustralien und das Exemplar, das Lahille 1912 beschrieb).
Sichtungen in freier Wildbahn gehören auch heute noch zu den ganz besonderen Ausnahmen. See-Leoparden *(Hydrurga leptonyx)*, Schwertwale und große Haie sind mögliche natürliche Feinde. Goodall erwähnte 2009, dass *P. dioptrica* offensichtlich sehr wohlschmeckend sein müssen, denn gestrandete Exemplare sind innerhalb weniger Stunden bis auf die Knochen abgenagt.

WISSENSCHAFTLICHER NAME
Phocoena dioptrica Lahille, 1912
Informationen zum Gattungsnamen, siehe Schweinswal
Der lateinische Artname *dioptrica* leitet sich ab vom griechischen *dioptrikos* oder *diopter* und bedeutet „optisches Instrument“. Damit wird auf den schwarzen Fleck um die Augen hingewiesen, der von einer feinen, weißen Linie brillenförmig eingefasst wird.

Burmeister-Schweinswal

Phocoena spinipinnis
—Burmeister's Porpoise

Körperlänge: adult 1,55–2 m
Gewicht: adult 60–105 kg (max.: Weibchen 105 kg im Atlantik, 79 kg im Pazifik)
Körperform: klein, kompakt, recht kräftig (max. Körperumfang etwa 70 % der Körperlänge)
Körperfarbe: Rücken durchgängig dunkelgrau; Seiten grau; Bauch hellgrau; Kopf kann etwas heller sein als der Rücken; dunkler Augenfleck umschließt Augen (oft mit einem weißlichen Ring); sogenannter „Lippenfleck" umgibt Lippen; weiterer asymmetrischer Fleck an Seiten jeweils von den Flippern bis zum Kopf, auf der rechten Seite: breit, verläuft von Brustflosse zur unteren Lippe, auf der linken Seite: schmal, verläuft von der Brustflosse zum Kinn
Kopf: klein; konische Form, eine flache Melone
Schnabel: kaum erkennbar
Blas: unscheinbar
Blasloch: 1, mittig
Flipper: relativ groß, breit
Fluke: Hinterkante konkav; deutliche mediane Einkerbung
Rückenfinne: klein, dreieckig; im hinteren Drittel des Körpers (deutlich weiter hinten als bei allen anderen Schweinswalen); Vorderkante lang, gerade, Hinterkante sichelförmig gekrümmt; Spitze abgerundet (nach hinten gerichtet); an Vorderkante 2–4 charakteristische Reihen kleiner Tuberkeln (wie kleine Stacheln, mit zunehmendem Alter ausgeprägter)
Zähne: Oberkiefer: 20–46; Unterkiefer: 28–46; spatenförmig (charakteristisch für Schweinswale)
Lebensalter: etwa 12 Jahre

VERBREITUNGSGEBIETE

Sie leben in flachen, kalt-gemäßigten bis subantarktischen Küstengewässer und Flussmündungen rund um das südliche Südamerika. Im Pazifik erstreckt sich ihr Verbreitungsgebiet von Peru (etwa 5 °S) bis Chile und über Kap Horn (Feuerland) bis nach Argentinien, Uruguay und Brasilien im Atlantik (etwa 28 °S). Sie entfernen sich selten weit von der Küste.
Es scheint, dass sie im Pazifik häufiger vorkommen als im Atlantik. Es ist nicht klar, ob das Verbreitungsgebiet vom Pazifik zum Atlantik durchgehend verläuft. Es gibt keine bestätigten Sichtungen aus den Fjorden Südchiles, aber aus der Magellan-Straße, dem Beagle-Kanal und um Kap Horn. Über saisonale Wanderungen ist nichts bekannt.
Meist halten sie sich in Küstengewässern mit nicht mehr als 60 m Tiefe, zwischen 100–1.000 m von der Küste entfernt, auf. Gelegentlich können sie auch bis zu 50 km vor der Küste gesichtet werden. Die bevorzugte Wassertemperatur scheint zwischen 4–20 °C zu liegen.

Die typischen Tuberkel an der Vorderkante der Rückenfinne

VERHALTEN

Burmeister-Schweinswale gehören vermutlich zu den am häufigsten in den Küstengewässern Südamerikas vorkommenden kleinen Walen. Aber da sie sehr scheu sind, ein unauffälliges Schwimmverhalten haben und sich kaum an der Oberfläche zeigen, sind sie nur sehr schwer zu sichten und bisher kaum beobachtet worden. Über ihr Verhalten ist aus diesem Grunde nur sehr wenig bekannt. Wenn sich Boote nähern, können sie erstaunlich schnell fliehen. Bugwellenreiten, „porpoising" oder andere auffällige Oberflächenaktivitäten sind nicht bekannt. Gelegentlich surfen kleine Gruppen in Brandungswellen.
Sie leben meist in Gruppen von 2–8 Individuen, selten 50–70 Tiere. Die größte Versammlung mit etwa 150 Burmeister-Schweinswalen wurde vor Peru in einer Wassertiefe von 27–31 m beobachtet.

TAUCHVERHALTEN

Das Tauchverhalten ist weitgehend unbekannt. Sie können 1–3 min lang tauchen. Vor dem Abtauchen machen sie eine geräuschlose Vorwärtsrolle. Bei Gefahr oder bei

Die kleine, dreieckige Rückenfinne sitzt am hinteren Drittel des Körpers und ist nach hinten gerichtet.

Annäherung von Booten teilen sie sich in kleine Gruppen, tauchen in verschiedene Richtungen ab und kommen erst später wieder zusammen. Sie werden kaum an der Oberfläche gesehen. Die Tauchtiefe ist unbekannt.

NAHRUNG

In den Mägen gestrandeter Burmeister-Schweinswale wurden kleine, bodennah oder im Freiwasser lebende Schwarmfische, besonders Sardellen und Seehecht, sowie einige Kalmare und Krebse, gefunden.

HOT SPOTS

Sichtungen sehr selten (sehr scheu). Sichtungsmöglichkeiten vor Pucusana (Peru), vor Valdivia (Peru), im Golf von San José (Argentinien, saisonal) und vor Ushuaia im Beagle-Kanal

REPRODUKTION

Geschlechtsreife: Weibchen ab 1,55 m (Peru), Männchen durchschnittlich ab 1,6 m
Geburtszyklus: möglicherweise jährlich 1 Kalb
Tragzeit: 11–12 Monate
Geburtsgröße: 0,86 m
Paarungen und Geburten vermutlich im Sommer, besonders von Dezember–März, bzw. von Februar–März

WISSENSWERTES

Um 1860 herum baute der deutsche Naturforscher und Museumsdirektor Herman Karl Conrad Burmeister am Museo Argentino de Ciencias Naturales in Buenos Aires ein großes Forschungszentrum auf. 1865 beschrieb er als Erster eine neue Schweinswal-Art an einem Exemplar, das Fischer an der Mündung des Rio de la Plata lebend gefangen hatten.
An der Vorderkante der Rückenfinne befinden sich 2–4 charakteristische Reihen kleiner Tuberkeln, die ihr ein stacheliges Aussehen verleihen und mit zunehmendem Alter ausgeprägter werden. Diese Tuberkel geben möglicherweise Jungtieren einen besseren Halt, wenn sie auf dem Rücken ihrer Mutter reiten, und könnten eine hydrodynamische Funktion haben (Ginter *et al.*, 2011).
Der spanische Populärname „Marsopa Espinosa" bedeutet „stacheliger Schweinswal". In Peru werden sie „Chancho Marino" („Meer-Schwein") und „Tonino" genannt, in Südchile „Autonino". In Brasilien werden sie auch „Boto de Dorsal Espinhosa" („Delfin mit stacheliger Rückenfinne") genannt.
Wegen der unterschiedlichen Körperlänge von Burmeister-Schweinswalen im Pazifik und Atlantik wird vermutet, dass es 2 verschiedene Populationen dieser Art gibt: eine „Peruanische Population" und eine „Chilenisch-Argentinische Population". Möglicherweise hängen die Sichtungen von Burmeister-Schweinswalen vor Uruguay und Brasilien mit kalten Strömungen entlang der Küste zusammen.
Peruanische und chilenische Fischer verkaufen gelegentlich das Fleisch von Burmeister-Schweinswalen auf den lokalen Märkten für den menschlichen Verzehr und als Köder.
Weitere Informationen, siehe Vaquita

WISSENSCHAFTLICHER NAME

Phocoena spinipinnis Burmeister, 1865
Informationen zum Gattungsnamen, siehe Schweinswal
Der Artname *spinipinnis* setzt sich aus dem lateinischen *spinna* für „Dorn, Stachel" und *pinna* für „Flügel" oder „Finne" zusammen. Frei übersetzt bedeutet der wissenschaftliche Name „Schweinswal mit stacheliger Finne". Damit wird auf die von Burmeister beobachtete, nach hinten gerichtete Rückenfinne hingewiesen, an deren Vorderkante sich 2–4 Reihen kleiner Tuberkeln befinden, die ihr ein stacheliges Aussehen verleihen.

Indischer Glattschweinswal
Neophocaena phocaenoides
—Finless Porpoise

Körperlänge: adult bis 1,71 m
Gewicht: adult bis 100 kg
Körperfarbe: durchgängig dunkelgrau bis fast schwarz; an Unterseite etwas heller; gelegentlich dunkler Streifen am Kinn; ***Indischer und Chinesischer Glattschweinswal:*** an Rücken und Seiten können leicht pinkfarbene Schattierungen erkennbar sein (Farbe bei toten Tieren schnell schwarz, durch Einfluss von Sonne und Luft)
Rückenfinne: keine; niedrige Rückenleiste, bis 12 cm breit, kann mit runden, warzenähnlichen Tuberkeln besetzt sein, Rückenleiste beginnt an der Mitte des Rückens oder kurz dahinter, endet am Ansatz der Schwanzwurzel
Zähne: 30–44 je Kiefer; spatenförmig (charakteristisch für Schweinswale); variieren beträchtlich: hintere Zähne breiter als die vorderen
Lebensalter: möglicherweise etwa 25 Jahre (ein Tier eventuell 33 Jahre, Hong Kong)
Indischer und Chinesischer Glattschweinswal:
Körperform: klein, stromlinienförmig
Kopf: rundlich; sehr ausgeprägte, steil abfallende Melone
Schnabel: nicht erkennbar
Blas: unscheinbar
Blasloch: 1, mittig
Flipper: relativ lang; an den Enden zugespitzt
Fluke: Hinterkante konkav; deutliche Einkerbung in der Mitte

VERBREITUNGSGEBIETE
Sie leben im Indischen Ozean und westlichen Pazifik innerhalb eines schmalen Streifens in flachen, warmen Küstengewässern sowie in einigen Flussmündungen und salzhaltigen Sümpfen, mit Tiefen von weniger als 50 m. Möglicherweise können sie auch in küstenfernen Gewässern mit Tiefen von weniger als 200 m vorkommen.
Das schmale Verbreitungsgebiet erstreckt sich vom Arabischen (Persischen) Golf ostwärts entlang der Küste Indiens bis Nordmalaysia und Java (Indonesien). Möglicherweise reicht das Verbreitungsgebiet über die Formosastraße (Taiwan) bis ins Ostchinesische Meer, wo es sich mit dem der Chinesischen Glattschweinswale überschneidet.

VERHALTEN
Konda und Kollegen versuchten 2019 herauszufinden, ob Indische Glattschweinswale in größeren Gruppen gleichzeitig nach Fischen jagen. Die beobachteten Tiere zeigten jedoch keine zugewiesenen Rollen wie andere Delfine.
Indischer und Chinesischer Glattschweinswal: Beide Arten leben meist solitär oder in 2er-Gruppen. Mütter mit ihren Kälbern oder adulte Paare bilden eine

Indischer Glattschweinswal, *Neophocaena phocaenoides*

soziale Einheit. Manchmal können sich Ansammlungen von bis zu 20 Individuen bilden und sogar Gruppen von bis zu 50 Tieren wurden schon in chinesischen Küstengewässern beobachtet. Möglicherweise handelt es sich dabei um Zusammenkünfte mehrerer kleinerer Gruppen, deren Größe von allgemeinen Lebensbedingungen wie Fortpflanzungszyklus und Ergiebigkeit der Nahrungsgründe abhängt.
Sie sind scheu und nicht sehr oberflächenaktiv. Sie schwimmen dicht unter der Wasseroberfläche, reiten nicht auf Bugwellen von Schiffen und halten sich von Booten fern. Obwohl man sie in freier Wildbahn nur sehr selten springen sieht, lässt sich dies in Delfinarien antrainieren. Normalerweise halten sich beide Arten ganzjährig in einem bestimmten Gebiet auf, saisonale Bewegungen, die möglicherweise in Abhängigkeit zum Nahrungsaufkommen stehen, wurden jedoch beobachtet. Im Indus-Delta folgen sie möglicherweise den Wanderungen der Krabben, die sich im April Richtung offene See orientieren und im Oktober ins Delta zurückkehren. Sie sind sehr wendig und finden ihre Beute auch in trübem Wasser.

TAUCHVERHALTEN

Indischer und Chinesischer Glattschweinswal:
Die Tauchzeit beider Arten beträgt normalerweise nur etwa 20 sec. Die längste gemessene Tauchzeit betrug 4 min. Sie legen große Strecken unter Wasser zurück. Beim Auftauchen verursachen sie nur wenige Turbulenzen an der Oberfläche.

NAHRUNG

Indischer und Chinesischer Glattschweinswal:
Beide Arten sind Nahrungsopportunisten. Sie ernähren sich vorwiegend von kleinen, schwarmbildenden Fischen, Kalmaren und Krabben, die sie meist in Bodennähe, gelegentlich auch oberflächennah, fangen. In Delfinarien nehmen Indische Glattschweinswale etwa 5–6 % ihres Körpergewichts pro Tag an Nahrung zu sich.

HOT SPOTS

Sichtungen selten (sehr scheu). Gelegentliche Sichtungen: vor der Küste von Goa und Bombay (Indien) sowie in den Sundarbans und im Golf von Bengalen (Indien, Bangladesch)

REPRODUKTION

Geschlechtsreife: ab 3–6 Jahre; Weibchen 1,2–1,45 m, Männchen 1,3–1,5 m
Paarungszeit: möglicherweise Juni–März
Geburtszyklus: etwa alle 2 Jahre 1 Kalb
Tragzeit: 10–11 Monate
Geburtsgröße: 0,6–0,8 m
Geburtsgewicht: 6–7 kg
Säugezeit: vermutlich 7 Monate, zusätzlich feste Nahrung ab 6 Monate
Neugeborene Kälber sind hellgrau und werden mit zunehmendem Alter dunkler.

WISSENSWERTES

Fälschlicherweise wurde ursprünglich angenommen, dass die Erstbeschreibung dieser Art an einem Schädel vorgenommen wurde, der vom Kap der Guten Hoffnung stammt. Da diese Art jedoch nicht in dieser Region vorkommt, wird davon ausgegangen, dass er von der Malabar-Küste Indiens stammt.
Als der französische Naturforscher Georges Baron de Cuvier diese Art 1829 erstmals beschrieb, nannte er sie *Delphinus phocaenoides*. 1846 ordnete der britische Zoologe John Edward Gray sie in eine neue Gattung ein und nannte sie *Neomeris phocaenoides*. Diese Einteilung wurde jedoch später wieder rückgängig gemacht, weil dieser Gattungsname 1844 schon für eine Wurmgattung (Vielborster, *polychaete*) vergeben worden war. 1899 ordnete sie der amerikanische Walforscher Theodore Palmer in die Gattung *Neophocaena* ein. Indische Glattschweinswale verfangen sich gelegentlich in Netzen. In China stehen sie seit 1980 unter Schutz.
Indischer und Chinesischer Glattschweinswal:
1972 unterteilten Giorgio Pilleri, ein italienischer Neurologe, und Margarete Gihr, eine deutsche Neurobiologin und Walforscherin, die Gattung *Neophocaena* in 2 Arten: *N. phocaenoides* und *N. asiaeorientalis*. Heute werden sie als eigenständige Arten anerkannt.
Zwischen den beiden *Neophocaena*-Arten gibt es Unterschiede bezüglich der Höhe und der Breite der Rückenleiste sowie der Stelle mit den runden, warzenähnlichen Tuberkeln. Indische Glattschweinswale haben eine breite Stelle mit Tuberkeln (bis zu 12 cm) und eine flache Rückenleiste, Chinesische Glattschweinswale eine schmale Stelle mit Tuberkeln und eine höhere Rückenleiste (bis zu 5 cm). Die Rückenleiste bei Indischen Glattschweinswalkälbern ist breiter als bei adulten Chinesischen Glattschweinswalen. Indische Glattschweinswale sind dunkler als Chinesische Glattschweinswale.
Die Funktion der Tuberkel am Rücken von Indischen Glattschweinswalen ist nicht geklärt. Möglicherweise dienen sie als Sinnesorgan, da viele Nerven in den Tuberkeln enden, oder sie geben Jungtieren einen besseren Halt, wenn sie auf dem Rücken ihrer Mutter „reiten".

WISSENSCHAFTLICHER NAME

Neophocaena phocaenoides (G. Cuvier, 1829)
Der wissenschaftliche Name setzt sich zusammen aus dem griechischen *neos* für „neu" und dem lateinischen *phocaena* oder dem griechischen *phokaina* für „Schweinswal" und dem griechischen *oides* für „ähnlich". *Neophocaena phocaenoides* bedeutet in etwa „neuer Schweinswal, ähnlich wie Schweinswal" (Leatherwood & Reeves, 1983).

Chinesischer Glattschweinswal
Neophocaena asiaeorientalis
—Narrow-ridged Finless Porpoise

Körperlänge: adult bis 2,27 m (selten über 2 m)
Gewicht: adult möglicherweise bis 150 kg
Körperfarbe: durchgängig hellgrau bis dunkelgrau, wird am Bauch etwas heller (in japanischen Gewässern fast weiß); gelegentlich dunkler Streifen am Kinn;
Weitere Informationen, siehe Indischer Glattschweinswal
Rückenfinne: keine; niedrige Rückenleiste, bis zu 1,5 cm breit, mit runden, warzenähnlichen Tuberkeln besetzt; beginnt an oder kurz vor der Mitte des Rückens und endet am Ansatz der Schwanzwurzel
Zähne: 30–42 je Kiefer; spatenförmig (charakteristisch für Schweinswale); variieren beträchtlich: hintere Zähne breiter als die Vorderen
Lebensalter: möglicherweise etwa 25 Jahre
Weitere Informationen, siehe Indischer Glattschweinswal

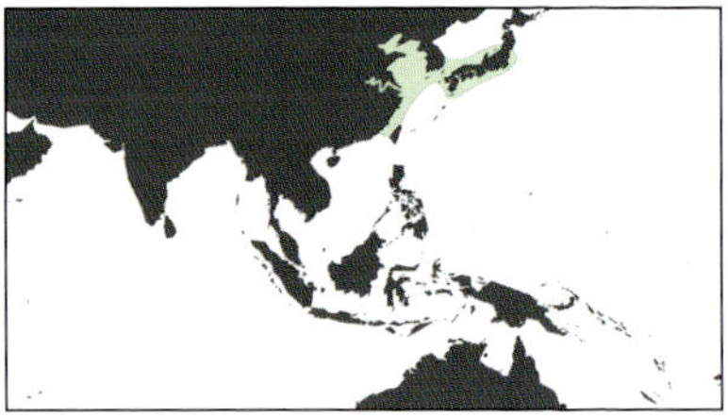

VERBREITUNGSGEBIETE
Chinesische Glattschweinswale leben im Westpazifik innerhalb eines schmalen Streifens, in flachen, warmen Küstengewässern sowie in einigen Flussmündungen und salzhaltigen Mangrovensümpfen, mit Tiefen von weniger als 40 m. Sie werden selten weiter als 5 km von der Küste entfernt gesichtet. Möglicherweise können sie jedoch auch gelegentlich in küstenfernen Gewässern (bis zu 240 km vor der Küste) mit Tiefen von weniger als 200 m vorkommen. Das schmale Verbreitungsgebiet erstreckt sich von der Formosastraße (Taiwan) bis Korea und Zentraljapan sowie in den unteren und mittleren Bereichen des Yangtse-Flusses.

VERHALTEN
Im Yangtse-Fluss springen sie gelegentlich oder positionieren sich senkrecht im Wasser.
Weitere Informationen, siehe Indischer Glattschweinswal

TAUCHVERHALTEN
Informationen, siehe Indischer Glattschweinswal

NAHRUNG
Informationen, siehe Indischer Glattschweinswal

Ein Kalb wird gesäugt.

Sie haben eine niedrige Rückenleiste (bis zu 1,5 cm breit), die mit runden, warzenähnlichen Tuberkeln besetzt ist.

HOTSPOTS

Sichtungen sind selten (scheu). Gute Sichtungsmöglichkeiten: in der Ise-Bucht, der Mikawa, Omura-Bucht und vor der westlichen Küste der Insel Kyushu (Japan)

REPRODUKTION

Entspricht möglicherweise der der Indischen Glattschweinswale

Geschlechtsreife: ab 3–6 Jahre, ab einer Körperlänge von 1,3–1,45 m

Paarungszeit: meist März–August

Neugeborene sind dunkelgrau und werden mit zunehmendem Alter heller. Die meisten Kälber werden möglicherweise zwischen Frühjahr und Sommer geboren (im Yangtse-Fluss von April–Mai, vor der japanischen Pazifikküste von Mai–Juni), westlich vor der Insel Kyushu (Japan) vermutlich in den Wintermonaten (November–Dezember). Weitere Informationen, siehe Indischer Glattschweinswal

WISSENSWERTES

Es werden 2 Unterarten anerkannt:

N. a. asiaeorientalis (Pilleri und Gihr, 1972) – Yangtze Chinesischer Glattschweinswal, im mittleren und unteren Lauf des Yangtse-Flusses

N. a. sunameri Pilleri und Gihr, 1975 – Ostasiatischer Chinesischer Glattschweinswal, in Flussmündungen und Küstengewässern der Formosastraße (Taiwan), über das Ostchinesische Meer nordwärts im Gelben Meer (China) und in den Gewässern von Korea und Japan.

Yangtze Chinesische Glattschweinswale werden von den Einheimischen auch „Fluss-Schweine" genannt. 1991 wurden im Yangtse-Fluss noch rund 2.500 Yangtze Chinesische Glattschweinswale gezählt, 2020 war ihr Bestand so sehr stark gefährdet, dass sie in wenigen Jahren ausgestorben sein könnten.

2016 wurde „Beibei", der erste künstlich gezeugte Yangtze Chinesische Glattschweinswal, geboren, in einem Pool vier Jahre lang aufgezogen und darauf trainiert, in Freiheit zu überleben. Im April 2020 wurde „Beibei" im Swan Lake im Baiji Dolphin Nature Reserve in Shishou (Provinz Hubei, China) ausgewildert.

Im Juli 2005 wurde im Institute of Hydrobiology (IHB) in Wuhan (China) zum ersten Mal ein Glattschweinswal aus dem Yangtse-Fluss *(N. a. asiaeorientalis)* geboren. Es war die erste Geburt einer Süßwasser-Cetaceen-Art in Gefangenschaft. Im Juli 2007 wurde ein zweites Kalb geboren.

Chinesische Glattschweinswale verfangen sich gelegentlich in Netzen. In China stehen sie seit 1980 unter Schutz. Vor der Küste Japans werden sie regelmäßig gefangen und an Delfinarien verkauft.

Weitere Informationen, siehe Indischer Glattschweinswal

WISSENSCHAFTLICHER NAME

Neophocaena asiaeorientalis (Pilleri und Gihr, 1972)

Informationen zum Gattungsnamen, siehe Indischer Glattschweinswal

Der Artname *asiaeorientalis* bezieht sich auf das Verbreitungsgebiet.

Dall-Hafenschweinswal
Phocoenoides dalli
—Dall's Porpoise

Körperlänge: adult 1,72–2,39 m (max.: Weibchen 2,1 m, Männchen 2,39 m; im westlichen Pazifik und in Gewässern um Japan größer als im östlichen Pazifik; die größten Tiere dieser Art leben im Japanischen Meer)
Gewicht: adult 170–200 kg (sind die schwersten Schweinswale)
Körperform: kompakt, sehr kräftig, dick (trotz recht dünner Blubberschicht)
Körperfarbe: gehören (neben Brillenschweinswalen) zu den am auffälligsten pigmentierten Schweinswalen: Körper ist durchgehend dunkelgrau-schwarz, bis auf einen großen, weißen Fleck; zieht sich vom Bauch bis zu den Seiten hoch, variabel in Größe, je nach Verbreitungsgebiet, nur sehr selten ganz weiß oder ganz schwarz (auffällige Pigmentierung wird als „Harlekinzeichnung" bezeichnet); bei Heranwachsenden sind weiße Flächen grau-weiß (Rückenfinne, Fluke und Flipper sind einheitlich dunkelgrau-schwarz)
Kopf: klein; steil abfallende Melone
Schnabel: kaum erkennbar
Blas: unscheinbar
Blasloch: 1, mittig

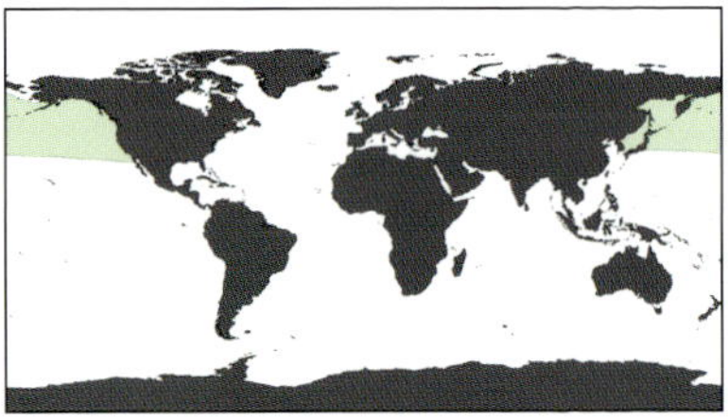

Flipper: klein; auffällig nah am Kopf
Fluke: klein; tiefe Einkerbung in der Mitte; Hinterkante bei Männchen konvex, bei Weibchen fast dreieckig; Hinterkante und Spitzen der dunklen Oberseite ebenso wie die Hinterkante der Flipper weiß-grau
Rückenfinne: markant, dreieckig, aufrecht stehend; breite Basis, bei adulten Männchen leicht nach vorne geneigt; bei erwachsenen Tieren zweifarbig: oberer und hinterer Teil grau bis weiß, Rest schwarz (Größe und Form dieser Aufhellung variabel)

Dall-Hafenschweinswal, *Phocoenoides dalli*

Zähne: 46–56 je Kiefer; sehr klein; haben eher die Form von Reiskörnern als Spatenform wie *Phocoena*, die kleinsten Zähne aller Cetaceen, wachsen oft kaum höher als das Zahnfleisch, (gerade hoch genug, um Beutetiere greifen zu können)
Lebensalter: 15–20 Jahre

VERBREITUNGSGEBIETE

Sie leben nur im Nordpazifik und in angrenzenden Meeren (Beringmeer, Ochotskisches Meer und Japanisches Meer). Ihr Verbreitungsgebiet reicht im Norden bis zum Beringmeer (63 °N). Im Süden liegt die Verbreitungsgrenze im Westpazifik bei Südjapan (32 °N bis 35 °N), im mittleren Pazifik (nördlich 41 °N) und im Ostpazifik bei Südkalifornien (28 °N bis 32 °N).
Dall-Hafenschweinswale leben bevorzugt in tiefen, kalten und gemäßigt kalten Gewässern, sowohl küstennah als auch auf offener See. Sie bevorzugen Wassertemperaturen von 2–17 °C und Wassertiefen über 180 m. Sie sind auch häufig in den küstennahen Gewässern von Alaska, British Colombia und Washington anzutreffen.
Es gibt geringfügige Nord-Süd-Bewegungen, die in Abhängigkeit zu jahreszeitlichen Temperaturschwankungen stehen, und Wanderungen von und zur Küste, die mit unterschiedlichem Nahrungsaufkommen zusammenhängen.

VERHALTEN

Dall-Hafenschweinswale ziehen meist in losen Gruppen von 2–20 Tieren umher. In ergiebigen Nahrungsgebieten können sich selten auch Ansammlungen von bis zu einigen hundert oder tausend Tieren bilden. Obwohl sie nur selten springen, sind sie oberflächenaktiv. Oft tauchen sie scheinbar aus dem Nichts auf, um für eine Weile auf der Bugwelle von schnellen Booten zu reiten. Bei Geschwindigkeiten unter 20 km/h verlieren sie jedoch schnell das Interesse daran. Mütter mit Jungtieren meiden normalerweise Boote.
Die gedrungene, kräftige Körperform lässt auf einen ausdauernden Schwimmer schließen. Sie erreichen eine Höchstgeschwindigkeit von 55 km/h und gehören damit zu den schnellsten Cetaceen. Beim Schwimmen mit hoher Geschwindigkeit schwimmen sie dicht unter der Oberfläche und schnellen nicht, wie andere Delfine, in weiten Sätzen aus dem Wasser. Sie ziehen beim Auftauchen einen Schweif aus Spritzwasser hinter sich her. Diese Fontäne wird als „rooster tail" („Hahnenschwanz") bezeichnet und wird nicht von der Fluke verursacht, sondern durch das vom Kopf abfließende Wasser beim Durchbrechen der Wasseroberfläche. Körperdetails sind dann kaum zu erkennen. Meist erkennt man nur etwas „Dunkles" mit einem weißen Fleck durch das Wasser huschen, das eine Fontäne aus Spritzwasser hinter sich herzieht. Dicht unter der Wasseroberfläche ändern sie immer wieder die Richtung und schwimmen im Zickzack-Kurs. Genauso plötzlich, wie sie aus dem Nichts auftauchen, verschwinden sie auch wieder.
Schwertwale und Haie zählen zu ihren natürlichen Feinden. Trotzdem gibt es immer wieder Beobachtungen, bei denen Schwertwale und Dall-Hafenschweinswale aneinander vorbeizogen. Sie vergesellschaften sich mit Weißstreifendelfinen (südlich 50 °N) und Kurzflossen-Grindwalen (südlich 40 °N). Bei großen Furchenwalen *(Balaenopteridae)* reiten sie auf der Bugwelle. Hybride zwischen Dall-Hafenschweinswalen und Schweinswalen sind im Nordostpazifik nicht selten.

TAUCHVERHALTEN

Es wird angenommen, dass sie die Beute bis in Tiefen von 500 m jagen. Es wurden bisher jedoch nur an einem Individuum exakte Messungen der Tauchgänge vorgenommen (im Grenzbereich vor Britisch Kolumbien und Washington, Staat). Dabei wurde das Tauchprofil von 17 Tauchgängen aufgezeichnet. Der tiefste Tauchgang war 94 m tief (Hanson und Baird, 1998).

NAHRUNG

Sie ernähren sich bevorzugt von Schwarmfischen wie Lodde, Makrele, Hering, Anchovis und Seehecht, die sie möglicherweise bis in Tiefen von 500 m erbeuten. Auch Laternenfische, Kalmare und gelegentlich Krebstiere stehen auf ihrem Speiseplan. In einigen Mägen wurde auch Krill gefunden, der jedoch sicher nicht zum normalen Nahrungsspektrum gehört.
Weitere Informationen, siehe Gemeiner Delfin

HOT SPOTS

Gute Sichtungsmöglichkeiten: vor Kalifornien, vor Südostalaska (USA) und vor Britisch Kolumbien (Kanada)

REPRODUKTION

Geschlechtsreife: Weibchen ab 4–7 Jahre, ab 1,72 m; Männchen ab 3–8 Jahre, ab 1,75 m
Paarungszeit: meist zwischen Frühlingsanfang und Herbstbeginn
Geburtszyklus: möglicherweise jährlich 1 Kalb
Tragzeit: 10–12 Monate
Geburtsgröße: 0,8–1 m
Säugezeit: genaue Dauer ist unbekannt, beträgt mindestens 2 Monate bis max. 1 Jahr
Geringer Größenunterschied beider Geschlechter und geringe Größe der Hoden der Männchen lässt auf polygynes Paarungsverhalten schließen.

WISSENSWERTES

Frederick True, der Direktor des American Museum of Natural History, gab dieser Art 1885 den Namen *Phocaena dalli*, zu Ehren des amerikanischen Zoologen William Healey Dall, der Notizen und Zeichnungen von zwei Individuen beisteuerte, die er während einer Expedition 1873

Sie erzeugen beim schnellen Schwimmen einen „Hahnenschwanz".

mit der „Humboldt" in Alaska anfertigte (Leatherwood & Reeves, 1983). True erwähnt in seiner Beschreibung dieser neuen Art, dass das Skelett eines der beiden Exemplare von Ratten zerstört war (True, 1885). Das zweite Individuum konnte glücklicherweise für die Beschreibung in gutem Zustand konserviert werden.
Es werden 2 Unterarten anerkannt:
P. d. dalli (True, 1885): Dall-Hafenschweinswal, Küstengewässer Japans und bei den Kurilen (35° bis 54°N), weiße Seitenflecke reichen bis unter die Rückenfinne
P. d. truei Andrews, 1911: Truei-Typ Dall-Hafenschweinswal, im gesamten Verbreitungsgebiet, weiße Seitenflecke erstrecken sich bis zu den Brustflossen
In der Vergangenheit wurden beide Unterarten für eigenständige Arten gehalten, genetische Analysen bestätigten jedoch, dass es sich um eine Art handelt.
Dall-Hafenschweinswale kamen erstmals in den 1970er Jahren in die Schlagzeilen, als bekannt wurde, dass bei der Lachsfischerei im gemäßigten Nordpazifik jährlich tausende Tiere sterben, indem sie sich in Netzen verfangen und ertrinken.
Unglücklicherweise gehören sie zu den meist gejagten und kommerziell genutzten Cetaceen der Welt (seit 1980 wurden über 400.000 Exemplare in japanischen Gewässern erlegt, EIA). Die Jagd in japanischen Gewässern wurde bereits von der Internationalen Walfang-Kommission für nicht nachhaltig erklärt und japanische Gesetze erließen jährliche Fangquoten, die jedoch niemals eingehalten wurden. Das Fleisch wird fälschlicherweise als Walfleisch deklariert und etwa zum zehnfachen Preis von Schweinswalfleisch für den menschlichen Verzehr verkauft. Das Fleisch von Dall-Hafenschweinswalen ist sehr stark mit Umweltgiften belastet.

WISSENSCHAFTLICHER NAME

Phocoenoides dalli (True, 1885)
Der Gattungsname *Phocoenoides* setzt sich zusammen aus einer Abwandlung vom lateinischen *phocaena* oder dem griechischen *phokaina* für „Schweinswal" und der griechischen Endung *oides* für „ähnlich zu". Der Artname *dalli* bezieht sich auf William Healey Dall, einen amerikanischen Zoologen, der Notizen und Zeichnungen von zwei Individuen beisteuerte, die 1873 vor Alaska gefangen wurden (Leatherwood & Reeves, 1983). Das angehängte *i* steht für „gehört zu".

La-Plata-Delfin

Pontoporia blainvillei
—Franciscana

Körperlänge: adult 1,3–1,77 m (max.: Weibchen 1,77 m, Männchen 1,63 m); gehören zu den kleinsten Cetaceen
Gewicht: adult 33–53 kg (max.: Weibchen 53 kg, Männchen 43 kg)
Körperform: schlank, verjüngt sich zur Schwanzwurzel stark
Körperfarbe: Oberseite braun bis dunkelgrau; geht an den Seiten und Bauch in helleres Graubraun über
Kopf: kompakt; kleine, deutlich ausgeprägte Melone; kleine Augen
Schnabel: sehr lang (Weibchen 17–22 cm, Männchen 15–19 cm); bei Jungtieren deutlich kürzer (Kopf wirkt dadurch eher rundlich, wird mit zunehmendem Alter länger)
Blas: unscheinbar
Blasloch: 1, mittig
Flipper: breit, paddelförmig; bogenförmiger Rand; unter der Haut wird fingerähnliche Unterteilung sichtbar
Fluke: spitze Enden; konkave Hinterkante; mediane Einkerbung
Rückenfinne: deutlich hervorstehend, dreieckig; an Spitze meist leicht abgerundet; sitzt auf breiter Basis (reicht über kleine Leiste bis Schwanzwurzel)
Zähne: 100–124 je Kiefer; fein, spitz (neben Gemeinen Delfinen und Spinner-Delfinen, die meisten Zähne aller Cetaceen)
Lebensalter: mind. 10–21 Jahre (mind.: Weibchen 21 Jahre, Männchen 15 Jahre)

VERBREITUNGSGEBIETE

Sie leben in tropischen und gemäßigten, flachen Küstengewässer und Flussmündungsgebiete an der Südostküste Südamerikas (Brasilien, Uruguay, Argentinien und im La-Plata-Mündungsgebiet). Das Verbreitungsgebiet erstreckt sich von Espírito Santo (Südostbrasilien, 18 °S) bis zum nördlichen Golfo San Matias (Halbinsel Valdes, Argentinien, 42 °S).

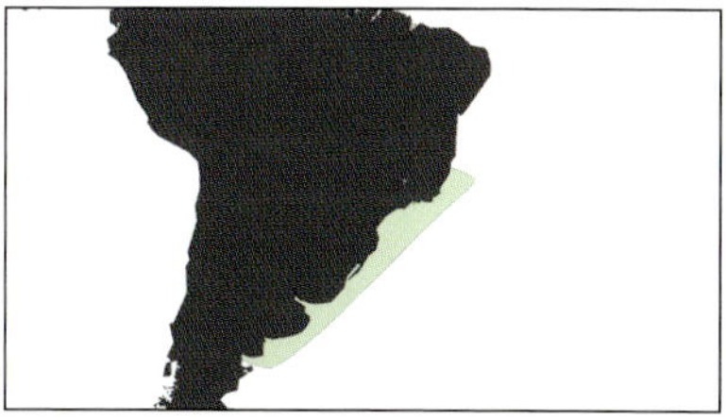

Sie sind vermutlich nicht durchgängig in ihrem Verbreitungsgebiet anzutreffen. In zwei nördlichen Gebieten sind sie extrem selten oder kommen überhaupt nicht vor, zwischen 19 °S (Regência, Espírito Santo) und 21 °S (Barra do Itabapoana, Rio de Janeiro) sowie 22 °S (Macaé, Rio de Janeiro) und 23 °Silha Grande (Rio de Janeiro). Der Grund dafür ist nicht bekannt. Möglicherweise hängt das mit ihrer Vorliebe für flache, turbulente Gewässer zusammen. La-Plata-Delfine leben normalerweise in flachen Küstengewässern (nicht in Flüssen, aber im Mündungsgebiet des La-Plata-Flusses, nicht weiter flussaufwärts als bis Buenos Aires) mit Tiefen von nicht mehr als 30 m. Gelegentlich können sie auch in küstenfernen Gewässern (bis zu 55 km vor der Küste) mit Tiefen von etwa 50 m vorkommen.

VERHALTEN

Über das Verhalten von La-Plata-Delfinen in freier Wildbahn ist nicht viel bekannt. Sie sind sehr scheu und in freier Natur schwer zu sichten.
Das Verhalten an der Oberfläche und die Körperfarbe sind sehr unauffällig. Sie können daher leicht übersehen werden. Wanderungen sind nicht bekannt, obwohl in

Der Schnabel ist sehr lang und kann bei Weibchen bis 22 cm lang werden.

einigen Regionen saisonale Bewegungen zur Küste und zum offenen Meer beobachtet wurden. Diese Bewegungen hängen möglicherweise von den Gezeiten oder den Wanderungen ihrer Beute ab.
Sie sind nicht besonders gesellig. Die Gruppengröße kann zwischen 1 und bis zu 15 Individuen variieren. Sie geben nur selten Laute von sich. Normalerweise schwimmen sie mit einer durchschnittlichen Geschwindigkeit von 4,8 km/h.

TAUCHVERHALTEN

Zum Abtauchen machen La-Plata-Delfine gleitende Abrollbewegungen nach vorne, ohne dabei Wasser aufzuspritzen und ohne die Fluke aus dem Wasser zu heben. Zum Atmen erscheint zunächst der Schnabel in einem Winkel von etwa 45 ° an der Oberfläche, gefolgt von der Rückenfinne und einem Teil des Rückens. Die normale Tauchzeit beträgt etwa 20 sec bis 1 min, sie können jedoch auch bis zu 5 min tauchen.

NAHRUNG

Sie ernähren sich von verschiedenen Flachwasserfischen (z. B. Umberfische, Stachelmakrelen, Kabeljau und Dorsch) sowie Krabben und Kalmaren. Sie jagen die Beute meist in Bodennähe, in Tiefen von bis zu 30 m. Den Speiseplan variieren sie je nachdem, welche Beutetiere gerade im Überfluss vorhanden sind. In Argentinien wurde kooperatives Fressen beobachtet.

HOT SPOTS

Beste Sichtungsmöglichkeiten: in Küstengewässern (weniger als 30 m Tiefe, jenseits der Brandungszone, näher als 50 m zur Küste), in der Baía da Babitonga (Santa Catarina, Brasilien) und in der Mündung des La-Plata-Flusses auf der Seite von Uruguay (seltener im Winter)

REPRODUKTION

Geschlechtsreife: Weibchen ab 2–5 Jahre, Männchen ab 3–4 Jahre
Paarungszeit: möglicherweise Januar–Februar
Tragzeit: 10–11 Monate
Geburtszyklus: etwa alle 2 Jahre 1 Kalb
Geburtsgröße: 0,7–0,8 m (Uruguay), 0,6–0,77 m (Südbrasilien)
Geburtsgewicht: 6,5–8,5 kg
Säugezeit: 8–9 Monate, ab 3 Monaten zusätzlich feste Nahrung

WISSENSWERTES

Die französischen Zoologen Paul Gervais und Alcide Dessalines d'Orbigny beschrieben diese Art zunächst als *Delpinus blainvillei* und später als *Stenodelphis blainvillei*. 1846 stellte der britische Zoologe John Edward Gray die neue Gattung *Pontoporia* auf.
Früher glaubte man, dass La-Plata-Delfine vom Süßwasser ins Meer und wieder zurückwandern. Obwohl La-Plata-Delfine als Flussdelfine bezeichnet werden, sind sie keine „Süßwasser-Delfine", sondern leben im Meer. Gen-Analysen lassen darauf schließen, dass es 2 geographische Formen gibt. Eine kleinere Form lebt im nördlichen Verbreitungsgebiet (nördlich 27 °S, zwischen Espírito Santo und Santa Catarina) und eine größere in den Küstengewässern Südbrasiliens, Uruguays und Argentiniens (südlich 27 °S).
Fossilien der Familie *Pontoporiidae* wurden in Peru, Argentinien, der Nordsee (Belgien und Holland), North Carolina und möglicherweise auch in Kalifornien (USA) gefunden.
In Uruguay, Argentinien und Brasilien werden sie „Franciscana" genannt. „Toninha" und „Cachimbo" sind weitere brasilianische Populärnamen.
Der Bestand der La-Plata-Delfine ist vermutlich durch Fischernetze stark gefährdet. Früher wurden sie stark bejagt. Aus ihrem Fett wurde Öl zum Gerben gewonnen und es wurde als Schmier- und Imprägnier-Mittel genutzt. Große Haie und Schwertwale gehören möglicherweise zu ihren natürlichen Feinden.

Die Flipper sind paddelförmig mit bogenförmigem Rand.

WISSENSCHAFTLICHER NAME

Pontoporia blainvillei (Gervais und d'Orbigny, 1844)
Der Gattungsname setzt sich aus dem griechischen *pontos*, was so viel wie „offenes Meer" bedeutet, und *poros* für „Passage" zusammen. Dieser Name wurde ihnen in der falschen Annahme gegeben, dass sie sowohl im Süß-, als auch im Salzwasser leben (Leatherwood & Reeves, 1983). Der Artname *blainvillei* bedeutet „von Blainville". Diese Art wurde nach dem französischen Anatomen und Zoologen Henri Marie Ducrotay de Blainville benannt. Das angehängte *i* steht für „gehört zu".

Gangesdelfin
Platanista gangetica
—Ganges River Dolphin, Susu

Körperlänge: adult 1,7–2,67 m (max.: Weibchen 2,67 m, Männchen 2,1 m)
Gewicht: adult 80–108 kg (max.: Weibchen 108 kg)
Körperform: kräftig, zur Fluke hin stark verjüngend, leicht rundlicher Bauch
Körperfarbe: durchgängig, variiert von grau bis hellbraun (im Alter gelegentlich fleckig); Bauch meist etwas heller als Seiten und Rücken; bei Jungtieren Bauch etwas heller und leicht pinkfarben
Lebensalter: etwa 28–30 Jahre
Ganges- und Indusdelfin:
Kopf: klein; durch leichte Einbuchtung optisch von Körper getrennt; steil abfallende Melone; ausgeprägter Kamm in der Mitte des Kopfes (verläuft vom Blasloch zum Schnabel); Augen winzig klein, nur schwer erkennbar (kleiner als Öffnungen des Ohrkanals, im Unterschied zu anderen Zahnwalen befinden sich die Augen geringfügig oberhalb der Öffnungen des Ohrkanals); beweglicher Hals (nur 2 Halswirbel miteinander verwachsen)
Schnabel: sehr lang, auffällig (erreicht fast 20 % der Körperlänge, bei Weibchen länger als bei Männchen, Unterschied ab einer Körperlänge von 1,5 m erkennbar), wird zur Spitze dicker (erinnert an eine übergroße „chirurgische Pinzette"), Schnabelspitze nach oben und zur Seite gebogen; Mundlinie entlang der Schnauze gerade, macht unterhalb der Augen scharfen Bogen aufwärts
Blas: unscheinbar
Blasloch: 1, klein, schlitzartig, länglich, in Längsrichtung ausgerichtet; auf Grund des asymmetrischen Schädels etwas auf die linke Seite versetzt

Gangesdelfin, *Platanista gangetica*

Flipper: groß, paddelförmig, sehr breit; wellenförmige Kante und fingerförmige Unterteilung (sie erleichtern Schwimmen in Seitenlage, vermutlich erfüllen sie auch Tast-Funktion beim Erkunden des Grundes)
Fluke: sehr spitze Enden; konkave Hinterkante; deutlich ausgeprägte Einkerbung in der Mitte
Rückenfinne: keine; stattdessen niedriger, dreieckiger Kamm oder Buckel
Zähne: Oberkiefer: 52–78; Unterkiefer: 52–70; lang, spitz (mit zunehmendem Alter werden Spitzen abgerundeter und können bei älteren Tieren zapfenartig aussehen), bei geschlossenem Maul sichtbar; vordere Zähne länger (gut zum Festhalten von Beutetieren geeignet)

VERBREITUNGSGEBIETE
Schlammige Gewässer im Ganges-Brahmaputra-Megha-Karnaphuli- und Hoogli Fluss-System im Nordosten Indiens und in Bangladesch. In der Regenzeit möglicherweise in überfluteten Gebieten, in der Trockenzeit meiden sie Regionen, in denen die Temperaturen und/oder der Salzgehalt deutlich steigen.

VERHALTEN
Ganges- und Indusdelfin:
Normalerweise leben beide Arten solitär oder in Gruppen von 2–3 Individuen, manchmal bilden sich Ansammlungen von bis zu 10, in sehr nahrungsreichen Gebieten gelegentlich auch von bis zu 30 Tieren.
Sie sind tag- und nachtaktiv. Um sich in dem extrem trüben, schlammigen Wasser zu orientieren und um Beute aufzuspüren, geben sie ständig hoch frequente Echolokalisations-Laute (15–150 kHz) von sich, die von kurzen Pausen (1–60 sec) unterbrochen werden. Nur etwa bis zu 5 % dieser Zeit nutzen sie zur Kommunikation.
Normalerweise schwimmen sie mit einer eher langsamen Geschwindigkeit von etwa 5 km/h in Gefangenschaft. In freier Wildbahn wurden kurzzeitige Geschwindigkeiten von über 27 km/h beobachtet. Wenn sie gestört oder erschreckt werden, springen sie aus dem Wasser und tauchen dann mit einem lauten Klatscher der Fluke kopfüber ab.
Beide Arten zeigen an der Oberfläche mehr vom Körper als andere Flussdelfine. Beim Schwimmen und Atmen strecken sie gelegentlich die lange, spitze Schnauze in einem schrägen Winkel aus dem Wasser.
Nur diese beide Arten schwimmen oft in Seitenlage, direkt am Flussbett. Dies brachte ihnen den englischen Populärnamen „Side-swimming Dolphin" („seitlich schwimmender Delfin") ein. Dabei schleifen sie mit der unteren Brustflosse durch den Schlamm, um Beute aufzuspüren. Der Schwanz liegt dabei etwas höher im Wasser als der Kopf, der ständig nickt, um die Gegend vor sich zu scannen.
Mütter bleiben mit ihren Kälbern eher im flacheren Wasser mit geringer Strömung. Sie leben teilweise in Gewässern mit bis zu 1 m Wassertiefe. Manchmal heben Mütter ihre Kälber auf dem Rücken aus dem Wasser. Ohne Nachwuchs bevorzugen sie jedoch tiefere Gewässer.

TAUCHVERHALTEN
Ganges- und Indusdelfin:
Beide Arten tauchen meist in kurzen Abständen zum Atmen auf und ändern oft die Schwimmrichtung. Normalerweise tauchen sie 80–100 sec. Die maximale Tauchzeit liegt bei etwa 5 min.

NAHRUNG
Ganges- und Indusdelfin:
Beide Arten ernähren sich hauptsächlich von Fischen (z. B. Welsen, Elritzen, Karpfen und Grundeln), aber auch von Krabben und Weichtieren. Wenn sie größere Fische (über 30 cm) gefangen haben, schütteln sie diese heftig an der Oberfläche, um sie zu töten. Die Beute stöbern sie mit dem langen Schnabel im Boden auf. Möglicherweise koordinieren kleine Gruppen ihre Jagdaktivitäten. Sie nehmen pro Tag etwa 1 kg Nahrung zu sich.

HOT SPOTS
Im Hauptfluss des Ganges zwischen Maniharighat und Buxar, besonders im Vikramshila Gangetic Dolphin Sanctuary, sowie in den Sundarbans Mangroven (Bangladesch). Der Zusammenfluss des Ganges und des Gomti Flusses, etwa 30 Kilometer von Varanasi Stadt entfernt, ist wahrscheinlich einer der wenigen Punkte im östlichen Uttar Pradesh an dem Gangesdelfine in größerer Anzahl gesichtet werden können (Hindustan Times, 27.11.2022).
Ganges- und Indusdelfin:
Wegen des geringen Restbestands sind Sichtungen beider Arten sehr selten. Sie halten sich bevorzugt in Gegenströmungen, Vertiefungen, Flussmündungen und an scharfen Flussbiegungen auf.

REPRODUKTION
Geschlechtsreife: ab 6–10 Jahre, ab einer Körperlänge von etwa 1,7 m
Paarungszeit: früher Winter und früher Sommer
Tragzeit: etwa 12 Monate
Geburtsgröße: etwa 0,7–0,9 m
Geburtsgewicht: 7,5 kg
Säugezeit: etwa 12 Monate, ab 1–2 Monaten zusätzlich feste Nahrung (kleine Beutetiere)

WISSENSWERTES
Es gibt viele verschiedene einheimische Namen für Gangesdelfine: z. B. in Nepal „swongsu" und „sus matsya" (matsya = Fisch), in Bangladesch „shushuk" und „sishu", „foo", oder „hungemaach" (maach = Fisch), in Hindu „soonse" und „sunsar" und in Assamese „hiho" und „shihu".
Ganges- und Indusdelfin:
Ganges- und Indusdelfine galten früher als eine Art (Indischer Flussdelfin), heute werden sie als getrennte

Die langen, spitzen Zähne sind auch bei geschlossenem Maul sichtbar.

Arten angesehen (Braulik *et al.*, 2021). Beide Arten haben getrennte Verbreitungsgebiete.
Plinius der Ältere schrieb in seiner *Naturalis Historiae*, dass „im Ganges in Indien Fische mit einer Schnauze und einem Schwanz wie Delfine leben, … die sie *Platanistae* nennen" (Natural History IX, 17 (15).
König Asoka (304–232 v. Chr.) aus der indischen Mauryan-Dynastie konvertierte nach vielen Kriegsjahren zum Buddhismus. In der Absicht, den Buddhismus auf dem Indischen Subkontinent zu verbreiten, schreib er die „Edikte von König Asoka". Neben anderen Regeln stellte König Asoka in seinen Edikten einige Tierarten unter Schutz, auch den Gangapuputaka. Auf diese Weise wurde der Indische Flussdelfin zur ersten geschützten Cetaceen-Art.
1801 beschrieb der holländische Wissenschaftler Heinrich Julius Lebeck den Indischen Flussdelfin und nannte ihn *Delphinus gangeticus*. Bis 1972 galt Lebeck als Erstbeschreiber. 1972 empfahl Giorgio Pilleri, ein italienischer Neurologe, dass die Originalbeschreibung von dem britischen Botaniker William Roxburgh stammt, der diese Art unter gleichem Namen beschrieben hat. Pilleri's Vorschlag wurde generell akzeptiert, bis 2000 Carl Christian Kinze, ein dänischer Zoologe, erklärte, dass der gültige wissenschaftliche Name von Indischen Flussdelfinen *Platanista gangetica* ist (Lebeck, 1801).
Auf Grund von Unterschieden im Schädel zwischen Tieren aus dem Ganges und dem Indus, erkannten Pilleri und Margarete Gihr, eine deutsche Neurobiologin und Walforscherin, zwei Arten an: *P. gangetica* und *P. minor*.
1972 empfahl Toshio Kasuya, ein japanischer Walforscher, dass sie wegen Unterschieden in der Länge des Schwanzes als Unterarten anerkannt werden sollten: *P. g. gangetica* und *P. g. minor*.
Die Populärnamen bezeichnen das jeweilige hauptsächliche Verbreitungsgebiet: der Gangesdelfin *(Platanista gangetica)* in den Flusssystemen des Ganges, Brahmaputra und Megna und der Indusdelfin *(Platanista minor)* im Indus-Fluss in Pakistan. Indusdelfine sind geringfügig kleiner als Gangesdelfine.
Früher waren beide Arten in den Flusssystemen des Ganges (etwa bis Haridwar), Brahmaputra und Meghna (Indien), Bangladesch, Nepal und Bhutan sowie im Karnaphuli-Sangu-Flusssystem (Bangladesch) und im ganzen Indus-Fluss (Pakistan) sowie in den Zuflüssen Sutlej, Beas, Ravi, Chenab und Jhelum weit verbreitet.
Das Verbreitungsgebiet erstreckte sich vom Mündungsdelta flussaufwärts bis zu den Ausläufern des Himalayas, wo eine weitere Ausbreitung durch Felsbarrieren und Niedrigwasser verhindert wurde. Meldungen vor dem 19. Jahrhundert berichten von „sehr großen Schulen", allerdings ohne Zahlenangaben zu machen.
Die kleinen, nahezu funktionslosen Augen brachten Indischen Flussdelfinen den englischen Populärnamen „Blind River Dolphin" („blinder Flussdelfin") ein. Wegen der flachen, dicken Hornhaut und der fehlenden Augenlinse sind sie fast blind. Die Netzhaut ist jedoch mit vielen Lichtrezeptoren bestückt, die es ermöglichen, Hell-Dunkel-Unterschiede wahrzunehmen.
Der Verlust der optischen Orientierung wird durch eine sehr ausgefeilte „akustische" Wahrnehmung mehr als ausgeglichen. Mithilfe des Sonars tasten sie die Umgebung ab und erhalten auf diesem Wege ein sehr viel präziseres Bild von ihrer Umgebung, als es durch optische Orientierung in diesem trüben, schlammigen Wasser möglich wäre.
Gen-Analysen und fossile Funde lassen darauf schließen, dass beide Arten die letzten Überlebenden einer altertümlichen, primitiven, einst weit verbreiteten Cetaceen-Art sind. Bis in die späte Zeit des Pliozäns (vor etwa 2–5 Millionen Jahren) bildeten die heutigen Flüsse Indus, Ganges und Brahmaputra einen einzigen zusammenhängenden, westwärts fließenden Fluss, den Indobrahm. Möglicherweise gab es lange Zeit eine sporadische Verbindung zwischen dem Indus und dem Ganges.
Informationen zu beweglichem Hals, siehe Narwal

WISSENSCHAFTLICHERNAME

Platanista gangetica (Lebeck, 1801)
Der Gattungsname *Platanista* leitet sich vom griechischen *platanistes* für „Fisch aus dem Ganges" ab. Der Artname *gangetica* bedeutet „aus dem Ganges" (abgeleitet vom griechischen *gangetikos*) und bezieht sich auf das Verbreitungsgebiet im Ganges.

Indusdelfin
Platanista minor
—Indus River Dolphin, Bhulan

Körperlänge: adult etwa 2–2,41 m
Gewicht: adult max. 120 kg
Körperform: kräftig, zur Fluke hin stark verjüngend
Körperfarbe: Rücken: dunkelgrau, braun; Bauch: etwas heller; Jungtiere einheitlich grau
Lebensalter: etwa 28–30 Jahre (Max Planck Institut)
Weitere Informationen, siehe Gangesdelfin

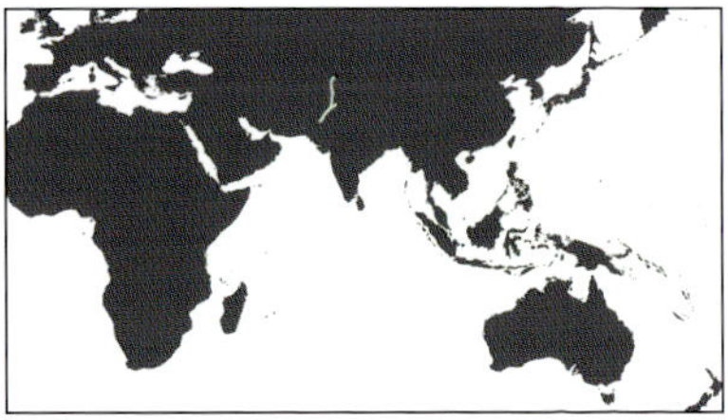

VERBREITUNGSGEBIETE
Nur im mittleren und unteren Lauf des Indus in Zentralpakistan, oberhalb des Kotri-Damms und unterhalb der Dämme Chasma, Trimmu, Sidhnai und Islam. Ihr Verbreitungsgebiet erstreckt sich heute nur noch über etwa 700 km (etwa 20 % des ursprünglichen Gebiets). Sie bevorzugen Wassertiefen von mehr als 3 m, kommen aber auch in flacherem Wasser vor (Hamilton *et al.*, 2001).

VERHALTEN
Informationen, siehe Gangesdelfin

TAUCHVERHALTEN
Informationen, siehe Gangesdelfin

NAHRUNG
Informationen, siehe Gangesdelfin

HOT SPOTS
Im Lab-e-Mehran Park in Sukkur, in der pakistanischen Provinz Sindh zwischen den Dämmen Guddu und Kotri und im Beas-Fluss, einem Nebenfluss des Indus in Indien
Weitere Informationen, siehe Gangesdelfin

REPRODUKTION
Paarungszeit: ganzjährig
Tragzeit: etwa 8–11 Monate
Weitere Informationen, siehe Gangesdelfin

WISSENSWERTES
Einer pakistanischen Sage zufolge bietet eine Frau dem Geist des Flusses Butter und Milch an. Daraufhin teilt sich das Wasser und die Frau konnte sicher den Fluss überqueren. Als sie jedoch eines Tages ein unakzeptables Angebot machte, wurde sie vom Flussgeist in einen Delfin verwandelt.
Indusdelfine leben seit über 1.000 Jahren im Indus. Heute gehören sie jedoch zu den am stärksten bedrohten Cetaceen. Ihr Bestand ist durch Einschränkungen des Lebensraums sowie Wasserverschmutzung, Dammbauten und Fischernetze sehr stark gefährdet. 1970 wurden sie in Pakistan unter Schutz gestellt.
Es gibt viele verschiedene einheimische Namen für Indusdelfine: in Suraiki und Sindhi „bhoolun" oder „bhulan" und in Urdu „dolphin muchli" (allgemeiner Name für Delfine).
Weitere Informationen, siehe Gangesdelfin

WISSENSCHAFTLICHER NAME
Platanista minor Owen, 1853
Informationen zum Gattungsnamen, siehe Gangesdelfin
Der Artname *minor* bedeutet „geringer, kleiner" und weist auf den geringfügigen Größenunterschied zu Gangesdelfinen hin.

Indusdelfin, *Platanista minor*

Amazonas-Delfin

Inia geoffrensis
—Boto

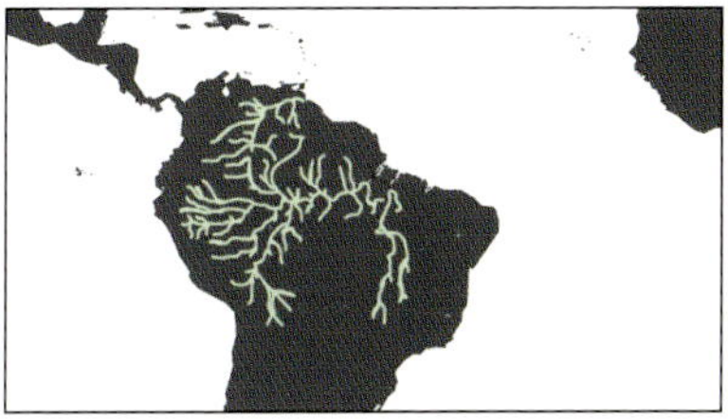

Körperlänge: adult 1,75–2,8 m (max.: Weibchen 2,3 m, Männchen 2,8 m); die größten Flussdelfine
Gewicht: adult 80–207 kg; Männchen etwa 35 % schwerer als Weibchen (max.: Weibchen 153 kg, Männchen 207 kg; deutlicher Geschlechtsdimorphismus)
Körperform: kräftig
Körperfarbe: meist durchgängig blaugrau bis pink, zum Bauch hin etwas heller, kann je nach Region und Alter variieren; Kälber dunkelgrau, Jungtiere hellgrau, adulte Tiere pink (verursacht durch Narben auf der Haut); mit zunehmendem Alter wird Färbung ausgeprägter, Männchen intensivere Pink-Färbung als Weibchen, durch Kämpfe mit rivalisierenden Männchen mehr Narben; Hautfarbe entsteht nicht durch Pigmente, sondern durch Verlust der Pigmentation und durch feine Blutgefäße dicht unter Hautoberfläche; Färbung ist so speziell, dass Amazonas-Delfine im englischen „Pink Dolphins" („Rosa Delfine") genannt werden
Kopf: ausgeprägt; Form der Melone kann verändert werden (lässt auf ein sehr hoch entwickeltes Sonarsystem schließen); Augen sehr klein; von vorne betrachtet fallen sogenannte „Backen" unterhalb der Augen auf; beweglicher Hals (nur 2 Halswirbel miteinander verwachsen)
Schnabel: sehr lang; schlank, röhrenförmig; leicht nach unten gebogen; je 50 kurze Borstenhaare an Ober- und Unterkiefer („Vibrissen", kurze Tast- und Spürhaare), bleiben bis ins Alter erhalten
Blas: unscheinbar
Blasloch: 1, sichelförmig
Flipper: groß, breit, spatenförmig, spitze Enden; Hinterkanten unregelmäßig geformt
Fluke: breit; keine ausgeprägten Spitzen; unregelmäßige Hinterkante; deutliche mediane Einkerbung
Rückenfinne: keine; stattdessen Buckel von Mitte des Rückens bis Schwanzwurzel
Zähne: 46–70 je Kiefer; kräftig; die einzigen Cetaceen mit unterschiedlichen Zähnen: Frontzähne konisch, gut zum Fangen von Beute geeignet; hintere Zähne backenzahnartig abgeflacht, um hartschalige Beutetiere zu knacken
Lebensalter: 30 Jahre

VERBREITUNGSGEBIETE

Amazonas-Delfine haben von allen Flussdelfinen das größte Verbreitungsgebiet. Sie leben ausschließlich in Südamerika im Süßwasser, in zahlreichen braunen

Die rosa Hautfarbe entstand durch Verlust der Pigmentation und durch feine Blutgefäße dicht unter der Hautoberflläche.

Amazonas-Delfine (und einige andere Cetaceen) haben einen beweglichen Hals.

oder schwarzen (verunreinigt durch tanninhaltige Säure) Haupt- und Nebenflüssen des Orinoko-Systems, in weiten Teilen des Amazonas-Beckens und des Araguaia-Tocantins-Beckens. Das Verbreitungsgebiet erstreckt sich über Venezuela, Ecuador, Kolumbien, Peru, Bolivien und Brasilien in einem Gebiet von etwa 7 Millionen km^2.
In einigen Flüssen leben sie mehr als 3.000 km vom Meer entfernt. Sie bevorzugen ruhige, langsam fließende Gewässer. In der Regenzeit von Dezember bis Juli weitet sich der Lebensraum bis weit in den überfluteten Urwald und die Graslandschaften hinein aus. In der Trockenzeit von August bis November beschränkt er sich auf die größeren Flüsse. In dieser Zeit können sie notfalls auch in kleinen Restwassertümpeln überleben.

VERHALTEN

Amazonas-Delfine sind meist neugierig und verspielt. Sie schwimmen normalerweise mit langsamen Geschwindigkeiten von bis zu 3 km/h. Wenn sie jagen oder erschreckt werden, sind sie zu erstaunlich schnellen, kurzen Sprints von bis zu 22 km/h fähig.
Trotz der langsamen Schwimmweise sind sie sehr erfolgreiche Jäger. Die überaus hohe Beweglichkeit des Nackens und die erstaunliche Manövrierfähigkeit der unabhängig voneinander beweglichen Flipper, die es ihnen ermöglichen sogar rückwärts zu schwimmen und sehr geschickt zu manövrieren, sind weitaus wichtiger als die Fähigkeit, schnell zu schwimmen. Schnelligkeit ist in den Flussläufen und in den überschwemmten Wäldern zwischen Wurzeln, Baumstämmen und anderer Vegetation weniger wichtig für eine erfolgreiche Jagd als Beweglichkeit und Manövrierfähigkeit. Sie sind tag- und nachtaktiv. Aktivitäten zur Nahrungssuche finden besonders zwischen 6–9 Uhr morgens und 15–16 Uhr nachmittags statt.
Trotz der kleinen Augen scheint die Sehfähigkeit über und unter Wasser recht gut zu sein, denn sie heben häufig den Kopf zum Umschauen („spyhopping") aus dem Wasser. Die „Backen" unterhalb der Augen verdecken offensichtlich das Blickfeld nach unten. Aus diesem Grund schwimmen Amazonas-Delfine oft in Rücken- und Seitenlage.
Gelegentlich spielen sie, indem sie sich gegenseitig jagen, springen oder kurz auf Bugwellen von Booten reiten, bzw. mit den Flippern „winken" oder mit der Fluke auf das Wasser schlagen.
Meist trifft man sie solitär oder in Gruppen bis zu 4 Tieren an. Die meisten 2er-Gruppen werden von Müttern mit ihren Kälbern gebildet. In Ausnahmefällen, wie Niedrigwasser in der Trocken-Periode, in sehr ergiebigen Nahrungsgründen, wenn sie ruhen oder an sozialen Aktivitäten teilnehmen, können sich Ansammlungen von bis zu 15 Individuen bilden. Sie interagieren normalerweise nicht mit Amazonas-Sotalia, obwohl sich im Amazonas-Becken die Lebensräume überschneiden.
Amazonas-Delfine sind dafür bekannt, Objekte zu tragen. Dies ist unter Cetaceen recht ungewöhnlich. Man nimmt an, dass dieses Verhalten soziosexuell (gesellschaftlich sexuell) ist und zumindest bei einigen Populationen einen wichtigen Teil des Paarungsrituals darstellt, im Gegensatz zu Tümmlern, bei denen beobachtet wurde, dass sie Objekte tragen, um sie bei der Jagd zu nutzen (Allen *et al.*, 2011).
Informationen zu nichtreproduktivem Sexualverhalten, siehe Großer Tümmler

TAUCHVERHALTEN

Zum Atmen erscheinen meist nur die Melone, das Blasloch und der Rückenkamm über Wasser, nur selten der ganze Kopf. Der Blas ist meist leise und hört sich fast wie ein Seufzer an, er kann jedoch gelegentlich auch recht laut und hoch sein.
Die durchschnittliche Tauchzeit beträgt normalerweise nicht mehr als 30–40 sec. Die maximale Tauchzeit liegt bei 5 min. Zum Abtauchen krümmen sie den Rücken recht stark, heben aber die Fluke nur sehr selten aus dem Wasser.

NAHRUNG

Amazonas-Delfine ernähren sich von 40–50 verschiedenen Fischarten, bis zu einer durchschnittlichen Länge von 20 cm, einschließlich Katzenfisch (Wels) und Karpfen, aber auch von Weichtieren und Krebsen, sowie von kleinen Schildkröten. Beute spüren sie mithilfe ihrer Borstenhaare im Schlamm auf. Größere Fische (bis maximal 80 cm) werden in kleinere Stücke zerteilt.
Sie nehmen täglich etwa 2,5 % ihres Körpergewichts an Nahrung zu sich. Durch die bei Cetaceen einzigartige Bezahnung (konische Fangzähne im vorderen Teil und abgeflachte Zähne zum Kauen im hinteren Teil) können sie Beute mit den Frontzähnen festhalten und Fische mit sehr stabiler Schuppenschicht (z. B. Zahnkarpfen und Welse) mit den Seitenzähnen zerkleinern.

HOT SPOTS

Häufig am Zusammenfluss von Flüssen. Im gesamten Verlauf des Amazonas-Flusses, in kleinen Nebenflüssen und Seen vom Mündungsgebiet (bei Belém) bis in die Quellbereiche der Ucayali- und Marañon-Flüsse (Peru), ebenso im Orinoco-Fluss (mit Ausnahme des Caroni- und des oberen Caura-Flusses, oberhalb der Pará-Fälle in Venezuela). Gute Sichtungsmöglichkeiten auch im Parque Nacional de Anavilhanas (Manaus, Brasilien) und im Mamirauá Sustainable Development Reserve (Tefé, Brasilien).
Beste Sichtungsmöglichkeiten im bolivianischen Bundesstaat Beni: in den Flüssen Mamoré, Ibare, Itenéz, San Martin, Blanco, Yacuma und Tijamuchi, auch im Ichilo-Fluss in Puerto Villarroel (Bundesstaat Cochabamba) und im Parque Nacional Noel Kempff Mercado (Bundesstaat Santa Cruz).
Beste Sichtungsmöglichkeiten im Araguaia-Tocantins-Becken: im Cantão State Park und im Araguaia National Park. Isolierte Gruppe von Araguaia Amazonas-Delfinen zwischen den Dämmen Serra da Mesa und Canabrava im Bundesstaat Goiás (Brasilien, Dr. Reuber Brandão)

REPRODUKTION

Geschlechtsreife: Weibchen ab etwa 5 Jahre, ab 1,6–1,75 m; Männchen ab etwa 2 m
Paarungszeit: ganzjährig, mit saisonalen Spitzen, je nach geographischer Lage
Tragzeit: 10–11 Monate
Geburtszyklus: alle 2–3 Jahre 1 Kalb
Geburtsgröße: 0,7–0,8 m
Geburtsgewicht: 7–8,5 kg
Säugezeit: über 1 Jahr

WISSENSWERTES

Das erste Exemplar wurde von dem brasilianischen Naturforscher Alexandre Rodrigues Ferreira (dem „brasilianischen Humboldt") etwa 1790 gefunden und zum Museu da Ajuda in Lissabon (Portugal) gebracht. 1810 entfernte der französische Biologe Geoffrey Saint Hilaire dieses Individuum im Namen Napoleons aus Portugal und brachte es in das Muséum National d'Histoire Naturelle in Paris (Frankreich). 1817 beschrieb der französische Anatom und Zoologe Henri de Blainville diese Art und nannte sie *Delphinus geoffrensis* und ehrte damit den französischen Biologen statt den brasilianischen Naturforscher.
1977 unterteilten Giorgio Pilleri, ein italienischer Neurologe, und Margarete Gihr, eine deutsche Neurobiologin

Zum Atmen erscheint meist nur die Melone, das Blasloch und der Rückenkamm über dem Wasser.

Die stark ausgeprägte Melone lässt auf ein sehr hoch entwickeltes Sonarsystem schließen.

und Walforscherin, die Gattung *Inia* auf Grund von morphometrischen Untersuchungen (Form und Gestalt) in zwei unterschiedliche Arten: *I. boliviensis* und *I. geoffrensis*. Diese Unterschiede wurden jedoch allgemein nicht für ausreichend angesehen, um eine Trennung in 2 Arten zu rechtfertigen. Bis 1989 wurden weitgehend 3 Unterarten in der Gattung *Inia* anerkannt: *I. g. geoffrensis* (Amazonas-Becken), *I. g. humboldtiana* (Orinoco-Becken) und *I. g. boliviensis* (oberer Bereich des Madeira-Beckens in Bolivien).

Heute werden 2 Unterarten anerkannt:

I. g. boliviensis (d'Orbigny, 1834) – Bolivianischer Amazonas-Delfin, Orinoco-Becken

I. g. geoffrensis (Blainville, 1817) – Gemeiner Amazonas-Delfin, Amazonas-Becken

2002 listete die Society for Marine Mammalogy *Inia boliviensis* (Bolivianischer Flussdelfin) als neue Art, die durch die Madeira-Stromschnellen (stromabwärts, an der Grenze zwischen Bolivien und Brasilien) von *Inia geoffrensis* getrennt wurden. Diese Amazonas-Delfine leben ausschließlich im Norden und Nordosten des bolivianischen Amazonas im oberen Becken des Madeira-Flusses und im oberen Becken des Mamoré-Flusses.

Ihr Verbreitungsgebiet erstreckt sich bis etwa 50 % des oberen Madeira-Flusses und wird durch Stromschnellen in den Regionen von Cochabamba, Santa Cruz, Beni und Pando (Bolivien) begrenzt.

Anfang 2014 wurde *Inia araguaiaensis* (Araguaia-Flussdelfin) als neue Art beschrieben. Sie ist im Araguaia-Tocantins-Becken (Brasilien) verbreitet und wird durch verschiedene Stromschnellen im unteren Tocantins-Fluss von *Inia geoffrensis* getrennt.

Inzwischen werden jedoch beide (*Inia boliviensis* und *Inia araguaiaensis*) nicht mehr als eigenständige Arten anerkannt und auch nicht mehr in der Artenliste der Society for Marine Mammalogy gelistet (ab Juli 2017).

In Brasilien sind sie unter dem Namen „Boto, Boto Vermelho" oder „Boto Cor de Rosa" bekannt. In Ecuador, Bolivien, Peru und Kolumbien werden sie „Bufeo" genannt, in Venezuela „Tonina" oder „Delfín Rosado". Wegen der Rosa-Färbung werden sie auch „Pink Dolphin" („Rosa Delfin") genannt. Der internationale Populärname ist „Boto". Je dunkler das Wasser ist, desto intensiver wirkt ihre Pink-Färbung durch den Kontrast.

Der genaue Bestand ist wegen des sehr weit verbreiteten und unüberschaubaren Lebensraumes nicht feststellbar.

Im Bereich des Amazonas-Beckens glauben einige Menschen, dass sich der Amazonas-Delfin (Boto) bei Vollmond in einen Mann verwandelt und an Land geht. Er trägt dann weiße Kleidung und einen weißen Hut, hergestellt aus Süßwasserrochen, um sein Blasloch zu verdecken. Er ist ein exzellenter Tänzer und außerordentlich charmant zu Frauen, die sich reihenweise in ihn verlieben. Im Morgengrauen springt er zurück ins Wasser und verwandelt sich wieder in einen Delfin. Wenn der Vater eines Kindes unbekannt ist, schiebt man die Schuld ganz einfach auf den Boto.

Informationen zu beweglichem Hals, siehe Narwal

WISSENSCHAFTLICHER NAME

Inia geoffrensis (Blainville, 1817)

Am San Miguel-Fluss nannten die Guarayo-Indianer Boliviens diesen Delfin „*Inia*". Der Name wurde für den wissenschaftlichen Gattungsnamen übernommen (Leatherwood & Reeves, 1983). Der Artname *geoffrensis*, bestehend aus *Geoffrey* und dem lateinischen *ensis* für „gehört zu", bezieht sich auf den französischen Biologen Geoffrey Saint Hilaire, der das Exemplar, das im Ajuda-Museum in Lissabon (Portugal) gelagert wurde und aus dem oberen Lauf des Amazonas stammte, entfernte und im Namen Napoleons in das Muséum National d'Histoire Naturelle in Paris (Frankreich) brachte.

Chinesischer Flussdelfin † (ausgestorben)
Lipotes vexillifer
—Baiji

Körperlänge: adult 1,8–2,6 m (max.: Weibchen 2,6 m; Männchen 2,3 m)
Gewicht: adult 130–240 kg
Körperform: kräftig
Körperfarbe: blaugrau, Seiten grau, Unterseite grauweiß bis weiß; grauweißer Bauch reichte bis zum Hals und Flukenansatz
Kopf: markante Stirn fällt abrupt ab, Augen winzig klein, fast funktionslos, recht weit oben am Kopf; bewegliche Halswirbel
Schnabel: sehr lang, leicht nach oben gebogen und zugespitzt; blau-grauer Oberkiefer beidseitig von weißem Rand umsäumt, Unterkiefer weiß
Blas: unscheinbar
Blasloch: 1, mittig
Flipper: breit, rundlich; Oberseite blaugrau, Unterseite weiß
Fluke: konkave Hinterkante, deutliche mediane Einkerbung, an Oberseite blaugrau, Unterseite weiß
Rückenfinne: dreieckig, gut sichtbar, sehr breite Basis
Zähne: Oberkiefer: 62–68, Unterkiefer: 64–72; konisch

WISSENSWERTES

Chinesische Flussdelfine sind schon seit über 2.000 Jahren bekannt, gelten heute aber als ausgestorben (Turvey *et al.*, 2007).

Die älteste heute bekannte Erwähnung von Chinesischen Flussdelfinen geht zurück auf das Erya (die älteste bekannte chinesische Enzyklopädie, die im 3. Jahrhundert v. Chr. während der Han-Dynastie zusammengestellt wurde). Dort werden sie im Kapitel über Fische erwähnt. Sechs Jahrhunderte später kommentierte Guo Pu (276–324), ein chinesischer Schreiber, das Erya und beschrieb den Chinesischen Flussdelfin so, als würde er zur Gruppe der Haie gehören, dessen Körper einem Stöhr ähnelt und dessen Schwanz dem von Indischen Glattschweinswalen gleicht. Er wurde mit einem spitzen Schnabel und langen Zähnen beschrieben, die einem Käfig ähneln, wenn das Maul geschlossen wird.
Das historische Verbreitungsgebiet umfasste den mittleren und unteren Bereich des Yangtse-Flusssystems, die Dongting und Poyang Seen sowie den Qiantang-Fluss (China). Seit den 1950er Jahren wurde kein Chinesischer Flussdelfin mehr in den Dongting und Poyang Seen gesichtet. Seit den 1980er Jahren wurde die Population im Yangtse dramatisch reduziert. In den 1990er Jahren war der Bestand auf einen geschätzten Restbestand von etwa 13 Individuen reduziert. Eine Suche nach den letzten Überlebenden dieser Art im Jahre 2006 blieb erfolglos. Sie gilt heute als ausgestorben. Die letzte bestätige Sichtung stammt aus dem Jahr 2004, die letzte unbestätigte aus dem Jahr 2007. Sollten trotzdem irgendwo noch ein paar isolierte

Chinesische Flussdelfine sind die ersten Delfine der modernen Zeit, die als ausgestorben erklärt wurden.

Die Chinesen nannten diese Art schon vor mehr als 2.000 Jahren „Baiji" (weißer Delfin).

Einzelexemplare überlebt haben, würden sie nicht ausreichen, um den Bestand nachhaltig zu erhalten.

In China wurden Chinesische Flussdelfine lange als Reinkarnation einer ertrunkenen Prinzessin verehrt. Der Geschichte nach sollte eine einsame chinesische Prinzessin mit einem Mann verheiratet werden, den sie nicht liebte. Als sie sich widersetzte, stieß ihr Vater sie in den Yangtse-Fluss, in dem sie ertrank. Das Wasser hatte jedoch Mitleid mit der Prinzessin, die daraufhin als Chinesischer Flussdelfin wiedergeboren wurde.

Die Chinesen nannten diese Art schon vor mehr als 2.000 Jahren „Baiji", was so viel wie „weißer Delfin" bedeutet. In der westlichen Welt wurde dieser Delfin erstmals 1914 erwähnt.

Der Amerikaner Charles M. Hoy erlegte ein Exemplar, als er im Dongting See jagte, und brachte den Schädel sowie die Halswirbel dem Smithsonian Institution (USA) zur näheren Untersuchung. Im Jahre 1918 veröffentlichte Gerrit Smith Miller von der Smithsonian Institution die erste wissenschaftliche Beschreibung und nannte diese Art *Lipotes vexillifer* („verlassener Fahnenträger").

Obwohl Chinesische Flussdelfine schon seit 1949 geschützt waren und seit 1975 in China zum chinesischen Nationalerbe erklärt und unter totalen Schutz gestellt wurden, konnte die Ausrottung nicht verhindert werden. Chinesische Flussdelfine sind die ersten Delfine der modernen Zeit, die als ausgestorben erklärt wurden. Dies ist direkt auf den Einfluss von Menschen zurückzuführen.

Als Hauptursache für das Aussterben dieser Art gelten massive Einschränkungen des Lebensraums durch Dämme, die die Überschwemmungsgebiete verändern, die wiederum für die Beutefische der Delfine wichtig waren, sowie zunehmende Wasserverschmutzung, Fischernetze, elektrische Fischerei und übermäßiger Beifang. Das Überleben der Chinesische Flussdelfine wurde zusätzlich durch immer neue Wasserkraftwerke und zunehmenden Schiffsverkehr verhindert.

Wissenschaftler aus dem College of Life Sciences in Nanjing haben das Chinesische Flussdelfin-Genom analysiert und herausgefunden, dass diese Art durch intensive Selektion 20 Millionen Jahre überlebt hat. Nach 20 Millionen Jahren erfolgreicher Überlebensstrategie ist es der Menschheit zuzuschreiben, dass die „Göttin des Yang Tse" ausgestorben ist.

„Es ist bemerkenswert, dass einige Delfine Englisch gelernt haben (bis zu 50 Worte in korrektem Kontext), aber kein Mensch delphinisch". – Carl Sagan

WISSENSCHAFTLICHER NAME

Lipotes vexillifer (Miller, 1918)

Der Gattungsname *Lipotes* stammt vom griechischen *lipos* für „dick" oder vom griechischen *leipo* für „ich gehe" (in einiger Literatur auch mit „alleingelassen, verlassen" übersetzt). Der Gattungsname bezieht sich auf das sehr eingeschränkte Verbreitungsgebiet und auf die extreme Isolierung. Der Artname *vexillifer* bedeutet „Fahnenträger". Er wird zusammengesetzt aus dem lateinischen *vexillum* für „Fahne" und der angehängten Silbe *fer* für „Träger" (vom lateinischen *ferre* für „tragen") und bezieht sich auf ein chinesisches Wort, das vermutlich „weiße Flagge" bedeutet (Leatherwood & Reeves, 1983). Damit wird auf die kleine Rückenfinne hingewiesen.

Arnoux-Schnabelwal

Berardius arnuxii
—Arnoux's Beaked Whale

Körperlänge: adult etwa 8,5–9,5 m
Gewicht: adult fast 12 t
Körperfarbe: Rücken schiefergrau bis hellbraun (oder dunkelbraun); Bauch scheint etwas heller zu sein, manchmal mit hellen Flecken bedeckt; Körper von adulten Männchen (besonders bei älteren Bullen) haben normalerweise unregelmäßige Narben und Kratzer (normalerweise lang, oft gerade und paarig angeordnet), verlaufen kreuz und quer über den Körper (werden hauptsächlich durch Kämpfe zwischen Bullen verursacht); kürzere Kratzer möglicherweise von Schwertwalen (können bei beiden Geschlechtern vorkommen; hauptsächlich an der Fluke und an den Flippern); ungleichmäßige, ovale oder runde, weiße Narben können bei beiden Geschlechtern vorkommen (normalerweise nicht bei Jungtieren; die kleineren stammen von Neunaugen *(Petromyzontiformes)*, die größeren von Plätzchenstecher-Leuchthaien *(Isistius brasiliensis)*); Diatomeen (Kieselalgen) und Walläuse auf Haut können grün-braunen Schimmer erzeugen; Region um Kopf generell heller als der Rest des Körpers
Zähne: dreieckig; spitz (können bei älteren Tieren abgerundet und mit Seepocken bewachsen sein); keine im Oberkiefer; 4 an Spitze des Unterkiefers (beide Geschlechter, Jefferson *et al.*,2008; bei Schnabelwalen recht ungewöhnlich; brechen mit Erreichen der Geschlechtsreife durch; vorderes Paar bei geschlossenem Maul sichtbar)
Lebensalter: unbekannt, möglicherweise mind. 84 Jahre, Bullen möglicherweise älter als Weibchen
Arnoux-, Baird- und Sato-Schnabelwal:
Körperform: recht schlank
Kopf: klein; mäßig steil gewölbte Melone; leichte Delle auf Kopf (mit zunehmendem Alter stärker); vorstehender Unterkiefer
Schnabel: lang, deutlich ausgeprägt, röhrenförmig
Kehlfurchen: 1 Paar, v-förmig
Blas: auffällig, buschig, niedrig (etwa 1,5 m); oft leicht nach vorne gerichtet
Blasloch: 1; sichelförmig; Spitzen der Sichel zeigen nach hinten (nur *Berardius*)
Flipper: klein, abgerundet (passen in Flippertaschen an den Seiten, möglicherweise um den Wasserwiderstand beim Schwimmen zu verringern)
Fluke: normalerweise keine mediane Einkerbung (bis auf wenige Individuen); Hinterkante fast gerade (oder etwas konvex)
Rückenfinne: klein, dreieckig; abgerundete Spitze (besonders bei älteren Tieren); etwa am hinteren Körperdrittel

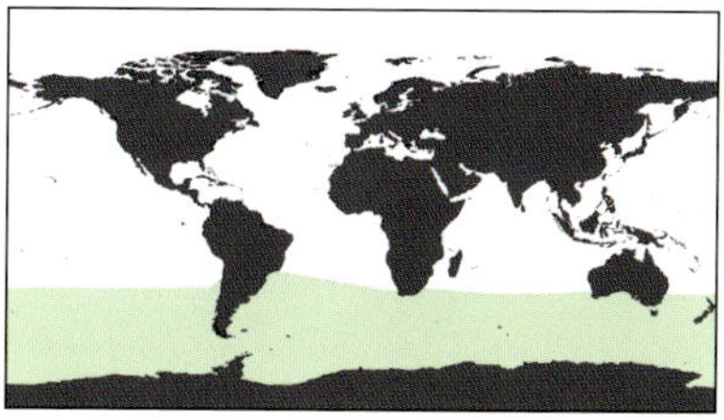

VERBREITUNGSGEBIETE

Sie haben ein weites, zirkumpolares Verbreitungsgebiet, in tiefen, kalten, gemäßigten und subpolaren Gewässern der südlichen Hemisphäre, vom Rossmeer (bei 78 °S) bis São Paulo (24 °S), Südafrika (31 °S), südöstliches Australien (29 °S) und Neuseeland (37 °S). Einige Sichtungen wurden auch in flachen Regionen, in Küstengewässern, an Kontinentalabhängen oder an Tiefseebergen gemeldet. Sie sind die einzigen Wale mit 4 Zähnen in der südlichen Hemisphäre.

Die genauen Grenzen ihrer nördlichen Verbreitung sind unbekannt, reichen aber nicht bis in tropische Regionen. Die meisten Meldungen erfolgten südlich von 40 °S. Die nördlichsten Strandungen wurden von São Paulo (Brasilien; Siciliano & Santos, 2003), der Flussmündung des Rio de la Plata (Argentinien), von der Kromme-Flussmündung (Südafrika) und von New South Wales (Australien) gemeldet (Paterson & Parker, 1994).

VERHALTEN

Das Verhalten ist wegen ihres entlegenen Verbreitungsgebiets und weil sie nie kommerziell gejagt wurden, weitgehend unbekannt. Sie sind Booten gegenüber scheu und es ist schwer, sich ihnen anzunähern (typisch für Schnabelwale). Arnoux-Schnabelwale leben meist in Gruppen von 6–10 Tieren. Nur bei seltenen Gelegenheiten können sich Gruppen von bis zu 80 Individuen bilden (z. B. in der Robertson-Bay, Antarktis, Februar 1986). Die Gruppen bleiben normalerweise eng zusammen.

Am 5.5.2009 wurde eine Gruppe von etwa 60 und eine weitere mit 15 Arnoux-Schnabelwalen südlich der Gerlache-Straße am Eingang zum Schollaert-Kanal zwischen Brabant und Cuverville Islands (Antarktis) beobachtet. Diese beiden Gruppen und eine weitere, die am 7.6.2009 in dieser Region gesichtet wurde, gehören zu den wenigen dokumentierten Sichtungen von sozialen Aktivitäten an der Oberfläche in Küstennähe und zu den größten Ansammlungen dieser Art in einer einzigen

Gruppe vor der antarktischen Halbinsel (Friedlaender *et al.*, 2010).

Arnoux- und Baird-Schnabelwal:
Das scheue Verhalten und die Fähigkeit zu tiefen und langen Tauchgängen erschweren die Beobachtungen. Wenn sie langsam an der Oberfläche schwimmen oder sich versammeln, atmen sie ständig und der Blas kann gut von Booten gesichtet werden.
Die Tatsache, dass die Körper von adulten Männchen normalerweise geradlinige Narben und Kratzern aufweisen, deutet darauf hin, dass Bullen mit anderen Männchen kämpfen, um eine Fortpflanzungs-Hierarchie zu etablieren und, dass sie dabei ihre Zähne einsetzen.

TAUCHVERHALTEN

Die Art scheint bestens gerüstet, um in eisbedeckten Gewässern auf Nahrungssuche zu gehen. Der längste je gemessene Tauchgang dauerte 70 min. Meist dauern Tauchgänge jedoch weniger als 25 min. Sie können unter Wasser eine geschätzte Strecke von bis zu 7 km zurücklegen (Hobson & Martin, 1996) und möglicherweise Tiefen von über 1.200 m erreichen. Beim Auftauchen erscheint der Schnabel zuerst an der Oberfläche (Friedlaender *et al.*, 2010).

Arnoux- und Baird-Schnabelwal:
Normalerweise bleiben beide Arten für 1–14 min an der Oberfläche. Ähnlich wie Pottwale atmen sie mehrmals, bevor sie abtauchen. Es scheint, dass die Oberflächenzeit nach tiefen Tauchgängen länger ist.

NAHRUNG

Über die Ernährung und das Fressverhalten ist nicht viel bekannt. Sehr wahrscheinlich ernähren sie sich von Tintenfisch (basierend auf dem Mageninhalt einiger weniger Tiere). Ihr Fressverhalten ähnelt möglicherweise dem ihrer nächsten Verwandten auf der nördlichen Hemisphäre (Baird-Schnabelwale fressen hauptsächlich benthische und pelagische Cephalopoden, Krustentiere und Fische aus großen Tiefen).

Alle 24 Schnabelwal-Arten:
Alle Schnabelwal-Arten saugen die Nahrung ein, wenn die Beute nah genug ist. Die v-förmig zueinander angeordneten ventralen Kehlfurchen ermöglichen ein Ausdehnen des Kehlbereichs, um die Beute einzusaugen („Saug-Fressen", engl.: suction feeding).

HOT SPOTS

Sichtungen sind sehr selten (entlegenes Verbreitungsgebiet, scheu). Eventuelle Sichtungsmöglichkeiten: im Sommer in der Cook-Straße und im südlichen Frühjahr entlang der westlichen Küste der Antarktis (Ponganis *et al.*, 1995). Einige Meldungen: Südostküste Südamerikas, nahe der antarktischen Halbinsel, vor Südafrika, vor Südaustralien, vor Neuseeland, von der Tasmanischen See und um die Albatross Cordillera im Südpazifik, die meisten Strandungen in Neuseeland

REPRODUKTION

Tragzeit: möglicherweise etwa 17 Monate (wie Baird-Schnabelwale)
Geburtsgröße: möglicherweise etwa 4–4,5 m

Arnoux- und Baird-Schnabelwal:
Arnoux- und Baird-Schnabelwale haben vermutlich ähnlich lange Tragzeiten (Baird-Schnabelwale scheinen die längste Tragzeit aller Cetaceen zu haben). Adulte Bullen

Die Körper adulter Männchen weisen normalerweise geradlinige Narben und Kratzer auf.

Arnoux-Schnabelwale leben meist in Gruppen von 6–10 Tieren.

kämpfen möglicherweise um den Zugang zu Weibchen (Kratzer bei erwachsenen Männchen).

WISSENSWERTES

Der wissenschaftliche Name *(Berardius arnuxii)* stammt von Kapitän Bérard (Kommandeur der französischen Korvette „Rhin"). Er brachte das erste Exemplar dieser Art 1846 nach Frankreich. Maurice Arnoux war Chirurg an Bord von Bérards Schiff. Der Grund, warum das „o" in „Arnoux"verlorenging, ist unbekannt. Die Regeln der zoologischen Namensgebung verlangen, dass die originale Schreibweise erhalten bleibt, auch wenn sie fehlerhaft ist (dieser Fehler in der Taxonomie wird „Ausrutscher des Füllers" oder „*lapsus calami*" genannt).
Bei einigen Arnoux-Schnabelwalen wurden delfinähnliche Klicks und Quietschen wahrgenommen, als sie ihre Köpfe über Wasser hielten.

Arnoux- und Baird-Schnabelwal:
Da bei beiden Arten keine körperlichen Unterschiede bekannt sind, gab es Vorschläge, nach denen beide Arten eine einzige Art sein könnten, aber dies ist nicht der Fall. Ihre Verbreitungsgebiete liegen weit voneinander entfernt, und genetische Analysen bestätigten, dass es getrennte Arten sind (Dalebout *et al.*, 2004a).

Alle 24 Schnabelwal-Arten:
Alle Mitglieder der Familie *Ziphiidae* gehören zu den am wenigsten bekannten großen Tieren auf Erden. Sie haben ein Paar v-förmig zueinander angeordnete ventrale Kehlfurchen, die sich nicht berühren (das „V" zeigt nach vorne). Dies ist charakteristisch für Schnabelwale. Sie unterstützen die Nahrungsaufnahme, indem sie eine Ausdehnung des Mauls und damit ein Einsaugen der Beute ermöglichen (einige Individuen können zusätzliche Kehlfurchen haben). Diese Kehlfurchen sind nicht mit den Kehlfurchen von Furchenwalen zu verwechseln, die sehr viel länger sind und vom Unterkiefer bis zum Bauchnabel reichen.
In der Vergangenheit wurden Schnabelwale anhand von Schädeln (hauptsächlich der Länge des Schnabels sowie der Form, Größe und Position der Zähne), besonders bei erwachsenen Männchen bestimmt. Dies führte jedoch wegen einiger Ähnlichkeiten, besonders an Schädeln von Weibchen und Jungtieren gelegentlich zu Falschidentifikationen. Heute werden genetische Analysen zur Bestimmung der Arten immer wichtiger (Dalebout *et al.*, 2002).

WISSENSCHAFTLICHER NAME

Berardius arnuxii Duvernoy, 1851
Der Gattungsname *Berardius* setzt sich wie folgt zusammen: *Bérard* und *-ius*, eine gebräuchliche lateinische Namensendung. Bérard war ein französischer Kapitän, der 1846 einen nach ihm benannten Wal von Neuseeland nach Frankreich transportierte.
Der Artname *arnuxii* bedeutet „von Arnoux" und bezieht sich, wie auch der Populärname, auf den französischen Chirurg Maurice Arnoux, der 1846 auf Bérards Schiff von Neuseeland nach Frankreich fuhr (Leatherwood & Reeves, 1983). Das angehängte *i* steht für „gehört zu".

Baird-Schnabelwal

Berardius bairdii
—Baird's Beaked Whale

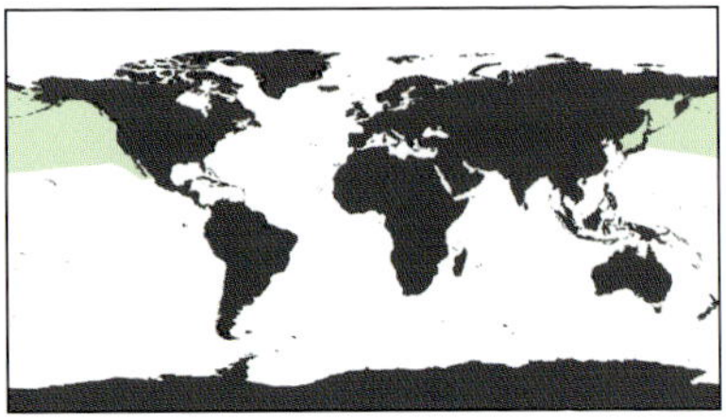

Körperlänge: adult etwa 9–11 m
Gewicht: adult bis 12 t
Körperfarbe: Rücken dunkelbraun bis schwarz; Bauch etwas heller; einige Tiere scheinen weiße Stirn zu haben; Informationen zu Narben und Kratzern, siehe Arnoux-Schnabelwal
Schnabel: schiefergrau
Blasloch: 1; sichelförmig; Spitzen der Sichel zeigen nach hinten (nur *Berardius*)
Zähne: siehe Arnoux-Schnabelwal; 4 an Spitze des Unterkiefers
Lebensalter: Weibchen etwa 54 Jahre, Männchen etwa 84 Jahre
Weitere Informationen, siehe Arnoux-Schnabelwal

VERBREITUNGSGEBIETE

Baird-Schnabelwale leben in 1.000–3.000 m tiefen, gemäßigten Hochseegewässern und über Kontinentalabhängen oder ozeanischen Tiefseebergen im Nordpazifik und angrenzenden Meeren (Japanisches Meer, Ochotskisches Meer, nördlicher Golf von Alaska und Beringmeer). Im nördlichen Ochotskischen Meer wurde berichtet, dass sie sich auch in Gewässern mit weniger als 500 m Tiefe aufhalten, möglicherweise wegen der Verfügbarkeit von Beute.
Die nördliche Verbreitungsgrenze liegt bei Cape Navarin (57 °N) im Beringmeer und im Ochotskischen Meer (57 °N). Ihre südliche Verbreitungsgrenze verläuft auf amerikanischer Seite vom südlichen Golf von Kalifornien zu den Inseln von Kyushu (Japan, bis 34 °N, im Japanischen Meer bis 36 °N) auf der asiatischen Seite. Die genaue südliche Verbreitungsgrenze im offenen Meer ist nicht bekannt.
Wenn das Wasser tief genug ist, können sie sogar in Küstennähe auftauchen (z. B. in den Gewässern der Komandorskiye Ostrova, Olyutorskiy Zaliv, St. Matthew-Insel, und den Pribilof-Inseln, im Beringmeer sowie im nördlichen Golf von Alaska; Rice, 1998).
Zwischen Mai und Oktober wandern sie in die Gewässer um die Kontinentalabhänge vor Japans Pazifikküste. Im östlichen Nordpazifik sind saisonale Bewegungen zwischen Küstengewässern und der Hochsee bekannt. Im nördlichen Ochotskischen Meer können sie in der Nähe von Treibeis gesichtet werden.

Baird-Schnabelwal, *Berardius bairdii*

VERHALTEN

Baird-Schnabelwale leben meist in Gruppen von 5–20 Tieren (oft etwa 6). Nur bei seltenen Gelegenheiten können sich Gruppen von bis zu 50 Individuen bilden. Gruppen bleiben normalerweise eng zusammen, wenn sie an der Oberfläche ruhen. Dabei kann es vorkommen, dass die Schnäbel über Wasser sichtbar werden und dass sie über den Rücken von Artgenossen gleiten (Jefferson *et al.*, 1993). Wenn sie wandern, können sich dichte Gruppen von bis zu 30 Tieren bilden.

Gelegentlich können Verhaltensweisen wie Springen, Spyhopping und Schlagen mit der Fluke oder den Flippern auf das Wasser beobachtet werden (häufiger als bei anderen Schnabelwalen). Booten gegenüber sind sie scheu und Annäherungen sind schwierig. Die hohe Anzahl von adulten Männchen in den Gruppen, die vor Japan gefangen wurden, wurde als Indiz für eine Trennung nach Alter und Geschlecht interpretiert.

Sichtungen auf beiden Seiten des Nordpazifiks lassen vermuten, dass sie im Sommer und Herbst häufiger über den Kontinentalabhängen vorkommen, wenn die Wassertemperaturen am höchsten sind, und dass sie sich im Winter von diesen Regionen entfernen.

Baird-Schnabelwal und Nördlicher Entenwal:

Beide Arten sind die einzigen Schnabelwale, die regelmäßig von Fischern und Walfängern gesichtet werden.

Weitere Informationen, siehe Arnoux-Schnabelwal

TAUCHVERHALTEN

Baird-Schnabelwale können sehr tief und länger als eine Stunde tauchen. Der längste je gemessene Tauchgang dauerte 67 min. Die meisten Tauchgänge sind jedoch kürzer als 30 min. Sie können möglicherweise über 1.200 m tief tauchen. Unbestätigten Berichten zufolge sollen sie über 2 h tauchen können. Das wäre ein Rekord unter Cetaceen.

Weitere Informationen, siehe Arnoux-Schnabelwal

NAHRUNG

Baird-Schnabelwale ernähren sich hauptsächlich von benthischen und pelagischen Cephalopoden, Krustentieren und Fischen aus großen Tiefen, aber auch von Hochseefischen (z. B. Makrelen oder Sardinen). Sie fressen meist in Tiefen von 800–1.200 m.

Weitere Informationen, siehe Arnoux-Schnabelwal

HOT SPOTS

Ganzjährig (beste Zeit Sommer) im Ochotskischen Meer (auch in der Nähe von Treibeis) und im Japanischen Meer (mit Glück), zwischen März und Oktober vor der japanischen Pazifikküste in Gewässern mit Tiefen zwischen 1.000–3.000 m (z. B. nahe der Boso-Halbinsel im Mai, vor Hokkaido zwischen Juli und August und vor Kinkazan im Herbst), mit Glück auch Washington State (April–Oktober), vor der Westküste von Vancouver Island (Mai–Oktober, beste Zeit August)

REPRODUKTION

Tragzeit: 17 Monate

Geburtsgröße: etwa 4,5 m; Geburtenhöhepunkt März und April (Jefferson *et al.*, 1993)

Weitere Informationen, siehe Arnoux-Schnabelwal

WISSENSWERTES

Dr. Leonhard Stejneger beschrieb diese Art 1883 an einem Schädel, der 1881 auf den Kommandeur-Inseln von Nikolai A. Grebnitsky gefunden wurde (im westlichsten Teil der Aleuten, etwa 170 km östlich der Kamtschatka-Halbinsel). Er erhielt den Schädel während seines Aufenthalts auf der Beringinsel 1882. Er erkannte, dass diese Art Ähnlichkeiten mit Arnoux-Schnabelwalen hat, die auf der südlichen Hemisphäre leben und bereits 1851 beschrieben wurden. Er benannte diese Art nach Spencer Fullerton Baird, einem amerikanischen Zoologen und Sekretär der Smithsonian Institution (US National Museum).

Weitere Informationen, siehe Arnoux-Schnabelwal

Baird- und Sato-Schnabelwal:

Beide Arten wurden schon im frühen 17. Jahrhundert von japanischen Walfängern gejagt. Seit etwa 200 Jahren ist bekannt, dass sie 2 Berardius-Wale unterschieden: die häufig vorkommende, schiefergraue Form und eine kleinere, schwarze.

Seit 1940 wird berichtet, dass die kleineren und schwärzeren Verwandten des Baird-Schnabelwals in der Nemuro-Straße regelmäßig in Gruppen zwischen April und Juni und die größeren Baird-Schnabelwale zwischen September und Oktober angetroffen werden.

Eine Form nannten die Walfänger „tsuchi kujira“ (tsuchi: Schlamm, Boden, Erde; kujira: Wal). In Marine Mammal Society (2021) wird „tsuchi kujira“ auch mit „erdiger/schwarzer Holzhammer“ übersetzt, weil der Schnabel die Melone überragt und ein abgetrennter Kopf an einen Holzhammer erinnert (Brownell & Kasuya, 2021). Der Walforscher Frederick William True konnte den Gebrauch des Namens für *B. bairdii* bis ins frühe 18. Jahrhundert zurückverfolgen. Die Jagd auf „tsuchi kujira“ wurde erstmals von Omura *et al.* (1955) in englischer Sprache beschrieben.

Die zweite Form nannten die Walfänger Hokkaidos „kuro tsuchi kujira“ (kuro: dunkel, schwarz). Es ist bestätigt, dass es sich hierbei um *B. minimus* (Sato-Schnabelwal) handelt (Hokkaido University, 2019). Die Fischer von Hokkaido bezeichnen diese Wale auch als „karasu“ (Krähe, Rabe).

WISSENSCHAFTLICHER NAME

Berardius bairdii Stejneger, 1883

Informationen zum Gattungsnamen, siehe Arnoux-Schnabelwal

Der Artname *bairdii* bedeutet „von Baird“ und bezieht sich auf den amerikanischen Zoologen und Sekretär der Smithsonian Institution Spencer Fullerton Baird. Das angehängte *i* steht für „gehört zu“.

Sato-Schnabelwal

Berardius minimus
—Sato's Beaked Whale

Körperlänge: adult etwa 6–7 m
Körperform: spindelförmiger als Baird-Schnabelwal
Körperfarbe: schwarz; Bauch dunkel; kaum Narben und Kratzer; runde Narben von Zigarrenhai-Bissen (kontrastieren stark auf dunklem Körper); Weibchen unbekannt
Blasloch: 1; sichelförmig; Spitzen der Sichel zeigen nach hinten (nur *Berardius*)
Schnabel: weiß bis hellgrau, viel kürzer als bei Baird-Schnabelwal
Zähne: siehe Arnoux-Schnabelwal; 4 an Spitze des Unterkiefers, vordere größer als hintere (bei Männchen, bei Weibchen unbekannt; Yamada *et al.*, 2019)
Weitere Informationen unbekannt, möglicherweise wie Arnoux-Schnabelwal

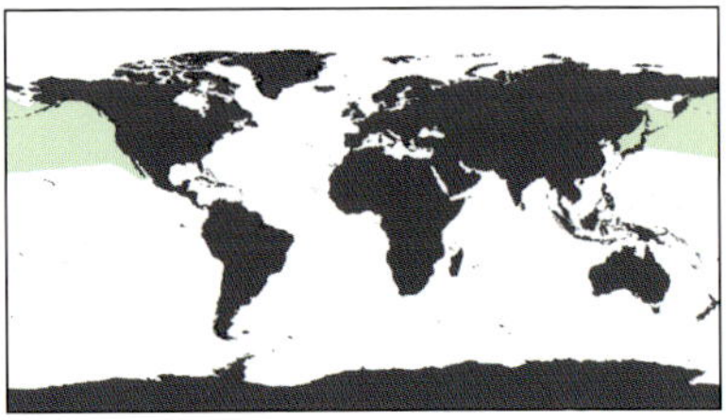

VERBREITUNGSGEBIETE

Teilweise unbekannt. Möglicherweise überschneidet sich ihr Verbreitungsgebiet (zumindest teilweise) mit dem von Baird-Schnabelwalen (Brownell & Kasuya, 2021). Alle dokumentierten Strandungen stammen aus dem Nordpazifik. Bekannte Fundorte sind Inseln: die Aleuten (östliches Beringmeer, Alaska, USA), Hokkaido (Japan) und Sachalin (Ochotskisches Meer, Russland). Im Sommer 2021 sichtete ein Forscherteam eine Gruppe von Sato-Schnabelwalen zwischen Hokkaido (Japan) und den Kurilen (Russland). Vermutlich ist das Verbreitungsgebiet sehr begrenzt (zwischen 40 °N und 60 °N sowie 140 °E und 160 °W).

VERHALTEN

Unbekannt

TAUCHVERHALTEN

Unbekannt

NAHRUNG

Möglicherweise ernähren sie sich vorwiegend von Tintenfischen, vielleicht gelegentlich auch von kleineren Fischarten und Garnelen (wie andere Schnabelwale).

HOT SPOTS

Unbekannt. Möglicherweise zwischen Hokkaido (Japan) und den Kurilen (Russland)

REPRODUKTION

Unbekannt

Sato-Schnabelwal, *Berardius minimus*

WISSENSWERTES

Sie gehören zu den Arten, über die sehr wenig bekannt ist. Es wurden nur wenige gestrandete Individuen im Nordpazifik gefunden.

Erst 2016 untersuchten US-amerikanische und japanische Wissenschaftler unter der Leitung des Genetikers Philipp Morin die DNA-Proben von 178 nordpazifischen Schnabelwalen aus der umfangreichen Gewebedatenbank seines Instituts. Darunter befanden sich 8 Proben von Sato-Schnabelwalen. Die Forscher fanden heraus, dass sie ganz klar zur Gattung *Berardius* gehörten, aber auf Grund signifikanter genetischer Unterschiede eine neue Art repräsentierten.

Das Tier, an dem die Erstbeschreibung durchgeführt wurde, war am 4.6.2008 in einem stark verwesten Zustand in Kitami, Hokkaido, gestrandet. Der Kadaver wurde von Forschern vergraben. Nach einem Jahr wurde das komplette Skelett von einem der Wissenschaftler ausgegraben, der die neue Art 2019 beschrieb (Yamada *et al.*, 2019).

Sato-Schnabelwale wurden nach Hal Sato, einem Wissenschaftler aus Hokkaido (Japan), benannt, der in den frühen 2000er Jahren Fotos von gestrandeten Tieren an Tadasu Yamada, Kurator im Ruhestand am National Museum of Nature and Science in Japan, sandte. Diese Art war der Wissenschaft bis dahin unbekannt, wegen ihrer Ähnlichkeit zu Baird-Schnabelwalen. Sato-Schnabelwale sind jedoch kleiner, dunkler und haben eine stärker ausgeprägte Stirn.

Als Forscher im Sommer 2021 zwischen Hokkaido (Japan) und den Kurilen (Russland) Schwertwale beobachteten, sichteten sie 14 Sato-Schnabelwale. Bisher wurden sie nur um Japan und vor dem östlichen Russland gesichtet. Erich Hoyt, Co-Autor des Artikels, in dem diese Sichtung beschrieben wurde (2021), zufolge können die Narben von Plätzchenstecher-Leuchthai-Bissen *(Isistius brasiliensis)* stammen. Da diese jedoch eigentlich in wärmeren Gewässern leben, könnten sich die Wale möglicherweise auch in wärmeren Regionen aufgehalten haben und dort gebissen worden sein.

Sato- und Baird-Schnabelwale wurden schon im frühen 17. Jahrhundert von japanischen Walfängern gejagt. Seit etwa 200 Jahren ist bekannt, dass sie zwei *Berardius*-Wale unterschieden: die häufig vorkommende, Schiefer graue Form und eine kleinere, schwarze.

Seit 1940 wird berichtet, dass die kleineren und schwärzeren Verwandten des Baird-Schnabelwals, in der Nemuro Straße regelmäßig in Gruppen zwischen April und Juni und die größeren Baird-Schnabelwale zwischen September und Oktober angetroffen werden.

Eine Form nannten die Walfänger „tsuchi kujira" (tsuchi: Schlamm, Boden, Erde; kujira: Wal). In Marine Mammal Society (2021) wird „tsuchi kujira" auch mit „erdiger/schwarzer Holzhammer" übersetzt, weil der Schnabel die Melone überragt und ein abgetrennter Kopf an einen Holzhammer erinnert (Brownell & Kasuya, 2021). Der Walforscher Frederick William True konnte den Gebrauch des Namens für *B. bairdii* bis ins frühe 18. Jahrhundert zurückverfolgen. Die Jagd auf „tsuchi kujira" wurde erstmals von Omura *et al.* (1955) in englischer Sprache beschrieben.

Die zweite Form nannten die Walfänger Hokkaidos „kuro tsuchi kujira" (kuro: dunkel, schwarz). Es ist bestätigt, dass es sich hierbei um *B. minimus* handelt (Hokkaido University, 2019). Die Fischer von Hokkaido bezeichnen diese Wale auch als „karasu" (Krähe, Rabe).

Wie alle Schnabelwale haben auch Sato-Schnabelwale ein Paar v-förmig zueinander angeordnete ventrale Kehlfurchen, die sich nicht berühren (das „V" zeigt nach vorne). Dies ist charakteristisch für Schnabelwale. Sie unterstützen die Nahrungsaufnahme, indem sie eine Ausdehnung des Mauls und damit ein Einsaugen der Beute ermöglichen (einige Individuen können zusätzliche einige Kehlfurchen haben). Diese Kehlfurchen sind nicht mit den Kehlfurchen von Furchenwalen zu verwechseln, die sehr viel länger sind (und vom Unterkiefer bis zum Bauchnabel reichen).

WISSENSCHAFTLICHER NAME

Berardius minimus Yamada, Kitamura und Matsuishi, 2019

Der Gattungsname *Berardius* setzt sich wie folgt zusammen: *Bérard* und *-ius*, eine gebräuchliche lateinische Namensendung. Bérard war ein französischer Kapitän, der 1846 einen, nach ihm benannten, Wal von Neuseeland nach Frankreich transportierte.

Der Artname *minimus* bedeutet „der kleinste" und weist daraufhin, dass diese Art die kleinste in der Gattung *Berardius* ist.

Nördlicher Entenwal

Hyperoodon ampullatus
—Northern Bottlenose Whale

Körperlänge: adult 6–10 m (max.: Weibchen 8,5 m)
Gewicht: adult bis 7,5 t (Jefferson *et al.*, 2008)
Körperfarbe: Rücken dunkelgrau bis schokoladenbraun; Seiten und Bauch etwas heller mit gelblichem Schimmer, möglicherweise von Diatomeen (Kieselalgen) verursacht; Kälber braungrau, mit hellerer Färbung am Kopf und dunklen Augenflecken; einige adulte Tiere mit ungleichmäßigen, ovalen (oder runden), weißen (oder gelblichen) Narben gesprenkelt (werden mit zunehmendem Alter mehr; die kleineren stammen von Neunaugen *(Petromyzontiformes)*, die größeren von Plätzchenstecher-Leuchthaien *(Isistius brasiliensis)*; können bei beiden Geschlechtern vorkommen (normalerweise nicht bei Jungtieren)); Teil der Melone und des Schnabels kann bei Männchen hellgrau sein (und im Alter weiß werden); ältere Weibchen können weißes Band um Hals haben (Jefferson *et al.*, 2008); Südlicher und Nördlicher Entenwal: nur sehr wenige gerade Narben und Kratzer bei Bullen (verlaufen kreuz und quer über Körper, Anzahl erhöht sich im Alter)
Blasloch: 1, sichelförmig; Spitzen der Sichel zeigen nach vorne
Fluke: keine mediane Einkerbung; Hinterkante fast gerade oder ein wenig konvex
Rückenfinne: bis 30 cm hoch; markant gekrümmt; etwa am hinteren Körperdrittel
Zähne: adulte Männchen; 2 an Spitze des Unterkiefers; konisch (nicht immer bei geschlossenem Maul sichtbar (Gowans, 2009), manchmal leicht nach vorne gerichtet und mit Seepocken bewachsen); nur Nördlicher Entenwal: zweites Paar kann manchmal hinter den Frontzähnen im Zahnfleisch verborgen sein; 10–20 rudimentäre Zähne im Zahnfleisch des Ober- und Unterkiefers verborgen, brechen bei Weibchen nicht durch

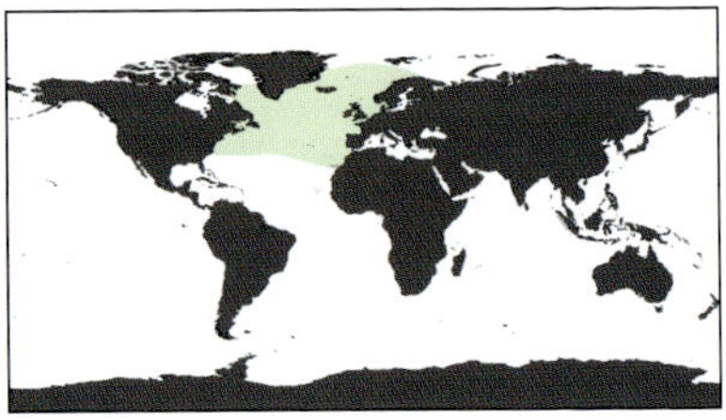

Lebensalter: mind. 37 Jahre, möglicherweise viel älter
Nördlicher und Südlicher Entenwal:
Körperform: kräftig
Kopf: große, stark gewölbte Melone; bei Weibchen und Jungtieren fällt sie steil zum Schnabel ab; bei adulten Männchen (besonders bei alten Bullen) steiler und abgeflacht (fast quadratisch im Profil); dieser Dimorphismus ist so stark ausgeprägt, dass frühere Anatomen glaubten, es könnte sich um zwei verschiedene Arten handeln;

Nördlicher Entenwal, *Hyperoodon ampullatus*

der dichte Knochen in der Stirn der Männchen unterstützt möglicherweise beim Kampf mit anderen Männchen (Gowans & Rendell, 1999)
Schnabel: mäßig lang, röhrenförmig; deutlich von Melone abgesetzt
Blas: unscheinbar, diffus, niedrig (etwa 1,5 m); oft leicht nach vorne gerichtet
Informationen zu Kehlfurchen & Flippern, siehe Arnoux-Schnabelwal

VERBREITUNGSGEBIETE

Ausschließlich in subpolaren und kalt-gemäßigten Gewässern des Nordatlantiks (mit Temperaturen zwischen –2 °C und 17 °C), zwischen der Eiskante und den Azoren, von der Straße von Gibraltar bis Spitzbergen im Osten und von Neuengland bis Baffin Island und südliches Grönland im Westen. Sie können auch nördlich der Barentssee und in den Gewässern um Grönland im Sommer (Mai bis August) vorkommen. Im Frühjahr und Sommer kann man sie oft in der Nähe des Packeisrandes finden, im Herbst und Winter halten sie sich weiter südlich auf. Eine ortstreue Population Nördlicher Entenwale lebt ganzjährig am „Gully", einem Unterseegraben, etwa 200 km vor der Küste Neuschottlands an der „Sable Island Bank" (Kanada). Sie versammeln sich über Unterwasserschluchten und in Gewässern seewärts der Kontinentalabhänge mit Tiefen von 500–1.000 m (Wimmer & Whitehead, 2004). Ihr Verbreitungsgebiet auf hoher See reicht von der Eiskante Richtung Süden bis etwa 30 °N. Strandungen in europäischen Gewässern wurden von Belgien, den Niederlanden, Dänemark, Frankreich und England gemeldet sowie im westlichen Nordatlantik von Sable Island und Neuschottland und südlich bis Rhode Island. Ein Exemplar wurde in der Nordsee gefangen und eins in den Gewässern vor den Niederlanden gesichtet. Die flachen Gewässer der südlichen Nordsee spiegeln jedoch sicher nicht ihr normales Verbreitungsgebiet wider.

VERHALTEN

Das Verhalten von Nördlichen Entenwalen wurde (neben der Population von Blainville-Schnabelwalen vor den Bahamas) besser als bei allen anderen Schnabelwal-Arten dokumentiert. Nördliche Entenwale leben meist in Gruppen von 1–4 Tieren, gelegentlich können sich Gruppen von bis zu 20 Individuen bilden. Die Gruppen können nach Geschlecht und Alter getrennt sein (Jefferson *et al.*, 1993).
Die soziale Organisation innerhalb der Gruppen am „Gully" entspricht der von Delfinen, gewöhnlich mit kurzen Verbindungen für wenige Minuten oder Tage („Trennungs- und Vereinigungs-Gruppen"; Gowans *et al.*, 2001). Weibchen bilden lose Verbindungen, während geschlechtsreife Männchen Langzeit-Gruppen mit anderen geschlechtsreifen Bullen bilden, die über Jahre bestehen bleiben.

Sie springen nur gelegentlich.

Gelegentlich sind sie Booten gegenüber neugierig und nähern sich stationären Booten, umkreisen sie, springen und schlagen mit der Fluke. Sie scheinen sich für unbekannte Geräusche zu interessieren. Normalerweise sind sie jedoch eher scheu gegenüber Booten und es ist schwer, sich ihnen anzunähern.
Sie sind dafür bekannt, verletzten Tieren zu helfen und bei ihnen zu bleiben. Dies wurde von Walfängern genutzt, um die ganze Gruppe zu töten. Einige Beobachtungen von Walfängern lassen vermuten, dass sie im Frühjahr Wanderungen Richtung Norden unternehmen und im Herbst Richtung Süden. Sie unternehmen saisonale Wanderungen von etwa 1.000 km.
Nördlicher und Südlicher Entenwal:
Die Bullen beider Arten nutzen ihren großen Kopf, um sich gegenseitig Kopfstöße zu verpassen, wenn sie mit anderen Männchen kämpfen (Gowans & Rendell, 1999), um eine Fortpflanzungs-Hierarchie zu etablieren, statt ihre Zähne für innerartige Kämpfe einzusetzen (wie andere Schnabelwale).
Weitere Informationen, siehe Baird-Schnabelwal

TAUCHVERHALTEN

Tauchgänge, die am „Gully" beobachtet wurden, dauerten zwischen 1 min und 3 h (Reeves *et al.*, 1993). Die maximale bekannte Tiefe beträgt 1.453 m (dokumentiert vor Neuschottland). Meist tauchen sie jedoch kürzer als 10 min. Nach einem langen Tauchgang bleiben sie für etwa 10 min (oder mehr) an der Oberfläche. Sie gehören wohl zu den Cetaceen, die am längsten und am tiefsten tauchen.

NAHRUNG

Sie ernähren sich hauptsächlich von Tintenfischen (z. B. *Gonatus* spp., am „Gully"; Hooker *et al.*, 2001), aber auch von Fischen (z. B. Heringe) und gelegentlich auch von am Boden lebenden Wirbellosen (z. B. Seesternen und Seegurken) oder Krabben. Sie fressen normalerweise am oder dicht über dem Grund in tiefen Gewässern (tiefer als 800 m, bis in Tiefen von über 1.400 m).
Weitere Informationen, siehe Arnoux-Schnabelwal

Die Rückenfinne ist bis 30 cm hoch und befindet sich etwa am hinteren Körperdrittel.

HOT SPOTS

Die bekannteste und am besten studierte Population lebt ganzjährig am „Gully", einem der wenigen Plätze auf der Welt, an denen man Nördliche Entenwale regelmäßig sichten kann. Diese ortstreue Population kann auch in der Nähe von benachbarten Schluchten beobachtet werden. Sie scheinen keine größeren Wanderungen zu unternehmen.

Weitere gute Plätze für Sichtungen befinden sich nördlich vor Labrador, zwischen Island und Jan Mayen, südwestlich des Svalbard-Archipels, östlich von Island, nördlich der Färöer-Inseln, in der Davis-Straße, den Azoren und besonders am Eingang zur Hudson Strait und Frobisher-Bay.

REPRODUKTION

Paarungszeit: unbekannt, vemutlich im März/April
Tragzeit: 12 Monate
Geburtsgröße: etwa 3–3,5 m
Säugezeit: möglicherweise länger als 1 Jahr
Die meisten Geburten finden im April statt (Jefferson *et al.*, 1993).

WISSENSWERTES

Nördliche Entenwale wurden als erste Schnabelwal-Art erstmals 1770 von Johann Reinhold Forster, Naturalist auf Kapitän James Cooks zweiter Reise, beschrieben. Der Wal wurde anhand eines 1717 bei Maldon (Essex, England) gestrandeten Tieres *Hyperoodon ampullatus* genannt (Marine Mammal Society, 2021). Diese Art wurde im 19. Jahrhundert und Anfang des 20. Jahrhunderts von Norwegen und England stark bejagt.

Am 20.1.2006 wurde ein Nördlicher Entenwal in der Themse in London (bei der Albert-Brücke) gesichtet. Obwohl versucht wurde, den Wal zu retten, starb er am nächsten Tag. Das Skelett befindet sich im Natural History Museum in London.

Der lange, flaschenhalsförmige Schnabel brachte ihnen den englischen Populärnamen „Bottlenose Whale" („Flaschennasenwal") ein. Im späten 19. Jahrhundert nannten schottische Walfänger die alten Bullen wegen der platt gedrückten Stirn, die im Profil fast quadratisch erscheint, auch „Flatheads" („Flachköpfe").

Nördlicher und Südlicher Entenwal:
Sie sind die einzigen beiden Arten der Gattung *Hyperoodon.* Untersuchungen an Südlichen Entenwalen legen jedoch nahe, dass es auf der südlichen Hemisphäre mehr als eine Art geben könnte (Dalebout *et al.*, 1998).

Männliche Entenwale haben eine stark gewölbte Stirn entwickelt, die einen „festen Fettklumpen" enthält, der mit einem dünnflüssigen Öl gefüllt ist. Die Weibchen haben nur geringe Mengen dieses Öls in der Stirn. Es könnte als akustische Linse zum zielgerichteten Aussenden von Echolokalisations-Signalen dienen.

Informationen zu ventralen Kehlfurchen, siehe Arnoux-Schnabelwal

WISSENSCHAFTLICHER NAME

Hyperoodon ampullatus (Forster, 1770)
Der Gattungsname *Hyperoodon* setzt sich aus dem griechischen *hyper* für „obere" oder *hyperoon* für „oberer Raum/obere Etage" (bezugnehmend auf den Gaumen) und *odon* für „Zahn" zusammen. Der Artname *ampullatus* setzt sich aus dem lateinischen *ampulla* für „Flasche" und dem lateinischen *atus*, einer angehängten Silbe für „ausgestattet mit", zusammen und bezieht sich auf raue Papillen (kleine, warzenähnliche Vorwölbungen) am Gaumen, die fälschlicherweise für Zähne gehalten wurden (Leatherwood & Reeves, 1983), oder den röhrenförmigen (flaschenartigen), stark ausgeprägten Schnabel.

Südlicher Entenwal
Hyperoodon planifrons
—Southern Bottlenose Whale

Körperlänge: adult 5,5–7,5 m (max.: Weibchen 7,5 m, Männchen 7 m; relativ geringe Anzahl untersuchter Tiere könnte erklären, dass ein Weibchen das größte Tier ihrer Art ist; es wurden Tiere mit 7,8 m gemeldet (Jefferson *et al.*, 2008))
Gewicht: adult etwa 4 t (Ross, 2006)
Körperfarbe: Rücken hell schokoladenbraun bis graubraun, mit gelblichem Schimmer (möglicherweise von Diatomeen (Kieselalgen) verursacht); einige alte Bullen können hellere Färbung auf Rücken haben; Bauch und Teile des Kopfes heller; Jungtiere grau; ausgeprägte cremeweiße Gesichtsfelder, werden durch einen auffälligen, dunklen Blasloch-Streifen getrennt; Van Waerebeek *et al.*, 2005); Informationen zu Narben und Kratzern, siehe Nördlicher Entenwal
Fluke: gelegentlich kleine mediane Einkerbung; Hinterkante fast gerade (oder ein wenig konvex)
Rückenfinne: gekrümmt; klein (30–38 cm), etwas zugespitzt; etwa am hinteren Körperdrittel
Zähne: siehe Nördlicher Entenwal; einige rudimentäre Zähne können im Zahnfleisch des Oberkiefers und des Unterkiefers vorhanden sein, brechen bei Weibchen nicht durch
Weitere Informationen, siehe Nördlicher Entenwal
Informationen zu Kehlfurchen & Flippern, siehe Arnoux-Schnabelwal

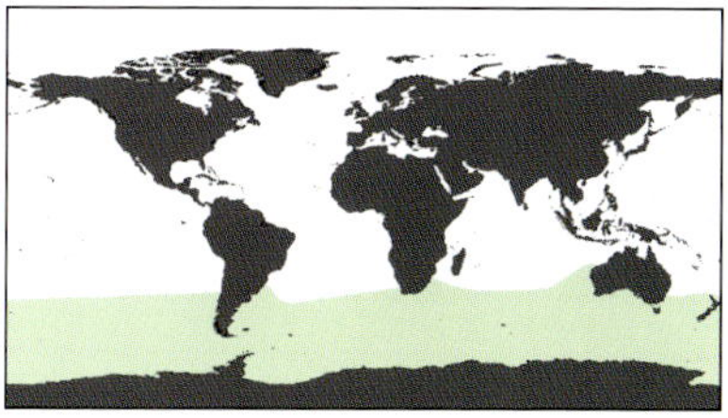

VERBREITUNGSGEBIETE
Sie leben zirkumpolar auf der südlichen Hemisphäre, von der Eiskannte bis 30 °S (Jefferson *et al.*, 1993). Das Verbreitungsgebiet erstreckt sich zwischen der Kap-Provinz (Südafrika), bei 31 °S im westlichen Indischen Ozean, Dampier-Archipel (Westaustralien), Ulladulla (New South Wales), Nord-Insel (Neuseeland), Valparaiso (Chile) und Rio Grande do Sul (Brasilien), nach Süden bis zum antarktischen Kontinent (Rice, 1998). Die meisten Sichtungen erfolgten zwischen 50 °S und 70 °S. In den Sommermonaten können sie in antarktischen Gewässern gesichtet werden, bis etwa 100 km von der Eiskante entfernt, manchmal bis zur Eiskante.

Südlicher Entenwal, *Hyperoodon planifrons*

Sie bevorzugen tiefe Gewässer (tiefer als 1.000 m), wie andere Schnabelwale (Jefferson *et al.*, 2015), und schwimmen nur selten über dem Kontinentalschelf oder in Gewässern mit weniger als 200 m Tiefe.

VERHALTEN

Das Verhalten Südlicher Entenwale ist wegen ihres entlegenen Verbreitungsgebiets weitgehend unbekannt.
Sie leben meist in Gruppen von 10 Tieren. Nur bei seltenen Gelegenheiten können sich Gruppen von bis zu 25 Tieren bilden, in Ausnahmefällen sogar bis zu 40 (Lodi & Borobia, 2013).
Ihre soziale Organisation ist unbekannt. Möglicherweise unternehmen sie Wanderungen von etwa 1.000 km.
Booten gegenüber sind sie scheu und es ist schwer, sich ihnen anzunähern. Wenn sie schnell schwimmen (z. B., wenn sie unter Stress vor einem Boot fliehen), heben sie beim Auftauchen ihren Kopf deutlich über die Wasseroberfläche.
Sichtungen vor Durban (Südafrika) zeigen eine starke saisonale Bewegung, mit Höhepunkten im Februar und Oktober. Die im Februar lässt auf eine Bewegung Richtung Norden von der Antarktis weg schließen (Sekiguchi, 1993). Im Oktober schwimmen sie südwärts.
Die Bullen nutzen ihren großen Kopf, um sich gegenseitig Kopfstöße zu verpassen, wenn sie mit anderen Männchen kämpfen (Gowans & Rendell, 1999) um eine Fortpflanzungs-Hierarchie zu etablieren, statt ihre Zähne für innerartige Kämpfe einzusetzen (wie andere Schnabelwale).

TAUCHVERHALTEN

Sie können länger als eine Stunde tauchen. Die normale Tauchzeit ist jedoch kürzer. Möglicherweise können sie Tiefen von mehr als 1.400 m erreichen. Nach einem langen Tauchgang bleiben sie für etwa 10 min (oder mehr) an der Oberfläche.

NAHRUNG

Sie ernähren sich möglicherweise hauptsächlich von Tintenfischen, aber auch von Fischen und eventuell auch von Krustentieren. Am Boden lebende Wirbellose, wie Seesterne und Seegurken, werden gelegentlich konsumiert. Das größte Beutetier, das in einem Magen gefunden wurde, wog 4.080 g.
Weitere Informationen, siehe Arnoux-Schnabelwal.

HOT SPOTS

Unbekannt. Es bestehen Sichtungsmöglichkeiten im Atlantischen Ozean und im östlichen Indischen Ozean, zwischen 58 °S und 62 °S. Vor Durban (Südafrika) gibt es saisonale Bewegungen (besonders Februar und Oktober, in den Sprungschichten zwischen der Agulhas-Strömung und den kalten antarktischen Wassermassen (Cockcroft *et al.*, 1990).

REPRODUKTION

Tragzeit: unbekannt, möglicherweise 12 Monate (wie Nördliche Entenwale)
Geburtsgröße: etwa 2,5–3 m
Geburtsgewicht: etwa 150–200 kg
Säugezeit: unbekannt, möglicherweise länger als 1 Jahr (wie Nördliche Entenwale)

WISSENSWERTES

Südliche Entenwale wurden erstmals 1882 vom englischen Zoologen William Henry Flower beschrieben, anhand eines verwitterten Schädels von Lewis Island im Dampier-Archipel (Westaustralien).
Die meisten Kenntnisse stammen von gestrandeten Tieren. Da sie nie kommerziell gejagt wurden und meist abseits von befahrenen Schiffsrouten leben, sind sie wesentlich weniger erforscht als ihre nördlichen Verwandten. Möglicherweise wurde ihr Bestand durch ihren abgeschiedenen Lebensraum nicht so stark durch den Walfang dezimiert wie der Bestand der Nördlichen Entenwale. Sie erzeugen möglicherweise Klickfolgen mit einer Spitzenenergie von 18 kHz und Klick-Wiederholungsraten von 17 bis 200 Klicks/Sekunde (Erbe *et al.*, 2017)
Südliche- und Nördliche Entenwale sind die einzigen Arten der Gattung *Hyperoodon*. Untersuchungen an Südlichen Entenwalen legen jedoch nahe, dass es auf der südlichen Hemisphäre mehr als eine Art geben könnte (Dalebout *et al.*, 1998).
Männliche Entenwale haben eine stark gewölbte Stirn entwickelt, die einen „festen Fettklumpen" enthält, der mit einem dünnflüssigen Öl gefüllt ist. Die Weibchen haben nur geringe Mengen dieses Öls in der Stirn. Es könnte als akustische Linse zum zielgerichteten Aussenden von Echolokalisationssignalen dienen.
Wie alle Schnabelwale haben auch Südliche Entenwale ein Paar v-förmig zueinander angeordnete ventrale Kehlfurchen, die sich nicht berühren (das „V" zeigt nach vorne). Dies ist charakteristisch für Schnabelwale. Sie unterstützen die Nahrungsaufnahme, indem sie eine Ausdehnung des Mauls und damit ein Einsaugen der Beute ermöglichen (einige Individuen können zusätzliche einige Kehlfurchen haben). Diese Kehlfurchen sind nicht mit den Kehlfurchen von Furchenwalen zu verwechseln, die sehr viel länger sind (und vom Unterkiefer bis zum Bauchnabel reichen).

WISSENSCHAFTLICHER NAME

Hyperoodon planifrons Flower, 1882
Informationen zum Gattungsnamen, siehe Nördlicher Entenwal
Der Artname *planifrons* setzt sich aus dem lateinischen *planus* für „Ebene" und *frons* für „Stirn" zusammen und bezieht sich auf die steile, abgeflachte Stirn (Leatherwood & Reeves, 1983).

Blainville-Schnabelwal
Mesoplodon densirostris
—Blainville's Beaked Whale

Körperlänge: adult etwa 4,5 m; Weibchen möglicherweise etwas größer als Männchen (typisch für Schnabelwale)
Gewicht: adult etwa 1 t (Jefferson *et al.*, 2008)
Körperform: spindelförmig; verjüngt sich zur Fluke
Körperfarbe: Rücken dunkel braungrau; Bauch heller; bei Jungtieren weitgehend unbekannt (könnten dunklen Rücken, helleren Bauch und dunkle Augenflecke haben); Informationen zu Narben und Kratzern, siehe Arnoux-Schnabelwal
Kopf: klein; relativ flache Melone
Schnabel: mittellang (bei Jungtieren deutlich kürzer und kräftiger)
Blas: möglicherweise unscheinbar, niedrig (etwa 1 m); vermutlich leicht nach vorne gerichtet
Rückenfinne: klein, dreieckig; etwa am hinteren Körperdrittel
Zähne: keine im Oberkiefer; hoher Bogen am hinteren Teil des Unterkiefers (sehr breit und stark ausgeprägt, überragt den Schnabel; bei Weibchen und Jungtieren weniger stark ausgeprägt); nur bei adulten Männchen (besonders bei alten Bullen): auf höchstem Punkt jeweils ein abgeflachter, nach vorne gerichteter, dreieckiger Stoßzahn auf jeder Seite des Unterkiefers; überragt den Kopf (erinnert an „Hörner"); manchmal können sie mit Seepocken bewachsen sein; brechen bei Weibchen nicht durch (im Zahnfleisch verborgen)
Informationen zu Kehlfurchen & Flippern, siehe Arnoux-Schnabelwal

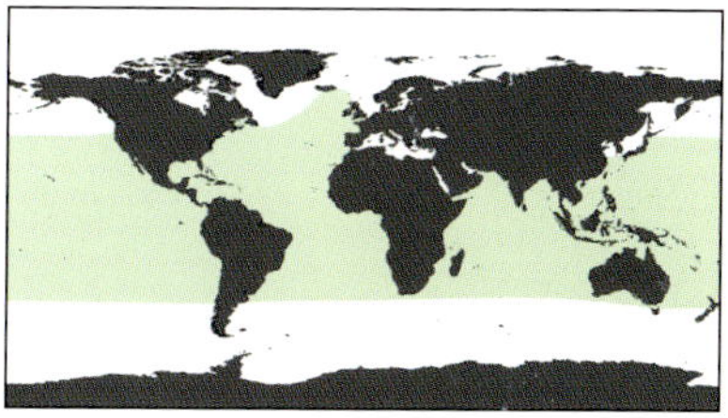

Informationen zu Blasloch & Fluke, siehe Nördlicher Entenwal

VERBREITUNGSGEBIETE

Das Verbreitungsgebiet erstreckt sich von Neuschottland, Wales, Portugal, Japan, den Midway-Inseln und Mittelkalifornien im Norden und von Rio Grande do Sul (Brasilien), Südafrika, Tasmanien und Chile im Süden (Rice, 1998). Sie können auch in den Gewässern um Neuseeland (Baker & van Helden, 1999) sowie zwischen Valparaiso und der Osterinsel im südöstlichen Pazifik vorkommen (Aguayo *et al.*, 1998).
Blainville-Schnabelwale leben in gemäßigten und warmen Gewässern aller Ozeane und bevorzugen tiefe Hochseegewässer (wie andere Schnabelwale) mit Tiefen von 200–1.000 m (Casinos & Filella, 1995). Sie sind auch in geschlossenen Meeren verbreitet, wenn sie tief genug

Blainville-Schnabelwal, *Mesoplodon densirostris*

Nur adulte Männchen haben jewils einen abgeflachten, dreieckigen Stoßzahn auf dem höchsten Punkt des Unterkiefers.

sind (z. B. Japanisches Meer, Golf von Mexiko, Karibisches Meer und sehr selten auch im Mittelmeer).

VERHALTEN

Das Verhalten von Blainville-Schnabelwalen ist (neben Nördlichen Entenwalen am „Gully") besser als bei jeder anderen Schnabelwal-Art dokumentiert, besonders eine Population um die Bahamas. Sie leben meist in Gruppen von 3–7 Tieren (Jefferson *et al.*, 1993), manchmal auch paarweise oder solitär.
Vor den Bahamas leben die erwachsenen Tiere in Haremsgruppen, mit einem adulten Männchen und mehreren erwachsenen Weibchen. Diese Gruppen halten sich meist über Gräben und dem Kontinentalschelf auf.
Halbwüchsige Tiere bilden eigene Gruppen und können hauptsächlich küstennah oder auf offener See des gleichen Gebiets gefunden werden.
Sie sind Booten gegenüber scheu und Annäherungen sind schwierig. Vor La Gomera (Kanaren) nähern sie sich jedoch manchmal Booten (Ritter & Brederlau, 1999).
Sie heben oft ihren Schnabel über die Wasseroberfläche, wenn sie auftauchen, und schlagen manchmal mit ihm auf die Wasseroberfläche. Gelegentlich springen sie und zeigen andere Oberflächenaktivitäten.
Informationen zu Narben und Kratzern, siehe Arnoux-Schnabelwal

TAUCHVERHALTEN

Blainville-Schnabelwale tauchen regelmäßig tiefer als 800 m. Sie können jedoch auch bis in Tiefen von 1.408 m tauchen. Tauchgänge dauern etwa 48–68 min (beides vor Hawaii gemessen). Ein ausgewachsenes Weibchen tauchte zusammen mit seinem Kalb 800 m tief.
Sie scheinen sich auch einige Zeit in Tiefen von weniger als 50 m aufzuhalten, aber vermutlich verbringen sie tagsüber die meiste Zeit in größeren Tiefen, um Begegnungen mit Räubern wie großen Haien und Schwertwalen, die in Oberflächennähe jagen, zu vermeiden. Nachts verbringen sie mehr Zeit in geringeren Tiefen (weniger als 100 m). An der Oberfläche halten sie sich normalerweise nur kurz auf.
Sie erzeugen hoch frequente Echolokalisations-Klicks in langen Klickfolgen nur bei tiefen Jagdtauchgängen, ebenso wie schneller werdende Klickfolgen (0,2–0,4 sec, 15–60 sec/Klickfolge). Sie enden in „Summtönen" (400 Klicks/Summton, 3 sec/Klickfolge), was den Fang von Beute anzeigt. 80 % der Zeit, die sie in Tiefen von weniger als 170 m verbringen, sind sie still (Erbe *et al.*, 2017).

NAHRUNG

Sie ernähren sich hauptsächlich von Tintenfischen und einigen Tiefseefischen (tiefer als 800 m).
Weitere Informationen, siehe Arnoux-Schnabelwal

HOT SPOTS
Tiefe Gewässer der Bahamas, um Hawaii und den Gesellschaftsinseln. Einer der besten Plätze: Kanarische Inseln vor La Gomera, ortstreue Population ganzjährig vor El Hierro

REPRODUKTION
Geburtsgröße: etwa fast 2 m
Geburtsgewicht: etwa 60 kg

WISSENSWERTES
Das erste Exemplar dieser Art wurde 1817 vom französischen Zoologen Henri Marie Ducrotay de Blainville anhand eines Teils des Oberkieferknochens beschrieben. Wegen der extrem hohen Knochendichte gab er dieser Art den Namen *Delphinus densirostris*. Der dichte Knochen brachte der Art auch den englischen Namen „Dense-beaked Whale" („Wal mit dichtem Schnabel") ein. Die Knochenstruktur ist dichter, hat eine höhere mechanische Steifheit und Kompaktheit, als alle bisher gemessenen Knochen. Blainville fand, dass der Knochen dichter als Elefanten-Elfenbein war (Ellis & Mead, 2017).
2000 kamen de Buffrénil und Kollegen zu dem Schluss, dass die Knochen sehr anfällig für Brüche sind und sich nicht eignen, um Schäden bei den Bullenkämpfen zu verhindern. 1846 beschrieb John Edward Gray einen Schädel, der 1839 bei den Seychellen von M. Leduc gefunden wurde und große Ähnlichkeit mit dem von Cuvier-Schnabelwalen hatte, als *Ziphius seychellis*. Erst 1875 kam Flower zu dem Schluss, dass Blainville und Gray die gleiche Art beschrieben hatten, die er vorher schon als *Mesoplodon densirostris* beschrieben hatte.
Sie nutzen möglicherweise zwei verschiedene Arten von Klicks, wenn sie jagen: um die Beute zu finden, nutzen sie lang anhaltende Klicks, wenn sie die Beute fangen, nutzen sie kurze Klicks („Summ-Klicks", engl.: „buzz-clicks"; Johnson *et al.*, 2006).
Blainville- und Cuvier-Schnabelwal:
Die Funktion des extrem dichten Oberkieferknochens ist noch nicht bekannt. Es wird vermutet, dass er bei der Echolokalisation eine Rolle spielen könnte, indem er der Schallleitung dient oder er verstärkt möglicherweise den Schädel bei den Kämpfen der Bullen gegeneinander (z. B. um eine Fortpflanzungs-Hierarchie zu etablieren). Beides ist nicht bestätigt.
Informationen zu ventralen Kehlfurchen, siehe Arnoux-Schnabelwal

WISSENSCHAFTLICHER NAME
Mesoplodon densirostris (Blainville, 1817)
Der Gattungsname *Mesoplodon* setzt sich aus dem griechischen *mesos* für „Mitte", *hopla* für „Waffe" und *odon* für „Zahn" zusammen und bedeutet „bewaffnet mit Zähnen in der Mitte des Mauls" (Leatherwood & Reeves, 1983). Dies deutet darauf hin, dass der Wal für die Erstbeschreibung einen Zahn in der Mitte des Unterkiefers, wie eine Waffe, hatte (Lodi & Borobia, 2013). *Mesoplodon* ist die artenreichste Gattung aller Cetaceen. Der Artname *densirostris* bedeutet so viel wie „dichter Kiefer" und setzt sich aus dem lateinischen *densus*, für „dicht, dick" und *rostrum* für „Schnabel" zusammen. Der Artname bezieht sich auf den sehr dichten Oberkieferknochen.

Die Spitzen des sichelförmigen Blaslochs zeigen nach vorn.

Gray-Schnabelwal

Mesoplodon grayi
—Gray's Beaked Whale

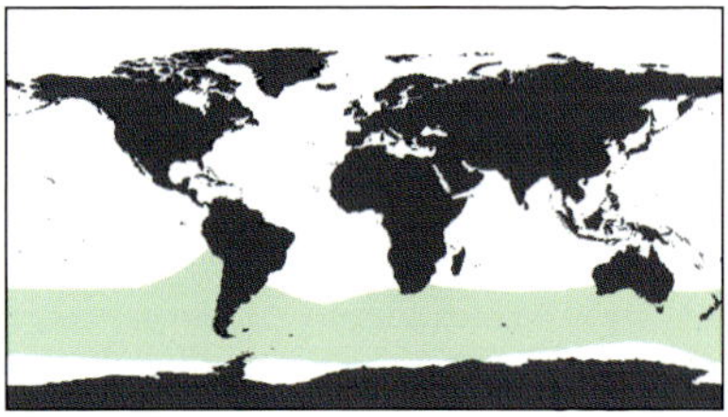

Körperlänge: adult etwa 5–5,5 m; Weibchen möglicherweise etwas größer als Männchen (typisch für Schnabelwale; Jefferson *et al.*, 2008)
Gewicht: adult mind. 1,1 t
Körperform: spindelförmig; verjüngt sich zur Fluke
Körperfarbe: charakteristische Färbung: Unterseite überwiegend dunkelgrau mit weißen Flecken (hauptsächlich an der Genitalregion); Schnabel (Ober- und Unterkiefer) und vorderer Teil der Stirn bei adulten Tieren weiß; Jungtiere: dunklerer Schnabel, manchmal dunkle Augenflecke und hellerer Bauch; Informationen zu Narben und Kratzern, siehe Arnoux-Schnabelwal
Kopf: klein, leicht gewölbte Melone (Weibchen längere Schädel)
Schnabel: extrem lang, schmal (Weibchen länger & schmaler); gerade Mundlinie
Blas: möglicherweise wie Blainville-Schnabelwal
Rückenfinne: klein, etwa am hinteren Körperdrittel
Fluke: bei Bullen breiter als bei Weibchen (Thompson *et al.*, 2014)
Zähne: 34–44 im hinteren Teil des Oberkiefers; bis 12 mm lang; Männchen 2 dreieckige Zähne in Mitte des Unterkiefers, können bis 10 cm breit oder schmal sein, meist mit Zahnfleisch bedeckt, nur Spitzen sichtbar
Informationen zu Kehlfurchen & Flippern, siehe Arnoux-Schnabelwal
Informationen zu Blasloch & Fluke siehe Nördlicher Entenwal

VERBREITUNGSGEBIETE

Sie leben zirkumpolar auf der südlichen Hemisphäre in kalt-gemäßigten Gewässern. Gray-Schnabelwale bevorzugen tiefe Hochseegewässer, mit Tiefen von etwa 2.000 m (wie andere Schnabelwale), jenseits von Kontinentalabhängen. Die meisten Sichtungen wurden südlich 30 °S gemeldet. Die (Sub-) Antarktis gehört zu ihrem Verbreitungsgebiet (Van Waerebeek *et al.*, 2004). Strandungen wurden von Neuseeland gemeldet und von Tierra del Fuego, Chubut und Buenos Aires (alle drei Argentinien), Brasilien, Falklandinseln, Magellan-Straße (Chile), Paracas (Peru), Kap-Provinz (Südafrika), West- und Südaustralien, Victoria, New South Wales (beide Australien), Tasmanien und Chatham-Inseln (Rice, 1998). Einige Sichtungen wurden zwischen der Südinsel von Neuseeland und den Chatham-Inseln (Dalebout *et al.*,

Gray-Schnabelwal, *Mesoplodon grayi*

2004b) sowie vor Madagaskar und im antarktischen Meer gemeldet.
1927 strandete ein einzelnes, möglicherweise verirrtes weibliches Tier an der Küste der Niederlande (Boschma, 1950). Dies ist bisher die einzige bekannte Strandung auf der Nordhalbkugel und spiegelt vermutlich nicht ihr tatsächliches Verbreitungsgebiet wider.

VERHALTEN

Sie leben meist paarweise oder alleine. Allerdings wurden auch schon Massenstrandungen mit 25–28 Tieren gemeldet (z. B. auf den Chatham-Inseln, 1874). Sie sind die Schnabelwal-Art, die in Neuseeland an den meisten Strandungen beteiligt ist. Die meisten Strandungen werden zwischen Dezember und März gemeldet, was auf eine Bewegung in Richtung Küste im Sommer schließen lässt (Van Waerebeek *et al.*, 2004).
Gelegentlich springen sie und zeigen andere Oberflächenaktivitäten (z. B. Spyhopping und schlagen mit den Brustflossen oder mit der Fluke auf das Wasser). Sie sind Booten gegenüber scheu und es ist schwer, sich ihnen anzunähern (typisch für Schnabelwale).
Die Tatsache, dass die Körper von adulten Männchen normalerweise geradlinige Narben und Kratzer aufweisen deutet darauf hin, dass Bullen mit anderen Männchen kämpfen, um eine Fortpflanzungs-Hierarchie zu etablieren und, dass sie dabei ihre Zähne einsetzen.

TAUCHVERHALTEN

Wenn sie auftauchen, heben sie oft ihren Schnabel über die Wasseroberfläche und schlagen manchmal mit ihm auf das Wasser. Zum Abtauchen heben sie ihre Fluke normalerweise nicht über die Wasseroberfläche.
Japanischer und Peruanischer Schnabelwal, Gray-, Deraniyagala-, Hector-, Perrin-, Hubbs-, Gervais-, True-, Layard-, Shepherd- und Ramada-Schnabelwal:
Das Tauchverhalten dieser Arten ist weitgehend unbekannt, weil es bisher nur wenige bestätigte Sichtungen auf See gab. Vermutlich sind sie zu tiefen und langen Tauchgängen fähig (typisch für Schnabelwale).

NAHRUNG

Es wird angenommen, dass sie sich hauptsächlich von Tintenfischen aus großen Tiefen ernähren.
Wie alle Schnabelwal-Arten saugen auch sie die Nahrung ein (wenn die Beute nah genug ist). Die v-förmig zueinander angeordneten ventralen Kehlfurchen ermöglichen ein Ausdehnen des Kehlbereichs, um die Beute einzusaugen („Saug-Fressen", engl.: suction feeding).

HOT SPOTS

Unbekannt. Die meisten Sichtungen: in subantarktischen und antarktischen Gewässern sowie im Sommer in der Nähe der antarktischen Halbinsel (auch zwischen dem Eis). Die Gewässer zwischen dem Südwesten der Chatham-Inseln und der Südinsel Neuseelands scheinen ein gutes Gebiet für Sichtungen zu sein (Dalebout *et al.*, 2004b).

REPRODUKTION

Paarungszeit: möglicherweise im Sommer in Gewässern um Neuseeland (Van Waerebeek *et al.*, 2004)
Geburtsgröße: etwa 2–2,5 m (Reidenberg & Laitman, 2009)

WISSENSWERTES

Julius von Haast, ein Zoologe aus Neuseeland, Direktor des Canterbury Museums in Christchurch (Neuseeland), beschrieb diese Art 1876 und benannte sie nach John Edward Gray, einem britischen Zoologen, der Direktor des Britischen Museums war (Leatherwood & Reeves, 1983). Seine Beschreibung basierte auf 3 Schädeln, die er im Mai 1875 von William Hood erhielt und von einer Gruppe von 28 Tieren stammten, die im Sommer 1874/75 am Waitangi Strand (Chatham-Inseln) gestrandet waren.
Von Haast nahm an, dass die 34–44 Oberkieferzähne im hinteren Teil des Oberkiefers wegen ihrer Größe funktional und nicht rudimentär waren, und schlug deshalb eine neue Gattung *Oulodon* für die neue Art *grayi* vor (Erstveröffentlichung im Januar 1876).
1968 erkannte Joseph Curtis Moore, ein amerikanischer Zoologe, in seiner taxonomischen Überarbeitung über Schnabelwale *Oulodon* nicht als Gattung an. Boschma schrieb 1951 dazu: „Das Vorhandensein dieser Zähne wurde bei Schnabelwalen bereits vermerkt, aber sie sind so klein, dass sie übersehen werden können."
Wie alle Schnabelwale haben auch Gray-Schnabelwale ein Paar v-förmig zueinander angeordnete ventrale Kehlfurchen, die sich nicht berühren (das „V" zeigt nach vorne). Dies ist charakteristisch für Schnabelwale. Sie unterstützen die Nahrungsaufnahme, indem sie eine Ausdehnung des Mauls und damit ein Einsaugen der Beute ermöglichen (einige Individuen können zusätzliche einige Kehlfurchen haben). Diese Kehlfurchen sind nicht mit den Kehlfurchen von Furchenwalen zu verwechseln, die sehr viel länger sind (und vom Unterkiefer bis zum Bauchnabel reichen).

WISSENSCHAFTLICHER NAME

Mesoplodon grayi von Haast, 1876
Informationen zum Gattungsnamen, siehe Blainville-Schnabelwal
Der Artname *grayi* bedeutet „von Gray" und bezieht sich auf den Direktor des Britischen Museums John Edward Gray (Leatherwood & Reeves, 1983). Das angehängte *i* steht für „gehört zu".

Japanischer Schnabelwal
Mesoplodon ginkgodens
—Ginkgo-toothed Beaked Whale

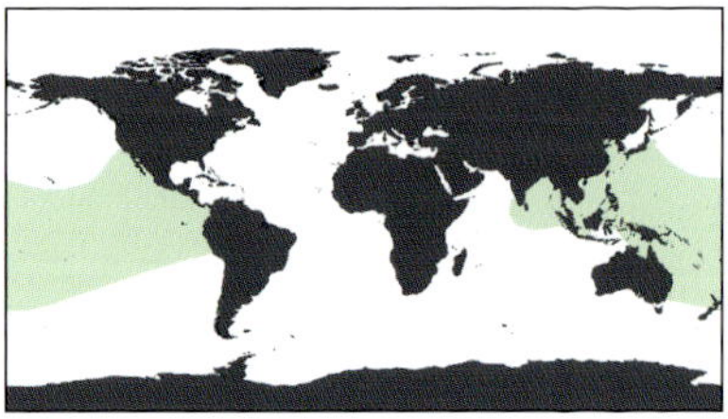

Körperlänge: adult max. etwa 5,5 m
Körperform: spindelförmig; verjüngt sich zur Fluke
Körperfarbe: Japanischer & Deraniyagala-Schnabelwal: Farbe kaum bekannt (bisher wurden nur wenige frische Tiere untersucht, tote Individuen werden schnell dunkel); keine bestätigten Sichtungen von lebenden Tieren auf See; adulte Männchen dunkelgrau; Japanischer Schnabelwal: die Spitze des Schnabels weiß (Ober- und Unterkiefer); unbestätigt, ob Schnabelspitze bei Weibchen weiß ist (zumindest Unterkiefer könnte blasser sein); im Gegensatz zu anderen Schnabelwalen bei adulten Männchen nur wenige (oder keine) weiße, ungleichmäßige Kratzer (weitere Informationen zu Narben und Kratzern, siehe Arnoux- Schnabelwal)
Kopf: klein; relativ flache Melone
Schnabel: mittellang; Mundlinie bei adulten Männchen leicht gebogen (s-förmig)
Blas: möglicherweise wie Blainville-Schnabelwal
Rückenfinne: klein, gekrümmt; etwa am hinteren Körperdrittel
Zähne: nur bei adulten Männchen, 1 breiter (bis 10 cm), abgeflachter, ovaler oder runder Stoßzahn auf jeder Unterkieferseite (auf höchstem Punkt des Unterkieferbogens, etwas hinter der Unterkiefermitte, ähneln Ginkgoblättern bei jungen Männchen); so breit wie hoch (manchmal sogar breiter), kaum sichtbar (vom Zahnfleisch bedeckt); keine im Oberkiefer; brechen bei Weibchen nicht durch

Informationen zu Kehlfurchen & Flippern, siehe Arnoux-Schnabelwal
Informationen zu Blasloch & Fluke, siehe Nördlicher Entenwal

VERBREITUNGSGEBIETE
Das Verbreitungsgebiet ist nur durch einige Dutzend weit verstreuter Strandungen bekannt, nicht von bestätigten Sichtungen auf See. Möglicherweise leben sie in gemäßigten und tropischen Gewässern des Pazifischen Ozeans, von Japan (die meisten Strandungen) bis Australien und Neuseeland, bis zu den nördlichen Teilen von Südamerika, um die Galapagos-Inseln und Nordamerika. Sie könnten auch im Indischen Ozean vorkommen (um Sri Lanka und im Arabischen Meer), allerdings ist dies nicht bestätigt.

Japanischer Schnabelwal, *Mesoplodon ginkgodens*

VERHALTEN

Japanischer Schnabelwal und Deraniyagala-Schnabelwal:

Das Verhalten beider Arten ist unbekannt, weil es keine bestätigten Sichtungen lebender Individuen auf See gibt. Vermutlich sind sie Booten gegenüber scheu und es ist schwer, sich ihnen anzunähern (typisch für Schnabelwale). Die Körper adulter Männchen weisen nur wenige (oder keine) weiße, ungleichmäßige Kratzer auf. Dies lässt vermuten, dass es keine (oder nur sehr geringe) innerartigen Aggressionen zwischen Bullen gibt, bei denen sie ihre Zähne einsetzen (im Gegensatz zu den meisten anderen Schnabelwalen). Die nur wenig hervorstehenden Zähne bei adulten Männchen könnten eine Erklärung für die wenigen Kratzer sein (Nishiwaki *et al.*, 1972).

TAUCHVERHALTEN

Japanischer Schnabelwal und Deraniyagala-Schnabelwal:

Das Tauchverhalten ist weitgehend unbekannt, weil es bisher nur wenige bestätigte Sichtungen auf See gab. Vermutlich sind sie zu tiefen und langen Tauchgängen fähig (typisch für Schnabelwale).

Im Mai 2019 beschrieben Forscher bei der ersten Sichtung von entweder Japanischen Schnabelwalen oder Deraniyagala-Schnabelwalen das Tauchverhalten. Sie kamen zu dem Schluss, dass es einfach sei, beide Arten von anderen Mesoplodon-Arten zu unterscheiden, die in der gleichen Region verbreitet sind, basierend auf ihrer Körperfärbung, Melone und der Mundlinie. Leider konnten die Forscher keine Proben zur DNA-Analyse sammeln (Rosso *et al.*, 2020).

NAHRUNG

Sie ernähren sich vermutlich hauptsächlich von Tintenfischen (möglicherweise auch von Fischen, wie andere Schnabelwale).

Wie alle Schnabelwal-Arten saugen auch sie die Nahrung ein (wenn die Beute nah genug ist). Die v-förmig zueinander angeordneten ventralen Kehlfurchen ermöglichen ein Ausdehnen des Kehlbereichs, um die Beute einzusaugen („Saug-Fressen", engl.: suction feeding).

HOT SPOTS

Die meisten Strandungen wurden zwischen Japan und Taiwan registriert.

REPRODUKTION

Geburtsgröße: vermutlich etwa 2–2,5 m

WISSENSWERTES

Im September 1957 schwamm ein Wal dicht an den Strand von Oiso Beach (bei Tokio, Japan). Eine Gruppe von 20 Jungen wollte den Wal fangen, um ihn zu verkaufen. Als er versuchte zu entkommen, schlugen ihn die Jungen mit Baseballschlägern und töteten ihn. 1958 untersuchten der japanische Meeresbiologe Masaharu Nishiwaki und der japanische Anatomist Toshiro Kamiya dieses Exemplar und kamen zu dem Schluss, dass es eine neue *Mesoplodon*-Art ist und nannten sie *Mesoplodon ginkgodens*.

Der erste Wal der Gattung *Mesoplodon* aus Japan wurde 1935 gemeldet. Er wurde von Professor T. Ogawa, Direktor der Anatomie-Abteilung der Universität in Tokio, als *Mesoplodon densirostris* beschrieben. Nachdem Nishiwaki und Kamiya beide Exemplare verglichen, kamen sie zu dem Schluss, dass das erste Exemplar ebenfalls ein Japanischer Schnabelwal war.

Der englische Populärname („Ginkgo-toothed Beaked Whale") bedeutet „Ginkgo-Zahn Schnabelwal" und beschreibt die Form der beiden Unterkieferzähne bei jungen Männchen, die fächerförmigen Blättern des Ginkgo-Baums ähneln.

Alle Mitglieder der Familie *Ziphiidae* gehören zu den am wenigsten bekannten großen Tieren auf Erden. Sie haben ein Paar v-förmig zueinander angeordnete ventrale Kehlfurchen, die sich nicht berühren (das „V" zeigt nach vorne). Dies ist charakteristisch für Schnabelwale. Sie unterstützen die Nahrungsaufnahme, indem sie eine Ausdehnung des Mauls und damit ein Einsaugen der Beute ermöglichen (einige Individuen können zusätzliche einige Kehlfurchen haben). Diese Kehlfurchen sind nicht mit den Kehlfurchen von Furchenwalen zu verwechseln, die sehr viel länger sind (und vom Unterkiefer bis zum Bauchnabel reichen).

In der Vergangenheit wurden Schnabelwale anhand von Schädeln (hauptsächlich der Länge des Schnabels, sowie der Form, Größe und Position der Zähne), besonders bei erwachsenen Männchen bestimmt. Dies führte jedoch, wegen einiger Ähnlichkeiten, besonders an Schädeln von Weibchen und Jungtieren, gelegentlich zu Falschidentifikationen. Heute werden genetische Analysen zur Bestimmung der Arten immer wichtiger (Dalebout *et al.*, 2002).

WISSENSCHAFTLICHER NAME

Mesoplodon ginkgodens Nishiwaki und Kamiya, 1958

Informationen zum Gattungsnamen, siehe Blainville-Schnabelwal.

Der Artname *ginkgodens* besteht aus dem japanischen „ginkyo" für „Ginkgo" und beschreibt die Form der beiden Unterkieferzähne bei jungen Männchen, die fächerförmigen Blättern des Ginkgo-Baums *(Ginkgo biloba)* ähneln (Leatherwood & Reeves, 1983). Das lateinische *dens* bedeutet „Zahn".

Deraniyagala-Schnabelwal
Mesoplodon hotaula
—Deraniyagala's Beaked Whale

Körperlänge: adult etwa 4–5 m (möglicherweise größer, bisher nur wenige Exemplare untersucht)
Körperform: spindelförmig; verjüngt sich zur Fluke
Körperfarbe: siehe Japanischer Schnabelwal; Deraniyagala-Schnabelwal: Spitze des Schnabels heller (möglicherweise nur der Unterkiefer), unbestätigt, ob Schnabelspitze bei Weibchen weiß ist (es scheint, dass zumindest Unterkiefer etwas blasser sein könnte); die wenigen bisher untersuchten Tiere hatten keine linearen Kratzer am Körper (im Gegensatz zu vielen anderen Schnabelwalen); Informationen zu Narben und Kratzern, siehe Arnoux-Schnabelwal
Kopf: klein; relativ flache Melone
Schnabel: mittellang; Mundlinie bei adulten Männchen leicht gebogen (s-förmig)
Blas: siehe Blainville-Schnabelwal
Rückenfinne: klein, dreieckig; etwa am hinteren Körperdrittel
Zähne: nur bei adulten Männchen; 1 großer, leicht gebogener, abgeflachter Stoßzahn auf jeder Seite des Unterkiefers (auf höchstem Punkt, etwas hinter Unterkiefermitte); länger als breit (ähneln Ginkgoblättern), kaum sichtbar; größter Teil im Zahnfleisch verborgen (oder abgebrochen bzw. abgenutzt); nur Spitze liegt bei adulten Männchen frei; keine im Oberkiefer; brechen bei Weibchen nicht durch
Informationen zu Kehlfurchen & Flippern, siehe Arnoux-Schnabelwal
Informationen zu Blasloch & Fluke, siehe Nördlicher Entenwal

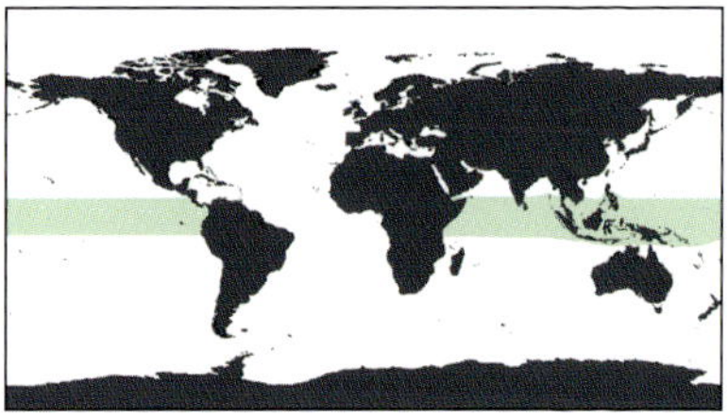

VERBREITUNGSGEBIETE
Das Verbreitungsgebiet ist nur durch 8 weit verstreute Strandungen bekannt, nicht von bestätigten Sichtungen auf See. Möglicherweise leben sie in tropischen Gewässern des Indischen und des Pazifischen Ozeans, von Sri Lanka, Malediven, Seychellen, Philippinen, Gilbert-Inseln (Kiribati) und dem Palmyra-Atoll (nördliche Linieninseln, USA). Möglicherweise ist ihr Verbreitungsgebiet eingeschränkter als das der Japanischen Schnabelwale (Brownell *et al.*, 2013).

VERHALTEN
Das Verhalten von Deraniyagala-Schnabelwalen und Japanischen Schnabelwalen ist unbekannt, weil es keine bestätigten Sichtungen lebender Individuen auf See gibt. Vermutlich sind sie Booten gegenüber scheu und es ist schwer sich ihnen anzunähern (typisch für Schnabelwale).

Deraniyagala-Schnabelwal, *Mesoplodon hotaula*

Die Körper adulter Männchen weisen nur wenige (oder keine) weißen, ungleichmäßigen Kratzer auf. Dies lässt vermuten, dass es keine (oder nur sehr geringe) innerartigen Aggressionen zwischen Bullen gibt bei denen sie ihre Zähne einsetzen (im Gegensatz zu den meisten anderen Schnabelwalen). Die nur wenig hervorstehenden Zähne bei adulten Männchen könnten eine Erklärung für die wenigen Kratzer sein (Nishiwaki *et al.*, 1972).

TAUCHVERHALTEN

Das Tauchverhalten ist weitgehend unbekannt, weil es bisher nur wenige bestätigte Sichtungen auf See gab. Vermutlich sind sie zu tiefen und langen Tauchgängen fähig (typisch für Schnabelwale).
Im Mai 2019 beschrieben Forscher bei der ersten Sichtung von entweder Japanischen Schnabelwalen oder Deraniyagala-Schnabelwalen das Tauchverhalten. Sie kamen zu dem Schluss, dass es einfach sei, beide Arten von anderen Mesoplodon-Arten zu unterscheiden, die in der gleichen Region verbreitet sind, basierend auf ihre Körperfärbung, Melone und der Mundlinie. Leider konnten die Forscher keine Proben zur DNA-Analyse sammeln (Rosso *et al.*, 2020).

NAHRUNG

Sie ernähren sich vermutlich hauptsächlich von Tintenfischen (möglicherweise auch von Fischen, wie andere Schnabelwale) ernähren. Wie alle Schnabelwal-Arten saugen auch sie die Nahrung ein (wenn die Beute nah genug ist). Die v-förmig zueinander angeordneten ventralen Kehlfurchen ermöglichen ein Ausdehnen des Kehlbereichs, um die Beute einzusaugen („Saug-Fressen", engl.: suction feeding).

HOT SPOTS

Möglicherweise Gilbert Islands (Kiribati) und Palmyra-Atoll

REPRODUKTION

Geburtsgröße: unbekannt, möglicherweise etwa 2 m

WISSENSWERTES

1963 beschrieb Paules Edward Pieris Deraniyagala, ein Paläontologe und Zoologe aus Sri Lanka, eine neue Schnabelwal-Art an einem weiblichen Exemplar (4,5 m), das am 26.1.1963 bei Ratmalana in der Nähe von Colombo (Sri Lanka) strandete. Er nannte es *Mesoplodon hotaula*. Zwei Jahr später überarbeiteten die amerikanischen Zoologen Joseph Curtis Moore und Raymond M. Gilmore das Ratmalana-Exemplar und kamen zu dem Schluss, dass es ein Japanischer Schnabelwal war. Sehr wahrscheinlich war Deraniyagala *M. ginkgodens* nicht bekannt, als er *M. hotaula* beschrieb. Aber trotzdem hatte er Recht, es handelte sich um eine neue Schnabelwal-Art (Dalebout *et al.*, 2014).
Erst 2014 (also etwa 50 Jahre später!) kam Merel L. Dalebout, eine australische Meeresbiologin, zu dem Schluss, dass es sich bei dem Deraniyagala-Exemplar tatsächlich um eine neue Schnabelwal-Art handelte. Dalebout und Kollegen untersuchten 7 Exemplare und bestätigten die genetischen und morphologischen Beweise von Deraniyagala durch DNA-Analysen und fanden heraus, dass *Mesoplodon hotaula* und *Mesoplodon ginkgodens* sehr ähnlich sind.
Bis heute wurden nur 8 gestrandete Tiere in Sri Lanka, den Gilbert-Inseln (Kiribati), dem Palmyra-Atoll (nördliche Linieninseln, USA), den Malediven, Seychellen und in Maco (Philippinen) gefunden. Beim Tier von den Philippinen fanden Wissenschaftler keine Nahrung im Magen, sondern nur eine Stück Kohle und ein 1,3 m langes Seil aus Polypropylen, das den Verdauungstrakt blockierte (Abreo *et al.* 2016).
Alle Mitglieder der Familie *Ziphiidae* gehören zu den am wenigsten bekannten großen Tieren auf Erden. Sie haben ein Paar v-förmig zueinander angeordnete ventrale Kehlfurchen, die sich nicht berühren (das „V" zeigt nach vorne). Dies ist charakteristisch für Schnabelwale. Sie unterstützen die Nahrungsaufnahme, indem sie eine Ausdehnung des Mauls und damit ein Einsaugen der Beute ermöglichen (einige Individuen können zusätzliche einige Kehlfurchen haben). Diese Kehlfurchen sind nicht mit den Kehlfurchen von Furchenwalen zu verwechseln, die sehr viel länger sind (und vom Unterkiefer bis zum Bauchnabel reichen).
In der Vergangenheit wurden Schnabelwale anhand von Schädeln (hauptsächlich der Länge des Schnabels, sowie der Form, Größe und Position der Zähne), besonders bei erwachsenen Männchen bestimmt. Dies führte jedoch, wegen einiger Ähnlichkeiten, besonders an Schädeln von Weibchen und Jungtieren, gelegentlich zu Falschidentifikationen. Heute werden genetische Analysen zur Bestimmung der Arten immer wichtiger (Dalebout *et al.*, 2002).

WISSENSCHAFTLICHER NAME

Mesoplodon hotaula Deraniyagala, 1963
Informationen zum Gattungsnamen, siehe Blainville-Schnabelwal
Der Artname *hotaula* bedeutet auf Singhalesisch „spitzer Schnabel" („hota"= Schnabel und „ula" = spitz), in Bezug auf den Fundort des ersten Exemplars (Sri Lanka).

Hector-Schnabelwal
Mesoplodon hectori
—Hector's Beaked Whale

Körperlänge: adult mind. etwa 4–4,5 m, möglicherweise größer; Weibchen eventuell etwas größer als Männchen
Gewicht: adult etwa 800–900 kg
Körperform: spindelförmig; verjüngt sich zur Fluke
Körperfarbe: erst 2006 konnten einige frische Tiere untersucht werden (tote Individuen werden schnell dunkel); adulte Männchen am Rücken dunkelgrau, fast schwarz; am Bauch etwas heller; Weibchen hellgrau am Rücken, weißlich am Bauch (Cappozzo *et al.*, 2005); Spitze des Schnabels und vorderer Teil des Kopfes weiß (zumindest bei dem einzigen untersuchten adulten Männchen); Körper von adulten Tieren können einige einzelne oder paarig angeordnete Narben und Kratzer aufweisen, die kreuz und quer über den Körper verlaufen; Jungtiere können dunkle Augenflecke haben, Unterkiefer könnte heller als der Oberkiefer sein; Informationen zu Narben und Kratzern, siehe Arnoux-Schnabelwal
Kopf: klein; leicht gewölbte Melone
Schnabel: recht lang; Mundlinie gerade
Blas: unbekannt; möglicherweise wie Blainville-Schnabelwal
Rückenfinne: klein, gekrümmt; etwa am hinteren Körperdrittel
Zähne: nur bei adulten Männchen; 1 dreieckiger, abgeflachter, mittelgroßer Stoßzahn (kann leicht nach außen gerichtet sein) auf jeder Unterkieferseite (nahe der Unterkieferspitze), keine im Oberkiefer; brechen bei Weibchen nicht durch
Informationen zu Kehlfurchen & Flippern, siehe Arnoux-Schnabelwal
Informationen zu Blasloch & Fluke, siehe Nördlicher Entenwal

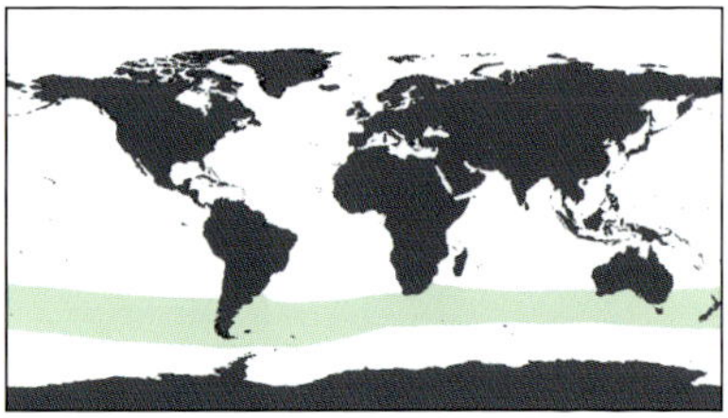

VERBREITUNGSGEBIETE
Sie leben möglicherweise zirkumpolar, in kalt-gemäßigten Gewässern der südlichen Hemisphäre, etwa zwischen 30 °S und 55 °S. Es ist jedoch nicht sicher, ob ihre Verbreitung im Atlantischen und im Indischen Ozean durchgehend ist. Möglicherweise bevorzugen sie tiefere Gewässer (wie andere Schnabelwale).
Die Verbreitung von Hector-Schnabelwalen ist hauptsächlich von Strandungen bekannt und mindestens einer bestätigten Sichtung eines lebenden Tieres auf See. Die meisten Strandungen wurden von Südafrika, Südaustralien, Neuseeland und vom südlichen Südamerika (Brasilien, Argentinien, Chile) gemeldet.
Hector- und Perrin-Schnabelwale:
Berichte, nach denen sie vor Kalifornien vorkommen, sind falsch. Es handelt sich dabei um das Verbreitungsgebiet von Perrin-Schnabelwalen. Beide wurden früher für eine Art gehalten, bis Perrin-Schnabelwale im Juli 2002 als neue Art anerkannt wurden (Dalebout *et al.*, 2002).

Hector-Schnabelwal, *Mesoplodon hectori*

VERHALTEN
Sie gehören zu den Cetaceen, über die am wenigsten bekannt ist. Die einzige bestätigte Sichtung eines lebenden Tiers auf See war in Küstennähe im Südwesten Australiens, was für Schnabelwale untypisch ist. Dieses Tier sprang einige Male in der Nähe des Forschungsschiffes. Aber vermutlich sind sie scheu und es ist schwer, sich ihnen mit Booten zu nähern (typisch für Schnabelwale). Berichte über das Verhalten von Hector-Schnabelwalen in älterer Literatur beschreiben das Verhalten von Perrin-Schnabelwalen (wurden früher für eine Art gehalten; siehe Verbreitungsgebiete).
Informationen zu Narben & Kratzern, siehe Arnoux-Schnabelwal

TAUCHVERHALTEN
Das Tauchverhalten von Hector-Schnabelwalen ist weitgehend unbekannt, weil es bisher nur wenige bestätigte Sichtungen auf See gab. Vermutlich sind sie zu tiefen und langen Tauchgängen fähig (typisch für Schnabelwale). Bei der einzigen bestätigten Begegnung mit einem lebenden Tier auf See dauerten die Tauchgänge nicht länger als 4 min (dies spiegelt sicher nicht ihr typisches Tauchverhalten wider).

NAHRUNG
Es wird angenommen, dass sie sich möglicherweise hauptsächlich von Tintenfischen (möglicherweise auch von Fischen wie andere Schnabelwale) ernähren.
Wie alle Schnabelwal-Arten saugen auch sie die Nahrung ein (wenn die Beute nah genug ist). Die v-förmig zueinander angeordneten ventralen Kehlfurchen ermöglichen ein Ausdehnen des Kehlbereichs, um die Beute einzusaugen („Saug-Fressen", engl.: suction feeding).

HOT SPOTS
Die meisten Strandungen wurden im südlichen Südamerika und Neuseeland gemeldet.

REPRODUKTION
Geburtsgröße: etwa 1,8–2 m

WISSENSWERTES
Hector-Schnabelwale wurden nach Sir James Hector, einem schottischen Geologen und Kurator des Colonial Museums in Wellington (Neuseeland), benannt. Dort wurde das erste Exemplar aufbewahrt.
1871 nannte der englische Taxonom John Edward Gray diese Art *Berardius hectori*, basierend auf einem Schädel, der im Januar 1866 in der Titahi-Bay (Neuseeland) gefunden wurde. Im gleichen Jahr kam der englische Anatom William Henry Flower zu dem Schluss, dass *Berardius hectori* enger mit Sowerby-Schnabelwalen *(Mesoplodon bidens)* verwandt war als mit *Berardius*, und bezeichnete sie als *Mesoplodon hectori*.
1962 glaubte der Zoologe Charles McCann vom Dominion Museum in Wellington (Neuseeland), dass die Kälber von *Berardius arnuxii* als *Mesoplodon hectori* beschrieben wurden und dass *Mesoplodon hectori* keine gültige Art wäre. 1968 untersuchte der amerikanische Zoologe Joseph Curtis Moore die Schädel von *Berardius arnuxii* und *Mesoplodon hectori* dann noch einmal genau und kam zu dem Schluss, dass *Mesoplodon hectori* sehr wohl eine gültige Art ist.
Hector- und Perrin-Schnabelwal:
Bis vor Kurzem wurden beide Arten für eine einzige Art gehalten und es wurde vermutet, dass Hector-Schnabelwale ins südliche Kalifornien wandern würden, weil es einige Strandungen und eine mögliche Sichtung zwischen 1975 and 1979 gegeben hat (Mead & Baker, 1987; Rice, 1998), bis die kalifornischen Exemplare im Juli 2002 als neue Art *Mesoplodon perrini* anerkannt wurden, die im östlichen Nordpazifik vorkommt (Dalebout *et al.*, 2002). Davor gab es viele Publikationen, die Hector-Schnabelwale erwähnten, bei denen es sich aber tatsächlich um Perrin-Schnabelwale handelte. 1989 präsentierte Mead zum Beispiel Zeichnungen und Fotos des Holotyps vom Perrin-Schnabelwal als Hector-Schnabelwal. 4 Schnabelwale, die in den Jahren 1976 und 1978 vor Kalifornien gesichtet wurden und die für Hector-Schnabelwale gehalten wurden, waren Perrin-Schnabelwale (Dalebout *et al.*, 2002).
Sie haben ein Paar v-förmig zueinander angeordnete ventrale Kehlfurchen, die sich nicht berühren (das „V" zeigt nach vorne). Dies ist charakteristisch für Schnabelwale. Sie unterstützen die Nahrungsaufnahme, indem sie eine Ausdehnung des Mauls und damit ein Einsaugen der Beute ermöglichen (einige Individuen können zusätzliche einige Kehlfurchen haben). Diese Kehlfurchen sind nicht mit den Kehlfurchen von Furchenwalen zu verwechseln, die sehr viel länger sind (und vom Unterkiefer bis zum Bauchnabel reichen).

WISSENSCHAFTLICHER NAME
Mesoplodon hectori (Gray, 1871)
Informationen zum Gattungsnamen, siehe Blainville-Schnabelwal
Der Artname *hectori* bedeutet „von Hector" und bezieht sich auf Sir James Hector, einen schottischen Geologen und Kurator des Colonial Museums in Wellington (Neuseeland), nach dem der Wal benannt wurde. Das Exemplar für die Erstbeschreibung stammt aus Neuseeland (Leatherwood & Reeves, 1983). Das angehängte *i* steht für „gehört zu".

Perrin-Schnabelwal
Mesoplodon perrini
—Perrin's Beaked Whale

Körperlänge: adult mind.: Weibchen etwa 4,5 m, Männchen etwa 4 m
Körperform: spindelförmig; verjüngt sich zur Fluke
Körperfarbe: Rücken dunkelgrau; Bauch weiß; Unterkiefer und Kehle heller als Rücken; adulte Männchen haben weißen Fleck am Bauchnabel und dunkelgraue Maske (reicht von der Mundlinie bis zu den Augen und bis hinter Blasloch); meiste Kratzer und Narben auf Körpern adulter Männchen scheinen einzeln zu sein, nur wenige sind paarig angeordnet und verlaufen kreuz und quer über den Körper (weitere Informationen zu Narben & Kratzern, siehe Arnoux-Schnabelwal); Unterseite der Fluke hell, unterbrochen durch dunkle, strahlenartige Linien; Färbung von Weibchen unbekannt (das einzige Exemplar war recht stark verwest)
Kopf: klein; leicht gewölbte Melone
Schnabel: recht kurz; Mundlinie gerade
Blas: unbekannt, möglicherweise wie Blainville-Schnabelwal
Rückenfinne: klein, gekrümmt; etwa am hinteren Körperdrittel
Zähne: nur bei adulten Männchen sichtbar; 1 dreieckiger, abgeflachter Stoßzahn auf jeder Unterkieferseite, nahe der Unterkieferspitze, leicht nach außen gerichtet, kann mit Seepocken bewachsen sein; brechen bei Weibchen nicht durch; keine im Oberkiefer

Informationen zu Kehlfurchen & Flippern, siehe Arnoux-Schnabelwal
Informationen zu Blasloch & Fluke, siehe Nördlicher Entenwal

VERBREITUNGSGEBIETE
Das vollständige Verbreitungsgebiet ist unbekannt. Die wenigen bisher untersuchten Tiere wurden von Mai 1975 bis September 1997 zwischen Monterey (Mittelkalifornien) und San Diego (Südkalifornien) gefunden (Dalebout *et al.*, 2002). Möglicherweise sind sie nur im Nordpazifik verbreitet (vermutlich sogar nur im östlichen Nordpazifik). Sie scheinen tiefere Gewässer mit Tiefen von mehr als 1.000 m zu bevorzugen (wie andere Schnabelwale).

Perrin-Schnabelwal, *Mesoplodon perrini*

Berichte, nach denen sie möglicherweise zirkumpolar, in kalt gemäßigten Gewässern der südlichen Hemisphäre vorkommen, sind falsch. Es handelt sich dabei um das Verbreitungsgebiet von Hector-Schnabelwalen. Hector- und Perrin-Schnabelwale wurden früher für eine Art gehalten, bis Perrin-Schnabelwale im Juli 2002 als neue Art anerkannt wurden (Dalebout *et al.*, 2002).

VERHALTEN

Unbekannt. Die Erstbeschreibung dieser Art wurde erst 2002 veröffentlicht und bisher konnten nur sehr wenige Individuen untersucht werden. Vermutlich sind sie scheu und es ist schwer, sich ihnen mit Booten zu nähern (typisch für Schnabelwale).

TAUCHVERHALTEN

Das Tauchverhalten von Perrin-Schnabelwalen ist weitgehend unbekannt, weil es bisher nur wenige bestätigte Sichtungen auf See gab. Vermutlich sind sie zu tiefen und langen Tauchgängen fähig (typisch für Schnabelwale).

NAHRUNG

Perrin-Schnabelwale ernähren sich möglicherweise hauptsächlich von Tintenfischen und eventuell auch von Fischen (wie andere Schnabelwale).

Wie alle Schnabelwal-Arten saugen auch sie die Nahrung ein (wenn die Beute nah genug ist). Die v-förmig zueinander angeordneten ventralen Kehlfurchen ermöglichen ein Ausdehnen des Kehlbereichs, um die Beute einzusaugen („Saug-Fressen", engl.: suction feeding).

MÖGLICHE HOT SPOTS

Unbekannt. Die 5 gestrandeten Tiere wurden zwischen Mittel- und Südkalifornien gefunden.

REPRODUKTION

Geburtsgröße: möglicherweise etwa 2 m

WISSENSWERTES

Die ersten beiden Perrin-Schnabelwale wurden im Mai 1975 gefunden. Sie strandeten an der Ostküste Kaliforniens. Zwei weitere Tiere strandeten 1978 und 1979 und wurden anfänglich für Hector-Schnabelwale gehalten. Ein weiteres Exemplar wurde 1997 für einen neugeborenen Cuvier-Schnabelwal gehalten. Es wurde von einem Amphibienfahrzeug am Strand der Camp Pendleton Marine Basis bei Monterey (Kalifornien) überfahren. DNA-Analysen zeigten später, dass alle kalifornischen Individuen sich von Hector-Schnabelwalen unterschieden (Dalebout *et al.*, 2002) und zu einer unbeschriebenen Art gehörten. Trotz der großen Ähnlichkeiten zu Hector-Schnabelwalen ist diese Art eng mit Peruanischen Schnabelwalen verwandt. Der Artenname wurde zu Ehren des amerikanischen Walforschers William F. Perrin vergeben, der das Camp Pendleton-Exemplar wieder auffand.

Bis vor kurzem wurden Hector- und Perrin-Schnabelwale für eine einzige Art gehalten und es wurde vermutet, dass Hector-Schnabelwale ins südliche Kalifornien wandern würden, weil es einige Strandungen und eine mögliche Sichtung zwischen 1975 and 1979 gegeben hat (Mead & Baker, 1987; Rice, 1998), bis die kalifornischen Exemplare im Juli 2002 als neue Art *Mesoplodon perrini* anerkannt wurden, die im östlichen Nordpazifik vorkommt (Dalebout *et al.*, 2002).

Davor gab es viele Publikationen, die Hector-Schnabelwale erwähnten, bei denen es sich aber tatsächlich um Perrin-Schnabelwale handelte. 1989 präsentierte Mead zum Beispiel Zeichnungen und Fotos des Holotyps vom Perrin-Schnabelwal als Hector-Schnabelwal. Vier Schnabelwale, die in den Jahren 1976 und 1978 vor Kalifornien gesichtet wurden und die für Hector-Schnabelwale gehalten wurden, waren Perrin-Schnabelwale (Dalebout *et al.*, 2002).

Wie alle Schnabelwale haben auch Perrin-Schnabelwale ein Paar v-förmig zueinander angeordnete ventrale Kehlfurchen, die sich nicht berühren (das „V" zeigt nach vorne). Dies ist charakteristisch für Schnabelwale. Sie unterstützen die Nahrungsaufnahme, indem sie eine Ausdehnung des Mauls und damit ein Einsaugen der Beute ermöglichen (einige Individuen können zusätzliche einige Kehlfurchen haben). Diese Kehlfurchen sind nicht mit den Kehlfurchen von Furchenwalen zu verwechseln, die sehr viel länger sind (und vom Unterkiefer bis zum Bauchnabel reichen).

WISSENSCHAFTLICHER NAME

Mesoplodon perrini Dalebout, Mead, Baker und van Helden, 2002

Informationen zum Gattungsnamen, siehe Blainville-Schnabelwal

Der Artname *perrini* ist eine Anerkennung des amerikanischen Walforschers William F. Perrin. Das angehängte *i* steht für „gehört zu".

Hubbs-Schnabelwal
Mesoplodon carlhubbsi
—Hubb's Beaked Whale

Körperlänge: adult max. etwa 5,5 m (Jefferson *et al.*, 2015)
Gewicht: adult über 1,5 t
Körperform: spindelförmig; verjüngt sich zur Fluke
Körperfarbe: dunkelgrau bis schwarz; bei adulten Männchen charakteristischer weißer Schnabel und weiße „Kappe" oder „Mütze" auf Melone und Blasloch; bei Weibchen und Jungtieren Schnabel hell; Informationen zu Narben und Kratzern, siehe Arnoux-Schnabelwal
Kopf: klein; auffällig stark gewölbte Melone
Schnabel: recht kurz; recht dichter Knochen; bei adulten Männchen Mundlinie mit starken Bogen (besteht hauptsächlich aus Zahnfleisch); bei Weibchen weniger stark ausgeprägt
Blas: unbekannt, möglicherweise wie Blainville-Schnabelwal
Rückenfinne: klein, gekrümmt; etwa am hinteren Körperdrittel; etwa 23 cm hoch
Zähne: nur bei adulten Männchen, 1 stark abgeflachter Stoßzahn auf jeder Unterkieferseite, auf Unterkieferbogen, nur Spitzen sichtbar; Zähne etwas höher als Schnabel; keine im Oberkiefer; brechen bei Weibchen nicht durch
Kehlfurchen: 1 Paar, v-förmig

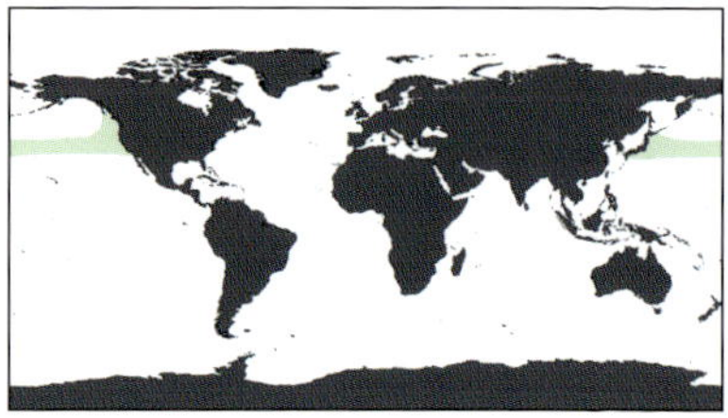

Flipper: klein, abgerundet (passen in Flippertaschen an den Seiten, möglicherweise um den Wasserwiderstand beim Schwimmen zu verringern)
Blasloch: 1, sichelförmig; Spitzen der Sichel zeigen nach vorne
Fluke: keine mediane Einkerbung; Hinterkante fast gerade (oder ein wenig konvex)

VERBREITUNGSGEBIETE

Sie scheinen nur in gemäßigten Gewässern des Nordpazifiks, von Honshu (Japan) bis Prince Rupert Sound (Britisch Kolumbien) und San Diego (Kalifornien) verbreitet zu sein

Hubbs-Schnabelwal, *Mesoplodon carlhubbsi*

(Rice, 1998). Möglicherweise bevorzugen sie tiefe Hochseegewässer (wie andere Schnabelwale). Die meisten Strandungen wurden entlang der nordamerikanischen Küste, vom Prince Rupert Sound (Britisch Kolumbien) bis La Jolla (San Diego, USA) gemeldet und 4 von Ayukawa (Japan).

VERHALTEN

Das Verhalten ist weitgehend unbekannt, weil es bisher nur wenige bestätigte Sichtungen auf See gab. Vermutlich sind sie scheu und es ist schwer, sich ihnen mit Booten zu nähern (typisch für Schnabelwale).
Die Tatsache, dass die Körper von adulten Männchen normalerweise mit geradlinigen Narben und Kratzer übersät sind deutet darauf hin, dass Bullen mit anderen Männchen kämpfen, um eine Fortpflanzungs-Hierarchie zu etablieren und, dass sie dabei ihre Zähne einsetzen.

TAUCHVERHALTEN

Das Tauchverhalten ist weitgehend unbekannt, weil es bisher nur wenige bestätigte Sichtungen auf See gab. Vermutlich sind sie zu tiefen und langen Tauchgängen fähig (typisch für Schnabelwale).

NAHRUNG

Sie ernähren sich möglicherweise hauptsächlich von Tintenfischen und von Fischen aus größeren Tiefen (Mead *et al.*, 1982) wie andere Schnabelwale.
Wie alle Schnabelwal-Arten saugen auch sie die Nahrung ein (wenn die Beute nah genug ist). Die v-förmig zueinander angeordneten ventralen Kehlfurchen ermöglichen ein Ausdehnen des Kehlbereichs, um die Beute einzusaugen („Saug-Fressen", engl.: suction feeding).

MÖGLICHE HOT SPOTS

Unbekannt. Es gab einige wenige Sichtungen vor Oregon.

REPRODUKTION

Unbekannt

WISSENSWERTES

Der amerikanische Fischkundler Carl Leavitt Hubbs fand 1945 das erste vollständig erhaltene Exemplar dieser Art am Strand von La Jolla (San Diego, USA). Er beschrieb das Exemplar und identifizierte es mithilfe von Remington Kellogg, einem nordamerikanischen Zoologen, als Andrew-Schnabelwal (eine sehr ähnliche Art, die nur auf der südlichen Hemisphäre verbreitet ist).
1963 überarbeitete Joseph Curtis Moore, ein amerikanischer Zoologe, die Schnabelwale des nördlichen Pazifiks und kam zu dem Schluss, dass das Exemplar, mit dem Hubbs und Kellogg gearbeitet haben, eine neue Art war und benannte sie nach Hubbs. Am 24. August 1989 strandeten 2 junge Hubbs-Schnabelwale lebend am Ocean Beach (San Francisco, USA). Das Personal des Marine Mammal Rescue Centers brachte sie in ein Ozeanarium, wo sie in einem kleinen, flachen Pool gehalten wurden und zwei Wochen später starben.
Alle Mitglieder der Familie *Ziphiidae* gehören zu den am wenigsten bekannten großen Tieren auf Erden. Sie haben ein Paar v-förmig zueinander angeordnete ventrale Kehlfurchen, die sich nicht berühren (das „V" zeigt nach vorne). Dies ist charakteristisch für Schnabelwale. Sie unterstützen die Nahrungsaufnahme, indem sie eine Ausdehnung des Mauls und damit ein Einsaugen der Beute ermöglichen (einige Individuen können zusätzliche einige Kehlfurchen haben). Diese Kehlfurchen sind nicht mit den Kehlfurchen von Furchenwalen zu verwechseln, die sehr viel länger sind (und vom Unterkiefer bis zum Bauchnabel reichen).
In der Vergangenheit wurden Schnabelwale anhand von Schädeln (hauptsächlich der Länge des Schnabels, sowie der Form, Größe und Position der Zähne), besonders bei erwachsenen Männchen bestimmt. Dies führte jedoch, wegen einiger Ähnlichkeiten, besonders an Schädeln von Weibchen und Jungtieren, gelegentlich zu Falschidentifikationen. Heute werden genetische Analysen zur Bestimmung der Arten immer wichtiger (Dalebout *et al.*, 2002).

WISSENSCHAFTLICHER NAME

Mesoplodon carlhubbsi Moore, 1963
Informationen zum Gattungsnamen, siehe Blainville-Schnabelwal
Der Artname *carlhubbsi* bedeutet „von Carl Hubbs" und bezieht sich auf den amerikanischen Meeres-Zoologen Carl Leavitt Hubbs (Leatherwood & Reeves, 1983). Das angehängte *i* steht für „gehört zu".

Peruanischer Schnabelwal
Mesoplodon peruvianus
—Pygmy Beaked Whale

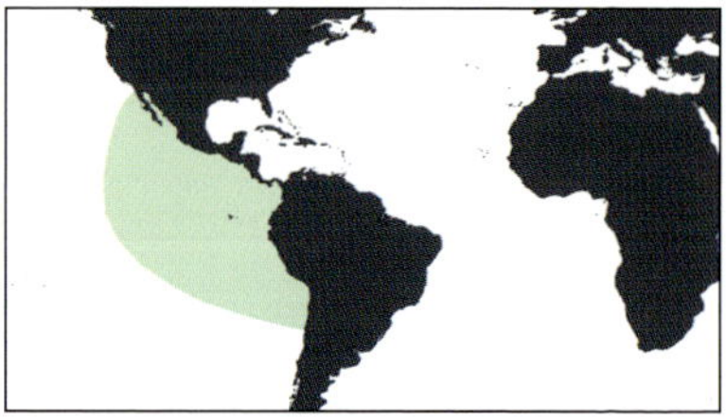

Körperlänge: adult max. etwa 3,5–4 m
Körperform: spindelförmig; verjüngt sich zur Fluke
Körperfarbe: möglicherweise 2 Farbformen bei adulten Männchen: eine dunkelgrau mit hellerem Bauch & eine mit breiter, weißer Binde (erstreckt sich über den Rücken hinter dem Kopf bis zur Rückfinne und über die Seiten bis zum Bauch, verleiht auffälliges, blasses „Winkelmuster" auf Rücken); adulte Männchen weisen gerade Kratzer und Narben auf, die auf dem dunklen Teil des Rückens (hinter der Rückenfinne) am deutlichsten zu erkennen sind und kreuz und quer über den Körper verlaufen; können bei beiden Geschlechtern vorkommen, normalerweise nicht bei Jungtieren (weitere Informationen zu Narben und Kratzern, siehe Arnoux-Schnabelwal); Weibchen und Jungtiere; dunkel braungrauer Rücken und Seiten, Bauch heller
Kopf: klein; leicht gewölbte Melone
Schnabel: recht kurz; leicht gebogene Mundlinie
Blas: unbekannt; möglicherweise wie Blainville-Schnabelwal
Rückenfinne: klein, gekrümmt; etwa am hinteren Körperdrittel (recht breite Basis, ähnelt der von Schweinswalen)
Zähne: nur bei adulten Männchen: 1 recht kleiner, ovaler Zahn (im Querschnitt) auf jeder Unterkieferseite, in Unterkiefermitte, vor dem Scheitelpunkt der Mundlinie, nach vorne gerichtet (auf See kaum sichtbar); keine im Oberkiefer; brechen bei Weibchen nicht durch
Kehlfurchen: 1 Paar, v-förmig
Flipper: klein, abgerundet (passen in Flippertaschen an den Seiten, möglicherweise um den Wasserwiderstand beim Schwimmen zu verringern)
Blasloch: 1, sichelförmig; Spitzen der Sichel zeigen nach vorne
Fluke: keine mediane Einkerbung; Hinterkante fast gerade (oder ein wenig konvex)

VERBREITUNGSGEBIETE

Das Verbreitungsgebiet ist nur von einigen bestätigten Sichtungen auf See und einigen Strandungen in gemäßigten und warmen Gewässern des tropischen Ostpazifiks bekannt (auch im Golf von Kalifornien), zwischen Baja California und Peru, etwa von 30 °S bis 36 °N (Urban-Ramirez & Aurioles-Gamboa, 1992; Mac Leod *et al.*, 2006; Sanino *et al.*, 2007; Reyes & Van Waerebeek, 2018).

Peruanischer Schnabelwal, *Mesoplodon peruvianus*

Die meisten Sichtungen und Strandungen wurden im östlichen tropischen Pazifik, der Küste von Peru und im südlichen Golf von Kalifornien dokumentiert (Reyes & Van Waerebeek, 2018). Es gibt eine Strandung in Neuseeland (Baker & Van Helden, 1999), die außerhalb des normalen Verbreitungsgebiets liegen könnte oder ein Hinweis darauf, dass ihr Verbreitungsgebiet größer als bisher angenommen ist. Sie bevorzugen möglicherweise tiefe Hochseegewässer, jenseits des Kontinentalschelfs (wie andere Schnabelwale).

VERHALTEN

Das Verhalten ist weitgehend unbekannt. Sie scheinen in Gruppen von 2–3 Tieren zu leben, wurden aber auch schon in Gruppen von 5 Individuen gesichtet. Die Gruppen können aus Weibchen und Männchen jeden Alters zusammengesetzt sein. Vermutlich sind sie scheu und es ist schwer, sich ihnen mit Booten zu nähern (typisch für Schnabelwale). Ein männliches Tier wurde beim Springen beobachtet.

Die Tatsache, dass die Körper von adulten Männchen normalerweise geradlinige Narben und Kratzer aufweisen, deutet darauf hin, dass Bullen mit anderen Männchen kämpfen, um eine Fortpflanzungs-Hierarchie zu etablieren und, dass sie dabei ihre Zähne einsetzen.

TAUCHVERHALTEN

Das Tauchverhalten ist weitgehend unbekannt, weil es bisher nur wenige bestätigte Sichtungen auf See gab. Vermutlich sind sie zu tiefen und langen Tauchgängen fähig (typisch für Schnabelwale).

NAHRUNG

Sie ernähren sich hauptsächlich von kleinen Fischen aus mittleren Tiefen und von Tintenfischen sowie von Shrimps aus gemäßigten und größeren Tiefen.

Wie alle Schnabelwal-Arten saugen auch sie die Nahrung ein (wenn die Beute nah genug ist). Die v-förmig zueinander angeordneten ventralen Kehlfurchen ermöglichen ein Ausdehnen des Kehlbereichs, um die Beute einzusaugen („Saug-Fressen", engl.: suction feeding).

HOT SPOTS

Unbekannt. Die meisten Strandungen ereigneten sich vor Peru.

REPRODUKTION

Geburtsgröße: möglicherweise etwa 1,5 m

WISSENSWERTES

Peruanische Schnabelwale sind die kleinsten bekannten Schnabelwale (englische Populärnamen: „Lesser Beaked Whale, Pygmy Beaked Whale", dt.: „Pygmäen Schnabelwal"). Diese Art wurde erst 1991 als neue Art wissenschaftlich beschrieben (Reyes *et al.*, 1991), basierend auf 10 Individuen, die zwischen 1976 und 1989 in Peru gefunden wurden (dazu gehörte auch ein 3,72 m großes adultes Männchen).

Peruanische Schnabelwale sind eng mit Perrin-Schnabelwalen verwandt. Früher wurde diese Art als „Unidentifizierter Schnabelwal" (*Mesoplodon* sp. „*A*") beschrieben, der häufig auf hoher See im östlichen Pazifik gesichtet wurde. Durch genetische Analysen konnte diese Art als *M. peruvianus* identifiziert werden.

Forscher in Chile beobachteten sie in sehr flachem Wasser (20–70 m), was für Schnabelwale sehr ungewöhnlich ist (Sanino *et al.*, 2007). Sie werden häufig in Netzen der Küstenfischerei vor Peru gefangen, meist im Frühjahr und Sommeranfang, was auf saisonales Auftreten schließen lässt (Reyes & Van Waerebeek 2018) und möglicherweise auf Geburten (Sanino *et al.*, 2007).

Da die Wissenschaftler, die diese Art beschrieben haben, keine englischen Populärnamen vorgeschlagen haben, empfahlen Katherine Ralls (Säugetierforscher am Smithsonian) und Robert Brownell (leitender Forscher am Southwest Fisheries Science Center, NOAA) „Pygmy Beaked Whale". Robert Pitman und Morgan Lynn (beide vom Southwest Fisheries Science Center, NOAA) schlugen „Bandolero Beaked Whale" vor und Koen Van Waerebeek, einer der Wissenschaftler, der die Art beschrieb, empfahl „Lesser Beaked Whale" (Van Waerebeek, *et al.*, 2018).

Wie alle Schnabelwale haben auch Peruanische Schnabelwale ein Paar v-förmig zueinander angeordnete ventrale Kehlfurchen, die sich nicht berühren (das „V" zeigt nach vorne). Dies ist charakteristisch für Schnabelwale. Sie unterstützen die Nahrungsaufnahme, indem sie eine Ausdehnung des Mauls und damit ein Einsaugen der Beute ermöglichen (einige Individuen können zusätzliche einige Kehlfurchen haben). Diese Kehlfurchen sind nicht mit den Kehlfurchen von Furchenwalen zu verwechseln, die sehr viel länger sind (und vom Unterkiefer bis zum Bauchnabel reichen).

WISSENSCHAFTLICHER NAME

Mesoplodon peruvianus Reyes, Mead und Van Waerebeek, 1991

Informationen zum Gattungsnamen, siehe Blainville-Schnabelwal

Der Artname *peruvianus* setzt sich aus „Peru" und *ianus* für „gehört zu" zusammen und beschreibt den Fundort des ersten Schädels.

Sowerby-Schnabelwal
Mesoplodon bidens
—Sowerby's Beaked Whale

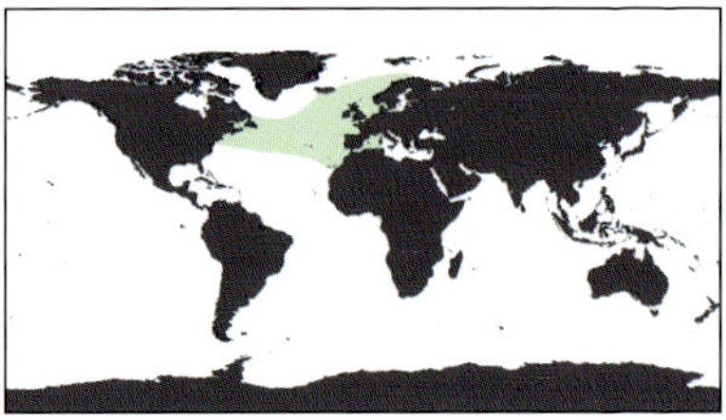

Körperlänge: adult 5 m bis mind. 5,5 m (größtes, bisher vermessenes Tier)
Gewicht: adult mind. 1,3 t
Körperform: spindelförmig; verjüngt sich zur Fluke
Körperfarbe: nicht genau bekannt; Rücken dunkelgrau, Bauch heller; einige hellgraue Flecken bei adulten Tieren nicht ungewöhnlich; bei adulten Männchen lange, gerade, einzelne Narben und Kratzer (nicht paarig angeordnet, weil Zähne Oberkiefer nicht überragen), verlaufen kreuz und quer auf Schulterregion und Seiten (werden hauptsächlich durch Kämpfe zwischen Bullen verursacht)
Kopf: klein; gewölbte Melone
Schnabel: dünn, lang; Mundlinie gerade (kann auch leicht gebogen sein)
Blas: unbekannt; möglicherweise wie Blainville-Schnabelwal
Rückenfinne: klein, gekrümmt; etwa am hinteren Körperdrittel
Zähne: nur bei adulten Männchen: 1 abgeflachter, dreieckiger Stoßzahn auf jeder Unterkieferseite, etwa 30–40 % der Unterkieferlänge von Unterkieferspitze nach hinten; bei geschlossenem Maul sichtbar, nicht sehr groß; keine im Oberkiefer; brechen bei Weibchen nicht durch
Informationen zu Kehlfurchen & Flippern, siehe Arnoux-Schnabelwal
Informationen zu Blasloch & Fluke, siehe Nördlicher Entenwal

VERBREITUNGSGEBIETE
Sie leben in kalt-gemäßigten Gewässern des nördlichen Atlantiks, zwischen Massachusetts und Labrador im Westen und zwischen Island und Norwegen im Osten und nach Süden bis zu den Azoren, Madeira, den Kanarischen Inseln und Marokko. Zu ihrem Verbreitungsgebiet gehört auch die Nordsee, das Tyrrhenische Meer und das Mittelmeer (Stavenow *et al.*, 2022). Einige wenige Sichtungen und Strandungen wurden vom Skagerrak, Kattegat, Großer-, Kleiner Belt sowie The Sound (Öresund) gemeldet (Stavenow *et al.*, 2022). Obwohl von einer Sichtung und wenigen Strandungen in der Ostsee berichtet wurde, ist eine Verbreitung dort eher unwahrscheinlich, weil das Wasser zu flach ist. Die meisten bestätigten Sichtungen stammen von nördlich 30 °.
Die Anzahl der Strandungen lassen vermuten, dass sie in nordeuropäischen Gewässern am häufigsten vorkommen könnten. Es gibt eine einzige Strandung im Golf von Mexiko (Florida) und eine im Mittelmeer (am Hafen von Fethiye, ägäische Küste der Türkei), die außerhalb der normalen Verbreitung liegen könnte. Sie bevorzugen möglicherweise tiefe Gewässer (mit Tiefen von 200–1.500 m) jenseits des Kontinentalschelfs (wie andere Schnabelwale).

Sowerby-Schnabelwal, *Mesoplodon bidens*

VERHALTEN
Das Verhalten ist kaum bekannt. Strandungen lassen vermuten, dass sie solitär oder paarweise leben (gelegentlich bis zu 6 Tiere). Allerdings lassen Sichtungen am „Gully" (Unterseegraben, etwa 200 km vor der Küste Neuschottlands an der „Sable Island Bank", Kanada) darauf schließen, dass sie in Gruppen von 3–10 Individuen leben könnten (Hooker & Baird, 1999).
Sprünge und Spyhopping wurden auf See ebenso beobachtet, wie das Schlagen mit der Fluke auf die Wasseroberfläche. Bei wenigen Gelegenheiten haben sich einige Tiere Booten genähert, aber vermutlich sind sie normalerweise scheu und es ist schwer, sich ihnen mit Booten zu nähern (typisch für Schnabelwale).
Tiere im Norden könnten entsprechend dem sich ausbreitenden oder zurückziehenden Eis wandern. Im Sommer scheinen sich einige Populationen Richtung Küste zu bewegen. Da sich die meisten Strandungen an den Küsten des UK und von Irland zwischen Juli und November ereignen, wird angenommen, dass sie saisonale Bewegungen unternehmen und sich im Summer südwärts orientieren (MacLeod *et al.*, 2004).
Informationen zu Narben & Kratzern, siehe Arnoux-Schnabelwal

TAUCHVERHALTEN
Sie heben ihren Schnabel oft über die Wasseroberfläche, wenn sie auftauchen, und krümmen den Rücken, bevor sie abtauchen. Die wenigen bisher aufgezeichneten Tauchgänge dauerten zwischen 12–28 min. Möglicherweise können sie jedoch länger und in größere Tiefen tauchen, was für Schnabelwale typisch wäre.
Ein Forscherteam, das 2 Sowerby-Schnabelwale mit Sendern versehen hatten stellte erstaunt fest, dass sie konstant schneller schwammen, kürzere Tieftauchgänge zur Nahrungssuche unternahmen und schnellere Klicks mit höherer Frequenz nutzten als andere Schnabelwale, die langsame, energiesparende Bewegungen während der langen, tiefen Tauchgänge zur Jagd unternehmen (Visser *et al.*, 2022).

NAHRUNG
Analysen des Mageninhalts von Tieren im östlichen und westlichen Nordatlantik ergaben, dass kleine Fische aus mittleren und größeren Tiefen einen wichtigen Teil ihrer Nahrung ausmachten. Tintenfische wurden in kleineren Mengen gefunden (Pereira *et al.*, 2011; Wenzel *et al.*, 2013).
Weitere Informationen, siehe Arnoux-Schnabelwal

HOT SPOTS
Sowerby-Schnabelwale werden regelmäßig vor den Azoren gesichtet. Die Anzahl der Strandungen lässt vermuten, dass sie im Atlantik vor Nordeuropa (besonders an der Küste von UK & Irland) am häufigsten vorkommen könnten (Jefferson *et al.*, 2015). Anhand einer geringen Anzahl von Sichtungen vermuteten Rogan *et al.* (2017) eine Anzahl von Schnabelwalen, auch von Sowerby-Schnabelwalen, südlich von Island und nordwestlich von Schottland. Sie gehörten auch zu den Arten, die im Golf von Biskaya (wahrscheinlicher später im Jahr) gesichtet wurden (Robbins *et al.*, 2017).
Nach 23 Jahren Walbeobachtungen in der Region um den Gully sowie in den Unterseegräben Shortland und Haldimand, kam Hal Whitehead zu dem Schluss, dass die Sichtungen von Sowerby-Schnabelwalen zugenommen haben. Sie wurden häufiger bei Shortland und Haldimand gesichtet als im Gully (Whitehead, 2013).

REPRODUKTION
Tragzeit: 12 Monate
Geburtsgröße: etwa 2,5 m
Geburtsgewicht: etwa 185 kg
Kälber strandeten einige Male zwischen Sommer und Herbst im Nordatlantik (Mac Leod *et al.*, 2004) und wurden bei 2 Gelegenheiten auch vor der Westküste Irlands gesichtet (Mai 2015 und Mai 2016). Dies könnte ein Hinweis auf ein Gebiet für Geburten und Aufzucht sein (Berrow *et al.*, 2018).

WISSENSWERTES
Sowerby-Schnabelwale waren die ersten Wale der Gattung *Mesoplodon*, die beschrieben wurden. Der englische Künstler und Naturkundler James Sowerby beschrieb diese Art 1804, anhand des Schädels eines männlichen Exemplars. James Brodie, ein schottischer Politiker sowie Botaniker und guter Freund von Sowerby, fand das gestrandete Tier bei Elginshire (heute Morayshire) in der Moray Firth (Nordküste Schottlands) im September 1803. Da das Tier groß und schwer war, schickte Brodie nur den Schädel an Sowerby. Sowerby erkannte, dass es sich um eine neue Art handelt, und nannte sie *Physeter bidens* („Zweizahn-Pottwal").
Obwohl Sowerby-Schnabelwale zu den Walen der Gattung *Mesoplodon* gehören, die am häufigsten gesichtet werden, gibt es bisher nur wenige Informationen über sie. Neuere Studien belegen, dass es morphologische Unterschiede bei Tieren aus dem östlichen und westlichen Atlantik gibt, was zwei oder mehr Populationen vermuten lässt (Smith *et al.*, 2021).
Informationen zu ventralen Kehlfurchen, siehe Arnoux-Schnabelwal

WISSENSCHAFTLICHER NAME
Mesoplodon bidens (Sowerby, 1804)
Informationen zum Gattungsnamen, siehe Blainville-Schnabelwal
Der Artname *bidens* bedeutet „mit zwei Zähnen" (aus dem lateinischen *bis* für „zwei" und *dens* für „Zahn").

Gervais-Schnabelwal

Mesoplodon europaeus
—Gervais' Beaked Whale

Körperlänge: adult etwa 4–5 m
Gewicht: adult mind. 1,2 t
Körperform: spindelförmig; verjüngt sich zur Fluke
Körperfarbe: adulte Männchen: Rücken mittelgrau; Bauch heller; sehr wenige lange, gerade, einzelne Narben und Kratzer (nicht paarig angeordnet) auf Schulterregion und Seiten (vermutlich nur sehr wenige innerartige Aggressionen zwischen Bullen); Weibchen und Jungtiere: hellere Rückenfarbe mit charakteristischer dunkler Mittenlinie und kurzen, vertikalen Querstreifen (reichen nicht bis zu den Seiten; Querstreifen können bei Männchen, wegen des dunkleren Rückens, nicht sichtbar sein); Weibchen haben häufig weißen Fleck an der Genitalregion; dunkler Augenfleck bei beiden Geschlechtern
Kopf: sehr klein; leicht gewölbte Melone geht sanft in Schnabel über
Schnabel: relativ kurz, Mundlinie fast gerade
Blas: unbekannt; möglicherweise wie Blainville-Schnabelwal
Rückenfinne: klein, dreieckig; etwa am hinteren Körperdrittel
Zähne: nur bei adulten Männchen: 1 dreieckiger Stoßzahn auf jeder Unterkieferseite, etwa 1/3 von der Unterkieferspitze nach hinten; größtenteils vom Zahnfleisch bedeckt, nur Spitzen bei geschlossenem Maul sichtbar; leicht nach außen gerichtet; keine im Oberkiefer; brechen bei Weibchen nicht durch (bleiben im Zahnfleisch verborgen)
Lebensalter: mind. 48 Jahre (basierend auf einem gestrandeten Tier)
Informationen zu Kehlfurchen & Flippern, siehe Arnoux-Schnabelwal
Informationen zu Blasloch & Fluke, siehe Nördlicher Entenwal

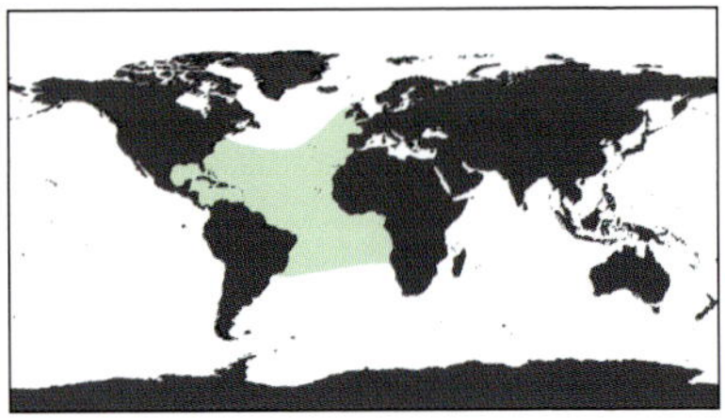

VERBREITUNGSGEBIETE

Sie sind hauptsächlich in tiefen, warmen und gemäßigten Gewässern des Atlantiks verbreitet, zwischen Cape Cod und Rio de Janeiro (auch im Golf von Mexiko und im Karibischen Meer), möglicherweise bis nach Uruguay im Westen und zwischen der Westküste Schottlands (möglicherweise auch in der Nordsee) und möglicherweise bis nach Angola im Osten (Jefferson *et al.*, 2015).
Strandungen wurden von den Kanarischen Inseln, den Azoren, Guinea-Bissau und Mauretanien gemeldet. Die nördlichste Strandung war in der Cape Cod-Bay. Die meisten Berichte stammen aus dem Ostatlantik (vor Nordamerika und im Golf von Mexiko). Eine Strandung wurde im Mittelmeer gemeldet (bei Castiglioncella, Italien; Podestà *et al.*, 2005), die außerhalb des Verbreitungsgebiets liegen könnte.

VERHALTEN

Es gibt nur wenige bestätigte Sichtungen auf See. Sie sind häufiger an Strandungen beteiligt, als andere Schnabelwale (zumindest in den südöstlichen Gewässern der

Der Rücken adulter Männchen ist mittelgrau mit sehr wenigen langen, geraden Narben und Kratzern (nicht paarig angeordnet).

Die kleine, dreieckige Rückenfinne befindet sich etwa am hinteren Körperdrittel.

USA; Jefferson *et al.*, 2015). In den Gewässern um die Kanarischen Inseln wurde beobachtet, dass sie ihren Kopf über die Wasseroberfläche heben. Vermutlich sind sie scheu und es ist schwer, sich ihnen mit Booten zu nähern (typisch für Schnabelwale).
Informationen zu Narben & Kratzern, siehe Arnoux-Schnabelwal

TAUCHVERHALTEN
Informationen, siehe Gray-Schnabelwal

NAHRUNG
Sie ernähren sich wahrscheinlich hauptsächlich von Tintenfischen (Jefferson *et al.*, 1993), wie andere Schnabelwale, und möglicherweise auch von Fischen. Ein auf den Kanaren gestrandetes Tier hatte sowohl Tintenfische als auch Fische im Magen (Santos *et al.*, 2007).
Weitere Informationen, siehe Arnoux-Schnabelwal

HOT SPOTS
Unbekannt. Die meisten Strandungen werden aus dem Osten und von der Golfküste der USA gemeldet.

REPRODUKTION
Geburtsgröße: etwa 1,5–2 m
Geburtsgewicht: 50 kg (oder mehr)

WISSENSWERTES
Eudes Deslongchamps, einem französischen Professor an der Fakultät der Wissenschaften in Caen (Frankreich) zufolge, fand der Kapitän eines Schiffs des französischen Händlers und Schiffbauers Abel Vautier irgendwann zwischen 1836 und 1841 einen toten Wal am Eingang zum Ärmelkanal im Wasser treibend. Da Vautier von Naturwissenschaften begeistert war, trennte der Kapitän den Schädel des Wals ab und nahm ihn als Geschenk für Vautier mit. Jahre später überließ Vautier den Schädel Deslongchamps, der ihn zum Museum der Fakultät der Wissenschaften brachte und für die Museumssammlung präparierte.
1855 beschrieb der französische Paläontologe und Zoologe Paul F. L. Gervais das Exemplar als neue Art und nannte es *Dioplodon europaeus*. Sie wurde später von Deslongchamps *Dioplodon gervaisii*, von Gray *Neoziphius europaeus* und von Ellerman und Morrison-Scott *Mesoplodon gervaisii* genannt. Dieses Exemplar war das einzige bekannte, bis 1889 ein junges männliches Tier in New Jersey (USA) und 1905 ein adultes Weibchen gefunden wurden.
1959 fand Eugenie Clark, eine amerikanische Zoologin, ein fast komplettes Skelett eines Schnabelwals bei Boca Grande, Florida (USA). Kapitän Claude McCall hatte den gleichen Wal schon einige Tage früher entdeckt, als er noch frisch war, und konnte bei der Beschreibung behilflich sein. Er erwähnte auch die beiden Zähne im Unterkiefer, die er entfernt hatte, um sie seinem Sohn zu geben. Da es sich hierbei erst um das zweite adulte männliche Exemplar handelte, das gefunden wurde, war es natürlich enorm wichtig, die Zähne und den Unterkiefer zurückzubekommen (bei Schnabelwalen sind die Zähne adulter Männchen zur Identifizierung der Art sehr wichtig). Terry McCall, der 10 Jahre alte Sohn, entschloss sich, die Zähne dem American Museum of Natural History zu überlassen. Dort identifizierte der amerikanische Zoologe Joseph Curtis Moore das Exemplar als *Mesoplodon gervaisii*. Da *Dioplodon europaeus* der erste Name war, der dieser Art gegeben wurde, die später als *Mesoplodon* identifiziert wurde, erhielt sie den heute gültigen Namen *Mesoplodon europaeus*.
Am 5.5.2011 strandete ein jugendliches Weibchen am Playa Larga (bei Maunabo, im Südosten von Puerto Rico, Karibik). Der Bauch enthielt 4,5 kg Plastiktüten. Gervais-Schnabelwale waren an einer untypischen Massenstrandung auf den Kanarischen Inseln beteiligt. Die Strandungen standen in Verbindung zu Übungen der Marine in diesem Gebiet (Martín *et al.*, 2004).
Gervais- und True-Schnabelwal:
Sind sich sehr ähnlich in Bezug auf Farbe, Größe und Körperform. Als Moore und Wood 1957 ihre Ähnlichkeiten und Unterschiede analysierten, schrieben sie, dass es „einige Beweise für eine Trennung der Arten gibt, obwohl es auch beträchtliche Übereinstimmungen gibt". Die Position der Zähne bei den Männchen ist wichtig, um beide Arten auf See zu unterscheiden. Männliche True-Schnabelwale haben 2 kleine Zähne an der Unterkieferspitze, bei männlichen Gervais-Schnabelwalen befinden sich die beiden dreieckigen Stoßzähne etwa 1/3 von der Unterkieferspitze nach hinten.
Informationen zu ventralen Kehlfurchen, siehe Arnoux-Schnabelwal

WISSENSCHAFTLICHER NAME
Mesoplodon europaeus (Gervais, 1855)
Informationen zum Gattungsnamen, siehe Blainville-Schnabelwal
Der Artname *europaeus* bedeutet „aus Europa", bezugnehmend auf den Kontinent, in dem das erste tote Exemplar in den 1840er Jahren im Ärmelkanal gefunden wurde.

True-Schnabelwal

Mesoplodon mirus
—True's Beaked Whale

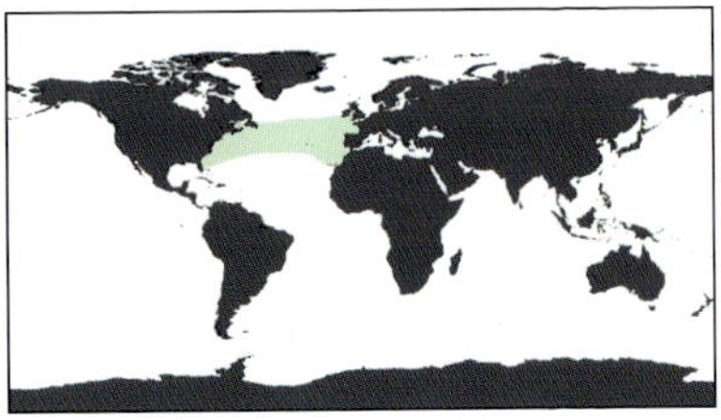

Körperlänge: adult etwa 5–5,5 m (Weibchen möglicherweise etwas größer)
Gewicht: adult bis zu 1,4 t
Körperform: spindelförmig; verjüngt sich zur Fluke
Körperfarbe: adult: braungrauer bis grauer Rücken, hellere Seiten und grauer oder weißer Bauch; vorderer Teil des Schnabels dunkelgrau oder schwarz, verläuft zur Melone in helles Grau; Flukenansatz grau; einige Tiere dunkle Augenflecke, dunkle Blässe am oberen Körper (reicht von hinter dem Blasloch bis hinter die Rückenfinne); einige können blassen Bauch haben (manchmal bis zum Unterkiefer), einige Tiere helle Blässe auf der Melone (Weir *et al.*, 2004; Jefferson, Pitman & Webber, 2015)
Kopf: sehr klein; leicht gewölbte Melone geht sanft in Schnabel über; bei einigen Tieren kann deutliche Einbuchtung hinter dem Blasloch sichtbar sein
Schnabel: relativ kurz, Mundlinie fast gerade (kann auch leicht gebogen sein); Unterkiefer hellgrau oder weiß, vorderer Teil des Oberkiefers dunkel
Blas: buschig oder unscheinbar, siehe Blainville-Schnabelwal
Rückenfinne: klein, dreieckig; etwa am hinteren Körperdrittel
Zähne: nur bei adulten Männchen: 2 kleine, ovale (im Querschnitt) an der Unterkieferspitze, nach vorne geneigt, bei geschlossenem Maul sichtbar; keine im Oberkiefer; brechen bei Weibchen nicht durch (bleiben im Zahnfleisch verborgen)
Kehlfurchen: 1 Paar, v-förmig
Flipper: klein, abgerundet (passen in Flippertaschen an den Seiten, möglicherweise um den Wasserwiderstand beim Schwimmen zu verringern)
Blasloch: 1, sichelförmig; Spitzen der Sichel zeigen nach vorne
Fluke: keine mediane Einkerbung; Hinterkante fast gerade (oder ein wenig konvex)

VERBREITUNGSGEBIETE

True-Schnabelwale sind im Nordatlantik verbreitet, zwischen Neuschottland und Florida im Osten sowie in der

True-Schnabelwal, *Mesoplodon mirus*

Region zwischen Europa (Golf von Biskaya) und Nordafrika (Kanarische Inseln) im Westen.

VERHALTEN

Das Verhalten ist weitgehend unbekannt. Es gibt nur wenige bestätigte Sichtungen auf See und sie sind nur selten an Strandungen beteiligt. Die wenigen beobachteten Gruppen bestanden aus 3 oder 4 Tieren. Wenn sie sprangen, war manchmal der ganze Körper sichtbar und sie landeten auf der Seite (Robbins *et al.*, 2019). Bei einem Wal wurde beobachtet, dass er bis zu 17 Mal hintereinander gesprungen ist (im Golf von Biskaya). Vermutlich sind sie scheu und es ist schwer, sich ihnen mit Booten zu nähern (typisch für Schnabelwale).
Die Tatsache, dass die Körper von adulten Männchen normalerweise geradlinige Narben und Kratzer aufweisen, deutet darauf hin, dass Bullen mit anderen Männchen kämpfen, um eine Fortpflanzungs-Hierarchie zu etablieren und, dass sie dabei ihre Zähne einsetzen.

TAUCHVERHALTEN

Möglicherweise heben sie ihren Schnabel über die Wasseroberfläche, wenn sie auftauchen.
Weitere Informationen, siehe Gray-Schnabelwal

NAHRUNG

Sie ernähren sich hauptsächlich von Tintenfischen und zumindest gelegentlich von Fischen aus mittleren bis größeren Tiefen (wie andere Schnabelwale).
Wie alle Schnabelwal-Arten saugen auch True-Schnabelwale die Nahrung ein (wenn die Beute nah genug ist). Die v-förmig zueinander angeordneten ventralen Kehlfurchen ermöglichen ein Ausdehnen des Kehlbereichs, um die Beute einzusaugen („Saug-Fressen", engl.: suction feeding).

HOT SPOTS

Bestätigte Sichtungen und Strandungen im Golf von Biskaya, den Azoren und den Kanarischen Inseln könnten auf einen Hot Spot schließen lassen (Weir *et al.*, 2004; Aguilar de Soto *et al.*, 2017; Robbins *et al.*, 2019).

REPRODUKTION

Geburtsgröße: 2–2,5 m
Geburtsgewicht: etwa 140 kg
Ein an der Küste von North Carolina gestrandetes Weibchen mit einer Körperlänge von 5,18 m hatte einen anscheinend voll entwickelten Fötus von 2,18 m.

WISSENSWERTES

1912 reichte das United States Bureau of Fisheries den Kopf, die Flipper und die Fluke eines adulten weiblichen Schnabelwals, der an der Outer Bank der Bird Island Shoal (Beaufort Harbour, North Carolina, USA) gestrandet war, an das United States National Museum (Smithsonian Museum) weiter. Es schien, als wäre der Wal in das flache Wasser des Kanals geschwommen und bei Ebbe gestrandet. Als der amerikanische Biologe Frederick William True das Exemplar untersuchte, kam er zu dem Schluss, dass es sich um eine neue Schnabelwal-Art handelte und nannte sie *Mesoplodon mirum*. Der Name wurde später in *Mesoplodon mirus* geändert, um den Standards der wissenschaftlichen Namensgebung zu entsprechen.
Das erste Unterwasser-Video von True-Schnabelwalen wurde vor den Azoren aufgenommen. Auch vor den Kanarischen Inseln sammelten Wissenschaftler Daten und sie beobachteten, dass einige Tiere eine deutlich begrenzte weiße Region auf dem Kopf hatten, die vorher noch nicht beschrieben wurde. Sie erstreckt sich von hinter dem Blasloch, bedeckt die Melone und reicht bis zu den Augen, den Kehlfurchen und dem Schnabel (Aguilar de Soto *et al.*, 2017). Bei einem Tier im Golf von Biskaya entdeckten die Forscher zusätzliche Zähne am Unterkiefer und bei einem einen pinkfarbenen Anal-Fleck statt eines weißen (Robbins, *et al.*, 2019).
Wie alle Schnabelwale haben auch True-Schnabelwale ein Paar v-förmig zueinander angeordnete ventrale Kehlfurchen, die sich nicht berühren (das „V" zeigt nach vorne). Dies ist charakteristisch für Schnabelwale. Sie unterstützen die Nahrungsaufnahme, indem sie eine Ausdehnung des Mauls und damit ein Einsaugen der Beute ermöglichen (einige Individuen können zusätzliche einige Kehlfurchen haben). Diese Kehlfurchen sind nicht mit den Kehlfurchen von Furchenwalen zu verwechseln, die sehr viel länger sind (und vom Unterkiefer bis zum Bauchnabel reichen).

True- und Ramari-Schnabelwal:

Bis vor kurzem ging man davon aus, dass es 2 getrennte Populationen von True-Schnabelwalen gab, eine im Nordatlantik, die andere zirkumpolar auf der Südhemisphäre. 2021 wurde die Form der südlichen Hemisphäre durch Gen-Analysen als eigenständige Art beschrieben *(Mesoplodon eueu).*

WISSENSCHAFTLICHER NAME

Mesoplodon mirus True, 1913
Informationen zum Gattungsnamen, siehe Blainville-Schnabelwal
Der Artname *mirus* bedeutet „wunderbar".

Ramari-Schnabelwal

Mesoplodon eueu
—Ramari's Beaked Whale

Körperlänge: adult etwa 4,8–5,5 m
Körperfarbe: grauer Rücken, hellere Seiten, heller Bauch; weiße Region vom hinteren Ansatz der Rückenfinne zum Flukenansatz; dunkler Fleck um Augen; Unterkiefer hellgrau bis weiß; hellgraue Region am Bauch vom Kinn zur Linie zwischen den Flippern; elliptischer Fleck in der Genitalregion; da es sich um eine neue Art handelt, kann das Farbmuster nicht abschließend definiert werden (Carroll *et al.*, 2021)
Schnabel: kurz, gerade; gerade Mundlinie
Blasloch: siehe Nördlicher Entenwal
Fluke: Ansatz weiß (helle Färbung scheint bei toten Tieren schnell zu verschwinden)
Kopf: ausgeprägte Melone
Zähne: nur bei adulten Männchen 2 kleine an Spitze des Unterkiefers
Sie weisen große Ähnlichkeiten mit True-Schnabelwalen auf (wurden bis zur Anerkennung als neue Art für eine südliche Form gehalten)

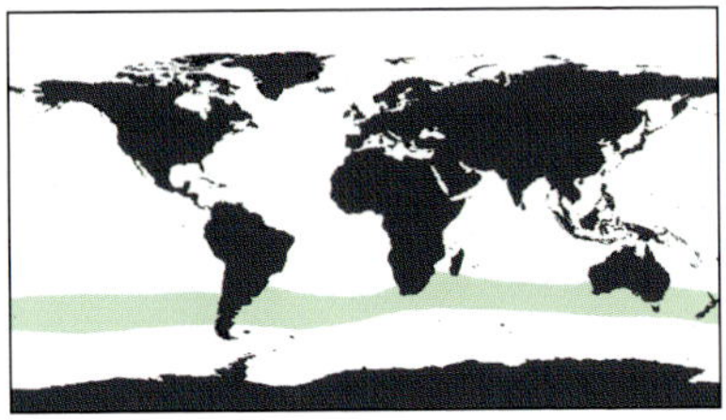

VERBREITUNGSGEBIETE

Sie kommen wahrscheinlich in gemäßigten Gewässern der südlichen Hemisphäre vor. Genetische Untersuchungen haben Berichte von Strandungen in Australien, Südafrika und Aotearoa (Neuseeland) bestätigt.

VERHALTEN

Unbekannt

TAUCHVERHALTEN

Unbekannt

NAHRUNG

Unbekannt

HOT SPOTS

Unbekannt. Die meisten Strandungen wurden von Südafrika gemeldet.

REPRODUKTION

Unbekannt

WISSENSWERTES

Bis F. H. Talbot einen männlichen True-Schnabelwal beschrieb, der in Südafrika gestrandet war, war diese Art nur von der nördlichen Hemisphäre bekannt. Er schlug vor, dass es sich um eine südliche Form handeln würde (Talbot, 1960). Ein trächtiges Weibchen mit Kalb, das 1969 in Südafrika strandete, wurde ebenfalls zunächst als True-Schnabelwal identifiziert. Ross war der Mei-

Ramari-Schnabelwal, *Mesoplodon eueu*

nung, dass dies ein starker Beweis für eine südliche Population von True-Schnabelwalen sei (Ross, 1969). 1984 verglich Ross 6 Tiere von Südafrika mit 9 aus der nördlichen Hemisphäre und beobachtete, dass sich die Abmessungen der Schädel und Unterkiefer leicht unterschieden (Ross, 1984). Weitere 20 gestrandete True-Schnabelwale wurden bis 1992 in Südafrika gemeldet (Findlay *et al.*, 1992) und 4 weitere von Australien bis 1994 (Ross, 2006).

Am 24.5.2004 strandete ein männlicher True-Schnabelwal in São Sebastião (Brasilien), was auf eine weitere Verbreitung auf der südlichen Hemisphäre schließen ließ, als bis dahin angenommen (De Souza *et al.*, 2005). Der Bericht von einem True-Schnabelwal, der 2009 in Tristan da Cunha gestrandet war, erweiterte das Verbreitungsgebiet in Südatlantik abermals (Best *et al.*, 2009). 2016 wurde dann die erste Strandung eines True-Schnabelwals in Mosambik gemeldet (Bachara & Gullan, 2016). 3 weitere folgten. Die Tiere hatten die gleiche Körperfarbe wie die Population auf der südlichen Hemisphäre (Reeve-Arnold *et al.*, 2020). All diese Strandungen weiteten das Verbreitungsgebiet auf alle gemäßigten Gewässer der südlichen Hemisphäre (zirkumpolar), des südlichen Indischen Ozeans, des südlichen Atlantiks und der Tasmanischen See aus (Aguilar de Soto *et al.*, 2017).

Am 27.11.2011 strandete in Neuseeland ein trächtiges Weibchen mit einer Körperlänge von 5,06 m. Es wurde vom lokalen Stamm der Ngāti Māhaki von Te Rūnanga o Makaawhio „Nihongore" genannt. Das Skelett und der Fötus wurden von Ramari Stewart, Nathaniel Scott und Don Neale eingesammelt und werden heute im Te Papa Tongarewa Museum aufbewahrt.

Auch dieser Wal wurde zunächst als True-Schnabelwal identifiziert (Constantine *et al.*, 2014). Als Ramari Stewart und Dr. Emma Carroll jedoch das gestrandete Tier weiter untersuchten, erkannten sie, dass es deutliche Unterschiede in der Schädelform und der Genetik gab, die ausreichten, um als neue Art anerkannt zu werden. Beide Arten haben sich vor etwa 2 Millionen Jahren voneinander getrennt (Carroll *et al.*, 2021).

Der Kulturexperte Brad Haami erstellte eine Liste möglicher Namen, die in der Sprache der Māori eine Bedeutung haben und hat sie an Te Rūnanga o Ngai Tahu zur Stellungnahme gesendet. Viele Māori-Stämme haben eine enge kulturelle Verbindung zu Walen und sehen sie oft als heilig an. Der Populärname und der wissenschaftliche Artname erkennen Verbindungen zu indigenen Kommunen in Südafrika und Aotearoa (Neuseeland) an und wurden mit ihrer Hilfe ausgewählt.

Der Populärname „Ramari-Schnabelwal" ist eine Hommage an die Māori Tohunga (Wal-Expertin) Ramari Stewart, die bei der Präparation des Skeletts des Holotypus half, viel zur Erforschung von Meeressäugern beitrug und die das Wissen über die Traditionen der Māori am Leben erhielt. „Ramari" bezeichnet in der Sprache der Māori aber auch einen „seltenen Moment". Dies bezieht sich auf die Scheu der meisten Schnabelwale (Carroll *et al.*, 2021). Es ist die erste Wal-Art, die den Namen einer Māori-Frau trägt.

„Es gibt genetische und morphologische Beweise, dass True-Schnabelwale der nördlichen und der südlichen Hemisphäre, unterschiedliche Arten sind" (Dr. Emma Carroll). Die Entdeckung der Ramari-Schnabelwale erhöht die Anzahl der Schnabelwal-Arten auf 24.

Bis vor kurzem ging man davon aus, dass es zwei getrennte Populationen von True-Schnabelwalen gab, eine im Nordatlantik, die andere zirkumpolar auf der Südhemisphäre. 2021 wurde die Form der südlichen Hemisphäre durch Genanalysen als eigenständige Art beschrieben *(Mesoplodon eueu)*.

Alle Mitglieder der Familie *Ziphiidae* gehören zu den am wenigsten bekannten großen Tieren auf Erden. Sie haben ein Paar v-förmig zueinander angeordnete ventrale Kehlfurchen, die sich nicht berühren (das „V" zeigt nach vorne). Dies ist charakteristisch für Schnabelwale. Sie unterstützen die Nahrungsaufnahme, indem sie eine Ausdehnung des Mauls und damit ein Einsaugen der Beute ermöglichen (einige Individuen können zusätzliche einige Kehlfurchen haben). Diese Kehlfurchen sind nicht mit den Kehlfurchen von Furchenwalen zu verwechseln, die sehr viel länger sind (und vom Unterkiefer bis zum Bauchnabel reichen).

In der Vergangenheit wurden Schnabelwale anhand von Schädeln (hauptsächlich der Länge des Schnabels, sowie der Form, Größe und Position der Zähne), besonders bei erwachsenen Männchen bestimmt. Dies führte jedoch, wegen einiger Ähnlichkeiten, besonders an Schädeln von Weibchen und Jungtieren, gelegentlich zu Falschidentifikationen. Heute werden genetische Analysen zur Bestimmung der Arten immer wichtiger (Dalebout *et al.*, 2002).

WISSENSCHAFTLICHER NAME

Mesoplodon eueu Carroll *et al.*, 2021

Informationen zum Gattungsnamen, siehe Blainville-Schnabelwal

Der Artname *eueu* (und der Populärname) erkennen Verbindungen zu indigenen Kommunen in Südafrika und Aotearoa (Neuseeland) an und wurden mit ihrer Hilfe ausgewählt.

Die meisten Strandungen in Südafrika erfolgten in einem Gebiet, das von den Khoisan-Völkern (Bevölkerungsgruppen des Südens und Südwestens Afrikas) bewohnt wird. Der Rat der Khoisan wählte den Namen //eu//'eu, was in Khwedam (Sprache der Khoisan in Südafrika) „großer Fisch" bedeutet (korrekte Aussprache anhören auf doi.org: 10.1098/rspb.2021.1213). Er wurde zu *eueu* vereinfacht, um den Standards der wissenschaftlichen Namensgebung zu entsprechen.

Layard-Schnabelwal

Mesoplodon layardii
—Strap-toothed Beaked Whale

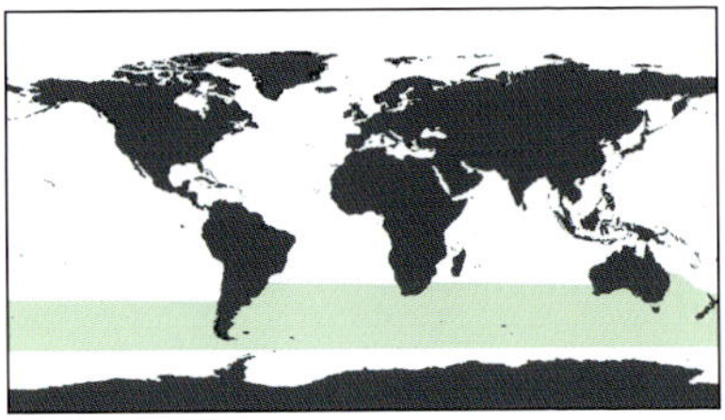

Körperlänge: adult etwa 5–6 m
Gewicht: adult über 1,3 t
Körperform: spindelförmig; verjüngt sich zur Fluke
Körperfarbe: ausgeprägte Schwarz-Weiß-Färbung: adulte Tiere meist dunkelgrau oder schwarz; ausgeprägter weißer oder hellgrauer Fleck hinter der Melone bis zur dunklen Rückenfinne, reicht zu den Seiten zwischen den Brustflossen und der Region hinter den Augen sowie runter bis Kehle und Schnabel; Melone und Gegend um Augen dunkel; weißer Fleck um die Genitalregion; bei adulten Männchen gerade Narben und Kratzer, die kreuz und quer über den Körper verlaufen (weitere Informationen zu Narben & Kratzern, siehe Arnoux-Schnabelwal); Kälber und Jugendliche keine auffällige Körperfärbung: grau am Rücken, am Bauch heller
Kopf: klein; leicht gewölbte, recht steile Melone
Schnabel: sehr lang
Zähne: gehören bei adulten Männchen zu den außergewöhnlichsten Zähnen im gesamten Tierreich: 1 bis zu 34 cm langer, gebogener Stoßzahn auf jeder Unterkieferseite, etwa in Unterkiefermitte; dreht sich nach hinten (etwa mit 45 °) und innen ein, wachsen über den Oberkiefer und überkreuzen sich manchmal, umschließen den Oberkiefer (können Maul kaum noch öffnen, etwa 3–4 cm); oft mit Seepocken bewachsen; werden wahrscheinlich bei innerartigen Aggressionen zwischen Bullen eingesetzt; die Zähne haben kleine, spitze, nach hinten gerichtete Zähnchen; keine im Oberkiefer; brechen bei Weibchen nicht durch
Informationen zu Kehlfurchen & Flippern, siehe Arnoux-Schnabelwal
Informationen zu Blasloch & Fluke, siehe Nördlicher Entenwal
Informationen zu Blas & Rückenfinne, siehe Blainville-Schnabelwal

VERBREITUNGSGEBIETE

Sie haben möglicherweise ein durchgehendes Verbreitungsgebiet in kalt-gemäßigten Gewässern auf der südlichen Hemisphäre (zirkumpolar), hauptsächlich zwischen

Layard-Schnabelwal, *Mesoplodon layardii*

35 °S und 60 °S, basierend auf einigen Strandungen. Die nördlichste Strandung war an der brasilianischen Küste bei 12°47´S (Maia-Nogueira & Nunes, 2005). Da sie, wie andere Schnabelwale, tiefe Gewässer jenseits des Kontinentalschelfs bevorzugen, hängen diese Strandungen möglicherweise mit veränderter Verbreitung der Beute zusammen (Pinedo *et al.*, 2002).
Strandungen wurden von Australien (Westaustralien, Südaustralien, Victoria, New South Wales, Queensland, Macquarie-Insel, und Heard-Insel), Tasmanien, Neuseeland, den Kerguelen-Inseln, Brasilien (Rio Grande do Sul, Rio de Janeiro und Bahia), Uruguay, Argentinien (Feuerland und Chubut), den Falklandinseln, Chile (Caleta Tortel Bay, Isla Navarino und der Magellan-Straße) und Südafrika (Kap-Provinz) gemeldet. Es wurde auch von einigen Sichtungen in antarktischen Gewässern berichtet (Van Waerebeek *et al.*, 2004).
Die einzige Strandung auf der nördlichen Hemisphäre war in Myanmar (16 °N), was möglicherweise außerhalb des Verbreitungsgebietes liegen könnte (Chit *et al.*, 2012).

VERHALTEN

Das Verhalten von Layard-Schnabelwalen ist weitgehend unbekannt. Sie sind hauptsächlich von Strandungen und wenigen bestätigten Sichtungen auf See bekannt. Sie wurden in Gruppen von bis zu 3 Tieren gesichtet, von Gruppen mit bis zu 10 Walen wurde auch berichtet.
Die Saisonabhängigkeit der Strandungen lässt vermuten, dass sie möglicherweise wandern (Findlay *et al.* 1992).
Wenn sich ihnen Boote nähern, scheinen sie langsam unter die Wasseroberfläche abzusinken. Sie sind scheu und es ist schwer, sich ihnen mit Booten zu nähern (typisch für Schnabelwale).
Die außergewöhnlichen Stoßzähne adulter Männchen werden vermutlich bei innerartigen Aggressionen zwischen Bullen eingesetzt.
Der einzige Bericht über die Lauterzeugung von Layard-Schnabelwalen stammt von einem gestrandeten Individuum, das „kreischte", als die Retter versuchten, es zurück ins Meer zu ziehen.

TAUCHVERHALTEN

Sie heben ihren Schnabel häufig über die Wasseroberfläche, wenn sie auftauchen (in einem Winkel von etwa 45 °), dabei werden die Stoßzähne der Männchen sichtbar. Es wurde beobachtet, dass sie sich an sonnigen Tagen bei ruhiger See an der Oberfläche sonnen und dass sie einfach unter die Oberfläche sinken und in etwa 200 m Entfernung wieder auftauchen (Culik, 2003). Es wurde auch beobachtet, dass sie seitlich abtauchen und dabei eine Brustflosse über Wasser erscheint, die Fluke wird nicht über Wasser gehoben. Die wenigen beobachteten Tauchgänge dauerten 10–15 min (Culik, 2003).
Weitere Informationen, siehe Gray-Schnabelwal

NAHRUNG

Sie ernähren sich hauptsächlich von Tintenfischen, möglicherweise auch von Fischen und Krustentieren aus größeren Tiefen. Die Größe der gefressenen Tintenfische war ähnlich der, die kleinere Zahnwale gefressen hatten, aber deutlich kleiner als die, die von größeren Zahnwalen gefressen wurden. Obwohl adulte Männchen ihr Maul wegen der Zähne (die über den Oberkiefer wachsen und manchmal den Oberkiefer umschließen) nur 3–4 cm weit öffnen können (halb so weit wie Weibchen), gab es keinen deutlichen Gewichtsunterschied zwischen den Tintenfischen, die Weibchen/geschlechtsunreife Männchen und adulte Männchen gefressen hatten. Subantarktische Tintenfische wurden in den Mägen gestrandeter Layard-Schnabelwale in Südafrika gefunden. Dies lässt eine Nordwanderung in südafrikanische Gewässer Ende Sommer/Herbst vermuten (Sekiguchi *et al.*, 1996).
Weitere Informationen, siehe Arnoux-Schnabelwal

HOT SPOTS

Unbekannt. Es gibt viele Strandungen in Südafrika und Südaustralien.

REPRODUKTION

Tragzeit: möglicherweise etwa 9–12 Monate
Geburtsgröße: möglicherweise weniger als etwa 3 m
Geburten könnten auf südlicher Hemisphäre zu Beginn des Frühjahrs stattfinden (McCann, 1964).

WISSENSWERTES

Den wissenschaftlichen Namen erhielt diese Art zu Ehren von Edgar Leopold Layard, ein in Italien geborener Naturalist und Kurator des südafrikanischen Museums. Er stellte Zeichnungen dieses Wales, die von Roland Trimen, einem Teilzeit-Kurator des Museums, angefertigt wurden, dem britischen Zoologen John Edward Gray zur Verfügung, der diese Art 1865 beschrieb. Layard schlug Gray vor, die neue Art *Ziphius layardii* zu nennen.
Der englische Populärname „Strap-toothed Beaked Whale" („Band-Zahn Schnabelwal") beschreibt die bandartigen Zähne im Unterkiefer, die sicherlich zu den außergewöhnlichsten Zähnen im Tierreich gehören.
Informationen zu ventralen Kehlfurchen, siehe Arnoux-Schnabelwal

WISSENSCHAFTLICHER NAME

Mesoplodon layardii (Gray, 1865)
Informationen zum Gattungsnamen, siehe Blainville-Schnabelwal
Der Artname *layardii* bedeutet „von Layard" und bezieht sich auf den Kurator des südafrikanischen Museums Edgar Leopold Layard, der Zeichnungen des Wales John Edward Gray für die Erstbeschreibung der Art zur Verfügung stellte (Leatherwood & Reeves, 1983). Das angehängte *i* steht für „gehört zu".

Andrew-Schnabelwal

Mesoplodon bowdoini
—Andrew's Beaked Whale

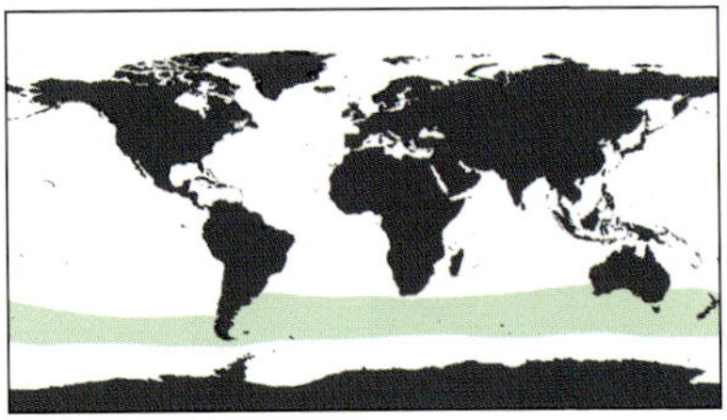

Körperlänge: adult etwa 4,5 m
Körperform: spindelförmig; verjüngt sich zur Fluke
Körperfarbe: scheint dunkelgrau bis dunkel blaugrau zu sein; vordere Hälfte des Schnabels bei adulten Männchen weiß; die Körper von adulten Männchen (besonders bei älteren Bullen) haben normalerweise unregelmäßige Narben und Kratzer (normalerweise lang, oft gerade und paarig angeordnet), verlaufen kreuz und quer über dem Körper (werden hauptsächlich durch Kämpfe zwischen Bullen verursacht); kürzere Kratzer möglicherweise von Schwertwalen (können bei beiden Geschlechtern vorkommen; hauptsächlich an der Fluke und an den Flippern); ungleichmäßige, ovale oder runde, weiße Narben können bei beiden Geschlechtern vorkommen (normalerweise nicht bei Jungtieren; die kleineren stammen von Neunaugen *(Petromyzontiformes)*, die größeren von Plätzchenstecher Leuchthaien *(Isistius brasiliensis)*; Weibchen schiefergrau; Weibchen und Jungtiere hellerer Bauch, weißen Unterkiefer, dunklen Oberkiefer
Kopf: klein; leicht gewölbte Melone, geht sanft in den Schnabel über
Schnabel: kurz, recht kräftig; Mundlinie bei Weibchen leicht gewölbt, bei Männchen Bogen stärker ausgeprägt
Rückenfinne: klein, dreieckig; etwa am hinteren Körperdrittel; etwa 23 cm hoch
Zähne: nur bei adulten Männchen: 1 abgeflachter Stoßzahn auf jeder Unterkieferseite, auf einem nach oben gewölbten Bogen aus Zahnfleisch, etwa in Unterkiefermitte; werden größtenteils vom Zahnfleisch bedeckt, Zahnspitzen bei geschlossenem Maul sichtbar (ähnlich wie bei Hubbs-Schnabelwalen); reichen über den Schnabel; können mit Seepocken bewachsen sein und ein Zähnchen an jeder Zahnspitze aufweisen; keine im Oberkiefer; brechen bei Weibchen nicht durch
Kehlfurchen: 1 Paar, v-förmig
Flipper: klein, abgerundet (passen in Flippertaschen an den Seiten, möglicherweiwse um den Wasserwiderstand beim Schwimmen zu verringern)
Blasloch: 1, sichelförmig; Spitzen der Sichel zeigen nach vorne
Blas: möglicherweise unscheinbar, niedrig (etwa 1 mm); vermutlich leicht nach vorne gerichtet

Andrew-Schnabelwal, *Mesoplodon bowdoini*

Fluke: keine mediane Einkerbung; Hinterkante fast gerade (oder ein wenig konvex)

VERBREITUNGSGEBIETE

Sie sind nur durch einige Dutzend Strandungen bekannt, die auf eine zirkumpolare Verbreitung auf der südlichen Hemisphäre, in kalten Gewässern, zwischen 32 °S und 55 °S schließen lassen. Möglicherweise bevorzugen sie tiefe Hochseegewässer (wie andere Schnabelwale).
Die meisten Strandungen wurden auf der südlichen Hemisphäre im Indischen und dem Pazifischen Ozean gemeldet. Es gibt Berichte von Strandungen von Südaustralien, Neuseeland (die meisten Strandungen), Macquarie-Insel, Falklandinseln, Argentinien, Uruguay und Tristan da Cunha.

VERHALTEN

Das Verhalten ist unbekannt. Dies lässt vermuten, dass sie scheu sind und es schwer ist, sich ihnen mit Booten zu nähern (typisch für Schnabelwale).
Die Tatsache, dass die Körper von adulten Männchen normalerweise geradlinige Narben und Kratzer aufweisen deutet darauf hin, dass Bullen mit anderen Männchen kämpfen, um eine Fortpflanzungs-Hierarchie zu etablieren und, dass sie dabei ihre Zähne einsetzen.

TAUCHVERHALTEN

Es wird vermutet, dass sie zu tiefen und langen Tauchgängen fähig sind (typisch für Schnabelwale).

NAHRUNG

Sie ernähren sich möglicherweise hauptsächlich von Tintenfischen (wie andere Schnabelwale).
Wie alle Schnabelwal-Arten saugen auch Andrew-Schnabelwale die Nahrung ein (wenn die Beute nah genug ist). Die v-förmig zueinander angeordneten ventralen Kehlfurchen ermöglichen ein Ausdehnen des Kehlbereichs, um die Beute einzusaugen („Saug-Fressen", engl.: suction feeding).

HOT SPOTS

Unbekannt. Die meisten Strandungen wurden in Neuseeland registriert.

REPRODUKTION

Paarungszeit: möglicherweise Sommer-Herbst um Neuseeland (Baker, 2001)
Tragzeit: unbekannt, möglicherweise etwa 10–12 Monate
Geburtsgröße: möglicherweise etwa 2 m

WISSENSWERTES

Roy Chapman Andrews, ein amerikanischer Abenteurer, war junger Assistent am American Museum of Natural History, als er beschloss, auf Walfangschiffen anzuheuern, um Wale zu studieren. Er nutzte die Gelegenheit, dass Georg S. Bowdoin, ein Spender und Treuhänder des Museums, gerade US $ 10.000,– für die Erforschung von Cetaceen gespendet hatte. Obwohl Andrews 8 Jahre gereist ist und etwa zweimal die Erde umrundete, sah er nie einen Schnabelwal. Überraschenderweise fand er in der Museumssammlung ein komplettes Skelett einer neuen Schnabelwal-Art. Das Skelett wurde 1904 bei New Brighton Beach (Canterbury Province, Neuseeland) gefunden.
Andrew-Schnabelwale gehören zu den am wenigsten bekannten Schnabelwalen. Wegen vieler Gemeinsamkeiten in Bezug auf Schädel- und Unterkieferform sowie der Position der beiden Unterkieferzähne und der Körperfarbe wurden sie lange Zeit für eine südliche Variante der Hubbs-Schnabelwale gehalten.
Ein sehr interessanter Andrew-Schnabelwal strandete 2003 in Uruguay. Obwohl durch genetische Analysen bestätigt wurde, dass es sich um *M. bowdoini* handelte, wies das Tier subadulte Kennzeichen auf, trotz seiner für adulte Männchen typischen Größe von 4,3 m. Seine Körperfarbe entsprach der eines weiblichen Hubbs-Schnabelwals, die Zähne ähnelten denen eines adulten weiblichen Andrew-Schnabelwals. Es war die erste Aufzeichnung eines Andrew-Schnabelwals in Uruguay und die nördlichste im Atlantik (Laporta *et al.*, 2005).
Sie haben ein Paar v-förmig zueinander angeordnete ventrale Kehlfurchen, die sich nicht berühren (das „V" zeigt nach vorne). Dies ist charakteristisch für Schnabelwale. Sie unterstützen die Nahrungsaufnahme, indem sie eine Ausdehnung des Mauls und damit ein Einsaugen der Beute ermöglichen (einige Individuen können zusätzliche einige Kehlfurchen haben). Diese Kehlfurchen sind nicht mit den Kehlfurchen von Furchenwalen zu verwechseln, die sehr viel länger sind (und vom Unterkiefer bis zum Bauchnabel reichen).
In der Vergangenheit wurden Schnabelwale anhand von Schädeln (hauptsächlich der Länge des Schnabels, sowie der Form, Größe und Position der Zähne), besonders bei erwachsenen Männchen bestimmt. Dies führte jedoch, wegen einiger Ähnlichkeiten, besonders an Schädeln von Weibchen und Jungtieren, gelegentlich zu Falschidentifikationen. Heute werden genetische Analysen zur Bestimmung der Arten immer wichtiger (Dalebout *et al.*, 2002).

WISSENSCHAFTLICHER NAME

Mesoplodon bowdoini Andrews, 1908
Informationen zum Gattungsnamen, siehe Blainville-Schnabelwal
Der Artname *bowdoini* bedeutet „von Bowdoin" und bezieht sich auf George Bowdoin, den Treuhänder des American Museum of Natural History. Durch seine Großzügigkeit wurde die Cetaceen-Sammlung des Museums vergrößert (Leatherwood & Reeves, 1983). Das angehängte *i* steht für „gehört zu".

Stejneger-Schnabelwal
Mesoplodon stejnegeri
—Stejneger's Beaked Whale

Körperlänge: adult etwa 5,5 m; kein deutlicher Geschlechtsdimorphismus (Mac Leoad zit. in Savage *et al.*, 2021)
Gewicht: adult bis zu 1,6 t
Körperform: spindelförmig; verjüngt sich zur Fluke
Körperfarbe: bei adulten Männchen einheitlich braungrau oder fast schwarz; Weibchen hellerer Rücken; dunkler Augenfleck reicht bis Blasloch und bildet eine dunkle „Kappe", die Region hinter der „Kappe" ist heller; Informationen zu Narben & Kratzern, siehe Arnoux-Schnabelwal; Unterseite der Fluke weist bei adulten Tieren eine sehr erstaunliche Färbung auf: strahlenartiges Muster verläuft mit einer Serie von weißen oder grauen, konzentrischen Linien von der Mitte der Flukenhinterkante über die Flukenunterseite
Kopf: klein; recht flache Melone
Schnabel: recht kurz; Mundlinie ist etwas gebogen
Flipper: siehe Arnoux-Schnabelwal; etwas dunkler, als umliegende Region
Fluke: keine mediane Einkerbung; Hinterkante fast gerade (oder wenig konvex)
Rückenfinne: klein, dreieckig; etwa am hinteren Körperdrittel; etwa 23 cm hoch
Zähne: nur bei adulten Männchen: 1 massiver, abgeflachter Stoßzahn auf jeder Unterkieferseite, auf dem Unterkieferbogen, etwa in Unterkiefermitte; nach vorne und etwas nach innen gerichtet; überragen den Schnabel, bei geschlossenem Maul sichtbar und könnten die Fähigkeit, das Maul zu öffnen, in gewisser Weise einschränken; keine im Oberkiefer; brechen bei Weibchen nicht durch

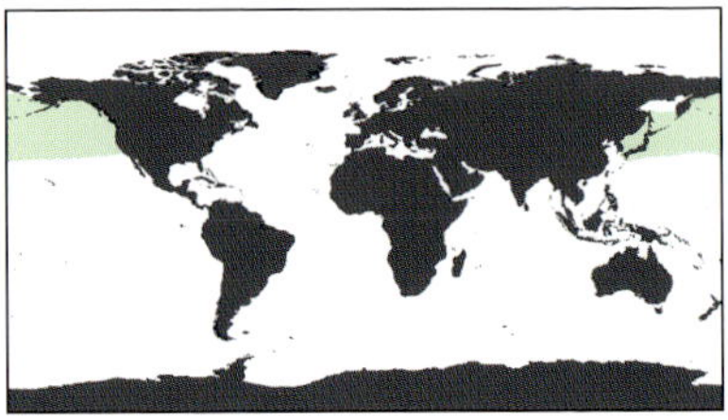

Lebensalter: mindesten 35 Jahre (basierend auf 7 Tieren)
Informationen zu Kehlfurchen, siehe Arnoux-Schnabelwal
Informationen zu Blasloch, siehe Nördlicher Entenwal
Informationen zu Blas, siehe Blainville-Schnabelwal

VERBREITUNGSGEBIETE
Sie sind in tiefen, kalt-gemäßigten und subarktischen Gewässern des Nordpazifiks, vom südlichen Japanischen

Stejneger-Schnabelwal, *Mesoplodon stejnegeri*

Meer (auch im südlichen Ochotskischen Meer) im Osten, bis ins Beringmeer, um die Aleuten und Mittelkalifornien im Westen verbreitet. Sie bevorzugen tiefe Hochseegewässer, jenseits des Kontinentalschelfs (wie andere Schnabelwale).
Sie stranden am häufigsten in Alaska, besonders um die Aleuten, aber auch im Japanischen Meer, meist im Winter und Frühjahr. Vermutlich wandern sie im Sommer nach Norden. Tiere im Beringmeer haben manchmal frische Bisswunden von Plätzchenstecher-Leuchthaien, was ebenfalls darauf hindeuten könnte, dass sie aus wärmeren Gewässern nordwärts gewandert sind.

VERHALTEN

Über das Verhalten hat man erst in den letzten Jahren ein wenig erfahren. Sie leben in Gruppen von 5–15 Walen, mit großen und kleinen Tieren, was darauf schließen lässt, dass sie aus Individuen unterschiedlichen Alters und/oder Geschlechts bestehen. 1979 beobachteten Forscher jedoch eine Gruppe von 52 Tieren. An der Oberfläche blieben sie in verschiedenen Gruppen nah zusammen. Die Gruppenbildung könnte erklären, warum sie in Gruppen stranden (Savage *et al.*, 2021). Vermutlich sind sie scheu und es ist schwer, sich ihnen mit Booten zu nähern (typisch für Schnabelwale).
Die Tatsache, dass die Körper von adulten Männchen normalerweise mit geradlinigen Narben und Kratzer übersät sind deutet darauf hin, dass Bullen mit anderen Männchen kämpfen, um eine Fortpflanzungs-Hierarchie zu etablieren und, dass sie dabei ihre Zähne einsetzen.

TAUCHVERHALTEN

Es gibt einige Berichte, nach denen sie 5–6 flache Tauchgänge unternehmen, denen längere Tauchgänge von 5–10 min folgen. Vermutlich können sie deutlich länger tauchen und sind auch zu tiefen Tauchgängen fähig (typisch für Schnabelwale).

NAHRUNG

Sie ernähren sich hauptsächlich von Tintenfischen. Forscher untersuchten die Mägen von gestrandeten Tieren in Alaska und fanden keine Fischreste (Savage *et al.*, 2021). Wie alle Schnabelwal-Arten saugen auch sie die Nahrung ein (wenn die Beute nah genug ist). Die v-förmig zueinander angeordneten ventralen Kehlfurchen ermöglichen ein Ausdehnen des Kehlbereichs, um die Beute einzusaugen („Saug-Fressen", engl.: suction feeding).

HOT SPOTS

Möglicherweise gibt es eine ortstreue Population im Japanischen Meer und im südlichen Ochotskischen Meer. Zwischen 1999 und 2011 strandeten 120 Tiere entlang der Küsten Japans (Tajima *et al.*, 2015). Die Aleuten, besonders der mittlere Teil der Kette, sind ein Hot Spot für Strandungen (Savage *et al.*, 2021)

REPRODUKTION

Paarungszeit: möglicherweise etwa Frühjahr–Herbst
Geburtsgröße: möglicherweise etwa 2 m
Geburtsgewicht: möglicherweise etwa 80 kg

WISSENSWERTES

Der amerikanische Biologe Frederick William True beschrieb diese Art anhand eines stark verwitterten Schädels, der von Leonhard Hess Stejneger, einem Naturforscher und früheren Kurator des United States National Museum, auf Bering Island (Commander Islands Archipelago) 1883 eingesammelt wurde.
True benannte die Art zu Ehren seines „geschätzten Freunds und Naturforschers Dr. Leonhard Stejneger". Einige Walexperten in Europa bezweifelten, dass es sich um eine neue Art handeln könnte, weil der Schädel nicht komplett war.
1904 strandete ein kleiner Wal in der Yaquina Bay bei Newport (Oregon, USA), das Museum erhielt den Schädel. Der zweite Schädel ermöglichte es True zu bestätigen, dass *Mesoplodon stejnegeri* tatsächlich eine neue Schnabelwal-Art war. In seinem Bericht im 73 ° Bulletin des National Museum „An Account of the Beaked Whales of the Family Ziphiidae" fügte True einen Ausschnitt der Zeitung von Oregon hinzu, in dem der gestrandete Wal anhand von Fotos beschrieben wurde, als hätte er „zwei schurkenhaft aussehende Stoßzähne auf jeder Seite des Mauls, die einige Zentimeter lang waren" (True, 1910).
Die große Anzahl von Strandungen bei den Aleuten in der Region um eine Marineeinrichtung lässt vermuten, dass von Menschen verursachter Lärm eine ernste Bedrohung für diese Tiere ist (Pitman & Brownell, 2020 IUCN).
Wie alle Schnabelwale haben auch Stejneger-Schnabelwale ein Paar v-förmig zueinander angeordnete ventrale Kehlfurchen, die sich nicht berühren (das „V" zeigt nach vorne). Dies ist charakteristisch für Schnabelwale. Sie unterstützen die Nahrungsaufnahme, indem sie eine Ausdehnung des Mauls und damit ein Einsaugen der Beute ermöglichen (einige Individuen können zusätzliche einige Kehlfurchen haben). Diese Kehlfurchen sind nicht mit den Kehlfurchen von Furchenwalen zu verwechseln, die sehr viel länger sind (und vom Unterkiefer bis zum Bauchnabel reichen).

WISSENSCHAFTLICHER NAME

Mesoplodon stejnegeri True, 1885
Informationen zum Gattungsnamen, siehe Blainville-Schnabelwal
Der Artname *stejnegeri* bedeutet „von Stejneger" und bezieht sich auf den früheren Kurator des U. S. National Museum Leonhard Hess Stejneger, der 1883 das erste Individuum einsammelte (Leatherwood & Reeves, 1983). Das angehängte *i* steht für „gehört zu".

Bahamonde-Schnabelwal
Mesoplodon traversii
—Spade-toothed Beaked Whale

Körperlänge: adult etwa 5 m
Körperform: spindelförmig; verjüngt sich zur Fluke
Körperfarbe: unbekannt (es gibt keine bestätigten Sichtungen auf See, tote Tiere werden schnell dunkel); die einzigen gestrandeten Tiere: Rücken dunkel, weißer Bauch, dunkler Augenfleck, dunkle Flossen (Beschreibung nicht bestätigt; Körperfarbe von Männchen könnte unterschiedlich sein)
Kopf: klein; gewölbte Melone
Schnabel: dunkel, dünn, lang (ähnlich Gray- und Layard-Schnabelwal); Mundlinie fast gerade
Blas: unbekannt; möglicherweise wie Blainville-Schnabelwal
Rückenfinne: klein, etwa am hinteren Körperdrittel
Zähne: nur bei adulten Männchen: 1 großer, 23 cm hoher, breiter, „spatenförmiger" Stoßzahn auf jeder Unterkieferseite, etwa in Unterkiefermitte (fast gleiche Größe wie die von Layard-Schnabelwalen, sind jedoch viel breiter); in einem Winkel von etwa 45 ° nach hinten gerichtet, vermutlich überragen sie den Oberkiefer und umschließen ihn vielleicht sogar (zumindest teilweise); unbekannt, ob überwiegend mit Zahnfleisch bedeckt sind oder ob sie frei liegen; haben ein großes Zähnchen an der Spitze (wird möglicherweise als Schneidekante genutzt, kann bei älteren Bullen abgenutzt sein); keine im Oberkiefer; brechen bei Weibchen nicht durch

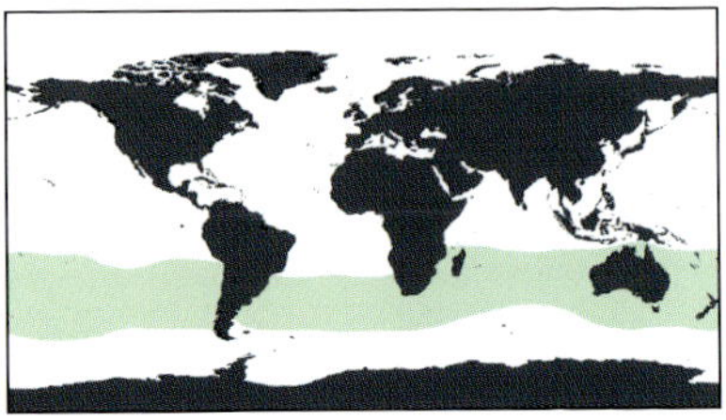

Informationen zu Kehlfurchen & Flippern, siehe Arnoux-Schnabelwal
Informationen zu Blasloch & Fluke, siehe Nördlicher Entenwal

VERBREITUNGSGEBIETE
Das Verbreitungsgebiet ist nur von wenigen Strandungen bekannt (2 Exemplare in Neuseeland) sowie von wenigen Schädeln, Unterkiefern und Zähnen 3er anderer Tiere. Diese Strandungen waren auf der südlichen Hemisphäre weit verstreut von White Island, Opape Beach (beide Bay of Plenty, Neuseeland; Thompson *et al.*, 2012) Pitt Island (bei Chatham Islands; van Helden *et al.*, 2002), und Robinson Crusoe Island (Juan Fernández-Inseln,

Bahamonde-Schnabelwal, *Mesoplodon traversii*

Chile; Reyes *et al.*, 1995). Es gibt keine bestätigten Sichtungen von lebenden Tieren auf See. Ihr Verbreitungsgebiet könnten die Gewässer der Hochsee im Südpazifik und möglicherweise zirkumpolar sein.

VERHALTEN
Das Verhalten ist unbekannt. Sie gehören zu den Säugetieren, über die am wenigsten bekannt ist. Vermutlich sind sie scheu und es ist schwer, sich ihnen mit Booten zu nähern (typisch für Schnabelwale).

TAUCHVERHALTEN
Unbekannt

NAHRUNG
Es wird vermutet, dass sie sich möglicherweise hauptsächlich von Tintenfischen und Fischen ernähren (wie andere Schnabelwale).
Weitere Informationen, siehe Arnoux-Schnabelwale

HOT SPOTS
Unbekannt

REPRODUKTION
Unbekannt

WISSENSWERTES
Dies ist einer der seltensten Wale der Welt und er gehört zu den am wenigsten bekannten Säugetieren überhaupt. Bis 2012 war diese Art nur von einem Unterkiefer und zwei kompletten Schädeln (ohne Unterkiefer), die 1873, 1995 und 1999 beschrieben wurden, bekannt. Eine Beschreibung ihres tatsächlichen Aussehens wurde erst 2012, zusammen mit Ergebnissen aus DNA-Analysen, veröffentlicht (Thompson *et al.*, 2012). Bahamonde-Schnabelwale scheinen eng mit Layard-Schnabelwalen verwandt zu sein.
1873 beschrieb Sir James Hector, ein schottischer Geologe und Kurator des Colonial Museums in Wellington (Neuseeland), einen Unterkiefer, der 1872 von Henry Hammersley Travers auf Pitt Island (Chatham-Inseln, Neuseeland) eingesammelt wurde, als würde er zu der Art *Dolichodon layardii* gehören, die vom englischen Taxonomen John Edward Gray beschrieben wurde. 1874 bemerkte Gray, dass *Dolichodon layardii* einen deutlich längeren und schlankeren Unterkiefer sowie viel schlankere Zähne hatte als der Unterkiefer von Pitt Island, und schlug für diese Art den Namen *Dolichodon traversii* vor, zu Ehren von Travers. 1878 hielt Hector *Dolichodon traversii* für ein Synonym von *Mesoplodon layardii*. Danach verschwand der Name *traversii* für die nächsten 124 Jahre aus der wissenschaftlichen Literatur. Erst 1962 beschrieb Charles McCann, ein Zoologe des Dominion Museums, den Zahn des Unterkiefers von Pitt Island als *Mesoplodon layardii* und bekräftigte damit Hector's Vermutung.
1950 und 1986 wurden 2 weitere Schädel ohne Unterkiefer in Neuseeland und Chile gefunden. Der erste unvollständige Schädel wurde auf White Island (Bay of Plenty, Neuseeland) gefunden und 1999 von Alan N. Baker, einem neuseeländischen Meeressäuger-Experten (Department of Conservation), und von Anton Leo van Helden, einem neuseeländischen Wal-Experten (Museum of New Zealand), als *Mesoplodon ginkgodens* identifiziert.
Der zweite unvollständige Schädel wurde auf Playa Blanca (Robinson Crusoe-Insel, Juan Fernández-Inseln, Chile) gefunden und 1995 von Julio C. Reyes (Acorema, Peru), Koen Van Waerebeek (Peruvian Centre for Cetacean Research), Juan Carlos Cárdenas und José L. Yáñez (beide vom Museo Nacional de Historia Natural, Chile) als neue Art identifiziert. Sie nannten sie *Mesoplodon bahamondi*, als Anerkennung für den chilenischen Meeresbiologen Nibaldo Bahamonde. Reyes und Van Waerebeek verglichen die Fotos und die Beschreibung von Baker und van Helden mit dem Holotyp von *Mesoplodon bahamondi* und kamen zu dem Schluss, dass der White Island-Schädel ebenfalls zu dieser Art gehörte.
Erst 2002 wurde *Mesoplodon traversii* schließlich von van Helden und Kollegen durch DNA-Analysen und anatomischen Vergleichen „zu neuem Leben erweckt". Die Forscher schlossen, dass die Exemplare, die 1873, 1995 und 1999 beschrieben wurden, alle zu Bahamonde-Schnabelwalen gehörten. Da Gray keinen Populärnamen für diese Art vorschlug, gaben sie ihr den englischen Populärnamen „Spade-toothed Whale" („Spatenzahnwal"), wegen der ungewöhnlichen Zahnform, die an eine Messerklinge erinnert, die im 19. Jahrhundert von Nordamerikanischen Walfängern genutzt wurde, um den Speck oder die äußere Haut von Walen zu entfernen (engl.: „spade").
Erst 2010 strandeten und verendeten schließlich 2 weitere Bahamonde-Schnabelwale (ein Weibchen mit einem männlichen Kalb) am Opape Beach (Bay of Plenty, Neuseeland). Diese beiden Exemplare wurden ursprünglich als Gray-Schnabelwale identifiziert. Genetische Analysen enthüllten jedoch, dass sie die ersten, komplett erhaltenen Bahamonde-Schnabelwale waren.
Informationen zu ventralen Kehlfurchen, siehe Arnoux-Schnabelwal

WISSENSCHAFTLICHER NAME
Mesoplodon traversii (Gray, 1874)
Informationen zum Gattungsnamen, siehe Blainville-Schnabelwal
Der Artname *traversii* bedeutet „von Travers" und bezieht sich auf Henry Hammersley Travers, einen viktorianischen Anwalt, der zu den Chatham-Inseln geschickt wurde und der den Holotypus dieser Art mit zurückbrachte (Van Helden *et al.*, 2002). Das angehängte *i* steht für „gehört zu".

Cuvier-Schnabelwal

Ziphius cavirostris
—Cuvier's Beaked Whale

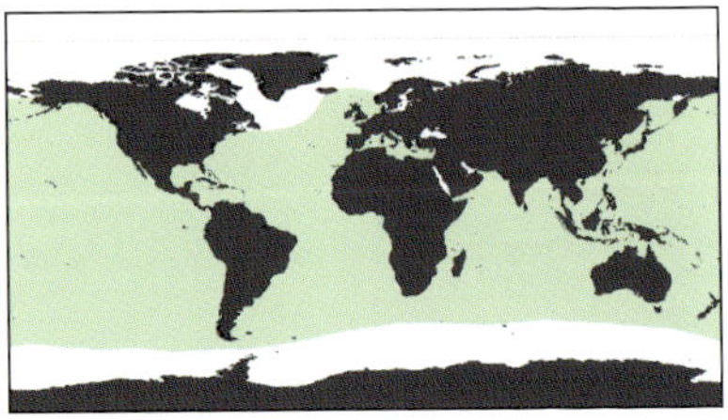

Körperlänge: adult etwa 6–6,5 m
Gewicht: max. gemessen 3 t
Körperform: recht kräftig, spindelförmig
Körperfarbe: Rücken dunkel schiefergrau bis hellrostbraun; hellere Stellen am Bauch und Kopf (Kopf und vordere Hälfte des Rückens können bei älteren Männchen auffallend weiß sein); Augen normalerweise von dunklem Augenfleck eingefasst; Körper von adulten Männchen (besonders ausgeprägt bei älteren Bullen) haben normalerweise unregelmäßige Narben und Kratzern (Informationen zu Narben & Kratzern, siehe Arnoux-Schnabelwal); Neugeborene schwarz oder bläulichschwarz, hellerer Bauch
Kopf: kurz, leicht abfallende Stirn (kann bei adulten Männchen deutlicher ausgeprägt sein); leichte Delle auf dem Kopf (wird bei zunehmendem Alter stärker)
Schnabel: kaum abgesetzt; gebogene Mundlinie, nach hinten aufsteigende Linie
Blas: diffus, niedrig, etwa 1–1,5 m; oft leicht nach vorne gerichtet
Fluke: relativ groß; normalerweise keine mediane Einkerbung; Hinterkante fast gerade (oder ein wenig konvex); kann mit Seepocken bewachsen sein
Rückenfinne: klein, gekrümmt; etwa am hinteren Körperdrittel; etwa 30–40 cm hoch; kann mit Seepocken bewachsen sein
Zähne: nur bei adulten Männchen: 2 konische, nach vorne gerichtet, an Spitze des Unterkiefers; können bei großen Bullen auch bei geschlossenem Maul sichtbar und mit Seepocken bewachsen sein; keine im Oberkiefer; brechen bei Weibchen nicht durch
Lebensalter: möglicherweise Weibchen etwa 30 Jahre, Männchen 36 Jahre
Informationen zu Kehlfurchen & Flippern, siehe Arnoux-Schnabelwal
Informationen zu Blasloch, siehe Nördlicher Entenwal

VERBREITUNGSGEBIETE

Cuvier-Schnabelwale gehören zu den kosmopolitischsten Arten aller Schnabelwale. Sie sind in allen Hochsee-

Die leichte Delle hinter dem Kopf wird bei zunehmenden Alter stärker.

Der Rücken ist dunkel schiefergrau bis hellrostbraun.

gewässern in allen Meeren, von polaren Regionen zu den Tropen auf beiden Hemisphären weit verbreitet, bis auf flache und polare Gewässer in hohen Breiten. Sie kommen auch in geschlossenen Meeren vor (z. B. im Golf von Kalifornien, Golf von Mexiko, Karibischen Meer und Ochotskischen Meer). Sie sind die einzigen Schnabelwale, die im gesamten Mittelmeer gesichtet wurden (Stavenow *et al.*, 2022).

Das Verbreitungsgebiet erstreckt sich von Massachusetts, Island, den Shetland-Inseln, den Aleuten und dem nördlichen Golf von Alaska im Norden bis nach Feuerland, Tasmanien, der Südinsel von Neuseeland und den Chatham-Inseln im Süden.

Sie scheinen tiefe Gewässer und Kontinentalabhänge (besonders wenn sie steil abfallen) zu bevorzugen. Vor Japan werden sie am häufigsten in Gewässern mit Tiefen von mehr als 1.000 m gesichtet, im Pelagos-Schutzgebiet in Tiefen zwischen 700 und 2.000 m (Moulins *et al.*, 2007).

VERHALTEN

Cuvier-Schnabelwale leben meist in Gruppen von 2–7 Tieren, manchmal auch solitär. Nur bei seltenen Gelegenheiten können sie Gruppen von bis zu 40 Individuen bilden. Gruppen bleiben normalerweise eng zusammen. Sie sind Booten gegenüber eher scheu und es ist schwer, sich ihnen anzunähern. Gelegentlich sind sie jedoch auch neugierig und lassen Annäherungen zu, besonders vor Hawaii. Bei einigen Gelegenheiten konnten sie sogar beim Springen beobachtet werden.

Sie sind häufig an Strandungen beteiligt. Dies könnte darauf hindeuten, dass sie nicht so selten vorkommen, wie bisher angenommen wird. Wenn sie schwimmen, erinnert der Kopf in gewisser Weise an einen Gänseschnabel. Aus diesem Grund werden sie im Englischen auch „Goose-beaked Whale" („Gänseschnabelwal") genannt.

Informationen zu Narben & Kratzern, siehe Arnoux-Schnabelwal

TAUCHVERHALTEN

Cuvier-Schnabelwale können sehr tief tauchen, möglicherweise tiefer als andere Säugetiere (nach heutigem Wissen). Sie halten den Rekord für den tiefsten und längsten jemals bei Cetaceen aufgezeichneten Tauchgang. Tauchgänge mit einer Tiefe von 2.992 m und Tauchzeiten von bis zu 137,5 min wurden 2011 in kalifornischen Gewässern gemessen (Schorr *et al.*, 2014).

Die durchschnittliche Tauchtiefe beträgt jedoch etwa 1.000 m, die durchschnittliche Tauchzeit etwa 1 h. Zwischen tiefen und langen Tauchgängen machen sie eine Reihe von 30–40 kurzen, flachen Tauchgängen, um den Sauerstoffvorrat wieder aufzufüllen (ähnlich wie Pottwale). Ein Tier, das vor der Küste Kaliforniens verfolgt wurde, tauchte etwa 3 km von der Abtauchstelle entfernt wieder auf.

Im September 2020 berichteten Wissenschaftler im „Journal of Experimental Biology", dass sie 2017 den längsten Tauchgang eines Meeressäugers dokumentiert hätten. Die Wissenschaftler haben in einem Zeitraum von 5 Jahren über 3.600 Tauchgänge von Cuvier-Schnabelwalen aufgezeichnet. Die meisten Tauchgänge zeigten eine durchschnittliche Tauchzeit von 59 min. Der längste Tauchgang dauerte jedoch 3 h und 42 min. Forscher vermuten, dass Cuvier-Schnabelwale einen langsamen Metabolismus haben und viel Sauerstoff einlagern können (Quick *et al.*, 2020).

Die kleine Rückenfinne ist gekrümmt, sitzt etwa am hinteren Körperdrittel und wird 30–40 cm hoch.

NAHRUNG

Sie ernähren sich hauptsächlich von Tintenfischen, die auf hoher See in großen Tiefen leben, und manchmal auch von Krustentieren und Fischen. Sie fressen am Grund oder im Freiwasser.
Weitere Informationen, siehe Arnoux-Schnabelwal

HOTSPOTS

Sie scheinen in bestimmten Regionen recht regelmäßig vorzukommen (z. B. im tropischen Ostpazifik, besonders vor Hawaii, im Atlantik vor den Kanarischen Inseln und im Mittelmeer.

REPRODUKTION

Tragzeit: 12 Monate
Geburtsgröße: etwa 2,5–3 m
Geburtsgewicht: etwa 250–300 kg

WISSENSWERTES

Die Originalbeschreibung von Cuvier-Schnabelwalen basiert auf dem Teil eines Schädels, den M. Raymond Gorsse 1804 von einem Bauern erhalten hat, der ihn in der Nähe der Stadt Fos (Department Bouches-du-Rhône, Frankreich) ein Jahr zuvor am Ufer gefunden hat.
Bei seiner Beschreibung aus dem Jahre 1823 identifizierte der französische Anatom Georges Cuvier dieses Exemplar als Fossil einer ausgestorbenen Art. Wegen der extrem dichten Verknöcherung des Schädels nahm er an, dass der Schädel versteinert war (Rice, 1998). Als jedoch Sir William Turner, ein britischer Anatomist, diesen Schädel mit denen von 2 Sowerby-Schnabelwalen, die an den Shetland-Inseln (nördlich von Schottland) gestrandet waren, verglich, erkannte er, dass es sich bei Cuviers „ausgestorbener" Art nicht um eine Versteinerung handelte, sondern dass sie große Ähnlichkeit mit den Shetland-Exemplaren hatte. Als Paul Gervais 1850 das erste Exemplar mit einem anderen Exemplar verglich, das im Mai desselben Jahres bei Aresquiès (Hérault, Frankreich) strandete, stellte er fest, dass beide identisch waren.
Der englische Populärname „Goose-beaked Whale" („Gänsechnabelwal") bezieht sich auf die Form des Schnabels von der Seite gesehen. Cuvier-Schnabelwale scheinen ungewöhnlich empfindlich gegenüber akustischen Störungen zu sein. Diese Art strandet am häufigsten, wenn sie aktivem Sonar in mittleren Frequenzen (MFA) während militärischer Übungen ausgesetzt ist (Schorr *et al.*, 2014).
Obwohl es bekannt ist, dass männliche Schnabelwale um Weibchen kämpfen, und es demnach zu erwarten wäre, dass adulte Männchen nicht lange zusammenbleiben, beobachteten Forscher 2021, dass markierte adulte männliche Paare längere Zeit zusammen tauchten, manchmal über Tage (Cioffi *et al.*, 2021).
Informationen zur extrem dichten Struktur des Oberkieferknochens, siehe Blainville-Schnabelwal
Informationen zu ventralen Kehlfurchen, siehe Arnoux-Schnabelwal

WISSENSCHAFTLICHER NAME

Ziphius cavirostris G. Cuvier, 1823
Der Gattungsname *Ziphius* stammt wahrscheinlich vom griechischen *xiphias* für „Schwertfisch" oder von *ziphos* für „Schwert" ab. Der Artname *cavirostris* setzt sich aus dem griechischen *cavus* für „hohl" (wegen der Aushöhlung am Schädel direkt vor den verknöcherten Nasenöffnungen, die durch Resorption entsteht, wenn das Tier geschlechtsreif wird) und dem lateinischen *rostrum* für Schnabel zusammen (Leatherwood & Reeves, 1983).

Shepherd-Schnabelwal
Tasmacetus shepherdi
—Shepherd's Beaked Whale

Körperlänge: adult etwa 6–7 m
Körperform: spindelförmig
Körperfarbe: möglicherweise die charakteristischsten aller Schnabelwale, bei beiden Geschlechtern und jeglichen Alters, recht einfach zu identifizieren: Rücken und Seiten überwiegend dunkelgrau, bräunlich; Bauch weiß oder hellgrau, reicht an drei Stellen bis zu den Seiten hinauf: vor Flippern bis unter die Augen, unter Mundlinie wie eine „Schulterblesse" über den Flippern etwas über die Hälfte an Seiten nach oben, eine dritte Ausdehnung der hellen Bauchfärbung reicht an den hinteren Seiten (am Schwanzstiel hinter der Rückenfinne) bis zur Hälfte der Seiten hoch (Donelly *et al.*, 2018); dunkle Oberseite erstreckt sich bis auf Brustflossen (normalerweise ist Kontrast zwischen den hellen und dunklen Regionen deutlich erkennbar, ohne scharfe Trennlinie); Rückenfinne & Fluke überwiegend dunkel, Spitzen hell; Schnabel oben hell, schwarz an Spitze (Donelly *et al.*, 2018); blasser (cremefarbener) Fleck auf Melone; Augen von dunklem Augenfleck eingefasst; Farbe der Flipper scheint hell mit gräulichem Streifen; einige Individuen hatten einige einzeln und paarig angeordnete Narben (vermutlich Männchen; werden möglicherweise hauptsächlich durch Kämpfe zwischen Bullen verursacht; Jefferson *et al.*, 2015)
Kopf: Melone ausgeprägt, an Seiten leicht abgeflacht; relativ steile Stirn

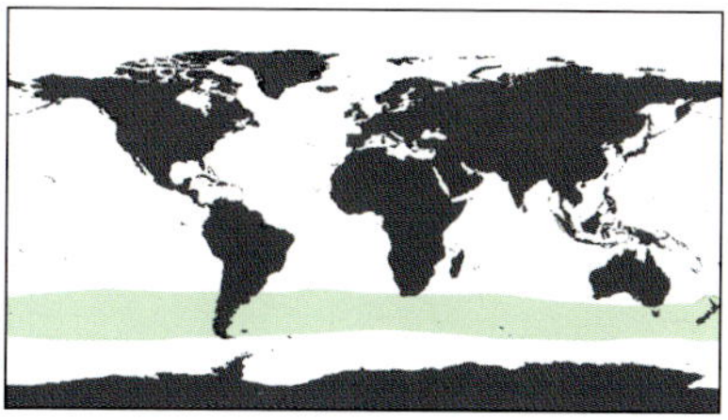

Schnabel: lang (wird möglicherweise mit zunehmendem Alter länger; Pitman *et al.*, 2006); deutlich von Melone abgesetzt; an Spitze verjüngt (Donelly, 2018)
Blas: buschig (etwa 1–2 m), relativ schmal; beginnt manchmal unter Wasser, manchmal spiralig und leicht nach vorne gerichtet
Flipper: keine Flippertaschen; zu den Spitzen hin schmaler werdend
Rückenfinne: klein, gekrümmt; etwa am hinteren Körperdrittel; etwa 30–35 cm hoch
Zähne: delfinähnlich (bei Schnabelwalen einzigartig, die Art wurde deshalb früher für einen urtümlichen Vertreter der Delfine gehalten); 34–42 spitze, funktionsfähige im Oberkiefer; 36–56 im Unterkiefer; sind die einzigen Schnabelwale mit komplettem Satz funktionsfähiger Zähne bei beiden Geschlechtern im Ober- und Unterkiefer);

Shepherd-Schnabelwal, *Tasmacetus shepherdi*

nur bei adulten Männchen: das erste Paar an der Unterkieferspitze vergrößert
Lebensalter: unbekannt, ein adultes Männchen wahrscheinlich 23 Jahre
Informationen zu Blasloch & Fluke, siehe Nördlicher Entenwal
Informationen zu Kehlfurchen, siehe Arnoux-Schnabelwal

VERBREITUNGSGEBIETE

Es wird vermutet, dass Shepherd-Schnabelwale zirkumpolar, in tiefen (möglicherweise auch in flacheren Gewässern mit Tiefen zwischen 300 und 500 m), gemäßigten Hochseegewässern und an Kontinentalabhängen auf der südlichen Hemisphäre zwischen 30 °S und 46 °S verbreitet sind. Die nördlichste Aufzeichnung war an der Shark-Bay (Australien) bei 26 °S (Holyoake *et al.*, 2013). Sie liegt möglicherweise außerhalb des Verbreitungsgebietes.
Sie sind hauptsächlich von bestätigten Sichtungen und Strandungen vor Neuseeland (meiste Strandungen und Sichtungen), Südaustralien, Südtasmanien, Tristan da Cunha, Argentinien und Juan Fernández-Inseln (Chile) bekannt. Die meisten Sichtungen auf See scheinen zweifelhaft zu sein und basieren möglicherweise auf Fehlidentifikationen.

VERHALTEN

Das Verhalten ist wegen ihres entlegenen Verbreitungsgebiets und weil sie nie kommerziell bejagt wurden, weitgehend unbekannt. Zwischen Mai 2008 und Februar 2017 beobachteten Forscher Gruppen von 2–14 Walen im südlichen Australien und Neuseeland. Sie schlossen daraus, dass größere Gruppen nicht ungewöhnlich sein könnten. Die Wale schwammen in der Gruppe eng zusammen und atmeten synchron. Es wurden auch Sprünge, Flukeschlagen und Ausschauhalten beobachtet. Manchmal schien es, als würden sich die Tiere den Booten nähern. Eine nahe Begegnung dauerte 2 h (Donelly *et al.*, 2018).
Informationen zu Narben & Kratzern, siehe Arnoux-Schnabelwal

TAUCHVERHALTEN

Bei einigen Tieren wurde beobachtet, dass sie beim Auftauchen den Kopf entweder mit dem Schnabel parallel zur Wasseroberfläche oder in einem Winkel von 30°–40° heben (Donelly *et al.*, 2018).
Weitere Informationen, siehe Gray-Schnabelwal

NAHRUNG

Sie ernähren sich möglicherweise hauptsächlich von Fischen und Tintenfischen. Der Mageninhalt eines gestrandeten Weibchens in Tristan da Cunha enthielt Reste von Fischen und Tintenfischen (Best *et al.*, 2014).
Wie alle Schnabelwal-Arten saugen auch sie die Nahrung ein (wenn die Beute nah genug ist). Die v-förmig zueinander angeordneten ventralen Kehlfurchen ermöglichen ein Ausdehnen des Kehlbereichs, um die Beute einzusaugen („Saug-Fressen", engl.: suction feeding).

HOT SPOTS

Unbekannt. Die meisten Strandungen wurden von Neuseeland gemeldet (Pitman *et al.*, 2006). Mehrere Sichtungen vor Südaustralien und Neuseeland könnten möglicherweise mit einer saisonalen Aufwärtsströmung zusammenhängen, aber es scheint verfrüht, diese Regionen als Hot Spot zu bezeichnen (Donelly *et al.*, 2018). Strandungen in kurzen Abständen in Tristan da Cunha lassen auf einen Hot Spot schließen (Pitman *et al.*, 2006; Thompson *et al.*, 2019).

REPRODUKTION

Geburtsgröße: möglicherweise etwa 3–3,5 m (einziges bekanntes Kalb 3,4 m)

WISSENSWERTES

Diese Art wurde erstmals 1937 von Walter Reginald Brook Oliver, Direktor des Dominion Museums in Neuseeland, anhand eines Skeletts beschrieben. Er benannte sie nach George Shepherd, Kurator des Whanganui Museums (Neuseeland), der das erste Exemplar einsammelte, das in der Nähe von Ōhawe an der Südküste von Taranaki (Nordinsel Neuseelands) angespült wurde.
Shepherd-Schnabelwale gehören zu den unbekanntesten und am wenigsten erforschten Cetaceen und zu den unbekanntesten großen Tieren auf Erden. Die ersten beiden bestätigten Sichtungen stammen von 1985 in den Gewässern vor den Tristan da Cunha-Inseln sowie eine dritte 2002, die vierte war 2004 südlich von Tasmanien. Im Januar 2012 konnten Forscher das erste Mal eine Gruppe von bis zu einem Dutzend Shepherd-Schnabelwalen südlich von Portland (Australien) filmen. 2016 wurden zumindest zwei Gruppen im Otago-Meeresgraben (Neuseeland) beobachtet.
Das erste Unterwasser-Video lebender Shepherd-Schnabelwale wurde 2017 vor Tristan da Cunha gemacht (Thompson *et al.*, 2019). Im Otago-Meeresgraben versuchten Forscher erstmals, Stimmen dieser Wale aufzunehmen (Leunissen *et al.*, 2018).
Informationen zu ventralen Kehlfurchen, siehe Arnoux-Schnabelwal

WISSENSCHAFTLICHER NAME

Tasmacetus shepherdi Oliver, 1937
Der Gattungsname *Tasmacetus* setzt sich aus „Tasma", bezugnehmend auf die Tasmanische See, und dem lateinischen *cetus* oder dem griechischen *ketos* für „Wal" zusammen (Oliver, 1937). Der Artname *shepherdi* bedeutet „von Shepherd" und bezieht sich auf George Shepherd, Kurator des Whanganui Museums in Neuseeland, der das erste Exemplar dieser Art erhielt. Das angehängte *i* steht für „gehört zu".

Indopazifischer Schnabelwal

Indopacetus pacificus
—Longman's Beaked Whale

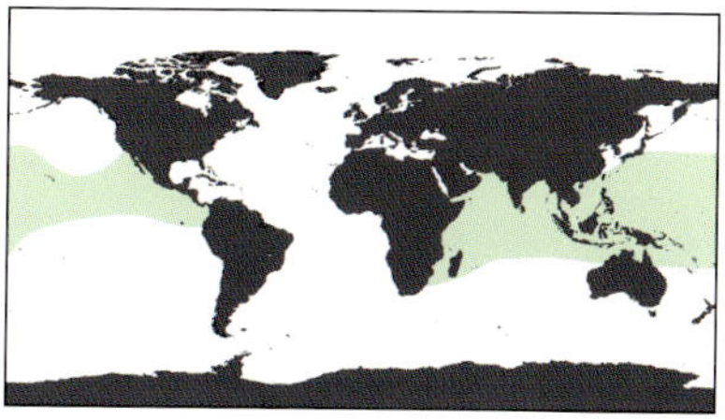

Körperlänge: adult etwa 6–7 m
Körperform: spindelförmig; verjüngt sich zur Fluke
Körperfarbe: variiert am Rücken von blaugrau bis braun, Seiten heller, am Bauch weiß; Melone & Gesicht heller; dunkles Band vom Blasloch zu Flippern (manchmal unscheinbar); Augenfleck; heller Ohrenfleck in dunkler Region hinter Augen; Flipperoberseite dunkel, Unterseite hell; Oberkiefer dunkel, Unterkiefer heller (manchmal pink); Kehle heller; Flukenoberseite dunkel, Unterseite weiß mit dünnen, strahlenförmigen, grauen Streifen; Schwanzstiel dunkel mit kleinen Flecken & Streifen (dunkel bis hellgrau; Pitman *et al.*, 1999; Dalebout *et al.*, 2003; Anderson., 2006; Acebes *et al.*, 2022); Kälber dunkelgrau mit blassem Kopf
Kopf: mäßig steil gewölbte Melone; adulte Tiere deutliche Falte zwischen Schnabel und Melone
Schnabel: mittellang, schmal; röhrenartig; gerade Mundlinie
Blas: buschig; recht auffällig, niedrig, etwa 1–1,5 m; oft leicht nach vorne gerichtet
Rückenfinne: klein, dreieckig; etwa am hinteren Körperdrittel (etwas größer als bei anderen Schnabelwalen); scheint manchmal dunkle Vorderkante und graue Mitte zu haben (Anderson *et al.*, 2006)
Zähne: adulte Tiere 1 Paar an Unterkieferspitze (brechen vermutlich nur bei Männchen durch); im Querschnitt oval; können mit Zahnfleisch bedeckt sein; keine Zähne im Oberkiefer
Blasloch: 1, sichelförmig; Spitzen der Sichel zeigen nach vorne
Fluke: keine mediane Einkerbung; Hinterkante fast gerade (oder ein wenig konvex)
Kehlfurchen: 1 Paar, v-förmig
Flipper: klein, abgerundet (passen in Flippertaschen an den Seiten, möglicherweise um den Wasserwiderstand beim Schwimmen zu verringern)

VERBREITUNGSGEBIETE

Das Verbreitungsgebiet von Indopazifischen Schnabelwalen ist nicht vollständig bekannt. Bis 2003 gab es nur 2 Schädel, die 1882 an der Küste von Queensland (Australien) und 1955 in Danone (Somalia) gefunden wurden. Heute gibt es einige Strandungen und Sichtungen auf See, die weit über den Indopazifik verstreut liegen. Ver-

Indopazifischer Schnabelwal, *Indopacetus pacificus*

mutlich leben sie hauptsächlich in tiefen Gewässern mit Oberflächentemperaturen zwischen 21 °C und 31 °C. Ihr Verbreitungsgebiet beschränkt sich möglicherweise auf tiefe Gewässer des tropischen und subtropischen Indopazifiks.
Sichtungen wurden meist in Gewässern mit Tiefen von über 2.000 m (und einige entlang des Kontinentalabhangs mit Tiefen von 200–2.000 m) gemeldet: Südafrika, Komoren und Mayotte, Kenia, Somalia, Golf von Aden, Pakistan, Indien, Malediven, Sri Lanka, Bucht von Bengalen, Myanmar, Andaman-Inseln, Philippinen, Taiwan, China, Japan, Australien, Neukaledonien, Hawaii und Mexiko.
Die meisten Sichtungen stammen aus dem westlichen Indischen Ozean, besonders um die Malediven (Anderson *et al.*, 2006). Sie scheinen im westlichen tropischen Pazifik häufiger vorzukommen als im östlichen tropischen Pazifik (Pitman *et al.*, 1999; Anderson *et al.*, 2006; Jefferson *et al.*, 2015; Acebes *et al.*, 2022).
Nachdem ihr äußeres Erscheinungsbild beschrieben war, wurden „Tropische Entenwale", die im tropischen Indischen Ozean und Pazifik gesichtet wurden, und Indopazifische Schnabelwale für eine Art gehalten.

VERHALTEN

Sie leben in großen, gut organisierten Gruppen von 1–100 Walen, die meisten scheinen jedoch aus 10–20 (oder mehr) zu bestehen (Gruppen im westlichen Indischen Ozean scheinen kleiner zu sein). Die meisten Gruppen bestehen ausschließlich aus Indopazifischen Schnabelwalen, gelegentlich wurden sie auch mit Kurzflossen-Grindwalen, Großen Tümmlern und Spinner-Delfinen beobachtet (Anderson *et al.*, 2006; Pitman *et al.*, 1999).
Sie schwimmen oft in dichten Gruppen zusammen (bestehend aus adulten Weibchen und Männchen sowie Kälbern). Wenn sie schneller schwimmen, erscheinen der Schnabel und der Kopf über der Wasseroberfläche, gelegentlich können sie dabei flache Sprünge („porpoising") vollführen (wie große Delfine). Eine Gruppe von etwa 20 Tieren wurde vor Kenia mit Großen Tümmlern beim Schwimmen und Springen beobachtet (Martin & Nimak-Wood, 2016). Es gibt keine Berichte, nach denen größere Gruppen Boote ignorierten oder sich ihnen näherten (Anderson *et al.*, 2006).

TAUCHVERHALTEN

Es wurden Tauchgänge von 11–33 min gemessen. Die meisten dokumentierten Tauchgänge variierten jedoch zwischen 11 und 18 (kurze Tauchgänge) sowie zwischen 20 und 33 min (lange Tauchgänge). Möglicherweise können sie jedoch auch länger tauchen. Forscher beobachteten Gruppen von 3–20 Tieren, die an der Oberfläche aktiv waren und kurze Tauchgänge unternahmen. Sie vermuteten, dass sie sozialisierten, während einzelne Wale oder 2er Gruppen, die nicht an der Oberfläche aktiv waren, in der Tiefe auf Jagd gingen. Es wurde auch beobachtet, dass sie vor einem langen Tauchgang den Rücken etwas krümmen (Anderson *et al.*, 2006). Auf- und Abtauchen geschieht meist synchron in der Gruppe.

NAHRUNG

Die Nahrung ist nur durch den Mageninhalt von 2 gestrandeten Tieren in Davao (Philippinen) und in Kagoshima (Japan) bekannt. Die Mägen beider Exemplare enthielten nur Tintenfischschnäbel (Acebes *et al.*, 2005; Yatabe *et al.*, 2010). Möglicherweise ernähren sie sich hauptsächlich von Tintenfischen (wie andere Schnabelwale).
Wie alle Schnabelwal-Arten saugen auch sie die Nahrung ein (wenn die Beute nah genug ist). Die v-förmig zueinander angeordneten ventralen Kehlfurchen ermöglichen ein Ausdehnen des Kehlbereichs, um die Beute einzusaugen („Saug-Fressen", engl.: suction feeding).

HOT SPOTS

Unbekannt. Sichtungsmöglichkeiten bestehen möglicherweise in steil abfallenden Gewässern des westlichen Indischen Ozeans, besonders um die Malediven. Häufige Sichtungen gab es um Hawaii.

REPRODUKTION

Geburtsgröße: etwa 2,5–3 m (Dayaratne & Joseph, 1993; Anderson *et al.*, 2006); ein Neugeborenes (2,35 m), gefunden in Okinawa (Japan), lässt vermuten, dass in dieser Region Geburten stattfinden (Kobayashi *et al.*, 2021)

WISSENSWERTES

Indopazifische Schnabelwale gehören immer noch zu den am wenigsten bekannten großen Tieren auf Erden. 1980 schrieb Richard Ellis in seinem „Buch der Wale": „… dies könnte das am wenigsten bekannte große Tier der Erde sein … es ist nur durch zwei Schädel bekannt …".
Vom Fund eines großen Schädels in Queensland (Australien) 1882 bis zur Beschreibung des äußeren Erscheinungsbildes und der Bestätigung der Identität durch genetische Analysen 2003, waren Indopazifische Schnabelwale Hauptdarsteller einer Art von „Schnabelwal-Telenovela". Der Schädel, der in Queensland gefunden wurde, diente dem englischen Naturalisten Heber A. Longman 1926 (44 Jahre später) als Grundlage, eine neue Art zu beschreiben. Longman zufolge gehörte der Schädel zu einem ausgewachsenen männlichen *Mesoplodon* (etwa 7 m). Die neue Art, die er *Mesoplodon pacificus* nannte, konnte leicht von *M. hectori* und *M. mirus* unterschieden werden (Longman, 1926).
Henry C. Raven, ein amerikanischer Zoologe, war anderer Meinung und sah *M. pacificus* 1937 als Unterart von *M. mirus* an. 1960 war Joseph Curtis Moore, ein amerikanischer Zoologe, der Meinung, dass die Unter-

schiede zu deutlich seien, und schloss, dass *M. pacificus* nicht mit *M. mirus* verwandt sein könne. 2 Jahre später widersprach Charles McCann, Zoologe vom Dominion Museum in Wellington (Neuseeland), dass *M. pacificus* zur Gattung *Mesoplodon* gehört, und schloss, dass der Schädel von Queensland zu einem adulten Weibchen von *Hyperoodon planifrons* gehörte. 1968 widersprach Moore ausführlich McCann's Vorschlag und fügte hinzu, dass McCann „nie den Holotypus von *M. pacificus* untersucht hat", während er 54 Messungen vornahm (Moore, 1968). Im gleichen Jahr berichtete Maria Luisa Azzaroli, eine italienische Kuratorin des Italian Museo Zoologico dell'Università (Firenze), von einem sehr gut erhaltenen Schädel (dem zweiten Exemplar von *M. pacificus* 42 Jahre nach der Beschreibung der Art), der 1955 an einem Strand in Danane (Somalia) eingesammelt wurde. Unglücklicherweise wurde das komplette Exemplar zu Dünger verarbeitet, bis auf den Schädel (Azzarolli, 1968). Azzaroli schloss, dass *M. pacificus* tatsächlich eine gültige Art sei. Basierend auf Azzarolis Bericht und ihren Analysen von 180 *Mesoplodon*-Schädeln, stellte Moore den Indopazifischen Schnabelwal in die eigenständige Gattung *Indopacetus*.

1971 schrieb der niederländische Segler und Hobby-Zoologe Willem. F. J. Mörzer Bruyns in seinem „Field Guide to Whales and Dolphins", dass die sehr großen Schnabelwale, die er im Golf von Aden in der Region um Sokotra (Jemen) sah, möglicherweise Indopazifische Schnabelwale waren. Er beschrieb ihre Farbe als hellbraun bis rostbraun und konnte die nach vorne geneigten Zähne an der Schnabelspitze erkennen (Mörzer Bruyns, 1971). Er erwähnte auch eine Aufzeichnung dieser Wale vor Kiribati. Dies waren möglicherweise die ältesten Berichte von Sichtungen dieser Art (Yamada *et al.*, 2012). Wie es scheint, hat niemand Mörzer Bruyns beachtet. Seit Mitte der 1960er Jahre gibt es mysteriöse Berichte von tropischen Entenwalen in wärmeren Gewässern des Pazifiks und des Indischen Ozeans. Diese Wale wurden entweder für Südliche Entenwale in unbekannten Wintergebieten, für eine neue Form von *Hyperoodon* gehalten oder als nicht identifizierte Schnabelwal-Art im tropischen Indischen Ozean und Pazifik erwähnt. 1999 präsentierten Robert Pitman und Kollegen starke Beweise, die nahelegten, dass diese Wale tatsächlich *Indopacetus pacificus* sind. Allerdings war zu diesem Zeitpunkt die Angelegenheit noch nicht geklärt.

2003 präsentierten Merel Dalebout und Kollegen Informationen zu 4 neuen Exemplaren von Indopazifischen Schnabelwalen. Ein Schädel, der 1968 in Kenia gefunden wurde, 2 komplette, gestrandete junge Männchen (1976 & 1992) aus Südafrika, die beide als *H. planifrons* registriert wurden und ein adultes, trächtiges Weibchen, 2000 gestrandet auf den Malediven. Das war der Jackpot! Dalebout schloss nicht nur, dass *Indopacetus* eine gültige Gattung war, sondern bestätigt auch durch genetische Anylysen, dass alle 4 Wale Indopazifische Schnabelwale waren. Beim Vergleich der Körperfärbung dieser Exemplare mit dem mysteriösen tropischen Entenwal schloss das Team, dass Letztere tatsächlich *I. pacificus* waren. So wie es Mörzer Bruyns vorgeschlagen hatte.

Ab jetzt waren sie keine fremden Wale mehr! 2006 berichteten Anderson und Kollegen von 17 neuen Sichtungen und von insgesamt 32 Aufzeichnungen dieser Wale im westlichen Indischen Ozean, auch vor Sri Lanka. Es gibt Berichte von Indopazifischen Schnabelwalen von Japan (Yamada *et al.*, 2004), Philippinen (Acebes *et al.*, 2005), Taiwan (Watson *et al.*, 2008), Bucht von Bengalen (Afsal *et al.*, 2009), Indien und Pakistan (beide Arabisches Meer; Kaladharan *et al.*, 2014; Kiani *et al.*, 2021), Neukaledonien (Garrigue *et al.*, 2016), China und Hawaii (West *et al.*, 2013). Wie konnten diese großen tropischen Schnabelwale, die normalerweise in großen Gruppen gesichtet werden, so lange der Aufmerksamkeit der Zoologen verborgen bleiben?

2010, während einer einzigen Begegnung mit 88 Indopazifischen Schnabelwalen konnten Forscher ihre Stimmen aufzeichnen, um ein Profil der Art zu erstellen (Rankin *et al.*, 2011). Eine Untersuchung von 7 in Neukaledonien gestrandeten Tieren ergab, dass zwei von ihnen Plastiktüten in ihren Mägen hatten (Garrigue *et al.*, 2016). Die Strandungen in Taiwan wurden mit Marine-Übungen in der benachbarten Region in Verbindung gebracht (Watson *et al.*, 2008).

2015 verfing sich ein Indopazifischer Schnabelwal in einem Netz, während die Fischer es einholten. Sie reagierten sofort und befreiten den Wal innerhalb von 30 min ohne erkennbare Verletzungen. Allerdings wurde einer der Retter bei der Aktion leicht von der Fluke verletzt (Kiani *et al.*, 2021).

WISSENSCHAFTLICHER NAME

Indopacetus pacificus (Longman, 1926)

Der Gattungsname *Indopacetus* setzt sich aus dem lateinischen *indicus* für „indisch" und dem lateinischen *pacificus* für „Pazifik" sowie dem lateinischen *cetus* oder dem griechischen *ketos* für „Wal" zusammen. Der Artname *pacificus* bezieht sich möglicherweise auf den Pazifik oder unterscheidet „*Mesoplodon pacificus*" von *M. mirus* (Leatherwood & Reeves, 1983).

Index

INDEX – POPULÄRNAMEN (IN ALPHABETISCHER REIHENFOLGE)

Index

INDEX – WISSENSCHAFTLICHE NAMEN (IN ALPHABETISCHER REIHENFOLGE)

Glossar

Abschöpfen (Schöpffiltern)
Typisches Fressverhalten einiger Bartenwale. Die Wale schwimmen dabei mit gleichmäßiger Geschwindigkeit und weit geöffnetem Maul durch nährstoffreiches Wasser und schöpfen es ab (z. B. Glattwale und Grönlandwale). Das Wasser fließt durch die Barten seitlich aus dem Maul, während der Krill sich in den Barten verfängt. Ab und zu wird das Maul geschlossen um den Krill mit der Zunge abzustreifen und zu schlucken.

adult
Geschlechtsreif, erwachsen.

Ambra
Wachsartige Substanz aus dem Darm von Pottwalen, die unverdauliche Nahrungsreste umschließt, besonders von Tintenfischschnäbeln. Frisches Ambra ist eine dunkle Substanz, die in hoher Konzentration übel riecht. Wenn Ambra trocknet wird es heller, verliert an Gewicht und nimmt einen moschusartigen Geruch an. In früheren Zeiten wurde Ambra für eine Vielzahl medizinischer Zwecke verwendet. Ambra war bis in die Neuzeit als Geruchsträger in der Parfümindustrie unentbehrlich. Heute ist seine Verwendung in den meisten Ländern verboten.

agonistisches Verhalten
Aggressives Konfliktverhalten (Rivalität, Wettstreit, Konkurrenz), normalerweise zwischen Artgenossen.

Atemloch
Siehe „Blasloch".

Barten
Dünne Hornplatten, die in Reihen nebeneinander vom Oberkiefer der Bartenwale (Unterordnung Mysticeti) herabhängen. Mit ihrer Hilfe filtern sie Nahrung (Krill, kleine Fische) aus dem Wasser.

Bartenwal
Übergeordneter Begriff für alle Wale, die Barten an Stelle von Zähnen besitzen (Unterordnung Mysticeti). Diese Wale haben zwei Blaslöcher (siehe auch „Mysticeti" und „Zahnwal").

Bernoulli-Effekt
Vereinfacht ausgedrückt entsteht ein Unterdruck, wenn Gase oder Flüssigkeiten (zum Beispiel Luft oder Wasser) mit hoher Fließgeschwindigkeit an einem Objekt entlang strömen. Das Objekt wird in den Bereich mit dem niedrigeren Druck gesaugt („Sogwirkung"). Durch diesen Effekt (den Auftrieb) können Flugzeuge fliegen. Jungtiere sparen demnach bis zu 25 % Energie, wenn sie dicht genug am Rücken der Mutter schwimmen.

benthisch
Am oder im Meeresboden lebend (Gegensatz zu pelagisch).

Blas
Wolke aus ausgeatmeter Luft, auch Blast genannt. Besonders größere Wale erzeugen eine charakteristische Ausatemwolke, die bei Windstille weithin sichtbar ist. Der Blas besteht vorwiegend aus kondensierter Luft, Wasser und einem geringen Anteil winziger, ölhaltiger Tropfen.

Blasloch
Atemöffnung von Cetaceen, am höchsten Punkt des Kopfes. Bartenwale haben zwei Blaslöcher, Zahnwale haben ein Blasloch.

Blubber
Fettschicht, die Cetaceen als Nahrungsspeicher (z. B. bei Wanderungen und während des Aufenthalts in Reproduktionsgebieten) und zur Isolierung gegen Kälte dient.

Cape
Färbung auf dem Rücken, die an ein ärmelloses Kleidungsstück erinnert (Umhang)

Cephalopoden
Kopffüßer, Weichtiere mit Fangarmen (Tentakeln) am Kopf (z. B. Tintenfische und Kalmare).

Cetaceen
Bezeichnung unter der alle Wale, Delfine und Schweinswale zusammengefasst werden.

CITES
Convention on International Trade in Endangered Species of Wild Fauna and Flora. Diese Organisation wurde 1975 gegründet und ist verantwortlich für die Liste schützenswerter Arten.

Crustaceen
Wirbellose, meist im Wasser lebend und durch Kiemen atmend, meist mit einer harten Außenhaut und einem gegliederten Körper (z. B.: Krill, Flohkrebse, Krabben, Garnelen).

Cyamidae
Walläuse, die auf der Haut von Walen leben und zur Familie der Flohkrebse *(Cyamidae)* gehören.

dorsal
Dem Rücken zugewandt, am oder auf dem Rücken.

Echolokalisation
Auch als Echoorientierung, Echoortung oder Echolot bezeichnet. Orientierung mit hochfrequenten Schallwellen, die ausgesendet und als Echo empfangen werden. Die meisten Zahnwale können sich durch Echolokalisation ein sehr präzises, sogenanntes „akustisches" Bild, von ihrer Umgebung machen oder Beute orten (vergleichbar mit Fledermäusen).

Ektoparasit
Parasit (Schmarotzer), der auf der Haut seines Wirts lebt (siehe auch „Parasit").

endemisch
Ausschließlich in einem begrenzten Gebiet vorkommend.

epimelitisches Verhalten
Fürsorgeverhalten (Hilfsverhalten) für verletzte, kranke oder junge Mitglieder der eigenen Art, gelegentlich auch für artfremde Tiere. Bei den meisten Cetaceen weit verbreitet.

Euphausiaceen
Leuchtgarnelen, normalerweise kleine leuchtende garnelenähnliche Krebstiere, etwa 2 bis 3 cm groß, die allgemein als Krill bezeichnet werden.

Finne
Rückenfinne oder Rückenflosse. Extremität auf der Mittelinie des Rückens bei den meisten Cetaceen, bestehend aus Bindegewebe. Sie dient als Stabilisator beim Schwimmen und ist bei schnellen Schwimmern oft stärker ausgeprägt.

Fischbein
Aus den Barten der Bartenwale früher verwendetes Hornmaterial zur Herstellung biegsamer Gegenstände (z. B. Korsettstangen, Schirme, etc.).

Flipper
Brustflossen. Abgeflachte Vorderextremitäten von Cetaceen, Flossenfüßer (Robben) und Seekühen, in unterschiedlicher Form, vorwiegend aus Bindegewebe bestehend.

Fluke
Schwanzflosse oder Schwanzfluke. Waagerechte Schwanzflosse, die vorwiegend aus Bindegewebe besteht und durch Auf- und Ab-Bewegungen für Vortrieb sorgt.

Footprint
Kreisrunder Fleck an der Wasseroberfläche, der von aufstrebenden Wassermassen durch die Bewegung der Fluke eines tauchenden Wales erzeugt wird.

Geschlechtsdimorphismus
Geschlechtsspezifische Unterschiede innerhalb einer Art, zum Beispiel bezüglich der Körpergröße, Gewicht, Farbgebung oder der Extremitäten.

Hahnenschwanz
„Schweif" aus Spritzwasser, der entsteht wenn Delfine oder Schweinswale mit sehr hoher Geschwindigkeit die Oberfläche durchbrechen.

Holotypus
Das erste Exemplar einer Art oder Unterart, an dem diese Art erstmals wissenschaftlich beschrieben wurde.

IWC
International Whaling Commission, deutsch: Internationale Walfang-Kommision. Die Organisation kümmert sich unter anderem um das Management der Großwalbestände weltweit und den Schutz bedrohter Walarten u. A. vor dem Walfang, dem Klimawandel und Umweltgiften.

juvenil
Jung, noch nicht geschlechtsreif.

Karussell
Jagdtechnik von Walen und Delfinen, bei der Schwarmfische durch Warnrufe, Blasennetze und spezielle Schwimmmanöver erschreckt, dicht zusammengetrieben und umkreist werden.

Kerplunking
Bei der Jagd am Meeresboden wird mit der Fluke auf das Wasser geschlagen (in sehr flachem Wasser).

Kontinentalschelf
Kontinentalsockel oder Festlandsockel. Liegt zwischen der Küstenlinie und dem Kontinentalabbruch, bis zu 200 m unter dem Meeresspiegel.

Kopepoden
Ruderfußkrebse. Sehr kleine Krebstiere der Ordnung *Copepoda*.

Krill
Kleine garnelenähnliche Krebstiere der Familie *Euphausiidae*, die zum Zooplankton gehören. Sie dienen vielen Bartenwalen als Nahrungsgrundlage.

Matriarchalische Gruppe
Eine Gruppe die von Weibchen geleitet wird.

Mandibula
Unterkieferknochen.

Maxillare
Oberkieferknochen.

median
Mittig, der Mitte zugewandt, in der Mitte.

Melone
Stirnwölbung bei Zahnwalen, die hauptsächlich aus Fettgewebe besteht. Sie dient vermutlich dazu, Schallwellen zur Echolokalisation zu bündeln (wie durch eine „akustische" Linse), bevor sie zielgerichtet ausgesendet werden. Eine rudimentäre Melone wurde auch an Bartenwalen beschrieben (Heyning und Mead, 1990).

Migration
Saisonbedingte, relativ weite Wanderungen von Tieren zwischen unterschiedlichen geografischen Regionen, ausschließlich zum Zweck der Nahrungsaufnahme oder der Fortpflanzung.

monophydont
Es gibt nur eine Generation von Zähnen, also keine zweiten Zähne (Milchzähne und permanentes Gebiss) wie beim Menschen.

Myoglobin
Muskelprotein das Sauerstoff aufnehmen, an sich binden und wieder abgeben kann, ähnlich wie Hämoglobin im Blut.

Mysticeti
Unterordnung der Bartenwale. Wale die Barten haben, statt Zähne und zwei Blaslöcher (siehe auch „Bartenwale" und „*Odontoceti*").

Ohrpfropf
Verhärteter Verschluss aus Ohrschmalz im äußeren Gehörgang von Cetaceen. Die Zuwachsschichten werden bei Bartenwalen zur Altersbestimmung genutzt.

Odontoceti
Unterordnung der Zahnwale. Sie haben Zähne oder mindestens einen Zahn, statt Barten und ein Blasloch (siehe auch „Zahnwale" und „*Mysticeti*").

Pallatinum
Gaumen.

Parasit
Schmarotzer. Ein Organismus, der einen Vorteil aus der engen Beziehung zu seinem Wirt zieht und ihn schädigt (siehe auch „Symbiose").

Patriarchalische Gruppe
Eine Gruppe, die von Männchen geleitet wird.

Paukenbein
Knochenstück, das den äußeren Gehörgang größtenteils umschließt.

pelagisch
In der Wasserschicht lebend (Gegensatz zu benthisch).

Plankton
Sehr kleine Organismen (mikroskopisch kleine, pflanzenähnliche Organismen und kleine Wirbellose), die in Schwärmen passiv im Wasser umhertreiben. Sie sind eine sehr wichtige Nahrungsgrundlage für viele im Wasser lebende Organismen (siehe auch „Phytoplankton" und „Zooplankton").

Phytoplankton
Mikroskopisch kleine, pflanzenähnliche Organismen, die in Schwärmen passiv im Wasser umhertreiben. Sie wandeln durch Photosynthese Sonnenlicht in chemische Energie um (siehe auch „Zooplankton" und „Plankton").

Pod
Gruppe von Walen, Delfinen oder Schweinswalen, die normalerweise zusammen schwimmen.

Polygamie, polygam
Paarungsverhalten, bei dem sich ein Individuum eines Geschlechts mit vielen Individuen des anderen Geschlechts paart („Vielehe").

Polygynie/polygyn
Paarungsverhalten, bei dem sich ein Männchen mit vielen Weibchen paart („Vielweiberei").

Population
Eine mehr oder weniger isolierte Gruppe von Tieren der gleichen Art, die zur selben Zeit in einer bestimmten Region lebt.

Promiskuität/promiskuitiv
Paarungsverhalten, bei dem sich mehrere Männchen mit vielen, beliebig wechselnden Weibchen paaren, ohne um sie zu kämpfen. Der Fortbestand der Art hat Vorrang vor dem individuellen Wunsch die eigenen Gene weiterzugeben (z. B. Glattwale).

Rostrum
Schnabel oder Schnauze. Verlängerter vorderer Teil des Schädels mit Ober- und Unterkiefer

rudimentär
Unterentwickelt, restlich, verkümmert

Schelf
Siehe „Kontinentalschelf"

Schlinger/schlingen
Siehe „Abschöpfen"

Schluckfiltern (lunge feeding)
Typisches Fressverhalten der meisten Furchenwale. Hierbei schwimmen sie schnell durch nährstoffreiches Wasser, reißen zwischendurch das Maul plötzlich weit auf und nehmen portionsweise Beute und Wasser im Maul auf. Nachdem das Maul geschlossen ist, pressen die Wale das Wasser durch ihre Barten nach außen und schlucken dann die Beute (Krill), die sich in den Barten verfangen hat.

seitliches Schluckfiltern (lateral lunge feeding)
Typisches Fressverhalten der meisten Furchenwale, bei der sie sich auf eine Seite drehen, meist auf die rechte Seite. Der Grund für diese „Rechtsvorliebe" ist nicht bekannt.

Schnabel
Siehe „Rostrum".

Schule
Gruppe von Walen, Delfinen oder Schweinswalen, die regelmäßig zusammen schwimmen.

solitär
Einzig, einzeln, allein.

Sonar
Englische Abkürzung für die Echoorientierung („Sound Navigation and Ranging").

Spermaceti
Ölhaltige, wachsartige Substanz, die sich im Spermaceti-Organ, einem Hohlraum im Schädel von Pottwalen befindet. In der Vergangenheit wurde es zur Herstellung von Kerzenwachs und Kosmetika, sowie als Schmiermittel für Hochleistungsmotoren verwendet. Alte Walfänger hielten es, wegen der Farbe, fälschlicherweise für Wal-Sperma.

Sperm competition
Wettkampf der Spermien. Ein Männchen maximiert die Menge seines Samens, die er einem Weibchen liefert, in dem er mehr Samen produziert oder häufiger mit einem Weibchen kopuliert als seine Nebenbuhler. Der Erfolg der Paarung wird durch die Menge und/oder der Qualität des Samens bestimmt. (z. B. Glattwale).

Spritzloch
Nicht zutreffende Bezeichnung der alten Walfänger für die Nasenöffnungen (Atemöffnungen) der Wale. Früher glaubte man, dass sie nicht der Atmung, sondern zum Herausspritzen von verschlucktem Wasser dienen. In alter Literatur werden deshalb Wale auch fälschlicherweise als „spritzende Fische" bezeichnet.

Spritzwachen
Wulstiger Spritzwasserschutz vor den Blaslöchern (z. B. bei Blauwalen).

Symbiose
Vergesellschaftung von Individuen unterschiedlicher Arten, die für beide Partner vorteilhaft ist (siehe auch „Parasit").

teutophag
Von Tintenfisch ernährend.

Tragzeit
Entwicklungszeit der Embryonen im Uterus bis zur Geburt.

Tuberkel
Kleine Hautknoten oder Knochenhöcker (z. B. am Kopf, am Maul oder an den Vorderkanten der Flipper bei Buckelwalen. Einige Schweinswale haben kleine Höcker an der Vorderkante der Rückenflosse oder auf dem Rückenkamm).

ventral
Bauchseits, dem Bauch zugewandt oder am Bauch.

Vibrissen
Kurze Tast- und Spürhaare an der Mund- und Nasengegend. Vergleichbar mit der Funktion der Schnurrhaare bei Katzen.

Walläuse
Siehe „*Cyamidae*".

Walrat
Besteht aus Spermacet und Spermöl (siehe „Spermaceti").

Zahnwal
Übergeordneter Begriff für alle Wale mit Zähnen (Unterordnung *Odontoceti*). Diese Wale haben nur ein Atemloch und keine Barten (siehe auch „*Odontoceti*" und „Bartenwal").

Zooplankton
Tierische Form des Planktons. Winzige Wirbellose, die in Schwärmen passiv im Wasser umhertreiben. Im Gegensatz zu Phytoplankton betreibt es keine Photosynthese, sondern ernährt sich von Phytoplankton (siehe auch „Plankton" und „Phytoplankton").

LITERATURVERZEICHNIS

BÜCHER

Aristotle (1878) Hystory of Animals – in Ten Books, translated by Richard Cresswell, M. A. Oxford

Au, WWL (1993) The Sonar of Dolphins

Carwardine, M (1995) Whales Dolphins and Porpoises (Eyewitness Handbooks)

Ellis, R & Mead, JG (2017) Beaked Whales: A Complete Guide to Their Biology and Conservation

Evans, PGH (1987) The Natural History of Whales and Dolphins

Ford, JK *et al.* (1996) Killer whales: the natural history and genealogy of *Orcinus orca* in British Columbia and Washington

Hetzel, B & Lodi, L (1993) Baleias, botos e golfinhos: guia de identificação para o Brasil

Jefferson, TA *et al.* (1994) Marine Mammals of the World: FAO species identification guide

Jefferson, TA *et al.* (2015) Marine Mammals of the World

Kiefner, R (2002) Wale und Delphine Weltweit

Leatherwood, S *et al.* (1982) Whales, dolphins, and porpoises of the eastern North Pacific and adjacent Arctic waters: A guide to their identification

Leatherwood, S & Reeves, R (1983) The Sierra Club Handbook of Whales and Dolphins

Lodi, L & Borobia, M (2013) Baleias, Botos e Golfinhos do Brasil: Guia de identificação

Mörzer Bruyns, WFJ (1971) Field guide of whales and dolphins

Perrin, WF *et al.* (2009) Encyclopedia of Marine Mammals

Reeves, RR *et al.* (2002) Guide to Marine Mammals of the World

Reeves, RR *et al.* (2002) Sea Mammals of the World

Rice, DW (1998) Marine Mammals of the World – Systematics and Distribution

Richardson, WJ *et al.* (1995) Marine Mammals and Noise

Whitehead, H (2003) Sperm whales: social evolution in the ocean

WWF Report (2011) The Australian Snubfin Dolphin – a case for legal protection

PAPERS

Abreo, NAS *et al.* (2016) First evidence of plastic ingestion by the rare Deraniyagala's beaked whale *(Mesoplodon hotaula)*. IAMURE International Journal of Ecology Conservation 19: 16–36

Acebes, JMV *et al.* (2005) Stranding of *Indopacetus pacificus* in Davao, Philippines. Proceedings of the 16th Biennial Conference on the Biology of Marine Mammals

Acebes, JMV *et al.* (2022) Strandings of Longman's beaked whale (*Indopacetus pacificus*) in the Philippines. Journal of Cetacean Research and Management 23(1): 81–107

Afsal, VV *et al.* (2009) The first sighting of Longman's beaked whale, *Indopacetus pacificus* in the southern Bay of Bengal. Marine Biodiversity Records 2: e133

Aguayo, A *et al.* (1998) Observaciones de cetáceos realizadas entre Valparaíso e Isla de Pascua, Chile, durante los inviernos de 1993, 1994 y 1995. Revista de Biología Marina y Oceanografía 33(1): 101–123

Aguilar de Soto, N *et al.* (2017) True's beaked whale (*Mesoplodon mirus*) in Macaronesia. PeerJ 5:e3059

Allen, SJ *et al.* (2011) Why do Indo-Pacific bottlenose dolphins (*Tursiops* sp.) carry conch shells (*Turbinella* sp.) in Shark Bay, Western Australia?. Marine Mammal Science 27(2): 449–454

Allen, SJ *et al.* (2017) Multi-modal sexual displays in Australian humpback dolphins. Scientific Reports 7: 13644

Amaral, AR *et al.* (2014) Hybrid speciation in a marine mammal: the clymene dolphin *(Stenella clymene)*. PloS ONE 9(1): e83645

Amelot, M *et al.* (2022) Increasing numbers of killer whale individuals use fisheries as feeding opportunities within subantarctic populations. Biology Letters 18(2): 20210328

Anderson, RC *et al.* (2006) Observations of Longman's beaked whale *(Indopacetus pacificus)* in the western Indian Ocean. Aquatic Mammals 32(2): 223–231

Aoki, K *et al.* (2007) Diel diving behavior of sperm whales off Japan. Marine Ecology Progress Series 349: 277–287

Aoki, K *et al.* (2012) Active hunting by deep-diving sperm whales: 3D dive profiles and maneuvers during bursts of speed. Marine Ecology Progress Series 444: 289–301

Aschettino, JM (2010) Population size and structure of melon-headed whales *(Peponocephala electra)* around the main Hawaiian Islands: evidence of multiple populations based on photographic data. (Master of Science dissertation, Hawai'i Pacific University, Honolulu)

Azzaroli, ML (1968) The second specimen of *Mesoplodon pacificus*, the rarest living beaked whale. Monitore Zoologico Italiano (N. S.) 2 (Suplemento): 67–79

Bachara, W & Gullan, A (2016) First stranding record of a True's beaked whale *(Mesoplodon mirus)* in Mozambique. Unpublished report to Cetal Fauna. Report WB2016/1

Baird, RW *et al.* (2005) Factors influencing the diving behaviour of fish-eating killer whales: sex differences and diel and interannual variation in diving rates. Canadian Journal of Zoology 83(2): 257–267

Baker, AN (2001) Status, relationships, and distribution of *Mesoplodon bowdoini* Andrews, 1908 (Cetacea: Ziphiidae). Marine Mammal Science, 17(3): 473–493

Baker, AN & Van Helden, AL (1999) New records of beaked whales, genus *Mesoplodon*, from New Zealand (Cetacea: Ziphiidae). Journal of the Royal Society of New Zealand 29(3): 235–244

Baumann-Pickering, S *et al.* (2013) Aleutian Islands beaked whale echolocation signals. Marine Mammal Science 29(1): 221–7

Beasley, I *et al.* (2005) Description of a new dolphin, the Australian snubfin dolphin *Orcaella heinsohni* sp. n. (Cetacea, Delphinidae). Marine Mammal Science 21(3): 365–400

Berrow, S *et al.* (2018) First confirmed sighting of Sowerby's beaked whale (*Mesoplodon bidens* (Sowerby, 1804)) with calves in the Northeast Atlantic. Marine Biodiversity Records 11: 20

Literaturverzeichnis

Best, PB *et al.* (2009) Cetacean records from Tristan da Cunha, South Atlantic. Journal of the Marine Biological Association of the United Kingdom 89(5): 1023–1032

Best, PB *et al.* (2014) Identification of stomach contents from a Shepherd's beaked whale *Tasmacetus shepherdi* stranded on Tristan da Cunha, South Atlantic. Journal of the Marine Biological Association of the United Kingdom 94(6): 1093–1097

Bianucci, G *et al.* (2019) Rise of the titans: baleen whales became giants earlier than thought. Biology Letters 15(5): 20190175

Boschma, H (1950) Maxillary teeth in specimens of *Hyperoodon rostratus* (Müller) and *Mesoplodon grayi* von Haast stranded on the Dutch coasts. Proceedings of the Koninklijke Nederlandse Akademie van Wetenschappen 53(6): 775–786

Boschma, H (1951) Rows of small teeth in ziphioid whales. Zoologische Mededelingen, 31(14): 139–148

Brandt, MJ *et al.* (2011) Responses of harbour porpoises to pile driving at the Horns Rev II offshore wind farm in the Danish North Sea. Marine Ecology Progress Series 421: 205–216

Branstetter, BK & Mercado III, E (2006) Sound Localization by Cetaceans. International Journal of Comparative Psychology 19(1): 26–61

Braulik, GT *et al.* (2021) Taxonomic revision of the South Asian River dolphins (*Platanista*): Indus and Ganges River dolphins are separate species. Marine Mammal Science 37(3): 1022–1059

Brodie, PF (1993) Noise generated by the jaw actions of feeding fin whales. Canadian Journal of Zoology 71(12): 2546–2550

Brown, DH & Norris, KS (1956) Observations of captive and wild cetaceans. Journal of Mammalogy 37(3): 311–326

Brown, D *et al.* (1966) Observations on the behavior of wild and captive false killer whales, with notes on associated behavior of other genera of captive delphinids. Los Angeles County Museum Contributions in Science 95: 1–32

Brownell Jr., RL & Kasuya, T (2021) Sato's beaked whale: A new cetacean species discovered around Japan. Marine Mammal Science, 37(2): 768–771

Brownell Jr., RL *et al.* (2013) Deraniyagala's beaked whale, *Mesoplodon hotaula*: A review of current status, biology, threats and future research needs. Pacific Scientific Review Group PSRG-2013-B06

Cappozzo, HL *et al.* (2005) Biological data on two Hector's beaked whales, *Mesoplodon hectori*, stranded in Buenos Aires province, Argentina. Latin American Journal of Aquatic Mammals, 4(2): 113–128

Carroll, EL *et al.* (2019) Multi-locus DNA metabarcoding of zooplankton communities and scat reveal trophic interactions of a generalist predator. Scientific Reports 9: 281

Carroll, EL *et al.* (2021) Speciation in the deep: genomics and morphology reveal a new species of beaked whale *Mesoplodon eueu*. Proceedings of the Royal Society B 288(1961): 20211213

Carstensen, J *et al.* (2006) Impacts of offshore wind farm construction on harbour porpoises: acoustic monitoring of echolocation activity using porpoise detectors (T-PODs). Marine Ecology Progress Series 321: 295–308

Casinos, A & Filella, S (1995) *Mesoplodon densirostris* (Blainville, 1817) – Blainville-Zweizahnwal. In: Handbuch der Säugetiere Europas, 575–582

Cerchio, S *et al.* (2019) Global distribution of Omura's whales *(Balaenoptera omurai)* and assessment of range-wide threats. Frontiers in Marine Science 67

Cerchio, S *et al.* (2020) A new blue whale song-type described for the Arabian Sea and Western Indian Ocean. Endangered Species Research 43: 495–515

Chenoweth, EM *et al.* (2017) Humpback whales feed on hatchery-released juvenile salmon. Royal Society Open Science 4(7): 170180

Chit, A *et al.* (2012) An extreme extra-limital record of a strap-toothed beaked whale *Mesoplodon layardii* from the northern Indian Ocean in Myanmar. Marine Biodiversity Records 5: E5

Cioffi, WR *et al.* (2021) Adult male Cuvier's beaked whales *(Ziphius cavirostris)* engage in prolonged bouts of synchronous diving. Marine Mammal Science 37(3): 1085–1100

Clark, CW (1983) Acoustic communication and behavior of the southern right whale *(Eubalaena australis)*. In: Communication and behavior of whales, 163–198

Clark, CW & Ellison, WT (2004) Potential use of low-frequency sounds by baleen whales for probing the environment: evidence from models and empirical measurements. In: Echolocation in Bats and Dolphins, 564–582

Cockcroft, VG *et al.* (1990) Cetacean sightings in the Agulhas Retroflection, Agulhas Rings and Subtropical Convergence. South African Journal of Antarctic Research 20(2): 64–67

Connor, R *et al.* (2000) „Kerplunking": Surface fluke-splashes during shallow-water bottom foraging by bottlenose dolphins. Marine Mammal Science 16(3): 646–653

Constantine, R *et al.* (2014) First record of True's beaked whale *Mesoplodon mirus* in New Zealand. Marine Biodiversity Records 7: E1

Crance, JL *et al.* (2017) Gunshot call production by the North Pacific right whale *Eubalaena japonica* in the southeastern Bering Sea. Endangered Species Research 34: 251–267

Croll, DA *et al.* (2002) Only male fin whales sing loud songs. Nature 417:809

Culik, BM (2004) Review of small cetaceans: distribution, behaviour, migration and threats. UNEP Regional Seas Reports and Studies

Cummings, WC & Thompson, PO (1971) Gray Whales, *Eschrichtius robustus*, Avoid the Underwater Sounds of Killer Whales, *Orcinus orca*. Fishery Bulletin 69(3): 525–530

D'Agostino, VC *et al.* (2017) Nonreproductive sexual behavior in baleen whales: Sexual harassment by an adult male on a calf in southern right whales *(Eubalaena australis)*. Aquatic Mammals 43(2): 213

Dähne, M *et al.* (2013) Effects of pile-driving on harbour porpoises *(Phocoena phocoena)* at the first offshore wind farm in Germany. Environmental Research Letters 8(2): 025002

Dalebout, ML *et al.* (1998) Molecular genetic identification of southern hemisphere beaked whales (Cetacea: Ziphiidae). Molecular Ecology 7(6): 687–694

Dalebout, ML *et al.* (2002) A new species of beaked whale *Mesoplodon perrini* sp. n. (Cetacea: Ziphiidae) discovered through phylogenetic analyses of mitochondrial DNA sequences. Marine Mammal Science 18(3): 577–608

Dalebout, ML *et al.* (2003) Appearance, distribution, and genetic distinctiveness of Longman's beaked whale, *Indopacetus pacificus*. Marine Mammal Science 19(3): 421–461

Dalebout, ML *et al.* (2004a) A comprehensive and validated molecular taxonomy of beaked whales, family Ziphiidae. Journal of Heredity 95(6): 459–473

Dalebout, ML *et al.* (2004b) Observations of live Gray's beaked whales *(Mesoplodon grayi)* in Mahurangi Harbour, North Island, New Zealand, with a summary of at-sea sightings. Journal of the Royal Society of New Zealand 34(4): 347–356

Dalebout, ML *et al.* (2012) A newly recognised beaked whale (Ziphiidae) in the Tropical Indo-Pacific: *Mesoplodon hotaula* or *M. ginkgodens hotaula*. International Whaling Commission Scientific Committee SC/64/SM3 1–16

Dalebout, ML *et al.* (2014) Resurrection of *Mesoplodon hotaula* Deraniyagala 1963: A new species of beaked whale in the tropical Indo-Pacific. Marine Mammal Science 30(3): 1081–1108

Darling, JD *et al.* (2019) Humpback whale calls detected in tropical ocean basin between known Mexico and Hawaii breeding assemblies. The Journal of the Acoustical Society of America 145(6): EL534–EL540

Davis, GE *et al.* (2017) Long-term passive acoustic recordings track the changing distribution of North Atlantic right whales *(Eubalaena glacialis)* from 2004 to 2014. Scientific Reports 7: 13460

De Boer, MN (2010) Cetacean distribution and relative abundance in offshore Gabonese waters. Journal of the Marine Biological Association of the United Kingdom 90(8): 1613–1621

Deakos, MH (2002) Humpback whale *(Megaptera novaeangliae)* communication: The context and potential functions of pec-slapping behavior on the Hawaiian wintering grounds (Doctoral dissertation, University of Hawaii, Manoa)

Dolar, MLL *et al.* (2003) Comparative feeding ecology of spinner dolphins *(Stenella longirostris)* and Fraser's dolphins *(Lagenodelphis hosei)* in the Sulu Sea. Marine Mammal Science 19(1): 1–19

Dolar, MLL *et al.* (2006) Abundance and distributional ecology of cetaceans in the central Philippines. Journal of Cetacean Research and Management 8(1): 93–111

Donnelly, DM *et al.* (2018) New diagnostic descriptions and distribution information for Shepherd's beaked whale *(Tasmacetus shepherdi)* off Southern Australia and New Zealand. Marine Mammal Science 34(3): 829–840

Dunlop, RA *et al.* (2008) Non-song acoustic communication in migrating humpback whales *(Megaptera novaeangliae)*. Marine Mammal Science 24(3): 613–629

Dziak, RP *et al.* (2017) A pulsed-air model of blue whale B call vocalizations. Scientific Reports 7: 9122

Elwen, SH & Gridley, T (2013) Gray whale *(Eschrichtius robustus)* sighting in Namibia (SE Atlantic) – first record for southern hemisphere. International Whaling Commission Scientific Committee SC/65a/BRG30

Erbe, C *et al.* (2017) Review of underwater and in-air sounds emitted by Australian and Antarctic marine mammals. Acoustics Australia 45(2): 179–241

Español-Jiménez, S *et al.* (2020) First Genetic Record of a Strap-Toothed Beaked Whale *(Mesoplodon layardii)* Stranding in Chile. Aquatic Mammals 46(6): 542–548

Evans, K & Hindell, M (2004) The diet of sperm whales *(Physeter macrocephalus)* in southern Australian waters. Ices Journal of Marine Science 61(8): 1313–1329

Fahlman, A *et al.* (2020) Conditioned Variation in Heart Rate During Static Breath-Holds in the Bottlenose Dolphin *(Tursiops truncatus)*. Frontiers in Physiology 11: 604018

Fais, A *et al.* (2015) Sperm whale echolocation behaviour reveals a directed, prior-based search strategy informed by prey distribution. Behavioral Ecology and Sociobiology 69: 663–674

Findlay, KP *et al.* (1992) The distribution of small odontocete cetaceans off the coasts of South Africa and Namibia. South African Journal of Marine Science 12(1): 237–270

Findlay, KP *et al.* (1994) The distribution and abundance of humpback whales on their southern and central Mozambique winter grounds. Report of the International Whaling Commission 44: 311–320

Findlay, KP *et al.* (2017) Humpback whale „super-groups" – A novel low-latitude feeding behaviour of Southern Hemisphere humpback whales *(Megaptera novaeangliae)* in the Benguela Upwelling System. PLoS ONE 12(3): e0172002

Fordyce, RE & de Muizon, C (2001) Evolutionary history of cetaceans: a review. In: Secondary Adaptation of Tetrapods to Life in Water, 169–233

Forney, KA & Wade, P (2007) Worldwide distribution and abundance of killer whales. In: Whales, Whaling and Ocean Ecosystems, 145–162

Fortune, SME *et al.* (2017) Evidence of molting and the function of „rock-nosing" behavior in bowhead whales in the eastern Canadian Arctic. PLoS ONE 12(11): e0186156

Fossette, S *et al.* (2014) Humpback whale *(Megaptera novaeangliae)* post breeding dispersal and southward migration in the western Indian Ocean. Journal of Experimental Marine Biology and Ecology 450: 6–14

Friedlaender, A *et al.* (2010) Multiple sightings of large groups of Arnoux's beaked whales *(Berardius arnouxii)* in the Gerlache Strait, Antarctica. Marine Mammal Science 26(1): 246

Furuichi, T *et al.* (2014) Non-conceptive sexual interactions in monkeys, apes, and dolphins. In: Primates and Cetaceans, 385–408

García-Grajales, J *et al.* (2017) Biological observations and first stranding record of *Mesoplodon peruvianus* from the central Pacific coast of Oaxaca, Mexico. Therya 8(2): 179–184

Garland, EC *et al.* (2013) Humpback whale song on the Southern Ocean feeding grounds: implications for cultural transmission. PLoS ONE 8(11): e79422

Garrigue, C *et al.* (2016) A mass stranding of seven Longman's beaked whales *(Indopacetus pacificus)* in New Caledonia, South Pacific. Marine Mammal Science 32(3): 884–910

George, JC & Bockstoce, J (2008) Two historical weapon fragments as an aid to estimating the longevity and movements of bowhead whales. Polar Biology 31: 751–754

George, JC *et al.* (1999) Age and growth estimates of bowhead whales *(Balaena mysticetus)* via aspartic acid racemization. Canadian Journal of Zoology 77(4): 571–580

Gilles, A *et al.* (2009) Seasonal distribution of harbour porpoises and possible interference of offshore wind farms in the German North Sea. Marine Ecology Progress Series 383: 295–307

Gilly, WF *et al.* (2006) Vertical and horizontal migrations by the jumbo squid *Dosidicus gigas* revealed by electronic tagging. Marine Ecology Progress Series 324: 1–17

Ginter, CC *et al.* (2011) Morphology and microanatomy of harbor porpoise *(Phocoena phocoena)* dorsal fin tubercles. Journal of Morphology 272(1): 27–33

Goldbogen, JA *et al.* (2007) Big gulps require high drag for fin whale lunge feeding. Marine Ecology Progress Series 349: 289–301

Goldbogen, JA *et al.* (2019) Extreme bradycardia and tachycardia in the world's largest animal. Proceedings of the National Academy of Sciences 116(50): 25329–25332

Gowans, S & Rendell, L (1999) Head-butting in northern bottlenose whales *(Hyperoodon ampullatus)*: A possible function for big heads?. Marine Mammal Science 15(4): 1342–1350

Gowans, S *et al.* (2001) Social organization in northern bottlenose whales, *Hyperoodon ampullatus*: not driven by deep-water foraging?. Animal Behaviour 62(2): 369–377

Literaturverzeichnis

Graham, ZA *et al.* (2020) The longer the better: evidence that narwhal tusks are sexually selected. Biology Letters 16(3): 20190950

Grimes, C *et al.* (2022) The effect of age, sex, and resource abundance on patterns of rake markings in resident killer whales *(Orcinus orca)*. Marine Mammal Science 38(3): 941–958

Hauser, D *et al.* (2018) Indirect effects of sea ice loss on summer-fall habitat and behaviour for sympatric populations of an Arctic marine predator. Diversity and Distributions 24(6): 791–799

Heffernan, O (2013) Whale earwax a time capsule for stress and toxins. Nature 13750

Heide-Jørgensen, MP & Reeves, RR (1993) Description of an anomalous monodontid skull from west Greenland: a possible hybrid?. Marine Mammal Science 9(3): 258–268

Helweg, DA *et al.* (1992) Humpback Whale Song: Our Current Understanding. In: Marine Mammal Sensory Systems, 459–483

Heyning, JE (1984) Functional morphology involved in intraspecific fighting of the beaked whale, *Mesoplodon carlhubbsi*. Canadian Journal of Zoology 62(8): 1645–1654

Hobson, RP & Martin, AR (1996) Behaviour and dive times of Arnoux's beaked whales, *Berardius arnuxii*, at narrow leads in fast ice. Canadian Journal of Zoology 74(2): 388–393

Holyoake, C *et al.* (2013) Northernmost record of Shepherd's beaked whale *(Tasmacetus shepherdi)* – a morphological and genetic description from a stranding from Shark Bay, Western Australia. Pacific Conservation Biology 19(2): 169–174

Hooker, SK & Baird, RW (1999) Observations of Sowerby's beaked whales, *Mesoplodon bidens*, in the Gully, Nova Scotia. Canadian Field-Naturalist 113(2): 273–277

Hooker, SK *et al.* (2002) Fluctuations in distribution and patterns of individual range use of northern bottlenose whales. Marine Ecology Progress Series 225: 287–297

Huggenberger, S *et al.* (2016) The nose of the sperm whale: overviews of functional design, structural homologies and evolution. Journal of the Marine Biological Association of the United Kingdom 96(4): 783–806

Husson, AM & Holthuis, LB (1974) *Physeter macrocephalus* Linnaeus, 1758, the valid name for the sperm whale. Zoologische Mededelingen 48(19): 205–217

Irvine, L *et al.* (2017) Sperm whale dive behavior characteristics derived from intermediate-duration archival tag data. Ecology and Evolution 7: 7822–7837

Iwata, T *et al.* (2017) Tread-water feeding of Bryde's whales. Current biology 27(21): R1154-R1155

Jaramillo-Legorreta, AM *et al.* (1999) A New Abundance Estimate for Vaquitas: First Step for Recovery. Marine Mammal Science 15(4): 957–973

Jaramillo-Legorreta, AM *et al.* (2005) A review of acoustic surveys and conservation actions for vaquita. Paper SC/57/SM10 presented to the IWC Scientific Committee

Johnson, M *et al.* (2006) Foraging Blainville's beaked whales *(Mesoplodon densirostris)* produce distinct click types matched to different phases of echolocation. Journal of Experimental Biology 209(24): 5038–5050

Kaladharan, P *et al.* (2014) Plastic debris in the stomach of a Longman's Beaked Whale, *Indopacetus pacificus* (Longman, 1926) stranded off Sutrapada, Veraval, Saurashtra coast, India. Journal of the Marine Biological Association of India 56(2): 92–94

Karenina, K *et al.* (2013) Social laterality in wild beluga whale infants: comparisons between locations, escort conditions, and ages. Behavioral Ecology and Sociobiology 67(7): 1195–1204

Kiani, MS *et al.* (2021) Longman's Beaked Whale *Indopacetus pacificus* and *Mesoplodon* spp. Entanglements Off Pakistan: Are Pelagic Gillnet Fisheries a Potential Threat?. Preprints 2021100051

King, SL & Janik, VM (2013) Bottlenose dolphins can use learned vocal labels to address each other. Proceedings of the National Academy of Sciences 110(32): 13216–13221

Kobayashi, N *et al.* (2021) The first record of a Longman's beaked whale *(Indopacetus pacificus)* newborn neonate found on Miyako Island, Okinawa, Japan. Marine Biodiversity Records 14: 4

Koblitz, JC *et al.* (2016) Highly directional sonar beam of narwhals *(Monodon monoceros)* measured with a vertical 16 hydrophone array. PLoS ONE 11(11): e0162069

Kock, KH *et al.* (2006) Interactions between Cetacean and Fisheries in the Southern Ocean. Polar Biology 29: 379–388

Konda, M *et al.* (2019) Interaction Analysis in Hunting Behavior of Finless Porpoises. Proceedings of the APSIPA Annual Summit and Conference 727–730 IEEE

Kraft, S *et al.* (2021) From Settlers to Subspecies: Genetic Differentiation in Commerson's Dolphins Between South America and the Kerguelen Islands. Frontiers in Marine Science 8: 782512

Kraus, SD & Hatch, JJ (2001) Mating strategies in the North Atlantic right whale *(Eubalaena glacialis)*. Journal of Cetacean Research and Management 2 (special issue): 237–244

Krützen, M *et al.* (2005) Cultural Transmission of Tool Use in Bottlenose Dolphins. Proceedings of the National Academy of Sciences of the United States of America 102(25): 8939–8943

Krützen, M *et al.* (2014) Cultural transmission of tool use by Indo-Pacific bottlenose dolphins (*Tursiops* sp.) provides access to a novel foraging niche. Proceedings of the Royal Society B 281(1784): 20140374

Kyhn, LA *et al.* (2013) Clicking in a killer whale habitat: narrow-band, high-frequency biosonar clicks of harbour porpoise *(Phocoena phocoena)* and Dall's porpoise *(Phocoenoides dalli)*. PloS ONE 8(5): e63763

Lacsamana, J *et al.* (2015) First record of a rare beaked whale *Mesoplodon hotaula* in the Philippines. Marine Biodiversity Records 8: E77

Lambert, O *et al.* (2019) An Amphibious Whale from the Middle Eocene of Peru Reveals Early South Pacific Dispersal of Quadrupedal Cetaceans. Current Biology 29(8): 1352–1359

Laporta, P *et al.* (2005) An Andrew's beaked whale *Mesoplodon bowdoini* (Cetacea, Ziphiidae) stranded on the Atlantic Coast of Uruguay. Latin American Journal of Aquatic Mammals 4(2): 101–111

Leatherwood, S *et al.* (1991) Records of the 'Blackfish' (killer, false killer, pilot, pygmy killer and melon-headed whales) in the Indian Ocean, 1772–1986. In: Cetaceans and cetacean research in the Indian Ocean Sanctuary. United Nations Environment Programme, Marine Mammal Technical Report 3: 33–65

Leduc, RG *et al.* (1999) Phylogenetic relationships among the delphinid cetaceans based on full cytochrome b sequences. Marine Mammal Science 15(3): 619–648

Leunissen, EM *et al.* (2018) Characteristics of vocalisations recorded from free-ranging Shepherd's beaked whales, *Tasmacetus shepherdi*. The Journal of the Acoustical Society of America 144(5): 2701–2708

Longman, HA (1926) New Records of Cetacea, with a List of Queensland Species. Memoirs of the Queensland Museum 8: 266–278

Louis, M *et al.* (2020) Influence of past climatic change on phylogeography and demographic history of narwhals. Proceedings of the Royal Society B 287(1925): 20192964

Mackay, AI & Goldsworthy, SD (2015) Monitoring southern right whale abundance, distribution and population dynamics at the Great Australian Bight aggregation. South Australian Research and Development Institute (Aquatic Sciences)

MacLeod, CD *et al.* (2004) Geographic and temporal variations in strandings of beaked whales (Ziphiidae) on the coasts of the UK and the Republic of Ireland from 1800–2002. Journal of Cetacean Research and Management 6(1): 79–86

MacLeod, CD *et al.* (2006) Known and inferred distributions of beaked whale species (Cetacea: Ziphiidae). Journal of Cetacean Research and Management 7(3): 271–286

Madsen, P *et al.* (2002) Male sperm whale *(Physeter macrocephalus)* acoustics in a high-latitude habitat: implications for echolocation and communication. Behavioral Ecology and Sociobiology 53(1): 31–41

Maia-Nogueira, R & Nunes, JAAC (2005) Record of the Layard's beaked whale, *Mesoplodon layardii* (Gray, 1856), in northeastern Brazil. Latin American Journal of Aquatic Mammals 4(2): 137–139

Martín, V *et al.* (2004) Mass strandings of beaked whales in the Canary Islands. ECS Newsletter 42 (Special Issue): 33–36

Mate, BR *et al.* (2005) Observations of a female North Atlantic right whale *(Eubalaena glacialis)* in simultaneous copulation with two males: supporting evidence for sperm competition. Aquatic Mammals 31(2): 157

Mate, BR *et al.* (2015) Critically endangered western gray whales migrate to the eastern North Pacific. Biology Letters 11(4): 20150071

McInnes, JD *et al.* (2020) Intentional stranding by mammal-hunting killer whales *(Orcinus orca)* in the Salish Sea. Aquatic Mammals 46(6): 556–560

Mead, JG & Baker, AN (1987) Notes on the rare beaked whale, *Mesoplodon hectori* (Gray). Journal of the Royal Society of New Zealand 17(3): 303–312

Milinkovitch, M (1995) Molecular phylogeny of cetaceans prompts revision of morphological transformations. Trends in Ecology & Evolution 10(8): 328–334

Milinkovitch, M *et al.* (1995) Novel phylogeny of whales revisited but not revised. Molecular Biology and Evolution 12(3): 518–520

Miller, CA *et al.* (2011) Blubber thickness in right whales *Eubalaena glacialis* and *Eubalaena australis* related with reproduction, life history status and prey abundance. Marine Ecology Progress Series 438: 267–283

Miller, PJO (2002) Mixed-directionality of killer whale stereotyped calls: a direction of movement cue?. Behavioral Ecology and Sociobiology 52(3): 262–270

Miller, PJO *et al.* (2004) Sperm whale behaviour indicates the use of echolocation click buzzes ‚creaks' in prey capture. Proceedings of the Royal Society B 271(1554): 2239–2247

Mizroch, SA *et al.* (2009) Distribution and movements of fin whales in the North Pacific Ocean. Mammal Review 39(3): 193–227

Møhl, B *et al.* (2000) Sperm whale clicks: Directionality and source level revisited. The Journal of the Acoustical Society of America 107(1): 638–648

Møhl, B *et al.* (2003) The monopulsed nature of sperm whale clicks. The Journal of the Acoustical Society of America 114(2): 1143–1154

Moore, JC (1968) Relationships among the living genera of beaked whales with classifications, diagnoses and keys. Fieldiana: Zoology 53(4): 209–298

Moore, JC (1972) More skull characters of the beaked whale *Indopacetus pacificus*. Fieldiana: Zoology 62(1): 1–19

Morlock, GE *et al.* (2022) Evidence that Indo-Pacific bottlenose dolphins self-medicate with invertebrates in coral reefs. iScience 104271

Moulins, A *et al.* (2007) Aspects of the distribution of Cuvier's beaked whale *(Ziphius cavirostris)* in relation to topographic features in the Pelagos Sanctuary (north-western Mediterranean Sea). Journal of the Marine Biological Association of the United Kingdom 87(1): 177–186

Murphy, EJ *et al.* (2007) Climatically driven fluctuations in Southern Ocean ecosystems. Proceedings of the Royal Society B 274(1629): 3057–3067

Nanayakkara, RP *et al.* (2020) Killer Whale *Orcinus orca* (Linnaeus, 1758) (Mammalia: Cetartiodactyla: Delphinidae) predation on Sperm Whales *Physeter macrocephalus* Linnaeus, 1758 (Mammalia: Cetartiodactyla: Physeteridae) in the Gulf of Mannar, Sri Lanka. Journal of Threatened Taxa 12(13): 16742–16751

Neto, T *et al.* (2017) Twisting Movements During Feeding Behavior by a Bryde's Whale *(Balaenoptera edeni)* Off the Coast of Southeastern Brazil. Aquatic Mammals 43(5): 501–506

Nishiwaki, M *et al.* (1972) Further comments on *Mesoplodon ginkgodens*. Scientific Reports of the Whales Research Institute 24: 43–56

Noad, M & Cato, D (2007) Swimming speeds of singing and non-singing humpback whales during migration. Marine Mammal Science 23(3): 481–495

Norris, KS & Prescott, JH (1961) Observations on Pacific cetaceans of California and Mexican waters. University of California Publications in Zoology 63(4): 291–402

Nweeia, MT *et al.* (2005) Hydrodynamic sensor capabilities and structural resilience of the male Narwhal tusk. Proceedings of the 16th Biennial Conference on the Biology of Marine Mammals

Oestreich, WK *et al.* (2020) Animal-borne metrics enable acoustic detection of blue whale migration. Current Biology 30(23): 4773–4779

Oliver, WRB (1937) *Tasmacetus shepherdi*: a new Genus and Species of Beaked Whale from New Zealand. Proceedings of the Zoological Society of London 107(3): 371–382

Omura, H *et al.* (1955) Beaked whale *Berardius bairdi* of Japan, with notes on *Ziphius cavirostris*. Scientific Reports of the Whales Research Institute 10: 89–132

Pack, AA *et al.* (2017) Habitat preferences by individual humpback whale mothers in the Hawaiian breeding grounds vary with the age and size of their calves. Animal Behaviour 133: 131–144

Panagiotopoulou, O *et al.* (2016) Architecture of the sperm whale forehead facilitates ramming combat. PeerJ 4: e1895

Panova, EM & Agafonov, AV (2017) A beluga whale socialized with bottlenose dolphins imitates their whistles. Animal Cognition 20(6): 1153–1160

Parks, SE & Tyack, PL (2005) Sound production by North Atlantic right whales (*Eubalaena glacialis*) in surface active groups. The Journal of the Acoustical Society of America 117(5): 3297–3306

Parks, SE *et al.* (2011) Sound production behavior of individual North Atlantic right whales: implications for passive acoustic monitoring. Endangered Species Research 15(1): 63–76

Parra, GJ & Jedensjö, M (2009) Feeding habits of Australian snubfin (*Orcaella heinsohni*) and Indo-Pacific humpback dolphins (*Sousa chinensis*). Project Report to the Great Barrier Reef Marine Park Authority, and Reef & Rainforest Research Centre Limited

Parra, GJ *et al.* (2002) Distribution of Irrawaddy dolphins, *Orcaella brevirostris*, in Australian waters. Raffles Bulletin of Zoology (Supplement 10): 141–154

Paterson, RA & Parker, AE (1994) Aerial observations of large ziphiid whales, possibly *Berardius arnuxii*, off the southern coast of New South Wales. Memoirs of the Queensland Museum 37: 301–306

Payne, RS & McVay, S (1971) Songs of Humpback Whales: Humpbacks emit sounds in long, predictable patterns ranging over frequencies audible to humans. Science 173(3997):585–597

Peichl, L *et al.* (2001) For whales and seals the ocean is not blue: a visual pigment loss in marine mammals. European Journal of Neuroscience 13: 1520–1528

Penry, GS *et al.* (2011) Seasonal fluctuations in occurrence of inshore Bryde's whales in Plettenberg Bay, South Africa, with notes on feeding and multispecies associations. African Journal of Marine Science 33(3): 403–414

Peredo, CM *et al.* (2018) Tooth Loss Precedes the Origin of Baleen in Whales. Current Biology 28(24): 3992–4000

Pereira, JN *et al.* (2011) Diet of mid-Atlantic Sowerby's beaked whales *Mesoplondon bidens*. Deep-Sea Research 1(58): 1084–1090

Perrin, WF (1990) Subspecies of *Stenella longirostris* (Mammalia: Cetacea: Delphinidae). Proceedings of the Biological Society of Washington 103(2): 453–463

Perrin, WF (2001) *Stenella attenuata*. Mammalian Species 683: 1–8

Perrin, WF *et al.* (1981) *Stenella clymene*, a rediscovered tropical dolphin of the Atlantic. Journal of Mammalogy 62(3): 583–598

Perrin, WF *et al.* (1999) Spinner dolphins *(Stenella longirostris)* of the western Pacific and Southeast Asia: Pelagic and shallow-water forms. Marine Mammal Science 15(4): 1029–1053

Pinedo, MC *et al.* (2002) Northernmost records of the spectacled porpoise, Layard's beaked whale, Commerson's dolphin, and Peale's dolphin in the southwestern. Aquatic Mammals 28(1): 32–37

Pitman, RL & Brownell Jr., RL (2012) Review of current knowledge on pygmy beaked whale *Mesoplodon peruvianus* including identification of knowledge gaps and suggestions for future research. Document SC/64/SM30 presented to IWC Scientific Committee

Pitman, RL *et al.* (1987) Observations of an unidentified beaked whale (*Mesoplodon sp.*) in the eastern tropical Pacific. Marine Mammal Science 3(4): 345–352

Pitman, RL *et al.* (1999) Sightings and possible identity of a bottlenose whale in the tropical Indo-Pacific: *Indopacetus pacificus*? Marine Mammal Science 15(2): 531–549

Pitman, RL *et al.* (2001) Killer Whale Predation on Sperm Whales: Observations and Implications. Marine Mammal Science 17(3): 494–507

Pitman, RL *et al.* (2006) Shepherd's beaked whale (*Tasmacetus shepherdi*): information on appearance and biology based on strandings and at-sea observations. Marine Mammal Science 22(3): 744–755

Podestà, M *et al.* (2005) First record of a stranded Gervais' beaked whale, *Mesoplodon europaeus* (Gervais, 1855), in the Mediterranean waters. Atti della Società Italiana di Scienze Naturali e del Museo Civico di Storia Naturale di Milano 146(I): 109–116

Ponganis, PJ *et al.* (1995) Multiple Sightings of Arnoux Beaked Whales Along the Victoria Land Coast. Marine Mammal Science 11(2): 247–250

Pryor, KW *et al.* (1969) The creative porpoise: Training for novel behavior. Journal of the Experimental Analysis of Behavior 12(4): 653–661

Quick, NJ *et al.* (2020) Extreme diving in mammals: first estimates of behavioural aerobic dive limits in Cuvier's beaked whales. Journal of Experimental Biology 223(18): jeb222109

Ralls, K & Brownell Jr., RL (1991) A whale of a new species. Nature 350: 560 (1991)

Rankin, S *et al.* (2011) Description of sounds recorded from Longman's beaked whale, *Indopacetus pacificus*. The Journal of the Acoustical Society of America 130(5): EL339-EL344

Ranneft, DM *et al.* (2001) A guide to the pronunciation and meaning of cetacean taxonomic names. Aquatic Mammals 27(2): 183–195

Rasmussen, MH *et al.* (2013) Biosonar, diving and movements of two tagged white-beaked dolphin in Icelandic waters. Deep Sea Research Part II: Topical Studies in Oceanography 88: 97–105

Raven, HC & Gregory, WK (1933) The spermaceti organ and nasal passages of the sperm whale *(Physeter catodon)* and other odontocetes. American Museum Novitates 677: 1–18

Literaturverzeichnis

Reeve-Arnold, KE *et al.* (2020) New strandings of True's beaked whale, *Mesoplodon mirus*, in Mozambique and their destiny as marine bushmeat. Western Indian Ocean Journal of Marine Science 19(2): 167–173

Reeves, RR (1992) What is a narwhal worth? An analysis of factors driving the narwhal hunt and a critique of tried approaches to hunt management for species conservation. (Doctoral dissertation, McGill University, Montréal)

Reeves, RR *et al.* (1993) Status of Northern Bottlenose whale, *Hyperoodon ampullatus*. Canadian Field Naturalist 107(4): 490–508

Reisinger, RR *et al.* (2015) Movement and diving of killer whales *(Orcinus orca)* at a Southern Ocean archipelago. Journal of Experimental Marine Biology and Ecology 473: 90–102

Rendell, L & Whitehead, H (2003) Vocal clans in sperm whales *(Physeter macrocephalus)*. Proceedings of the Royal Society B 270(1512): 225–231

Reyes, JC & Van Waerebeek, K (2018) The Lesser beaked whale *Mesoplodon peruvianus* Reyes, Mead & Van Waerebeek 1991 revisited, with biological observations on new specimens from Peru. Journal of Marine Biology & Oceanography 7(4): 1000197

Reyes, JC *et al.* (1991) A new species of beaked whale *Mesoplodon peruvianus* sp. n. (Cetacea: Ziphiidae) from Peru. Marine Mammal Science 7(1): 1–24

Reyes, JC *et al.* (1995) *Mesoplodon bahamondi* sp. n. (Cetacea, Ziphiidae), a new living beaked whale from the Juan Fernández Archipelago, Chile. Boletin del Museo Nacional de Historia Natural, Chile 45: 31–44

Richard, G *et al.* (2017) Icelandic herring-eating killer whales feed at night. Marine Biology 164(2): 1–13

Ritter, F & Brederlau, B (1999) Behavioural observations of dense beaked whales *(Mesoplodon densirostris)* off La Gomera, Canary Islands (1995–1997). Aquatic Mammals 25: 55–62

Robbins, JR *et al.* (2019) Supernumerary teeth observed in a live True's beaked whale in the Bay of Biscay. PeerJ 7: e7809

Robbins, JR *et al.* (2022) Likely year-round presence of beaked whales in the Bay of Biscay. Hydrobiologia 849(10): 2225–2239

Rodrigues, AS *et al.* (2018) Forgotten Mediterranean calving grounds of grey and North Atlantic right whales: evidence from Roman archaeological records. Proceedings of the Royal Society B 285(1882): 20180961

Rogan, E *et al.* (2017) Distribution, abundance and habitat use of deep diving cetaceans in the North-East Atlantic. Deep-Sea Research Part II 141: 8–19

Rojas-Bracho, L *et al.* (2006) Conservation of the vaquita *Phocoena sinus*. Mammal Review 36(3): 179–216

Rosas, FCW *et al.* (2010) Natural history of dolphins of the genus *Sotalia*. Latin American Journal of Aquatic Mammals 8(1–2):57–68

Rose, NA *et al.* (2017) Improving captive marine mammal welfare in the United States: science-based recommendations for improved regulatory requirements for captive marine mammal care. Journal of International Wildlife Law & Policy 20(1): 38–72

Rosel, PE & Wilcox, LA (2014) Genetic evidence reveals a unique lineage of Bryde's whales in the northern Gulf of Mexico. Endangered Species Research 25(1): 19–34

Rosel, PE *et al.* (2021) A new species of baleen whale *(Balaenoptera)* from the Gulf of Mexico, with a review of its geographic distribution. Marine Mammal Science 37(2): 577–610

Ross, GJB (1969) Evidence for a Southern Breeding Population of True's Beaked Whale. Nature 222: 585

Ross, GJB (1984) The smaller cetaceans of the south east coast of southern Africa. Annals of the Cape Provincial Museum 15: 173–410

Ross, GJB (2006) Review of the Conservation Status of Australia's Smaller Whales and Dolphins. Australian Government

Rosso, M *et al.* (2020) First live sighting of Deraniyagala's beaked whale *(Mesoplodon hotaula)* or ginkgo-toothed beaked whale *(Mesoplodon ginkgodens)* in the western Pacific (South China Sea) with preliminary data on coloration, natural markings, and surfacing patterns. Integrative Zoology 16(4): 451–461

Sanino, GP *et al.* (2007) A first confirmed specimen record in Chile, and sightings attributed to the lesser beaked whale *Mesoplodon peruvianus* Reyes, Mead and van Waerebeek, 1991. Boletin del Museo Nacional de Historia Natural, Chile 56: 89–96

Santos, MB *et al.* (2007) Insights into the diet of beaked whales from the atypical mass stranding in the Canary Islands in September 2002. Journal of the Marine Biological Association of the United Kingdom 87(1): 243–251

Sargeant, BL *et al.* (2005) Specialization and development of beach hunting, a rare foraging behavior, by wild bottlenose dolphins (*Tursiops* sp.). Canadian Journal of Zoology 83(11): 1400–1410

Savage, KN *et al.* (2021) Stejneger's beaked whale strandings in Alaska, 1995–2020. Marine Mammal Science 37(3): 843–869

Savoca, MS *et al.* (2021) Baleen whale prey consumption based on high-resolution foraging measurements. Nature 599(7883): 85–90

Sayigh, LS *et al.* (1999) Individual recognition in wild bottlenose dolphins: a field test using playback experiments. Animal Behaviour 57(1): 41–50

Scarff, JE (2001) Preliminary estimates of whaling-induced mortality in the 19th century North Pacific right whale (*Eubalaena japonicus*) fishery, adjusting for struck-but-lost whales and non-American whaling. Journal of Cetacean Research and Management, 2 (special issue): 261–268

Scheidat, M *et al.* (2011) Harbour porpoises *(Phocoena phocoena)* and wind farms: a case study in the Dutch North Sea. Environmental Research Letters 6(2): 025102

Schorr, GS *et al.* (2014) First long-term behavioral records from Cuvier's beaked whales *(Ziphius cavirostris)* reveal record-breaking dives. PloS ONE 9(3): e92633

Schulze, JN *et al.* (2022) Humpback whale song revolutions continue to spread from the central into the eastern South Pacific. Royal Society Open Science 9(8): 220158

Scott, MD & Chivers, SJ (1990) Distribution and herd structure of bottlenose dolphins in the eastern tropical Pacific Ocean. In: The bottlenose dolphin, 387–402

Segre, PS *et al.* (2017) A hydrodynamically active flipper-stroke in humpback whales. Current Biology 27(13): R636–R637

Segre, PS *et al.* (2021) Biomechanically distinct filter-feeding behaviors distinguish sei whales as a functional intermediate and ecologically flexible species. Journal of Experimental Biology 224(9): jeb238873

Sekiguchi, K *et al.* (1993) Feeding Habits and Possible Movements of Southern Bottlenose Whales *(Hyperoodon planifrons)*. Proceedings of the 14th NIPR Symposium on Polar Biology 6: 84–97

Sekiguchi, K *et al.* (1996) The diet of strap-toothed whales *(Mesoplodon layardii)*. Journal of Zoology 239: 453–463

Sekiguchi, K *et al.* (2006) The spectacled porpoise *(Phocoena dioptrica)* in Antarctic waters. Journal of Cetacean Research and Management 8(3): 265

Shane, S *et al.* (2006) Ecology, behavior and social organization of the Bottlenose Dolphin: a review. Marine Mammal Science 2(1): 34–63

Siciliano, S & Oliveira Santos, MC (2003) On the occurrence of the Arnoux's beaked whale *(Berardius arnuxii)* in Brazil. Journal of the Marine Biological Association of the United Kingdom 83(4): 887–888

Silva, MA *et al.* (2013) North Atlantic Blue and Fin Whales Suspend Their Spring Migration to Forage in Middle Latitudes: Building up Energy Reserves for the Journey? PLoS ONE 8(10): e76507

Sironi, M (2004) Behavior and social development of juvenile southern right whales *(Eubalaena australis)* and interspecific interactions at Península Valdés, Argentina. (Doctoral dissertation 3128142, University of Wisconsin, Madison)

Sironi, M *et al.* (2008) Predation by killer whales *(Orcinus orca)* on southern right whales *(Eubalaena australis)* off Patagonia, Argentina: effects on behavior and habitat choice. Journal of Cetacean Research and Management 29: 1–18

Skovrind, M *et al.* (2019) Hybridization between two high Arctic cetaceans confirmed by genomic analysis. Scientific Reports 9: 7729

Slooten, E *et al.* (1993) Associations among photographically identified Hector's dolphins. Canadian Journal of Zoology 71(11): 2311–2318

Smith, KJ *et al.* (2021) Specimens of opportunity provide vital information for research and conservation regarding elusive whale species. Environmental Conservation 48(2): 84–92

Smith, TG *et al.* (1992) Rubbing behaviour of belugas, *Delphinapterus leucas*, in a high Arctic estuary. Canadian Journal of Zoology 70(12): 2405–2409

Smolker, RA *et al.* (1993) Use of signature whistles during separations and reunions by wild bottlenose dolphin mothers and infants. Behavioral Ecology and Sociobiology 33(6): 393–402

Smultea, MA *et al.* (2008) An Unusual Reaction and Other Observations of Sperm Whales Near Fixed-Wing Aircraft. Gulf and Caribbean Research 20(1): 75–80

Souza, SP *et al.* (2005) A True's beaked whale *(Mesoplodon mirus)* on the coast of Brazil: adding a new beaked whale species to the Western Tropical Atlantic and South America. Latin American Journal of Aquatic Mammals 4(2): 129–136

Literaturverzeichnis

Stafford, KM *et al.* (2018) Seasonal acoustic environments of beluga and bowhead whale core-use regions in the Pacific Arctic. Deep Sea Research Part II: Topical Studies in Oceanography 152: 108–120

Stavenow, J *et al.* (2022) Sowerby's Beaked Whales *(Mesoplodon bidens)* in the Skagerrak and Adjacent Waters: Historical Records and Recent Post-Mortem Findings. Oceans 3: 250–267

Stewart, JD *et al.* (2021) Decreasing body lengths in North Atlantic right whales. Current Biology 31(14): 3174–3179

Stockin, KA & Burgess, EA (2005) Opportunistic Feeding of an Adult Humpback Whale *(Megaptera novaeangliae)* Migrating Along the Coast of South-eastern Queensland, Australia. Aquatic Mammals 31(1): 120

Stuart-Smith, SJ & Jepson, PD (2017) Persistent threats need persistent counteraction: Responding to PCB pollution in marine mammals. Marine Policy 84: 69–75

Swingle, WM *et al.* (1993) Appearance of juvenile humpback whales feeding in the nearshore waters of Virginia. Marine Mammal Science 9(3): 309–315

Tajima, Y *et al.* (2015) Pathological findings and probable causes of the death of Stejneger's beaked whales *(Mesoplodon stejnegeri)* stranded in Japan from 1999 and 2011. Journal of Veterinary Medical Science 77(1): 45–51

Talbot, FH (1960) True's Beaked Whale from the South-East Coast of South Africa. Nature 186: 406–406

Tershy, BR (1992) Body size, diet, habitat use, and social behavior of *Balaenoptera* whales in the Gulf of California. Journal of Mammalogy 73(3): 477–486

Thompson, CD *et al.* (2019) First underwater sighting of Shepherd's beaked whale *(Tasmacetus shepherdi)*. Marine Biodiversity Records 12: 6

Thompson, K *et al.* (2012) The world's rarest whale. Current Biology 22(21): R905–R906

Thomsen, F *et al.* (2001) Characteristics of whistles from the acoustic repertoire of resident killer whales *(Orcinus orca)* off Vancouver Island, British Columbia. The Journal of the Acoustical Society of America 109(3): 1240–1246

Tougaard, J *et al.* (2009) Pile driving zone of responsiveness extends beyond 20 km for harbor porpoises (*Phocoena phocoena* (L.)). The Journal of the Acoustical Society of America 126(1): 11–14

Towers, JR *et al.* (2019) Movements and dive behaviour of a toothfish-depredating killer and sperm whale. ICES Journal of Marine Science 76(1): 298–311

True, FW (1910) An Account of the Beaked Whales of the Family Ziphidae in the Collection of the United States National Museum: With Remarks on Some Specimens in Other American Museums. US Government Printing Office

Turner, W (1872) XXV – On the Occurrence of *Ziphius cavirostris* in the Shetland Seas: And a Comparison of Its Skull with that of Sowerby's Whale *(Mesoploden sowerbyi)*. Transactions of the Royal Society of Edinburgh 26(4): 759–780

Turvey, ST *et al.* (2007) First human-caused extinction of a cetacean species?. Biology Letters 3(5): 537–540

Tyack, P & Clark, CW (2000) Communication and acoustic behavior of dolphins and whales. In: Hearing by whales and dolphins, 156–224

Tyack, P & Whitehead, H (1983) Male Competition in Large Groups of Wintering Humpback Whales. Behaviour 83(1–2): 132–154

Tyack, P *et al.* (2004) Echolocation in wild toothed whales. Journal of The Acoustical Society of America 115(5): 2373

Urbán-Ramírez, J & Aurioles-Gamboa, D (1992) First record of the pygmy beaked whale *Mesoplodon peruvianus* in the North Pacific. Marine Mammal Science 8(4): 420–425

Van Helden, AL *et al.* (2002) Resurrection of *Mesoplodon traversii* (Gray, 1874), senior synonym of *M. bahamondi* Reyes, Van Waerebeek, Cárdenas and Yáñez, 1995 (Cetacea: Ziphiidae). Marine Mammal Science 18(3): 609–621

Van Waerebeek, K *et al.* (2004) Odontocetes of the Southern Ocean Sanctuary. IWC Scientific Committee Meeting SC/56/SOS1

Van Waerebeek, K *et al.* (2005) Bold colouration pattern in southern bottlenose whales, a preliminary assessment of external variation. IWC Scientific Committee Meeting SC/57/SM 12

Van Waerebeek, K *et al.* (2010) Odontocetes of the Southern Ocean Sanctuary. Journal of Cetacean Research and Management 11(3): 315–346

Van Waerebeek, K *et al.* (2018) On the Recommended Vernacular Names of *Mesoplodon peruvianus* Reyes, Mead & Van Waerebeek, 1991 (Cetacea, Ziphiidae) in Several World Languages. Journal of Marine Biology & Oceanography 7(4): 1000195

Videsen, SK *et al.* (2017) High suckling rates and acoustic crypsis of humpback whale neonates maximise potential for mother–calf energy transfer. Functional Ecology 31(8): 1561–1573

Visser, F *et al.* (2022) Sowerby's beaked whale biosonar and movement strategy indicate deep-sea foraging niche differentiation in mesoplodont whales. Journal of Experimental Biology 225(9): jeb243728

Wada, S *et al.* (2003) A newly discovered species of living baleen whale. Nature 426: 278–281

Walker, WA & Hanson, MB (1999) Biological Observations on Stejneger's Beaked Whale, *Mesoplodon stejnegeri*, from Strandings on Adak Island, Alaska. Marine Mammal Science 15(4), 1314–1329

Wang, JY *et al.* (2008) Population differences in the pigmentation of Indo-Pacific humpback dolphins, *Sousa chinensis*, in Chinese waters. Mammalia 72(4): 302–308

Watson, A *et al.* (2008) Distinctive osteology of distal flipper bones of tropical bottlenose whales, *Indopacetus pacificus*, from Taiwan: Mother and calf, calf with polydactyly. Marine Mammal Science 24(2): 398–410

Watwood, SL *et al.* (2006) Deep-diving foraging behaviour of sperm whales *(Physeter macrocephalus)*. Journal of Animal Ecology 75(3): 814–825

Weir, CR *et al.* (2004) Three sightings of *Mesoplodon* species in the Bay of Biscay: first confirmed True's beaked whales (*M. mirus*) for the north-east Atlantic? Journal of the Marine Biological Association of the United Kingdom 84(5): 1095–1099

Weiss, MN *et al.* (2021) Age and sex influence social interactions, but not associations, within a killer whale pod. Proceedings of the Royal Society B 288(1953): 20210617

Wenzel, FW *et al.* (2013) Food habits of Sowerby's beaked whales *(Mesoplodon bidens)* taken in the pelagic drift gillnet fishery of the western North Atlantic. Fishery Bulletin 111(4): 381–390

West, KL *et al.* (2011) *Steno bredanensis* (Cetacea: Delphinidae). Mammalian Species 43(886): 177–189

West, KL *et al.* (2013) A Longman's beaked whale *(Indopacetus pacificus)* strands in Maui, Hawaii, with first case of morbillivirus in the central Pacific. Marine Mammal Science 29(4): 767–776

Wetzel, DL *et al.* (2017) Age estimation for bowhead whales, *Balaena mysticetus*, using aspartic acid racemization with enhanced hydrolysis and derivatization procedures. Journal of Cetacean Research and Management 17: 9–14

Whitehead, H (1985) Why whales leap. Scientific American 252(3): 84–93

Whitehead, H (2013) Trends in cetacean abundance in the Gully submarine canyon, 1988–2011, highlight a 21 % per year increase in Sowerby's beaked whales *(Mesoplodon bidens)*. Canadian Journal of Zoology 91(3): 141–148

Whitehead, H *et al.* (1997) Status of the northern bottlenose whale, *Hyperoodon ampullatus*, in the Gully, Nova Scotia. Canadian Field-Naturalist 111(2): 287–292

Whitehead, H *et al.* (2021) Adaptation of sperm whales to open-boat whalers: rapid social learning on a large scale?. Biology Letters 17(3): 20210030

Wild, S *et al.* (2020) Integrating genetic, environmental, and social networks to reveal transmission pathways of a dolphin foraging innovation. Current Biology 30(15): 3024–3030

Wimmer, T & Whitehead, H (2004) Movements and distribution of northern bottlenose whales, *Hyperoodon ampullatus*, on the Scotian Slope and in adjacent waters. Canadian Journal of Zoology 82(11): 1782–1794

Wojtek, B & Norman, SA (2014) *Mesoplodon europaeus* strandings – a short review. International Whaling Commission Scientific Committee SC/65b/SM01

Würsig, B *et al.* (1993) Social and sexual behavior of bowhead whales in fall in the western arctic: a re-examination of seasonal trends. Marine Mammal Science 9(1): 103–115

Yamada, TK *et al.* (2004) Kagoshima specimen of Longman's beaked whale. Proceedings of the 18th Annual Conference of the European Cetacean Society

Yamada, TK *et al.* (2012) Review of current knowledge on *Indopacetus pacificus* including identification of knowledge gaps and suggestions for future research. International Whaling Commission Scientific Committee SC/64/SM26

Yamada, TK *et al.* (2019) Description of a new species of beaked whale (*Berardius*) found in the North Pacific. Science Reports 9: 12723

Yatabe, A *et al.* (2010) Stomach contents and structure of a Longman's beaked whale *(Indopacetus pacificus)* stranded in Kyushu, Japan. Aquatic Mammals 36(2): 172–177

Register

Register

Bildnachweis | Impressum

Fotos: Wolfgang **Altmann**: S. 80; 81 o.; Krisztina **Balotay**: S. 182; 183; 184, 185; 186; 187; 188; 189; 192; Chiara G. **Bertulli**, University of Iceland: S. 219; 220; 228; Frank **Blache**: S. 304; 305; 306; **Budiono**, ykrasi.org: S. 194; 195; 196; Pablo **Cosoleto**, Surf School Puerto Cardiel, Argentina: S. 238; 239; Wang **Ding**, Institute of Hydrobiology Chinese Academy of Sciences: S. 242; Ralf **Ernst**: 138; Peter **Flood**: S. 27; 29; Edi **Frommenwiler**, Pindito.com: S. 50; 55; 61; 62; Mark **Girardeau**, newportcoastaladventure.com: S. 41; 63; Claudia **Gomes**, lobosonda.com: S. 272; 273; Denise **F. Gregory Wyatt**: S. 173; 174; Tim **Hammond**, whalewatchinginla.com: S. 38; 39; 40; 56; 57; 59; 60; 65; 122; 162; 163; 164; 193; 216; 217; Barbara **Harris**: S. 152; Klaus Peter **Harter**, under permit from the government of the Azores: S. 85; Liz **Hawkins**, Dolphin Research Australia: S. 156; 157; Ralf **Kiefner**: Front-Cover; Rückseiten-Cover; S. 2–3; 6–7; 8; 9; 10 (2x); 11 (2x); 12 (2x); 13 (2x); 14; 15 (2x); 16; 17 (2x); 18–19; 20; 21; 22; 23; 25; 26; 30; 31; 42; 43; 44; 45; 46; 48; 53; 54; 58; 66; 67 (2x); 68; 69; 70 (4x); 71; 72–73; 74; 75; 76; 77; 78–79; 81 u; 82; 83; 84; 86; 89; 91; 103; 104 (2x); 105; 106; 107; 108; 109 (2x); 110; 111; 112–113; 114; 115; 116; 117; 118; 119; 120; 121; 123; 125; 128; 129; 130; 131; 132; 133; 139; 142; 154; 155; 165; 166; 167; 168; 169; 172; 178; 179; 180; 181 (2x); 190; 191; 208; 218; 246; 254; 255; 256; Danielle **Kreb**, ykrasi.org: S. 93; 94; 144; 145; 153; 175; 176; 177; Alethea **Leddy**: S. 28; 64; 229; 230; Kai **Matthes**, under permit from the government of the Azores and of Dominica: S. 24; 47; 49; 87; 90; 206; 207; Gale **McCullough**: S. 214; Paula **Olson**: S. 234; 235; Nacho **Oria**, Bplanet.blue: S. 141; 267; 268; 290; 291; Rob **Pine**: S. 211; 212; 213; 223; 224; 225; Robert L. **Pitman**: S. 36; 37; Maren **Reichelt** & Mick **Baines**, wildscope.com: S. 134; 135; 136; 140; 146; 147; 148; 222; 231; Meike **Scheidat**: S. 260; 261; Keiko **Sekiguchi**: S. 236; Coke **Smith**: S. 51; 52; 243; Rick **Stanley**, Ocean Quest, Newfoundland Canada: S. 97; 98; 99; 100; 101; 102; Glen **Tepke**, pbase.com/gtepke: S. 199; 200; Fernando **Trujillo**, Foundation Omacha: S. 158; 159; 160; 161; 251; 253; Dr. Ansgar **Walk**: S. 32; 33; 34; 35; Caroline **Weir**, Ketos Ecology: S. 149; 150; John **Wong**: S. 257; 258; YAQU PACHA e. V.: S. 203; 204; 205; 226; 227; 247; 248; Angela **Ziltener**, Dolphin Watch Alliance: S. 124; 126; 127; 137; Elizabeth **Zwamborn**: S. 170; 171

Grafiken, Zeichnungen: Kay **Elzner**: Zeichnungen der Arten S. 143; 197; 240; 252; 262; 264; 266; 269; 274; 276; 278; 280; 282; 284; 286; 292; 294; 298; 300; 302; 307; 309; Marianne **Golte-Bechtle**: Zeichnungen der Arten S. 95; 201; 209; 221; 233; 244; 249; 271; 288; 296; Andrea **Ramalho**: Zeichnungen Pottwale: S. 88 (2x); alle Größenvergleich-Zeichnungen, alle Verbreitungsgebiete-Karten;

Umschlaggestaltung von Jorge Schmidt unter Verwendung eines Farbfotos von Ralf Kiefner.

Unser gesamtes Programm finden Sie unter **kosmos.de**.
Über Neuigkeiten informieren Sie regelmäßig unsere Newsletter, einfach anmelden unter **kosmos.de/newsletter**
Besuchen Sie uns auch auf Facebook auf **KOSMOS Natur**.

MIX
Papier | Fördert gute Waldnutzung
FSC® C015829
FSC www.fsc.org

Gedruckt auf chlorfrei gebleichtem Papier

ISBN 978-440-16339-9
Redaktion: Thurid Kolano
Projektleitung: Ben Boden
Satz: typopoint GbR, Ostfildern
Produktion: Markus Schärtlein
Druck und Bindung: Printer Trento
Printed in Italy / Imprimé en Italie

Größenvergleich

Familie *Delphinidae*, Delfine

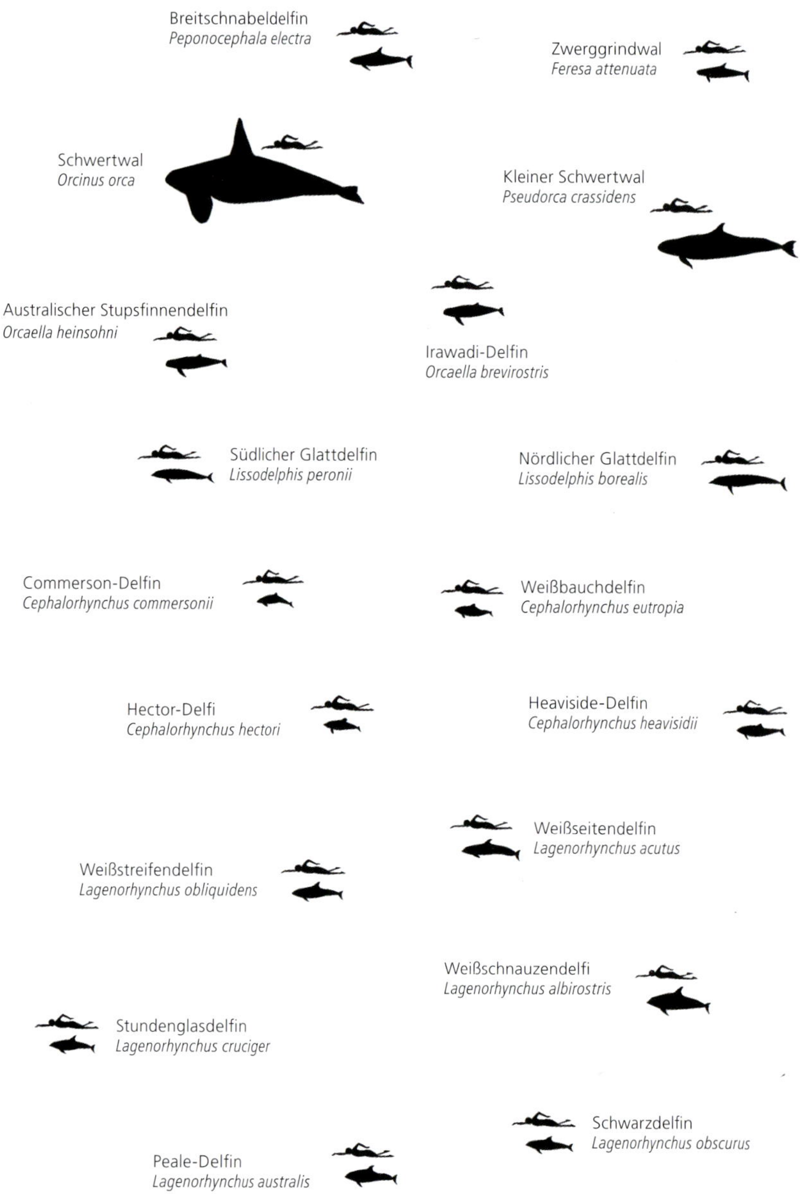